U0342124

基于氧化物冶金的微合金化及大线能量焊接用钢

朱立光　张庆军　著

北京

冶金工业出版社

2024

内 容 提 要

本书系统地阐述了氧化物冶金技术的发展进程及对大线能量焊接用钢发展的作用，阐述了基于氧化物冶金微合金化的理论基础：包括钢种成分、工艺设计基础，基于氧化物冶金微合金化的夹杂物热力学、动力学、运动学理论以及晶内铁素体优先析出的机理，介绍了基于氧化物冶金微合金化的生产实践。

本书旨在为从事氧化物冶金技术及大线能量焊接用钢相关的科研人员、工程技术人员提供参考，也可作为大专院校冶金工程专业研究生、高年级学生的参考用书。

图书在版编目(CIP)数据

基于氧化物冶金的微合金化及大线能量焊接用钢／朱立光，张庆军著 . —北京：冶金工业出版社，2024.2
ISBN 978-7-5024-9761-3

Ⅰ . ①基…　Ⅱ . ①朱…　②张…　Ⅲ . ①焊接冶金—钢铁冶金　Ⅳ . ①TG401

中国国家版本馆 CIP 数据核字(2024)第 046722 号

基于氧化物冶金的微合金化及大线能量焊接用钢

出版发行	冶金工业出版社	**电　话**	(010)64027926
地　址	北京市东城区嵩祝院北巷 39 号	**邮　编**	100009
网　址	www. mip1953. com	**电子信箱**	service@ mip1953. com

责任编辑　赵缘园　刘小峰　美术编辑　彭子赫　版式设计　郑小利
责任校对　石　静　责任印制　禹　蕊
北京捷迅佳彩印刷有限公司印刷
2024 年 2 月第 1 版，2024 年 2 月第 1 次印刷
787mm×1092mm　1/16；30.5 印张；738 千字；472 页
定价 290.00 元

投稿电话　(010)64027932　投稿信箱　tougao@cnmip. com. cn
营销中心电话　(010)64044283
冶金工业出版社天猫旗舰店　yjgycbs. tmall. com
(本书如有印装质量问题，本社营销中心负责退换)

作 者 简 介

朱立光，博士，教授，博士生导师，河北科技大学党委书记。入选国家"百千万人才工程"国家级人选、教育部新世纪优秀人才、河北省省管优秀专家、河北省优秀专业技术拔尖人才、河北省有突出贡献中青年专家、河北省"三三三人才工程"一层次人才、河北省教学名师，享受国务院特殊津贴。兼任中国金属学会冶金人工智能学术委员会委员，河北省金属学会副理事长，《钢铁》《炼钢》《连铸》《中国冶金》杂志编委会委员。

长期致力于氧化物冶金、纯净钢的冶炼、连铸及质量控制，电磁连铸理论与工艺相关技术研究与开发，形成了保护渣性能评价及设计，结晶器内流场、温度场模拟及锥度优化，现代连铸工艺及铸坯无缺陷凝固研究，中间包流场模拟及结构优化，渣洗工艺开发及优化，铸坯质量分析，软接触电磁连铸理论与技术研究，氧化物冶金技术的研究与开发，转炉冶炼工艺优化，冶金辅料开发等方向的核心技术。先后承担国家级、省部级、大中型企业科技攻关课题80余项，有16项科研成果通过省部级鉴定，其中5项成果获河北省科技进步奖一等奖，7项成果获河北省科技进步奖二、三等奖。发表论文300余篇，授权专利30余件。

张庆军，博士，教授，博士生导师，任中国金属学会电磁冶金与强磁场材料分会委员，任《热加工工艺》杂志编委。

主要从事材料微结构解析、材料结构与性能、晶粒细化与组织演化规律、氧化物冶金及材料缺陷分析等方向的科学研究。擅长运用电子显微、X射线衍射等现代材料分析方法和手段开展分析研究。主持和承担国家自然科学基金项目5项，省部级科研项目6项，市厅级及横向科研项目6项。发表学术论文106篇，其中SCI、EI等收录25篇；出版专著及教材3部；授权国家发明专利5件。

序

《基于氧化物冶金的微合金化及大线能量焊接用钢》全面系统地阐述了基于氧化物冶金微合金化理论和实践的丰富成果，是氧化物冶金技术发展过程中的重要著述，其研究水平处于国际前沿。在理论上，建立了基于错配度及润湿性的夹杂物弥散控制模型，揭示了氧化物冶金微细夹杂物形成机理与控制规律，阐述了钢中夹杂物细小、弥散、均匀分布的调控机理；开发了具有诱导晶内铁素体析出优势的夹杂物复合结构控制技术，明晰了晶内铁素体三维生长机制。实践中，开发了 Mg、Ti 等微合金元素合金化工艺制度及其成分精准控制技术，构建了气-液-固多相介质微氧源非平衡脱氧及 Mo-Nb-Mg-Ti 微合金化工艺体系，充分实现了合金化精准性与夹杂物性状控制的协同；开发了具有自主知识产权的大线能量焊接船体钢生产成套技术，实现了氧化物冶金关键技术的突破。

朱立光教授是国内知名的钢铁冶金学科的学术带头人，他从事冶金科研工作近 40 年，在钢铁凝固理论与技术、连铸保护渣理论与实践、氧化物冶金细晶强韧化等方面有很深的造诣。他在科研上不忘初心，笃行致远，先后主持国家自然科学基金区域联合发展基金重点项目、国家自然科学基金面上项目、河北省自然科学基金重点项目、河北省杰青项目等，取得了许多重要的科研成果。他深耕细作，学术并举，撰写发表了大量有影响力的学术著作与研究论文，其成果多数转化为生产效益，取得了可观的社会影响。

《基于氧化物冶金的微合金化及大线能量焊接用钢》一书内容新颖、条理清晰、创新性强，对氧化物冶金理论与实践的发展有很强的指导作用，对学科发展有重要的促进作用，是我国氧化物冶金研究方向的高水平专著，符合我国钢铁产业经济发展的要求，对基于氧化物冶金高端品种钢的研发生产、节能降耗，具有重要的作用及价值。

中国工程院院士 毛新平

前　言

在现代大型制造与建造工程中，越来越多地使用大规格的钢材料。例如，船舶制造与海洋工程中，一般使用厚度范围为 30～100 mm 的钢板，在超大尺度的工程建造中，则会使用更大厚度的钢板。随着厚度增加，钢板的易焊接性显著降低，焊接难度提高，焊接成本增加，焊接工时延长。为缩短建造周期，降低建造成本，厚板钢越来越多地采用高效焊接技术，即大线能量焊接技术。在大线能量焊接条件下，焊缝附近金属经历强烈的热循环过程，熔合线附近的温度高达 1350～1500 ℃，这使焊接热影响区的晶粒严重粗化，形成脆化组织，使焊接热影响区低温冲击韧性变差，与母材相比，焊接热影响区韧性损失一般为 20%～30%，严重时可达 70%～80%，威胁工程和制造物的使用安全性，大规格钢种能否适用于大线能量焊接已成为产品是否合格的重要指标。

将氧化物冶金技术应用于大线能量焊接用钢的开发中，是解决大线能量焊接条件下焊接热影响区韧性劣化的重要途径。氧化物冶金技术的作用是在满足钢的强韧性要求的基础上，利用在钢中析出的夹杂物及第二相粒子，在焊接热循环过程中有效钉扎高温奥氏体晶界，抑制晶粒长大，同时在焊后冷却过程中诱导晶内铁素体的形成，通过改善焊接热影响区的组织结构，达到提高焊接热影响区的低温冲击韧性的目的。对于厚规格钢板，还存在轧制过程心部变形量小，组织细化不足，难以满足母材高强韧性的要求。氧化物冶金也能用于细化厚板钢的心部组织，满足厚板钢心部强韧性的要求。

在氧化物冶金技术经历了半个世纪的发展后，人们越来越深刻认识到，大线能量焊接用钢开发及应用需要构建和完善氧化物冶金的基础理论，主要包括微合金体系设计理论，多元素共存条件下微合金元素的协同与交互作用机理，全流程工艺过程中微合金元素氧化、碳氮化和硫化对夹杂物、第二相粒子生成、演化、分布规律的影响，夹杂物、第二相粒子的性状及分布对焊接热影响区强韧性提高和诱导晶内铁素体优先析出的作用机理。

基于氧化物冶金的微合金化与传统微合金化利用固态相变中析出的微细碳氮化物钉扎晶界、沉淀强化的作用不同，它是利用微合金体系促进夹杂物、第二相粒子协同作用诱导晶内铁素体优先析出，通过晶粒细化的机制提高钢的强度和韧性。除了发挥微合金元素本身的固溶强化和其与 C、N 元素形成碳氮化物钉扎晶粒的作用外，还要更多地着眼于在一定氧位下形成适宜的微合金元素的氧化物及在其上附着的碳氮化物、硫化物，从而形成高度弥散、均匀分布在钢基体上容易诱发晶内针状铁素体的复合夹杂物，起到二相粒子钉扎奥氏体长大、复合夹杂物诱发晶内铁素体形核的细化晶粒和改善组织的双重作用。此外，微合金化还能通过固溶对相变温度的影响，进而影响基体组织。基于氧化物冶金的微合金化是对氧化物冶金技术思想的进一步发展，更适用于大线能量焊接用钢的开发。

本书深入、系统阐述基于氧化物冶金的微合金化理论及其在大线能量焊接用钢、非调质钢、高建钢开发中的应用。基于氧化物冶金的微合金化理论深刻揭示全流程工艺过程中的微合金体系设计、夹杂物体系构造、第二相粒子作用以及协同诱导晶内铁素体的调控机制，大线能量焊接用钢的实践从设计、生产到焊接的全流程控制贯穿着基于氧化物冶金微合金化的思想。本书是作者和课题组成员及相关单位科研人员十多年在氧化物冶金领域理论研究与实践应用成果的结晶，期望本书能对氧化物冶金技术的发展起到一定的促进作用，能为大线能量焊接用钢等高端钢种的开发应用提供理论支撑。

本书主要内容包括：

● 基于氧化物冶金微合金化的设计基础：基于氧化物冶金的微合金设计基础，诱发晶内铁素体形核夹杂物体系设计；合金元素对夹杂物弥散分布影响，微合金化对提高焊接热影响区性能的影响，微合金化对船体钢性能影响。

● 基于氧化物冶金的夹杂物热力学、动力学、运动学：钢中氧化物、硫化物、碳氮化物、复合夹杂物析出的热力学；Mg 处理复合夹杂物结构、第二相粒子的演变、夹杂物错配度、夹杂物性状、尺寸、数量、分布及弥散析出的研究；对氧化物冶金中夹杂物在凝固界面前沿的迁移行为、脉冲磁场对氧化物冶金行为的影响进行了系统总结。

● 晶内铁素体优先析出的机理：晶内铁素体诱发形核机理，夹杂物与铁素体错配度分析，对晶内铁素体相变的热力学、晶内铁素体的本质、二次晶内铁素体进行了研究；阐述了脉冲磁场对晶内铁素体的影响规律，对晶内铁素体的三维形态、取向关系进行了三维重构；研究了晶内针状铁素体晶体学特征，阐述了晶内针状铁素体生长机理。

● 基于氧化物冶金微合金化的生产实践：在基于氧化物冶金的微合金化理论指导下，对船板钢 DH36、EH420，高建钢 Q390GJ、Q420GJ，非调钢 50Mn、SG45 进行了系列开发，对工业生产有很好的指导借鉴作用。

以上内容是基于国家自然科学基金区域发展联合基金重点项目"基于氧化物冶金的微合金化理论基础研究（U21A20114）"、国家自然科学基金"氧化物冶金与脉冲磁场影响钢组织演化的协同作用机制研究（51574106）""氧化物冶金过程中晶内铁素体优先竞争析出机理及控制的研究（51874137）""微细夹杂物弥散复合析出及晶内铁素体形核生长与形态控制研究（51474089）""基于 Mo-Nb-Al-Mg-Ti 微合金体系提高船体钢焊接热影响区韧性的基础研究（52004094）"、河北省自然科学基金重点项目"船板钢物理场-氧化物冶金协同细晶强韧化研究（E2016209396）"、河北省自然科学基金高端钢铁冶金联合基金项目"氧化物冶金过程中夹杂物在钢液凝固界面迁移行为研究（E2020209044）"、河北省重点研发计划项目"高强度易焊接强化型海洋工程用钢的研发及应用（20311003D）"等多项课题成果。在此对国家自然科学基金、河北省自然科学基金、河北省科学技术厅对项目研究的支持表示感谢。

多年来在该研究方向上合作单位有：首钢京唐钢铁联合有限责任公司、河钢集团有限公司、唐山钢铁集团有限责任公司、邯郸钢铁集团有限公司、唐山中厚板材有限公司、舞阳钢铁有限责任公司、河钢材料技术研究院等。本课题组成员在基于氧化物冶金的微合金化及大线能量焊接用钢研究中作出了许多重要贡献，并在本书完成过程中共同参与撰写、讨论、修改，他们是：王硕明教授、刘增勋教授、张彩军教授、许莹教授、陈伟教授、孙立根教授、韩毅华教授、王杏娟教授、郭志红副教授、肖鹏程副教授、郑亚旭副教授、王旗副教授、王博副教授、崔志敏博士、王雁博士、吴晓燕博士、贾雅楠博士、严春亮硕士、梅国宏硕士、曹胜利硕士、周景一硕士、武绍文博士、谷志敏硕士、吴耀光硕士、李秋平硕士、刘通通硕士、郑世伟硕士等，在此一并致以深深的谢意。在课题研究和本书的撰写过程中，参阅了大量国外研究者、国内高等院校、研究院所和大中型企业中专家、学者的学术成果，在此表示诚挚感谢。

由于作者水平所限和时间仓促，书中不足之处，敬请读者给予批评指正。

朱立光　张庆军

2023 年 12 月 5 日

目　　录

1 大线能量焊接用钢

焊接是船舶建造中最长的一个工序。焊接效率的高低,不仅影响建造成本,而且直接决定了船舶的交货周期[1]。焊接电源对单位长度焊缝所输入的热量称为焊接线能量。增加焊接线能量可以有效提高焊接效率。但随着焊接输入线能量的提高会显著恶化焊接热影响区(Heat-Affected Zone,HAZ)中的组织,HAZ 组织分布不均匀,且会出现不同程度的晶粒粗化,从而使该区域的强度和韧性明显下降,导致该区域成为船体的薄弱环节,直接威胁着船体结构的使用安全性。因此,大线能量焊接用钢必须经过特殊设计,以适应焊接线能量的增加。

1.1 大线能量焊接用钢的发展及特点

1.1.1 大线能量焊接用钢的主要用途

钢铁材料作为重要的结构材料在与海洋相关的众多领域均有广泛应用。随着各国海洋战略意识的增强和现代海洋科学技术的发展,各沿海国家都把发展海洋经济作为新世纪的战略重点,纷纷将目光投向这一个具有巨大开发潜力的蓝色经济领域[2]。海洋工程用钢按照用途可分为海洋船舶用钢、桥梁用钢、海洋平台用钢、石油储运用钢[3]。海洋运输和海洋资源开发都将进入高速发展期,由此带动船舶与海洋工程制造的快速增长。船舶的大型化、海洋资源开发的深海化,将大量采用具有高性能的船舶与海工用钢[4]。船舶与海工是海洋钢结构物的两大体系,其建造都需要大量的钢铁产品,钢材占其建造成本的 20% ~ 30%,船体用钢量占其总质量的 60%[4]。

在造船技术方面,20 世纪 30 年代以前,船体结构大都采用铆接或螺栓连接,第二次世界大战前后,焊接技术开始普遍应用在船体结构上。焊接是船体制造的关键环节,焊接成本约占船舶制造成本的 17%,焊接工时约占船体建造总工时的 40%[5],因此,焊接效率直接影响造船周期和船舶建造成本。近几年,为降低建造成本、提高造船的生产率,采用大线能量焊接(热输入大于 50 kJ/cm)工艺成为造船企业的迫切需求[6]。然而,焊接线能量的提高势必给传统船体钢生产带来新的课题,即 HAZ 必须经受更高的热循环温度和更长的高温停留时间,这很容易引起钢板焊接 HAZ 的组织粗化,显著降低焊接 HAZ 的韧性。与母材相比,热影响区韧性损失一般为 20% ~ 30%,严重时可达到 70% ~ 80%[7],焊接 HAZ 易成为材料服役过程的薄弱环节而最早发生失效。因此,在追求大线能量焊接的同时,改善钢板的韧性以提高钢板的焊接性能成为迫切需要解决的技术难题。

在桥梁、建筑类用钢方面,其发展阶段按先后顺序依次为:低碳钢→低合金钢→高强度钢→高建钢[8]。桥梁建筑结构主要为钢结构、钢筋混凝土结构、木结构及网架结构。20世纪 50 年代,高层钢结构建筑于欧洲兴起,因具有降低重量、绿色环保、提高建筑安全性和寿命的优势,已经将钢筋混凝土结构逐渐代替,成为高层建筑结构的发展方向。国内在奥运工程等大型建筑的带动下,建筑用钢的发展速度非常迅猛。舞钢自主研发的Q460E/Z35 建筑用钢达到了 460 MPa 的屈服强度和 530 MPa 的抗拉强度,为中央电视台和国家体育场"鸟巢"的成功建成提供了保证,填补了国内高强度建筑用钢的空白。舞钢自主研发的 110 mm Q460E/Z35 建筑用钢为保证强度和韧性维持在较高水平,采用了正火控冷手段和大钢锭无缺陷浇铸技术,从而保证了足够的压缩比,使钢材具有较高的强度和低温韧性,钢材在 -40 ℃ 低温下冲击功超过 180 J,且 Z 向上的断面收缩率为 69% [9]。

　　在管线钢方面,尤其是抗酸管线钢,主要应用于输送含有 H_2S 等酸性介质的石油天然气。国内外研究表明,钢中夹杂物,特别是沿轧制方向延展的夹杂物是管线钢产生氢致裂纹(HIC)和硫化物应力开裂(SCC)的主要原因。而沿轧制方向发生变化的夹杂物主要是长条状硫化夹杂物,称为 A 类夹杂物。由钙铝酸盐导致的长条状或颗粒形成的条串状杂物,被称为 B 类夹杂物。为保证使用性能,供西气东输用管线钢的 A 类 MnS 夹杂物和 B 类氧化物夹杂评级要低于 2.0。即夹杂物视场中,夹杂物总长度小于 436 μm 和 343 μm。目前国内太钢供西气东输石油管线钢占有率约为 50%,生产过程中夹杂物不合格率仍有 1.0% ~ 2.0%,相比新日铁等国外企业,还有相当的差距 [10]。

　　在石油储罐钢方面,石油储罐容积越大,其储油的成本越低,必然会对大型化的石油储罐有所需求。石油储罐的体积越大,其钢板的成分和生产工艺应相应地改变,以满足更高的力学性能、焊接性能要求,保证石油储罐的使用安全。在 20 世纪 80 年代中期前后,随着对钢中添加各种合金元素对钢板力学性能和焊接性能影响的深入研究,日本为了顺应其国情并提高石油储罐的生产效率,成功研发了耐大线能量焊接性能和母材及焊缝在温度较低环境中具有良好冲击韧性的压力容器钢板。在设计 LNG 储罐用钢时,不仅要求其具有高强度,还要求其具有高的韧性,尤其是低温韧性,在使用温度下不发生明显的韧脆转变。低温设备,尤其是低温储存设备,一般需要非常良好的耐低温性能,耐低温温度应至少达到 -162 ℃ 以下,一般低温设备的设计温度为 -196 ℃ [11]。

1.1.2　大线能量焊接船板钢的发展现状

　　随着世界造船业的迅猛发展,各种大型船舶、特种船舶对造船材料的要求不断地提高,导致船舶结构钢的生产性能要求也随之不断提高。船体结构用钢简称船体钢,主要用于制造远洋、沿海和内河航运船舶的船体、甲板等 [12]。船体用结构钢按照其最小屈服点划分强度级别为:一般强度结构钢和高强度结构钢。一般强度级别钢板分为 A、B、D、E 四个质量等级,屈服强度等级均为 235 MPa,其主要差异是冲击韧性。高强度钢板分为三个强度等级(315 MPa、355 MPa、390 MPa)和四个质量等级(AH、DH、EH、FH),其中 355 MPa 级钢板为 AH36、DH36、FH36。船舶工作环境恶劣,船体外壳要承受海水的化学腐蚀、电化学腐蚀和海洋生物、微生物的腐蚀;还要承受较大的风浪冲击和交变负荷作用;再加上船舶加工成形复杂等原因,所以对船体结构用钢的性能要求严格 [12]。为了使船舶能在恶劣环境下持续航行,同时,从资源和环保考虑,为减轻船体自重,增加船舶的载重量、提高船速,要求船板钢具备高强度、耐腐蚀、良好低温冲击韧性和优良可焊性等众多综合性能[13]。

2021 年上半年，我国造船完工量、新接订单量和手持订单量分别占世界市场份额的 44.9%、51.0% 和 45.8%[5]，继续领跑全球，占据世界第一，订单船舶总量达到 3936.2 万载重吨。同时 2003 年开始的船舶交付高峰将在 2023 年左右开始批量更换，2023 年后船舶完工量将增长 15%~30% 左右，届时船舶用钢消费量也将相应增长。2019 年和 2021 年交付船舶订单情况如表 1-1 所示，全球船舶交付量如图 1-1 所示。

表 1-1　2019 年和 2021 年交付船舶订单情况　　　　　（万载重吨）

项　目	2019 年	2021 年
总量	3716.9	3936.2
海船	3693.5	3927.8
原油船	393.4	821.9
成品油船、化学船	388.5	357.9
散货船	2256.6	2035.8
全集装箱船	403.5	400.8
内河船	23.5	8.3

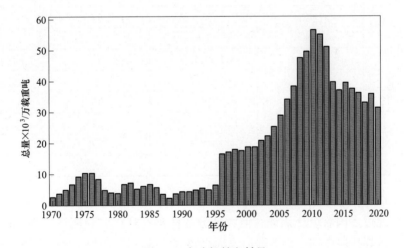

图 1-1　全球船舶交付量

造船用海工钢使用类别中以板材为主，占比超过 90%。2021 年到 2025 年海工钢板材总消费量将达到 5000 万吨左右，年均 1000 万吨。以造船业为代表的海洋装备发展迅速对海工钢需求巨大，2021 年，生产造船板的钢铁企业比上年增加 5 家，17 家钢铁企业生产造船板 759 万吨，其中高强度板 463 万吨。湘钢、五矿营口中板、南钢处于领先地位，造船板产量均突破 100 万吨；山钢造船板产量连续两年同比增幅超过 50%；柳钢、唐中板、鄂钢、邯钢、兴澄特钢等 5 家企业为了满足船舶企业的需求，重新启用造船板生产线。国内海工钢年使用量如图 1-2 所示，2020 年全国主要钢铁企业造船板生产情况如表 1-2 所示。

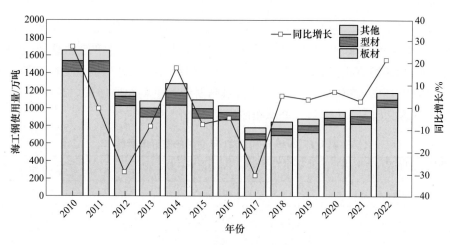

图 1-2　国内海工钢年使用量

表 1-2　2020 年主要钢铁企业造船板生产情况

钢铁企业	造船板总量/万吨	增长率/%	高强船板总量/万吨	增长率/%
营板	188	84.8	127	83.4
湘钢	121	−29.4	80	−27
鞍钢	118	−0.6	77	0
南钢	98	3.6	71	10.8
沙钢	85	21.1	23	−6.7
新余	74	−11.9	29	−14.3
山钢	33	127	16	—
首钢	27	245	12	206
宝钢	23	−34.5	17	−16.8
舞钢	5	33	5	33

国内主要造船板企业宝钢、鞍钢等都进行了大线能量焊接船体钢的相关研究工作，且生产的船板钢通过多国船级社认证，但大部分船体钢在焊接时只能适应 50 kJ/cm 以下的焊接。大线能量焊接船体钢性能的滞后发展严重制约我国造船业的发展，降低我国造船业的竞争力。总的来说，经过多年的发展，我国初步建立了较完备的船舶与海洋工程用钢体系[3]，实现了 90% 以上海工钢的国产化，但在高端海工钢如大线能量焊接用钢，存在"下游用户需求强烈，上游钢企产品支撑不足"的问题。国内外只有少数几家企业具备大线能量焊接用钢的初步开发能力，已有技术也普遍存在技术不成熟、工艺要求严苛、稳定性差等问题，主要生产 40 mm 以下的钢板。

1.1.3　大线能量焊接用钢开发进展

大线能量焊接技术是为提高造船效率而开发，因此，海洋工程用钢（船板钢）是大线能量焊接用钢开发的主阵地，如表 1-3 所示。国内多家龙头钢铁企业均有大线能量焊接用海工钢产品开发，钢种类别集中分布于 EH36 级和 EH420 级，更高强度级别海工钢和 FH 以上海工钢产品较少；产品最大钢板厚度以 60~80 mm 厚为主，薄规格钢板已不是技术难题，100 mm 级别特厚钢板还需进一步攻关；钢板可耐受焊接线能量已达到 200 kJ/cm 的热输入水平，在此热输入下热影响区+2 mm 处仍可保持 150~200 J 水平，低温冲击性良好。值得关注的是，江苏兴澄特钢开发出 FH420 级别海工钢，200 kJ/cm 线能量下，-60 ℃低温冲击功可达 262 J。

从钢种成分设计来看，C、Mn 元素的设计各机构理念一致，即低强度级别钢种遵循低碳含量原则，提高焊接性，并使用 Mn 元素来弥补钢板强度的不足，钢中 C 含量在 0.05%~0.08%水平，Mn 含量在 1.4%~1.6%水平；微合金元素选择上普遍添加微量 Nb 元素以细化晶粒，少量钢种同时添加 V 元素以强化细晶；Ni、Cu、Mo、B 等元素根据钢种强度要求，不同企业设计不同；氧化物冶金技术中，采用 Mg(Ca)+Ti 复合脱氧的生产工艺，使钢中形成 Mg-Ti-O 复合夹杂物，较为受到钢铁企业认可，少量钢铁企业开始尝试降低钢中 Al 含量到 0.0050%以下以促进含钛夹杂物的生成。此外，包头钢铁集团在大线能量焊接用钢开发中添加了微量稀土元素 Ce，解决了连铸过程水口结瘤的问题实现了工业化，虽现有产品厚度较小（12 mm），但为稀土元素在大线能量焊接钢广泛工业应用提供了重要参考。

除海工用钢外，大线能量焊接技术已开始向其他应用领域拓展。建筑用钢与海工钢具有相似使用特点，已有东北大学、钢铁研究总院、鞍山钢铁集团的科研团队进行了建筑、桥梁用大线能量焊接钢的开发，如表 1-4 所示。东北大学研究团队利用海工钢中成熟的氧化物冶金技术，中氧位+Mg(Ca)-Ti 复合脱氧，成功开发出厚度 60 mm 的板材和 H 型钢，其中 60 mm 板材可在 600 kJ/cm 超大线能量热输入条件焊接，-20 ℃下热影响区低温冲击功保持 225 J。钢铁研究总院研究团队开发出 60 mm 厚超高强 690 MPa 建筑用钢，200 kJ/cm 线能量下，0 ℃热影响区冲击功保持 113 J。

鞍钢和东北大学研究团队共同开发出 40 mm 厚 Q345 系列桥梁钢，300 kJ 线能量下，C 级热影响区-20 ℃低温冲击功 184 J，E 级热影响区-40 ℃低温冲击功 116 J。该团队在钢种成分设计时没有采用传统大线能量焊接用钢成分设计思路，即低 C、较高合金（Ni、V 等）来保证焊接性能，而是发挥氮/氧化物和控轧控冷改善组织优势，在充分满足性能要求的同时进行合金减量化设计，不添加 Ni、Cu、Cr、Mo、V 等贵重合金元素。合金减量化设计不仅可以大幅降低合金成本，具有明显竞争优势，也有利于大线能量焊接用钢技术向其他钢种推广使用。

此外如表 1-5 所示，北京科技大学团队开始在汽车用钢探索大线能量焊接技术的应用，使用 Ti-Zr 复合脱氧，开发出 20 mm 厚 510 L 钢，150 kJ/cm 线能量条件，-60 ℃低温冲击功 101 J。值得注意的是大线能量焊接用钢，不是单指可耐受大热输入能量的钢种，一些特殊钢种由于钢种限制，只能使用手工埋弧等极小线能量焊接，通过钢种大线能量焊接技术设计，使该钢种可耐受焊接线能量较原有有较大提升，均可扩展称为大线能量焊接用钢。河钢舞钢开发出大厚度易焊接高强钢，使用在水电领域，钢板厚度达到 220 mm，可采用埋弧自动焊接，35 kJ/cm 线能量下，热影响区 0 ℃低温冲击功 117 J。

表1-3 国内大线能量焊接用海工钢厚板焊接性能汇总[14-26]

钢号	质量分数/%														钢板厚度/mm	焊接线能量/kJ·cm⁻¹	热影响区+2冲击功	单位
	C	Si	Mn	Al	Nb	V	Ti	Mg+Ca	N	Cu	Mo	Ni	Cr	B				
EH36	0.045	0.29	1.55	0.049	0.026	—	0.017	0.0097	0.005	—	—	0.36	0.15	0.005	70	402	-40 ℃:152 J	宝钢
EH36	0.066	0.24	1.42	0.033	0.005	—	0.011	0.0082	0.005	—	—	0.24	0.08	0.0024	60	345	-40 ℃:220 J	宝钢
EH550	0.115	0.055	0.96	0.0024	—	—	0.038	—	0.0030	—	0.37	—	0.34	—	未给出	150	-40 ℃:168 J	宝钢
EH420	0.05	0.26	1.35	0.034	0.027	—	0.016	未给出	0.0035	0.1	—	0.3	—	—	40	200	-60 ℃:262 J	兴澄特钢
EH36	0.08	0.35	1.54	0.005	0.016	—	0.015	0.003	—	—	—	0.3	—	—	50	250	-40 ℃:191 J	兴澄特钢
E40	0.08	0.24	1.52	0.022	—	0.03	0.012	未给出	—	—	—	0.33	—	—	60	250	-40 ℃:235 J	南京钢铁
FH420	0.06	0.06	1.60	0.004	0.025	0.03	0.015	0.002	—	—	—	0.35	—	—	80	200	-60 ℃:121 J	山东钢铁
610MPa钢	0.08	0.24	1.35	0.035	—	0.048	0.015	—	—	—	0.14	0.25	—	0.0005	12	120	-20 ℃:191 J	包头钢铁
低碳贝氏体钢	0.05	0.06	1.56	0.012	0.01	—	0.002	—	—	0.2	—	0.90	—	0.0082	未给出	250	-40 ℃:135 J	华菱湘钢
EH420	0.12	0.1	1.0	0.025	0.04	—	0.025	0.005	0.001	0.5	—	0.5	—	—	60	200~400	-40 ℃:100~200 J	东北大学
690MPa钢	0.04	0.1	1.7	0.015	0.01	0.02	0.015	0.001	0.005	0.5	0.15	0.4	0.45	0.0025	50	100~200	-40 ℃:70~150 J	东北大学
EH36	0.051	0.39	1.21	0.005	0.021	0.021	0.025	0.001	0.0099	0.24	0	0.59	—	—	80	200	-40 ℃:152 J	鞍山钢铁
EH36	0.065	0.32	1.3	0.013	0.011	0.072	0.01	—	0.0084	0.13	0.18	0.25	—	—	68	200	-40 ℃:121 J	鞍山钢铁
EH420	0.06	0.34	1.46	0.03	0.04	—	0.017	0.003	0.0042	0.009	0.07	—	—	—	70	250	-40 ℃:187 J	华北理工大学
EH420	0.07	0.1	1.4	—	0.02	—	0.015	—	0.005	—	—	—	—	—	50	215	-40 ℃:172 J	河钢舞钢
NVE36	0.09	0.35	1.55	—	0.015~0.035	0.02	0.01~0.03	—	—	0.08	0.08	0.03	—	—	40	255	-20 ℃:253 J	河钢舞钢
EH420	0.091	0.14	1.53	0.0056	—	—	0.008	0.003	—	0.029	—	0.03	0.029	0.0007	60	224	-40 ℃表面:181 J	河钢邯钢

表 1-4　国内大线能量焊接建筑、桥梁用钢焊接性能汇总[27-31]

钢种	质量分数/%														钢板厚度/mm	焊接线能量/kJ·cm⁻¹	热影响区+2冲击功	单位
	C	Si	Mn	Al	Nb	V	Ti	Mg+Ca	O	N	Cu	Mo	Ni	Cr				
建筑用钢板坯	0.18	0.06	1.1	0.01	0.01	0.018	0.02	0.008	0.006	0.01	0.1	0.1	0.3	—	60	600	−20 ℃:225 J	东北大学
建筑用钢 H 型钢	0.12	0.07	1.2	0.02	0.015	0.03	0.03	0.007	0.006	0.009	0.1	0.1	—	—	—	120	−20 ℃:270 J	东北大学
690 MPa 建筑用钢板坯	0.12	0.12	1.1	0.016	—	—	0.008	—	—	0.01	0.3	0.5	1.0	0.5	60	200	0 ℃:113 J	钢铁研究总院
550 MPa 建筑用钢板坯	0.06	0.15	1.2	0.07	—	0.04	0.015	—	B:0.0015	0.0035	—	0.5	1.2	0.5	60	400	0 ℃:180 J	钢铁研究总院
Q345C 桥梁钢	0.09	0.2	1.0	0.04	0.02	—	0.01	0.0050	—	—	—	—	—	—	40	300	−20 ℃:184 J	鞍钢
Q345E 桥梁钢	0.09	0.2	1.0	0.04	0.02	—	0.01	—	—	—	—	—	0.1	—	40	300	−40 ℃:116 J	鞍钢

表 1-5　国内大线能量焊接其他钢焊接性能汇总[32,33]

钢种	质量分数/%												钢板厚度/mm	焊接线能量/kJ·cm⁻¹	热影响区+2冲击功	用途	单位
	C	Si	Mn	Al	Nb	V	Ti	Zr	Ca	Ni	Cr	Mo					
510L	0.06	0.09	1.51	0.01~0.06	—	0.063	0.021	0.01	—	1.60	—	—	20	150	−60 ℃:101 J	汽车用钢	北京科技大学
大厚度易焊接高强钢	0.17	0.29	0.95	0.025	0.02	—	—	B:0.0015	—	—	0.3	0.28	220	35	0 ℃:117 J	水电用钢	河钢舞钢

总的来说，国内的高校、研究所和钢铁企业在大线能量焊接用钢工业化生产方面已取得可喜成果，大断面、可耐受超大线能量、更高强度和使用级别的海工用钢已有企业研发成功，如何实现该类钢种的稳定工业生产成为亟须解决的技术难题。此外，氧化物冶金技术仍然主要应用于海工用钢，如何将已成熟技术向其他有焊接需求钢种进行推广，也是下一阶段可以进行的工作。

1.1.4   大线能量焊接船板钢的技术要求和发展方向

船板用钢使用环境的苛刻，其生产技术要求比其他钢种严格。其中主要的技术指标有：高韧性、易焊接性、高塑性、高强度及其性能均匀性。韧性指标主要指低温冲击韧性，根据不同级别的钢种要求，母材和焊缝分别对应不同的低温环境，−20 ℃ 或 −40 ℃；正常交货的船板用钢低温冲击功吸收值有明确限定，均在 100 J 以上。易焊接性是高强度船板用钢的重要要求之一，因为钢板结构中最薄弱的部位为焊接接头及其热影响区，所以焊接性能的好坏决定了船板用钢成本的高低，更决定了海洋平台的安全性。强度指标针对各级船板用钢钢种划分标准，对屈服及抗拉下限都有明确的限定。塑性指标中包括对伸长率、均匀伸长率和屈强比的要求，尤其是屈强比，材料设计过程中均有着明确的要求限定。性能均匀性中不仅对钢板的 1/4 厚度处规定达到要求，而且对钢板的心部也要求达到规定。最终，经过船级社对所有海洋平台用钢严格的监督认证之后，各项要求均满足时，才可以进行下一步的供货。

一般情况下，厚船板用钢都需要经过双丝或者多丝及多道次焊接才能完成，热影响区性能会随着焊接过程中的线输入能量不断增大而急剧下降，从而影响钢板的安全性。所以全球造船业及其他焊接相关行业共同关注的焦点是如何能更快速且优质地完成厚钢板的焊接。大线能量焊接是指焊接线输入能量大于 50 kJ/cm 的焊接，是一种能显著提高焊接效率的方法，被造船业广泛认可而提出的一种焊接方法。与传统焊接的方法相比较，大线能量焊接不仅具有焊接速度快、焊接施工道次少等优点，还可以大幅度降低焊接成本，使焊接效率大幅增加。

钢板在大线能量焊接过程中，熔融态的钢液与固相组织交界处称为熔合线，此处温度可高达 1400 ℃ 左右。大线能量焊接过程中，焊丝与钢板接触的瞬间剧烈的高温会将附近钢板组织及焊药熔化，在剧烈热循环作用下，母材中间区域与熔合线处的组织将在极短时间内充分完成奥氏体化并且急剧长大。随后的冷却过程中，粗大的奥氏体晶粒将会优先形成大量平行于晶界且向晶内生长的魏氏组织、晶界铁素体等对韧性不利的组织。研究发现，HAZ 的韧性较母材损失一般为 25%～35%，严重时可达到 75%～85%，虽然该区域一般只有 3～7 mm，但衡量工件质量的标准一般会以工件最差的质量为基准。

因此，近年来研究人员把研究热点聚焦于如何有效改善大线能量焊接 HAZ 的组织，进一步改善 HAZ 低温冲击韧性。针对此问题，国内外研究者们展开了大量的研究工作，相继提出一些改善焊接热 HAZ 低温冲击韧性的方法，其中比较有效的两个主要方法为合理的成分设计和氧化物冶金技术。

1.2   合金成分的设计及要求

随着高强度船体用钢应用的不断增多，关于高强钢成分设计及其工艺与应用性能之间的研究也不断增多。尤其是在低温冲击韧性、焊接性、强度与成分设计之间的影响研究进步较大[34]。成分的微调对最终钢板的性能会产生巨大的影响，以屈服强度为 450 MPa 为例，成分的变化对钢的韧性和焊接 HAZ 性能有明显的改善，具体如表 1-6 所示。通过调整 C、Mn 以及微合金元素含量，可以有效地改善钢板的低温冲击韧性，同时降低钢的碳当量（C_{eq}），从而改善钢的焊接性。

表 1-6 屈服强度为 450 MPa 级成分变化对性能的影响

钢 种	化学成分/%							屈服 /MPa	冲击功/J （−40 ℃）	C_{eq}
	C	Mn	Si	Ni	Cr	Al	V			
Grade450	0.18	0.4	0.3	3.0	1.5	0.02	0.02	550	80	0.81
450EMZ	0.11	1.49	0.3	0.52	0.11	0.03	—	480	300	0.40
Dillinger450	0.09	1.50	0.3	—		0.03	0.04	500	300	0.35

目前高强度船板钢的冶炼主要在普通的 C-Mn 钢的基础上采用降低碳含量、提高锰含量和微合金化的设计思路，也是目前高强度船板钢研发的主要设计思路，这种设计思路对船板钢的低温冲击韧性、强度和焊接性能有着显著提高[35]。

1.2.1 C 含量对组织性能的影响

在船板钢的成分设计中提高钢中的 C 含量，虽然钢材的屈服强度与抗拉强度均有所增加，但是钢的冲击韧性与塑性都会减弱。当钢材中的 C 含量高于 0.23% 时，钢材的焊接性能明显降低，所以微合金钢用于大线能量焊接时，其中 C 含量通常在 0.20% 以下。钢中的 C 含量增多时还会导致钢的耐腐蚀能力降低，钢的时裂纹敏感性与钢中的 C 含量有着密切的关系。

C 是最重要的强化元素，可显著提高 HAZ 的淬硬性，从而恶化 HAZ 性能。因此，降低 C 含量是大线能量焊接用钢设计的基础。C 含量降低可以大幅度降低 HAZ 硬质岛状组织马氏体-奥氏体（M-A）组元，M-A 组元大量析出是导致 HAZ 韧性降低的重要原因。但 C 含量降低会导致钢材强度降低。如图 1-3 所示，在已有报道中船板钢中 C 含量最低为 0.05%。总之，要想使钢在低温条件下仍保持良好的冲击韧性和较好的大线能量焊接性能，应尽量保证钢中低的 C 含量[35]。

1.2.2 Mn 含量对组织性能的影响

Mn 是冶炼中最常用的脱氧剂和脱硫剂。钢中 Mn 含量高时能同时起到脱氧和脱硫的作用，Mn 元素可以提高钢中硅的脱氧能力。Mn 可以使奥氏体的转变温度区间变宽，细化组织来提高板材的强度和韧性，Mn 和钢中的 S 形成 MnS，MnS 具有良好的延展性[35]。

Mn 是弱的碳化物形成元素，提高钢中铁素体和奥氏体的硬度和强度，通常通过增加 Mn 元素来弥补因降低 C 元素造成的部分强度损失。同时 Mn 可以降低晶界铁素体开始转变温度，促进针状铁素体的形成。Mn 还是良好的脱氧剂和脱硫剂，形成具有较高硫容量的复合夹杂物，有利于诱导晶内针状铁素体形核[8]。如图 1-4 所示，随着钢中船板钢强度的提升，钢中 Mn 含量呈升高的趋势，EH420 系钢中 Mn 含量处于 1.56%~1.66% 范围。

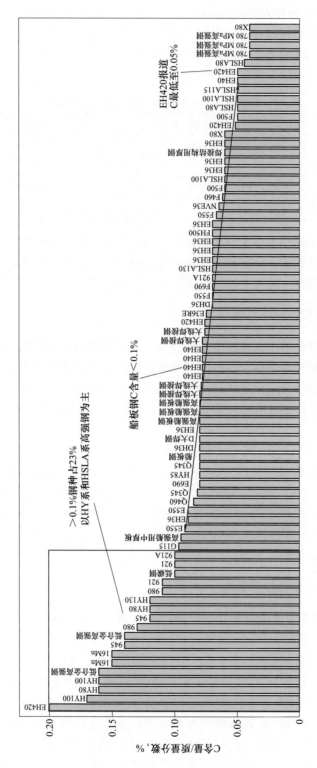

图 1-3　大线焊接钢中 C 含量调研

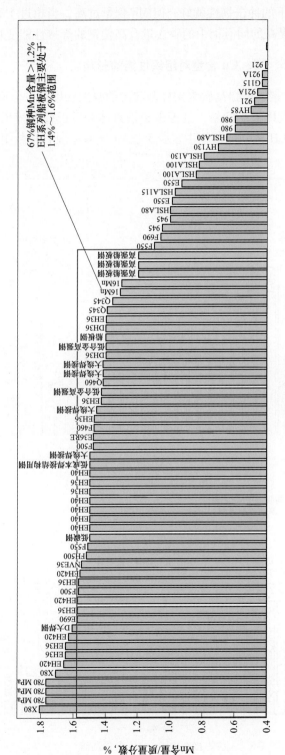

图 1-4 大线焊接钢中 Mn 含量调研

因此，船体钢在成分设计时，一般控制 Mn 在 1.0%~1.5% 之间。当 Mn/C 比值大于 2.5 以上时，钢在低温条件下的冲击韧性就好，但 Mn 含量过高，当超过 1.5% 时，钢的延展性将急剧下降，Mn 含量提高的同时钢中的碳含量升高使钢的焊接性能变坏[35]。

1.2.3　微合金元素 Cr、Mo、Ni、Cu 含量对组织性能的影响

Cr 是中等碳化物形成元素，能提高碳素钢轧制状态的强度和硬度，但同时降低塑性和韧性[8]。含 Cr 钢中晶界铁素体未受抑制，且侧板条铁素体和贝氏体明显增加，导致 HAZ 韧性下降。如图 1-5 所示，EH 系列船板钢中较少添加 Cr 元素，现有文献报道中，Cr 元素处于较低水平。

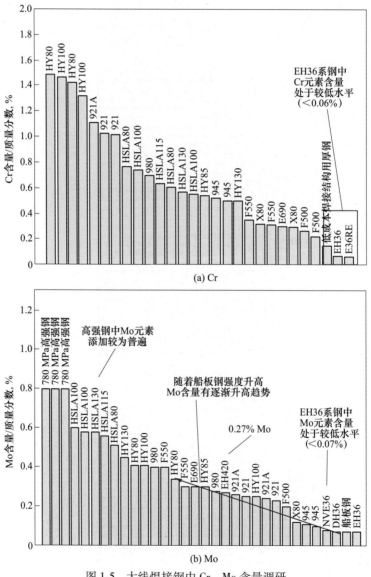

图 1-5　大线焊接钢中 Cr、Mo 含量调研

Mo 提高淬透性是一些厚板钢必要合金元素。Mo 可抑制晶界铁素体，促进生成针状铁

素体和贝氏体微细组织。Mo 能够有效降低贝氏体开始转变温度及避免铁素体相变，使得在较宽的冷却速率范围内获得完全的贝氏体组织。有助于在较大的线能量范围内，热影响区获得合适的组织[8]。但钢中的 Mo 需控制在一个较低的水平，以避免出现过多的 M-A 组元。如图 1-5 所示，随着船板钢强度升高，钢中 Mo 含量呈升高趋势，整体看 EH36 系船板钢 Mo 元素仍处于较低水平。

总的来说，EH36 系船板钢中一般无 Cr 元素，即钢中不额外添加 Cr 元素；EH 系列钢中较少添加 Mo 元素，少量添加 0.07%Mo 元素。

Ni 是提高钢低温韧性非常重要的元素，具有明显降低韧脆转化温度的作用，可抑制粗大的先共析铁素体形成，细化铁素体晶粒，改善钢的低温韧性。Ni 能影响 C 与合金元素的扩散速度，阻止珠光体形成，提高淬透性，减缓焊接时的淬硬开裂趋向[8]。提高 Ni 含量是解决当前超高强度船体结构钢焊接性问题最有效的手段[36]。如图 1-6 所示，随着船板

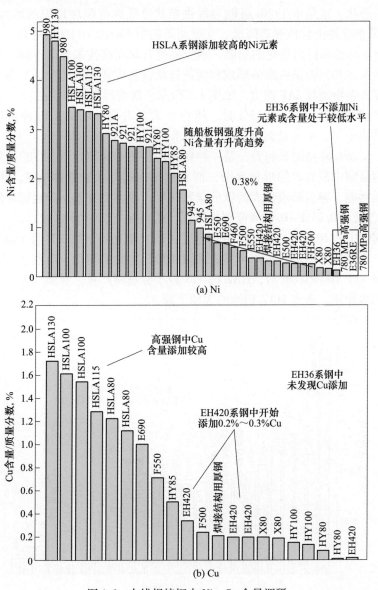

(a) Ni

(b) Cu

图 1-6 大线焊接钢中 Ni、Cu 含量调研

钢等级的提高，钢中 Ni 元素含量呈升高的趋势。

　　钢中添加 Cu 可以产生 ε-Cu 析出相，提高钢材强度，但 Cu 较高时易导致铜脆现象。在一定范围内，随着 Cu 元素的增加，焊缝组织中针状铁素体含量均先增加后减少，Cu 含量过多时，针状铁素体转变为多边形铁素体（粒状贝氏体），组织粗化，分布不均匀，降低冲击韧性。如图 1-6 所示，EH420 钢中开始添加 0.2%~0.3% 的 Cu 元素。

　　总的来说，EH420 系钢中，开始添加 Ni 和 Cu 元素，添加量在 0.3% 左右。

1.2.4　微合金元素 Nb、V、Ti、N 含量对组织性能的影响

　　Nb 元素可以提高奥氏体再结晶温度细化晶粒，还可通过析出 Nb 的碳、氮化物起到析出强化作用。Nb 对热影响区的影响与钢的化学成分和热输入有关，当热输入小时（15~60 kJ/cm），Nb 含量对韧性影响不明显；当热输入大时（60 kJ/cm），Nb 的影响比较明显，韧性严重恶化，这是由于 Nb 可能与促进粒状贝氏体等脆性组织的形成有关[37]。Nb 含量升高 HAZ 低温冲击韧性显著降低，文献调研钢中 Nb≤0.011% 较适合。

　　V 具有细化晶粒和析出强化的功能，钢板强度升高而韧性未显著下降。V 元素具有抑制晶界片层铁素体和侧板条铁素体形成和促进针状铁素体转变的趋势。V 与夹杂物复合析出有利于提高夹杂物诱导 IAF 能力。如图 1-7 所示，随着船板钢等级提高，钢中 V 含量呈升高趋势。文献调研钢中 V≤0.05% 时，随着 V 含量升高，HAZ 低温冲击韧性无明显变化。大线焊接钢中 Ti、N 含量调研如图 1-8 所示。

　　Ti 和 O、N 都有极强的亲和力，是一种良好的脱氧剂和固定 N、C 的有效元素。Ti 的氧化物被认为是钢中最有效的形核夹杂，能有效地促进针状铁素体形核。但过量的 Ti 不利于改善钢的性能，容易形成粗大的钛的碳氮化物，成为裂纹源，导致韧性降低。

　　钢中 Ti 含量在 0.01%~0.04% 范围内计算，适当提高钢中 Ti 含量。

　　N 可以与钢中的 Nb、V、Ti、Zr 结合形成（碳）氮化物。如 TiN 粒子能有效促进针状铁素体形核，在焊接热循环过程中可有效地阻碍奥氏体晶粒粗化，有利于韧性的提高。但当焊接线能量大于 100 kJ/cm 后，HAZ 区 TiN 粒子分解将严重，导致 TiN 失去促进铁素体形核和钉扎晶界作用，造成 HAZ 韧性的大幅下降。

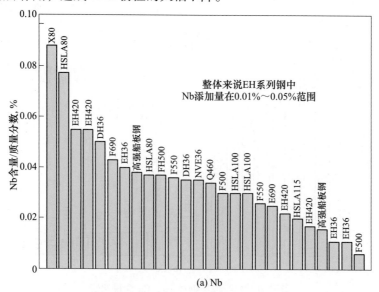

(a) Nb

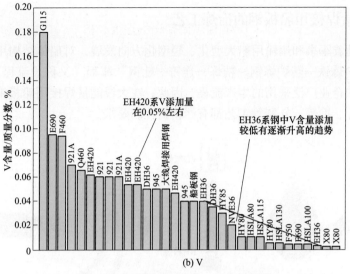

(b) V

图 1-7 大线焊接钢中 Nb、V 含量调研

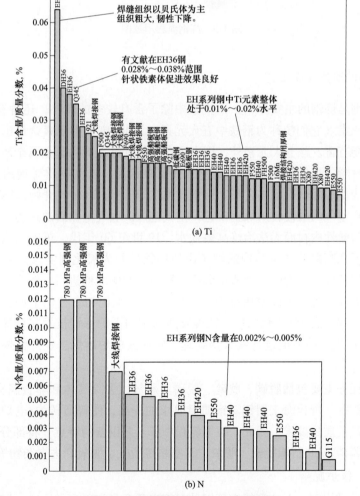

(a) Ti

(b) N

图 1-8 大线焊接钢中 Ti、N 含量调研

1.3　大线能量焊接用船板钢的冶炼工艺

　　近年来，随着军事和运输用船大型化、轻型化方向发展，对船体结构用钢提出更高的标准。以"高炉炼铁—转炉炼钢—精炼—连铸—轧钢"流程（又称长流程）为主，图 1-9 所示是现代钢铁企业广泛采用的生产流程。因此，在大线能量焊接用船板钢的生产过程中对合金成分设计、冶炼、轧制等工艺都有严格的控制要求。

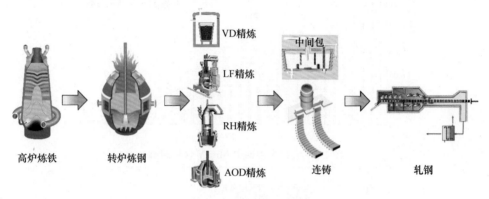

图 1-9　炼钢流程示意图

1.3.1　船体钢的冶炼控制工艺

　　生铁和废钢是炼钢的主要原料，而生铁中除了含有较多的碳外，还含有一定量的硅、锰、磷、硫等元素（它们统称为钢铁中五大元素）；同时废钢中元素含量也很复杂，有些对钢的要求性能有害。除五大元素外，钢中还含有氮、氢、氧和非金属杂质物。它们在冶炼过程中以原材料、炉气或反应产物的形式残留在钢液。这些物质对钢的性能有极大影响，必须调整或尽量降低有害物含量。炼钢技术从 19 世纪 50 年代开始，1856 年英国人贝塞麦发明了底吹空气的酸性转炉炼钢工艺，空气进入炉底气室然后通过透气砖进入钢液熔池，该技术因为酸性内衬而无法冶炼高磷铁水。19 世纪 60 年代，英国人西门子和法国人马丁分别发明了在高温蓄热室结构的炉子内使用铁矿石为氧化剂实现铁液脱碳的炼钢过程，称为平炉炼钢技术，冶炼过程渣钢分离，脱磷在脱碳之前进行，钢中氮含量低，冶炼炉容积可以达到几百吨，可以使用废钢，该技术于 20 世纪初全替代了贝塞麦的底吹空气转炉炼钢技术。20 世纪 90 年代以后，欧美发达国家的平炉炼钢技术完全被顶吹氧气转炉技术替代[38]。广义上的炼钢包含铁水预处理、转炉或电炉冶炼、炉外精炼和后续的连铸或模铸过程[39]。

　　炼钢基本任务主要包括脱碳、脱硫、脱磷、脱氧、去除气体和非金属夹杂物、升温、合金化、浇成钢锭。现代海工用钢对钢质量要求的提高，使普通转炉/电炉冶炼出来的钢液已经难以满足其质量要求，因此，根据流程中各工艺设备的特点，将部分任务移到炉外进行。如转炉脱磷，LF 精炼脱硫、脱氧，真空精炼脱气、脱氧和去夹杂物等。

1.3.1.1　转炉脱磷

　　近年来，海洋用钢、石油管线钢等钢种对钢中磷含量有很高的要求，随着用户对钢材质量要求的提高，钢材产品对磷含量要求也越来越苛刻，降低钢中磷含量成为高附加值钢材产品生产中的重要环节[40]。转炉脱磷工艺利用了转炉容积大的特点，可以实现转炉前期快速高效低碱度脱磷。在低温低碱度转炉脱磷的条件下，低温在热力学上有利于脱磷，但温度过低会使渣过于黏稠而影响动力学条件并使倒渣困难；适当提高碱度，脱磷效果较好。随着渣中氧化铁含量的上升，脱磷效果先上升后下降。转炉脱磷渣中固液两相共存，其中的富磷相固溶体具有很好的富磷作用[41,42]。脱磷反应是典型的渣-钢界面反应，渣的形成速率对脱磷有关键性影响。熔渣形成后，它在渣-钢界面上的反应速率很快，反应的控制环节是界面两侧的传质。多数情况下氧的传质不是限制环节，脱磷速率是由界面两侧磷的传质控制的。国内转炉脱磷技术可分为单渣法、双联法和双渣法。单渣法在整个吹炼过程只造一次渣，中间不倒渣，终点直接出钢完成冶炼。该工艺操作简单，但石灰等辅料消耗量、渣量较大，且脱磷效果一般[42]。双联法在脱磷转炉中完成脱磷后迅速出钢，再将钢水转移至脱碳转炉重新造渣吹炼由于脱磷后渣钢完全分离，能有效提高脱磷率，但由于该工艺两个转炉利用效率低，同时中间出钢热损失大。双渣法转炉脱磷工艺只需要一个转炉，且钢水洁净度高，是转炉脱磷的重要发展方向，基本流程如图1-10所示[41]。

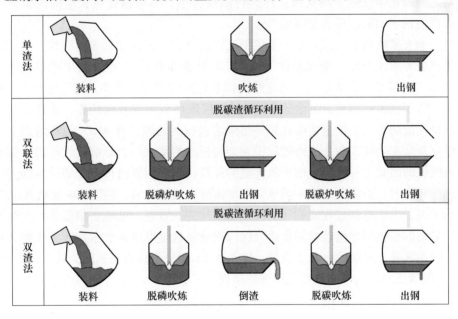

图1-10 转炉脱磷工艺的基本流程

宝钢自2002年开始自主研发BRP（Baosteel BOF Refining Process）技术。该工艺的脱磷和脱碳分别在两个转炉中进行。脱磷炉使用专用氧枪，并对顶、底吹系统进行了较大的改动。BRP技术取得了良好的生产效果，通过对转炉的改造和原料的优化，脱磷效率增加。同时终点磷含量均低于常规转炉，整个吹炼过程的总渣量小于60 kg/t[41]。首钢京唐开发了"全三脱"铁水生产技术，其中的脱磷工序使用双联法进行。经过KR脱硫的铁水先在脱磷炉中进行脱磷，脱磷过程中熔池温度控制在1300~1350 ℃，脱磷渣碱度为2.0左右，渣中FeO质量分数为12%。脱磷炉出钢后通过钢包兑入脱碳转炉。脱碳终渣碱度在4.0以上，通过循环回收处理后加入脱磷炉作为脱磷预处理剂使用，从而降低石灰消耗。

脱磷炉通过专用脱磷氧枪、大底吹流量、顶吹枪位控制和废钢尺寸优化等措施，采用双联法工艺的平均脱磷终点磷质量分数为 0.0307%，脱磷率为 70%。同时降低了石灰消耗量，实现了脱碳炉少渣冶炼[41]。

总的来说，高炉炼铁工艺中主要以还原反应为主，铁矿石中的磷几乎全部进入铁水中。转炉冶炼过程主要为氧化反应，铁水中的磷在炼钢过程形成氧化物并进入炉渣中脱除，从而完成脱磷的任务，随着炉外精炼的广泛普及，转炉炼钢任务得到极大缓解，由于脱磷热力学条件中高氧化的特点，使炼钢脱磷任务最迟在转炉完成[40]。

1.3.1.2　LF 精炼脱硫

LF 精炼（Ladle Furnace）即钢包精炼，是钢铁生产中主要的炉外精炼设备。它的主要任务是：（1）脱硫；（2）温度调节；（3）精确的成分微调；（4）改善钢水纯净度；（5）造渣。LF 精炼是钢铁生产中主要的炉外精炼设备。由于它设备简单，投资费用低，操作灵活和精炼效果好而成为冶金行业的后起之秀。LF 精炼主要靠钢包内的白渣，在低氧的气氛中，向钢包内吹氩气进行搅拌，并由石墨电极加热钢水而炉外精炼。由于氩气搅拌加速了渣钢之间的化学反应，用电弧加热进行温度补偿，可以保证较长时间的炉外精炼时间，从而可使钢中的氧、硫含量降低[42]。

硫对于绝大多数钢是有害元素，不仅引起钢的热脆，还会增加表面裂纹，引发氢致裂纹、硫化物应力腐蚀裂纹，造成韧性下降，Z 向性能恶化[43]。在炼钢生产过程中，主要采取"高温、高碱度、大渣量、低氧化性"以及良好的动力学条件共同作用完成脱硫。在此模式下，除了硅镇静钢外，其余钢种均在 LF 精炼环节完成脱硫任务，并且大多采用铝脱氧、高碱度渣的工艺。但是需要在精炼结束前进行钙处理，将 Al_2O_3 等高熔点夹杂物变性成低熔点复合夹杂物，防止浇铸过程中夹杂物析出堵塞水口，影响连续浇铸。钢水的氧位是影响脱硫的因素之一，随着钢中氧含量的提高，钢中的氧将抑制脱硫反应的进行。当炉渣氧化性较高时，炉渣会向钢中供氧，增加钢液中的溶解氧，进而影响脱硫效果[44]。

总的来说，由于炼钢过程脱氧和脱硫控制条件的一致性，低硫必须低氧，大线能量焊接用钢所采用的氧化物冶金技术需要适当保持钢液氧含量以生成大量弥散氧化物夹杂，因此，氧位控制和硫元素脱除存在矛盾性，缩小了 LF 钢液氧位可控区间。铁水预处理脱硫，对减缓 LF 脱硫压力，实现钢液氧宽范围控制提供了可能。

1.3.1.3　真空精炼脱气

钢液真空处理目的：（1）脱气（N_2、H_2 等）；（2）真空脱碳；（3）脱氧并去除夹杂物，这是提高钢液质量的重要途径，常用的真空装置有 RH 和 VD。RH 精炼设备也称真空循环脱气设备。真空循环脱气是利用空气扬水泵的原理。首先将钢水吸入真空室，接着在一个浸入管的侧壁向钢水内吹入氩气。这些氩气在高温钢水和真空室上部的低压作用下迅速膨胀，导致钢水与气体的混合体的密度沿着浸入管的高度方向不断降低，在由密度差产生的压力差的作用下，使钢水进入真空室。进入真空室的钢水与气体的混合体在高真空的作用之下释放出气体，与此同时，使钢水变成钢水珠，钢水珠内欲脱除的气体在高真空的作用下向真空中释放的过程中又使钢水珠变成更小的钢水珠，从而达到了十分好的脱气效果。释放了气体的钢水沿着下降管返回到钢包中。VD 精炼是将钢包置于真空室中，同时钢包底吹氩搅拌的一种真空处理法。VD 精炼可进行脱碳、脱气、脱硫、去除杂质、合金化和均匀钢水温度、成分等处理，其主要设备由真空系统、真空罐系统、真空罐盖车及加料系统组成。

钢液脱气主要是氮和氢。研究表明，为了发挥钒、铬、铌等元素的合金化效果，进一步提高特钢产品的性能，越来越多的特钢产品在成分设计上对氮质量分数都有严格的上下限要求，即在冶炼过程中要稳定控制钢中氮质量分数保持在一个上下限范围内，以保证成品[45]。钢中氢是钢板敏感有害元素，尤其是针对厚钢板，钢中氢含量超过白点临界值时，会导致钢材性能恶化乃至报废[46]，因此，要把氢含量控制在合理的范围之内。钢中氢的来源，一是含水物料，二是氢直接溶解在金属物料中，三是水和大气的蒸汽与炉渣反应。研究发现，水是影响钢中含氢量的重要因素。提升气流量对循环流量、混匀时间和工业生产中实际脱氢效果均比较明显，随提升气流量的增加，循环流量增加，但增幅降低、混匀时间降低，实际生产中的脱氢效果先变好后变差。浸渍管插入深度对循环流量影响不大，对混匀时间有一定影响，且随插入深度的增加混匀时间先减小后增加[46]。从 RH 工作的三种模式对比，本处理工艺，根据真空度的高低，合理控制处理时间，脱氢效果非常显著，处理结束氢达到 $2×10^{-6}$ 以下，脱氢率可达 70%~80%，轻处理工艺效果次之，脱碳处理工艺效果最差[47]。

当钢水中碳的质量分数小于 0.015% 时，利用转炉或电炉冶炼再降低碳含量已不可能，而利用 RH 真空脱碳使其成为可能，可使钢水中碳的质量分数降到 0.02% 以下[48]。因为碳氧反应生成 CO 气体，抽真空可降低系统内 CO 的分压，使化学平衡向着生成 CO 的方向移动，从而增强碳的脱氧能力，使钢中的碳和氧含量降低。在真空条件下，碳的脱氧能力与硅、铝的脱氧能力水平相当，并且碳的脱氧产物为 CO 气体，可以从钢液中排除，不会形成非金属夹杂物滞留在钢中而影响钢的质量[48]。但船板等海工钢对钢板强韧性有较高要求，碳元素是重要强度合金元素，因此，一般不需要在 RH 中采用脱碳处理模式。

在现今的钢铁冶金发展进程中，炉外精炼已经成为了确保钢铁质量和实用性的重要途径[49]。RH 真空处理工艺就是其中的一种，最初 RH 精炼的主要目的是对钢水进行脱氢，防止钢中产生白点，主要用于对气体有较严格要求的钢种使用，特别是海工钢中厚规格尺寸必须进行 RH 精炼。

1.3.1.4 脱氧与夹杂物的控制

由于转炉吹氧脱碳，导致钢液吹炼终点处于过氧化状态，需对钢液进行脱氧。钢液脱氧方式主要分为沉淀脱氧、炉渣扩散脱氧、真空脱氧[42]。沉淀脱氧法的脱氧效果受到脱氧剂选择、加入工位、加入时机等影响，氧含量下降快，但会导致非金属夹杂物的生成。炉渣扩散脱氧主要在 LF 精炼进行，通过造高碱度还原渣进行钢液脱氧和脱硫，同时可以吸收夹杂物，是 LF 精炼工序的主任务。真空碳脱氧在 RH 或 VD 中进行，利用碳氧反应无污染脱氧，但对海工等结构用钢而言，由于需要保留部分碳元作为合金元素，较少使用真空脱氧处理。

钢中非金属夹杂物对钢质量有重要的影响。根据夹杂物的来源，可把夹杂物可分为内生夹杂物和外来夹杂物，如图 1-11 所示。内生夹杂物是钢水脱氧产物或在凝固的析出物，外来夹杂物是钢水与外界发生机械作用或偶然的化学反应产物[50]，通常外来夹杂物尺寸较大，在钢水中容易上浮去除，但其成分复杂，在钢中零星分布。一般钢中存在夹杂物对钢性能有害，在应力的作用下，夹杂物处易产生裂纹源，不利于钢件力学性能、耐蚀性和加工性等。因此，控制非金属夹杂物的含量、尺寸和分布是生产高品质钢最重要的环节之一[50]。相比于传统洁净钢冶炼要求钢液中夹杂物尽可能去除和无害化，大线能量焊接用钢是利用钢中微小、弥散氧化物，使其也能对材料性能起到积极作用，如晶粒细化、析出强化、第二相强化等。相应大线能量焊接用钢对钢液氧含量控制和夹杂物控制具有不同要求特点，如控制钢液氧位使钢中具有大量目标夹杂物，进行镁处理促使夹杂物细小弥散分布等。

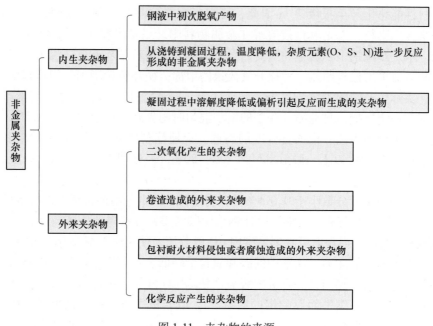

图 1-11　夹杂物的来源

1.3.1.5　连铸

连铸是冶金轧制技术中承接冶炼和轧制两大方面的重要环节。连铸技术的快速发展是当代钢铁工业推进的一个非常引人注目的动向。该技术之所以发展迅速，是因为它与传统的模铸相比具有较大的经济技术优越性，主要体现在可以简化生产工序、提高金属的收得率、节能减排、改善劳动条件实现自动化以及保持良好的铸坯质量等方面。连铸过程是将钢水转化成固态钢的过程，这一转变伴随着固态钢成形、固态相变、结晶器铜板与铸坯表面的换热以及冷却水与铸坯表面间复杂换热的过程，钢水要经历钢包→中间包→结晶器→二次冷却→空冷区→切割→铸坯的工序。在整个连铸过程中，钢水会发生相变，铸坯也要经受弯曲、矫直等一些变化[51]。图1-12连铸机的简图。

海工钢厚板连铸坯易形成成分偏析、中

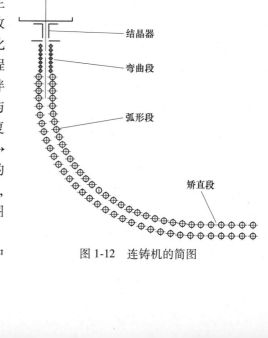

图 1-12　连铸机的简图

心疏松等，在后续的加热和轧制过程中难以有效消除，影响后续大断面轧材内部质量、导致性能不均匀，制约了高端钢材的高质、高效与绿色化生产。电磁搅拌、轻压下或重压下可以改善厚板中心偏析及"V"形偏析，减轻中心疏松以及缩孔，但电磁冶金技术和铸坯压下技术对偏析和疏松影响机理完全不同，因此，应根据连铸工艺精确选择电磁搅拌、压下方式和位置及相应工艺参数，实现三者在连铸过程有效匹配。

1.3.2 海工钢 TMCP 工艺控制

TMCP 技术是指热机械控制工艺（Thermal Mechanical Control Process），该技术将控制轧制和控制冷却相结合，简称为控轧控冷工艺。用以提升钢板的各种性能，例如，提高钢板的强度，改善韧性和可焊接性。控制轧制和控制冷却技术的研究始于第二次世界大战中，德国科学家发现全焊接结构船只发生脆性断裂事故，通过对造船用厚板的研究，研究人员意识到材料性能与热加工条件之间存在一定相互关系。到了 20 世纪 60 年代初期，在美国、苏联科研人员从理论上解释了钢材形变热处理工艺、钢组织和性能的关系，从而解释了控制轧制技术。近年来，科研人员通过添加微量元素铌、钒、钛等对轧制钢材的有效强度进行测试，实验研究表明，加入微量元素能提高强度，同时应采用控轧工艺，否则韧性变差，只有在采用控轧工艺时，钢材的强度和韧性才可以提高，即微量合金元素与控轧工艺需要相辅相成。因为控轧工艺可使晶粒细化，从而抵消了因析出强化引起的韧性恶化[52]。

TMCP 技术最早由日本学者 Kozasu 于 1977 年在美国的"微合金化"大会上首次提出，由此启动了整个钢铁业对此技术的研究，直到 1988 年 TMCP 工艺才趋于成熟。1990 年以来，控轧控冷技术逐步在棒线材等型材领域得到规模应用，由此推动了产线装备的技术发展，如轴承钢棒材的在线球化、冷镦钢线材的免退火、高碳钢线材生产的直接铅浴处理等技术，使钢制品的性能和质量得到进一步提升[53]。

TMCP 工艺由控制轧制发展而来，在控制轧制基础上，在轧后通过层流水或超快冷加速轧制后钢的相变，进一步细化组织和抑制渗碳体析出，可显著提高钢的强度、低温韧性，因此，TMCP 钢可采用低碳低合金成分设计，在保持高强度高韧性的同时，也有利于改善可焊接性[54]。

TMCP 是在控制加热温度、轧制温度与压下量的基础上，对热轧生产过程再次进行空冷、控冷与加速冷却的技术总称。其工艺原理是在控制冷却阶段，当轧制温度达到 A_{r3} 这一临界温度线时，开始对轧制设备进行水冷操作，当达到 500~550 ℃ 的相变终了温度时，水冷工序结束；然后对生产过程进行空冷，空冷过程中将生成珠光体；而在控制冷却时，这些珠光体将逐渐转变成为微细分散的贝氏体，经过控冷工序以后，所形成的铁碳组织变成了细晶铁素体与微细分散型贝氏体的混合组织。由于铁素体晶粒本身具有良好的强度与韧性，因此，通过这种方法可以大大提升中厚板钢材的强度。与此同时，钢材本身的延伸性也得以改善。TMCP 工艺之所以能够产生这种应用效果，究其原因是在加速冷却控制下，奥氏体的相变温度大幅降低，这时 $\gamma \rightarrow \alpha$ 的相变驱动力增大，随着冷却速率的加快，碳与氮化物的析出时间将大幅延迟，进而产生更多弥散状的析出物，如果继续加大冷却速率，最终将形成贝氏体或者针状铁素体，在这种情况之下，中厚板钢材本身的强度与韧性也将得到大幅提升[55]。

1.3.2.1　控制轧制

控制轧制技术将形变与相变相结合，通过对板坯加热温度、轧制过程温度以及轧机压下制度这三项参数的控制，从而得到组织优良以及性能优良的钢材组织。该技术在细化晶粒的同时使韧性、强度以及焊接性能均得到一定提升[56]。

控制轧制大致可以分为以下三个阶段。第一阶段是在奥氏体再结晶区控制轧制，在该范围内进行轧制，能够使晶粒细化，从而提高钢的韧性。第二阶段是在奥氏体未再结晶区控制轧制，该过程的主要目的是让晶粒的长度增加，增加转变时的晶核生成能量，以使得铁素体晶粒呈现极其细小的状态，对钢板的韧性又有进一步的提升。第三阶段是在奥氏体和铁素体两相区控制轧制，这一阶段已经出现了加工硬化和珠光体析出的硬化，对钢强度的整体提高有很好的作用，但是板厚方向上的强度却有所降低。把控制轧制的原理应用到现实钢材生产中去，提高钢材的整体性能，就形成了广义上的"控制轧制"概念[57]。东日本工厂（京滨）中厚板轧机布置及 Super-CR 控制轧制工艺如图 1-13 所示。

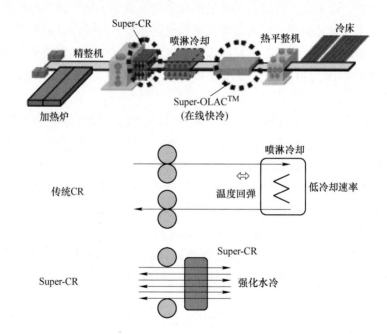

图 1-13　东日本工厂(京滨)中厚板轧机布置及 Super-CR 控制轧制工艺

控制轧制技术对设备方面有较高的要求，但是它能大大改善钢材的性能，使强度和韧性等都有很大的改善，使钢板能够在更严苛的条件下使用。控制轧制技术优化了生产过程，减少了很多轧制过程中不必要的浪费，同时还可以节约能源，节省了生产成本。

1.3.2.2　控制冷却

控制冷却是指通过控制热轧钢板轧后的冷却条件（冷却温度和冷却速率）来控制奥氏体的组织状态、相变条件、碳化物析出行为、相变后钢材的组织性能，提高钢材的强度而不损害韧性[58]。

控制冷却技术的工业应用首先是板带钢材的轧后冷却，从设备方面，根据冷却效果可划分为三代：第一代（20 世纪 80 年代前）：以喷淋冷却为代表的冷却技术，冷却水流密度小（小于 300 L/(min·m²)），喷水压力以 0.20~0.50 MPa 为主，倾斜喷射或垂直喷射。第二代（20 世纪 80 年代至 90 年代）：20 世纪 90 年代以后出现的层流喷射（Laminar Jet）冷却技术，如日本住友金属 DAC（Dynamic Accelerated Cooling）采用水幕冷却，日本 JFE 的 OLAC（On-Line Accelerated Cooling）采用柱状层流。其冷却水流密度在 380~700 L/(min·m²)，冷却水压力不高，但是动量较大，可以击破钢板表面残水膜，获得较强的冷却效果。20 世纪 90 年代后，以改进型层流喷射（Modified Laminar Jet）冷却技术为主。气-水混合冷却（气雾冷却）也是这一时代的产物，如 CLECIM 公司的 ADCO（Adjustable Dynamic Cooling）技术。第三代（21 世纪以来）：自 21 世纪以来，强化冷却（Intensive Cooling）技术逐步得到开发与应用。代表性的是欧洲开发的 UFC（Ultra Fast Cooling）、VAI 的 MULPIC 技术，JFE 公司的 Super-OLAC，NSC 开发的 IC（Intensive Cooling）技术，POSCO 开发的 HDC（High Density Cooling）。特征是：提高供水压力、流速、水流密度来抑制冷却过程中的过渡沸腾和膜沸腾，尽可能实现核沸腾，提高换热效率，水流密度多在 1800~3400 L/(min·m²)[59]。TMCP 冷却设备的发展历程如图 1-14 所示。

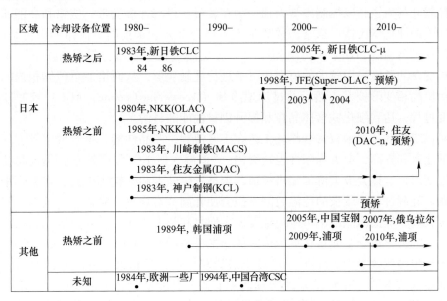

图 1-14　TMCP 冷却设备的发展历程

在 TMCP 工艺发展过程中，关注的主要问题是冷却温度、冷却后板形的均匀性、可控性以及生产效率的提高。国内外各钢铁生产厂都对 TMCP 冷却方式、安装位置以及钢板的移动方式进行了创新发展。目前，加速冷却装置可以在钢板移动方向上划分冷却区，进而实现连续冷却，在每个区域中，钢板的上下表面冷却可独立控制[60]。

1.3.2.3　新一代 TMCP

东北大学轧制技术及连轧自动化国家重点实验室（RAL）提出并研发了以超快速冷却为核心的新一代 TMCP 工艺，并于 2017 年获得国家科技进步奖二等奖。该技术利用多种强化方式的综合作用机制，充分挖掘热轧工艺的潜力和作用，避免了传统 TMCP 过度依赖"大量添加合金元素"和"低温大压下"的技术局限[61]，采用节约型的合金成分设计和减量化的生产制造方法，开发出具有良好力学性能、使用性能的特色中厚板产品，对于生产工序节能降耗，提升产品使用性能，推动热轧产品的绿色化生产具有重大推动作用。

为了适应新时代工业发展的需要，钢铁技术的发展必然围绕"新型绿色化钢铁材料开发"展开，构建"成分、工艺、组织、性能"间的四面体关系，实现"减量化、低成本、高性能"绿色化钢铁材料的设计和生产。以超快速冷却技术为核心的新一代 TMCP 工艺是实现钢材减量化生产的有效途径，可以节省大量的资源和能源，对钢材的循环再利用，实现钢铁工业可持续发展具有重要意义[62]。进入 21 世纪以来，中国钢铁行业也面临着产能过剩、环境污染、成本高、能耗大等众多问题。通过消化引进技术及自主集成，中国已自主研发出低碳低合金高强钢 TMCP 工艺，并已发展到采用超快速冷却技术的新一代 TMCP 工艺。TMCP 工艺在推动钢铁绿色制造方面作出了巨大贡献，其发展符合"资源节约型，环境友好型"的发展目标。展望未来，在已有研究的基础上，需要不断研究并调整 TMCP 工艺参数来适应不同成分的钢种，合理配置细晶强化、相变强化、析出强化等各种强化机制，充分挖掘钢的各种性能，满足不同领域对钢材性能的要求[59]。传统 TMCP 技术的特点是以控制轧制为主，以控制冷却为辅。为在轧后获得富含形变带、位错和高能非共格孪晶界等缺陷的硬化奥氏体，通常需要添加大量微合金元素来提高奥氏体的未再结晶温度，使奥氏体在较高温度即处于未再结晶区[58]。在轧制过程中采用"低温大压下"手段，即在接近相变点的温度采用较大的道次压下量进行轧制变形，从而增加单位体积内的界面面积，进而提高相变形核率。然后通过加速冷却（Accelerate Cooling，ACC）控制硬化奥氏体的相变过程，达到细化铁素体晶粒和提升钢材性能的目的。

虽然传统 TMCP 技术较常规热轧工艺在工艺流程、产品性能、生产效率等方面均有很大程度的改善和提高，但其局限性也很突出。"低温大压下"强调的是在临近相变点进行较大程度变形，这样会极大增加轧机负荷，容易发生轧卡和断辊等事故，也会带来较多的板形问题。轧制过程中较长的待温时间不但会使轧制节奏变慢，降低生产效率，而且由于待温温度较高，奥氏体晶粒不可避免地要发生回复和长大，从而导致控制轧制的细化效果被削弱，且容易导致合金元素在奥氏体区的非平衡态析出，极大地减少了铁素体中的析出量，使得析出强化效果大大降低[61]。对于诸如双相钢、复相钢、贝氏体钢和马氏体钢等具有特殊要求的钢种，由于 ACC 的冷却能力有限，其冷却能力不足以达到要求，往往需要添加 Cr、Mo、Mn 和 Ni 等元素以降低钢材的临界冷却速率，提高钢材淬透性，以便获得马氏体或者贝氏体组织，这样会使产品的成本大幅增加。以超快速冷却为核心的新一代 TMCP 技术突破了传统 TMCP 技术的局限性。提出在奥氏体区"趁热打铁"，在相对较高的温度完成连续轧制和变形积累，获得高能畸变的硬化奥氏体，再根据产品的需要，采用超快速冷却技术快速通过奥氏体区，结合合理的冷却路径设计，即可获得理想的组织和性能[61]。新一代 TMCP 技术与传统 TMCP 技术的比较如图 1-15 所示。

与传统 TMCP 技术相比，新一代 TMCP 技术具有以下几个方面的优势。首先轧制过程在较高的温度下完成，降低了对轧制设备的要求，减轻了轧机的负荷，提高了轧制设备的寿命，避免了事故的多发。其次超快速冷却技术的应用，加快生产节奏，提高生产效率和

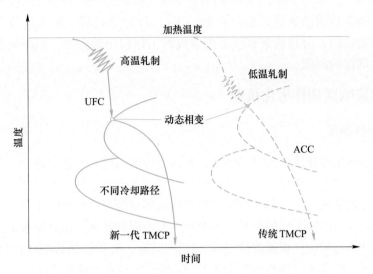

图 1-15 新一代 TMCP 技术与传统 TMCP 技术的比较

产量[61]。再有采用 UFC 技术可以替代微合金元素的部分作用，使低成本和减量化的成分设计成为可能。新一代 TMCP 技术秉承了制造领域的"4R"原则（减量化、再循环、再利用、再制造），采用减量化成分设计和高效率生产方法，对于节省资源和能源，实现钢铁工业可持续发展，具有深远意义[61]。

1.3.3 氧化物冶金冶炼要求

世界造船业的发展经历了由欧美向日韩向中国逐步转移的进程，但高端船舶生产技术、关键材料仍由国外掌握，目前大热输入焊接船舶用钢的研发和生产仍然是日韩领先，中国追赶的格局[62]。大线能量焊接用钢针对 P、S 等有害元素控制与传统洁净钢控制要求相一致，脱磷任务主要在转炉进行，一般控制钢液 P 含量小于 0.02%，脱硫任务一般在 LF 精炼进行，通过造高碱度精炼渣实现深脱硫，部分企业高炉出铁后匹配铁水预处理可以极大缓解炼钢压力，尤其是 LF 脱硫压力，为 LF 控氧提供了操作空间。大线能量焊接用钢核心是采用氧化物冶金工艺，其关键是获得大量细小弥散的氧化物夹杂，因此，相比传统超低氧钢，大线能量焊接用钢需进行氧含量控制，并匹配相应的 Mg、Ti 处理改性夹杂物。真空处理工艺是大线能量焊接用钢，尤其是厚规格大线能量焊接用钢的必须工艺，旨在防止厚板钢白点的问题，但值得关注的是 LF-VD/RH 双联工艺时，LF 先进行夹杂物控制时，经过真空处理后夹杂物大量上浮，钢中有效夹杂物减少影响最终氧化物冶金效果。大线能量焊接用钢连铸工艺控制与传统低碳合金结构钢相一致，针对厚规格连铸坯需着重注意 C、Mn 等元素偏析问题，若后期无法有效消除会导致钢板心部劣性组织大量生成，钢板冲击韧性差的问题。TMCP 工艺是现行大线能量焊接用钢板坯普遍采用的工艺，其工艺制定与钢中合金元素种类、含量密切相关，控轧阶段常推荐采用少道次大压下的方式细化心部组织晶粒，但厚规格（>70 mm）心部组织有效控制仍然是亟须关注的难点；控冷阶段是钢板组织类型控制的关键工艺，钢板微合金元素选择和含量不同，控冷工艺应差异化选择，避免冷速过大导致贝氏体大量生成，导致钢板强度过大而韧性不合。总的来说，大线能量焊接用钢冶炼要求是在传统洁净钢生产的基础上，控制合理钢液氧位，选择合适的 Mg、Ti 处理时机、加入量等完成氧化物冶金工艺，在轧制阶段，薄规格钢板可适用常规海工结构用钢工艺，但厚规格钢板需关注心部组织有效调控的问题。

1.4　焊接热影响区韧性劣化机理

1.4.1　焊接热影响区

焊接热影响区是焊接接头的薄弱环节，其力学性能的优劣，将决定整个焊接接头的性能。熔焊时在高温热源的作用下，焊缝两侧的一定范围内发生组织和性能变化的区域称为热影响区，或称近缝区。由于焊接时母材热影响区各点距焊缝的距离不同，各点所经历的焊接热循环不同，会出现不同的组织，因而就具有不同的性能。由此看来，整个焊接 HAZ 的组织和性能是不均匀的。根据焊接 HAZ 组织的特征，将焊接热影响区分为以下四个区：熔合区、粗晶区、细晶区（相变重结晶区）、两相区（不完全重结晶区）[63]。

图 1-16 为焊接热影响区的各区域分布示意图，熔合区为焊缝与母材相邻的部位，其在化学成分和组织性能上具有较大的不均匀性，因而对焊接接头的强度和韧性有很大影响。粗晶区的温度范围处在固相线至 1200 ℃ 之间[64]，宽度约为 1~3 mm。焊接时该区域内奥氏体晶粒发生严重长大，冷却后得到粗大的过热组织，此区的韧性明显下降，在焊接刚度较大的结构时，常在该区域产生脆化或裂纹。细晶区的区域温度范围处在 1200 ℃ 至 A_{c3} 温度之间，宽度约 1.2~4.0 mm。焊接时该区域将发生重结晶，即铁素体和珠光体全部转变为奥氏体，然后在空气中冷却就会得到均匀而细小的珠光体和铁素体，该区域的金属相当于进行了正火处理[64]，因此，其组织为均匀而细小的铁素体和珠光体，力学性能优于母材。不完全重结晶区，在焊接时该区域温度在 $A_{c3} \sim A_{r1}$ 之间，只有部分组织转变为奥氏体，冷却后获得细小的铁素体和珠光体，其余部分仍为原始组织，因此，力学性能不均匀。

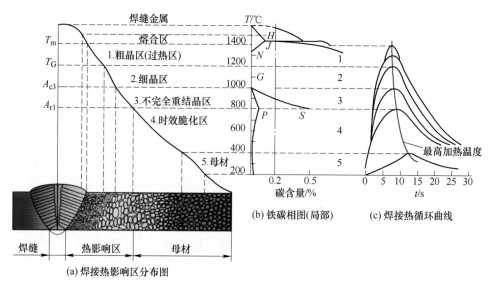

(a) 焊接热影响区分布图　　(b) 铁碳相图(局部)　　(c) 焊接热循环曲线

图 1-16　焊接热影响区各区域分布图

1.4.2 焊接热影响区的组织及韧性劣化成因

焊接热影响区的韧性劣化是在强烈的焊接热循环作用下，在熔合线附近的热影响区的温度瞬时达到 1400 ℃以上，并在高温下长时间停留的情况下，导致热影响区组织粗化。尤其是靠近焊缝的粗晶热影响区（Coarse Grain Heat Affected Zone，CGHAZ），由于峰值温度较高，加热速度快，高温停留时间长，冷却速率慢，奥氏体晶粒严重粗化，冲击韧性最差。

在粗晶热影响区中，粗大的奥氏体晶粒在空冷的条件下缓慢冷却过程中，通过转变温度区时发生二次相变，形成粗大的晶界铁素体（Grain Boundary Ferrite，GBF）、侧板条铁素体（Ferrite Side Plate，FSP）、魏氏体组织（Widmanstätten Ferrite，WF）、上贝氏体（Upper Bainite，BU）、马氏体-奥氏体（M-A）组元以及冷却过程中重新析出沉淀的碳氮化物等，其产生的可扩散碳会聚集在奥氏体。这部分高碳奥氏体在随后的冷却过程中会转变为韧性很差的 M-A 组元[65]，造成韧性损失。

1.4.2.1 先共析铁素体

先共析铁素体是焊接热影响区首先发生的相变组织，其形成温度范围为 900~700 ℃。先共析铁素体也称之为晶界铁素体。先共析铁素体优先在原始奥氏体晶界上形核析出，这主要是因为原始奥氏体晶界处能量起伏大、晶体缺陷多，是先共析铁素体形核长大最有利的区域。先共析铁素体往往沿着晶界呈网状分布。

晶界铁素体析出量的多少，与焊接热循环参数（1300~800 ℃区间的冷却时间）有关，同时也与焊接 $t_{8/5}$ 有关。当 $t_{8/5}$ 增大时，冷却速率变慢，晶界铁素体量增多。当 $t_{8/5}$ 增大时，晶界铁素体的析出量也显著增大。先共析铁素体析出量较少时，主要沿晶界呈网状分布，先共析铁素体析出量较多时，则呈现块状结构。先共析铁素体特点是晶粒尺寸较大，铁素体内位错密度较低，约为 $5 \times 10^9 / cm^2$，且位错在晶内分布均匀，其扭曲也不甚严重。

1.4.2.2 侧板条铁素体

侧板条铁素体是在先共析铁素体转变温度以下析出的，其形成的温度范围为 700~650 ℃，形成的铁素体板条单侧由原奥氏体晶界整齐平行的向奥氏体晶内生长，有时也可能呈锯齿状。一般可以认为是晶界开始扩展的晶界铁素体的增层结构。侧板条铁素体也称之为铁素体魏氏组织，其铁素体板条比较长，长宽比大于 20∶1 或更大些。在铁素体板条间可以观察到珠光体或其他微观相，在随后的冷却过程中发生部分转变或残留下来的结果。侧板条铁素体的形成过程也是形核与长大的过程，属于扩散型相变，新相与母相间保持 K-S 关系。侧板条铁素体晶内位错度大致与先共析铁素体相当。

1.4.2.3 晶内铁素体

一般认为，晶内铁素体的形核温度低于侧板条铁素体，属于中温转变产物。晶内铁素体分为晶内块状铁素体和晶内针状铁素体，二者均是在奥氏体晶粒内部形核长大。晶内块状铁素体呈现块状或多边形状形态，晶内针状铁素体则以大角度混杂分布于奥氏体晶内，相邻铁素体之间取向大于 20°，其间隙处为渗碳体、马氏体或者 M-A 组元。晶内针状铁素体取向自由度大，几乎可以向任何方向生长，而且在长大过程中互相碰撞，阻碍其任意长大，所以不能形成类似侧板条铁素体长宽比的长条状。大多数晶内针状铁素体的宽度约为

2 μm，其长宽比约为 1∶3。由于针状铁素体的形核温度低，故其晶内位错密度是各类铁素体中最高的。位错之间相互缠结，分布也不均匀。针状铁素体的相变过程也是形核与长大的过程，与母相保持 K-S 关系。

针状铁素体是焊缝金属中常见的组织，针状铁素体的生成可以细化焊缝金属中粗大的柱状晶组织。针状铁素体组织也是焊接热影响区，尤其是焊接粗晶区中希望得到的组织，这主要是因为针状铁素体组织细小、位错密度大、冲击韧性高。针状铁素体的含量和平均晶粒尺寸对焊接热影响区性能有显著影响，研究表明，组织中针状铁素体数大于 65%，则焊接热影响区可获得良好的低温韧性。

1.4.2.4　M-A 组元

在奥氏体向铁素体转变过程中，铁素体形成过程中有 C 元素的扩散，使得相变过程奥氏体中碳含量增加。随着温度的进一步降低，这些富碳的奥氏体转变为马氏体+残余奥氏体，即 M-A 组元[66]。M-A 组元的形态和含量对钢材性能有较大影响。通常认为 M-A 组元是解离裂纹开始的位置，主要原因是 M-A 组元与钢基体间硬度的不匹配。如果 M-A 组元的含量越高，尺寸越大，则钢材的韧性越差。因此合理控制 M-A 组元能提高钢材韧性。

1.4.3　焊接热影响区韧性改善的措施

焊接是钢铁材料连接的主要手段，提高钢铁材料的可焊性、提高焊接线能量或者降低预热温度，可大大降低焊接费用，从而减少生产制造费用[67]。同时，焊接热影响区，特别是粗晶区是整个焊接接头的薄弱地带，降低焊接裂纹敏感性，可大大减少焊接部位缺陷，提高质量保障能力[67]，因此，需采取措施提高焊接热影响区的韧性。但焊接热影响区的韧性不可能像焊缝那样利用添加微量合金元素的方法加以调整和改善，它是材质本身所固有的，故只能通过提高材质本身的韧性和某些工艺措施在一定范围内加以改善[68]。现阶段，国内外相关研究人员报道的改善焊接热影响区韧性的方法主要有降低碳含量或碳当量、改进生产工艺（如控轧控冷工艺）、采用氧化物冶金技术等。

碳当量法是一种粗略估计低合金钢冷裂纹敏感性的方法。由于焊接热影响区的淬硬及冷裂纹倾向与化学成分直接相关，因此，可以用化学成分来估计冷裂纹敏感性的大小。钢中碳和合金元素对钢的焊接性的影响是不同的，其中碳的影响最大，其他合金元素可以折合成碳的影响来估算被焊材料的焊接性。碳当量越大，被焊材料的淬硬倾向越大，焊接区域容易产生冷裂纹。碳当量与焊接热影响区的淬硬及冷裂纹倾向之所以有关，是因为碳当量大时，在焊接热影响区易产生淬硬的马氏体组织，对裂纹和氢脆敏感。淬硬会形成更多的晶格缺陷，在焊缝中应力和热力不平衡的条件下，晶格缺陷会成为裂纹源，增加了焊缝中形成冷裂纹的倾向，进而降低钢的低温冲击韧性，所以采用降低碳当量的方法可以有效改善钢材焊接热影响区的冲击韧性。

图 1-17 为 Graville 焊接性图。其直观地反映了碳含量与碳当量对可焊性的影响，图中共分为三个区域：区域 I 为易焊接区，区域 II 为可焊接区，区域 III 为难焊接区。易焊接区表示钢板裂纹敏感性极低，可在简单预热甚至不预热的情况下进行焊接；可焊接区表示钢板具有一定的裂纹敏感性，需要对焊接工艺进行适当的优化调整，才能保证焊接接头质量；难焊接区表示钢板具有很高的裂纹敏感性，需要采用极其严格的焊接工艺才能够保证焊接接头的质量。从图 1-17 可以看出，除了碳当量对焊接性的影响以外，碳含量对焊接

性也有影响。此外，对韧性不利的 M-A 岛组织的形成与钢中碳含量密切相关，降低钢中碳含量可显著减少 M-A 岛的数量，并减小其尺寸，因此，降低钢中碳含量是提高钢材焊接性有效的手段。

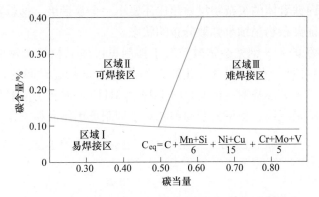

图 1-17　碳含量及碳当量与钢板裂纹敏感性的关系[68]

采用 TMCP 工艺，通过加快轧制后的冷却速率，不仅可以抑制晶粒的长大，而且可以获得高强度、高韧性所需的超细铁素体组织或者贝氏体组织[69]。TMCP 钢首先是在造船领域迅速应用的，TMCP 钢的出现促进了高强度钢的应用扩大。从大型油船上高强钢的使用量变化来看，随着 TMCP 钢的出现，高强钢的使用量已由原来的 20%~30% 提高到 60%~70%，大幅度减轻船舶的自重和节能。从实际生产的结果也可说明用 TMCP 工艺生产的船板具有高强度和良好的低温韧性，完全可以代替正火处理，而且 TMCP 钢具有较低的碳当量，易于焊接[70]。

然而，当焊接热输入的线能量进一步增加时，如果仅仅采用降低碳当量和 TMCP 工艺只能在一定程度上改善焊接热影响区的韧性，远不足以解决焊接热影响区韧性恶化的难题。因而，为解决焊接热影响区韧性恶化的问题，国内外相关研究人员相继开展了大量的研究工作。其中由日本学者提出的氧化物冶金技术逐渐成为解决焊接热影响区韧性恶化难题的主要手段[71,72]。日本学者在 1990 年名古屋国际钢铁大会上提出"氧化物冶金"技术思想。氧化物冶金技术的核心思想是利用钢中的高熔点、分布均匀且分散的微细氧化物夹杂，控制钢中氮化物、碳化物、硫化物的析出、分布及形态，最后利用钢中形成的所有氧化物、碳化物、氮化物和硫化物来细化钢的组织，从而提高钢材的强韧性以及焊接性能[73-75]。

1.5　大线能量焊接用船体钢开发实践

1.5.1　国外所开展的工作

1.5.1.1　新日铁公司

继 Takamura 和 Mizoguchi 首次提出将氧化物冶金技术应用到大线能量焊接用船体钢的开发后，新日铁在原有的 TiN 型船板钢的基础上，提出了 HTUFF（Super High HAZ Toughness Technology with Fine Microstructure Impacted by Fine Particles）工艺，即应用细微粒子开发焊接热影响区高韧性技术。HTUFF 工艺的要点是利用在 1400 ℃ 以上还可以稳定存在的夹杂物微粒（主要是 Mg、Ca 的氧化物和硫化物），使这些微细夹杂物弥散于钢材中，能够对焊接热影响区奥氏体晶粒的长大起到钉扎作用，抑制奥氏体晶粒长大的同时，诱发奥氏体晶内铁素体，进一步细化组织。需要指出的是，对奥氏体晶粒起钉扎作用的夹杂物尺寸与诱发晶内铁素体的夹杂物尺寸相比还要小一个数量级，这就要求在冶炼工艺控制上，要尽可能保证夹杂物呈细小弥散分布的状态。

HTUFF 钢与传统的 TiN 钢夹杂物微粒对于抑制奥氏体晶粒长大效果的对比如图 1-18 所示。由图 1-18 中可见，在 1400 ℃，TiN 钢的晶粒随着保温时间的延长显著长大，而 HTUFF 钢即便保温 100 s 也基本不长大。图 1-19 为 HTUFF 钢和 TiN 钢在相同保温时间下的金相组织对比。结果表明，新型夹杂物颗粒对于抑制奥氏体晶粒长大作用非常明显。

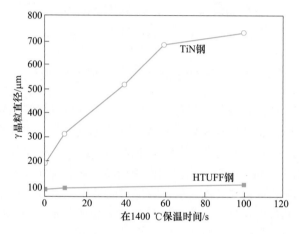

图 1-18 HTUFF 钢和 TiN 钢晶粒尺寸变化与保温时间的关系

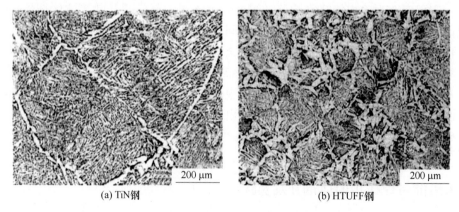

(a) TiN钢   (b) HTUFF钢

图 1-19 HTUFF 钢和 TiN 钢在相同保温时间下的组织对比

实际生产中，新日铁采用了 TMCP 控轧控冷技术。铸坯加热温度 950~1100 ℃。在 900 ℃以上温度进行粗轧，压下率为 30%以上。在 700 ℃以上温度进行终轧，压下率为 50%以上。当钢板厚度为 50~80 mm 时，屈服强度为 390~600 MPa，抗拉强度为 510~720 MPa。在-20 ℃时，焊接影响区冲击在 47 J 以上[76-78]。为进一步提高厚板的焊接性能并降低成本，新日铁大幅提高了钢中的 Mn 含量，并对钢中其他合金成分进行了调整。新的船板钢成分组成如表1-7所示。对于这一低成本高强船体钢,新日铁继续采用了 TMCP 轧制技术,铸坯加热温度在 1200 ℃ 以下,热轧累计压下率 40% 以上,热轧终轧温度在 850 ℃ 以上,然后以大于等于 5 ℃/s 冷却速率将热轧板从 800 ℃ 以上冷却至 400 ℃ 以下。当钢板厚度为 50~80 mm 时,其抗拉强度为 517~825 MPa,母材在 -40 ℃ 时的冲击吸收功为 250~285 J,焊接热影响区的冲击功达到 155~178 J,冲击性能大幅提高。

表 1-7 低成本高强度船体用钢成分 (质量分数,%)

C	Si	Mn	P	S	Cu+Ni	Al	Ti	Nb	N	其他
0.03~0.12	0.05~0.30	1.2~3.0	≤0.015	0.001~0.015	≤0.10	0.001~0.050	0.005~0.030	0.005~0.100	0.0025~0.0060	Mo、V 和 Mg

1.5.1.2 JFE 公司

由于 TiN 在 1350 ℃ 以上会发生重熔,因此,JFE 公司(原川崎公司)开始探寻更为合理的 Ti、N、Ti/N 成分,以提高 TiN 固溶温度(从 1350 ℃ 以下提高到高于 1450 ℃),得到更细小、弥散的 TiN 粒子。在大量的试验基础上,JFE 提出了 EWEL(Excellent Weldability and Excellent Low Temperature Toughness)工艺,即大线能量焊接热影响区韧性改善技术[79,80]。这一技术的关键是 Ti 和碳当量的控制。JFE 公司通过控制 Ti、N 添加量、Ti/N 比以及微合金化,可以使焊接过程 TiN 的固溶温度从原来的 1400 ℃ 以下提高到 1450 ℃ 以上,并在此温度仍能细化弥散,从而极大地抑制了焊接热影响区奥氏体晶粒的高温长大,使焊接热影响区的粗晶粒区宽度由原来的 2.1 mm 降至 0.8 mm。同时严格控制钢中 B、N 和 O、S、Ca 含量,采用 BN(焊接冷却过程析出)、(Ca,Mn)S 夹杂物在焊接冷却过程诱导晶内铁素体形核,细化焊接热影响区组织。轧制过程采用了 TMCP+Super OLAC 技术,降低碳当量为焊接过程改善韧性提供了条件。

JFE 生产的 YP390 钢种,其主要化学成分如表1-8所示。JFE 生产的 80 mm 厚的钢板,其横向屈服强度 410 MPa,抗拉强度 527 MPa,伸长率 31%,长度方向夏比冲击值 284 J。焊接后,焊接热影响区的 -20 ℃ 和 -40 ℃ 夏比冲击功在 120~240 J,远高于要求值。

表 1-8 YP390 钢种的主要化学成分 (质量分数,%)

C	Si	Mn	P	S-Ti-B
0.09	0.26	1.5	0.008	0.003

1.5.1.3 住友金属公司

住友金属公司为改善热影响区的性能,提出了加 B 细化焊接热影响区组织的技术。他们认为,在焊接的高温作用下,焊接金属向焊接热影响区会发生 B 的扩散。通过这种扩散,既可以利用 B 和 N 的结合来降低自由 N 的含量,也可以利用由此生成的 BN 来促进晶内铁素体的生成。因此,需要根据板厚和焊接条件,来控制 B 的添加量。住友金属在含 Ti_2O_3-MnS 夹杂物的钢中添加了质量分数为 0.0009% 的 B,他们发现,B 可以抑制沿奥氏体晶界形核铁素体的生成,同时不影响 Ti_2O_3-MnS 晶内铁素体的形核能力。其主要原因是夹杂物含有大量的阳离子空位,可吸收钢中的 B 进入 Ti_2O_3 夹杂,而不致使 B 在 Ti_2O_3/Fe 界面偏聚富集[81]。

住友金属公司设计了两种成分的钢，其区别就是 B 的添加量。两种钢的成分如表 1-9 所示。通过焊接热模拟试验发现，钢种 2 在 -70 ℃仍具有很高的冲击吸收能，而钢种 1 在 -30 ℃即表现出较低的冲击吸收能。这充分说明 B 所起的作用。但住友金属同时提出，钢中 B 的利用需注意 B 在钢中以夹杂物和固溶形式存在的量，以及在奥氏体晶界和夹杂物/基体界面的偏析量。钢中适量的 B 与钢的成分，特别是 Mo、Nb 等以及夹杂物的种类密切相关。如果添加 B 量过高，钢中的固溶 B 不仅偏析在奥氏体晶界，也偏析在含 Ti 的锰硅酸盐夹杂物周围，从而降低了这些夹杂物形核 IGF 的作用。

表 1-9　住友金属设计的两种钢的成分　　　　　　（质量分数，%）

钢种	C	Si	Mn	P	S	Cu	Ni	Cr	Ti	Al$_t$	O-Nb-V	B
1	0.06	0.05	1.50	0.0035	0.0015	0.21	0.32	0.15	0.011	0.002	0.037	—
2	0.06	0.05	1.50	0.0035	0.0015	0.21	0.32	0.15	0.011	0.002	0.037	0.0005

1.5.1.4　神户制钢公司

神户制钢公司也提出了焊接热影响区低温韧性优良的高强度厚钢板生产方法，该方法的核心是氧化物、硫化物和氮化物的数量和尺寸的控制，其要求钢中每平方毫米须有 100 个以上 0.2~5 μm 的上述夹杂物，以保证钢板的强度和低温韧性。而夹杂物控制的关键就是在浇铸时控制钢水的过热度和浇铸时间。神户制钢生产的船板钢在低温条件下具有较高的韧性，测试结果表明，-40 ℃条件下，焊接热影响区的冲击吸收功能够达到 185~261 J[81]。

1.5.2　国内所开展的工作

在大线能量焊接用船体钢的开发与实践方面，我国起步要晚于日本，但以武钢、宝钢为代表的企业和科研院所通过努力，已大幅缩小了与日本钢铁企业同类产品的差距。

1.5.2.1　武钢

鉴于传统的低合金高强度钢（HSLA）在焊接时，一般只能承受 35 kJ/cm 以下的线能量，如果采用大线能量（50~400 kJ/cm）焊接会使其热影响区（HAZ）性能大幅恶化。武钢认为对于大线能量焊接钢而言，氮氧化物、硫氧化物冶金的技术关键就在于如何控制或细化焊接热影响区组织[82]。通过大量的试验研究，武钢在大线能量焊接用船体钢的开发中提出了以下创新点：（1）夹杂物与钢中微量元素间存在原子平衡匹配关系：$0.0020 \geqslant$ N-Ti/3.4 - B/0.77 ≥ 0 和 4.0C + Mn ≤ 2.0；（2）发现了微米级高熔点 Ti、Nb 氮氧化物（如（TiNb）N、（TiNb）$_2$O$_3$）诱导相变细化晶粒的规律，形成了全新的氮氧化物冶金新思路，开发了可承受大线能量（50~200 kJ/cm）焊接的钢种；（3）通过在钢中形成弥散分布的纳米级高熔点。Mg、Ca 氧硫化物（如（CeCa）$_2$S$_2$O$_3$），使之在钢水凝固时成为奥氏体形核核心，从而细化晶粒。在焊接时，氧硫化物钉扎热影响区的奥氏体晶界，诱导相变形成大量针状铁素体，从而研制成功了可承受大线能量达 200~400 kJ/cm 焊接的钢种。

1.5.2.2　宝钢

宝钢杨健团队[83-85]围绕 Mg 的氧化物冶金作用开展了大量的研究工作，包括 Mg 的氧化物冶金机制以及 Mg 含量对焊接热影响区组织和力学性能的影响等。他们发现当微细夹杂物沉淀于奥氏体晶界时，在焊接热循环的过程中会作为钉扎粒子阻止奥氏体晶粒的长大，该机理是利用微细夹杂物粒子改善厚钢板 HAZ 冲击韧性最为主要的机理；当微细夹杂物呈固溶状态时，在奥氏体向铁素体的固相转变过程中会诱发具有大角晶界的晶内针状铁素体的形核和长大，通过优化晶内组织达到改善 HAZ 冲击韧性的作用。

大线能量焊接技术要求夹杂物在 1400 ℃ 左右仍具有较好的钉扎作用，MgO 粒子具有很高的熔点，完全可以满足起钉扎作用的夹杂物在 1400 ℃ 不溶解的要求。大量含有 MgO 核心的微细夹杂物在焊接热循环过程中可以有效抑制奥氏体晶粒的生长，从而改善 HAZ 的韧性。基于上述研究成果，宝钢成功开发出基于第三代氧化物冶金技术的大线能量焊接用船体钢，同时形成了具有宝钢自主知识产权的利用强脱氧剂改善焊接热影响区韧性的 TISD（Excellent Heat Affect Zone Toughness Technology Improved by Use of Strong Deoxidizer）技术。对于板厚 68 mm、490 MPa 级的厚板，宝钢进行了实物"V"形坡口，一道次双丝气电立焊试验。在 400 kJ/cm 的大线能量焊接条件下，焊接热影响区的奥氏体晶粒明显细化，平均晶粒尺寸为 85 μm。与世界最高水平的新日铁 HTUFF 的船板在沪东中华造船（集团）有限公司同时进行焊接性能检测，获得不亚于新日铁船板的大线能量焊接性能，达到了世界先进水平。

1.5.2.3 鞍钢

围绕大线能量焊接用船体钢的开发，鞍钢尚德礼等人开展了大量工作[86-89]。在细化晶粒方面，形成了在复合微合金条件下利用 TiN 细化热影响区奥氏体晶粒的应用技术，其核心是在 Nb、Ti 复合添加的条件下，将 Ti/N 控制在 2.73，而不是传统的 3.42，在此条件确定 Ti、N 含量，既保证 TiN 含量又不使其在钢水中液态析出，其思路与日本 JFE 公司的研究方向较为接近。从 2006 年始，鞍钢先后开发了普通强度 A~E、高强度 AH32~EH32、AH36~EH36、AH40~EH40 共 4 个系列的大线能量焊接用船体结构钢产品，并成为国内第一个通过五大船级社认证的大线能量焊接用钢板，其板厚最高可达到 100 mm。在线能量为 350 kJ/cm 的条件下，HAZ 冲击韧性超过 150 J，力学性能和焊接性能达到国际同类产品先进水平。

1.5.2.4 钢铁研究总院

钢铁研究总院雍岐龙、杨才福团队围绕大线能量焊接用船体钢的开发与新余钢铁公司开展了一系列的合作，在 Mg-Zr-Ti 复合脱氧，特别是 Zr-Ti 复合脱氧方面取得了较好的效果[90]。试验结果表明，当钢中添加 12×10^{-6} 的 Mg 时，钢中形成等摩尔数的 Ti_2O_3 和 Mg_2TiO_4 氧化物颗粒，此时钢中含 Ti 氧化物颗粒的粒度最小，数量最多，大线能量焊接时焊接热影响区的低温韧性最高。微量 Mg 加入到钢中能降低含 Ti 氧化物聚集长大的能力，有效地细化了氧化物的尺寸，提高了氧化物夹杂促进针状铁素体形核的能力。当钢中添加 43×10^{-6} 的 Zr 时，钢中形成等摩尔数的 Ti_2O_3 和 ZrO_2，此时含 Ti 氧化物的粒度最为细小，数量最多，大线能量焊接时焊接热影响区的低温韧性最高。对于该成分的试验钢，在 200 kJ/cm 焊接线能量输入条件下，焊接热影响区在 -20 ℃ 时的冲击功高于 200 J。

1.6 小结

大线能量焊接技术是为提高造船效率而开发，因此，海洋工程用钢（船板钢）是大线能量焊接用钢开发的主阵地。造船用海工钢使用类别中以板材为主，占比超过 90%。

2021~2025 年，海工钢板材总消费量将达到 5000 万吨左右，年均 1000 万吨。以造船业为代表的海洋装备发展迅速对海工钢需求巨大。我国初步建立了较完备的船舶与海洋工程用钢体系[4]，实现了 90% 以上海工钢的国产化，但在高端海工钢如大线能量焊接用钢，存在"下游用户需求强烈，上游钢企产品支撑不足"的问题。国内外只有少数几家企业具备大线能量焊接用钢的初步开发能力，已有技术也普遍存在技术不成熟、工艺要求严苛、稳定性差等问题，主要生产 40 mm 以下的钢板。

目前高强度船板钢的冶炼主要在普通的 C-Mn 钢的基础上采用将低碳含量、提高锰含量和微合金化的设计思路，也是目前高强度船板钢研发的主要设计思路，这种设计思路对船板钢的低温冲击韧性、强度和焊接性能有着显著的提高。针对 Cr、Mo、Ni、Cu、V、Nb、Ti 等微合金元素在大线能量焊接用钢中应用已开展了相关研究，各元素对钢板性能的影响已初步整理。大线能量焊接用钢涉及炼钢、连铸、轧制、焊接全流程的技术研发与精确控制，工艺复杂，技术难度大。大线能量焊接用钢冶炼要求是在传统洁净钢生产的基础上，控制合理钢液氧位，选择合适的 Mg、Ti 处理时机、加入量等完成氧化物冶金工艺，在轧制阶段薄规格钢板可适用常规海工结构用钢工艺，但厚规格钢板需关注心部组织有效调控的问题。

焊接热影响区是焊接接头的薄弱环节，其力学性能的优劣，将决定整个焊接接头的性能。焊接焊接热影响区的韧性劣化是在强烈的焊接热循环作用下，在熔合线附近的热影响区的温度瞬时达到 1400 ℃以上，并在高温下长时间停留的情况下，导致热影响区组织粗化。尤其是靠近焊缝的粗晶热影响区（Coarse Grain Heat Affected Zone，CGHAZ），由于峰值温度较高，加热速度快，高温停留时间长，冷却速率慢，奥氏体晶粒严重粗化，冲击韧性最差。自日本学者提出"氧化物冶金"技术思想后，以新日铁为代表的国内外钢铁企业进行了大线能量焊接用船体钢开发实践，并取得较大的成果。但到目前为止，关于氧化物冶金领域的研究仍存在一系列的问题，有待更深一步的探索。如在理论研究方面，夹杂物诱发晶内铁素体诱发的机制还没有形成统一认识，最佳形核条件有待确定等。在实践方面，冶金工作者围绕高线能量输入条件下晶内铁素体的有效诱发开展了大量工作，并取得较大的成果，但与输入线能量最直接相关的却是钢板自身厚度。在确定焊接输入线能量与钢板厚度关系的基础上，探明输入线能量与该能量输入下能够稳定诱发晶内铁素体的夹杂物构成的匹配关系，是经济、高效生产大线能量焊接用船体钢以及其他焊接用结构钢的关键。

参 考 文 献

[1] 付魁军，及玉梅，王佳骥，等. 大线能量焊接用船体结构钢的研究进展 [J]. 鞍钢技术，2011（6）：7-12.

[2] 杨明，董观志，郁芳，等. 广东海洋经济发展总体布局战略研究 [J]. 新经济，2014（13）：50-67.

[3] Xi S P, Gao X L, Liu W, et al. Hot deformation behavior and processing map of low-alloy offshore steel [J]. Journal of Iron and Steel Research International，2021，29（3）：474-483.

[4] 芦晓辉，高珊，张才毅. 我国船舶与海工用特种钢材的发展 [J]. 金属加工（热加工），2015（6）：8-11.

[5] 杨才福，柴锋，苏航. 大线能量焊接船体钢的研究 [J]. 上海金属，2010，32（1）：1-10.

[6] 王超. 氧化物冶金型大线能量焊接用钢组织性能调控与生产工艺研究 [D]. 沈阳：东北大

学，2017.

[7] 万响亮，吴开明，王恒辉，等．氧化物冶金技术在大线能量焊接用钢的应用［J］．中国冶金，2015，25（6）：6-12.

[8] 吉梅锋．Ca、Mg 处理对高层建筑用钢热影响粗晶区冲击韧性的研究［D］．武汉：武汉科技大学，2021.

[9] 郑非凡．高建钢晶内铁素体三维形貌及诱导机理研究［D］．唐山：华北理工大学，2020.

[10] 刘亮．太钢耐酸管线钢洁净度控制技术研究［D］．北京：北京科技大学，2017.

[11] 熊美．LNG 储罐用高锰奥氏体钢组织与性能研究［D］．沈阳：东北大学，2018.

[12] 徐洪庆．F40 高强度船板钢的 TMCP 工艺及低温韧性研究［D］．济南：山东大学，2009.

[13] 戴永佳，王化明，詹毅，等．船用钢发展历史与现状分析［J］．中国水运（下半月），2012，12（6）：33，36.

[14] 杨健，高珊，祝凯，等．一种低碳当量可大线能量焊接用厚钢板及其制造方法：CN104451444A［P］.2015-03-25.

[15] 王睿之，蒋晓放，王毓男．一种大线能量焊接 EH550 MPa 级调质海工钢板及其制造方法：CN113322408A［P］.2021-08-31.

[16] 刘朝霞，阮小江，赵孚，等．一种可大线能量焊接的极地船用钢板及其制备方法：CN106086650A［P］.2016-11-09.

[17] 王培玉，叶建军，李经涛，等．一种大线能量焊接用高强度 EH36 钢板及其制造方法：CN109161671B［P］.2020-08-11.

[18] 赵晋斌，付军，邱永清．一种 TMCP 态低成本大线能量焊接用高强船板钢及其制造方法：CN106756543A［P］.2017-05-31.

[19] 李敏，徐洪庆，王焕洋，等．一种可大线能量焊接的海洋工程用钢板及其制造方法：CN106191659A［P］.2016-12-07.

[20] 杨雄，王雪莲，霍培珍．高强度大线能量焊接用钢板及其制备方法：CN106399832A［P］.2017-02-15.

[21] 罗登，彭宁琦，蒋凌枫，等．一种大线能量焊接用低碳贝氏体钢板及其制造方法：CN108677088A［P］.2018-10-19.

[22] 王丙兴，王昭东，王超，等．一种可大线能量焊接 EH420 级海洋工程用厚钢板及其制备方法：CN109321847B［P］.2020-08-28.

[23] 王超，王丙兴，王昭东，等．一种可承受大线能量焊接的屈服强度 690 MPa 级钢板及制造方法：CN109321851B［P］.2020-08-28.

[24] 朱隆浩，赵坦，任子平，等．一种焊接性能良好的低屈强比海工钢板及其制造方法：CN110791702B［P］.2021-04-02.

[25] 李健，师仲然，柴锋，等．一种大线能量焊接用低合金钢及其制备方法：CN111926259B［P］.2021-08-03.

[26] 刘洪波，齐建军，田志强，等．大线能量焊接用海洋工程用钢及其制备方法：CN110923568B［P］.2021-09-21.

[27] 王超，郝俊杰，袁国，等．一种抗大线能量焊接的建筑用钢及其生产方法：CN114150228A［P］.2022-03-08.

[28] 王超，王丙兴，王昭东，等．一种耐大线能量焊接高强度厚钢板的制造方法：CN109321815B［P］.2021-04-09.

[29] 师仲然，王东明，潘涛，等．一种高层建筑用 690 MPa 级大线能量焊接用钢板及制备方法：CN112853225B［P］.2021-10-15.

[30] 师仲然，王东明，潘涛，等．高层建筑用550 MPa级高强度大线能量焊接用厚钢板及制备方法：CN112813354B［P］．2022-03-29.

[31] 傅博，杨颖，韩严法，等．Q345级可FCB大线能量焊接桥梁钢及制造方法和焊接工艺：CN113174539A［P］．2021-07-27.

[32] 武会宾，邓深，张鹏程，等．一种可大线能量焊接的510L钢及生产制造方法：CN112760564A［P］．2021-05-07.

[33] 赵喜伟，赵国昌，李杰，等．一种大线能量焊接钢板的炼钢方法：CN112267005B［P］．2022-05-31.

[34] Harrison P L，Farrar R A. Influence of oxygen-rich inclusions on the $\gamma \rightarrow \alpha$ phase transformation in high-strength low-alloy（HSLA）steel weld metals［J］．Journal of Materials Science，1981，16（8）：2218-2226.

[35] 马立波．微合金元素镁的氧化物冶金作用机理研究［D］．唐山：华北理工大学，2017.

[36] 雷玄威，周栓宝，黄继华．超高强度船体结构钢焊接性的研究现状和趋势［J］．材料研究学报，2020，34（1）：1-15.

[37] 陶学理．Nb对大线能量焊接高强度低合金钢热影响区组织和性能的研究［D］．武汉：武汉科技大学，2009.

[38] 张立峰．炼钢技术的发展历程和未来展望（Ⅰ）——炼钢技术的发展历程［J］．钢铁，2022，57（12）：1-12.

[39] 张立峰．炼钢技术的发展历程和未来展望（Ⅱ）——炼钢的未来展望［J］．钢铁，2023，58（1）：1-12.

[40] 王星，胡显堂，危尚好，等．转炉冶炼低磷洁净钢的工艺开发和实践［J］．钢铁，2022，57（11）：53-63.

[41] 张润灏，杨健，叶格凡，等．转炉脱磷工艺的最新进展［J］．炼钢，2022，38（1）：1-13.

[42] 谭广志．电解铝一次铝灰在炼钢过程中无害化应用的试验研究［D］．鞍山：辽宁科技大学，2018.

[43] 赵世杰，轩振博，冯文甫，等．80 t BOF-LF-RH流程GCr15钢超深脱硫的生产实践［J］．特殊钢，2020，41（5）：42-44.

[44] 盖一铭，杨健．低硅钢种LF精炼控硅脱硫技术进展［J］．炼钢，2023，39（3）：1-15.

[45] 陆强，沈昶，郭俊波，等．RH真空精炼控氮工艺实践［J］．中国冶金，2020，30（3）：56-59，63.

[46] 吴伟勤，董建锋，韩宝臣，等．提升气流量与浸渍管插入深度对RH精炼影响的研究［J］．工业加热，2020，49（9）：7-11.

[47] 单庆林，李世儒，张丙龙，等．300 t RH不同真空处理模式的脱氢效果分析［J］．钢铁研究，2016，44（6）：13-17.

[48] 赵友军．RH真空处理过程优化及控制［D］．重庆：重庆大学，2003.

[49] 李贺．采用RH精炼工艺生产轴承钢的工业实践［D］．沈阳：东北大学，2019.

[50] 朱晓东，赵亚飞，李嘉雄，等．钢中夹杂物形成机理与调控技术研究进展［J］．现代交通与冶金材料，2023，3（4）：38-46.

[51] 王新华．钢铁冶金［M］．北京：高等教育出版社，2007.

[52] 齐鹏远，刘家奇，张子谦，等．钢材控轧控冷技术在中厚板轧制中的应用［J］．科技创新导报，2018，15（35）：75-76.

[53] 徐言东，何春雨，刘涛，等．热轧控轧控冷技术装备应用和发展［J］．冶金设备，2022（1）：1-6.

[54] 屈智忠．超高强度极地船舶用钢TMCP工艺及组织性能研究［D］．沈阳：东北大学，2019.

[55] 朱建业．中厚板TMCP工艺及其应用进展分析［J］．山西冶金，2022，45（1）：158-159，162.

[56] 邢钊．奥氏体不锈热轧中厚板TMCP工艺研究及生产应用［D］．沈阳：东北大学，2018.

[57] 黄海玉．现代化宽厚板厂控制轧制和控制冷却技术［J］．山东工业技术，2017（3）：6.

[58] 李大赵，索志光，崔天燮，等. 采用 TMCP 技术的低碳低合金高强钢生产的研究现状及进展 [J]. 钢铁研究学报，2016，28（1）：1-7.

[59] Yong W C. New innovative rolling technologies for high value-added products in POSCO [C]//Chinese Society for Metals（中国金属学会）. Technical Research Laboratories，POSCO，Korea，2010：84-88.

[60] 黄维，张志勤，高真凤，等. 中厚板 TMCP 工艺及其应用进展 [J]. 上海金属，2017，39（3）：68-73.

[61] 王壮飞. 新一代 TMCP 工艺下微合金钢组织演变规律与性能研究 [D]. 沈阳：东北大学，2018.

[62] 王丙兴，朱伏先，王超，等. 氧化物冶金在大线能量焊接用钢中的应用 [J]. 钢铁，2019，54（9）：12-21.

[63] 缪成亮，尚成嘉，王学敏，等. 高 Nb X80 管线钢焊接热影响区显微组织与韧性 [J]. 金属学报，2010，46（5）：541-546.

[64] 祝凯. Mg 处理冶炼工艺对船板钢母材和焊接热影响区影响的研究 [D]. 上海：复旦大学，2011.

[65] He C H，Peng Y，Tian Z L，et al. Microstructure and properties of welded joint of 400 MPa ultra-fine grained hot rolled ribbed steel bars [J]. J. Iron Steel Res.，2004，16（6）：56-60.

[66] 张德勤. 微合金钢焊缝金属中针状铁素体形成机理的研究 [D]. 天津：天津大学，2000.

[67] 孙宪进，张明，王小双，等. 易焊接性 E690 海工钢热处理工艺与性能关系的研究 [J]. 热加工工艺，2016，45（20）：236-238，241.

[68] 柴锋. 低合金高强度船体钢焊接热影响区韧化机理研究 [D]. 上海：上海交通大学，2008.

[69] 许志祥. 大线能量焊接用钢双丝气电立焊研究 [D]. 上海：上海交通大学，2012.

[70] 刘湃. 大线能量焊接高强船板钢氧化物冶金技术的新进展 [J]. 世界钢铁，2012，12（1）：20-28.

[71] 熊智慧. 压力容器用钢中含钛氧化物对性能的影响研究 [D]. 北京：北京科技大学，2016.

[72] 赵福才，张朝晖，杨蕾，等. 钙基氧化物冶金生产技术的发展与展望 [J]. 钢铁研究学报，2018，30（4）：259-264.

[73] Sawai T. Effect of Zr on the precipitation of MnS in lowcarbon steels [C]//Proceedings of the sixth international iron and steel congress，Nagoya，ISIJ International，1990：605-611.

[74] Ogibayashi S. The features of oxides in Ti-deoxidized steel [C]//Proceedings of the sixth international iron and steel congress，Nagoya，ISIJ International，1990：612-617.

[75] Liu Z，Kobayashi Y，Yin F，et al. Nucleation of acicular ferrite on sulfide inclusion during rapid solidification of low carbon steel [J]. ISIJ International，2007，47（12）：1781-1788.

[76] Minagawa M，Ishida K，Funatsu Y，et al. 390 MPa yield strength steel plate for large heat-input welding for large container ships [J]. Nippon Steel Technical Report，2004，380：6-8.

[77] Nagahara M，Fukami H. 530 N/mm^2 tensile strength grade steel plate for multi-purpose gas carrier [J]. Nippon Steel Technical Report，2004，380：9-11.

[78] Kojima A，Koshii K，Hada T，et al. Development of high HAZ toughness steel plates for box columns with high heat input welding [J]. Nippon Steel Technical Report，2004，380：33-37.

[79] Shinichi S. High tensile strength steel plates for shipbuilding with excellent HAZ toughness [J]. JFE Technical Report，2004（5）：19-24.

[80] Kimura T，Sumi H，Kitani Y. High tensile strength steel plates and welding consumables for architectural construction with excellent toughness in welded joints [J]. JFE Technical Report，2004（5）：38-44.

[81] Hajeri K F A，Garcia C I，Hua M. Particle-stimulated Nucleation of Ferrite in Heavy Steel Sections [J]. ISIJ International，2006，46（8）：1233-1240.

[82] 张莉芹，袁泽喜. Ca 处理对 Ti 大线能量焊接非调质低合金高强钢组织与性能的影响 [J]. 材料导报，2008，22（S3）：166-168.

［83］杨健，阮晓明，王睿之，等 . Mn 含量对于连铸坯特性的影响［J］. 连铸，2016，41（1）：1-5.

［84］祝凯，杨健，王睿之 . 大线能量焊接钢板热影响区性能劣化机理分析及对策研究［J］. 内蒙古科技大学学报，2012，31（3）：300-304.

［85］祝凯，杨健，王睿之 . 厚钢板焊接热影响区失效机理分析及改善方法研究［J］. 世界钢铁，2012，3：57-61.

［86］吕春风，尚德礼，于广文，等 . 不同脱氧工艺对微合金钢组织和力学性能的影响［J］. 铸造技术，2010，31（8）：1004-1009.

［87］尚德礼，李德刚，吕春风，等 . 基于氧化物冶金技术的钛/铝脱氧技术应用研究［J］. 北京科技大学学报，2010，32（11）：1418-1421，1446.

［88］尚德礼，吕春风，于广文 . 钢中铝对钛氧化物及针状铁素体形成的影响［J］. 炼钢，2009，25（5）：25-29.

［89］尚德礼，吕春风 . 微合金钢中夹杂物诱导晶内铁素体析出行为［J］. 北京科技大学学报，2008，30（8）：864-869.

［90］夏文勇 . 大线能量焊接高强船体钢的冶金关键技术研究［D］. 北京：钢铁研究总院，2012.

2 氧化物冶金的理论与技术

氧化物冶金技术是指在生产过程中利用钢中的微合金化元素在基体中形成大量细小弥散的第二相颗粒，在热加工后的冷却过程中，第二相粒子可以成为相变非均匀形核的核心，促使产生大量晶内铁素体（IGF），从而改善钢的韧性，尤其是低温韧性。自 1990 年新日铁的研究人员在日本名古屋召开的国际钢铁大会上首次提出"氧化物冶金"概念以来，氧化物冶金技术备受国际冶金、材料学术界和产业界的关注。通过氧化物冶金技术改善焊接 HAZ 的组织，达到提高厚板大线能量焊接性能的目的，有以下两种重要思路：一种是细化焊接 HAZ 的奥氏体晶粒。利用钢材中弥散分布的微细夹杂物作为钉扎粒子，在焊接热循环过程中，钉扎奥氏体晶界，抑制奥氏体晶粒长大，从而减小脆化组织 GBF 和 FSP 的尺寸，达到改善焊接 HAZ 韧性的目的。另外一种思路是在焊接冷却过程中，利用细小夹杂物促进奥氏体相变过程中晶内针状铁素体（IAF）的形成，通过针状铁素体的分割作用减小有效晶粒大小，另外针状铁素体本身的优异韧性也有利于改善焊接 HAZ 韧性。

2.1 氧化物冶金技术及发展现状

2.1.1 氧化物冶金技术的提出

钢中夹杂物自身的各种属性（如硬度、熔点等）和尺寸、成分、形状的差异会对钢的成品组织和性能产生各种或好或坏的影响[1-3]。粒径为 20 μm 或者更大的脆性夹杂往往导致轧材内部或表面产生各种缺陷，因此，有效去除钢中大颗粒非金属夹杂物一直是国内外冶金学者的研究热点。在钢液凝固后的固态相变阶段一般会析出一些尺寸细小（如100 nm 以下）的夹杂，这些粒径偏小的夹杂物可以作为相变的非均质形核源而细化组织。另外，这些细小的析出物因能起到析出强化和晶粒细化的作用而被人们充分利用[4]。炼钢过程中，脱氧产物大部经上浮进入炉渣，但是一些尺寸细小的非金属夹杂物滞留在钢中难以完全去除，过分地追求纯净会使炼钢成本大幅度增加，所以合理利用钢中难以去除的微小夹杂物改善钢的组织和性能是目前研究的重点方向。

一般认为钢中 1 μm 左右的夹杂物对钢材表面缺陷和钢的强度影响较小，因而并未引起人们太多的注意。到了 20 世纪 70 年代后期，焊接研究人员才发现 1 μm 左右的夹杂物在焊接后的冷却过程中可以诱发奥氏体晶内针状铁素体（Intragranular Acicular Ferrite，IAF）形核，细化了钢的组织，进而显著改善了焊缝和 HAZ 的强度和韧性[5]。这一现象随后引起了冶金研究人员的注意。

日本学者在 1990 年名古屋国际钢铁大会上提出了"氧化物冶金"技术思想[6]。通过在钢中形成细小均匀分布的高熔点氧化物夹杂，能够促进晶内针状铁素体形核[7]，并且在一个氧化物粒子周围同时有多个针状铁素体生成，从而改变了大线能量焊接 HAZ 粗大的组织状态，保证了 HAZ 具有良好的低温冲击韧性，典型的以夹杂物诱发的针状铁素体如

图 2-1 所示。

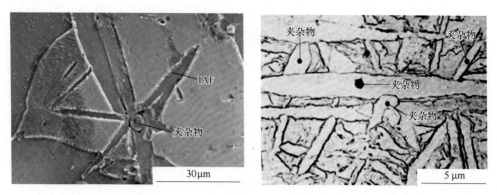

图 2-1　典型针状铁素体形貌

　　氧化物冶金技术利用钢中的细小夹杂物促进晶内铁素体形核，从而明显改善焊接热影响区的组织，成为解决大线能量焊接用钢技术难题的最有效方法。新日铁、JFE、住友金属和神户制钢等先进钢厂采用氧化物冶金技术开发出了一系列具有高韧性和优良焊接性能的高强船板[8-10]。采用氧化物冶金技术开发高强船板可满足高强度、高韧性和大线能量焊接要求。

2.1.2　氧化物冶金的思想

　　氧化物冶金技术的具体思路，如图 2-2 所示。

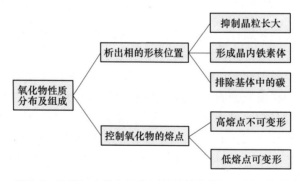

图 2-2　弥散细小的氧化物对钢性能的作用机制和控制

　　其中心思想概括如下：
　　（1）控制钢中高熔点氧化物夹杂的自身属性，如成分、尺寸、数量、种类、分布等。
　　（2）利用这些高熔点氧化物作为低熔点硫化物、碳氮化物等附着的核心，控制低熔点硫化物、碳氮化物等析出物的析出行为。
　　（3）利用钢中形成的细小纳米级硫化物、碳氮化物钉扎晶界，抑制晶粒长大；通过促进晶内铁素体的形核来分割奥氏体晶粒，细化钢的组织；同时形成的碳化物减少了基体碳含量，从而改善钢的焊接性能[11]。
　　基于该思想，国内外众多学者通过大量的试验研究发现许多微合金化元素均能够在钢中形成诱发晶内针状铁素体形核的夹杂物。

2.1.3 氧化物冶金的机理

到目前为止,国内外学者对氧化物冶金的研究工作主要集中在夹杂物诱发晶内铁素体形核机理的研究上,研究者们提出了四种比较权威的形核诱发理论。

2.1.3.1 溶质元素变化机理

溶质元素变化机理认为,非金属夹杂物能吸收奥氏体附近的阳离子元素,从而会引起该夹杂物周围阳离子元素在一定区域形成贫乏区,主要有贫 Mn 区、贫 C 区等理论,以典型的贫 Mn 区为例说明。

低碳钢的试验结果表明[12]在 MnS 等夹杂物周围出现了较多的晶内铁素体。这与 MnS 等的形成过程中出现的 Mn 元素贫乏区(MDA)对铁素体晶内形核的促进作用有关。在含 Mn 夹杂物周围亚微米量级的距离内,奥氏体内 Mn 含量会有一个较大的降低。MDZ 的出现和钢的加热过程有关,实际上取决于 MnS 形成的动力学过程。在钢液凝固和随后的冷却过程中,因溶解度的降低,MnS 从基体中逐渐形成和长大。但由于冷速的限制,实际情况远离平衡,夹杂物中的 MnS 的溶解度没有达到饱和,而基体中的 Mn 和 S 过饱和,因而出现 Mn 和 S 元素向夹杂扩散。扩散过程在界面进行得最快,而在基体和夹杂物内部很慢,造成 MnS 在夹杂物表面的聚集,在夹杂物周围因为 Mn 原子的输送不及时形成了 Mn 元素的贫乏区。MDZ 的形成是一个动力学过程,其含量多少和尺寸的大小与冷却和等温条件相关。但从热力学的角度看,MDZ 始终是不稳定的结构,只要有足够的动力学条件(高温停留足够长时间),MDZ 就会逐渐消散。

Mn 为扩大奥氏体相区元素,奥氏体相区扩大过程中,Mn 元素的浓度降低,从而使 Mn 元素周围相变温度提高,进一步使该处发生相变的温度发生变化。还有学者认为非金属夹杂物周围 Mn 元素浓度发生变化,使奥氏体的稳定性发生改变,从而使非金属夹杂物成为诱发 IAF 的核心[13],如图 2-3 所示。典型非金属夹杂物 MnS 在 Ti_2O_3 上附着,其周围可能形成 Mn 的贫乏区[14],如图 2-4 所示,诱导晶内铁素体在非金属夹杂物 Ti_2O_3 上形核。

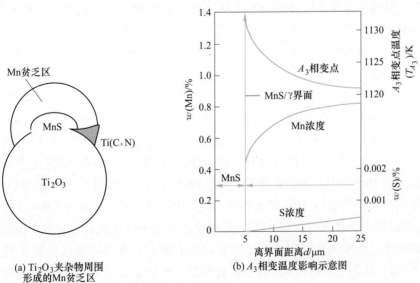

(a) Ti_2O_3夹杂物周围
形成的Mn贫乏区

(b) A_3相变温度影响示意图

图 2-3　Ti_2O_3 夹杂物周围形成的 Mn 贫乏区及其对 A_3 相变温度影响示意图

这一学说主要用来解释 Ti_2O_3 诱发 IAF 形核的现象。

2.1.3.2　低错配度机理

低错配度机理解释夹杂物诱发晶内铁素体形核已得到诸多学者的认同。该机理认为，在新相与母相的转变过程中，如果夹杂物与新相某一晶面之间有着较小的错配度，匹配关系较好，则新相与母相之间存在着特定的惯习面，非金属夹杂物就可以为晶内铁素体的形核提供一个低能界面，从而降低晶内铁素体形核所需要越过的能垒[15]。这一学说可以解释 V(C,N) 作为 IAF 的异质形核核心，但是无法解释具有六方结构的 Ti_2O_3 诱发 IAF 的现象，Ti_2O_3 与铁素体之间的错配度达 26.8%。该机理认为夹杂物与晶内铁素体之间的错配度低，夹杂物与铁素体之间的共格关

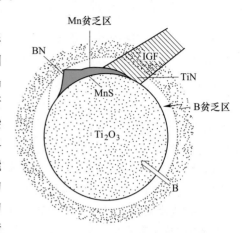

图 2-4　Ti_2O_3 夹杂周围形成的
Mn、B 贫乏区

系好。凝固形核过程，可为晶内铁素体形核提供一个低能界面，降低晶内铁素体形核的界面能和应力能垒。很多研究者利用点阵错配度理论为基础来讨论夹杂物的形核效用。有学者研究了碳化物及氮化物对铁液非均质形核的影响，其中计算了 TiN、TiC、SiC、ZrN、ZrC、WC 等与 α-Fe 的二维点阵错配度，认为 TiN、TiC、SiC、ZrN 能够成为铁液非均质形核的有效核心。

张凤珊[16] 计算发现 MnS 与铜的各种析出相匹配度都较好，MnS 对诱导铜元素进行非均质形核起重要作用。并用实验证明了铜元素主要富集在以 MnS 为主的超细夹杂物中，形成以 MnS 为核心的复合夹杂物，且温度越高，铜以 MnS 为形核核心进行非均质形核的数量越多，使得铜在晶内形核，被钉扎在了晶内，降低了铜在晶界处的富集程度。陈祥等[17] 计算得到 Ce_2O_3、Ce_2O_2S 与高硅铸钢中的奥氏体错配度较小（6.32%、5.88%），可以促进形核。试验中发现高硅铸钢中有大量高熔点氧化物，且得到了细化的奥氏体晶粒，进一步说明稀土氧化物可以作为奥氏体非均质形核质点。杨庆祥等[18] 根据二维错配度理论计算，在中高碳钢熔敷金属中，Ce_2O_3、La_2O_3 和 Ce_2O_2S 对于初生奥氏体相非均质形核最为有效，而 SiO_2、Al_2O_3、MnO 和 CeS 无效。经试验测定，加稀土氧化物（Ce_2O_3、La_2O_3）熔敷金属与不加稀土氧化物的熔敷金属相比，一次结晶组织被明显细化。L. Lu、A. K. Dahle 等[19] 根据点阵错配度理论计算了 Mg-Al 合金中 Al_4C_3 与 Mg 晶粒的错配度，结果认为 Al_4C_3 对初生 Mg 晶粒的非均质形核非常有效。余圣甫等[20] 计算得到 MnS 与铁素体的错配度较小（8.8%），可以促进形核。试验中发现 MnS 与 16Mn 交界处形成了铁素体带，进一步说明 MnS 可以作为铁素体的非均质形核质点。许振明[21] 计算得到 CeO_2 与铁素体的错配度较小（7.13%），可以促进形核。试验中发现铁素体依附于 CeO_2 生长，进一步说明 CeO_2 可以成为铁素体的核心。李岩[22] 理论计算出了常见化合物与钢中铜元素之间的二维点阵错配度，结果认为对钢中铜元素非均质形核有显著效用的化合物有 MnS、SiO_2、ZrO_2、Ce_2S_3 等，且通过实验得到了论证，计算结果与实验吻合。潘宁等[23] 对钢液凝固温度下各种化合物基底与钢液凝固形核相（δ-Fe 和 γ-Fe）的二维错配度进行了计算，分析

和讨论表明：基底与形核相的错配度 δ 越小，越有利于非均质形核。凝固过冷度的对数与基底和形核相的二维错配度近似呈线性关系。基底与形核相的错配度 $\delta<8\%$，非均质形核效用显著。

近年来，诸位学者均采用多元微合金的添加，这些微合金化元素与碳、氮之间具有高的亲和力，引起基体中第二相的析出，通过各微合金元素的优势互补，来期望得到更好的细晶强化作用，对钢的组织性能产生有利影响。

一些夹杂物的晶格类型及其与形核相的错配度如表 2-1 所示。

表 2-1 一些夹杂物的晶格类型及其与形核相的错配度

夹杂物	晶格结构	与 δ-Fe 错配度/%	与 γ-Fe 错配度/%	与 α-Fe 错配度/%
VC	面心立方	1.68	14.83	3.2
VN	面心立方	0.81	13.85	1.8
NbC	面心立方	8.69	13.20	10
TiC	面心立方	5.32	15.89	7.6
TiN	面心立方	3.57	16.96	4.7
MgO	面心立方	3.58	16.98	—
MgS	面心立方	9.54	2.16	—
MnS	面心立方	8.54	3.06	8.9
CaS	面心立方	1.08	11.72	—
CaO	面心立方	16.51	5.71	16
TiO_2	金红石	7.69	8.38	13.3
Ti_2O_3	刚玉	6.61	1.55	26.8

2.1.3.3 应力-应变能机理

应力-应变能机理认为，钢中非金属夹杂物的热膨胀系数与钢基体的热膨胀系数不同，冷却凝固过程中会在非金属夹杂物周围形成较大的应力场，造成应力集中，产生应变能，从而利于晶内铁素体在非金属夹杂物上形核[24,25]。图 2-5 为常见夹杂物与奥氏体之间的热膨胀系数的相对大小。由图可知，锰铝硅酸盐和富含铝的夹杂物可以有效诱发晶内铁素体形核。

也有学者认为，冷却过程中奥氏体向铁素体转变产生的相变能是夹杂物诱发针状铁素体形核的主要驱动力。虽然热膨胀产生的应力-应变能不能完全为夹杂物诱发 IAF 形核提供能量，但是会使铁素体在夹杂物周围发生相变时能量降低最多，从而使奥氏体易于发生相变，诱发铁素体形核。

2.1.3.4 惰性界面能机理

惰性界面能机理认为，非金属夹杂物作为惰性介质表面，为晶内铁素体形核提供低界面能，成为晶内铁素体的形核核心，促进晶内铁素体的形核。Ricks[27] 提出该机理时未考虑夹杂物成分对诱发晶内铁素体的影响，认为夹杂物能否有效诱发 IAF 只取决于夹杂物的粒径，但是试验中夹杂物的成分和种类对诱发 IAF 形核有着很大的影响，相同粒径的夹杂物，成分不同诱发能力也不同。有学者提出，在不考虑夹杂物成分的条件下，晶内铁素体

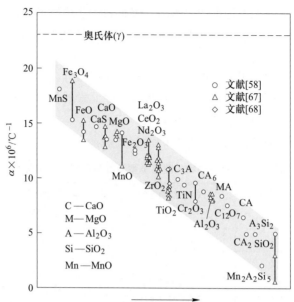

图 2-5　常见夹杂物与奥氏体间热膨胀系数相对大小[26]

更容易在奥氏体晶界上形核，不论钢中存在着哪种惰性夹杂物，铁素体仍然在奥氏体晶界优先形核。但是也有学者认为，夹杂物与铁素体之间的界面能比夹杂物与奥氏体之间的界面能低时，铁素体在夹杂物表面上优先形核。

根据国内外众多文献报道，以上四种机理都不能完全解释夹杂物诱导晶内铁素体形核的过程，不同的非金属氧化物诱发晶内铁素体形核表现出不同的机理。因此，断定夹杂物诱发晶内铁素体应该不只是单一的机制，而是可能一种机制为主其他机制为辅或多种机制共同影响的作用。但是无论哪种机理都与夹杂物本身的性质密切相关，因此，研究夹杂物本身的性状和特点对寻找晶内针状铁素体形核的驱动力来源和明确形核机制至关重要。

2.1.4　氧化物冶金研究现状

氧化物冶金技术自问世以来，通过利用不同性质的夹杂物改善焊接 HAZ 的组织性能，从而提高焊接热影响区的低温冲击韧性，到目前为止，氧化物冶金技术的发展大致经历了三代。

第一代氧化物冶金技术是利用 TiN 粒子的钉扎作用来改善焊接热影响区的韧性。TiN 粒子具有很好的弥散性，早在 20 世纪 70 年代中期，日本新日铁公司利用 TiN 粒子的钉扎作用开发出满足大线能量焊接性能要求的钢[28]。部分学者认为简单的夹杂物粒子如 Ti(C, N)，VN[29-33] 等具有诱发 IAF 形核的优势，还有学者认为 TiN 和其他夹杂物粒子组成复合夹杂物诱发 IAF 形核，比如 TiN+MnS[29,34] 复合夹杂物粒子，V(C,N)+MnS[35-39] 复合夹杂物粒子。有学者认为粒径为 1.2~5.8 μm 的 TiN 粒子能有效诱发 IAF[40]，也有学者认为粒径为 0.25~0.8 μm 的 TiN 粒子在诱发 IAF 形核过程中有效[41]。

但是，在大线能量焊接过程中，熔合线附近的温度急剧升高，超过 1400 ℃时，TiN 粒子发生部分溶解或者粗化[42,43]，该问题制约了第一代氧化物冶金技术的发展，JFE 利用

EWEL 技术研发的建筑用高性能抗拉强度 550 MPa 级钢，在 HAZ 中利用 TiN 细化奥氏体晶粒，同时利用 BN 和 Ca 系夹杂物细化晶内组织的 590 MPa 级钢及抗拉强度 780 MPa 级 JFE-HITEN780LE 钢。

第二代氧化物冶金是利用 Ti_2O_3 夹杂物来改善焊接 HAZ 的组织性能。大线能量焊接过程中，Ti_2O_3 夹杂仍具有高温稳定性，能够有效地促进晶内针状铁素体形成。部分学者认为单一的 Ti_2O_3[40,44-46]粒子、TiO_2[45,47]粒子、TiO[40,45,48,49]粒子能有效诱发 IAF，也有学者认为 Ti 的氧化物和其他夹杂物复合共同作用形成有效夹杂物粒子诱发 IAF，例如，Ti_2O_3+MnS[50]复合粒子，TiO_x+MnS[51,52]复合粒子，$(Ti,Si,Al)O$+MnS[27]复合粒子，$(Ti,Si,Mn,Al)O$+MnS[53,54]复合粒子等。有学者认为 Ti_2O_3 夹杂物粒径为 1.2~5.8 μm 时可以有效诱发 IAF[32]，有学者认为 Ti_2O_3 夹杂物粒径为 2.0~2.9 μm 时可以有效诱发 IAF[52]，近几年来，各国学者主要研究了不同的复合夹杂物粒子诱发 IAF 的情况。

但是，在实际生产中 Ti 的氧化物容易聚集形成簇状夹杂物并上浮去除，难以得到大量细小的 Ti_2O_3 夹杂[55,56]。虽然 Ti_2O_3 粒子在焊接热循环的高温下稳定存在，不发生固溶或者长大，但是其粒径较大，不能很好地抑制奥氏体晶粒的长大。

新日铁率先利用强脱氧剂 Mg、Ca 开发的新一代氧化物冶金技术称之为第三代氧化物冶金技术[57]。通过在钢中加入适当的微合金化元素，生成均匀弥散分布且热稳定性好的氧化物或硫化物微细粒子，强烈抑制 HAZ 奥氏体晶粒的长大，提高韧性[58]。Mg 作为第三代氧化物冶金的标志，它不但能深脱 O、S，同时还能细化钢中夹杂粒径，生成的纳米级和微米级夹杂对改善大线能量焊接 HAZ 韧性恶化有着积极作用。由于 MgO 粒子间结合力较小，只有 Al_2O_3 粒子间结合力 1/10，故可在钢中形成高熔点（2800 ℃）且不易聚合的 MgO 质点。因此，细小的 MgO 粒子会弥散地分布在钢液中并与钢中其他显微夹杂物碰撞长大，能够使得钢液中的夹杂物弥散的分布于钢中[59]。在大线能量焊接过程中，由于 MgO 粒子熔点很高，不会发生类似 TiN 的重熔现象，细小、弥散的 MgO 粒子能够钉扎奥氏体晶界，抑制其长大，从而细化 HAZ[60,61]。应用氧化物冶金技术，日本先后开发出了抗拉强度 490 MPa、590 MPa 和 780 MPa 级大线能量焊接建筑用钢。如神户制钢的 KST50、KST60 级钢，在 260 kJ/cm 焊接线能量下，HAZ 具有良好韧性[8]；新日铁利用 HTUFF 技术开发了抗拉强度 490~590 MPa 级钢和能承受 100 kJ/cm 焊接线能量的 780 MPa 级高强度钢等[10]。

2.2　晶内铁素体

2.2.1　铁素体形态

铁素体的形态不同，钢铁材料的各项加工性能及工艺性能也有着巨大的差别。所以铁素体的形态一直是材料领域内许多学者研究的热点。它的形态从起初二维平面上的形貌研究逐渐深入到了三维空间的立体形貌的探索。这是因为即使最简单的三维空间形貌也不可能从二维平面上的形貌推测出来。所以三维形貌的研究近几年来成为了炙手可热的研究内容。然而，想要充分研究铁素体三维空间的形貌特征，就有必要明确铁素体微观组织形貌的分类。

2.2.1.1　铁素体组织的分类

日本钢铁研究所贝氏体研究委员会及 Krauss 和 Thompson 将不同的铁素体分为 5 种形态[62]，分别有 PF（多边形铁素体也叫等轴铁素体）、QF（准多边形铁素体也称为块状铁素体）、WF（魏氏组织铁素体）、AF（针状铁素体）、GBF（粒状贝氏体铁素体），这 5 种形态基本上概括了低碳微合金钢以及超低碳微合金钢过冷奥氏体连续冷却过程中可能形成的铁素体形态。铁素体的主要特点如下。

多边形铁素体（PF）：也叫等轴形铁素体。低碳钢在高温下冷却速率较小时可以得到。它多在奥氏体晶粒的转角处形核，由置换原子和碳原子的扩散所控制，然后等轴长大成与母相成分不相同的新相，并且没有特殊的晶体取向，金相显微镜下观测，看不到奥氏体的晶界，只有清晰且连续的铁素体晶界。

准多边形铁素体（QF）：也称块状铁素体（MF）。低碳钢在较快的冷却速率下转变而成的位错亚结构以及位错密度都较高的组织，转变过程中通过原子在界面上迁移或置换形成成分相同但晶界不规则的相，同时其内部可能含有 M-A 岛状组织。

魏氏铁素体（WF）：粗大的、细长的铁素体，板条间以一定的方向向奥氏体晶粒内部生长，含有位错亚结构。

针状铁素体（AF）：它由奥氏体内的夹杂物诱发并长大成位错密度高、亚结构精细、晶界不连续、有时相互交织成网状，没有原奥氏体晶界的结构。其碳含量很少，内部有时能观察到 M-A 岛和渗碳体而边界能够检测到碳含量明显偏高。由于针状铁素体能够细化钢的基体组织，提高强度和韧性，所以许多研究学者对其倍加关注。成林等[63]通过对针状铁素体的形态做了一系列系统的实验并证明其在空间上的形态表现为"条状"或"板状"，并不是我们通常所观察到的"针状"。

粒状贝氏体铁素体（GBF）：其内部一般都会含有 M-A 岛状组织，但是形成的温度不同，铁素体及岛状组织的形状和分布也会不同。温度较高时形成等轴形铁素体和在其上无序分布的岛状组织（叫作"粒状组织"），它是由准多边形铁素体转变而来的；温度较低时将形成板条状的铁素体，其上含有平行有序的岛状组织称为板条贝氏体，它是由切变机制形成的。

随着研究的深入，越来越多的不同研究领域都会谈及它，然而不同的研究范畴所指的组织形状存在巨大的差异。从焊接的角度出发，针状铁素体具有固定的长宽比，像细小的"针"一样相互杂乱无章地编织在一起；而在材料的研究领域中，针状铁素体是指在第二相上非均匀形核并且与焊缝中的铁素体组织相似；对于控制轧制后钢板中的针状铁素体则与前两者的组织形状完全不一样，Bhadeshia[45]认为称为板条铁素体较为贴切。

2.2.1.2　晶内铁素体及其联锁组织的形态

所谓晶内铁素体（IGF）就是在夹杂物上析出并长大，它的几何外形有两种并且差别明显，即等轴形和针状。等轴铁素体的形状基本呈规则的多边形，晶界光滑，接近对称形状，围绕夹杂物向各个方向均匀长大，没有明显的晶体取向关系，如图 2-6（a）所示；而针状铁素体的形状像"针"一样，长度方向非常大而宽度方向小，故此得名，如图 2-6（b）所示。针状铁素体根据长与宽的比值又可以分为两种形状。长宽比较小时，其形状一个方向小而另两个方向大，称为片状；长宽比接近 10 时，其形状长且窄，称为板条状。

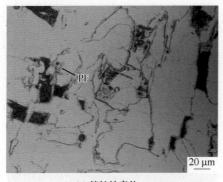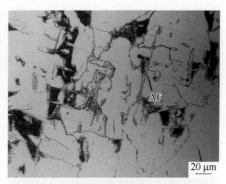

(a) 等轴铁素体   (b) 针状铁素体

图 2-6 不同形貌的晶内铁素体

图 2-7 分别为不同放大倍数的联锁组织的特征。放大 200 倍可看到，针状铁素体的形貌像"针"一样并且毫无规则地相互交叉编织成网状；放大 500 倍发现，它的晶界不连续并且形核地点也不一样，有在夹杂物上析出的，有的与奥氏体晶界连接在一起，还有的既不与夹杂物相关，又没有与奥氏体的晶界相连。

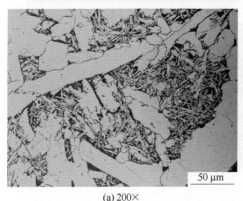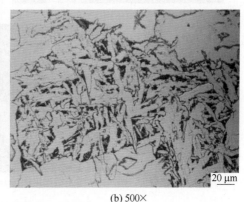

(a) 200×   (b) 500×

图 2-7 不同放大倍数的联锁组织

2.2.1.3 铁素体的三维形态

过去对铁素体组织的分析主要采用光学或者电子显微镜对某一个抛光平面进行研究，得到的是二维（2D）的组织信息，然而丧失了部分埋藏在截面下面的信息，或者在准备试样的过程中损失掉一部分信息。加之组织的三维（3D）空间信息很难由一些随机得到的二维信息推断，只有建立组织的 3D 空间模型才能详细地了解其各个方面的真实情况，也只有这样才能真实可靠地分析其形核方式和形核机理，因此，对材料的三维分析越来越受到研究者的关注[64-68]。

Kral 等[69]利用连续截面-计算机辅助技术对先共析铁素体（其文中称为魏氏体，在晶界处形核）进行了 3D 重构，如图 2-8 所示，从三维结构中观察到了以前没有观察到的铁素体的形貌和相互之间关联性的信息，从而部分修正了铁素体的形态。

Yokomizo 等[70]将试样在 640 ℃等温 40 s 使晶内铁素体在夹杂物上析出，并对在 MnS

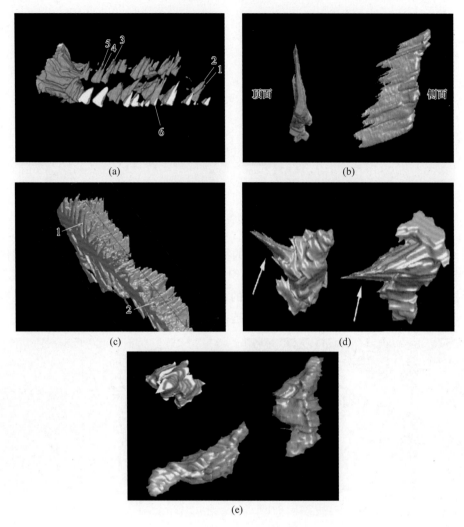

图 2-8　先共析铁素体的 3D 形态

上析出的晶内铁素体三维重构，如图 2-9 所示，夹杂物并不能被直接地观测到，因为它包裹在铁素体的内部，三维空间的铁素体比抛光表面上观测到的铁素体的形状更加的不规则，同时在实验中也发现并不是所有的夹杂物都能诱发晶内铁素体，如图 2-10 所示。

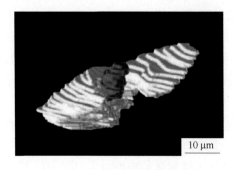

图 2-9　夹杂物上析出的铁素体的三维重构

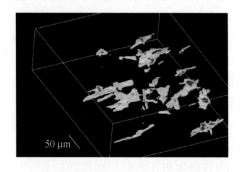

图 2-10　铁素体与夹杂物的位置关系

吴开明等[71,72]将试样进行热处理，对得到的晶内铁素体建立三维模型。通过对模型的观察发现它的形核或多或少都与夹杂物有联系，如图 2-11 所示[71]。图 2-11 为低碳微合金钢 1250 ℃时保温 10 min 后连续冷却到 640 ℃等温 30 s 所获得的晶内铁素体的三维模型。图 2-12 与图 2-11 的热处理制度不一样，即将试样升温度到 1350 ℃，保温 2.5 min 后将温度降到 780 ℃，在 570 ℃这个温度水平下保温仅 1 s 的时间获得晶内铁素体，对其进行三维模型建立。

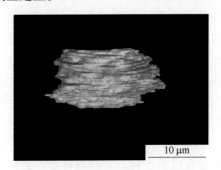

图 2-11　晶内铁素体的空间形态

图 2-12　铁素体束的三维重建

由图 2-12 看出，以一个夹杂物为中心，5 个不同的铁素体围绕夹杂物分别向不同的方向长大并且具有一定的取向关系。另外，在实验中还发现，因为形成的时间不同，在同一试样中还发现片状（长/宽比约为 1）和板条状（长/宽比约为 10）的铁素体[72]。

吴开明等[72]关于先共析铁素体（文章中称为退化铁素体）也建立了 3D 模型，如图 2-13 所示，结果表明，先共析铁素体每一个亚单元的空间形貌不是板条状更不是片状而是如图 2-13 所示的棒状。

2.2.2　晶内铁素体形核的影响因素

自第一代氧化物冶金技术发展以来，各国学者研究了不同粒径下夹杂物对针状铁素体的影响，最初 Barbaro 等[73]学者认为粒径为 0.4~0.6 μm 的复合氧化物夹杂和 MnS 的复合物才是最有效的形核夹杂物；Abson 等[74]学者认为 0.2~1.0 μm 的单相氮化物如 AlN、TiN 在诱发 IAF 形核中有效；有些学者[32]认为粒径为 1.2~5.8 μm 单相的 Ti_2O_3 和 TiN 为有效形核质点；还有

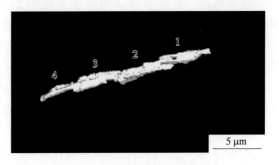

图 2-13　先共析铁素体的三维模型

一些学者[41]认为 TiO、TiN 单独作为形核核心时，夹杂物粒径为 0.25~0.8 μm 是最有效的形核质点，0.1~0.3 μm 的复合 TiN-MnS 夹杂为有效形核质点。

第二代氧化物冶金技术推广以来，因为 Ti_2O_3 容易聚集，Lee 等[52]学者认为粒径为 2.0~2.9 μm 的 Ti_2O_3 夹杂物为有效形核粒子；随着科技的进步，各国学者均认为复合夹杂物是有效形核粒子，Yang 等[50]学者认为粒径为 1.0~3.0 μm 的 Ti_2O_3-Al_2O_3-MnS 复合夹杂物是有效形核粒子；Huang 等[75]学者认为粒径为 1.0~4.0 μm 的 Ti_2O_3-Al_2O_3-MnO 复合夹杂物为有效形核粒子；Laurent 等[76]学者认为粒径为 0.45 μm 以上的 TiO 夹杂物为形核

有效粒子；Shu 等[77]学者认为粒径小于 3.0 μm 的 TiO_x-Al_2O_3-MnS 的复合夹杂物均可以作为有效形核粒子诱发 IAF。夹杂物的粒径不是影响形成 IAF 的单一因素，但是夹杂物粒径太大或者太小均不是诱发 IAF 形核的最佳范围。

2003 年，日本新日铁开发了第三阶段的氧化物冶金技术，即 HTUFF（Super high HAZ Toughn Ess Technology with Fine Microstructure Impacted by Fine Particles）系列工艺技术，该技术是利用在 1400 ℃ 以上仍稳定存在的含 Mg、Ca 的氧化物粒子，使之弥散分布于钢中，对 CGHAZ 奥氏体晶粒长大起钉扎作用，同时促进晶内铁素体的形成，进一步细化晶粒。2006 年，宝钢也发展了第三代氧化物冶金技术，围绕 Mg 的氧化物冶金形成了 ETI SD（Excellent Heat Affect Zone Toughness Technology Improved by Use of Strong Deoxidizer）技术，其他如神户制钢、川崎制钢、鞍钢、舞阳钢铁等企业也在此方面做了大量技术攻关工作，技术研究基本处于探索与熟化阶段。2015 年，在第三代技术的基础上氧化物冶金技术又有了新的改进，已发展的 New HTUFF 技术更加关注的是如何抑制晶界组织的产生，保证晶内铁素体的优先竞争析出。

晶内铁素体的形核过程受多种因素的影响，主要有以下 5 种：夹杂物种类、夹杂物数量、夹杂物尺寸、奥氏体晶粒尺寸、冷却速率。广大学者对前三种因素进行了比较深入的研究，但是目前，还没有形成统一的认知，并且存在相互矛盾的观点。至于后两个因素，研究得还不够深入。因此，有必要对晶内铁素体的形核影响因素进行研究。

2.2.2.1　夹杂物种类

夹杂物主要包括碳氮化物、氧化物、硫化物等，根据诱发 IAF 的形核效果大致分为有效氧化物粒子和无效氧化物粒子，有效氧化物粒子是在氧化物冶金中，能充分诱发出 IAF 的夹杂物粒子。

碳氮化物：有些学者认为简单氮化物如 TiN、VN、AlN、TiC、V（C，N）粒子以及 MnS-VC、MnS-VN、MnS-V（C，N）、TiN+MnS 复合夹杂物粒子均可作为晶内铁素体的有效形核粒子[29,30,37,38]，但是有些学者[45,51]认为 TiN 粒子为惰性夹杂，不能作为有效粒子诱发 IAF。

氧化物：研究者们集中研究了两个不同相及多个相形成的复合夹杂物对诱发 IAF 形核的影响，包括氧化物与硫化物、氮化物的复合物，现阶段研究最多的是复合氧化物夹杂和 MnS 的多相复合夹杂。简单氧化物夹杂主要有：TiO、TiO_2、Ti_2O_3、ZrO_2、MgO 粒子，学者们观点并不一致，有人认为这些氧化物夹杂是有效形核粒子[44-50]，也有学者认为 TiO 和 Ti_2O_3 并不能促进晶内铁素体的形核。复合夹杂物主要有：$(Ti,Mn)_2O_3$、$MnZr_3O_8$、MnO-SiO_2、MnO-Al_2O_3、TiO-MnO-SiO_2、MgO-Al_2O_3、Al_2O_3-MnO-SiO_2、MgO-Al_2O_3-SiO_2 等。有些学者研究发现这些复合夹杂物是有效形核粒子，但是也有学者研究发现 MnO-SiO_2、MnO-Al_2O_3、MgO-Al_2O_3 复合氧化物粒子为无效粒子，不能有效诱发 IAF 形核。

硫化物：MnS 是氧化物冶金中应用最多的硫化物粒子，也是争议最多的，有些学者认为 MnS 在氧化物冶金中可以作为有效粒子诱发 IAF；也有其他学者认为 MnS 是惰性粒子，不能起到诱发 IAF 的作用。硫化物大多与碳氮化物、氧化物复合，形成多相复合夹杂物，近些年来，各国学者们分别研究了不同的多相复合夹杂物，有效粒子如下：（Ti，Mg）O+MnS[78]；（Ti，Al）O+MnS[50]；（Ti，Si，Al）O+MnS[27]；（Ti，Si，Mn，Al）O+MnS[53,54]；（Ti，Mn，

Zr)O+MnS[79]；（Ti,Al,Zr）O+MnS[80]；（Ti,Si,Mn,Zr）O+MnS[81,82]；（Ti,Si,Mn,Al,Zr）O+MnS[73]；Ca（O,S）+MnS[11]；（Ca,Ti）（O,S）+MnS[11]；（Ca,Mg）（O,S）+MnS[11]；Mg（O,S）+MnS[11]；（Mg,Ti）（O,S）+MnS[11]；（Ca,Mg,Ti）（O,S）+MnS[11]；（Mg,Al,Mn,Si）O+MnS[83]；Ti_2O_3-TiN-MnS[22,28]；Al_2O_3-TiN-MnS[84]；Ti_2O_3-TiN-MnS-BN[22]；Al_2O_3-VN-MnS[80]；（Ti,Si,Mn,Al）O-TiN-MnS[85]等。也有学者对部分复合夹杂物粒子的诱发情况持反对意见，认为Al_2O_3-MnS、ZrO_2-MnS[86,87]等不是有效夹杂物粒子。

大量研究表明[88-90]，夹杂物的种类对晶内铁素体的形成有巨大贡献，并且一致认为促进晶内铁素体晶核形成能力较强的氧化物之一是钛氧化物[91,92]。钛的氧化物有氧化钛、二氧化钛、三氧化二钛以及五氧化三钛等，其中诱导铁素体形核能力最强的是三氧化二钛。学术界多数人认为基体奥氏体中的 Mn 元素能被三氧化二钛吸附，使 Mn 元素进入到 Ti_2O_3 阳离子的空位中或在其表面形成含 Mn 元素的化合物，进而在其附近形成锰的贫乏区，为形成晶内铁素体提供驱动力。然而，Shigesato 等[93]通过做热压扩散实验发现，三氧化二钛与其周围邻近的碳元素发生反应转化成氧化钛和五氧化三钛，出现了贫碳区，增添了形成铁素体的驱动力。Shim 等[94]观察中碳钢中的非金属夹杂物时发现，对于含锰钢，三氧化二钛诱发晶内铁素体形成的能力极强；反之，对于无锰钢，三氧化二钛诱发晶内铁素体的能力为零，并且还发现 Ti_2O_3 能诱发晶内铁素体主要是因为 Ti_2O_3 能吸附 Mn 原子进入其阳离子的空位中，转变成新的化合物 $MnTiO_3$，并在其周围生成锰的贫乏区。

杜松林等[95]利用扫描电镜对 6 种夹杂物进行了观察，同时统计了其诱发铁素体析出的能力指数（Z），发现 Ti_2O_3-Al_2O_3-MnO-MnS 类复合夹杂物的析出能力指数最强。胡春林等[96]认为 Ti-Mg 复合夹杂物能够诱发针状铁素体并且比单独的 Ti 夹杂物和单独的 Mg 夹杂物诱发的效果更好。一般情况下，其核心为 Al_2O_3 或者 Ti_2O_3，外部附着 MnS 等复合夹杂物，在含钛钢中对形成晶内铁素体起主要的作用[97]。

MnS 对诱发晶内铁素体析出所起的作用存在三种观点。第一种观点认为单独的 MnS 夹杂对晶内铁素体晶核的形成毫无影响[94]。第二种观点认为单独的 MnS 夹杂有助于诱发晶内铁素体。余圣甫等[98]把 MnS 粉末放入钢棒中进行热模拟试验，之后制成金相样，观察界面附近区域的金相组织，在 MnS 粉末与钢棒的相交地带观察到了大量的铁素体。第三种观点认为 MnS 与钛氧化物相结合时对晶内铁素体晶核的形成极有帮助。Song 等[99]利用扫描电镜检测发现，心部富含 Ti 和 Mg 元素、MnS 覆盖其表面的复合夹杂物附近，Mn 元素百分含量降低，这会为晶内铁素体晶核的形成增加驱动力。张鹏彦等[100]认为 MnS 析出于 TiN 表面会非常有助于诱发晶内铁素体。虽然各种说法不一，但有一点是大家公认的，MnS 依附于氧化物的外表面时，是非常有效的形核剂。

2.2.2.2　夹杂物数量

夹杂物的数量对晶内铁素体晶核的形成也有一定的帮助。钢中氧含量升高，其数量必然明显增加。据相关文献报道[101]，夹杂物数量与其诱导晶内铁素体形核的能力之间存在近似抛物线的关系，即夹杂物的数量在某一范围内其数量越多越有助于晶内铁素体晶核的形成，并且其数量存在一个最大值，如果超出这一最大值将阻碍晶内铁素体的形成。

氧化物冶金要求夹杂物质点弥散分布在钢中，夹杂物的分布也是影响 IAF 形核的重要因素。日本学者研究表明：若每平方毫米有 10 个以上的 TiO_x，则 IAF 的体积分数平均可达 60%~70%；数学模型进行的计算还指出，当奥氏体晶粒尺寸在 180~190 μm 之间，夹杂物尺寸在 0.25~0.80 μm 之间时，可得出合理的夹杂物数量在 $1.0×10^6$~$1.3×10^7$ 个/mm^3 之间。有些学者认为夹杂物密度为 50~60 个/mm^3 时，夹杂物能充分诱发 IAF；CeS、Ce_3S_4、Ce_2O_2S 对针状铁素体形核的研究结果表明，夹杂物粒径为 0.63~1.70 μm，夹杂物密度为 $(0.68~1.3)×10^6$/mm^3 之间时，IAF 数量较多；当钢中夹杂物尺寸介于 0.25~0.8 μm，夹杂物数量为 $1.0×10^6$~$1.3×10^7$ 个/mm^3 时，夹杂物粒子对 IAF 形核最为有效。

2.2.2.3　夹杂物尺寸

夹杂物的物相成分不一样，其最佳尺寸也会存在差别。Jye-Long[102] 建立了相关的研究模型，其计算结果显示 0.25~0.8 μm 的夹杂物最适合晶内铁素体的形成。舒玮等[103] 通过研究夹杂物的尺寸发现，1~3 μm 是最佳尺寸。文献[104,105] 认为大于 0.4 μm 的夹杂物能够非常有效地促进晶内铁素体析出。王巍等[106] 通过建立以夹杂物为基底，铁素体在其上析出的物理模型，通过理论推导发现，夹杂物的曲率半径达到某一个值域范围时最适合诱发晶内铁素体，过大或过小都对晶内铁素体的形成没有多大的帮助。所以，虽然夹杂物越弥散分布越好，但是其最佳尺寸并没有一个相对固定的值域。

2.2.2.4　奥氏体晶粒尺寸

目前，关于奥氏体晶粒尺寸在铁素体形核过程中的作用的研究还不是很深入，但从前人的实验中可以看出，并不是奥氏体晶粒尺寸越大越有利于铁素体的形核。Lee 等[102] 通过研究铁素体球墨铸铁中奥氏体的转变，发现利于铁素体形核的最佳奥氏体尺寸在 180~190 μm，并且认为随着奥氏体尺寸的增加，针状铁素体的相对形核能力先增大后减小，奥氏体的尺寸和针状铁素体的形核能力基本符合 C 曲线的关系。胡志勇等[107] 通过对奥氏体晶粒尺寸进行原位观察得出，其尺寸为 176 μm 时最有助于增加晶内铁素体晶核形成长大的驱动力。

2.2.2.5　冷却速率

冷却速率同样也是影响晶内铁素体形成的一个重要因素。通常认为，冷却速率由小增大的过程中，组织的转变通常为：等轴形铁素体（PF）→准多边形铁素体（QF）→针状铁素体（AF）→贝氏体（B）→马氏体（M），同时 A_{r3}（铁素体的相变温度）会降低。

吴开明等[108] 研究了不同的冷却速率对铁素体形核的影响，认为铁素体形成地点的顺序是先晶界后晶内，并且后者需要更大的过冷度，过冷度相差 40 ℃ 以上。杨占兵等[109] 研究了晶内铁素体形成的另一个影响因素——冷却速率，他发现能诱发晶内铁素体的速度范围为 0.5~2.5 ℃/s，2 ℃/s 最佳。邓伟等[110] 对 X80 管线钢进行变形与未变形处理，并观察了不同冷却速率下得到的组织，结果表明，真应变为 0.7 时，10~20 ℃/s 的冷速能够诱发晶内铁素体。总之，钢种不同最佳冷却速率也不尽相同。

2.2.3　晶内针状铁素体特征及形成机理

晶内针状铁素体在夹杂物上形核，在奥氏体内长大，所以晶内针状铁素体与其母相奥氏体会保持一定的晶体学关系。另外，随着对晶内针状铁素体二维形貌研究的深入，部分学者也对晶内针状铁素体的三维（Three Dimension，3D）形态特征进行了研究。

2.2.3.1 晶内针状铁素体的晶体学特征

众多研究人员认为[111-118]，晶内针状铁素体、夹杂物和原奥氏体三者间的晶体学取向关系对晶内针状铁素体的形核有重要影响。Enomoto[119]通过研究针状铁素体的长大方向和惯习面得出其长大过程中与原奥氏体保持固定的取向关系 Kurdjumov-Sachs（K-S）或者 Nishiyama-Wassermann（N-W）关系。

Xiong 等[120]则研究发现，MnS 在 Ti_2O_3 上沿一定的晶面和晶向沉淀析出，即 $\{0001\}$ $Ti_2O_3 / / \{111\}$ MnS，$\langle 10\bar{1}0 \rangle Ti_2O_3 / / \langle 110 \rangle$ MnS，但 IAF 在 Ti_2O_3/MnS 复合夹杂物上析出时，针状铁素体与 MnS 之间并没有特定的取向关系。Flower 等[121]利用被研究的组织和邻近马氏体的取向夹角反推得出针状铁素体与原奥氏体保持 N-W 取向关系。Miyamoto 等[122]通过以马氏体作为中间变量，采用背散射电子衍射技术（Electron Backscatter Diffraction，EBSD），测得针状铁素体与马氏体间保持 K-S 取向关系，从而认为针状铁素体与原奥氏体保持 K-S 取向关系，如图 2-14 所示[122]。图 2-14（a）为夹杂物及 IAF 的典型形貌，图 2-14（b）为采用 EBSD 测得的晶内铁素体及马氏体的取向分布，图 2-14（c）为由晶内

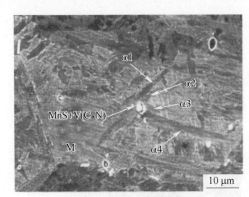

(a) 晶内针状铁素体的显微形貌

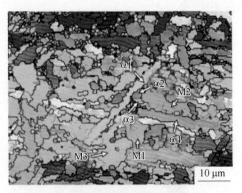

(b) 晶内针状铁素体与邻近马氏体间的取向分布

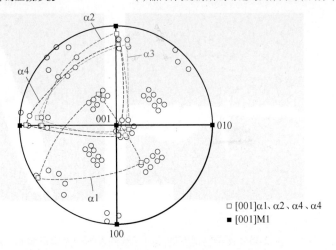

(c) 代表晶内针状铁素体与马氏体间取向关系的[001]极射东面投影图

图 2-14　晶内针状铁素体与原奥氏体间取向关系的测定

针状铁素体与马氏体间的［001］极射赤面投影图测定的两者的 K-S 取向关系结果。由于晶内铁素体在夹杂物与奥氏体的界面处形核，因此，在铁素体、夹杂物和奥氏体三者的相界处的能量平衡大大地影响了晶内铁素体形核的动力学。晶内铁素体在夹杂物上形核，并在奥氏体中长大，因此，铁素体与原奥氏体及夹杂物间的特定取向关系将影响铁素体的形核潜力及形貌特征。

2.2.3.2　晶内针状铁素体的三维形态特征

在针状铁素体组织中，针状形态是根据其二维光学形貌得出的，但二维形貌局限于某一抛光的单一随机表面，而大量的组织形态信息在观察截面以下或在抛光过程中丢失，并不能通过二维随机截面观察得到[123-129]。

Wu 等[130]通过连续切片和计算机辅助可视化研究了在低碳钢中夹杂物上形成的铁素体的三维形态和生长行为，建立了晶内针状铁素体的三维图像，测量了其长度、宽度、厚度，从针状铁素体的长宽比例推测，针状铁素体形貌为棒状而不是板条状。Enomoto 等[119]通过对在 610 ℃保温 30 s 的样品中针状铁素体组织三维形态进行观察发现，针状铁素体的三维形态呈现板条状，优先在长度方向长大，随后在宽度方向扩展，其形貌如图2-15所示[63]。

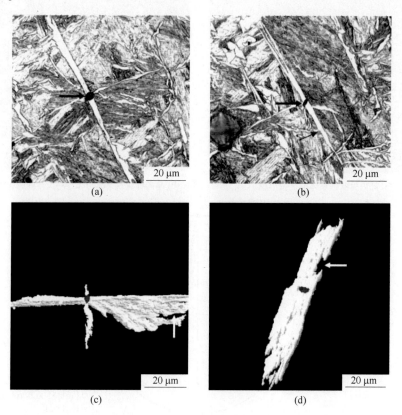

图 2-15　夹杂物诱发的晶内针状铁素体的光学形貌和三维重构图像

2.2.3.3　晶内针状铁素体微观力学性能

针状铁素体组织因具有高密度位错、大角度晶界、相互交叉互锁的组织特征，而具有良好的强韧性匹配。Wu[131] 对 Nb-Ti 钢中针状铁素体单个板条进行纳米压痕硬度测量，得出其硬度稍低于粒状贝氏体和板条状贝氏体，为 3.44 GPa。Xiong 等[132] 采用电子背散射技术对焊接热影响区的冲击断口的二次裂纹进行表征，研究了晶内针状铁素体板条对裂纹扩展的影响，结果发现，晶内针状铁素体板条通过自身很好的变形能力释放裂纹尖端应力，有效阻碍裂纹扩展，提高裂纹扩展功。韧性的提高归因于焊缝组织内的微裂纹解理跨越针状铁素体联锁组织时会发生偏转，需要消耗大量能量[133]。

2.2.3.4　针状铁素体细化机理

晶内针状铁素体是一种中温转变产物，在部分夹杂物上形核，以夹杂物为核心，呈辐射状生长[134]，如图 2-16 所示。在奥氏体转变过程中，针状铁素体形成后快速长大，首先可以将较大的奥氏体晶粒分割成若干块，等到再结晶形核时，后形成的针状铁素体和贝氏体只能被限制在这些细小区域内生长，如图 2-16 所示，从而细化了奥氏体组织，起到了细化晶粒的作用。组织中针状铁素体和贝氏体尺寸很细小，其有效晶粒尺寸比原奥氏体尺寸小了许多倍。所以针状铁素体被认为有着很强的细化晶粒的作用。另外，晶内铁素体之间为大角度晶界，板条内的微裂纹解理跨越晶内铁素体时要发生偏转，扩展需要消耗很高的能量，从而提高钢的强度和韧性[121-125]。

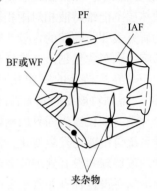

图 2-16　晶内针状铁素体
细化机理图

2.3　夹杂物的分布与氧化物冶金

氧化物冶金技术是中低碳钢和微合金钢增强增韧的一种重要的方法，也是提高焊接韧性特别是大线能量焊接韧性的最有效方法之一。目前，对母材制备的研究主要涉及两个工艺过程，一是冶炼过程中在钢液中形成能够诱发晶内铁素体的钢液条件和夹杂物条件，二是在凝固过程中保证这些夹杂物能够被凝固前沿吞没，形成均匀弥散的分布于晶粒内部的夹杂物体系。钢中微小夹杂物在钢中的分布对氧化物冶金效能的实现起着重要的作用，其在钢液中的运动，特别是在凝固阶段被凝固前沿吞没或推斥的行为，对其凝固后能否优先诱发晶内铁素体有重要影响。晶内铁素体的优先析出除了和复相夹杂物的性质有关之外，还和其在奥氏体中的位置有密切关系，主要是由于夹杂物对奥氏体晶界的控制和在奥氏体晶界的偏聚行为，而这些行为又和夹杂物与凝固前沿的作用有直接的关系。凝固前沿影响粒子迁移的因素有多种，如粒子组成、粒子形态、表面性质、润湿性、反应性、凝固速度、外场作用等，这些因素对粒子在界面过渡层迁移的过程及机理的研究已经较为广泛。

2.3.1　夹杂物在凝固界面上的迁移行为

金属冶炼过程中，不可避免地会出现夹杂物与凝固界面相互作用的情况，在凝固过程中夹杂物被凝固界面前沿捕捉而停留在铸坯中，或者被凝固界面排斥推动夹杂物随着凝固界面液相的流动聚集在凝固末端。在钢铁材料的冶炼过程中，总是要求增强夹杂物颗粒被凝固界面捕捉进入固相，均匀分布在凝固组织中，而不是聚集在凝固末端造成夹杂物聚集，严重影响钢铁材料性能。夹杂物被捕捉和被排斥两种迁移行为直接决定其在凝固组织中的分布，最终影响到材料的性能，因此，凝固界面前沿夹杂物的迁移行为受到广泛的关注。

　　Uhlmann[135]对凝固界面前沿颗粒迁移行为进行研究，当颗粒被凝固界面推斥时，颗粒受到来自液相的作用力，即拖曳力和排斥力。拖曳力来自液相与颗粒间的黏性阻力，排斥力来自分子间的作用力又称范德华力。当夹杂物在液相中稳定存在时，颗粒所受力为零，在推斥过程中，颗粒与凝固界面之间存在一层液相，便于界面接受液相中自由移动的分子，用于排列在固相界面上形成凝固组织。随着凝固的进行，颗粒与凝固界面之间的液相层逐渐减小，当凝固速率增加到一定值时，颗粒受力平衡被打破，颗粒和凝固界面之间的液体层不能维持液相对固相输送分子，导致凝固界面前沿吞没颗粒。Cisse 和 Bolling[136-138]的研究表明，颗粒的含量、重力、流体的黏度对颗粒在凝固界面的迁移行为有非常重要的影响，颗粒含量越大，临界速率越小，流体的黏度越高，临界吞没速率就越低，研究发现位于晶界凹槽处的颗粒比位于晶界平滑位置的颗粒更容易被凝固界面捕捉。Neumann等[139]将颗粒被凝固界面吞没分为四个步骤：即颗粒与凝固界面接触、颗粒被凝固界面部分吞没、颗粒被凝固界面刚好吞没和完全吞没。研究指出吞没过程中的四个步骤，每个步骤系统自由能均发生变化，而总的自由能为零时才能够完成吞没过程。另外，利用涂抹硅油的玻璃球和没有处理的玻璃球进行凝固实验，实验指出颗粒表面性质对颗粒在凝固界面前沿的吞没过程有非常重要的影响。

　　以上研究采用透明有机物或者去离子水等介质研究颗粒在凝固界面上的迁移行为，与钢液有很大的差别，后续研究开始采用金属液体系作为凝固基材，谢国宏[140]利用 Al_2O_3、SiC、SiO_2 颗粒增强铝-镁合金的研究中指出，颗粒直径越大越容易被凝固界面吞没；颗粒密度越大越容易被凝固界面吞没。吴树森[141]从固相和液相之间的润湿性来研究颗粒在凝固界面迁移的行为，指出颗粒与凝固界面之间的接触角小于 90°时，颗粒被凝固界面吞没，反之则被凝固界面排斥。

　　在很多研究中，从界面能、凝固界面形状等方面解释颗粒被凝固界面吞没或排斥有一定的合理性，但是在实际生产中凝固过程存在很多影响因素，而明确各个参数之间的起伏关系以及记录测量颗粒与凝固界面之间的关系是非常困难的，因此，这些研究获得实际应用还是急需解决的问题。韩青有及 Hunt[142]提出在多相合金进行凝固时，有多种因素直接影响颗粒与固液界面之间的迁移行为。在合金凝固过程中，凝固界面前沿存在溶质梯度和温度梯度，另外固相和界面之间存在液相的流动。根据以上颗粒与界面之间的原理结合力平衡原理，韩青有提出颗粒被凝固界面推斥的判据表达式：

$$v_1 \geq aA \left[\frac{2}{9\eta}(\rho_p - \rho_1)g + \frac{R}{ha} \right] \frac{f + \tan\theta}{1 - f\tan\theta} \tag{2-1}$$

式中　　v_1——颗粒中心部位流体的流速；

　　　　a——颗粒半径；

　　ρ_p，ρ_1——颗粒、液体的密度；

　　　　R——枝晶生长速率；

　　　　A——比例常数；

　　　　η——液体黏度；

　　　　h——颗粒与界面凹坑底部的间隔；

　　　　g——重力加速度；

　　　　f——摩擦系数。

目前颗粒与凝固界面之间的作用机理可以分为界面能机理、热导率机理和临界速度机理，三种机理从不同的角度解释颗粒与界面之间的相互作用。

2.3.2 夹杂物与凝固界面的作用

国内外众多学者对颗粒与凝固界面的作用规律有多种说法，在特定的条件下可以对颗粒在凝固界面的迁移行为作出合理的解释，目前，有关颗粒和界面之间作用的机理可以分为以下几种。

（1）临界速度模型。当颗粒被凝固界面排斥时，颗粒和界面之间有一层液态流体，为固相的成长提供一定自由分子，并且推动颗粒不被凝固界面吞没，在一定的凝固速率条件下处于平衡状态，当固相界面成长速率超过某一临界速率时，本来被排斥的颗粒也将被捕捉，这是该模型基本的思想。颗粒处于平衡下的固相凝固速度通常称为临界凝固速度 v_C。Shangguan 等[143]将颗粒与界面的界面能作为两者之间的排斥力，颗粒与液体之间的黏滞力作为阻力，忽视重力的影响，结合颗粒与液相的热导率得出临界速度表达式为[144]：

$$v_C = \frac{a_0 K_L \Delta r_0 \left(\dfrac{n-1}{n}\right)^n}{3\eta K_p R(n-1)} \tag{2-2}$$

式中　　a_0——液体原子半径与颗粒原子半径之和；
　　　　n——与界面性质有关的系数，$n = 2 \sim 7$；
　　　　R——颗粒半径；
　　　　r_0——液体原子半径；
　　　　η——液体的黏度；
　K_p，K_L——颗粒、液体的热导率。

对颗粒与液相之间的临界速度模型较多，模型之间只是数学处理繁简的差异，基本思想相同。文献显示，利用公式计算得出的临界凝固速度非常大，普通的凝固条件难以达到，因此，该公式使用范围非常有限。根据颗粒与凝固界面的动力学判据研究，对颗粒被界面吞没的临界速度的影响因素进行讨论[145]。

颗粒形状、大小：Uhlmann 等[135]在水平单项凝固实验中发现当颗粒的直径小于 15 μm 时，临界速度与颗粒的直径无关，而大颗粒对应的临界速率不但与颗粒的尺寸有关还与颗粒的形状有关。Boliing 等[137]用水作基体做垂直定向凝固实验发现，当颗粒直径在 15~50 μm 之间时，晶体生长的临界速度随着颗粒直径增大而减小。

黏度：Uhlmann 等[135]发现金属液的黏度对凝固组织中晶体的临界生长速度有一定的影响，经过对临界速度的计算，黏度较小的液体，晶体的临界生长速度较大。而 Boliing 等[137]认为对于同种颗粒而言，液体黏度越大，临界速度越小。黏度对晶体临界生长速度的影响还需进一步研究。

凝固界面形状：凝固界面的形状直接影响界面与颗粒间流体的梯度分布，从而影响颗粒在界面上的推斥现象。Bolling 等[137]研究发现相同的颗粒在凝固界面呈凹面的临界速度比表面的临界速度大，夹杂物颗粒更容易被凹面平稳的推斥。经过对晶粒表面、晶界凹槽、晶界处的晶体临界生长速度进行计算，三处的临界速度的比值为 $1 : \sqrt{2} : \sqrt{3}$，而颗粒与界面之间的接触点数分别为 1、2、3，因此，接触点越多，每个接触点所分的力越小，颗粒越容易被凝固界面吞没。另外，Korber[146] 研究显示当凝固界面从平面变成凹面时，临界速度降低，当平面变成凸面时，临界速度增大。

界面张力的温度系数和浓度系数：在凝固界面边界层中浓度梯度和温度梯度通常同时存在。在钢液中，夹杂物与钢液间的表面张力的温度系数显著小于浓度系数。在 Fe-O 系铁水中的表面张力的温度系数为 $0.25×10^{-3}$ N/(m·K)，浓度系数为 $21.2×10^{-2}$ N/m。K_C 的绝对值是 K_T 的 420 倍。因此，在后面的解释中，先可以对温度梯度的影响忽略不计，但凝固条件下边界层中的浓度梯度很大而温度梯度又很小，则浓度梯度的影响必须考虑。在长形容器中，设凝固沿长度方向进行，且边界层以外的液相是完全均匀的，在固相中无扩散。根据凝固理论可由式（2-3）求出此时边界层中的浓度分布，即[147]：

$$C_L = C_O \left\{ K_E + (1 + K_E) \exp\left[-\frac{v_S(x-\delta)}{D_L} \right] \right\} \tag{2-3}$$

式中　C_L——边界层中的溶质浓度；

C_O——凝固前的液相溶质浓度；

v_S——凝固速度；

D_L——溶质的扩散系数；

δ——边界层厚度；

x——与界面的距离；

K_E——有效分配系数。

又：

$$K_E = K_0 \Big/ \left[K_0 + (1 - K_0) \exp\left(-\frac{v_S\delta}{D_L} \right) \right] \tag{2-4}$$

式中　K_0——平衡分配系数。

根据式（2-3）可得出边界层中浓度梯度公式为：

$$\frac{dC_L}{dx} = -C_0(1 - K_E) \frac{v_S}{D_L} \exp\left[-\frac{v_S(x-\delta)}{D_L} \right] \tag{2-5}$$

由式（2-5）可知，浓度梯度的最大值在凝固界面处，最小值是在 $x=\delta$ 处。

（2）热导率基准模型。Zubko 等[148] 将颗粒与液体的导热系数考虑在内，研究了导热对颗粒在凝固界面上的迁移行为的影响。当颗粒的导热系数比液态金属大时，颗粒与凝固界面靠近位置热量传递比两边快，形成以中间高两边低的温度梯度，固相界面呈凹状成长，颗粒被界面捕捉（图 2-17（b）），颗粒被捕捉的条件[145] 是：

$$K_P > K_L \tag{2-6}$$

式中　K_P，K_L——颗粒、液体的热导率。

若 $K_P<K_L$ 时，颗粒对应的固相将形成凸起，如图 2-17（a）所示，颗粒容易被排斥。此外，Surappa 等[149] 引入了热容 C 及密度 ρ，将式（2-6）修正为：

$$K_P C_P \rho_P > K_L C_L \rho_L \tag{2-7}$$

研究表明，热导率基准模型的适用范围很有限，该研究中夹杂物含量在 10 μm 以下，凝固界面前沿由于热导率影响而导致的温度梯度非常小，只有几 K 左右，对夹杂物在凝固界面的行为影响难以确定。在凝固界面前沿，温度梯度目前还没有有效的测量方法，只能通过计算或模拟温度梯度，此模型在实际应用中有一定的局限性。

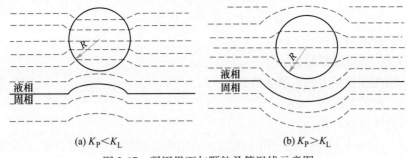

(a) $K_P < K_L$ (b) $K_P > K_L$

图 2-17 凝固界面与颗粒及等温线示意图

（3）热力学基准模型。Neumann 等[150,151]分析颗粒被凝固界面吞没这一过程的自由能变化如图 2-18 所示，颗粒从位置 1 到位置 5 之间的自由能变化用式（2-8）进行计算。

$$\Delta G_{net} = \gamma_{sp} - \gamma_{pl} \qquad (2-8)$$

其中，γ_{sp}、γ_{pl}、γ_{sl} 分别表示固相/颗粒、颗粒/液相、固相/液相的界面能。若 $\Delta G_{net} < 0$ 颗粒被凝固界面捕捉，反之则排斥。当颗粒和凝固界面相接触时系统界面能的变化 $\Delta G\gamma_0 < 0$ 时，用下式计算[152]：

$$\Delta\gamma_0 = \gamma_{sp} - \gamma_{pl} - \gamma_{sl} \qquad (2-9)$$

当 $\gamma_{sp} < \gamma_{pl} + \gamma_{sl}$ 时，颗粒被固相界面捕捉，反之排斥。

（4）液体流动模型。凝固界面之间的液体在多种因素下存在流动，流动带动粒子在凝固界面前沿迁移，对夹杂物的粒子进入凝固界面有决定性作用。在凝固界面前沿存在温度梯度和溶质梯度，这两种梯度直接导致凝固界面液相的流动，另外，在晶体的生长过程中液相区域不断缩小也是导致液相流动的因素之一。高温共聚焦显微镜观察凝固界面上夹杂物的迁移行为与流动模型很相似。

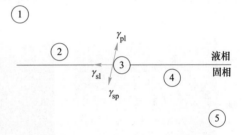

图 2-18 夹杂物被凝固前沿吞没过程

2.3.3 凝固过程中 MnS 夹杂物的生成

2.3.3.1 MnS 溶质的微观偏析

描述凝固过程中溶质的微观偏析的经典理论假设溶质在固相和液相中完全扩散来描述凝固过程中溶质的变化，并不适用目前大多数连铸工艺[153,154]。假设溶质在液相中完全扩散而固相中没有扩散，根据这种假设，当溶液完全凝固时，会发生比较严重的溶质聚集现象，在实际的生产过程中不止凝固末端产生溶质聚集偏析，在凝固组织中也会发生溶质偏析现象，该模型在实际生产过程中有一定的误差。Brody 和 Flemings[155]在 Scheil 模型的基础上考虑凝固过程中溶质在固相的扩散，推导出溶质在凝固过程中残余溶质浓度表达式，当 $\alpha = 0$ 时得到在固相中无扩散的 Scheil 公式。为了得到更加广泛通用的公式，Clyne 和 Kurz[156]在 B-F 模型的基础上修正了溶质在固相中的扩散系数得到新的溶质扩散方程式：

$$\alpha = \frac{4D_s t_f}{\lambda^2} \qquad (2-10)$$

$$\Omega = \alpha\left(1 - e^{-\frac{1}{\alpha}}\right) - 0.5e^{-\frac{1}{2\alpha}} \tag{2-11}$$

式中　　Ω——反扩散系数;

　　　　α——反扩散过程系数;

　　　　D_s——溶质在固相中的扩散系数;

　　　　λ——二次枝晶间距, μm;

　　　　t_f——凝固结束时间。

　　经过修正后的 B-F 模型广泛应用于微观元素偏析过程的溶质浓度计算, 研究者可根据具体的情况对各种元素在不同的固相中的扩散系数进行修正。

2.3.3.2　MnS 的析出行为

　　高温共聚焦显微镜最早于 1961 年用于生物科学观察研究, 在 20 世纪 90 年代逐渐开始应用于金属的高温观察[156]。刘辉[157] 在研究硅钢中 MnS 的析出规律时, 利用高温共聚焦显微镜对实验样品加热到 1400 ℃, 保温一段时间以 3 ℃/min 的降温速率进行冷却。将加 Ce 的样品和不加 Ce 的样品进行对比试验, 观察样品表面的夹杂物析出现象, 如图 2-19 所示, 试样 1 在高温的状态下没有夹杂物的析出, 冷却到 1203 ℃ (1476 K) 时夹杂物数量开始增加, 试样 2 经过保温后有夹杂物析出 (图中画黑色圆圈部分), 在冷却过程中夹杂物数量在不断增加。经过检测分析及热力学计算得出, 添加 Ce 后形成 MnS+Ce₂S₃ 复合夹杂物。MnS 在 δ 相和 γ 相中的生长速率不相同, 并且 MnS 在 δ 相中的生长速率比在 γ 相中的生长速率快。

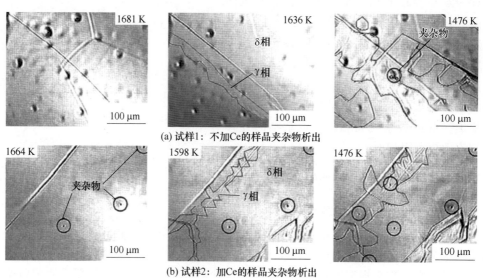

图 2-19　高温共聚焦下夹杂物析出现象

　　在研究低碳镁镇静钢中 MnS 的析出过程时发现, MnS 在不同的温度下存在两种析出过程, 第一种夹杂物析出是在 1200~1400 ℃ 的温度范围内, MnS 以镁的氧化物作为异质析出核心, 呈现棒状或三角状, 大小为 1~5 μm; 第二种析出发生在 930 ℃ 左右, MnS 独自析出, 没有有利的形核质点, 夹杂物形状为多边形, 夹杂物尺寸在 1 μm 以下。通过研究给出了两种析出现象产生的原因, 第一种 MnS 在凝固末端析出, 容易以氧化物作为形核质点，在氧化物上附着析出，第二种 MnS 析出在 A_{r3} 线温度以下，Mn 元素在 γ-Fe 中的扩散速率远大于在 α-Fe 中的扩散速率，第二种析出更容易形成独立的 MnS 夹杂物[158]。

2.3.3.3 MnS 的复合析出

对于 MnS 在高熔点氧化物上异质形核析出的过程，学者认为异质形核是在夹杂物上附着一层单原子层，可以作为异质形核的质点，利于夹杂物异质形核。对于 MnS 在高熔点氧化物上异质形核，只能依靠钢液中富集的 S 和 Mn 元素，S 和 Mn 元素在凝固末期发生微观偏析聚集，当两种元素实际的浓度积超过平衡浓度积时，钢液中开始析出 MnS，高熔点夹杂物随着凝固界面前沿推动，在凝固末期聚集，为 MnS 的形成提供有利的形核质点[159]。根据 Oikawa[160] 研究，当 S 含量比较低时，MnS 容易在高硫容量的氧化物上附着析出。在凝固末期 Mn、S 元素聚集，由于 MnS 氧化物的晶格错配度和氧化物周围贫锰区的产生，使 MnS 在氧化物表面形成胚芽，随着凝固的进行，Mn 和 S 元素在胚芽上扩散长大，形成复合夹杂物。MnS 在凝固末期形成，因此，氧化物的种类和含量，在固液界面的迁移行为，以及钢液凝固的速率对 MnS 的析出有非常重要的影响。

2.4 物理场作用下的氧化物冶金

2.4.1 物理场作用对夹杂物运动及在凝固前沿迁移行为研究进展

外场作用下，如电磁场、电流、超声波等作用，会使金属熔体状态、夹杂物的运动行为、凝固结晶过程以及部分高温物理化学过程发生很大的变化。研究表明[161]，在 K4169 合金定向凝固过程中，低压脉冲磁场能够引起磁振动和熔体对流的耦合作用，破坏柱状枝晶的生长，促使凝固组织发生柱状晶-等轴晶转变。在 100~200 V 脉冲电压范围内，晶粒由柱状转变为等轴状，晶粒尺寸随着脉冲电压的升高而减小。采用高压脉冲磁场对 Zn-Ag 合金进行凝固处理，脉冲磁场在液固两相区产生的强制对流和焦耳热效应，使晶粒显著细化。在电磁场作用下，金属液中的非金属夹杂物受到与电磁力方向相反的挤压力作用，利用电磁力改变凝固前沿颗粒的受力平衡，可控制颗粒推斥和吞没行为[162]。在 Al-19%Si 合金定向凝固过程中施加周期性稳恒磁场，发现电磁场作用可以改变富 Si 析出相颗粒在凝固前沿的吞没或推斥行为，进而控制金属基体中颗粒的分布[163]。研究立式电磁搅拌对 Fe-TiB₂ 颗粒增强钢凝固过程中，发现初生 TiB₂ 颗粒平均尺寸随励磁电流的上升而逐步减小，较高的励磁电流下颗粒的分布更均匀弥散。颗粒细化的主要原因是受到电磁搅拌下的熔体流动冲击和电磁力的作用[164]。Zhang[165] 研究了脉冲电流对金属液中夹杂物的迁移，脉冲电流不仅能去除钢液中的夹杂物，还可以去除熔融镁合金中的 MgO 颗粒。采用脉冲电流对镁合金熔体进行净化，熔体中的夹杂物在电能的驱动下由熔体中部向熔体表面或底部迁移。

2.4.2 脉冲磁场对夹杂物和凝固前沿施加作用的影响及作用机理

微米级的非金属夹杂物难以靠重力或浮力来改变运动状态，但金属夹杂物与金属液之间的电导率有很大的差异，电导率的差异使其在电磁场与金属液中受到不同的力和其他能量的作用，这将改变其在金属液中的运动状态[166,167]。同时，由于凝固前沿金属液的流动将显著缓慢，流动对夹杂物粒子迁移的影响显著弱化，这样，附加磁场的作用将会比较显著改变这些微米夹杂物在凝固前沿处的迁移行为，而氧化物冶金技术最为关心的就是微米级以下夹杂物的迁移行为。对非金属颗粒在凝固前沿迁移行为的研究，不仅能够应用于氧化物冶金，而且对很多领域都有重要的指导作用，如金属基复合材料中很多增强相都是非金属材料，它们在凝固过程中受到电磁场的力能和其他能量的作用可以改变其分散行为[168-170]。目前，对夹杂物在凝固前沿迁移行为还不能进行有效控制，施加脉冲磁场作用的研究将为调控夹杂物的分布和位置提供一种可能。在金属液中施加脉冲磁场会使其中的金属液和非金属粒子受到一个额外附加力的作用，这个作用将破坏原有的平衡状态，使颗粒产生迁移，施加脉冲磁场的强度、周期、脉宽等物理量的变化将会对粒子的受力大小、受力方向、作用时间以及凝固前沿的状态产生影响，这些作用即使比较微弱，在凝固前沿一个很小的迁移范围内也将会对夹杂物的分布、位置产生较大影响，需要进行深入研究。由于在定向凝固装置中难以加装脉冲磁场装置，利用定向凝固过程研究迁移过程的方法变得可行性差。但在上述研究中得到的夹杂物在凝固前沿迁移的热力学、动力学规律和结论仍适用于普通凝固过程。在普通凝固实验中借助加装脉冲磁场装置的高温激光共聚焦显微镜，利用前期研究的结论，分析复杂枝晶凝固中夹杂物的分布、位置和施加脉冲磁场作用的关系，可以解析脉冲磁场作用下夹杂物在凝固前沿的迁移行为的变化规律。

2.4.3　脉冲磁场对细化凝固组织的影响及作用机理

脉冲磁场（PMF）因其对熔体有电磁振荡搅拌作用、设备负荷小、输出峰值高、细化凝固组织、无污染等诸多优点而备受关注。在金属凝固过程中施加 PMF，不仅可以将模壁上的晶核分散到熔体内，提高形核率；还可以将枝晶折断，并将碎片分散到钢液，进一步提高形核率；同时，PMF 产生的焦耳热可以改变枝晶尖端形貌，使其球化，从而降低其生长速度，减小晶粒尺寸。

大量研究结果证明，施加脉冲电磁场可以影响凝固过程和最终的组织形貌。Nakada 等[171]通过研究发现脉冲电流可以有效细化凝固晶粒。訾炳涛等[172]研究发现 PMF 可以有效细化合金组织。有研究结果表明[173,174]：PMF 对镍基高温合金、铝合金和镁合金都可以有效细化晶粒组织；且 PMF 可以将粗大枝晶细化为蔷薇状，这有利于降低偏析。因此，鉴于 PMF 的诸多优点，研究 PMF 的细晶作用将具有很大的应用前景。

PMF 技术的电源一般为电容储能式[175]，其工作原理如图 2-20 所示。回路在初期的时候处于断开状态，这时储能电容开始充电，当充电电压达到最大时，回路接通，电容开始向励磁线圈放电，同时产生 PMF。

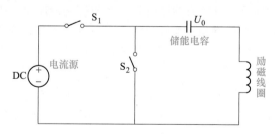

图 2-20　产生 PMF 原理图

回路中产生的 PMF 表达式为：

$$B_z(x, t) = B_0 \mathrm{e}^{\frac{x}{\delta}} \cos\left(\omega t - \frac{x}{\delta}\right) \tag{2-12}$$

式中　δ——趋肤层厚度，$\delta = \sqrt{2/\mu_m \sigma \omega}$ ；

　　　ω——磁场的角频率；

B_z——B 在 z 轴上的分量。

PMF 对单位体积导电熔体施加的洛伦兹力为：

$$f = \frac{1}{\mu_m}(B \cdot \nabla)B - \frac{1}{2\mu_m}\nabla(B^2) \tag{2-13}$$

式中，第一项是回转项 f_{rot}，对流体起搅拌作用；第二项为非回转项 f_{irrot}，对流体起磁压作用。其中，∇ 是拉普拉斯算子。

如果只考虑磁感应强度（B）在 z 轴方向上的分量，则回转项简化为：

$$f_{rot} = \frac{1}{\mu_m}(B \cdot \nabla)B \approx \frac{1}{\mu_m}B_z\frac{\partial B_z}{\partial z} \tag{2-14}$$

因为：

$$\frac{\partial B_z}{\partial z} \approx \frac{B_z}{L} \tag{2-15}$$

式中　L——熔体的特征长度。

所以：

$$f_{rot} \approx \frac{B_z^2}{\mu_m L} \tag{2-16}$$

非回转力项 f_{irrot} 的表达式为：

$$f_{irrot} = \frac{1}{2\mu_m}\nabla(B^2) \approx \frac{1}{2\mu_m} \cdot \frac{\partial^2 B_z}{\partial x} \tag{2-17}$$

因此：

$$f_{rot} = \frac{B_0^2}{\mu_m L}e^{-\frac{2x}{\delta}}\cos^2\left(\frac{x}{\delta} - \omega t\right) \tag{2-18}$$

$$f_{irrot} = \frac{B_0^2}{\mu_m L}e^{-\frac{2x}{\delta}}\cos\left(\frac{x}{\delta} - \omega t\right) \times \left[\cos\left(\frac{x}{\delta} - \omega t\right) + \sin\left(\frac{x}{\delta} - \omega t\right)\right] \tag{2-19}$$

一般认为：

$$\frac{f_{rot}}{f_{irrot}} \approx \frac{\delta}{L} \tag{2-20}$$

式（2-20）表示电磁场搅拌和电磁压力两个作用之间的关系。当频率比较小，即 $\delta/L > 1$ 时，电磁搅拌作用为主；当频率比较大，$\delta/L \approx 1$ 时，电磁搅拌和磁压共同作用；当频率很大，$\delta/L < 1$ 时，磁压作用为主；当频率增加到 v_s/L，PMF 作用产生声波效应。

PMF 施加后，在导电的金属熔体内感应生成电流，电流与 PMF 相互作用产生洛伦兹力，驱动熔体不断沿径向反复拉离或挤压向轴心，驱使金属熔体强烈的振荡。磁振荡折断、击碎枝晶，并将枝晶碎片均匀分散到熔体内，提高形核率；并使熔体的温度和成分均匀化，提高过冷度，进一步提高形核率。PMF 强度比较大时，磁振荡效果会增强，但过大时，磁场能所产生的焦耳热会降低形核过冷度，引起形核率降低。因此，研究晶粒细化效果最好时的 PMF 参数是很重要的[176-178]。

刘立强等[179]研究发现 PMF 可以细化铝的晶粒组织。石大鹏等[180]研究发现在孕育阶段施加 PMF 比在整个凝固过程中施加 PMF 的细晶效果好；且 PMF 强度存在最佳值；PMF 可以使凝固时间缩短。班春燕等[181]发现 PMF 可以降低溶质元素的宏观偏析。周全等[182]

研究表明冷却速率、PMF 强度和 PMF 频率可以对镁合金晶粒明显细化：冷却速率的降低，PMF 强度增加和 PMF 频率增加均有利于晶粒细化。

2.5　基于氧化物冶金的微合金化

　　钢的微合金化是在钢中添加微量（质量分数通常小于 0.1%）的强碳氮化物形成元素（如 Nb、V、Ti 等）进行合金化，通过高洁净度的冶炼工艺（脱气、脱硫及夹杂物形态控制）炼钢，在热加工过程中进行控制轧制和工艺，细化钢的晶粒和碳氮化物沉淀强化的物理冶金过程，在热轧状态下获得高强度、高韧性、高可焊接性、良好的成形性能等最佳力学性能配合的工程结构材料——微合金化钢。微合金化的物理实质是通过元素的固溶和固态反应影响结构、组织和组分，从而获得要求的性能。而在高温条件下，传统微合金化对组织的调控存在很大局限性。例如，在大线能量焊接条件下，第二相粒子会在高温下溶解失效，奥氏体严重粗化。同样对于厚板钢轧制时，厚板心部组织也存在难以采用控轧控冷工艺细化晶粒和组织的情况。

　　基于氧化物冶金的微合金化与传统微合金化利用固态相变中析出的微细碳氮化物钉扎晶界、沉淀强化的作用不同，它是利用微合金体系促进夹杂物、第二相粒子协同作用诱导晶内铁素体优先析出，通过晶粒细化的机制提高钢的强度和韧性。除了发挥微合金元素本身的固溶强化和其与 C、N 元素形成碳氮化物细化晶粒的作用，还要更多地着眼于在一定氧位下形成适宜的微合金元素的氧化物夹杂及在其上附着的碳氮化物、硫化物，从而形成高度弥散、均匀分布在钢基体的容易诱发晶内针状铁素体的复合夹杂物，起到二相粒子钉扎奥氏体长大、复合夹杂物诱发晶内铁素体形核的细化晶粒和改善组织的双重作用。此外，微合金化还能通过固溶态时对连续冷却相变温度的影响，进而影响基体组织。基于氧化物冶金的微合金化是对氧化物冶金技术思想的进一步发展，更适用于大线能量焊接用钢的开发。

　　大线能量焊接用钢开发及应用需要构建和完善基于氧化物冶金的微合金化基础理论，主要包括微合金体系设计理论，多元素共存条件下微合金元素的协同交互作用机理，全流程工艺过程中微合金元素氧化、碳氮化和硫化对夹杂物、第二相粒子生成、演化、分布规律的影响，以及夹杂物、第二相粒子的性状及分布对 CGHAZ 强韧性提高和诱导晶内铁素体优先析出的作用机理。

　　对于大线能量焊接用钢的合金体系，需要研究多种合金元素的作用机理及协同机制，以更好满足其力学和焊接性能要求。第三代氧化物冶金技术是利用高温稳定且弥散分布的氧化物为形核质点，通过氧化物控制硫化物、氮化物、碳化物的析出和分布，变质和细化夹杂物，诱导晶内针状铁素体的形成。Ti 的氧化物和其他夹杂物复合共同作用能够有效诱发晶内针状铁素体，但 Ti 的氧化物容易聚集形成簇状并上浮去除，难以获得大量可诱导晶内针状铁素体形成的 Ti_2O_3 夹杂物。此外，Ti_2O_3 粒子的粒径也较大，也很难获得良好的钉扎高温下奥氏体晶界移动的效果。Al 是钢中常见的脱氧元素，在氧化物冶金过程中用来控制氧位，得到微氧环境，不同冶炼工艺 Al 含量控制不同。脱氧形成 Al_2O_3 夹杂物并不能诱发晶内铁素体，复合氧化物如 $MnO+Al_2O_3$ 能够有效诱发晶内铁素体形核。B 和 Al 能够减少钢中自由氮，B 易偏聚在晶界上降低晶界的能量，减小晶粒长大的动力，限制或者推迟晶界铁素体的长大，促进晶内针状铁素体的形成。但 B 过量时导致其在夹杂物周围偏聚，降低夹杂物的形核能力。添加 B 元素会改变钢的淬透性，B 的添加量应和其他微合金元素协同考虑，一般质量分数控制在 3×10^{-5} 以下。Mg 在钢液中极易与氧结合，且 MgO 不易聚集。低碳钢中 Mg 质量分数范围在 $8\times10^{-6}\sim2.6\times10^{-5}$ 之间时，与晶内铁素体的体积分数成正比。如果在 Al-Mg-Ti 复合脱氧时将 MgO 形成的时机控制在 Al_2O_3 和 Ti_2O_3 之间，可以弱化后两者的附着析出与聚集，使高熔点复合氧化物更细小、分散，诱发形成的 IGF 增加。但是 Mg 在钢液中的溶解度较小，极易气化蒸发，因此，在冶炼过程中收得率低，利用难度大。稀土元素的氧硫化物在钢中微细分散，高温加热时不溶解，虽然本身不诱导铁素体形核，但可作为核心促进夹杂物的复合析出，Ce 对 16Mn 钢的微观结构和夹杂物有重要影响，最佳的 Ce 质量分数是 0.02%，加 Ce 处理后钢中夹杂物转变为 $AlCeO_3$ 和 Ce_2O_2S，与 $\alpha\text{-}Fe$ 之间的错配度非常小，有利于 IAF 的高效形核。Nb 能够有效地降低再结晶后的晶粒尺寸，主要机理为细小的 NbC 析出对轧制再结晶后晶粒长大具有钉扎作用。Nb 以固溶原子的形式存在时对晶界的迁移起到拖曳作用，因此，在含有 TiN 的钢中添加微量的 Nb 元素，可有效抑制晶界铁素体的形成，焊接热影响区的韧性得到改善。Mo 可起到降低钢中碳化物形成元素（如 Nb 元素）扩散的作用，有利于减少碳化物的形成和析出。在钢中，Mo 是重要的合金化元素。Mo 作为有效地促进铁素体相变的合金元素，能够抑制先共析铁素体的形成，促进晶内针状铁素体的形成。V 通常在钢中以 VC 或者 VN 的形式存在，VC 或者 VN 通过析出强化提高钢的强度。在钢中析出的 VC 或者 VN 一方面可以阻碍奥氏体晶粒的长大，另一方面可以作为铁素体的形核核心，促进晶内铁素体的形成。因此，钢中添加 V 可以促进晶粒细化，进而提高钢的强韧性。但在大线能量焊接时，因为 V(C,N) 析出温度较低，焊接冷却速率较快，V 的碳氮化物并不能充分析出。当钢中同时存在 VN、TiN 时，可有效地阻止奥氏体晶粒长大。同时，Mo、Nb、V、Mn 等也是能够影响奥氏体晶界行为的合金元素，合理控制合金元素加入时机与加入量，可以弱化晶界铁素体析出，促进晶内铁素体优先竞争析出，这也是新一代氧化物冶金技术发展的重点。

可以看到，目前在微合金元素的作用机理以及获得高熔点夹杂物及其诱发晶内铁素体等方面有了一定的进展，但在全流程视域下科学设计微合金元素添加种类，多种元素叠加及交互作用协同诱发晶内铁素体形核及长大等方面还有不足。基于氧化物冶金的微合金化应全面考量各元素在全流程的作用，如在冶炼、凝固过程中形成尺寸细小、分布弥散的有效诱导晶内铁素体形成的"有益"夹杂物体系，在轧制过程中析出第二相粒子细化晶粒和组织，提高基体的强韧性，在焊接热循环过程中合理钉扎奥氏体晶界，诱导析出晶内铁素体，改善 CGHAZ 低温冲击韧性等。

2.6 小结

将氧化物冶金技术应用于大线能量焊接用钢的开发中，是解决大线能量焊接条件下 CGHAZ（Coarse-Grained Heat-Affected Zone）韧性劣化的重要途径。氧化物冶金技术的作用是在满足钢的强韧性要求的基础上，利用在钢中析出的夹杂物及第二相粒子，在焊接热循环过程中有效钉扎高温下奥氏体晶界，抑制晶粒长大，同时在焊后冷却过程中诱导晶内铁素体 IGF（Intragranular Ferrite）的形成，通过改善焊接热影响区的组织结构，达到提高 CGHAZ 的低温冲击韧性的目的。氧化物冶金也能用于细化厚板钢的心部组织，满足厚板钢心部强韧性要求。

　　基于氧化物冶金的微合金化理论将研究全流程工艺过程中微合金体系设计、夹杂物体系行为、第二相粒子作用以及协同诱导晶内铁素体的调控机制，将氧化物冶金技术思想贯穿于大线能量焊接用钢从设计、生产到焊接的全流程控制中，这一研究思想将极大促进氧化物冶金技术的发展。本书中在基于氧化物冶金的微合金化理论及调控技术的研究主要包括以下几个方面：

　　（1）建立基于氧化物冶金的微合金成分设计理论。分析冶炼过程中微氧、微合金条件下相应夹杂物匹配析出的热力学基础，揭示冶炼、凝固过程中合金加入制度的控制机理。形成综合考虑微合金化过程中既促进母材强韧性提高，又形成"有益"夹杂物体系，细化晶粒、诱发晶内铁素体的微合金设计的理念和方法。

　　（2）揭示高熔点"有益"夹杂物细小弥散分布的调控机制。解析夹杂物与钢液间的微结构与界面性质对夹杂物体系性状的影响，阐明夹杂物性质、形态、大小的调控机理。阐明凝固过程中夹杂物在凝固前沿的迁移行为及调控机制，使夹杂物在奥氏体晶内弥散分布。

　　（3）揭示氧化物冶金作用的热加工控制机制。分析热加工过程中夹杂物体系演化和第二相粒子析出、演化的相变热力学、动力学机理。协同利用热加工过程中第二相粒子和氧化物冶金技术细化心部组织，实现大线能量焊接用钢母材的高强韧性。

　　（4）阐明焊接热循环过程中晶内铁素体优先析出机理。研究夹杂物体系、第二相粒子体系、合金元素的偏聚效应对大线能量焊接热影响区的低温韧性、易焊接性影响机制，阐释基于氧化物冶金的微合金体系和微合金化过程对焊接热影响区组织和性能的影响规律。

参 考 文 献

[1] 王超，朱立光. 氧化物冶金技术及应用 [J]. 河北理工大学学报（自然科学版），2011，2（33）：18-23.

[2] Koseki T. Inclusion assisted microstructure control in C-Mn and low alloy steel welds [J]. Materials Science and Technology, 2005, 21 (8): 867-879.

[3] Liu Z Z, Kobayashi Y, Yin F X, et al. Nucleation of acicular ferrite on sulfide inclusion during rapid solidification of low carbon steel [J]. ISIJ International, 2007, 47 (12): 1781-1788.

[4] 熊智慧. 压力容器用钢中含钛氧化物对性能的影响研究 [D]. 北京：北京科技大学，2016.

[5] Khaled F, Garcia C, Hua M, et al. Particle-stimulated nucleation of ferrite in heavy steel sections [J]. ISIJ International, 2006, 46 (8): 1233-1240.

[6] Takamura J, Mizoguchi S. Roles of oxides in steel performance [C]//Proceedings of the sixth international iron and steel congress, Nagoya, Japan ISIJ International, 1990: 591-597.

[7] Hasegawa M S, Takeshita K. Strengthening of steel by the method of spraying oxide particles into molten steel stream [J]. Metallurgical Transactions, 1978: 383-388.

[8] 富田孚，高峙修嗣，北方贤一郎，等. 大入热溶接用钢板 KSTシリーズ [J]. 神户制钢技报，1979，29（4）：4-8.

[9] 林谦次，藤沢清二，中川一郎. 建筑用高性能 550 MPa 级高張力鋼板—铁骨コストのミニマム化と環境負荷軽減を実現する新設計基準強度厚板 HBL385 [J]. JFE 技报，2004，5：45-50.

[10] 児島明彦，清瀬明人，植森龍治，等. 微細粒子によるHAZ细粒高韧化技术"HTUFF®"の开発

[J]. 新日鉄技報, 2004, 380: 1-4.

[11] Fu J, Yu Y G, Wang A R, et al. Inclusion modification with Mg treatment for 35CrNi3MoV steel [J]. Journal of Materials Science Technology, 1998, 14 (1): 53-56.

[12] 杨志刚. 晶内铁素体在夹杂物上形核机制的讨论 [J]. 金属热处理, 2005, 30 (1): 20-23.

[13] Furuhare T. Acceleration of ferrite nucleation at inclusion by prior hot deformation of austenite [J]. CAMP-ISIJ, 1998, 11 (6): 1129-1132.

[14] Yamamoto F, Hasegawa T Takamura J I. Effect of boron on ibtra-granular ferrite formation in Ti-oxide bearing steels [J]. ISIJ International, 1996, 36 (1): 80-86.

[15] Yang Z, Zhang C, Pan T. The mechanism of intragranular ferrite nucleation on inclusion in steel [J]. Materials Science Forum, 2005, 475/476/477/478/479: 113-116.

[16] 张凤珊. 晶内超细夹杂物对钢中铜偏析行为影响的研究 [D]. 贵阳: 贵州大学, 2016.

[17] 陈祥, 李言祥. 稀土、钒、钛变质处理对高硅铸钢晶粒细化的影响 [J]. 材料热处理学报, 2006, 27 (3): 75-80.

[18] 杨庆祥, 高聿为, 廖波, 等. 夹杂物在中高碳钢堆焊金属中成为初生奥氏体非均质形核核心的探讨 [J]. 中国稀土学报, 2000, 18 (2): 138-141.

[19] Lu L, Dahle A K, St John D H. Grain refinement efficiency and mechanism of aluminium carbide in Mg-Al alloys [J]. Scripta Materialia, 2005, 53: 517-522.

[20] 余圣甫, 余阳春, 张远钦, 等. 夹杂物诱导晶内铁素体形核物理模拟研究 [J]. 应用科学学报, 2003, 21 (3): 244-248.

[21] 许振明. 铈、铝变质奥-贝钢中共晶体异质核心研究 [J]. 中国稀土学报, 1997, 15 (4): 334-339.

[22] 李岩. 含铜钢中铜非均质形核的研究 [D]. 北京: 北京科技大学, 2009.

[23] 潘宁, 宋波, 翟启杰, 等. 钢液非均质形核的点阵错配度理论 [J]. 北京科技大学学报, 2010, 32 (2): 179-182, 190.

[24] Brooksbank D, Andrews K. Production and application of clean steels [M]. Iron and Steel Institute, 1972: 186-196.

[25] Stephen A. Weld metal microatructure in carbon manganese deposits [C]//The International Conference on Quality and Reliability in Welding, Hangzhou: The Chinese Mechanical Engineering Society, 1984.

[26] Saram D S, Karasev A V, Jönsson P G. On the role of non-metallic inclusions in the nucleation of acicular ferrite in steels [J]. ISIJ International, 2009, 49 (7): 1063-1074.

[27] Ricks R A, Howell P R, Barritte G S. The nature of acicular ferrite in HSLA steel weld metals [J]. Journal of Materials Science, 1982, 17 (3): 732-740.

[28] Shigo K, Akira N, Kentaro O, et al. Improved toughness of weld fussion zone by fine TiN particles and development of a steel for large heat input welding [J]. Tetsu-to-Hagane, 1975, 11 (61): 2589-2603.

[29] Jin H H, Shim J H, Cho Y W, et al. Formation of intragranular acicular ferrite grains in a Ti-containing low carbon steel [J]. ISIJ International, 2003, 43 (7): 1111-1113.

[30] Zhang S, Hattori N, Enomoto M, et al. Ferrite nucleation at ceramic/austenite interfaces [J]. ISIJ International, 1996, 36 (10): 1301-1309.

[31] Bhatti A R, Saggese M E, Hawkins D N. et al. Analysis of inclusions in submerged arc welds inmicroalloyed steels [J]. Welding Journal, 1984, 63 (7): 224-230.

[32] Madariaga I, Gutierrez I. Nucleation of acicular ferrite enhanced by the precipitation of CuS on MnS particles [J]. Scripta Materialia, 1997, 37 (8): 1185-1192.

[33] Bramfitt B L. The Effect of carbide and nitride additions on the heterogeneous nucleation behavior of liquid iron [J]. Metallugical Transactions 1970, 7 (1): 1987-1995.

[34] Tomita Y, Saito N, Tsuzuki T, et al. Improvement in HAZ toughness of steel by TiN-MnS addition [J]. ISIJ International, 1994, 34 (10): 829-835.

[35] Ishikawa F, Takahashi T. The formation of intragranular ferrite plates in medium-carbon steels for hot-torging and its effect on the toughness [J]. ISIJ International, 1995, 35 (9): 1128-1133.

[36] Zhang C, Xia Z X, Yang Z G, et al. Influence of prior austenite deformation and non-metallic inclusions on ferrite formation in low-carbon steels [J]. Journal of Iron and Steel Research, International, 2010, 17 (6): 36-42.

[37] Furuhara T, Yamaguchi J, Sugita N, et al. Nucleation of proeutectoid ferrite on complex precipitates in austenite [J]. ISIJ International, 2003, 43 (10): 1630-1639.

[38] Ishikawa F, Takahashi T, Ochi T, et al. Intragranular ferrite nucleation in medium-carbon vanadium steels [J]. Metallurgical and Materials Transactions A, 1994, 25 (5): 929-936.

[39] Furuhara T, Shinyoshi T, Miyamoto G, et al. Multiphase crystallography in the nucleation of intragranular ferrite on MnS + V (C, N) complex precipitate in austenite [J]. ISIJ International, 2003, 43 (12): 2028-2037.

[40] Lee J L, Pan Y T, Microstructure and toughness of the simulated HAZ in Ti and Al killed steels [J]. Materials Science and Engineering: A, 1991, 136 (L1/L2/L3/L4): 109-118.

[41] Lee J L, Evaluation of the nucleation potential of intragranular acicular ferrite in steel weldments [J]. Acta Materialia. 1994, 42 (10): 3291-3298.

[42] Mukae S, Nishio K, Katoh M, et al. Solution of TiN and toughness in synthetic weld heat affected zone of Ti and N bearing mild steels [J]. Proceedings of the Society of Fusion, 1985, 3 (3): 567-574.

[43] Moon J, Lee C, Uhm S, et al. Coarsensing kinetics of TiN particle in a low alloyed steel in weld HAZ considering critical particle size [J]. Acta Materialia, 2006, 54 (4): 1053-1061.

[44] Byun J S, Shim J H, Suh J Y, et al. Inoculated acicular ferrite microstructure and mechanical properties [J]. Materials Science and Engineering A, 2001, 319/320/321: 326-331.

[45] Gregg J M, Bhadeshia H K D H. Titanium-rich mineral phases and the nucleation of bainite [J]. Metallurgical and Materials Transactions A, 1994, 25 (8): 1603-1611.

[46] Lee J L, Hon M H, Cheng G H. Continuous cooling transformation of carbon-manganese steel [J]. Scripta Materialia, 1987, 21 (4): 521-526.

[47] Dowling J M, Corbett J M, Kerr H W. Inclusion phases and the nucleation of acicular ferrite in submerged arc welds in high strength low alloy steels [J]. Metallurgical and Materials Transactions A, 1986, 17 (9): 1611-1623.

[48] Lee J L, Pan Y T. Effect of sulfur content on the microstructure and toughness of simulated heat-affected zone in Ti-killed steels [J]. Metallurgical and Materials Transactions A, 1993, 24 (6): 1399-1408.

[49] Kenny B G, Keer H W, Lazor R B, et al. Ferrite transformation characteristics and CCT diagrams in weld metals [J]. Journal of Material Science, 1985, 17 (6): 374-381.

[50] Yang Z B, Wang F M, Wang S, et al. Intragranular ferrite formation mechanism and mechanical properties of non-quenched-and-tempered medium carbon steels [J]. Steel Research International, 2008, 79 (5): 390-395.

[51] Gregg J M, Bhadeshia H K D H. Solid-state nucleation of acicular ferrite on minerals added to molten steel [J]. Acta Materials, 1997, 45 (2): 739-748.

[52] Lee J L, Pan Y T. The formation of intragranular acicular ferrite in simulated heat affected zone [J]. ISIJ International, 1995, 35 (8): 1027-1033.

[53] Jiang Q L, Li Y J, Wang J, et al. Effects of inclusions on formation of acicular ferrite and propagation of

crack in high strength low alloy steel weld metal [J]. Materials Science and Technology, 2011, 27 (10): 1565-1569.

[54] Jiang Q L, Li Y J, Wang J, et al. Effects of Mn and Ti on microstructure and inclusions in weld metal of high strength low alloy steel [J]. Materials Science and Technology, 2011, 27 (9): 1385-1390.

[55] Jia X, Li H, Yang Y, et al. Evolution of complex oxide inclusions during the smelting process of oxide metallurgical steel and their effect on acicular ferrite nucleation [J]. Metallurgical and Materials Transactions A, 2024, 55 (3): 724-735.

[56] 杨银辉. Ti 处理改善船体钢焊接 HAZ 组织与性能研究 [D]. 昆明: 昆明理工大学, 2008.

[57] Kojima A, Kiyose A, Ryuji U, et al. Super high HAZ toughness technology with fine microstructure imparted by fine particles [J]. Nippon Steel Technical Report, 2004, 90: 2-6.

[58] Yang J, Kuwabara M, Teshigawara T, et al. Mechanism of resulfurization in the magnesium desulfurization process of molten iron [J]. ISIJ International, 2005, 45 (11): 1607-1615.

[59] Yang J, Zhu K, Wang R, et al. Exellent heat affected zone toughness technology improved by use of strong deoxidizers [J]. Journal of Iron and Steel Research International, 2011, 18 (8): 141-147.

[60] Zhao H, Gao J, Wu G, et al. Crystallographic characteristics of acicular ferrite nucleated on inclusions in a HSLA steel [J]. Journal of Materials Research and Technology, 2024, 28: 1957-1966.

[61] 祝凯. Mg 处理冶炼工艺对船板钢母材和焊接热影响区影响的研究 [D]. 上海: 复旦大学, 2011.

[62] Krauss G, Thompson S W. Ferrite microstructure in continuously cooled low-and ultralow-carbon steel [J]. ISIJ International, 1995, 35 (8): 937-945.

[63] Cheng L, Wu K M. New insights into intragranular ferrite in a low-carbon low-alloy steel [J]. Acta Materialia, 2009, 57 (13): 3754-3762.

[64] 栾军华, 刘国权, 王浩. 纯 Fe 试样中晶粒的三维可视化重建 [J]. 金属学报, 2011, 47 (1): 69-73.

[65] 王会珍, 杨平, 毛卫民. 板条状马氏体形貌和惯习面的 3D-EBSD 分析 [J]. 材料工程, 2013 (4): 74-80.

[66] Wang K, Strunk K, Zhao G, et al. 3D structure determination of native mammalian cells using cryo-FIB and cryo-electron tomography [J]. Journal of Structural Biology, 2012, 180 (2): 318-326.

[67] Li H, Li Y M, Lei Z C, et al. Transformation of odor selectivity from projection neurons to single mushroom body neurons mapped with dual-color calcium imaging [J]. Proceedings of the National Academy of Science of the United States of America, 2013, 110 (29): 12084-12089.

[68] 成林. 低碳微合金高强度钢中铁素体的形核-三维形态与长大动力学 [D]. 武汉: 武汉科技大学, 2013.

[69] Kral M V, Spanos G. Three-dimensional analysis and classification of grain-boundary-nucleated proeutectoid ferrite precipitates [J]. Metallurgical and Materials Transactions A, 2005, 36 (5): 1199-1207.

[70] Yokomizo T, Enomoto M, Umezawa O, et al. Three-dimensional distribution, morphology, and nucleation site of intragranular ferrite formed in association with inclusions [J]. Materials Science and Engineering A, 2003, 344 (1/2): 261-267.

[71] Wu K, Yokomizo T, Enomoto M. Three-dimensional morphology and growth kinetics of intragranular ferrite idiomorphs formed in association with inclusions in an Fe-C-Mn alloy [J]. ISIJ International, 2002, 42 (10): 1144-1149.

[72] Wu K. Three-dimensional analysis of acicular ferrite in a low-carbon steel containing titanium [J]. Scripta Materialia, 2006, 54 (4): 569-574.

[73] Barbaro F J, Krauklis P, Easterling K E. Formation of acicular ferrite at oxide particles in steels

[J]. Journal of Materials Science Technology, 1989, 5 (11): 1057-1068.

[74] Abson D J. Nonmetallic inclusions in ferritic steel weld metals-a review [J]. Welding world, 1989, 27 (3/4): 76-101.

[75] Huang Q, Wang X H, Jiang M, et al. Effects of Ti-Al complex deoxidization inclusions on nucleation of intragranular acicular ferrite in C-Mn steel [J]. Steel Research International, 2016, 87 (4): 445-455.

[76] Laurent S S, Espérance G L. Effects of chemistry, density and size distribution of inclusions on the nucleation of acicular ferrite of C-Mn steel shielded-metal-arc-welding weldments [J]. Materials Science and Engineering A, 1992, 149 (2): 203-216.

[77] Shu W, Wang X M, Li S R, et al. The oxide inclusion and heat-affected-zone toughness of low carbon steels [J]. Materials Science Forum, 2010, 654/655/656: 358-361.

[78] Song M M, Song B, Hu C L, et al. Formation of acicular ferrite in Mg treated Ti-bearing C-Mn steel [J]. ISIJ International, 2015, 55 (7): 1468-1473.

[79] 若生昌光, 澤井隆, 溝口庄三. 低硫鋼でのMnS析出に及ぼすTi-Zr酸化物の影響 [J]. 鉄と鋼, 1996, 82 (7): 593-598.

[80] Chen Y T, Chen X, Ding Q F, et al. Microstructure and inclusion characterization in the simulated coarse-grain heat affected zone with large heat input of a Ti-Zr microalloyed HSLA steel [J]. Acta Metallurgica Sinica (English Letters), 2005, 18 (2): 96-106.

[81] Jiang M, Hu Z Y, Wang X H, et al. Characterization of microstructure and non-metallic inclusions in Zr-Al deoxidized low carbon steel [J]. ISIJ International, 2013, 53 (8): 1386-1391.

[82] Wakoh M, Sawai T, Mizoguchi S. Effect of Ti-Zr oxide particles om MnS precipitation in low steels [J]. Tetsu-to-Hagane, 1996, 82 (7): 43-48.

[83] Kong H, Zhou Y H, Lin H. The Mechanism of intragranular acicular ferrite nucleation induced by Mg-Al-O inclusions [J]. Advances in Materials Science and Engineering, 2015 (6): 1-6.

[84] Shigesato G, Sugiyama M, Aihara S, et al. Effect of Mn depletion on intra-granular ferrite transformation in heat affected zone of welding in low alloy steel [J]. Tetsu-to-Hagane, 2001, 87 (2): 93-100.

[85] Mu W Z, Jönsson P G, Shibata H, et al. Inclusion and microstructure characteristics in steels with TiN additions [J]. Steel Research International, 2016, 87 (3): 339-348.

[86] 夏文勇, 杨才福, 苏航, 等. 锆处理对低合金钢大线能量焊接粗晶区组织与性能的影响 [J]. 炼钢, 2011, 46 (4): 76-81.

[87] 吴开明. 连续截面和计算机辅助重建法观察 Fe-0.28C-3.0Mo 合金钢退化铁素体的三维形貌 [J]. 金属学报, 2005, 41 (12): 1237-1242.

[88] 孙旭升, 王秉新, 王维丰. 夹杂物对针状铁素体形成的影响研究现状 [J]. 热加工工艺, 2015, 44 (16): 15-17.

[89] 王超, 王国栋. 锆脱氧钢中非金属夹杂物及对显微组织的影响 [J]. 东北大学学报, 2015, 36 (5): 641-645.

[90] 朱立光, 梅国宏, 张庆军, 等. 低硫微合金钢中 MnS 析出及晶内铁素体形成研究 [J]. 炼钢, 2015, 31 (2): 54-58.

[91] 刘航航. 钛、锆脱氧对钢中夹杂物及组织的影响 [J]. 炼钢, 2015, 31 (3): 59-62.

[92] 阿荣, 潘川, 赵琳, 等. Ti 对大线能量焊接焊缝组织和性能的影响 [J]. 钢铁研究学报, 2014, 26 (6): 47-53.

[93] Liu F, Li M, Bi Y, et al. Acicular ferrite formation and Mn depletion behavior around the inclusions in Ti-Mg oxide metallurgy steel with different holding times [J]. Materials Today Communications, 2023, 37: 107210.

［94］ Shim J H, Oh Y J, Cho Y W, et al. Ferrite nucleation potency of non-metallic inclusions in medium carbon steels ［J］. Acta Materialia, 2001, 49 (12): 2115-2122.

［95］ 杜松林, 金友林, 高振波, 等. VN 微合金钢中 Ti 脱氧夹杂物诱导晶内铁素体析出行为 ［J］. 北京科技大学学报, 2010, 32 (5): 574-580.

［96］ 胡春林, 宋波, 辛文彬, 等. Ti-Mg 复合脱氧对低碳钢中夹杂物及组织的影响 ［J］. 材料热处理学报, 2013, 34 (5): 37-41.

［97］ 赖朝彬, 赵青松, 谭秀珍, 等. 晶内铁素体及其组织控制技术研究概况 ［J］. 有色金属科学与工程, 2014, 5 (6): 53-60.

［98］ 余圣甫, 张远钦, 吕卫文, 等. CuS 在针状铁素体形核过程中的作用 ［J］. 焊接学报, 2002, 23 (4): 72-76.

［99］ Loder D, Michelic S K, Bernhard C. Acicular ferrite formation and its influencing factors—A review ［J］. J. Mater. Sci. Res. , 2017, 6 (1): 24-43.

［100］ 张鹏彦, 燕际军, 高彩茹, 等. 含钛夹杂物对大热输入焊接用钢 HAZ 韧性的影响 ［J］. 钢铁, 2012, 47 (11): 79-84.

［101］ 梁冬梅, 朱远志, 周立新, 等. 钢中针状铁素体及其非均匀形核机制 ［J］. 金属热处理, 2011, 36 (12): 105-111.

［102］ Lee J L. The austenite transformation in ferritic ductile cast iron ［J］. Materials Science and Engineering, 1992, 158 (2): 241-249.

［103］ 舒玮, 王学敏, 李书瑞, 等. 含 Ti 复合第二相粒子对微合金钢焊接热影响区组织和性能的影响 ［J］. 金属学报, 2010, 46 (8): 997-1003.

［104］ 国旭明, 钱百年, 王玉, 等. 夹杂物对微合金钢熔敷金属针状铁素体形核的影响 ［J］. 焊接学报, 2007, 28 (12): 5-8.

［105］ 李鹏, 李光强, 郑万. Al-Ti 脱氧对非调质钢中 MnS 析出行为及组织的影响 ［J］. 钢铁研究学报, 2013, 25 (11): 49-56.

［106］ 王巍, 付立铭. 夹杂物/析出相尺寸对晶内铁素体形核的影响 ［J］. 金属学报, 2008, 44 (6): 723-728.

［107］ 胡志勇, 杨成威, 姜敏, 等. Ti 脱氧钢含 Ti 复合夹杂物诱导晶内针状铁素体的原位观察 ［J］. 金属学报, 2011, 47 (8): 971-977.

［108］ 吴开明. 低碳微合金钢中晶内和晶界铁素体的长大动力学 ［J］. 金属学报, 2006, 42 (6): 572-576.

［109］ 杨占兵, 王森, 王福明, 等. 冷却速度对含 Ti 非调制钢中晶内铁素体形成的影响 ［J］. 金属热处理, 2008, 33 (6): 24-27.

［110］ 邓伟, 高秀华, 秦小梅, 等. 冷却速率对变形与未变形 X80 管线钢组织的影响 ［J］. 金属学报, 2010, 46 (8): 959-966.

［111］ Nako H, Hatano H, Okazaki Y, et al. Crystal orientation relationships between acicular ferrite, oxide, and the austenite matrix ［J］. ISIJ International, 2014, 54 (7): 1690-1696.

［112］ Fan Z, Zhou N, Meng W, et al. Intragranular ferrite formed in a V-Ti-N medium-carbon steel containing MnS inclusions ［J］. Steel Research International, 2017, 88 (12): 1-10.

［113］ Yamada T, Terasaki H, Komizo Y I. Relation between inclusion surface and acicular ferrite in low carbon low alloy steel weld ［J］. ISIJ International, 2009, 49 (7): 1059-1062.

［114］ Furuhara T, Maki T, Kimori T. Crystallography and interphase boundary of (MnS + VC) complex precipitate in austenite ［J］. Metallurgical Materials Transactions A, 2006, 37 (3): 951-959.

［115］ Díazfuentes M, Izamendia A, Gutiérrez I. Analysis of different acicular ferrite microstructures in low-carbon steels by electron backscattered diffraction study of their toughness behavior ［J］. Metallurgical Materials Transactions A, 2003, 34 (11): 2505-2516.

［116］ Yang Z G, Enomoto M. Discrete lattice plane analysis of Baker-Nutting related B1 compound/ferrite interfacial energy ［J］. Materials Science Engineering A, 2002, 332 (2): 184-192.

［117］ Takada A, Komizo Y I, Terasaki H, et al. Crystallographic analysis for acicular ferrite formation in low carbon steel weld metals ［J］. Welding International, 2015, 29 (4): 254-261.

［118］ Nako H, Okazaki Y, Speer J G. Acicular ferrite formation on Ti-Rare earth metal-Zr complex oxides ［J］. ISIJ International, 2015, 55 (1): 250-256.

［119］ Enomoto M, Inagawa Y, Wu K, et al. Three-dimensional observation of ferrite plate in low carbon steel weld ［J］. Tetsu To Hagane, 2005, 91 (7): 609-615.

［120］ Xiong Z, Liu S, Wang X, et al. Relationship between crystallographic structure of the Ti_2O_3/MnS complex inclusion and microstructure in the heat-affected zone (HAZ) in steel processed by oxide metallurgy route and impact toughness ［J］. Materials Characterization, 2015, 106 (1): 232-239.

［121］ Flower H M, Lindley T C. Electron backscattering diffraction study of acicular ferrite, bainite, and martensite steel microstructures ［J］. Metal Science Journal, 2000, 16 (1): 26-40.

［122］ Miyamoto G, Shinyoshi T, Yamaguchi J, et al. Crystallography of intragranular ferrite formed on (MnS+V(C,N))complex precipitate in austenite ［J］. Scripta Materialia, 2003, 48 (4): 371-377.

［123］ Kral M, Spanos G. Three-dimensional analysis of proeutectoid cementite precipitates ［J］. Acta Materialia, 1999, 47 (2): 711-724.

［124］ Zamberger S, Whitmore L, Krisam S, et al. Experimental and computational study of cementite precipitation in tempered martensite ［J］. Modelling and Simulation in Materials Science and Engineering, 2015, 23 (5): 055012.

［125］ Wan X L, Wei R, Wu K M. Effect of acicular ferrite formation on grain refinement in the coarse-grained region of heat-affected zone ［J］. Materials Characterization, 2010, 61 (7): 726-731.

［126］ Wan X L, Wang H H, Cheng L, et al. The formation mechanisms of interlocked microstructures in low-carbon high-strength steel weld metals ［J］. Materials Characterization, 2012, 67 (3): 41-51.

［127］ 吴开明. 钢铁材料中铁素体的三维形态与分析 ［J］. 中国体视学与图像分析, 2017, 38 (304): 4-11.

［128］ 张弛, 杨志刚, 潘涛. 低碳钢中晶内形核铁素体三维形貌的唯象研究 ［J］. 金属热处理, 2005, 30 (7): 17-21.

［129］ Yamada T, Terasaki H, Komizo Y. Microscopic observation of inclusions contributing to formation of acicular ferrite in steel weld metal ［J］. Science Technology of Welding Joining, 2008, 13 (2): 118-125.

［130］ Wu K, Inagawa Y, Enomoto M. Three-dimensional morphology of ferrite formed in association with inclusions in low-carbon steel ［J］. Materials Characterization, 2004, 52 (2): 121-127.

［131］ Wu K, Li Z, Am G, et al. Microstructure evolution in a low carbon Nb-Ti microalloyed steel ［J］. ISIJ International, 2006, 46 (1): 161-165.

［132］ Xiong Z, Liu S, Wang X, et al. The contribution of intragranular acicular ferrite microstructural constituent on impact toughness and impeding crack initiation and propagation in the heat-affected zone (HAZ) of low-carbon steels ［J］. Materials Science and Engineering A, 2015, 636 (1): 117-123.

［133］ Shi M, Zheng P, Zhu F. Toughness and microstructure of coarse grain heat affected zone with high heat input welding in Zr-bearing low carbon steel ［J］. ISIJ International, 2014, 54 (1): 188-192.

［134］ 余圣甫, 李志远. 低合金高强度钢药芯焊丝焊缝中夹杂物诱导针状铁素体形核的作用 ［J］. 机械

工程学报，2001，37（7）：65-70.

［135］Uhlmann D R，Chalmers B. Interaction between particles and a solid-liquid interface ［J］. Applied Physicals，1964，35（10）：2986-2993.

［136］Cisse J，Bolling G F. The steady-stater rejection of particles by salol grown from the melt ［J］. Crystal Growth，1971，11：25-28.

［137］Bolling G F，Cisse J. A theory for the interaction of particles with a solidifying front ［J］. Crystal Growth，1971，10：56-66.

［138］Cisse J，Bolling G F. A study of the trapping and rejection of insoluble particles during the freezing of water ［J］. Crystal Growth，1971，10：67-76.

［139］Omenyi S N，Neumann A W. Thermodynamic aspects of particle engulfment by solidifying melts ［J］. Applied Physicals，1976，39：56-62.

［140］谢国宏，厉松春，王务献，等. 颗粒增强 Al-4% Mg 复合材料在等轴晶凝固过程中的颗粒推挤 ［J］. 金属学报，1995，31（6）：275-279.

［141］吴树森，中江秀雄. 带溶融法利用粒子施加复合材料方向凝固 ［J］. 铸造工学，1997（1）：3-8.

［142］韩青有，Hunt J D. 凝固过程中的颗粒推斥 ［J］. 金属学报，1996，32（4）：365-367.

［143］Shangguan D，Ahuja S. An analytical model for the Interaction between an insoluble particle and an advancing solid/liquid interface ［J］. Metallugical Transactions，1992，23A：669.

［144］钟云波，任忠鸣，孙秋霞，等. 电脉冲磁场中金属凝固界面前沿颗粒的推斥/吞没行为 ［J］. 金属学报，2003（12）：1269-1275.

［145］孙秋霞，钟云波，任忠鸣，等. 凝固界面前沿颗粒行为的研究进展 ［J］. 材料导报，2003，17（9）：9-12.

［146］Korber C，Rau G. Interaction of particles and a moving ice-liquid interface ［J］. Crystal Growth，1985，72：649.

［147］春宇. 铁水凝固界面前沿中夹杂物与气泡行为研究 ［J］. 湖南冶金，1996（1）：58-64.

［148］Zubko A M，Lobanov V G，Nikonova V V. Reaction of foreign particles with a crystallization front ［J］. Soviet Phys. Crystall.，1973，19：239-241.

［149］Surappa M K，Rohatgi P K. Heat diffusivity criterion for the entrapment of particles by a moving solid-liquid interface ［J］. Journal of Materials Science，1981，16（2）：562-564.

［150］Neumann A W，Abdelmessih A H，Hameed A. The role of contact angles and contact angle hysteresis in dropwise condensation heat transfer ［J］. International Journal of Heat & Mass Transfer，1978，21（7）：947-953.

［151］徐玉桥，于梅. 金属液充型过程中夹杂物运动的数值模拟 ［J］. 沈阳工业大学学报，2007，29（4）：4.

［152］叶恒. Ti 基非晶合金熔体与 Ti 合金的润湿行为研究 ［D］. 沈阳：东北大学，2014.

［153］刘德志，黄蕾，赵性川，等. 定向凝固生长速率对 Al-15Cu 合金组织演化的影响 ［J］. 特种铸造及有色合金，2021，41（4）：498-501.

［154］郑万，齐盼盼，沈星，等. 低碳低硫钢中 MnS 析出行为分析 ［J］. 武汉科技大学学报，2016，39（4）：241-247.

［155］Brody H D，Flemings M C. Solute redistribution in dendritic solidification ［J］. Transactions Metallugical AIME，1966，236：615-624.

［156］Clyne T W，Kurz W. Solute redistribution during solidification with rapid solid state diffusion ［J］. Metallurgical and Materials Transactions A，1981，12（6）：965-971.

［157］刘辉. 含硫钢凝固过程硫化锰析出及生长行为研究 ［D］. 上海：上海大学，2019.

[158] 肖丽俊, 郭亚东, 刘家琪, 等. 硼对低碳铝镇静钢中 AlN、MnS 析出的影响 [J]. 材料与冶金学报, 2006, 5 (1): 53-56.

[159] Ohta H, Sutto H. Dispersion behavior of MgO, ZrO$_2$, Al$_2$O$_3$, CaO-Al$_2$O$_3$ and MnO-SiO$_2$ deoxidation particles during solidification of Fe-10mass% Ni alloy [J]. ISIJ International, 2006, 46 (1): 22-28.

[160] Oikawa K, Ishida K, Nishizawa T. Effect of titanium addition on the formation and distribution of MnS inclusions in steel during solidification [J]. ISIJ International, 1997, 37 (4): 332-338.

[161] Xu L Y, Yang J, Wang R Z, et al. Effect of Mg addition on formation of intragranular acicular ferrite in heat-affected zone of steel plate after high-heat-input welding [J]. Journal of Iron and Steel Research International, 2018, 25 (4): 433-441.

[162] Wang Y, Zhu L G, Zhang Q J, et al. Effect of Mg treatment on refining the microstructure and improving the toughness of the heat-affected zone in shipbuilding steel [J]. Metals, 2018, 8 (8): 616.

[163] Bin W, Bo S. In situ observation of the evolution of intragranular acicular ferrite at Ce-containing inclusions in 16Mn steel [J]. Steel Research International, 2012, 83 (5): 487-495.

[164] Mousavi A S H, Sediako D, Yue S. Optimization of flow stress in cool deformed Nb-microalloyed steel by combining strain induced transformation of retained austenite, cooling rate and heat treatment [J]. Acta Materials, 2012, 60 (3): 1221-1229.

[165] Zhang C L, Liu Y Z, Jiang C, et al. Effects of niobium and vanadium on hydrogen-induced delayed fracture in high strength spring steel [J]. Journal of Iron and Steel Research International, 2011, 18 (6): 49-53.

[166] Zheng M. Engineering Materials [M]. Beijing: Tsinghua University Press, 1997.

[167] Wan X L, Wu K M, Cheng L, et al. In-situ observations of acicular ferrite growth behavior in the simulated coarse-grained heat-affected zone of high-strength low-alloy steels [J]. ISIJ International, 2015, 55 (3): 679-685.

[168] Shim J H, Byun J S, Cho Y W, et al. Hot deformation and acicular ferrite microstructure in C-Mn steel containing Ti$_2$O$_3$ inclusions [J]. ISIJ International, 2000, 40 (8): 819-823.

[169] Thewlis G, Whiteman J A, Senogles D J. Dynamics of austenite to ferrite phase transformation in ferrous weld metals [J]. Materials Science and Technology 1997, 13 (3): 257-274.

[170] Kang J S, Seol J B, Park C G. Three-dimensional characterization of bainitic microstructures in low-carbon high-strength low-alloy steel studied by electron backscatter diffraction [J]. Materials Character, 2013, 79: 110-121.

[171] Nakada M, Shiohara Y, Flemincs M C. Modification of solidification structure by pulse electric discharging [J]. ISIJ International, 1990, 30 (1): 27-33.

[172] 訾炳涛, 崔建忠, 巴启先. 脉冲电流和脉冲磁场作用下 LY12 铝合金凝固组织的比较 [J]. 热加工工艺, 2000, 4: 3-5.

[173] 李继高. 电磁场作用下铝镁合金组织性能变化规律研究 [D]. 武汉: 武汉理工大学, 2006.

[174] 许雄. 电磁场对镍基高温合金 K403 定向凝固组织的影响研究 [D]. 西安: 西北工业大学, 2005.

[175] 华骏山, 张永杰, 王恩刚, 等. 脉冲磁场下电磁力特性研究: 理论分析 [J]. 东北大学学报 (自然科学版), 2011, 32 (1): 72-75.

[176] 梅国宏, 朱立光, 张庆军, 等. 脉冲磁场细晶化技术的研究现状 [J]. 铸造技术, 2015, 36 (2): 403-406.

[177] 汪彬, 杨院生, 周吉学, 等. 脉冲磁场对 Mg-Gd-Y-Zr 合金凝固及力学性能的影响 [J]. 稀有金属材料与工程, 2009, 38 (3): 519-522.

[178] 彭帅, 陈乐平, 周全. 脉冲磁场下 Al-5Fe 合金凝固组织的细化 [J]. 特种铸造及有色合金, 2013,

33（4）：384-387.

[179] 刘立强，秋书，李仁兴，等．脉冲磁场下铝液凝固组织的研究［J］．中国铸造装备与技术，2004，1：27-28.

[180] 石大鹏，李秋书，赵彦民，等．电磁搅拌工艺对 AZ31 变形镁合金铸态组织的影响［J］．铸造设备与工艺，2010，1：27-28.

[181] 班春燕，崔建忠，巴启先，等．在脉冲电流或脉冲磁场作用下 LY12 合金的凝固组织［J］．材料研究学报，2002，16（3）：322-326.

[182] 周全，杨院生，马建超．脉冲磁场对 AZ91D 镁合金凝固组织的影响［J］．铸造，2007，56（2）：148-151.

3 基于氧化物冶金的微合金化设计研究

<<<<<<<<<<<<<<<<<<<<<<<<<<<<<<<<<<<<<<<<<<<<<<<<<<<<<<<<<<<<<<<<<<<<<<<<<<

基于氧化物冶金的微合金体系设计应全面考量各元素在全流程的作用，在冶炼、凝固过程中形成尺寸细小、分布弥散的有效诱导晶内铁素体形成的"有益"夹杂物体系，在轧制过程中析出第二相粒子细化晶粒和组织，提高基体的强韧性，在焊接热循环过程中合理钉扎奥氏体晶界，诱导析出晶内铁素体，改善 CGHAZ 低温冲击韧性。

3.1 诱发晶内铁素体形核夹杂物体系设计

3.1.1 热力学条件计算

3.1.1.1 试验钢成分设计

依据国家船级社（GB 712—2011）成分要求可得 DH36 的成分如表 3-1 所示。以 DH36 国标为基础，根据研究内容进行实验室试验钢的微合金化成分设计，试验钢目标成分如表 3-2 所示。

表 3-1　DH36 成分要求 （质量分数,%）

名称	C	Si	Mn	P	S	Cu	Cr
DH36	≤0.18	≤0.50	0.90~1.60	≤0.025	≤0.025	≤0.35	≤0.020

名称	Ni	Nb	V	Ti	Mo	Als
DH36	≤0.040	0.02~0.05	0.05~0.10	≤0.020	≤0.08	≥0.015

注：1. 当钢材的厚度≤12.5 mm 时，Mn 含量的最小值可为 0.70%。

2. 当 Al、Nb、V、Ti 单独使用时，最小值不可低于下限，当两种或两种以上使用时 Nb+V+Ti≤0.12%。

表 3-2　试验钢目标成分 （质量分数,%）

元素	C	Mn	S	P	Si	Als	Ti	Mg	Mo	Nb	V
设计成分	0.06~0.08	1.25~1.45	≤0.015	≤0.025	0.20~0.40	0.010~0.020	0.015~0.020	0.002~0.005	0.060~0.080	0.020~0.040	0.020~0.040

3.1.1.2 标准生成吉布斯自由能

复合脱氧合金化工艺在钢液中生成的氧化物夹杂物反应方程式和吉布斯自由能如表 3-3 所示，主要涉及微合金元素 Al、Ti、Mg 三种，夹杂物生成反应方程式如式（3-1）~式（3-7）所示。

表 3-3　夹杂物生成反应方程式及吉布斯自由能[1]

反应方程式	$\Delta G^{\ominus}/J \cdot mol^{-1}$	序号
$2[Al]+3[O] \rightleftharpoons (Al_2O_3)(s)$	$-867703+222.7T$	(3-1)

反应方程式	$\Delta G^{\ominus}/\text{J} \cdot \text{mol}^{-1}$	序 号
$[\text{Ti}] + [\text{O}] =\!=\!= (\text{TiO})(\text{s})$	$-360250+130.8T$	(3-2)
$[\text{Ti}] + 2[\text{O}] =\!=\!= (\text{TiO}_2)(\text{s})$	$-676720+224.6T$	(3-3)
$2[\text{Ti}] + 3[\text{O}] =\!=\!= (\text{Ti}_2\text{O}_3)(\text{s})$	$-845928+248.6T$	(3-4)
$3[\text{Ti}] + 5[\text{O}] =\!=\!= (\text{Ti}_3\text{O}_5)(\text{s})$	$-1392344+407.7T$	(3-5)
$[\text{Ti}] + 3[\text{Ti}_3\text{O}_5] =\!=\!= (\text{Ti}_2\text{O}_3)(\text{s})$	$-52608+19.9T$	(3-6)
$[\text{Mg}] + [\text{O}] =\!=\!= (\text{MgO})(\text{s})$	$-89975-80.021T$	(3-7)

3.1.1.3 元素相互作用系数

钢液中组元的活度系数和活度计算公式分别为：

$$\lg f_i = \sum e_i^j [\%j] \tag{3-8}$$

$$a_i = f_i \times [\%i] \tag{3-9}$$

式中 f_i，e_i^j——元素 i 的亨利活度系数、元素 j 对 i 的相互作用系数；

$[\%i]$，$[\%j]$——钢液中元素 i、j 的质量分数。

表 3-4 为 1873 K 时钢液中元素相互作用系数。

表 3-4　1873 K 时钢液中元素相互作用系数

元素	Al	C	Mn	O	P	S	Ti	Si	N
Al	0.045	0.091	—	-6.60	—	0.03	0.004	0.0056	-0.058
Ti	1.2	-0.165	0.0043	-1.8	-0.0064	-0.11	0.013	2.1	-1.8
Mg	—	0.15	—	-2.40	—	1.38	—	—	—
O	-3.90	-0.45	-0.021	-0.20	0.07	-0.133	-0.60	-0.131	0.057
C	0.043	0.14	-0.012	-0.34	0.051	0.046	0.08	0.11
Si	0.058	0.18	0.002	-0.23	0.11	0.056		0.11	0.090
Mn		-0.07		-0.083	-0.0035	-0.048			-0.150
P	0.037	0.13	0	0.13	0.062	0.028	-0.072	0.063	0.01
S	0.035	0.11	-0.026	-0.27	0.029	-0.028	-0.072	0.063	0.01
N	-0.028	0.13	-0.021	0.05	0.045	0.007	-0.53	0.047	0

根据钢中基本成分目标值，假定 Al、Mg、O、N 等元素成分分别为 0.02%、0.003%、0.0018%、0.0082%，利用表 3-4 钢液中元素的相互作用系数和活度计算公式，计算钢液中各元素的活度系数如表 3-5 所示。

表 3-5　钢液中各元素的活度系数

活度系数	f_C	f_{Si}	f_{Mn}	f_P	f_S	f_{Ti}	f_{Al}	f_{Mg}	f_O
数值	0.993	1.08	0.988	1.08	0.924	3.88	0.99	0.382	0.64

3.1.2 Al-Mg-Ti-O 竞争反应热力学计算

1873 K 时脱氧元素与氧的平衡关系可以用氧化物生成标准吉布斯自由能计算。式（3-10）

为不同合金元素的氧化反应一般表达式，式（3-11）为反应的标准吉布斯自由能和平衡常数与温度的关系，式（3-12）为平衡常数与活度关系，假定钢液中的氧化物活度为1。

$$x[M] + y[O] =\!\!=\!\!= M_xO_y \tag{3-10}$$

$$\Delta G = \Delta G^{\ominus} + RT\ln J \tag{3-11}$$

$$\lg K = -\frac{\Delta G^{\ominus}}{19.147T};\ K = \frac{a_{M_xO_y}}{(a_M)^x \times (a_O)^y} \tag{3-12}$$

式中　ΔG——氧化物的生成吉布斯自由能，J/mol；

　　　$\Delta G^{\ominus}$——氧化物的标准生成吉布斯自由能，J/mol；

　　　x,y——化学计量系数；

　　　R——气体常数，其值为8.314，J/(mol·K)；

　　　K——化学平衡常数；

　　　a——反应式中氧化物或溶质元素的活度。

根据表3-4中Al-Ti-O相互反应热力学公式以及式（3-12），假设参与反应的氧化物活度为1，得到1873 K时铝、钛氧化物的平衡关系。具体计算如下：

$$2[Al] + 3[O] =\!\!=\!\!= (Al_2O_3)　　\Delta G^{\ominus} = -867703 + 222.7T \tag{3-13}$$

$$\lg K = \frac{\Delta G^{\ominus}}{19.147T} = 13.23;\ K = \frac{a_{Al_2O_3}}{a_{Al}^2 \times a_O^3}$$

那么　　　　　$$a_{Al}^2 \times a_O^3 = 1.70 \times 10^{13} \tag{3-14}$$

$$2[Ti] + 3[O] =\!\!=\!\!= (Ti_2O_3)　　\Delta G^{\ominus} = -845928 + 248.6T \tag{3-15}$$

$$\lg K = \frac{\Delta G^{\ominus}}{19.147T} = 11.25;\ K = \frac{a_{Ti_2O_3}}{a_{Ti}^2 \times a_O^3}$$

那么　　　　　$$a_{Ti}^2 \times a_O^3 = 1.425 \times 10^{-12} \tag{3-16}$$

$$3[Ti] + 5[O] =\!\!=\!\!= (Ti_3O_5)　　\Delta G^{\ominus} = -1392344 + 407.7T \tag{3-17}$$

$$\lg K = \frac{\Delta G^{\ominus}}{19.147T} = 18.60;\ K = \frac{a_{Ti_3O_5}}{a_{Ti}^3 \times a_O^5}$$

那么　　　　　$$a_{Ti}^3 \times a_O^5 = 2.51 \times 10^{-19} \tag{3-18}$$

根据表3-3中的公式及表3-5中的活度系数，得到1873 K时铝、钛氧化物的平衡关系图，如图3-1所示，在1873 K的条件下，钢液中Mg和O的结合力强，MgO最容易生成，其次是TiO_2和Al_2O_3的生成，钢液中Ti_3O_5比Ti_2O_3容易生成。

根据表3-3中式（3-1）~式（3-7），线性组合得到式（3-19）Mg、Al的质量分数与脱氧产物的关系，如图3-2（a）所示。同理得到Mg、Ti之间的关系，如图3-2（b）所示。

$$3[Mg] + Al_2O_3(s) =\!\!=\!\!= 2[Al] + 3(MgO)(s)　　\Delta G^{\ominus} = 5997778 - 462.76T \tag{3-19}$$

在DH36钢液成分体系下，当钛的含量为0.015%下限时，Mg含量小于0.0024%时，钢中优先生成Ti的氧化物或Ti-Mg复合夹杂物。

从图3-2中可以看出，钢液中微量Mg存在时，很难单独生成脱氧产物Al_2O_3。根据DH36设计成分，钢液中Al含量为下限0.01%时，加入微量Mg，钢中脱氧产物即从Al_2O_3转变为$Al_2O_3 \cdot MgO$复合夹杂物，钢液中Mg含量超过1×10^{-5}%时，可以形成单独的MgO

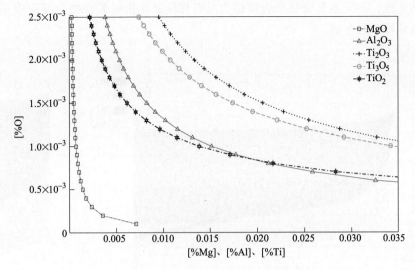

图 3-1 Mg-O、Al-O、Ti-O 平衡线

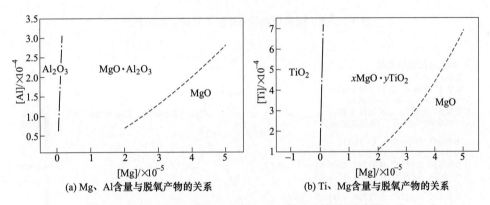

(a) Mg、Al 含量与脱氧产物的关系   (b) Ti、Mg 含量与脱氧产物的关系

图 3-2 1873 K 钢液中 Ti-Mg-Al-O 热力学参数状态图

夹杂。1873 K 时钢液中单独元素的脱氧能力为 Mg>Al>Ti，所以这三种元素中 Mg 与 O 的结合力最强，喂入缓释镁线后，钢液中的自由氧主要由镁-氧平衡控制。假定钢中镁的含量为 0.002%~0.003%，计算平衡氧含量为 0.0016%~0.0024%。

图 3-3 为 Ti、Mg 氧化物的 ΔG 与温度和氧含量的关系图。

由图 3-3 可知，在 1873 K 时，该平衡氧含量 0.0016%~0.0024% 范围内，MgO 的 ΔG 最小，最容易形成；Ti 的氧化物中，TiO_2 的 ΔG 最小，最先析出。当钢中氧含量小于 0.0020% 时，钢中 TiO_2 优先于 Ti_2O_3 析出，当钢中氧含量大于 0.0020% 时，钢中 Ti_2O_3 优先于 TiO_2 析出。

3.1.3 Al-Mg-Ti 三元热力学计算

结合上一节的成分计算，选取 Al、Mg、Ti 的成分范围，利用 FactSage7.0 热力学软件画出 MgO-Al_2O_3-Ti_2O_3 三元相图，如图 3-4 所示。由图 3-4 可知，反应过程中当 Mg 含量为 0.002%~0.005%，Al 含量为 0.010%~0.020%，Ti 含量为 0.015%~0.020%，钢液中有三

元系化合物生成，三元系复合夹杂为镁铝尖晶石和钛氧化物的混合物。反应中还有镁铝尖晶石、一氧化物单独生成。

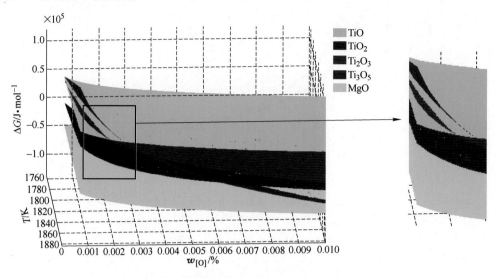

图 3-3　钛、镁氧化物的 ΔG 与 T 和 $w_{[O]}$ 的关系图

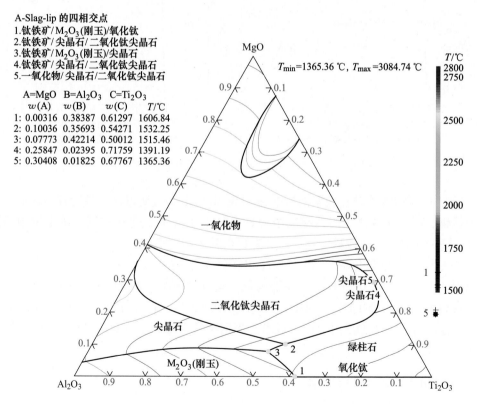

图 3-4　MgO-Al$_2$O$_3$-Ti$_2$O$_3$ 三元相图

3.1.4 微合金化碳氮化物设计

氧化物冶金技术要求在相变过程中要有足够的纳米级夹杂物钉扎晶界，微合金元素 Nb、Mo、Ti 的碳氮化物的析出时间很重要，根据热力学反应式算出各粒子的析出温度。随着温度下降，氧原子在 δ-Fe 中的溶解度急剧下降，在凝固前沿会产生很大的偏析比。碳、氮元素同样存在这种现象，碳氮化物生成热力学反应式如表 3-6 所示，凝固过程中碳氮化物的平衡浓度积及实际浓度积可由如下公式计算：

$$\Delta G^{\ominus} = -RT\ln K^{\ominus} = -RT\ln \frac{a_{\mathrm{Mg[N,C]}}}{a_{\mathrm{Mg}} \cdot a_{\mathrm{[N,C]}}} = -RT\ln \frac{1}{w_{\mathrm{[Mg]}} \cdot w_{\mathrm{[N,C]}}} \quad (3\text{-}20)$$

$$Q_{\mathrm{Mg[N,C]}} = w_{\mathrm{[Mg]}} \cdot w_{\mathrm{[N,C]}} = w_{\mathrm{[Mg]}_0} (1 - f_s)^{k_X - 1} \times \frac{w_{\mathrm{[N,C]}}}{f_s(k_{\mathrm{[N,C]}} - 1) + 1} \quad (3\text{-}21)$$

式中　$w_{\mathrm{[Mg]}_0}$ ——钢液中合金元素的初始含量；

　　　f_s ——固相率；

　　　k ——平衡分配系数。

表 3-6　热力学反应式

反应式	$\Delta G^{\ominus}$	K_{1787}
$[\mathrm{Ti}] + [\mathrm{N}] \Longrightarrow [\mathrm{TiN}](\mathrm{s})$	$\Delta G^{\ominus} = -291000 + 107.91T$	1.36×10^{-3}
$[\mathrm{Ti}] + [\mathrm{C}] \Longrightarrow [\mathrm{TiC}](\mathrm{s})$	$\Delta G^{\ominus} = -184800 + 12.551T$	1.81×10^{-5}
$[\mathrm{Nb}] + [\mathrm{N}] \Longrightarrow [\mathrm{NbN}](\mathrm{s})$	$\Delta G^{\ominus} = -250807 + 91.21T$	2.71×10^{-3}
$[\mathrm{Nb}] + [\mathrm{C}] \Longrightarrow [\mathrm{NbC}](\mathrm{s})$	$\Delta G^{\ominus} = -151065 + 65.40T$	1.00×10^{-1}
$[\mathrm{Al}] + [\mathrm{N}] \Longrightarrow [\mathrm{AlN}](\mathrm{s})$	$\Delta G^{\ominus} = -137374 + 34.23T$	5.92×10^{-3}

当 $Q_{\mathrm{Mg[N,C]}} > K_{\mathrm{Mg[N,C]}}$ 时，凝固前沿析出氮化物，当 $w_{\mathrm{[N]}_0} = 0.01\%$ 时，计算各碳、氮化物（TiN、NbN、AlN、TiC、NbC）在凝固前沿的析出条件。

分别取 $w_{\mathrm{[Ti]}_0} = 0.01\%$、$0.02\%$、$0.03\%$ 作图，现以 $w_{\mathrm{[Ti]}_0} = 0.01\%$ 为例，计算方法如下：

$$Q_{\mathrm{TiN}} = w_{\mathrm{[Ti]}} \cdot w_{\mathrm{[N]}} = w_{\mathrm{[Ti]}_0} (1 - f_s)^{k_{\mathrm{Ti}} - 1} \times \frac{w_{\mathrm{[N]}_0}}{f_s(k_{\mathrm{N}} - 1) + 1} \quad (3\text{-}22)$$

$$Q_{\mathrm{TiN}} = w_{\mathrm{[Ti]}} \cdot w_{\mathrm{[N]}} = 0.01 (1 - f_s)^{0.3 - 1} \times \frac{0.01}{f_s(0.28 - 1) + 1} \quad (3\text{-}23)$$

两边取常对数得：

$$\lg Q_{\mathrm{TiN}} = -4.0 - 0.7\lg(1 - f_s) - \lg(1 - 0.52 f_s) \quad (3\text{-}24)$$

同理可得当 $w_{\mathrm{[Ti]}_0} = 0.02\%$、$0.03\%$ 时，

$$\lg Q_{\mathrm{TiN}} = -3.7 - 0.7\lg(1 - f_s) - \lg(1 - 0.52 f_s) \quad (3\text{-}25)$$

$$\lg Q_{\mathrm{TiN}} = -3.5 - 0.7\lg(1 - f_s) - \lg(1 - 0.52 f_s) \quad (3\text{-}26)$$

将 $\lg K_{\mathrm{TiN}}$ 和 $\lg Q_{\mathrm{TiN}}$ 与固相率 f_s 的关系作图如图 3-5 所示。

由图 3-5 可以看，当 $w_{\mathrm{[Ti]}_0} = 0.01\%$、$0.02\%$、$0.03\%$ 时，固相率大于 60%、70%、85% 才有 TiN 析出。

以此类推可得 $\lg Q_{\mathrm{NbN}}$、$\lg Q_{\mathrm{TiC}}$ 与固相率 f_s 的关系作图，取：

$$w_{\mathrm{[Nb]}_0} = 0.01\%、0.02\%、0.03\%，\ w_{\mathrm{[Ti]}_0} = 0.01\%、0.02\%、0.03\%$$

分别得到 NbN、NbC、TiC 在凝固前沿的析出条件曲线如图 3-6~图 3-8 所示。

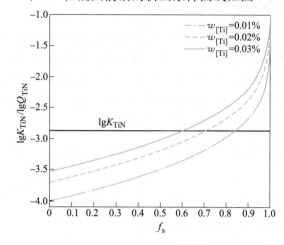

图 3-5　TiN 析出曲线

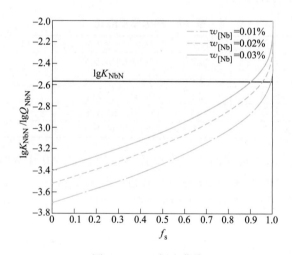

图 3-6　NbN 析出曲线

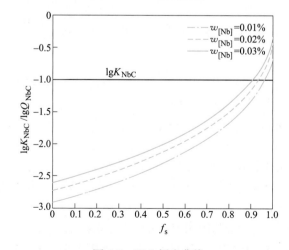

图 3-7　NbC 析出曲线

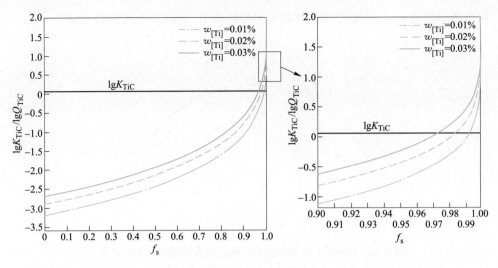

图 3-8　TiC 析出曲线

假设试验钢成分为 C：0.06%；N：0.01%；Ti：0.015%；Nb：0.04%；Al：0.015% 计算各碳氮化物析出情况。由图可知，随着固相率的增加，氮化物、碳化物的析出顺序为：TiN，NbN，NbC，TiC。

C-Mo 的二元相图如图 3-9 所示，由图 3-9 可知，有不同晶体结构的碳化物生成。根据试验钢成分范围可知，试验钢中 Mo 的碳化物为立方结构的 MoC。

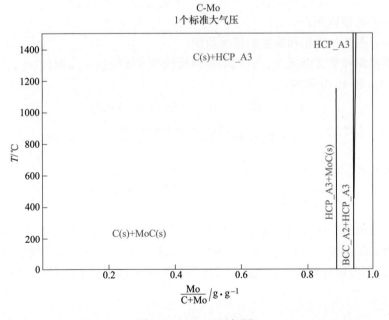

图 3-9　C-Mo 二元相图

3.1.5　氧化物冶金形核动力学计算

以铁素体在夹杂物上形核为例。假设在靠背杂质 M 平面上形成球冠状的 α 相晶核，

核心的曲率半径为 r，与靠背杂质的接触面是半径为 R_p 的圆，如图 3-10 所示。

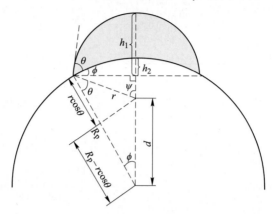

图 3-10　在球面上非均匀形核时核心与靠背球间的几何关系

图 3-10 中的 θ 角是固相和靠背杂质间的润湿角，晶核的大小取决于 α-L 界面能 $\gamma_{\alpha/L}$、α-M 界面能 $\gamma_{\alpha/M}$ 以及 L-M 界面能 $\gamma_{L/M}$ 的相对大小。在核心、液体与模壁三相交点处，由于表面张力的平衡，有如下关系：

$$\cos\theta = \frac{\gamma_{L/M} - \gamma_{\alpha/M}}{\gamma_{L/\alpha}} \tag{3-27}$$

忽略了一个垂直分量。形成球冠状晶胚引起总的吉布斯自由能变化为：

$$\Delta G_{het} = V_\alpha \Delta g_1 + A_{\alpha/L}\gamma_{\alpha/L} + A_{\alpha/M}(\gamma_{\alpha/M} - \gamma_{L/M}) \tag{3-28}$$

式中　　V_α——晶核体积；

$A_{\alpha/M}$，$A_{\alpha/L}$——晶胚与液相和模壁的接触面积。

因为晶胚依附在靠背杂质上，它们的接触面积的界面能由 $\gamma_{\alpha/M}$ 取代 $\gamma_{L/M}$。对于球冠状晶核，$A_{\alpha/M}$、$A_{\alpha/L}$ 和 V_α 分别为：

$$A_{\alpha/M} = \pi R^2 \qquad A_{\alpha/L} = 2\pi r^2(1 - \cos\theta) \tag{3-29}$$

$$V_\alpha = \pi r^3 \frac{2 - 3\cos\theta + \cos^3\theta}{3} \tag{3-30}$$

式中，$R = r\sin\theta$。代入上式得：

$$\Delta G_{het} = \left(\frac{4}{3}\pi r^3 \Delta g_1 + 4\pi r^2 \gamma_{\alpha/L}\right)\frac{2 - 3\cos\theta + \cos^3\theta}{4} = \Delta G_{ho} f(\theta) \tag{3-31}$$

式（3-31）前一个括号内的值相当于均匀形核时的能量变化 ΔG_{ho}，后一个括号内的值是和润湿角有关的函数，以 $f(\theta)$ 表示。和均匀形核相比，非均匀形核的能量变化多了一个 $f(\theta)$ 因子，不需再运算就可以直接写出非均匀形核的临界核心半径 r^* 和临界核心形成功 ΔG_{het}^*：

$$r^* = \frac{2\gamma_{\alpha/L}}{\Delta g} \tag{3-32}$$

$$\Delta G_{het}^* = f(\theta)\frac{16\Delta r_{\alpha/L}^3}{3(\Delta g)^2} = f(\theta)\Delta G_{ho}^* \tag{3-33}$$

若形核的靠背不是平面，在同一过冷度下，即 r^* 相同情况下，为了保持相同的润湿角，凸曲面基底的晶核体积比平直基体的大，从而形核功大。

$$\cos\psi = \frac{R_p - r\cos\theta}{d} = \frac{R_p - r\cos\theta}{\sqrt{r^2 + R_p^2 - 2rR_p\cos\theta}} = \frac{X - M}{d_x} \tag{3-34}$$

式中，$X = R_p/r$，$M = \cos\theta$，$d_x = d/r$。图中还能看出：

$$\cos\psi = \frac{R_p\cos f - d}{r} = \frac{r - R_p\cos\theta}{d} = -\frac{1 - XM}{d_x} \tag{3-35}$$

因此，非均匀临界晶核形成功为：

$$\Delta G_{het}^* = \Delta g_1 V_{het}^* + \gamma_{\alpha/L} A_{\alpha/L}^* + (\gamma_{S/M} - \gamma_{L/M}) A_{\alpha/M}^* \tag{3-36}$$

式中各项的上标 $*$ 表示临界核心，代入上式得：

$$\Delta G_{het}^* = \frac{2\pi (r^*)^2 \gamma_{\alpha/L}}{3}\left[1 - \cos^3\psi + \left(\frac{R_p}{r}\right)^3 (2 - 3\cos f + \cos^3 f) - 3\cos\theta\left(\frac{R_p}{r}\right)^2 (1 - \cos f)\right] \tag{3-37}$$

又可写成：

$$\Delta G_{het}^* = f_G \frac{4\pi (r^*)^2 \gamma_{\alpha/L}}{3} = f_G \Delta G_{ho}^* \tag{3-38}$$

式中，ΔG_{ho}^* 是均质形核的临界核心形成功，f_G 为：

$$f_G = \frac{1}{2}\left\{1 + \left(\frac{1 - XM}{d_x}\right)^3 + X^3\left[1 - 3 \times \frac{X - M}{d_x} + \left(\frac{X - M}{d_x}\right)^3 + 3MX^2\left(\frac{X - M}{d_x} - 1\right)\right]\right\} \tag{3-39}$$

3.2 微合金化对夹杂物弥散分布的作用

本书发现利用夹杂物之间的二维错配度指标可以作为控制夹杂物之间的附着析出和分布的重要依据，如何获得奥氏体晶内丰富、弥散、细小的形核源，是形成钢板 HAZ 均匀细密组织，具有良好低温冲击韧性的根本途径，微合金添加顺序 Al-Mg-Ti 是获得奥氏体晶内丰富、弥散、细小的形核源的关键。

3.2.1 弥散化调控机制实验方案

基于二维错配度原理，计算夹杂物与夹杂物之间不同温度下的错配度值，研究了不同的脱氧体系夹杂物的分布规律。

利用 100 kg 真空感应炉进行了添加不同微合金元素体系的试验，主要有两组不同的冶炼工艺：（1）微合金 Mg 的冶炼工艺；（2）不同微合金添加顺序的冶炼工艺。每组进行 3~10 炉不等，获得了一系列化学成分不同的钢坯。在冶炼铸坯上 1/4 的部位，取 10 cm× 10 cm×10 cm 试样打磨抛光后，在金相显微镜下观察不同倍率下的夹杂物和组织。

通过金相显微镜、扫描电镜及显微夹杂物自动扫描系统（ASPEX），对微合金元素 Mg 及不同微合金元素添加顺序两种不同冶炼工艺下得到的试验钢显微组织及夹杂物进行分析，研究微合金元素 Mg 及不同微合金元素添加顺序对非均质形核源的粒径、成分、分布的影响，并进行详细的分析。

3.2.2　含 Mg 形核源在弥散化中的特征

分别对试验钢不同位置取样 15 个，经过粗磨，细磨和抛光后，置放在金相显微镜下观察，放大倍数为 500，拍取 100 个不同的视场进行统计，统计出观察到夹杂物的总数、由夹杂物诱发 IAF 的数量、夹杂物未诱发 IAF 的数量。

3.2.2.1　不添加 Mg 元素的形核源分析

对不含 Mg 试验钢取样在金相显微镜下连续观察 100 个视场，按尺寸分为 $0 \sim 5$ μm，$5 \sim 10$ μm，$10 \sim 20$ μm，>20 μm 四级，再计算单位面积上夹杂物的含量，结果表明，显微夹杂的数量平均为 27.7 个/mm^2，显微夹杂数量较多，但颗粒大小不均匀，大多数尺寸偏大。对不含 Mg 的试验钢采用扫描电镜检测分析，钢板中显微夹杂主要为球形氧化物夹杂，有 SiO_2 夹杂、CaS-MnS 复合夹杂、SiO_2-MgO 复合夹杂和 Al_2O_3-CaS-MnS 夹杂，且粒径均较大，其显微夹杂形貌与能谱分析如图 3-11 和图 3-12 所示。

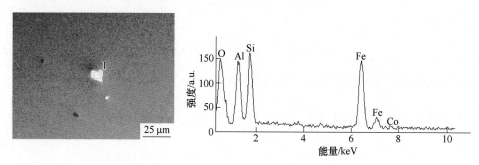

图 3-11　SiO_2-Al_2O_3 复合夹杂形貌与能谱图

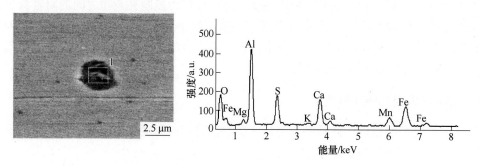

图 3-12　Al_2O_3-CaS-MnS 复合夹杂形貌与能谱图

3.2.2.2　添加 Mg 元素的形核源分析

对添加 Mg 试验钢试样统计在金相显微镜下连续观察 100 个视场，按尺寸分为 $0 \sim 5$ μm，$5 \sim 10$ μm，$10 \sim 20$ μm，>20 μm 四级，计算单位面积上夹杂物的含量，结果表明，显微夹杂的数量平均为 11.7 个/mm^2。对含 Mg 试验钢中夹杂物进行分析，分别对夹杂物粒径和成分展开分析。

A　夹杂物粒径分析

对试验钢夹杂物粒度进行统计，夹杂物尺寸及比例如图 3-13 所示，夹杂物尺寸与诱发 IAF 的关系如图 3-14 所示。

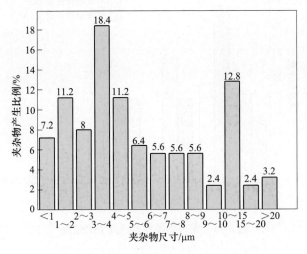

图 3-13 含 Mg 试验钢夹杂物尺寸及比例

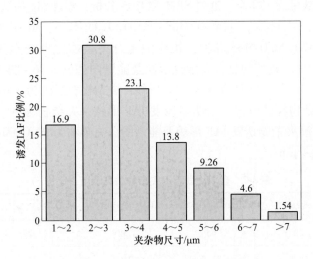

图 3-14 夹杂物尺寸与诱发 IAF 的关系

由图 3-13 可知，含 Mg 试验钢中夹杂物粒径小于 5 μm 的占夹杂物总数的 56%，其中夹杂物粒径为 3~4 μm 的最多，占总数的 18.4%。试验钢中也有大尺寸夹杂物，初步判定可能为 Al₂O₃ 形成的簇状夹杂，或者为 Al₂O₃ 和 Ti 氧化物聚集长大的复合夹杂物。整体来看，小粒径夹杂物增加，说明 MgO 粒子有很好的减小夹杂物粒径的作用，而且将夹杂物分开，使夹杂物密度减小。

图 3-14 为夹杂物尺寸与诱发 IAF 关系图，由图 3-14 可知，夹杂物粒径为 2~3 μm 时，诱发 IAF 占最大比例，为 30.8%，粒径小于 5 μm 的占夹杂物诱发总数的 84.6%。在 SEM 及 EDS 统计的 173 个夹杂物中，粒径与诱发个数情况如图 3-15 所示，其中粒径为 2~3 μm 的诱发 IAF 夹杂物个数最多，为 34 个，粒径为 2~3 μm 的不诱发 IAF 夹杂物个数为 19 个；粒径为 3~4 μm 的夹杂物不诱发 IAF 的个数为 24 个。

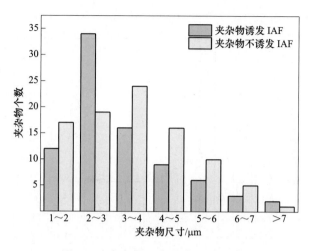

图 3-15　夹杂物尺寸及诱发 IAF 情况

B　夹杂物成分分析

统计夹杂物总数量为 173 个，通过 SEM 和 EDS 分析，添加 Mg 的试验钢中，夹杂物种类和相应比例如表 3-7 所示，主要有 MnS、Al_2O_3-Ti_2O_3-MnS、Al_2O_3-MgO-Ti_2O_3、Al_2O_3-MgO-Ti_2O_3-MnS、Al_2O_3-MgO-MnS 五种，相应的复合夹杂物比例分别为 12.8%、37.5%、21.9%、16.8%、11%。典型的复合夹杂物形貌及能谱图如图 3-16～图 3-18 所示，图 3-16 为 MnS 夹杂形貌及能谱图，未明显诱发 IAF 形核，夹杂物粒径约为 3 μm；图 3-17 为复合夹杂物形貌图，夹杂物粒径较大，未明显诱发 IAF 形核，夹杂物为 Al_2O_3-Ti_2O_3-MnS 复合夹杂；图 3-18 为典型夹杂物诱发 IAF 形貌及能谱图，夹杂物为 Al_2O_3-MgO-Ti_2O_3-MnS 复合夹杂，粒径约为 2～4 μm。

表 3-7　含 Mg 试验钢夹杂物种类及所占比例

夹杂物种类	MnS	Al_2O_3-Ti_2O_3-MnS	Al_2O_3-MgO-Ti_2O_3	Al_2O_3-MgO-Ti_2O_3-MnS	Al_2O_3-MgO-MnS
个数	22	65	38	29	19
所占比例/%	12.8	37.5	21.9	16.8	11

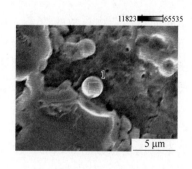
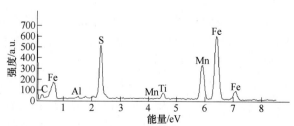

图 3-16　MnS 夹杂形貌及能谱分析

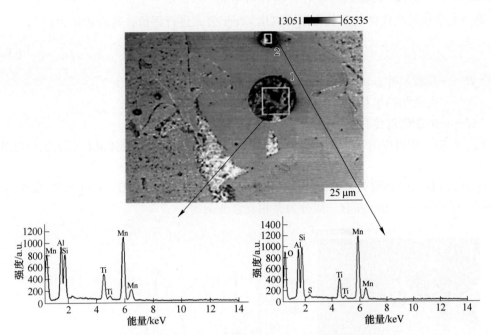

图 3-17　Al_2O_3-Ti_2O_3-MnS 复合夹杂形貌及能谱分析

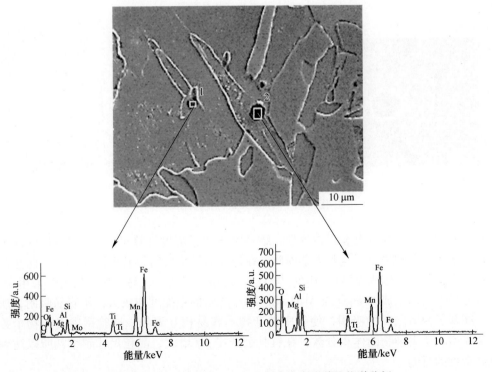

图 3-18　Al_2O_3-MgO-Ti_2O_3-MnS 复合夹杂形貌及能谱分析

3.2.2.3　含 Mg 试验钢夹杂的钉扎作用研究

钢中夹杂物对奥氏体的钉扎作用可以用 Zcncr 公式进行评价，其表达式为：

$$R = \frac{4}{3}(r/f) \tag{3-40}$$

式中　　R——晶粒尺寸；

　　　　r——夹杂物的半径；

　　　　f——夹杂物的体积百分比。

式（3-40）中可以看出析出相越细小，体积分数越高，对奥氏体晶粒长大的钉扎作用越大。

含 Mg 试验钢中典型夹杂物钉扎奥氏体晶界的形貌与能谱图如图 3-19 和图 3-20 所示，夹杂物粒径约为 3~4 μm 左右，成分为多相复合夹杂物。

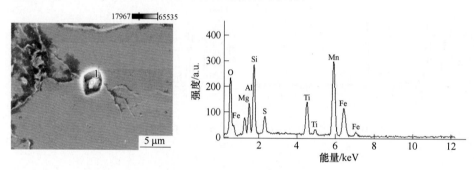

图 3-19　夹杂物钉扎晶界图

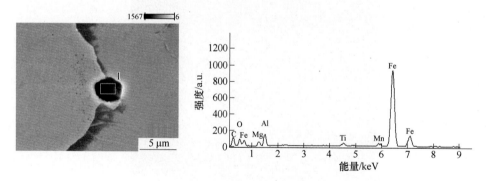

图 3-20　含 Mg 夹杂钉扎作用图

本试验钢采用添加微合金元素处理，结合第 5 章错配度计算可知，含 Mg 试验钢形成丰富的微米级夹杂物质点，这些夹杂物质点在焊缝高温重熔时钉扎奥氏体晶界，防止晶粒重新粗大化，同时又因为钢液中 Al_2O_3 与 Ti_2O_3 的错配度较低，易于聚集长大，采用含 Mg 的脱氧处理方式，生成的 MgO 与 Al_2O_3 和 Ti_2O_3 之间的错配度均较大，不容易吸附，所以阻止、减弱了两者之间的吸附，使钢中夹杂物不容易相互聚集，试验钢中夹杂物个数增加，从而增大了夹杂物的体积分数，在钉扎公式中，f 增大，晶粒尺寸越小，所以达到了细化夹杂物的目的。

钢液中的 MgO 可以缓解 Al_2O_3 与 Ti_2O_3 的聚集长大，减小 Zcncr 公式中的 r；Mg 还能够进行深脱氧，生成大量的 MgO 夹杂，也能还原先生成的 Al_2O_3，抑制 Ti_2O_3 与 O 的反应，使钢中游离的 Al 和 Ti$_2$O$_3$ 增加，总体上使钢中夹杂增多，增大 Zener 公式中的 f，从而达到细化夹杂的目的。

3.2.3 微合金元素添加顺序在弥散化调控机制中的控制作用

由于 Mg 是极为活泼的元素，极易沸腾和蒸发，实验发现不同微合金元素添加顺序的冶炼试验中，试验钢二次形核源的弥散化调控机制也不同，对两种不同的微合金化顺序，即 Al-Ti-Mg 和 Al-Mg-Ti 的微合金化进行分析。

伊茨科维奇计算了氧含量为 0.01%，且假设球形 Al$_2$O$_3$（密度为 4 g/cm^3）在钢中均匀分布情况下夹杂物的尺寸及数量，如表 3-8 所示。

表 3-8 氧化物夹杂的尺寸及其分布

夹杂物直径/μm	吨钢内夹杂物数量	夹杂物所占体积/μm^3	夹杂物间平均距离/μm
1000	10^5	1.3×10^{12}	1.1×10^4
100	10^8	1.3×10^9	1.1×10^3
10	10^{11}	1.3×10^6	110
1	10^{14}	1.3×10^3	11
0.1	10^{17}	1.3	1.1
0.01	10^{20}	1.3×10^{-3}	0.11
0.001	10^{23}	1.3×10^{-6}	0.011

由表 3-8 可知，氧含量为 0.01%，且假设球形 Al$_2$O$_3$ 在钢中均匀分布情况下夹杂物的尺寸及数量，夹杂物直径为 1~10 μm 时，吨钢内夹杂物数量为 10^{11}~10^{14} 个，夹杂物间平均距离为 11 ~110 μm。

李为谬计算了钢中氧含量为 0.0001% 时 Al$_2$O$_3$ 氧化物夹杂的尺寸及其分布，如表 3-9 所示。由表 3-9 可知，夹杂物直径为 1~10 μm 时，吨钢内夹杂物数量为 2.3×10^9~2.3×10^{12} 个。

表 3-9 Al$_2$O$_3$ 氧化物夹杂的尺寸及其分布

夹杂物直径/μm	吨钢内夹杂物数量	夹杂物所占体积/μm^3	夹杂物间平均距离/μm
1000	2.3×10^3	55×10^{12}	3.8×10^4
100	2.3×10^6	55×10^9	3.8×10^3
10	2.3×10^9	55×10^6	380
1	2.3×10^{12}	55×10^3	38
0.1	2.3×10^{15}	55	3.8
0.01	2.3×10^{18}	55×10^{-3}	0.38
0.001	2.3×10^{21}	55×10^{-6}	0.038

根据最小错配度原理可知高温下 Al$_2$O$_3$ 与 MgO 间的错配度为 11.99、12.06，根据文献可知此形核之间的吸附力应该是无效的，但是，非均质形核之间的能量远远大于夹杂物错配度间的关系，所以存在的高熔点夹杂物为后析出的夹杂物提供了低界面能，恰好又为非

均质形核提供了条件并降低了形核过程所需克服的形核功。

从表 3-8 和表 3-9 可以看出，脱氧平衡时，钢中氧越高，夹杂物粒度越小，夹杂物数量越多，夹杂物间的平均距离越小，试验钢中氧含量为 2×10^{-5} 左右，可以推测出试验钢中实际夹杂物个数为 $2.3\times(10^{12}\sim10^{14})$ 之间，夹杂物间平均距离为 $11\sim38$ μm，所以钢液加 Al 终脱氧后，在钢中形成大量的 Al_2O_3 质点。Al 是较好的氧化物冶金非均质形核源，其可作为钢凝固、固体相变过程非均质形核的核心，也可作为后续加入微合金元素形成的氧化物形核的依托。

根据 1550 ℃下各夹杂物之间的错配度可知，以 Al_2O_3 为基底相、Ti_2O_3 为形核相，两者之间错配度为 5.91，容易相互附着析出。微合金化时如果先 Al 后 Ti，Ti_2O_3 容易在先形成的脱氧产物 Al_2O_3 上附着析出，使夹杂物质点聚集长大。而 1550 ℃时，以 Al_2O_3 为基底相、MgO 为形核相，两者之间的错配度为 11.99，相对不容易附着析出。微合金化时，Mg 的添加时机在 Al 后 Ti 前，相对弱化了 Ti_2O_3 对 Al_2O_3 的附着析出。高温阶段形成的 MgO 与 Ti_2O_3 之间的错配度为 13.03，相互不容易附着析出。由于 MgO 形成的时机在 Al_2O_3 和 Ti_2O_3 之间，弱化了两者之间的吸附，使高熔点复合氧化物质点更分散、细小、丰富。

3.2.3.1　对显微夹杂物种类的影响

通过金相显微镜和扫描电镜分析钢中显微夹杂物成分，统计夹杂物种类及所占比例。微合金添加顺序为 Al-Ti-Mg 时，试验钢铸态试样中显微夹杂物大致分为 MnS、Si-Mn、Al、Si、Al-Si-Mn、Al-Si 等 6 类，且 MnS 所占比例约为总量的 85.9%，复合夹杂物中含 Al-Ti 复合夹杂较多，观测范围内未观察到含镁复合夹杂，各显微夹杂物种类及所占比例如图 3-21 所示。

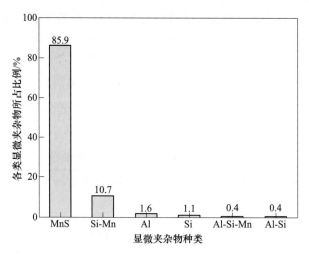

图 3-21　合金加入顺序为 Al-Ti-Mg 对应显微夹杂物种类

微合金添加顺序为 Al-Mg-Ti 时试验钢铸态试样中显微夹杂物种类约为 24 种，多为复合夹杂物，各显微夹杂物种类所占比例如图 3-22 所示。

由图 3-22 可知，MnS 夹杂占总量的 26.9%，与微合金添加顺序为 Al-Ti-Mg 的试验钢相比降低了 59%。通过这些数据可以发现 Mg 添加时机在 Al、Ti 微合金化之间时，可以提高微合金 Mg 的吸收率，使含镁复合夹杂物增加，复合夹杂物种类及其所占比例增加，获得更多易于成为诱导 IAF 形核核心的复合夹杂物，利于显微组织的细化。

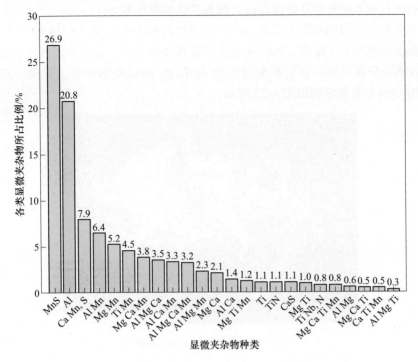

图 3-22 合金加入顺序为 Al-Mg-Ti 对应显微夹杂物种类

根据显微夹杂物自动扫描系统检测报告可以得出扫描面积与显微夹杂物个数如表 3-10 所示。由表 3-10 可知，当 Mg 添加时机在微合金元素 Al、Ti 之后，即微合金添加顺序为 Al-Ti-Mg 时，显微夹杂物密度为 57.7 个/mm^2，S_2/S_1 为 0.065%；当 Mg 添加时机在微合金元素 Al、Ti 之间，即微合金化顺序为 Al-Mg-Ti 时，显微夹杂物密度为 73.7 个/mm^2，与微合金添加顺序为 Al-Ti-Mg 相比增加 27.7%，S_2/S_1 为 0.057%，减少 12.3%。Mg 元素由后添加移至先添加导致单位面积上显微夹杂物个数的增加，S_2/S_1 减小。说明随着微合金 Mg 元素的添加时机不同，显微夹杂物种类增加，生成诱发 IAF 形核的夹杂物质点增加，同时夹杂物粒径减小，满足钢中第二相粒子大量、细小、弥散分布的目的，为 IAF 形核提供有利优势。

表 3-10 扫描面积及夹杂物数量检测结果

项 目	扫描总面积 S_1/mm^2	显微夹杂物总面积 S_2/mm^2	显微夹杂物 个数/个	单位面积上显微夹杂物个数/个·mm^{-2}	(S_2/S_1)/%
Al-Ti-Mg	35.4	0.023	2042	57.7	0.065
Al-Mg-Ti	30.0	0.017	2211	73.7	0.057

3.2.3.2 对显微夹杂物粒径的影响

根据二维点阵错配度理论计算可知，1550 ℃ 时，以 Al$_2$O$_3$ 为基底相、Ti$_2$O$_3$ 为形核相，两者间错配度为 5.91，容易附着析出，聚集长大，形成的复合夹杂物粒径大。而 1550 ℃ 时，MgO 与 Al$_2$O$_3$、Ti$_2$O$_3$ 间错配度分别为 11.99 和 13.03，均大于 12，相对不容易附着析出，所以生成的 MgO 质点充分弱化了 Al$_2$O$_3$ 与 Ti$_2$O$_3$ 之间的附着析出，从而得到细小、分散、丰富的诱发 IAF 的复合夹杂物质点，增加了组织细化能力。

　　MgO 夹杂粒子之间的吸附力只有 Al_2O_3 粒子之间的 1/10，为 $10^{-17} \sim 10^{-16}$ N，即 Al_2O_3 会形成串簇状夹杂物上浮排出，MgO 夹杂物不易形成串簇状，而是形成细小弥散分布的夹杂物。通过能谱分析可知，合金添加顺序为 Al-Ti-Mg 的试验钢中时，发现一定量的簇状 Al_2O_3 夹杂，Al_2O_3 夹杂形貌如图 3-23 所示。

图 3-23　簇状 Al_2O_3 夹杂形貌

　　微合金添加顺序为 Al-Mg-Ti 时，生成的粒径小于 5 μm 的颗粒状夹杂物绝大部分弥散的分布在钢液中，只有一小部分发生聚集，未观察到簇状 Al_2O_3 夹杂物。通过扫描电镜形貌及能谱观察，发现钢中有一个粒径较大的非典型夹杂物，形貌如图 3-24 所示，元素面扫描分布图如图 3-25 所示。

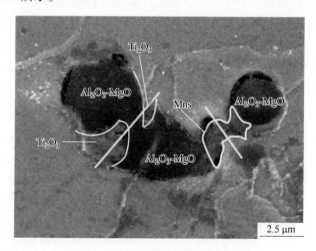

图 3-24　钢中大颗粒显微夹杂物形貌

　　由图 3-24 和图 3-25 所示，该夹杂物大致可以分为三部分，夹杂物中心部分均为 Al_2O_3-MgO，连接部位为 Ti_2O_3 和 MnS，说明该夹杂物在钢液中，由于 MgO 的隔置作用把准备在 Al_2O_3 上附着的 Ti_2O_3 隔开，三个小夹杂两两衔接处的部分分别由附着于其上的 Ti_2O_3 和 MnS 夹杂隔开。以 Al_2O_3 为基底相、MnS 为形核相时，夹杂物错配度为 10.04，

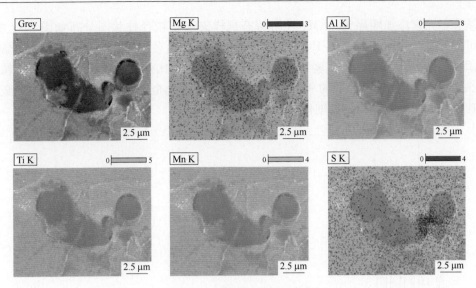

图 3-25 大颗粒夹杂物面扫描

容易相互吸附，而以 MgO 为基底相、MnS 为形核相时，错配度为 19.72，不容易聚集，所以 MgO 也将 Al_2O_3 和 MnS 隔置开，阻碍此类夹杂物完全附着聚集，形成大颗粒夹杂物。

利用夹杂物自动扫描系统分析钢中显微夹杂物粒径，微合金元素添加顺序为 Al-Ti-Mg 时铸态试样夹杂物粒径柱状图分布如图 3-26 所示，由图可知，夹杂物粒径为 2.0~2.5 μm 的最多，约占夹杂物总数的 13.9%。夹杂物粒径主要分布在 0.5~5.0 μm 之间，约占夹杂物总数的 85.3%。

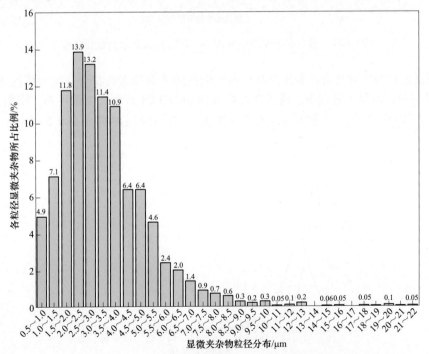

图 3-26 微合金添加顺序为 Al-Ti-Mg 时显微夹杂物粒径分布

　　微合金元素添加顺序为 Al-Mg-Ti 时铸态试样夹杂物粒径柱状图分布如图 3-27 所示，由图可知，夹杂物粒径在 1.0~1.5 μm 时占最大比例，为夹杂物总数的 25.4%，与微合金元素添加顺序为 Al-Ti-Mg 的试验钢相比，小粒径夹杂物比例增加 11.5%，夹杂物粒径为 0.5~5.0 μm 的占夹杂物总数的 90.4%，充分说明了微合金 Mg 的添加时机在微合金元素 Al、Ti 之间时对夹杂物粒径的细化作用。

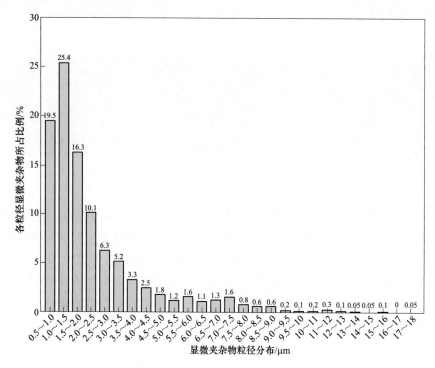

图 3-27　微合金添加顺序为 Al-Mg-Ti 时显微夹杂物粒径分布

　　采用洛伦兹公式对夹杂物粒径及其所占比例的关系曲线进行拟合，拟合优度 R^2 分别为 0.982 和 0.994，效果十分理想。两条曲线叠加图如图 3-28 所示。由图可知，当微合金元素添加顺序为 Al-Mg-Ti 时，小颗粒夹杂物明显增加，粒径分布主要集中在 0.5~4 μm 之间。

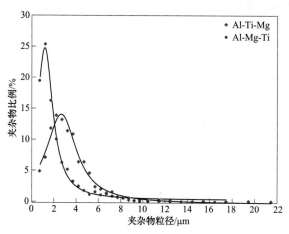

图 3-28　镁添加时机对显微夹杂粒径的影响

3.2.3.3 对显微夹杂物分布的影响

根据显微夹杂物自动扫描系统分析试验钢中夹杂物含 Al、Mg、Ti 元素的比例，不同添加顺序中夹杂物的分布如图 3-29 所示。由图 3-29 可知，微合金添加顺序为 Al-Ti-Mg 时，夹杂物中含 Al 和 Ti 的较多，含 Mg 的比例较小；当微合金添加顺序为 Al-Mg-Ti 时，夹杂物中含 Mg 的比例增加。说明 Al 在钢中生成大量的 Al_2O_3 夹杂之后，继而进行 Mg 的微合金化，生成的 MgO 粒子能够有效地阻止夹杂物 Al_2O_3 和 Ti_2O_3 的聚集，弱化了夹杂物之间的聚集长大，分散夹杂物。

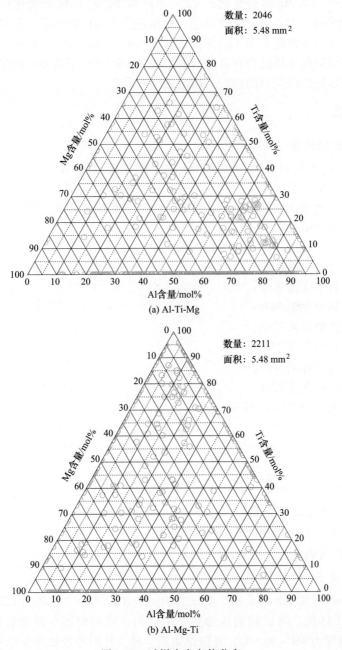

图 3-29　试样中夹杂物分布

3.3　微合金化对提高焊接热影响区性能的影响

为了揭示复合微合金化与钢中形核质点分布特征，探明具有一定诱发优势的复合夹杂物的结构，探索复合夹杂物诱发 IAF 形核规律，确立奥氏体晶内铁素体获得诱发优势并抑制晶界铁素体析出的因素，为了系统地研究复合微合金化对船板钢铸态组织、轧态组织和焊接热影响区组织及低温冲击韧性的影响，进行了如下实验研究：

利用 100 kg 真空感应炉进行了添加不同微合金元素体系的试验，设计了五组不同的微合金化冶炼工艺：（1）Mg 微合金化；（2）不同添加顺序的微合金化；（3）Nb 微合金化；（4）V 微合金化；（5）Mo 微合金化。每组进行 3~10 炉不等，获得了一系列化学成分不同的钢坯。在冶炼铸坯上 1/4 的部位，取 10 cm×10 cm×10 cm 试样打磨抛光后，在金相显微镜、扫描电镜及显微夹杂物自动扫描系统（ASPEX）下观察不同倍率下的夹杂物和金相组织，根据不同的研究目的进行了相应的分析研究。

3.3.1　实验方案

3.3.1.1　冶炼试验

利用 100 kg 真空感应炉进行五组冶炼试验，每组进行 3~10 炉不等，获得了一系列化学成分不同的钢坯。

前期试验所添加的合金原料为铝、硅铁、锰铁、铌铁、钒铁、钛铁、钼铁合金等。其中主要合金原料成分组成如下：

铝：100% 纯度；

硅铁合金：其中含硅 72%；

锰铁合金：其中含锰 80%；

铌铁合金：其中含铌 64%；

钒铁合金：其中含钒 77%；

钛铁合金：其中含钛 28%；

钼铁合金：其中含钼 56%；

钝化镁粒：其中含镁 92%。

试验钢基料成分如表 3-11 所示。

表 3-11　基料化学成分表　　　　　　　（质量分数,%）

元素	C	Mn	S	P	Si	Als	Mo	Ti	V	Nb	B
基料	0.053	0.16	0.007	0.015	0.03	0.0070	0.0011	0.0006	0.0010	0	0.0003

在冶炼铸坯上靠近边缘的部位（图 3-30），对试样中夹杂物的形状、分布、种类、尺寸及晶内针状铁素体生长和分布进行详细的分析。

3.3.1.2　轧制试验

A　轧制参数

采用 ϕ400 mm×350 mm 热轧机，将试验钢锭放在加热炉中加热到 1200 ℃±10 ℃，保温 2 h。充分奥氏体化。将试验钢从加热炉中取出，放到辊道上开始轧制。初轧温度为 1100 ℃，终轧温度为 860~900 ℃，轧制结束后空冷，轧制参数如表 3-12 所示。

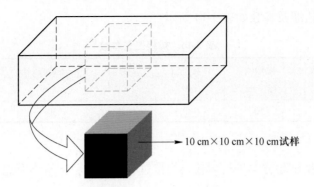

图 3-30　材质取样示意图

表 3-12　轧制参数

钢材厚度/mm	83	66	53	43	35	28	22	18	15	12
压下量/mm	0	17	13	10	8	7	6	4	3	3
压下比		20.5	19.7	18.9	18.6	20	21.4	18.2	16.7	20

B　轧制结果

轧制后试验钢实物如图 3-31 所示。

图 3-31　典型轧制试样钢板

3.3.1.3　试验钢焊接

根据试验钢成分及对显微组织的观察，对试验钢轧板进行焊接试验，分析不同微合金元素及微合金加入制度对可焊性、HAZ 组织及 HAZ 韧性的影响。

A　焊接材料

对实验室冶炼并轧制的 12 mm 厚钢板采用单丝埋弧焊进行焊接，焊丝材料选用H10Mn2+SJ501，焊丝、熔敷金属的成分如表 3-13 所示。焊丝的选择前提是保证实验室钢板焊接试验顺利完成，且焊接 HAZ 具有优良的强韧性。

表 3-13　焊接材料成分表　　　　　　　　　　　　　　　　（质量分数，%）

材料	C	Mn	Si	S	P	Cr	Ni	Cu	Mo
焊丝	0.076	1.58	0.050	0.011	0.013	0.018	0.010	0.04	0.003
熔敷金属	0.052	1.60	0.320	0.010	0.020	0.015	0.004	0.02	0.120

B　焊接方案

实验室钢板由于条件限制在轧制后存在一定的弯曲，首先进行矫直处理，然后沿轧制方向将轧板切成两块同等大小的钢板，将两块钢板进行对接埋弧焊，焊接线能量输入为

50 kJ/cm，焊接工艺涉及参数如表 3-14 所示。

表 3-14　焊接工艺参数

接头形式	焊接速度 /m·h⁻¹	热输入 /kJ·cm⁻¹	焊接电流 /A	焊接电压 /V	干伸长 /mm	焊丝直径 /mm	组对间隙 /mm
I 型	19.6	50	780	35	30	ϕ4.0	—

C　焊接结果

对试验钢板根据试验方案进行焊接，焊接过程及焊接后试验钢形貌如图 3-32 所示。

(a) 焊接过程　　　　　　　　　　(b) 焊接前、后钢板实物

图 3-32　焊接过程及焊接前后钢板形貌

3.3.1.4　冲击试验

将焊接试样加工成标准"V"形缺口冲击试样，试样大小为 10 mm×10 mm×55 mm，冲击性能试验所需试样为纵向（轧向）试样，按照国标 GB/T 229—2020 规定进行，选取实验过程中选取三个位置进行测试，在熔合线处、距熔合线 2 mm 处、距熔合线 5 mm 处开"V"形缺口，冲击温度为-20 ℃，每一位置分别选取三个试样，将所选取的焊接试样分别对应编号测定其相应的冲击性能指标。

A　实验方案

冲击试样结构示意图及实物如图 3-33 和图 3-34 所示。

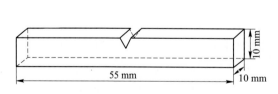

图 3-33　冲击试样示意图　　　　　　　图 3-34　冲击试样实物形貌

冲击实验方案如表 3-15 所示，根据 GB 712—2011 的要求，DH36 试验钢母材冲击温度为 0 ℃，焊接热影响区冲击温度为-20 ℃，冲击位置为距熔合线 2 mm、5 mm 处，本实验着重研究距熔合线 2 mm 处冲击功吸收值。

表 3-15 冲击实验方案

开口方式	冲击温度	冲击位置
"V"形缺口	−20 ℃	母材
		熔合线+2 mm
		熔合线+5 mm

B 试验结果

冲击试验后典型冲断试样形貌如图 3-35 所示，并分别对典型冲击试验试样进行断口分析。

图 3-35 冲断试样的形貌

3.3.2 微合金元素 Mg 及添加顺序对 HAZ 低温冲击韧性的影响规律

3.3.2.1 不含 Mg 试验钢 HAZ 金相组织

不添加微合金元素 Mg 的试验钢板由原厂提供，测得化学成分为表 3-16 中试验钢 1，原厂为防止水口堵塞，添加少量 Ca。利用真空感应炉冶炼添加微合金 Mg 元素的冶炼试验1组，试验钢 1 为本次对比试验钢的成分，实验室冶炼试验钢经轧制成 12 mm 厚钢板，然后对两组钢板分别进行焊接线能量为 50 kJ/cm 的焊接试验，距焊缝 2 mm 处−20 ℃热影响区距熔合线 2 mm 处冲击功吸收值如表 3-17 所示。

表 3-16 试验钢化学成分 （质量分数,%）

试验钢号	C	Mn	S	P	Si	Al	Ti	Mo	Mg	V	Nb
试验钢 1	0.07	1.44	0.004	0.023	0.20	0.01	0.019	0.07	—		—
试验钢 2	0.07	1.44	0.004	0.023	0.20	0.01	0.019	0.07	0.0034		—
试验钢 3	0.07	1.44	0.004	0.016	0.20	0.01	0.019	0.07	0.005	0.040	
试验钢 4	0.07	1.46	0.004	0.026	0.20	0.01	0.020	0.07	0.006	—	0.04
试验钢 5	0.07	1.43	0.004	0.016	0.19	0.01	0.019	—	0.004	—	0.04
试验钢 6	0.07	1.45	0.005	0.015	0.20		0.010	0.04	0.002		0.04
	0.07	1.24	0.005	0.015	0.23		0.016	0.06	0.003		0.04
	0.07	1.44	0.005	0.018	0.20		0.017	0.07	0.003		0.04

表 3-17　焊接热影响区冲击功吸收值

试验钢	低温冲击功值		
	冲击功值/J	平均值/J	偏　差
不添加 Mg	10.2	8.9	1.435
	6.9		
	9.6		
添加顺序 Al-Ti-Mg	21.7	18.0	3.247
	15.8		
	16.4		
添加顺序 Al-Mg-Ti	74.9	75.6	3.910
	80.7		
	71.2		
添加 V	19	22	2.449
	25		
	22		
添加 Nb	81.2	83.6	4.877
	90.4		
	79.2		
不添加 Mo	9.8	10.3	0.455
	10.9		
	10.2		
添加 0.07%Mo	142	137	6.24
	130		
	139		

　　不含 Mg 试验钢焊缝 2 mm 处平均冲击功吸收值为 8.9 J，焊接 HAZ 组织如图 3-36 所示。试验研究发现试验钢中 Mg 微合金化的顺序对 HAZ 冲击功值影响很大，试验钢 2 为不同微合金 Mg 添加顺序的试验钢。

　　如图 3-36 可知，试验钢板焊接 HAZ 组织中，不添加 Mg 试验钢原奥氏体晶粒粗大，且魏氏组织居多，放大倍数为 500 倍时，晶粒明显粗大，低温冲击韧性差。主要为块状铁素体组织和珠光体组织，晶粒尺寸较大，说明高温焊接时，奥氏体晶粒重熔长大，低温性能变差。

　　经过实验室研究发现含 Mg 试验钢中夹杂物种类增加，且尺寸减小，铸态组织中可以观察到由夹杂物诱发的 IAF，但是试验中也发现不同 Mg 的添加顺序，对晶内针状铁素体诱发情况和焊接 HAZ 性能有很大的影响，接下来对不同微合金添加顺序开始研究。

3.3.2.2　不同添加顺序试验钢铸态组织

　　合金加入顺序为 Al-Ti-Mg 等元素的试验钢铸态显微组织如图 3-37（a）所示，显微组织构成主要是等轴铁素体及少量珠光体，晶粒较为粗大，在金相显微镜下观察发现少量由

(a) 50 μm (b) 20 μm

图 3-36 不添加 Mg 试验钢焊接 HAZ 显微组织

夹杂物所诱发的针状铁素体。

合金加入顺序为 Al-Mg-Ti 等元素的试验钢铸态显微组织如图 3-37（b）所示，显微组织构成主要是由夹杂物诱发的 IAF、块状铁素体及珠光体。

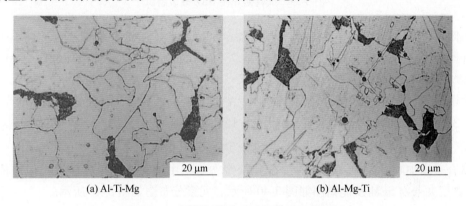

(a) Al-Ti-Mg (b) Al-Mg-Ti

图 3-37 不同添加顺序试验钢铸态显微组织

3.3.2.3 不同添加顺序试验钢轧态组织

不同微合金添加顺序试验钢轧态组织如图 3-38 所示。

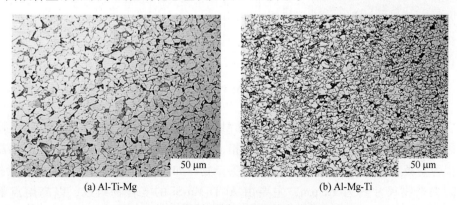

(a) Al-Ti-Mg (b) Al-Mg-Ti

图 3-38 不同添加顺序试验钢轧态显微组织

由图 3-38 可知，试验钢轧态组织主要组成均为块状铁素体和珠光体，微合金添加顺序为 Al-Mg-Ti 时，晶粒尺寸远远小于微合金添加顺序为 Al-Ti-Mg 时。

3.3.2.4　不同添加顺序试验钢焊接 HAZ 组织

经过 50 kJ/cm 线输入能量焊接后，焊接 HAZ 显微组织如图 3-39 所示。

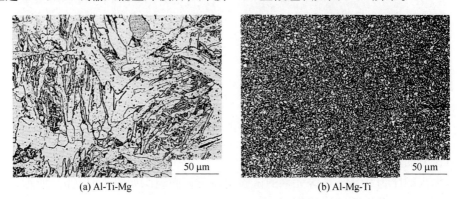

(a) Al-Ti-Mg　　　　　　　　　　　　　(b) Al-Mg-Ti

图 3-39　试验钢焊接 HAZ 显微组织

由图 3-39 可知，微合金添加顺序为 Al-Mg-Ti 时，焊接 HAZ 晶粒细小，远远小于微合金添加顺序为 Al-Ti-Mg 时，且低温冲击性能 75.6 J，远远高于微合金添加顺序为 Al-Ti-Mg 时的 18 J。

由图 3-39（a）中可以观察到粗大的奥氏体晶粒，组织构成主要有铁素体和珠光体。

3.3.2.5　微合金添加顺序形核对诱发 IAF 的影响

A　微合金添加顺序为 Al-Ti-Mg 时形核诱发 IAF 的影响

微合金添加顺序为 Al-Ti-Mg 时，试验钢铸态组织中的夹杂物尺寸较大，但也能诱发 IAF，典型夹杂物 SEM 及能谱图如图 3-40 所示，元素分布图如图 3-41 所示。

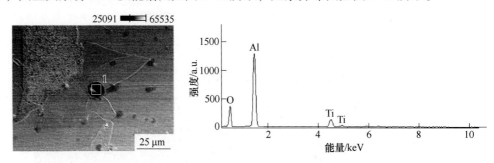

图 3-40　微合金添加顺序为 Al-Ti-Mg 时夹杂物 SEM 及能谱图

微合金添加顺序为 Al-Ti-Mg 时，钢液中 Al 与 Ti 脱氧产物先发生反应，生成大颗粒夹杂物，因为在 1550 ℃时，以 Al_2O_3 为基底相、Ti_2O_3 为形核相时，两者之间的错配度为 5.91，很容易吸附，从而聚集长大为大颗粒夹杂物，如图 3-40 所示。由夹杂物元素扫描分布图可知夹杂物尺寸约为 12 μm，主要由 Al-Ti-Mn-Si 的复合物组成，以高熔点氧化物 Al_2O_3 和 Ti_2O_3 为核心，外围附着 MnS。整体来看含 Mg 夹杂物少，说明 Mg 的吸收率低，夹杂物粒度较大。

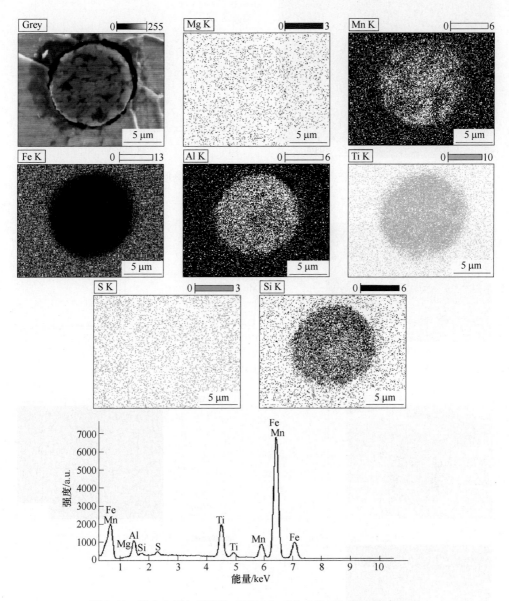

图 3-41 微合金添加顺序为 Al-Ti-Mg 时夹杂物面扫描元素分布图

B 微合金添加顺序为 Al-Mg-Ti 时形核诱发 IAF 的影响

微合金添加顺序为 Al-Mg-Ti 时,试验钢铸态组织中的夹杂物整体尺寸减小,典型夹杂物 SEM 及能谱图如图 3-42 和图 3-43 所示,元素分布图如图 3-44 和图 3-45 所示。

由夹杂物形貌及能谱可知,夹杂物粒径约为 2.5~7 μm,主要为 Al-Mg-Ti-Mn-O-S 复合氧化物,由夹杂物面扫描元素分布图 3-44 和图 3-45 可知,夹杂物以高熔点氧化物 MgO·Al$_2$O$_3$ 为核心,之后 Ti 氧化物在 MgO·Al$_2$O$_3$ 复合夹杂物上析出,最后部分低熔点化合物 MnS 附着在复合氧化物上形成复合夹杂物,诱发 IAF 的形成。

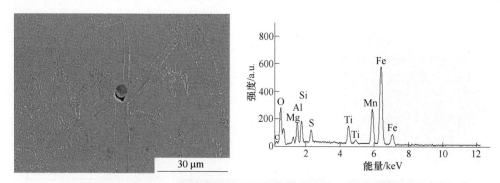

图 3-42　微合金添加顺序为 Al-Mg-Ti 时夹杂物形貌及能谱图

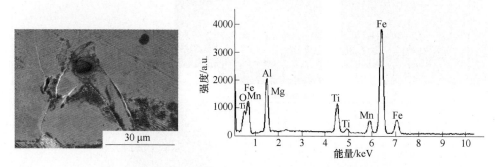

图 3-43　微合金添加顺序为 Al-Mg-Ti 时夹杂物形貌及能谱图

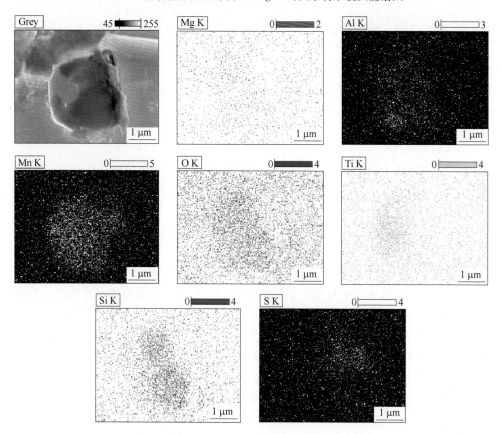

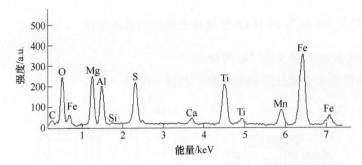

图 3-44 微合金添加顺序为 Al-Mg-Ti 时夹杂物面扫描元素分布图

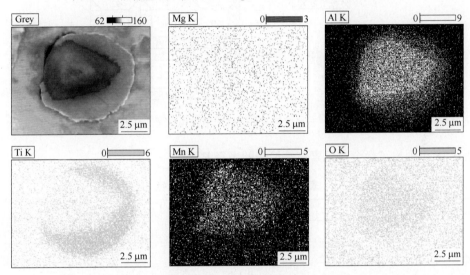

图 3-45 微合金添加顺序为 Al-Mg-Ti 时夹杂物面扫描元素分布图

C 微合金添加顺序为 Al-Mg-Ti 时贫 Mn 区观察

对微合金添加顺序为 Al-Mg-Ti 时铸态组织中发现有由 Al-Ti-Mn-O-S 的复合夹杂诱发的 IAF，夹杂物结构中外层附着的 MnS 夹杂与铁素体之间错配度较大，理论上根据二维错配度机理不易诱发 IAF，所以进行线扫描，进行 Mn 元素分布观察，明显观察到夹杂物两侧有 Mn 贫乏微区出现，如图 3-46 所示。复合夹杂周围的基体相中，形成贫 C、贫 Mn 的微区，提高铁素体相变温度（A_{c3}），增大铁素体形核驱动力（$A_{c3} \sim A_{r3}$），促进铁素体晶粒形核。

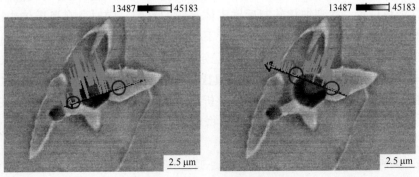

图 3-46 Mn 元素线扫描能谱图

3.3.3　微合金元素 Nb 和 V 对 HAZ 低温冲击韧性的影响规律

3.3.3.1　微合金元素 V 和 Nb 的特征

微合金元素形成非金属化合物的趋势[2]如图 3-47 所示。

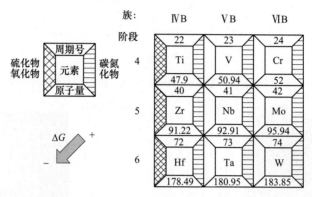

图 3-47　微合金元素形成非金属化合物的趋势

表 3-18 中列出了微合金元素与铁原子的半径差。

表 3-18　微合金元素的原子半径

元　素	原子半径/nm	与铁原子半径差/%
Mo	0.140	+9.4
Nb	0.148	+15.6
V	0.136	+6.2
Ti	0.147	+14.8

微合金化元素首先要固溶到基体中，其碳氮化物在钢基体中的固溶能力和沉淀析出能力取决于该元素原子尺寸与铁原子半径之差，由表 3-18 可知，这几种元素中 Nb 的原子半径最大，沉淀强化最有效。

Nb 存在形式不同，则作用不同。Nb 的不同作用[3]如图 3-48 所示。

Nb 一部分可固溶在铁基体中，一部分可与碳、氮形成稳定的碳化物、氮化物或碳氮化物。奥氏体中固溶的 Nb 可提高奥氏体再结晶温度，在未再结晶区可实现控制轧制，以增加铁素体形核位置，达到细化轧制后铁素体晶粒的目的。同时，在奥氏体中固溶的 Nb 还可降低相变温度，在冷却速率较高的情况下，Nb 还能促进针状铁素体、贝氏体铁素体等低温转变产物生成。Nb 的碳氮化物比较稳定，加热时仍有一部分不溶解，从而控制轧制前加热时晶粒长大，有助于细化轧制前奥氏体晶粒，更有利于轧制后铁素体晶粒的细化；在控制轧制过程中从奥氏体中变形诱导析出的 Nb(C,N)，诱发铁素体形核，细化轧制后晶粒。控制轧制中细小的铌的碳氮化物粒子，从而起到沉淀强化作用，提高钢的强度。

Nb 通过两种方式起到强化作用，一种是通过铁素体中的微细的碳氮化铌沉淀强化，另一种是通过固溶的 Nb 和析出的碳氮化铌起到的晶粒细化效果起到的强化作用。Nb 元素

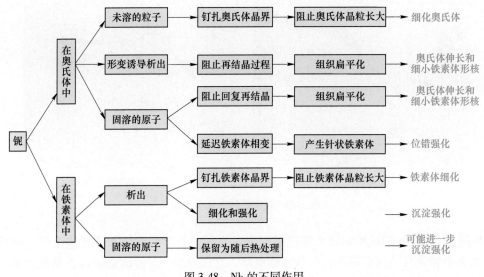

图 3-48　Nb 的不同作用

在钢中很容易形成细小弥散的碳氮化铌，提高晶粒长大温度，起到细化晶粒的效果[4]。另外，细小、弥散分布的 Nb(C,N)，发挥沉淀强化效果，保证高温性能。除此之外，Nb 提高了诱导相变温度，有利于相变的发生，并对诱导相变细晶铁素体晶粒的长大有抑制作用，有利于贝氏体的生成，从而提高钢的强度。Nb 与其他合金元素相比，提高高温强度效果显著[5]。

V 和 Nb 位于同一主族，容易形成碳氮化物细化晶粒提高强度，也可以溶入铁素体中也起到强化作用。不过 V 细化晶粒的效果没有 Nb 的明显，微合金元素 V 在奥氏体转变以后，几乎完全溶解，只在 900 ℃以下时对再结晶起到推迟的作用。V 与碳、氮之间的亲和力强，可以加强 V 在钢中的作用，氮含量的增加，提高析出驱动力，促进了碳氮化钒的析出[6-9]。

3.3.3.2　微合金元素 Nb 和 V 试验钢金相组织

根据第 5 章中错配度的计算可知碳氮化物均可以有效诱发 IAF 形核，在获得弥散化夹杂物质点分布的基础上，为了诱发更多 IAF 组织，达到细化组织的目的，进行微合金元素 V 和 Nb 的对比试验。

A　铸态组织

利用 100 kg 真空感应冶炼炉冶炼船板钢 2 组，进行添加微合金元素 V 和 Nb 的对比试验，试验钢成分如表 3-16 所示，试验钢 3 添加了 0.04%的微合金元素 V，试验钢 4 添加了 0.04%的微合金元素 Nb，其余元素含量基本不变。根据试验钢成分计算得到试制钢的液相线温度为 1521 ℃，当过热度为 30 ℃时，依次添加各种微合金元素。

空冷后对试验钢铸坯中间位置和边缘 1/4 处进行取样，打磨抛光后用 4%硝酸酒精腐蚀。试验钢典型铸态显微组织如图 3-49 所示，图 3-49（a）为添加 0.04%微合金元素 V 的试验钢 500 倍显微组织，图 3-49（b）为添加 0.04%微合金元素 Nb 的试验钢 500 倍显微组织。

由图 3-49 可知，铸态组织中可以观察到添加 0.04%的微合金 V 的试验钢和添加

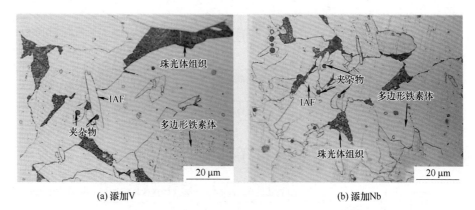

(a) 添加V　　　　　　　　　　　(b) 添加Nb

图 3-49　试验钢铸态显微组织

0.04%的微合金 Nb 的试验钢铸态显微组织中主要有多边形铁素体和珠光体组织，而且均含有由夹杂物诱发的典型晶内针状铁素体组织。含微合金 Nb 的试验钢铸态显微组织中含有大量的由夹杂物诱发的晶内针状铁素体，部分针状铁素体又在已存在的铁素体表面激发形核，在转变过程中逐渐增多，相互之间发生碰撞和交错，形成相互交错的连锁组织。含微合金 V 钢中针状铁素体的数量不如添加微合金元素 Nb 的多。

奥氏体相变过程示意图如图 3-50 所示，黄色填充矩形框表示原始奥氏体晶粒。在相变过程中，钢中分布的夹杂物质点有效诱发针状铁素体形核，白色填充不规则晶粒为铁素体组织，黑色填充不规则晶粒为珠光体组织，形成的针状铁素体组织抑制晶粒的增大。

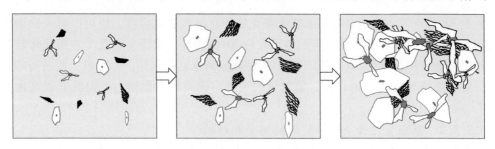

图 3-50　相变过程示意图

B　微合金元素 Nb 和 V 对诱发 IAF 的影响

试验钢铸态组织中诱发 IAF 的夹杂物大小约为 2~5 μm，典型夹杂物诱发 IAF 形貌及能谱图如图 3-51 所示，夹杂物面扫描元素分布图如图 3-52 所示。

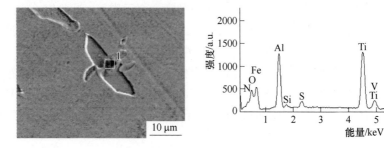

图 3-51　含微合金元素 V 夹杂物能谱图

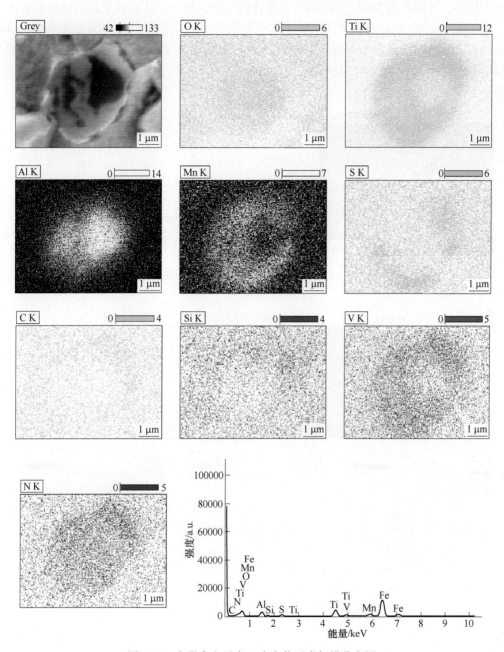

图 3-52　含微合金元素 V 夹杂物元素扫描分布图

由图 3-51 和图 3-52 可知，该夹杂主要是 MgO、Al_2O_3、Ti_2O_3 高熔点氧化物为核心的夹杂。根据 1550 ℃下各夹杂物之间的错配度可知（表 5-6），Al_2O_3 与 Ti_2O_3 之间错配度为 5.91，先形核的 Al_2O_3 容易吸附 Ti_2O_3，高温阶段最后形成的 MgO 与 Ti_2O_3 之间的错配度为 13.03，吸附不如前者，会使一部分 MgO 游离。游离的高熔点的 MgO 粒子可以辅助 V 对奥氏体晶界的钉扎作用，使获得的晶粒更细。但晶内诱发铁素体形核的高熔点夹杂物质点丰富程度受到一定影响。在添加微合金元素 V 的试验钢中夹杂物主要以高熔点氧化物 Al-Mg-

Ti-O 为核心，外围附着 MnS，最后 VN 在复合夹杂物上析出，从而诱发晶内针状铁素体。

添加微合金 Nb 的试验钢铸态组织中典型夹杂物诱发 IAF 的 SEM 图及能谱图如图 3-53 所示，夹杂物面扫描元素分布图如图 3-54 所示。由图 3-53 和图 3-54 可知，试验钢中诱发 IAF 的典型夹杂物大小约为 5 μm。

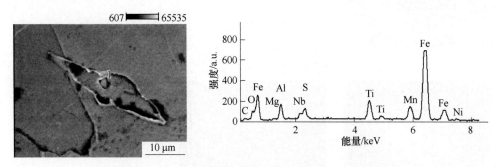

图 3-53　含微合金元素 Nb 夹杂物能谱图

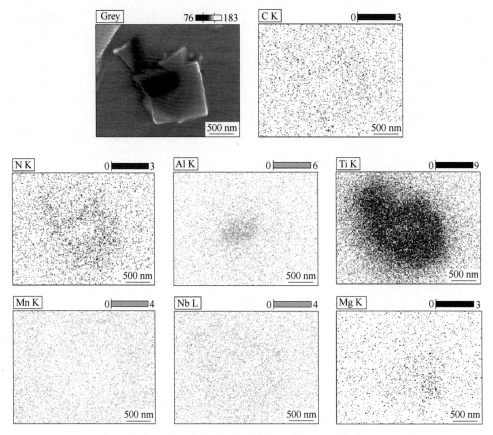

图 3-54　含微合金元素 Nb 夹杂物元素扫描分布图

根据二维错配度理论计算可知（表 5-9），奥氏体向铁素体转变过程中，V(C,N) 与铁素体之间的错配度值为 2.61、1.65，而 Nb(C,N) 与铁素体之间的错配度值为 9.99、

8.21，属于中等有效，所以理论上讲 V(C,N) 比 Nb(C,N) 更容易诱发奥氏体晶内针状铁素体。

3.3.3.3　对碳氮化物析出的分析

A　对碳氮化物析出量的分析

不同微合金元素的碳氮化物在奥氏体和铁素体中的溶解度是不同的，利用 Taylor 文中给出的溶解度积，计算得到的不同碳氮化物在 800 ℃时分别在奥氏体和铁素体中的溶解度极限[10, 11]，如表 3-19 所示。

表 3-19　不同微合金的碳化物在奥氏体向铁素体转变时的溶解度极限

碳化物溶度积	TiC		VC		NbC	
	奥氏体	铁素体	奥氏体	铁素体	奥氏体	铁素体
[M]·[C]	1.7×10^{-4}	3.0×10^{-5}	7.9×10^{-3}	1.1×10^{-3}	8.9×10^{-5}	4.5×10^{-6}

当奥氏体向铁素体转变时，铌的碳化物溶解度急剧下降，降为原奥氏体含量的二十分之一，钒的碳化物降为原来的七分之一，而钛的碳化物降为原来的六分之一，说明当奥氏体转变为铁素体之后，微合金碳化物在铁素体中的溶解度远远降低，会有大量微合金碳化物析出，而且铌的碳化物析出最完全。

B　对碳氮化物析出温度的分析

根据 Turkdogan 的资料，在奥氏体相中微合金元素形成氮化物和碳氮化物浓度积如表 3-20 所示。

表 3-20　碳化物和氮化物在钢中的浓度积

浓度积	$\lg K_\gamma$	$\lg K_\alpha$	$\lg K_1$
[%Nb]·[%N]	$-\dfrac{10150}{T} + 3.79$	$-\dfrac{12170}{T} + 4.91$	$-\dfrac{1101}{T} + 5.376$
[%Nb]·[%C]	$-\dfrac{7510}{T} + 2.96$	$-\dfrac{9830}{T} + 4.33$	$-\dfrac{9506}{T} + 4.988$
[%Ti]·[%N]	$-\dfrac{15790}{T} + 5.40$	$-\dfrac{18420}{T} + 6.40$	$-\dfrac{17040}{T} + 6.40$
[%Ti]·[%C]	$-\dfrac{7000}{T} + 2.75$	$-\dfrac{10230}{T} + 4.45$	$-\dfrac{6160}{T} + 3.25$
[%V]·[%N]	$-\dfrac{7700}{T} + 2.86$	$-\dfrac{9720}{T} + 3.90$	$-\dfrac{9500}{T} + 6.72$
[%V]·[%C]	$-\dfrac{6560}{T} + 4.45$	$-\dfrac{7050}{T} + 4.24$	$-\dfrac{8700}{T} + 3.36$

试验钢中 [C]=0.08%、[Nb]=0.04%、[V]=0.04%、[Al]=0.020%、[Ti]=0.015%。由表 3-20 中的公式可以计算出钢中氮化物和碳氮化物的析出温度，结果如表 3-21 所示。

表 3-21 钢中氮化物和碳氮化物的析出温度

浓度积	奥氏体中析出温度/℃	液相中析出温度/℃
$[\%Nb] \cdot [\%N]$	907	不会析出
$[\%Nb] \cdot [\%C]^{0.87}$	901	不会析出
$[\%Ti] \cdot [\%N]$	1370	不会析出
$[\%Ti] \cdot [\%C]$	1012	不会析出
$[\%V] \cdot [\%N]$	772	不会析出
$[\%V] \cdot [\%C]$	638	不会析出

由表 3-21 可知，在奥氏体相中，各种析出物随温度降低析出的顺序是：TiN、TiC、NbN、NbC、VN、VC。

在试验钢成分范围内，钢水中不会有氮化物或碳氮化物析出，在奥氏体相中，各相析出物随温度降低析出的顺序是 NbN、$NbC^{0.87}$、VN、$VC^{0.75}$。VN 的析出温度在 772 ℃，VC 的析出温度为 638 ℃，在此温度下，奥氏体已转变完毕，所以 VN 和 VC 不能大量诱发出晶内针状铁素体，而 Nb 的碳氮化物能充分诱发 IAF，并在铸态组织中形成交叉互锁的组织，在焊接 HAZ 重熔高温状态下奥氏体晶粒不会长大。

C 对碳氮化物析出形状的分析

微合金碳氮化物与铁素体之间存在 Baker-Nutting 位向关系[12]：满足 $(001)M(C,N)$ // $(001)\alpha$，$[010]M(C,N)$//$[110]\alpha$。

由于微合金碳氮化物的弹性模量明显大于铁素体且其点阵常数也大于铁素体，故界面错配位错将存在于铁素体中，此时错配度的计算式应为：室温下计算微合金碳氮化物与铁素体之间的错配度计算关系可知：

$$\delta_1 = \left| \frac{a_{M(C,N)} - a_\alpha}{a_{M(C,N)}} \right| \tag{3-41}$$

$$\delta_2 = \left| \frac{a_{M(C,N)} - \sqrt{2}a_\alpha}{a_{M(C,N)}} \right| \tag{3-42}$$

晶格计算可知，室温下 NbC、NbN 的晶格常数分别为 0.447 nm、0.439 nm；铁素体的晶格常数为 0.286645 nm，根据式（3-41）、式（3-42）可知，$f(\delta_2)$ 明显小于 $f(\delta_1)$，所以形成的微合金碳氮化物的形状为方片状，如图 3-55 和图 3-56 所示。

3.3.3.4 微合金元素 Nb 和 V 对轧态组织的影响

含微合金 V 和 Nb 的试验钢轧态组织如图 3-57 所示。

由图 3-57 可知，相同放大倍数添加 Nb 微合金的试验钢轧态组织晶粒比添加 V 微合金的晶粒要小。含 V 试验钢中晶粒尺寸为 6~8 μm，平均晶粒尺寸为 7 μm。含 Nb 试验钢中晶粒尺寸为 3~5 μm，也有大尺寸的晶粒，为 6 μm。试验钢轧态组织中主要由铁素体和珠光体组成，铁素体组织有多边形铁素体和板条状铁素体组织。添加微量的 Nb 后，细化轧态组织及焊接热影响区晶粒的效果比 V 明显，主要体现在热轧后钢板的晶粒与组织显著地得到细化。

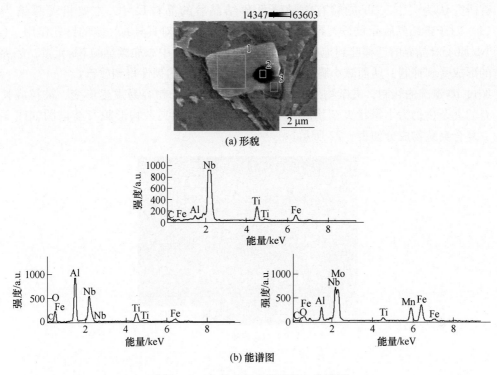

(a) 形貌

(b) 能谱图

图 3-55 Nb 的碳氮化物形貌与能谱图

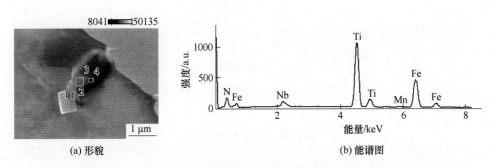

(a) 形貌   (b) 能谱图

图 3-56 Nb 的碳氮化物形貌与能谱图

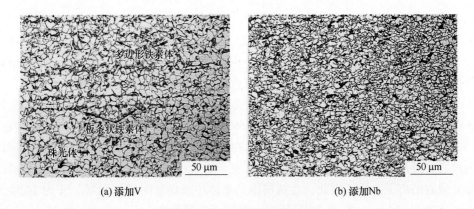

(a) 添加V   (b) 添加Nb

图 3-57 试验钢轧态显微组织

　　有研究认为[13-18]，Nb 能够有效地降低再结晶后的晶粒尺寸，主要机理总结为两点：（1）对于再结晶后晶粒长大界面，细小的 NbC 析出相对其具有一定的钉扎作用；（2）固溶 Nb 原子对晶界的迁移起到拖曳作用。在含有 TiN 的钢中添加微量的 Nb 元素，晶界铁素体的形成受到抑制，从而减小脆化区域，焊接热影响区的韧性得到改善。

　　经过 10 道次的轧制，夹杂物变得更加细小，有的夹杂物容易发生形变，被拉成长条状，有的夹杂物仍为小球状夹杂物。轧制后试验钢中典型夹杂物形貌及能谱图如图 3-58 所示，复合夹杂物成分如表 3-22 所示。

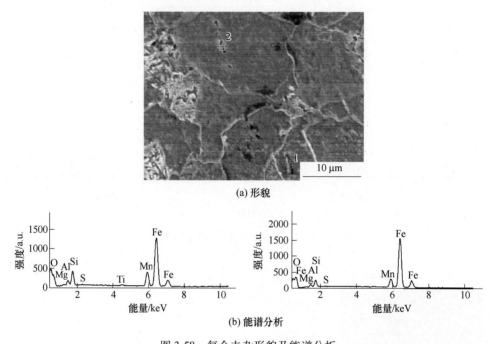

(a) 形貌

(b) 能谱分析

图 3-58　复合夹杂形貌及能谱分析

表 3-22　复合夹杂成分表　　　　　　　　　　　　　　　　（%）

含量	Mg	Al	Si	S	Ti	Mn	Fe
含量 1	0.67	1.68	4.83	0.17	0.29	12.36	47.93
含量 2	0.40	1.45	2.73	0.11	—	8.66	55.46

　　加 V 后试验钢中 N 含量平均达 0.013% 以上，而 Ti 含量平均为 0.015%，达不到通常所说的 Ti/N 为 3.42 的值，加入的 Ti 很大一部分被 N 结合，一部分析出，一部分起到奥氏体钉扎作用，但同时也降低了 Ti 在晶内铁素体形核的作用。

　　Mn 在 Al_2O_3、Ti_2O_3 复合粒子中的偏聚量最高可达 43.81%，接近母材含量的 19.44 倍，Si 在复合粒子中的偏聚量最高可达 14.5%，接近母材含量的 43.17 倍，对比复合粒子中 Mn 的 19.44 倍富集量而言，高熔点氧化物核心质点对 Si 的吸附能力更大，继而复合 SiO_2 为核心，外层附着 MnS 的复合夹杂，该夹杂物大小约为 4 μm。由于 Ti 的所有氧化物都含有大量的阳离子空位，因此，会从周围的基体中选择吸附某些元素。Si 为 14 号元素，其原子半径为 0.134 nm，Ti 为 22 号元素，其原子半径为 0.146 nm，Mn 为 25 号元素，其原子半径为 0.130 nm, 可见, Si 与 Ti 之间的尺寸差别稍小于 Mn 与 Ti 的尺寸差别。此外，由于 Si 的价电子数为 $3p^2$, Ti 的价电子数均为 $3d^2$, 而 Mn 的价电子数为 $3d^5$, Si 与 Ti 的价电子数相同。所以相对而言，Ti_2O_3 中的阳离子空位对 Si 的吸附能力要大于对 Mn 的吸附能力，但是由于基体中 Mn 含量本身比 Si 含量高好几倍，所以最终复合粒子中的 Mn 含量要高得多。所以，复合夹杂中含 Ti, 可复合 SiO_2 形成形核核心，外围附着 MnS 夹杂。Ti 复合更多的是含 Mn 高的复合夹杂，这和 Ti_2O_3 与 MnS、MnO 之间的错配度低的分析是一致的。含有 Ti_2O_3 的复合夹杂周围存在的 Mn 贫乏区是 IAF 非均匀形核的主要驱动力，且随奥氏体化温度降低，Mn 贫乏区宽度下降，对晶内铁素体在晶内 Ti_2O_3 上形核影响显著，Ti_2O_3 在含 Mn 钢中对晶内铁素体形核有效，通过吸附基体中 Mn 形成 $(Ti,Mn)_2O_3$, 而 Ti_2O_3 在不含 Mn 钢中对晶内铁素体形核无效，晶内铁素体形成主要是受贫 Mn 区控制。

3.3.3.5 微合金元素 Nb 和 V 对焊接 HAZ 的影响

焊接线能量为 50 kJ/cm, 距焊缝 2 mm 处 -20 ℃ 热影响区局熔合线 2 mm 处冲击功吸收值如表 3-17 所示。由表 3-17 可知，添加微合金 Nb 的试验钢 -20 ℃ 冲击功吸收值是添加微合金 V 的冲击功的 3.8 倍，远远超过国家标准。

试验钢板的焊接 HAZ 显微组织如图 3-59 所示，图 3-59 (a) 为含 V 试验钢，图 3-59 (b) 为含 Nb 试验钢，均为放大倍数为 200 时。

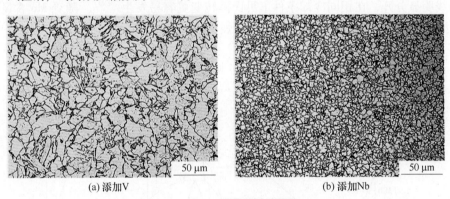

(a) 添加V   (b) 添加Nb

图 3-59 试验钢焊接 HAZ 显微组织

由图 3-59 可知，经过 50 kJ/cm 的焊接线能量焊接之后，添加 V 合金的试验钢 HAZ 组织晶粒长大，添加 Nb 合金的试验钢 HAZ 组织晶粒明显小于添加 V 合金的试验钢 HAZ 组织，与轧态时晶粒比较没有明显增大，HAZ 组织主要由铁素体和珠光体组成。

3.3.4 Mo 添加的晶内铁素体优先析出机制与 HAZ 低温冲击韧性的影响

3.3.4.1 船板钢中微合金元素 Mo 的独特作用

为了揭示奥氏体晶内铁素体优先于晶界诱发的机制，进行了 Mo 微合金化的试验研究，发现 Mo 元素在大线能量焊接船板钢中具有独特的、使奥氏体晶内非均质形核源获得诱发优势，使晶内铁素体比晶界优先析出，抑制晶界先共析铁素体生成的作用。相变时由于选分结晶，偏析倾向大的且扩大奥氏体相区的 C、P 等元素富集于晶界；Mo 偏析倾向小，奥氏体晶内非均质形核源区域内 Mo 缩小奥氏体相区的作用相对会突出，从而具有了优先诱发铁素体的优势，这样相对抑制了晶界先共析铁素体的析出。

微合金元素 Mo 在钢中的其他作用不变。Mo 为难熔金属之一，在元素周期表中位于ⅥB族，与 Nb 属于同一周期，与 C、N 元素具有高的亲和力，易于形成碳氮化物。研究表明，钢中含 Mo 的碳化物主要有三种，M_2C、M_3C、M_6C，主要起到强化作用的也是这三种，其中，M_6C 金刚石型结构[10]，常温下点阵常数为 11.08，与 NbC 结构相差甚远。Mo 和 Nb 在室温下均属于 BCC 晶格结构，它们的元素的物理参数如表 3-23 所示。

表 3-23　元素的室温物理参数

元素	原子序数	原子量	密度 /mg·m⁻³	熔点/℃	沸点/℃	室温点阵 常数/nm	最小原子 间距/nm	线胀系数 /10⁻⁶K⁻¹
Nb	41	92.91	8.581	2468	4927	0.33007	0.28585	7.2
Mo	42	95.94	10.225	2619	5560	0.31468	0.27252	4.9

微合金元素 Mo 在钢中的作用主要有以下三点：

（1）Mo 作为缩小奥氏体相区的元素，如图 3-60 所示，稳定并扩大铁素体相区，从而诱发铁素体的形成。Mo 使 C 曲线的珠光体转变右移，抑制先共析铁素体的形成，同时提高珠光体转变最快速度的温度，降低贝氏体转变最快速度的温度，使珠光体和贝氏体转变的 C 曲线明显分开，在相同冷却条件下贝氏体转变更容易发生[19-25]。随着 Mo 含量的不断增加，抑制先共析铁素体形成的作用逐渐增强。

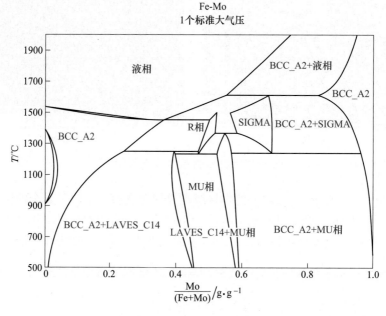

图 3-60　Fe-Mo 二元相图

（2）奥氏体向铁素体的转变，属于扩散型转变[5]。Mo 能降低 Nb 等碳化物形成元素的扩散能力，阻碍形成各种碳化物并且推迟其析出过程。因此，含微合金元素 Mo 的钢中，Mo 强烈抑制先共析铁素体的形成且析出作用明显，促进晶内高密度位错亚结构的针状铁素体的形成[23,24]；Mo 偏析倾向小，在钢中具有较强的偏聚倾向，而 C、P 的偏析系数大，易偏析的 C、P 等元素富集于晶界，晶内形核区域不易偏析的 Mo 元素的优先诱发晶内铁素体形成相对突出。

（3）Mo 促进了针状铁素体的形成。Mo 促进了（M,Mo)(C,N)(M 为微合金元素）在铁素体中的析出，提高了 Ti、V 和 Nb 等微合金元素在奥氏体中的固溶度，提高（M,Mo)(C,N) 的稳定性，改善钢的高温性能[26]。Mo 溶入在铁素体中析出的微合金碳氮化物晶格中，形成（M,Mo)(C,N)(M 为微合金元素），显著细化了析出物的粒径，明显提高了析出相的体积分数，增强了沉淀强化作用；图 3-61 和图 3-62 分析了几种常见（M,Mo)(C,N)(M 为微合金元素）在奥氏体与铁素体中固溶度积的比较。

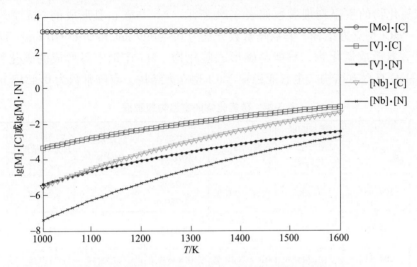

图 3-61　（Mo,Nb,V)(C,N) 在奥氏体中的固溶度

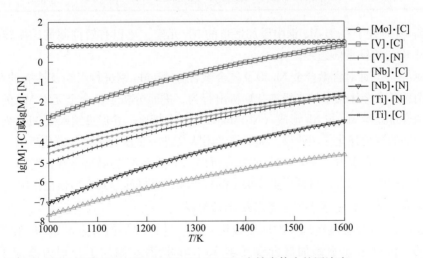

图 3-62　（Mo,Nb,V,Ti)(C,N) 在铁素体中的固溶度

由图 3-61 可知，在所有的微合金碳氮化物中，NbN 在奥氏体中的固溶度积最小，为 $10^{-5} \sim 10^{-2}$，在高温下以 NbN 形式析出，一定程度上钉扎奥氏体晶界起到阻止奥氏体晶粒长大的作用。VC 在奥氏体中的固溶度积比较大，高温时主要存在形式为固溶态，低温下相变过程中可能析出大量的粒径非常细小的 VC 粒子，从而起到强大的沉淀强化效果。

NbC 和 NbN 的固溶度差别较小，两者固溶度居中，说明 Nb 常以碳氮化物的形式析出。在铁素体中，VN、NbC 和 TiC 的固溶度积均接近 $10^{-4} \sim 10^{-1}$，所以在钢中的作用基本相似。

MoC 在奥氏体和铁素体中的固溶度积均比较大，比 VC 的固溶度积大，在奥氏体中 MoC 基本不会析出，在铁素体中主要是随着微合金元素如 Ti、Nb 等析出，一起形成复合夹杂物粒子[10, 27-29]。

Mo 作为 Nb 同周期中最近邻的元素，具有一定的交互作用。一方面，微合金原物 Mo 可适当增大 Nb(C, N) 中的固溶度，另一方面增强 Nb(C, N) 的稳定性，不易变得粗大化，有利于得到微小的纳米级 (Nb, Mo)(C, N)，增加沉淀强化作用。试验钢中微合金元素 Mo 和 Nb 的碳氮化物的室温物理参数如表 3-24 所示。Nb 与碳、氮形成的 NbC 和 NbN 均为 FCC 结构、NaCl 型立方结构，其点阵常数分别为 0.44699 nm 和 0.43940 nm。而微合金元素 Mo 不能和氮形成氮化物，只能与碳形成碳化物。Mo 在钢中可形成的碳化物有 MoC、Mo_2C 型，MoC 有六方结构，也有亚稳定 NaCl 型立方结构，点阵常数为 0.4313 nm。

表 3-24　碳氮化物的室温物理数据

相	分子量	摩尔体积 /10^{-5} $m^3 \cdot mol^{-1}$	室温晶体点阵	室温点阵 常数/nm	线胀系数 /$10^{-6} K^{-1}$	理想化学配比	理论密度 /mg · m^{-3}
MoC	107.951	1.230	六方、WC 型	0.2898 0.2809		7.988	8.774
MoC	107.951		FCC、NaCl 型 （亚稳定）	0.4313		7.988	
NbC	104.917	1.345	FCC、NaCl 型	0.44699	7.02	7.735	7.803
NbN	106.913	1.277	FCC、NaCl 型	0.4394	10.1	6.633	8.371

黄辉辉[30]研究了在 Ti-Mo 钢中添加适量的 Nb 元素，可以有效抑制贝氏体转变，有利于获得细小均匀的铁素体组织。

张正延等[31,32]针对含微合金 Nb 钢及复合微合金 Nb-Mo 钢进行组织及性能的对比研究，分别研究两种微合金体系中纳米级夹杂物析出行为，进而分析了微合金元素 Mo 的作用，研究表明，微合金元素 Mo 与 Nb 形成 (Nb, Mo)C 后复合析出，并促进纳米级 NbC 夹杂物的析出，产生较好的沉淀强化作用效果。随后作者团队又进一步研究了复合碳化析出物在升温过程中的析出行为，发现由于 Mo 与 Nb 的复合析出，降低 NbC 的晶格常数，增加了复合析出相在铁素体中的析出动力，得到了更多细小的析出相，更好地起到析出强化作用。

3.3.4.2　微合金元素 Mo 对铸态组织的影响

利用 100 kg 真空感应冶炼炉冶炼船板钢 4 组，进行添加微合金元素 Mo 和不添加 Mo 的对比试验，试验钢 5 不添加微合金元素 Mo，试验钢 6 添加了分别为添加了 0.04%、0.06%、0.07%的微合金元素 Mo，试验钢成分如表 3-16 所示。其余冶炼工艺基本不变。计算得到试制钢的液相线温度为 1521 ℃，当过热度为 30 ℃时，依次添加各种微合金元素。试验钢铸态组织如图 3-63 所示。

如图 3-63 可知，相同放大倍数下试验钢显微组织中主要由铁素体和珠光体组成，白色区域为铁素体组织，黑色区域为珠光体组织。铸态组织中不添加微合金元素 Mo 的铸态组织中也出现了少量的针状铁素体组织；添加微合金 Mo 含量为 0.04% 和 0.06% 的试验钢铸态组织中有少量的针状铁素体组织，Mo 含量为 0.07% 的试验钢中出现了大量的针状铁素体组织。

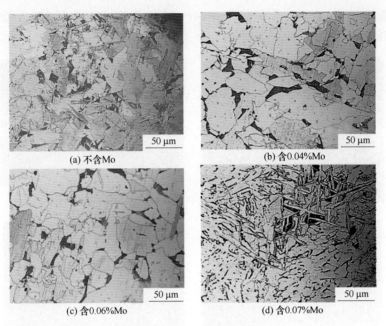

图 3-63　试验钢铸态显微组织

3.3.4.3　微合金元素 Mo 对轧态组织的影响

经过相同轧制工艺后，两组试验钢轧态组织如图 3-64 所示。

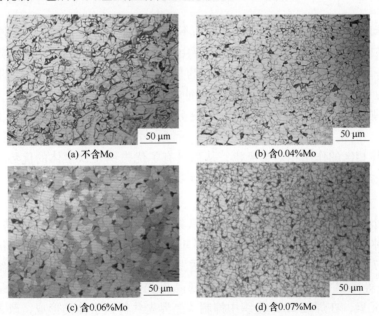

图 3-64　试验钢轧态显微组织

如图 3-64 所示，轧态组织中主要由铁素体和珠光体组织组成，不添加微合金元素 Mo 的显微组织中晶粒大小不均匀，而添加微合金元素 Mo 的显微组织中晶粒比较细小。

3.3.4.4　微合金元素 Mo 对焊接 HAZ 组织的影响

焊接线能量为 50 kJ/cm，距焊缝 2 mm 处−20 ℃热影响区冲击功吸收值如表 3-17 所示。焊接后 HAZ 显微组织如图 3-65 所示。

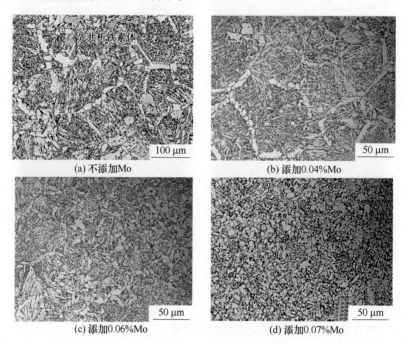

图 3-65　试验钢焊接 HAZ 显微组织

经过 50 kJ/cm 的焊接线能量焊接之后，不添加微合金元素 Mo 的试验钢 HAZ 中出现了粗大的先共析铁素体组织，HAZ 组织主要由铁素体和珠光体组成。添加微合金 0.07% Mo 的试验钢−20 ℃冲击功吸收值为 137 J，约是不添加微合金 Mo 的冲击功的 7 倍，Mo 元素含量分别为 0.04% 和 0.06% 的试验钢低温冲击韧性平均值为 74 J 和 112 J，说明微合金元素 Mo 有很强的抑制先共析铁素体作用，充分细化了 HAZ 组织，偏析倾向大的且扩大奥氏体相区的 C、P 等元素富集于晶界；Mo 偏析倾向小，奥氏体晶内非均质形核源区域内 Mo 缩小奥氏体相区的作用相对会突出，从而具有了优先诱发铁素体的优势，相对抑制了晶界先共析铁素体的析出，使冲击功吸收值大幅度增加。

3.3.4.5　组织细化分析

Mo 是缩小奥氏体相区、稳定并扩大了铁素体相区的元素，具有诱发铁素体的作用，表 3-25 为各种元素对铁的偏析倾向，由表可知在钢中的偏析倾向小，而 P 和 C 的扩散系数大均为 0.87，所以凝固过程中，Mo 优先诱发晶内铁素体形成的作用比较突出，偏析倾向大的 C、P 等元素富集于晶界，从而抑制晶界先共析铁素体的形成。所以试验钢中 0.07% 的 Mo 元素，在焊接 HAZ 组织中抑制了晶界先共析铁素体的形成，改善了焊接低温冲击韧性，且 Mo 的夹杂物随 Nb 的碳氮化物析出，诱发晶内 IAF 形成。

表 3-25 各种元素对铁的偏析倾向

元素	C	Cr	Si	Mn	P	S	Cu	Ni	Mo	As	Sn	O
偏析系数	0.87	0.05	0.34	0.16	0.87	0.98	0.44	0.2	0.2	约1	约0.7	0.98

　　微合金元素 Mo 试验钢中低温韧性较好,晶粒细小。铸态组织中含有 Mo 的夹杂物,夹杂物中有 Mo 和 Nb 的夹杂物复合析出,也有 Mo 夹杂物不随 Nb 一起析出的,与 Nb 一起析出的夹杂物形貌和能谱图如图 3-66 和图 3-67 所示。

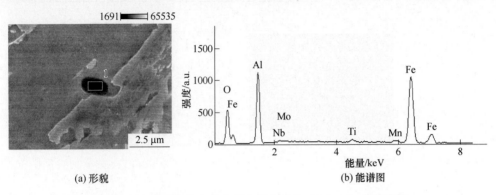

(a) 形貌　　　　　　　　　　　(b) 能谱图

图 3-66　Mo 与 Nb 的夹杂物复合析出形貌（2.5μm）与能谱图

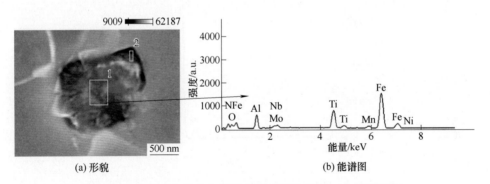

(a) 形貌　　　　　　　　　　　(b) 能谱图

图 3-67　Mo 与 Nb 的夹杂物复合析出形貌（500nm）与能谱图

　　由图 3-66 和图 3-67 可以看出,微合金元素钼随着 Nb(C,N) 一起析出形成复合碳氮化物,增加了 Nb(C,N) 在奥氏体中的固溶度,也增大了 Nb(C,N) 的稳定性,得到粒径为 1 μm 左右的复合碳氮化物,增加沉淀强化作用。含 Mo 夹杂物可以单独析出,得到细小的夹杂物,元素分布图如图 3-68 所示,形貌及能谱图如图 3-69 所示。

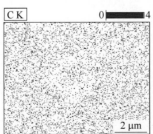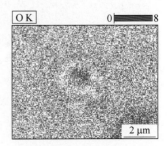

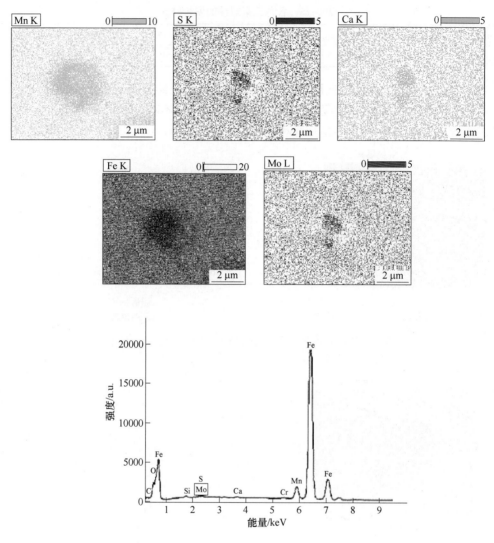

图 3-68　含微合金元素 Mo 夹杂物元素扫描分布图

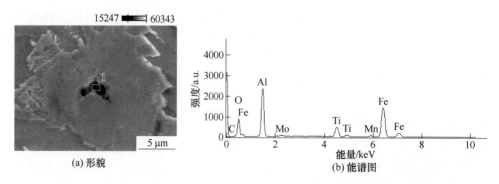

(a) 形貌　　　　　　　　(b) 能谱图

图 3-69　Mo 夹杂物不与 Nb 复合析出形貌与能谱图

3.4 微合金化对船体钢性能影响

3.4.1 试验钢中夹杂物的特征及晶体结构分析

通过扫描电镜观察到诱导 IAF 形核的夹杂为 Mg、Al、Ti 的复合夹杂，但是是单独的 MgO 和 Al_2O_3 或者是 $MgAl_2O_4$，再或者是其他化合物还不确定，Ti 的氧化物也有 TiO_2、Ti_2O_3、Ti_3O_5，也不确定。因为这几种氧化物的晶体结构均不同，所以利用 EBSD 扫描出来的晶体结构分析确定这几种具体的氧化物类型，还可以利用复合夹杂物在不同方向上的极图分析它们之间的晶体学取向关系，此外 EBSD 还可以分析出复合夹杂外围的夹杂物与 IAF 的取向关系，以及 IAF 与周围的贝氏体的取向关系。在 ZEISS ULTRA-55 扫描电镜上进行 EBSD 分析，EBSD 扫描基本参数如下，加速电压：20 KV，倾斜角：70°，步长：$0.1~\mu m$，工作距离；17.5 mm。采用 Oxford-HKL 的 Channel 5 分析软件对结果进行分析。

各夹杂物晶格参数如表 3-26 所示。

表 3-26 夹杂物晶格参数

物　　质	晶　系	空间群
MgO	FCC	$Fm\text{-}3m$ (225)
$MgAl_2O_4$	FCC	$Fd\text{-}3m$ (227)
TiO_2	四方结构	
Ti_2O_3	六方结构	$R\text{-}3c$ (167)
Ti_3O_5	斜方结构	

不同物质的 EBSP 不同，通过对比 EBSD 扫描出来的 EBSP 和标准 Twist 软件晶体库中的 EBSP，基本可以确定每种夹杂晶粒的晶体类型，从而进一步判定所扫描的复合夹杂物的确切类型。

在试验钢铸态组织中随机选了 30 个诱发 IAF 形核的复合夹杂物进行 EBSD 扫描分析，结果显示夹杂物核心为 $MgAl_2O_4$，Ti 的氧化物为 Ti_2O_3，附着在 $MgAl_2O_4$ 外围，图 3-70 分

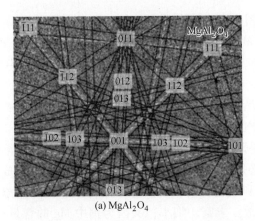
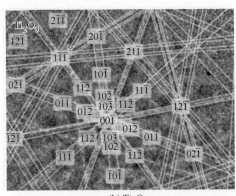

(a) $MgAl_2O_4$　　　　　　　　　　　(b) Ti_2O_3

图 3-70　氧化物的衍射花样照片及标定

别为各氧化物的衍射花样照片及标定，图 3-71 为典型的复合夹杂物形貌及能谱图，图 3-71（b）是对应的反极图（Inverse Pole Figure-IPF）及相结构图，蓝色的部分为 $MgAl_2O_4$，绿色的部分为 Ti_2O_3，黄色的部分为 MnS，图 3-71（c）是对应于图 3-71（a）的加上不同的晶界取向差（θ）分布的 BC（Band Contrast）图（黑色线代表 $\theta>45°$，绿色线代表 $15°<\theta<45°$，红色线代表 $3°<\theta<15°$），图 3-72 为 Ti_2O_3、$MgAl_2O_4$ 的极图，图 3-73 为 $MgAl_2O_4$ 与 MnS 的极图。

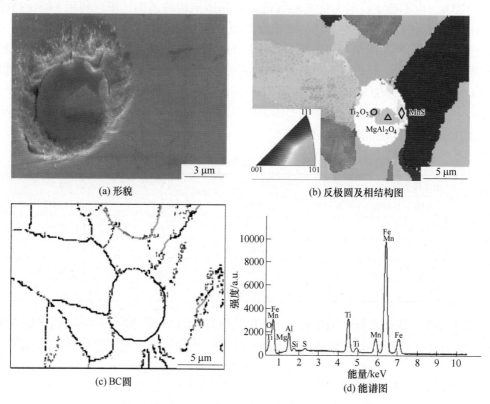

(a) 形貌　　　　　　　　　　　(b) 反极圆及相结构图

(c) BC 圆　　　　　　　　　　　(d) 能谱图

图 3-71　EBSD 扫描夹杂物相结构及取向差分布图

由图 3-72 可知，镁铝尖晶石与 Ti_2O_3 极图中没有极点重合，所以镁铝尖晶石与 Ti_2O_3 没有取向关系，而图 3-73 中，镁铝尖晶石与 MnS 的极图中，镁铝尖晶石的 {100} 与 MnS 的 {100} 有极点重合，说明镁铝尖晶石与 MnS 之间有特殊的取向关系，即 {100} $MgAl_2O_4$ ∥ {100} MnS 有特定的惯习面。

由前面的二维错配度计算可知，镁铝尖晶石与氧化钛的错配度较大，镁铝尖晶石与 MnS 之间的错配度值小。所以根据 EBSD 极图也验证了它们之间的取向关系。

MgO 与 Al_2O_3 之间的错配度较大，不容易附着析出，但是又由于非均质形核，互溶形成镁铝尖晶石，随后氧化钛要非均质形核，必须在已有的固体镁铝尖晶石上形核，形成复合夹杂物，诱发 IAF 形核。因为钢中氧化铝和氧化钛的错配度小，所以铝和钛之间添加镁，弱化了夹杂物的聚集长大，使夹杂物弥散、丰富、细小；又因为钢中 Mg 的含量少，MgO 之间的吸附力是 Al_2O_3 吸附力的十分之一。镁含量为 0.0015% 时即可，0.0030% 时最佳，大多数夹杂物能黏附到一层。

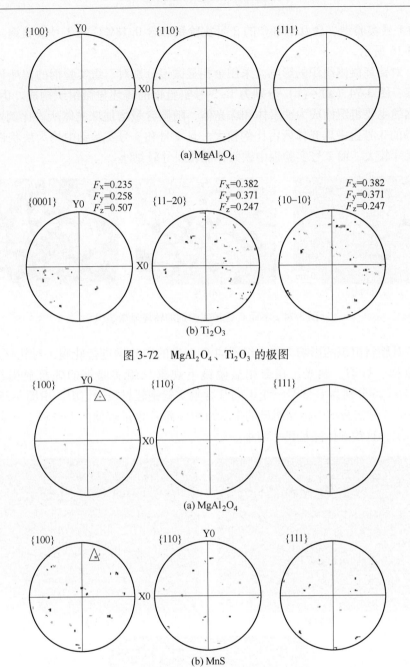

图 3-72 MgAl₂O₄、Ti₂O₃ 的极图

图 3-73 MgAl₂O₄、MnS 的极图

3.4.2 试验钢组织及性能分析

3.4.2.1 C 对钢组织性能的影响

根据 GB 712—2011 船体用结构钢（高强度钢）的钢号与化学成分要求，DH36 钢中 C 含量应不超过 0.18%。在 0~0.18% 的 C 含量范围内，需找到能获得最佳韧性的合适 C 含量。为研究 C 对 DH36 钢低温冲击韧性的影响，共设计了三种不同 C 含量的实验钢，即含

0.03%C 的 1 号实验钢、含 0.06%C 的 2 号实验钢和含 0.18%C 的 3 号实验钢，其他成分含量如表 3-16 所示。

（1）C 对铸坯凝固组织的影响。采用金相显微镜分别对三组实验钢的铸坯显微组织构成进行观察，图 3-74（a）~（c）分别为 1~3 号实验钢的铸坯显微组织构成。由图 3-74 可知，实验钢的主要组织构成为铁素体和珠光体，随碳含量增加珠光体所占比例增加，C 含量为 0.18% 的 3 号钢中珠光体所占比例较大。且 1 号和 3 号实验钢中均为块状铁素体，铁素体晶粒尺寸较大，而 2 号实验钢中铁素体晶粒尺寸较细小。

(a) 1号　　　　　　　　(b) 2号　　　　　　　　(c) 3号

图 3-74　不同 C 含量实验钢的铸坯显微组织

（2）C 对轧材组织的影响。将三组不同 C 含量的实验钢进行轧制，对轧材进行取样，然后进行镶样、打磨、抛光，在金相显微镜下观察三组实验钢的轧材显微组织构成。图 3-75（a）~（c）分别为 1~3 号三组不同 C 含量实验钢轧材显微组织。由图 3-75 可知，在 C 含量较高的 3 号实验钢中存在明显的带状组织，而 C 含量较低的 1 号和 2 号实验钢中无明显带状组织，且铁素体晶粒尺寸细小。

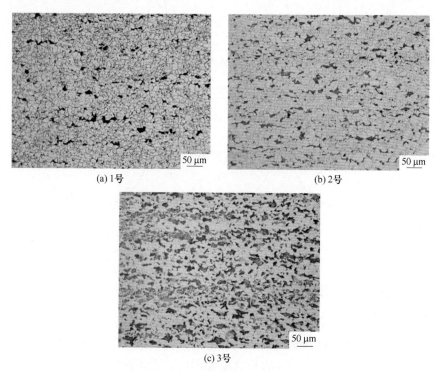

(a) 1号　　　　　　　　　　　　　　　(b) 2号

(c) 3号

图 3-75　不同 C 含量实验钢的轧材显微组织

（3）C 对热影响区组织的影响。焊接热影响区的显微组织构成是影响焊后低温冲击韧性的重要因素，尤其是熔合线附近的焊接粗晶热影响区组织，因此，需对焊接热影响区的显微组织特点进行详细分析。采用三丝埋弧焊机对 1~3 号三组不同 C 含量的实验钢板进行焊接。对已经焊接好的 1~3 号实验钢板粗晶热影响区位置分别进行取样，将试样镶嵌、打磨、抛光后，在金相显微镜下观察焊接热影响区的显微组织特点。图 3-76（a）~（c）分别为 1~3 号三组不同 C 含量实验钢的粗晶热影响区显微组织。由图可知，1 号实验钢焊接粗晶热影响区主要由铁素体、珠光体和粗大的晶界铁素体组成。3 号实验钢中因 C 含量较高，组织中铁素体含量极少，且观察到对韧性有害的魏氏体组织。与 C 含量为 0.03% 的 1 号实验钢相比，C 含量为 0.06% 的 2 号实验钢 CGHAZ 晶界铁素体宽度小，铁素体含量较高且晶粒尺寸细小。

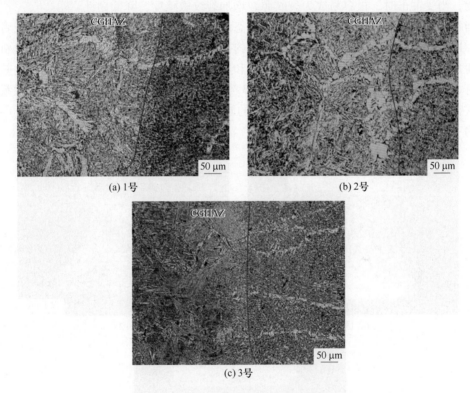

图 3-76 不同 C 含量实验钢的 HAZ 显微组织

（4）C 对低温韧性的影响。根据国标 GB/T 229—2020《金属材料 夏比摆锤冲击试验方法》要求，将焊接试样加工成标准"V"形缺口冲击试样。在 −20 ℃ 条件下，在距试样熔合线 2 mm 处进行冲击性能测试，具体冲击方案及性能测试结果如表 3-27 所示。由表 3-27 可知，1~3 号实验钢的冲击吸收功的平均值分别为 67 J、78 J 和 52 J。3 号钢的冲击功最低，1 号和 2 号钢的冲击功较高。

表 3-27 不同 C 含量实验钢冲击方案及性能测试结果

实验钢编号	板厚/mm	缺口位置/mm	冲击温度/℃	冲击吸收功/J
1 号	30	熔合线+2	−20	67

续表 3-27

实验钢编号	板厚/mm	缺口位置/mm	冲击温度/℃	冲击吸收功/J
2 号	30	熔合线+2	-20	78
3 号	30	熔合线+2	-20	52

　　通过对 1~3 号三组不同 C 含量的实验钢进行拉伸测试得出，三组实验钢的上屈服强度分别为 332 MPa、378 MPa 和 395 MPa。由于国标 GB 712—2011《船舶及海洋工程用结构钢》（高强度钢）对 DH36 钢的上屈服强度要求为不小于 355 MPa，所以 C 含量为 0.03% 的 1 号实验钢强度不符合要求。含 0.018%C 的 3 号实验钢强度虽达标，但其韧性偏低，只有 52 J，这主要是因为 C 含量高时，C 会与 Nb、V、Ti 等强碳化物元素形成粗大的碳化物，当受冲击时，很容易成为裂纹源，增加裂纹敏感度，降低韧性[33]。

　　当材料发生断裂后，不同类型的断口形态都会对应着断裂时某一特定的内部或者外部条件。通过对材料正面断口形貌和侧面裂纹的扩展路径进行分析可以探究断裂时材料所处的载荷条件，从而确定材料发生断裂的机制和原因，所以断口分析在材料的断裂失效分析中占有非常重要的地位[34,35]。为了分析 1~3 号钢的断裂机制及其与钢的韧性的联系，利用体式显微镜对 1~3 号实验钢冲击断裂后的断口宏观形貌进行研究。图 3-77 （a）~（c）分别为 1~3 号实验钢的冲击断口宏观形貌。

(a) 1号　　(b) 2号　　(c) 3号

图 3-77　不同 C 含量实验钢的冲击断口宏观形貌

　　由图 3-77 可知，在相同的冲击试验条件下，不同 C 含量实验钢冲击试样的断口宏观形貌存在较大差异。图 3-77 （a）显示了 C 含量为 0.03% 实验钢的冲击试样断裂面，断口表面有轻微起伏，纤维区、放射区和剪切唇各部分所占比例约为断口总面积的三分之一。图 3-77（c）显示了 C 含量为 0.18% 的冲击试样断裂面，断口表面平整，有明显的金属光泽，放射区占断口总面积的比例较大。在图 3-77（b）中，冲击断口表面起伏最明显，断口较暗，无金属光泽，纤维区所占比例也最大，放射区所占比例相应缩小。已有文献中指出，纤维区所占比例越大，材料的韧性越好[34]。因此，C 含量为 0.06% 的 2 号钢低温韧性最好，这与表 3-27 中钢的冲击韧性测试结果相吻合。

采用 FEI 有限公司 Scios 型号扫描电子显微镜（Scanning Electron Microscopy，SEM）对冲击断口的显微形貌特征进行进一步地表征。图 3-78（a）~（c）分别为 1 号实验钢冲击断口的纤维区、放射区和剪切唇区的显微形貌。图 3-79（a）~（c）分别为 2 号实验钢冲击断口的纤维区、放射区和剪切唇区的显微形貌。图 3-80（a）~（c）分别为 3 号实验钢冲击断口的纤维区、放射区和剪切唇区的显微形貌。

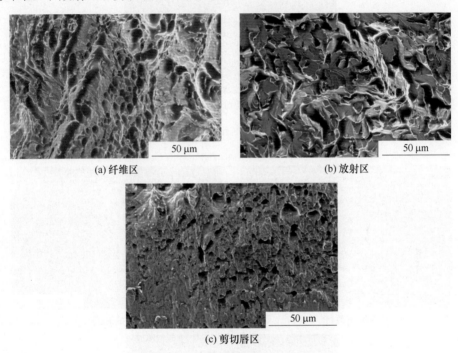

(a) 纤维区　　　　　　　　　　　　　(b) 放射区

(c) 剪切唇区

图 3-78　1 号钢冲击断口的显微形貌

比较图 3-78~图 3-80 可知，1~3 号钢纤维区均密布着不同尺寸的圆形或椭圆形韧窝，2 号钢中纤维区断面起伏较大。在 1 号和 3 号钢断口的放射区中观察到较多解理刻面、解理台阶、撕裂棱和河流状花样，而 2 号钢中放射区密布着不同尺寸的韧窝。冲击断口显微形貌特征的分析进一步说明，断口形貌特征随着 C 含量的不同而发生较大的变化，因此，断口的形貌特征可以作为判断钢韧性的重要参考依据。

通过对 C 含量分别为 0.03%、0.06% 和 0.18% 的三组实验钢进行分析比较得出，C 含量为 0.06% 的 2 号实验钢具有较高的韧性。在保证钢的强度的前提下，适当降低 C 含量能改善焊接 HAZ 组织，减少粗大碳化物的形成[36]，降低裂纹敏感度，有利于获得较高的低温冲击韧性。

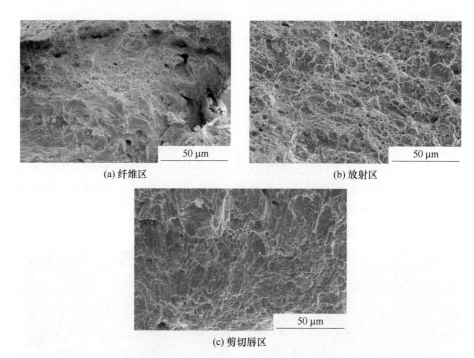

(a) 纤维区　　　　　　　　　　　　　　　　(b) 放射区

(c) 剪切唇区

图 3-79　2 号钢冲击断口的显微形貌

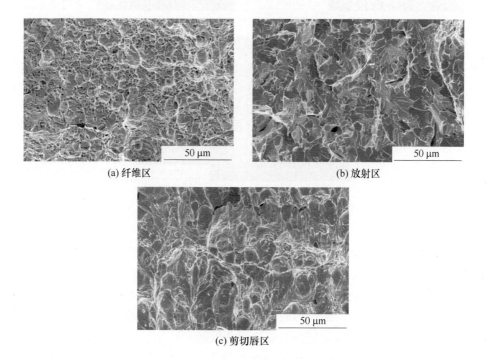

(a) 纤维区　　　　　　　　　　　　　　　　(b) 放射区

(c) 剪切唇区

图 3-80　3 号钢冲击断口的显微形貌

3.4.2.2　Mo 对钢组织性能的影响

为探索 Mo 对 DH36 钢低温冲击韧性的影响，共设计了四种不同 Mo 含量的实验钢，即不含 Mo 的 4 号实验钢、含 0.04% Mo 的 5 号实验钢、含 0.06% Mo 的 6 号实验钢和含 0.07% Mo 的 7 号实验钢,其他成分含量如表 3-16 所示。基于 GB 712—2011《船舶及海洋工程用结构钢》的国标要求,DH36 级船板钢中 Mo 含量要小于 0.08%,因此,Mo 的最高含量设为 0.07%。

(1) Mo 对铸坯凝固组织的影响。采用金相显微镜对四组不同 Mo 含量的实验钢铸坯显微组织构成进行观察,图 3-81 (a)~(d) 分别为 4~7 号实验钢的铸坯显微组织构成。由图 3-81 可知,实验钢的主要组织构成为铁素体和珠光体。在不含 Mo 的 4 号实验钢和含 0.04% Mo 的 5 号实验钢中,铸坯显微组织由多边形铁素体(Polygonal Ferrite,PF)和珠光体组成(图 3-81 (a)(b))。当 Mo 含量为 0.06% 时,铁素体晶粒尺寸显著细化,并观察到少量细小的针状铁素体(Acicular Ferrite,AF)(图 3-81 (c))。相比之下,Mo 含量为 0.07% 时,铁素体晶粒尺寸更加均匀且得到进一步细化(图 3-81 (d))。说明在 0~0.07% 的 Mo 含量范围内,随着 Mo 含量的增加,铁素体晶粒尺寸呈减小的趋势。

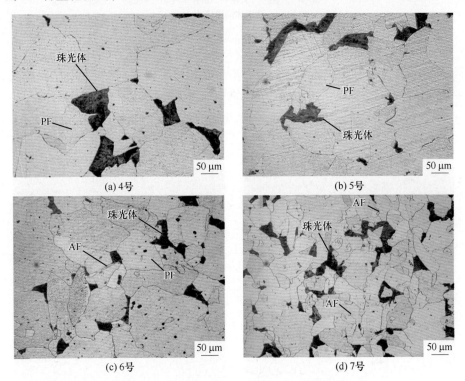

图 3-81　不同 Mo 含量实验钢的铸坯显微组织

对四组不同 Mo 含量的实验钢铸坯中的铁素体晶粒尺寸进行测量并进行统计,其尺寸分布情况如图 3-82 所示。由图可知,随着 Mo 含量的增加,铁素体晶粒尺寸分布逐渐向左移动,说明铁素体晶粒尺寸有减小的趋势。4~7 号实验钢的尺寸分布均服从正态分布,其平均尺寸分别为 169.8 μm、145.0 μm、122.8 μm 和 93.0 μm。以上结果表明,钢中添加 Mo 细化了铸坯中铁素体晶粒的尺寸,且在 0~0.07% 的范围内,随 Mo 含量增加,铁素体晶粒尺寸逐渐减小。

(2) Mo 对轧材组织的影响。图 3-83 (a)~(d) 分别为 4~7 号实验钢的轧材显微组

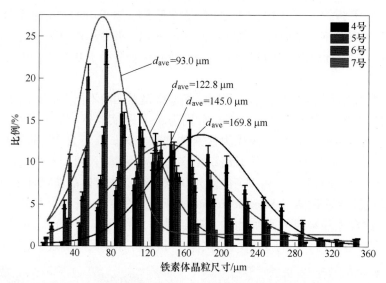

图 3-82　不同 Mo 含量实验钢的铸坯中铁素体晶粒的尺寸分布

织，其组织均由铁素体和珠光体组成。进一步观察四组不同 Mo 含量轧材组织发现，不含 Mo 钢中铁素体晶粒尺寸最大，含 0.07%Mo 钢中铁素体晶粒尺寸最细小。

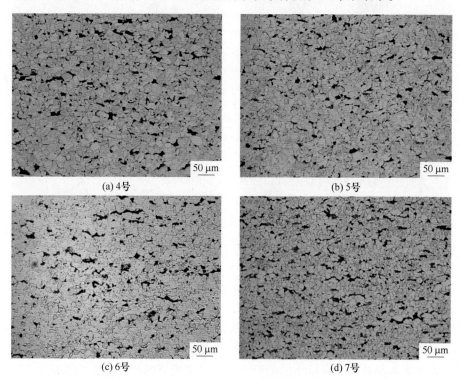

图 3-83　不同 Mo 含量实验钢的轧材显微组织

对四组不同 Mo 含量实验钢轧材中的铁素体晶粒尺寸进行测量并统计，其尺寸分布情况如图 3-84 所示。由图可知，随钢中 Mo 含量的增加，轧材中铁素体晶粒尺寸分布逐渐向左移动，说明铁素体晶粒尺寸有减小的趋势，4~7号实验钢的尺寸分布均服从正态分布，其平均尺寸分别为16.66 μm、14.09 μm、11.48 μm和6.87 μm。以上结果说明，钢中Mo的添加使轧材的晶粒尺寸得到细化，且在0~0.07%的范围内，随Mo含量增加，晶粒进一步细化。

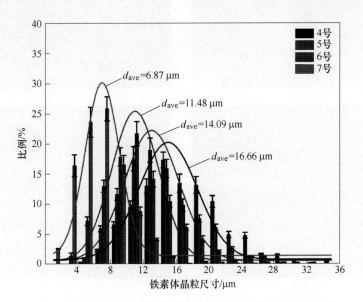

图3-84 不同Mo含量实验钢的轧材中铁素体晶粒的尺寸分布

（3）Mo对热影响区组织的影响。为了研究Mo对钢的热影响区冲击韧性的影响，采用金相显微镜研究了单次埋弧焊后焊接热影响区的显微组织特征。图3-85（a）~（d）分别为4~7号实验钢焊接粗晶热影响区的显微组织特征。在不含Mo的4号实验钢粗晶热影响区中观察到对钢的韧性有害的、粗大的晶界铁素体和魏氏体组织，如图3-85（a）所示。在含0.04%Mo的5号实验钢的粗晶热影响区显微组织中也观察到少量对钢的韧性有害的晶界铁素体、魏氏体和上贝氏体组织，如图3-85（b）所示。但含0.04%Mo的5号实验钢中晶界铁素体的宽度和奥氏体晶粒的尺寸比不含Mo的4号实验钢更细小。如图3-85（c）所示，在含0.06%Mo的6号实验钢中，晶界铁素体宽度和奥氏体晶粒尺寸进一步细化。在4~6号实验钢焊接热影响区中晶界铁素体的宽度分别为18.72 μm、10.71 μm和8.24 μm。当钢中添加0.07%的Mo时，粗晶热影响区中的显微组织主要由对韧性有利的针状铁素体组成。此外，添加0.07%Mo的实验钢中晶界铁素体尺寸也较细小，如图3-85（d）所示。

以上实验结果表明，随着Mo含量的增加，粗晶热影响区中晶界铁素体宽度和奥氏体尺寸逐渐减小。钢中Mo的添加减少了对钢韧性有害的晶界铁素体和魏氏体组织，促进了有助于改善韧性的细小针状铁素体的转变。

（4）Mo对低温韧性的影响。根据国标GB/T 229—2020《金属材料 夏比摆锤冲击试验方法》将4~7号实验钢焊接试样加工成标准"V"形缺口冲击试样。−20 ℃时在距试样熔合线2 mm处进行冲击性能测试，测试结果如表3-28所示。由表3-28可知，4~7号实验

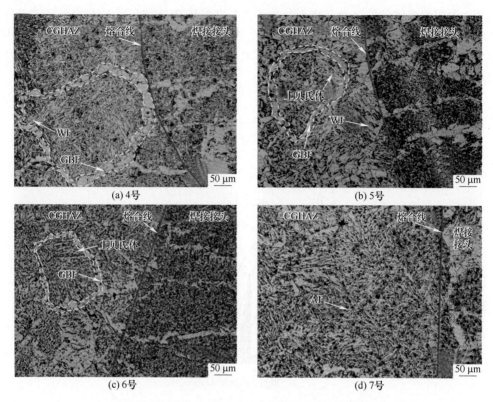

图 3-85　不同 Mo 含量实验钢的焊接热影响区显微组织

钢热影响区的冲击吸收功平均值分别为 70 J、108 J、155 J 和 170 J。4 号钢的冲击功最低，7 号钢的冲击功最高，说明钢中添加 0.07%的 Mo，更有利于提高钢的低温冲击韧性。

表 3-28　不同 Mo 含量实验钢冲击方案及性能测试结果

实验钢编号	板厚/mm	"V"形缺口位置/mm	测试温度/℃	冲击吸收功/J
4 号	30	熔合线+2	−20	70
5 号	30	熔合线+2	−20	108
6 号	30	熔合线+2	−20	155
7 号	30	熔合线+2	−20	170

为了分析 4~7 号实验钢的断裂机制和原因，采用体视显微镜对不同 Mo 含量实验钢的冲击断口宏观形貌进行观察。结果表明，在相同的冲击试验条件下，不同 Mo 含量试样的断口宏观形貌有较大差异。图 3-86（a）为未添加 Mo 的 4 号实验钢断口表面，断口表面平整，有明显的金属光泽。图 3-86（b）为添加 0.04%Mo 的 5 号实验钢断口表面，与 4 号实验钢的放射区（Stretch Zone）相比，5 号实验钢放射区面积略有减小。图 3-86（c）为添加 0.06%Mo 的 6 号实验钢的断口表面，与 4 号和 5 号实验钢的断口相比，6 号实验钢断口纤维区（Fibrous Crack Zone）面积明显增大，放射区面积相应减小。图 3-86（d）为添加 0.07%Mo 的 7 号实验钢的断口表面，纤维区和剪切唇区（Tip Blunting Zone）的面积显

著增加，断口较暗，无金属光泽。

图 3-86　不同 Mo 含量实验钢的冲击断口宏观形貌

综合分析不同 Mo 含量的断口宏观形貌发现，随着钢中 Mo 含量的增加，纤维区和剪切唇所占面积不断增大，断口的起伏也越来越大。相关文献指出，纤维区面积越大，材料的韧性越好[37]。因此，随着 Mo 含量的增加，断口中纤维区和剪切唇的面积不断增大，放射区的面积相应减少，说明钢中适当添加 Mo 有利于提高韧性[38,39]，这与表 3-28 中钢的冲击测试实验结果相一致。

采用扫描电镜进一步表征断口的微观形貌特征，图 3-87（a）～（c）分别为 4 号实验钢断口的纤维区、放射区和剪切唇区的显微形貌。图 3-88（a）～（c）分别为 5 号实验钢断口的纤维区、放射区和剪切唇区的显微形貌。图 3-89（a）～（c）分别为 6 号实验钢断口的纤维区、放射区和剪切唇区的显微形貌。图 3-90（a）～（c）分别为 7 号实验钢断口的纤维区、放射区和剪切唇区的显微形貌。

比较图 3-87～图 3-90 可知，不同 Mo 含量的 4～7 号实验钢的纤维区均密布着不同尺寸的圆形或者椭圆形韧窝（Dimple）。图 3-87（a）韧窝的尺寸相对较小且较浅，但在图 3-88（a）、图3-89（a）和图 3-90（a）中，韧窝的尺寸逐渐增大和加深。

对 4～7 号实验钢的断口放射区表面进行观察发现，在 4 号钢断口放射区的解理刻面（Cleavage Facet）上有河流状花样（River Pattern）（图 3-87（b））。与 4 号钢相比，随 Mo 含量增加，5 号钢断口放射区的解理台阶（Cleavage Step）高度增加（图 3-88（b））。在图 3-89（b）的 6 号钢断口放射区中，观察到白色撕裂棱（White Tearing Edge），且解理

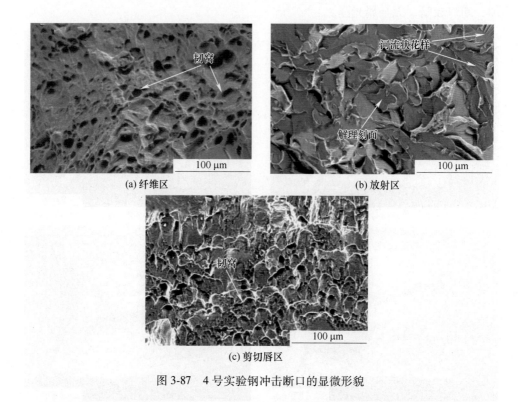

(a) 纤维区　　　　　　　　　　　(b) 放射区

(c) 剪切唇区

图 3-87　4 号实验钢冲击断口的显微形貌

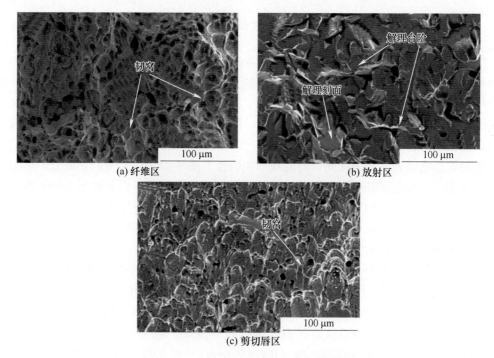

(a) 纤维区　　　　　　　　　　　(b) 放射区

(c) 剪切唇区

图 3-88　5 号实验钢冲击断口的显微形貌

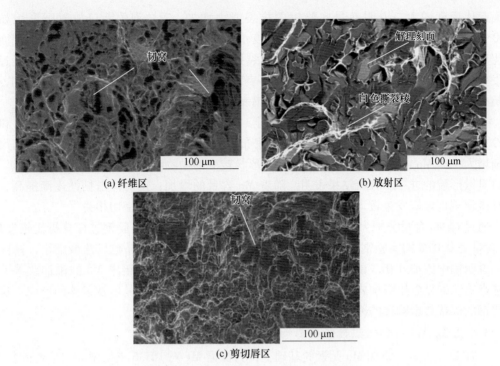

图 3-89 6 号实验钢冲击断口的显微形貌

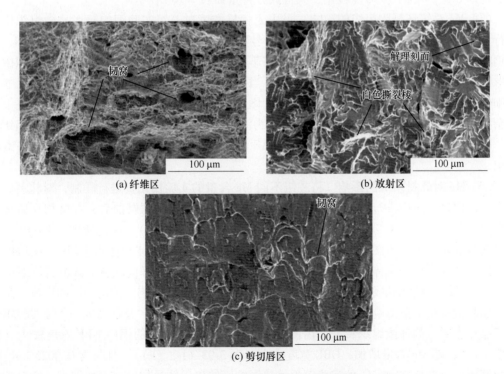

图 3-90 7 号实验钢冲击断口的显微形貌

表面起伏程度增大，说明 6 号实验钢的抗裂能力增加。7 号钢的断口放射区形貌如图 3-90（b）所示，由图可知，解理刻面尺寸变小，观察到更多的白色撕裂棱，解理表面起伏程度进一步增加，表明该钢具有更高的抗裂扩展能力。上述分析说明，在裂纹扩展过程中发生了大量的变形和裂纹方向偏转，材料表现出一定的韧性，且随 Mo 含量的增加，钢的抗裂扩展能力增强，含 0.07%Mo 的 7 号钢表现出较高的韧性。

　　4~7 号实验钢剪切唇的形貌分别如图 3-87（c）、图 3-88（c）、图 3-89（c）和图 3-90（c）所示，从图中可看出，剪切唇上密布着韧窝，且随着 Mo 含量的增加，韧窝尺寸逐渐增大。当 Mo 含量达到 0.07%时，韧窝形状转变为抛物线形拉长韧窝，变形严重。对断口显微形貌的进一步分析结果表明，随着 Mo 含量的增加，钢的冲击韧性逐渐提高，断口显微形貌也相应发生较大变化，说明断口形貌特征与钢的韧性密切相关[40, 41]。

　　通过对 Mo 含量分别为 0、0.04%、0.06% 和 0.07% 的四组实验钢进行分析比较发现，Mo 含量为 0.07% 的实验钢铸坯、轧材和热影响区组织中铁素体晶粒尺寸最细小，韧性最高，说明钢中添加 0.07% 的 Mo 更有利于提高钢的韧性。此外，钢中 Mo 的添加改善了粗晶热影响区的显微组织构成，抑制了晶界铁素体的形成，促进了晶内铁素体的形成，这对改善钢的焊接热影响区的冲击韧性十分有利[40-47]。

3.4.2.3　Mg 对钢组织性能的影响

　　在降低 C 含量、添加 Mo 元素的基础上，为探索 Mg 对 DH36 钢低温冲击韧性的影响，设计了三组不同 Mg 含量的实验钢，即不含 Mg 的 8 号实验钢、含 0.0025%Mg 的 9 号实验钢和含 0.004%Mg 的 10 号实验钢，其他成分含量如表 3-16 所示。

　　(1) Mg 对铸坯凝固组织的影响。采用金相显微镜对三组实验钢的铸坯显微组织构成进行观察，图 3-91（a）~（c）分别为 8~10 号实验钢的铸坯显微组织。由图 3-91 可知，实验钢的主要组织构成为铁素体和珠光体。在不含 Mg 的 8 号实验钢中，铸坯显微组织由多边形铁素体和珠光体组成（图 3-91（a））。当 Mg 含量为 0.0025% 时，铁素体晶粒尺寸显著细化，并观察到在夹杂物上形核的 IAF（图 3-91（b）），说明适量 Mg 的添加促进了在夹杂物上形核的 IAF 的形成。图 3-91（c）为添加 0.004%Mg 的 10 号实验钢的显微组织构成。由图可知，钢中在夹杂物上形核的 IAF 较少，但存在大量尺寸细小的针状铁素体组织。

　　(2) Mg 对轧材组织的影响。将三组不同 Mg 含量的实验用钢锭进行轧制，对轧制后的试样进行取样，然后进行镶样、打磨、抛光，经 4% 的硝酸酒精腐蚀后，在金相显微镜下观察三组不同 Mg 含量实验钢的轧材显微组织构成。图 3-92（a）~（c）分别为 8~10 号实验钢轧材显微组织。由图 3-92 可以看出，轧材组织主要由铁素体和珠光体构成。随 Mg 含量增加，轧材中的铁素体晶粒尺寸逐渐细化，Mg 含量为 0.004% 的轧材显微组织最细小。

　　(3) Mg 对热影响区组织的影响。为了研究 Mg 对钢的热影响区冲击韧性的影响，采用金相显微镜观察了热影响区的显微组织特征。图 3-93（a）~（c）分别为 8~10 号实验钢焊接粗晶热影响区的显微组织特征。由图 3-93 可知，不添加 Mg 的钢中 GBF 宽度较大（图 3-93（a）），随 Mg 含量增加，GBF 宽度减小（图 3-93（b）（c））。且与含 0.0025%Mg 的实验钢相比，含 0.004%Mg 的实验钢焊接热影响区的奥氏体晶粒尺寸更加细小，这对钢的韧性提高有利。

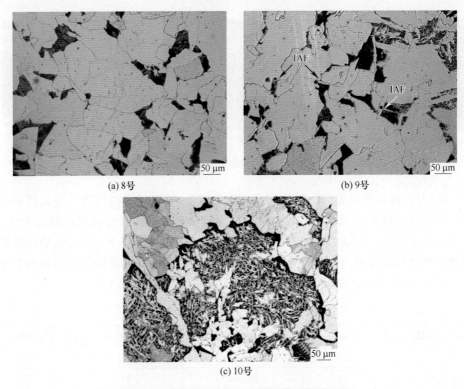

(a) 8号　　　　　　　　　　　　(b) 9号

(c) 10号

图 3-91　不同 Mg 含量实验钢的铸坯显微组织

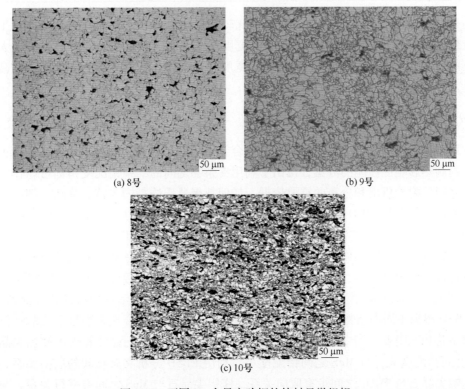

(a) 8号　　　　　　　　　　　　(b) 9号

(c) 10号

图 3-92　不同 Mg 含量实验钢的轧材显微组织

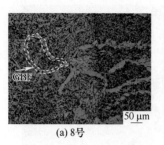 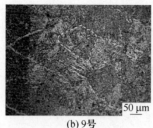 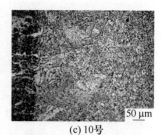

(a) 8号　　　　　　　　　(b) 9号　　　　　　　　　(c) 10号

图 3-93　不同 Mg 含量实验钢的焊接 HAZ 显微组织

（4）Mg 对低温韧性的影响。根据国标 GB/T 229—2020《金属材料　夏比摆锤冲击试验方法》将焊接试样加工成标准"V"形缺口冲击试样。−20 ℃时在距试样熔合线 2 mm处进行冲击性能测试，测试结果如表 3-29 所示。由表 3-29 可知，8~10 号实验钢热影响区的冲击吸收功平均值分别为 165 J、200 J 和 247 J，说明添加 Mg 有利于提高钢的低温冲击韧性，且在 0~0.004%的范围内，随 Mg 含量的增加，韧性逐渐提高。

表 3-29　实验钢低温冲击性能测试结果

实验钢编号	板厚/mm	缺口位置/mm	测试温度/℃	冲击吸收功/J
8 号	30	熔合线+2	−20	165
9 号	30	熔合线+2	−20	200
10 号	30	熔合线+2	−20	247

通过对不同 Mg 含量的三组实验钢进行比较发现，钢中添加 0.0025% Mg 后形成了在夹杂物上形核的 IAF，且焊接 HAZ 中的 GBF 宽度减小。而含 0.004% Mg 的钢中形成大量尺寸细小的针状铁素体，焊接 HAZ 中的 GBF 宽度和奥氏体晶粒尺寸进一步减小，提高了钢的韧性。

3.5　小结

本章通过对大线能量焊接船体钢复合微合金化热力学计算和动力学计算，设计了微合金化对提高热影响区性能的方案，得出了利用夹杂物之间的二维错配度指标可以作为控制夹杂物之间的附着析出和分布的重要依据。如何获得奥氏体晶内丰富、弥散、细小的形核源，是形成钢板 HAZ 均匀细密组织，具有良好低温冲击韧性的根本途径，微合金添加顺序 Al-Mg-Ti 是获得奥氏体晶内丰富、弥散、细小的形核源的关键。

典型的复合夹杂物结构以 Al₂O₃ 为核心，MgO、Ti₂O₃ 按顺序附着在核心外，碳、氮化物质点在最外层附着析出，由于碳氮化物与铁素体之间的错配度低，从而有效诱发了 IAF形核。利用 FactSage 热力学软件计算出 Al-Ti-Mg 的三元相图显示钢中有镁铝尖晶石生成，采用 EBSD 根据不同夹杂物的不同晶体结构，判定钢中镁铝复合夹杂物是形成的镁铝尖晶石，而不是相互附着，钢中 Ti 的氧化物为 Ti₂O₃。根据二维错配计算得出镁铝尖晶石与Ti₂O₃ 之间错配度大，与 MnS 之间错配度小。利用 EBSD 分析夹杂物间的取向关系，可以证明镁铝尖晶石与 Ti₂O₃ 之间没有取向关系，镁铝尖晶石与 MnS 之间有平行关系，与错配度计算结果一致。

Mo 元素在大线能量焊接船板钢中具有使奥氏体晶内非均质形核源获得诱发优势、使晶内铁素体比晶界铁素体优先析出、抑制晶界先共析铁素体生成的独特作用。相变时由于选分结晶，偏析倾向大的且扩大奥氏体相区的 C、P 等元素富集于晶界；Mo 偏析倾向小，奥氏体晶内非均质形核源区域内 Mo 缩小奥氏体相区的作用相对会突出，从而具有了优先诱发铁素体的优势，这样相对抑制了晶界先共析铁素体的析出。试验钢中添加 0.07% 的 Mo，在焊接 HAZ 组织中能够有效地抑制晶界先共析铁素体的形成，改善焊接低温冲击韧性。

根据二维错配度计算结果预测，V 的碳氮化物比 Nb 的碳氮化物更利于诱发 IAF 形核，但由于 V 的碳氮化物析出温度低，而 Nb 的碳氮化物析出发生在奥氏体向铁素体转变之前，且 Nb 的碳氮化物析出更完全，所以钢中 0.04% 的 Nb 可以有效改善铸态组织，并提高焊接 HAZ 韧性。

通过研究不同含量 C、Mo、Mg 元素对铸坯凝固组织、轧材组织、焊接热影响区组织及低温冲击韧性的影响规律，进而明确了设计高韧性 DH36 船板钢所需的成分含量和调控机制。

参 考 文 献

[1] 郑万. Al-Ti-Mg(Ca) 复合脱氧对抗大变形管线钢中的夹杂物、钢的组织及性能的影响研究 [D]. 武汉：武汉科技大学，2014.

[2] Deardo A J. Niobium in modern steels [J]. International Materials Reviews, 2003, 48 (6): 371-402.

[3] Thillou V, Hua M, Garcia C I, et al. Precipitation of NbC and effect of Mn on the strength properties of hot strip HSLA low carbon steel [J]. Materials Science Forum Vols. Switzerland, 1998, 284/285/286: 311-318.

[4] 阴树标. 薄板坯连铸连轧流程低碳高铌钢的再结晶及相变规律 [D]. 昆明：昆明理工大学，2008.

[5] 龙雷周. Ti/Mo 微合金化热轧高强钢组织性能研究 [D]. 沈阳：东北大学，2014.

[6] 孙邦明，季怀忠，杨才福，等. V-N 微合金化钢筋中钒的析出行为 [J]. 钢铁，2001, 36 (2): 42-47.

[7] 党莹，潘复生，陈杰，等. 钒对低钼耐火钢组织及性能的影响 [J]. 钢铁，2007, 42 (5): 65-69.

[8] 刘正东，程世长，包汉生，等. 钒对铁素体耐热钢组织和性能的影响 [J]. 特殊钢，2006, 27 (1): 7-9.

[9] 刘庆春，郑之旺，刘勇. 钒对耐火耐候钢组织与性能的影响 [J]. 钢铁钒钛，2007, 28 (4): 22-26.

[10] 曹建春. 铌钼复合微合金钢中碳氮化物沉淀析出研究 [D]. 昆明：昆明理工大学，2006.

[11] Deardo A J. The fundamental Physical metallurgy of niobium in steels [C]//Niobium Science and Technology. Warrendale: TMS, 2003: 427-500.

[12] 雍岐龙. 钢铁材料中的第二相 [M]. 北京：冶金工业出版社，2006.

[13] Vervynckt S, Verbeken K, Thibaux P, et al. Austenite recrystallization-precipitation interaction in niobium microalloyed steels [J]. ISIJ International, 2009, 49: 911-920.

[14] Palmiere E J, Garcia C I, DeArdo A J. The influence of niobium supersaturation in austenite on the static recrystallization behavior of low carbon microalloyed steels [J]. Metallurgical and Materials Transactions A, 1996, 27 (4): 951-960.

[15] Lee S, Na H, Kim B, et al. Effect of niobium on the ferrite continuous cooling transformation (CCT) curve of ultrahigh-thickness Cr-Mo steel [J]. Metallurgical and Materials Transactions A, 2013, 44 (6): 2523-2532.

[16] Erneman J, Schwind M, Liu P, et al. Precipitation reactions caused by nitrogen uptake during service at high temperatures of a niobium stabilised austenitic stainless steel [J]. Acta Materialia, 2004, 52 (14), 4337-4350.

[17] Anijdan S H M, Sediako D, Yue S, et al. Optimization of flow stress in cool deformed Nb-microalloyed steel by combining strain induced transformation of retained austenite, cooling rate and heat treatment [J]. Acta Materialia, 2012, 60 (3): 1221-1229.

[18] Zhang C L, Liu Y Z, Jiang C, et al. Effects of niobium and vanadium on hydrogen-induced delayed fracture in high strength spring steel [J]. Journal of Iron and Steel Research International, 2012, 18: 49-53.

[19] 万荣春. 耐火钢中 Mo 的强化机理及其替代研究 [D]. 上海: 上海交通大学, 2012.

[20] Lee W B, Hong S G, Park C G, et al. Influence of Mo precipitation hardening in hot rolled HSLA steels containing Nb [J]. Scripta Mater., 2000, 43: 319-324.

[21] 董瀚, 马党参, 郎宇平, 等. 钼在合金钢中的作用特性与应用 [C]//北京: 钼在钢中的应用国际研讨会, 2010: 1-7.

[22] 章守华. 合金钢 [M]. 北京: 冶金工业出版社, 1988.

[23] 孔君华, 郑琳, 郭斌, 等. 钼在高钢级管线钢中的作用研究 [J]. 钢铁, 2005, 40 (1): 66-68.

[24] 郑明新. 工程材料 [M]. 北京: 清华大学出版社, 1997.

[25] 孔君华, 郑琳, 郭斌, 等. 钼对低碳微合金钢组织和性能的影响 [J]. 轧钢, 2005, 22 (4): 27-29.

[26] 张可. Ti-V-Mo 复合微合金化高强度钢组织调控与强化机理研究 [D]. 昆明: 昆明理工大学, 2016.

[27] 崔忠圻, 刘北兴. 金属学与热处理原理 [M]. 哈尔滨: 哈尔滨工业大学出版社, 1998.

[28] 孙珍宝, 朱谱藩, 林慧国, 等. 合金钢手册 (上册) [M]. 北京: 冶金工业出版社, 1984.

[29] 毛新平. 薄板坯连铸连轧微合金化技术 [M]. 北京, 冶金工业出版社, 2008.

[30] 黄辉辉. Ti-Nb-Mo 复合微合金化铁素体钢第二相析出行为及强化机理研究 [D]. 武汉: 武汉科技大学, 2018.

[31] 张正延, 孙新军, 雍岐龙, 等. Nb-Mo 微合金高强钢强化机理及其纳米级碳化物析出行为 [J]. 金属学报, 2016, 52 (4): 410-418.

[32] 张正延, 李昭东, 雍岐龙, 等. 升温过程中 Nb 和 Nb-Mo 微合金化钢中碳化物的析出行为研究 [J]. 金属学报, 2015, 51 (3): 315-324.

[33] 郑磊. 管线钢的碳含量和碳当量与焊接性的关系 [J]. 焊管, 2004, 27 (4): 72-73.

[34] 李龙飞. 钒对 X80 级管线钢抗氢腐蚀及力学性能影响研究 [D]. 北京: 北京科技大学, 2020.

[35] 崔冰, 彭云, 彭梦都, 等. 焊接热输入对 Q890 钢焊缝金属组织及韧性的影响 [J]. 金属热处理, 2016, 41 (4): 46-50.

[36] Cao R, Li G, Fang X Y, et al. Investigation on the effects of microstructure on the impact and fracture toughness of a C-Mn steel with various microstructures [J]. Materials Science and Engineering A, 2013, 564 (1): 509-524.

[37] 肖桂枝. 高性能石油储罐用钢开发 [D]. 沈阳: 东北大学, 2010.

[38] Chen X W, Qiao G Y, Han X L, et al. Effects of Mo, Cr and Nb on microstructure and mechanical properties of heat affected zone for Nb-bearing X80 pipeline steels [J]. Materials & Design, 2014, 53 (1): 888-901.

[39] Chen C Y, Chen C C, Yang J R. Microstructure characterization of nanometer carbides heterogeneous precipitation in Ti-Nb and Ti-Nb-Mo steel [J]. Materials Characterization, 2014, 88 (1): 69-79.

[40] Costin W L, Lavigne O, Kotousov A. A study on the relationship between microstructure and mechanical properties of acicular ferrite and upper bainite [J]. Materials Science and Engineering A, 2016, 663 (1): 193-203.

[41] Pan H, Ding H, Cai M. Microstructural evolution and precipitation behavior of the warm-rolled medium Mn steels containing Nb or Nb-Mo during intercritical annealing [J]. Materials Science and Engineering A, 2018, 24 (1): 375-382.

[42] Mandal G K, Das S S, Kumar T, et al. Role of precipitates in recrystallization mechanisms of Nb-Mo microalloyed steel [J]. Journal of Materials Engineering and Performance, 2018, 27 (12): 6748-6757.

[43] Gong P, Liu X G, Rijkenberg A, et al. The effect of molybdenum on interphase precipitation and microstructures in microalloyed steels containing titanium and vanadium [J]. Acta Materialia, 2018, 161 (1): 374-387.

[44] Yan B, Liu Y, Wang Z, et al. The effect of precipitate evolution on austenite grain growth in RAFM steel [J]. Materials, 2017, 10 (9): 1-11.

[45] Hu H, Xu G, Wang L, et al. The effects of Nb and Mo addition on transformation and properties in low carbon bainitic steels [J]. Materials & Design, 2015, 84 (1): 95-99.

[46] Bu F Z, Wang X M, Yang S W, et al. Contribution of interphase precipitation on yield strength in thermomechanically simulated Ti-Nb and Ti-Nb-Mo microalloyed steels [J]. Materials Science and Engineering A, 2015, 620 (1): 22-29.

[47] Jang J H, Heo Y U, Lee C H, et al. Interphase precipitation in Ti-Nb and Ti-Nb-Mo bearing steel [J]. Materials Science and Technology, 2013, 29 (3): 309-313.

4 基于氧化物冶金的夹杂物析出热力学

氧化物冶金技术是利用钢中某些特定尺寸和种类的夹杂物在奥氏体内部诱发晶内铁素体异质形核，达到分割原奥氏体晶粒为细小晶粒组织和优化钢的性能的目的。因此，可以通过优化夹杂物的特性（微观结构和成分组成等）来调控晶内铁素体的形成。而凝固过程中钢液环境（包括化学环境和物理环境）直接影响了夹杂物的析出和特性，因此，研究氧化物冶金技术的首要任务是夹杂物析出的热力学研究。

基于氧化物冶金的微合金化理论将研究全流程工艺过程中微合金体系设计、夹杂物体系行为、第二相粒子作用以及协同诱导晶内铁素体的调控机制。获得可诱导晶内铁素体的有效夹杂物的关键是合理的微合金成分设计，有效夹杂物的形成与微合金成分设计密不可分。钢液条件和脱氧工艺对夹杂物在钢液的冷却和凝固过程中的析出、长大以及诱发晶内铁素体形核起着决定性的作用。通过夹杂物析出的热力学研究，可以预测钢中生成某种夹杂物的最佳条件以及夹杂物在钢液凝固过程中的析出时机，进而对钢液中合金元素的成分设计进行优化，为脱氧剂的选择、添加量、添加顺序和添加时的氧位，合理的凝固条件以及轧制过程中和轧制后的控冷制度等提供理论依据，最大限度地促进有益于诱发晶内铁素体形核夹杂物的析出。因此，基于氧化物冶金的微合金化理论在本章将重点介绍夹杂物析出热力学，利用夹杂物析出热力学指导微合金成分设计。

45 钢为常用中碳调质结构钢，该钢硬度不高，易切削加工，能获得较高的强度和韧性，广泛应用于各种重要的结构零件。本章首先以 45 钢为原材料，介绍多组元体系钢液中钛、氧、氮、铝、锰和硫等元素在凝固过程中形成夹杂物的热力学条件，并以此为基础探讨诱发晶内铁素体的夹杂物特性和机理。

DH36 船板钢为船体结构用钢，是按船级社建造规范要求生产的用于制造船体结构的钢材，通常要求其具有高强高韧的性能特点，尤其是钢的焊接热影响区需具有良好的韧性和可焊性。钢的焊接热影响区晶内铁素体的形成对焊接热影响区韧性有重要影响，为控制晶内铁素体形核，需要分析掌握钢中可诱导晶内铁素体的夹杂物的形成过程，以及其对晶内铁素体形成的影响。因此，接下来本章又以 DH36 船板钢为研究对象，研究钢中复合夹杂物的形成过程和显微结构特征，进而掌握可诱导晶内铁素体的夹杂物的显微结构特征。

4.1 钢中氧化物生成热力学计算

4.1.1 钢的相关热力学参数

国标 GB/T 699—1999 对 45 钢成分的标准要求以及实验钢的目标成分如表 4-1 所示。

表 4-1 45 钢的化学成分 （质量分数,%）

成分	C	Si	Mn	P	S	V	Cr	Al	Ti	N
标准要求	0.420~0.500	0.170~0.370	0.500~0.800	≤0.035	≤0.035	0.060~0.100	0.180~0.230	0.010~0.030	0.005~0.020	0.007~0.012
目标	0.470	0.270	0.750	≤0.015	≤0.020	0.080	0.200	0.020	0.012	0.010

根据 45 钢的成分，采用如下经验公式计算 45 钢的 T_L 和 T_S：

$$
\begin{aligned}
T_1 = 1538 - \{&65[\%C] + 8[\%Si] + 5[\%Mn] + 30[\%P] + 25[\%S] + \\
&[\%V] + 1.5[\%Cr] + 3[\%Al] + 20[\%Ti] + 90[\%N]\} \\
= 1772 \text{ K} &
\end{aligned}
\tag{4-1}
$$

$$
\begin{aligned}
T_s = 1536 - \{&415.3[\%C] + 12.3[\%Si] + 6.8[\%Mn] + 124.5[\%P] + \\
&183.9[\%S] + 4.3[\%Ni] + 1.4[\%Cr] + 4.1[\%Al]\} \\
= 1599 \text{ K} &
\end{aligned}
\tag{4-2}
$$

计算结果为：45 钢的 $T_1 = 1772$ K；$T_s = 2599$ K。

钢液中各脱氧元素的脱氧反应方程式如下：

$$
x[M] + y[O] \Longequal M_xO_y(s)
$$

$$
\Delta G = \Delta G^{\ominus} + RT\ln K
\tag{4-3}
$$

$$
K = \frac{a_{M_xO_y}}{(a_M)^x \cdot (a_O)^y} = \frac{a_{M_xO_y}}{(f_M \cdot [\%M])^x \cdot (f_O \cdot [\%O])^y}
\tag{4-4}
$$

$$
\lg f_i = \sum_{j=1}^{n} e_i^j [\%j]
\tag{4-5}
$$

式中　　　　ΔG——生成自由能，J；

　　　　　　$\Delta G^{\ominus}$——标准生成自由能，J；

　　　　　　R——气体常数，其值为 8.314，J·mol/K；

　　　　　　T——绝对温度，K；

　　　　　　K——化学平衡常数；

　　　　　　a——溶质元素或生成氧化物的活度；

　　　　x, y——化学（当量）计算系数；

　　　　　　f——溶质元素的活度系数；

$[\%M], [\%O]$——M、O 的质量百分含量；

　　　　　　e_i^j——元素 j 对元素 i 的相互作用系数。

在稀溶液条件下，取 1% 溶液为标准态；钢液中纯固态氧化物的活度取 1；由于所研究的试验钢中各元素含量均甚少，故 f_{Ti}、f_O、f_{Al}、f_N 可近似取 1。则式（4-4）变为：

$$
K = \frac{1}{[\%M]^x \cdot [\%O]^y}
\tag{4-6}
$$

将式（4-6）代入式（4-3）可得出氧化物夹杂的生成自由能 ΔG 为：

$$
\Delta G = \Delta G^{\ominus} + RT\ln\frac{1}{[\%M]^x \cdot [\%O]^y}
\tag{4-7}
$$

由式（4-7）可知，氧化物夹杂的 ΔG 主要受钢液温度和组分浓度的影响。因此，可

以计算不同温度 T，不同氧含量 $w_{[O]}$ 条件下不同氧化物夹杂的 ΔG，并进一步分析不同氧化物夹杂的析出规律。

4.1.2　Ti-O 系中夹杂物析出的热力学计算

利用 Ti 脱氧时，由于 Ti 与 O 的反应较复杂，可生成多种化合物，如 TiO、TiO_2、Ti_2O_3 和 Ti_3O_5，且大多具有比较高的熔点，其中 Ti_2O_3 最容易成为 IGF 的异质形核点，因此，可以通过热力学计算来研究有利于 Ti_2O_3 生成的热力学条件。Ti 与 O 的化学反应方程式及标准生成自由能 $\Delta G^{\ominus}$ 如下[1-3]：

$$[Ti] + [O] =\!=\!= TiO(s) \qquad \Delta G^{\ominus} = -360250 + 130.8T \qquad (4\text{-}8)$$

$$[Ti] + 2[O] =\!=\!= TiO_2(s) \qquad \Delta G^{\ominus} = -675720 + 224.6T \qquad (4\text{-}9)$$

$$2[Ti] + 3[O] =\!=\!= Ti_2O_3(s) \qquad \Delta G^{\ominus} = -1072872 + 346.0T \qquad (4\text{-}10)$$

$$3[Ti] + 5[O] =\!=\!= Ti_3O_5(s) \qquad \Delta G^{\ominus} = -1762656 + 571.2T \qquad (4\text{-}11)$$

将式 (4-8)~式 (4-11) 和 45 钢中 Ti 的浓度（表 4-1：$w_{[Ti]}=0.012\%$）代入式 (4-7)，计算得到不同钛氧化物的 ΔG。利用 Matlab 绘制不同钛氧化物的 ΔG 与 T 和 $w_{[O]}$ 的关系图，如图 4-1 所示。

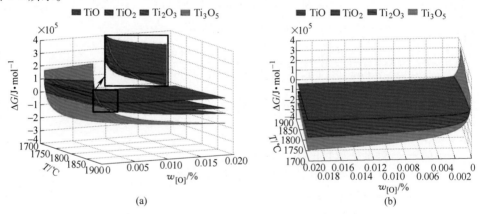

图 4-1　钛氧化物的 ΔG 与 T 和 $w_{[O]}$ 的关系图

如图 4-1 所示，当 $w_{[O]}$ 比较大时，TiO 的 ΔG 最大，Ti_3O_5 的 ΔG 最小，从热力学角度考虑 Ti_3O_5 最优先析出，Ti_2O_3 次之。随着 $w_{[O]}$ 降低，Ti_2O_3 的 ΔG 变大，即变得较难析出。

当 $w_{[O]}$ 比较低时，钛氧化物的析出变得复杂。由图 4-1 (a) 的放大图中可知，析出顺序有四个转折点，分别是 [%O] = 0.0002%、[%O] = 0.0006%、[%O] = 0.001% 和 [%O] = 0.002%。当 [%O]>0.001% 时；Ti_2O_3 的 ΔG 比较低，容易析出。综上所述，为了促进 Ti_2O_3 的析出，需控制钢中的 $w_{[O]}$。同时由图 4-1 可知 Ti_2O_3 的析出受钢液温度影响比较小。

4.1.3　Ti-O-Al 系中夹杂物析出的热力学计算

由于铝元素与氧的结合能力比较强，因此，铝常常被选作炼钢中的脱氧剂。但是铝元素与氧结合能力比钛元素强，因此，当 $w_{[Al]}$ 比较高时，会还原钛氧化物中的氧而抑制钛氧化物的生成；且当 $w_{[Al]}$ 比较高时还容易形成 WF 相，WF 相的生成对钢的韧性是不利的。而 $w_{[Al]}$ 太低时又容易引起脱氧不充分，因此，研究 Al 的添加对钛氧化物析出的影响是很必要的。Ti、O 和 Al 之间的化学反应式和 $\Delta G^{\ominus}$ 如下：

$$2[\text{Al}] + 3[\text{O}] \Longrightarrow \text{Al}_2\text{O}_3(\text{s}) \qquad \Delta G^{\ominus} = -867300 + 222.5T \tag{4-12}$$

$$[\text{Ti}] + 2[\text{O}] \Longrightarrow \text{TiO}_2(\text{s}) \qquad \Delta G^{\ominus} = -675720 + 224.6T \tag{4-13}$$

$$2[\text{Ti}] + 3[\text{O}] \Longrightarrow \text{Ti}_2\text{O}_3(\text{s}) \qquad \Delta G^{\ominus} = -1072872 + 346.0T \tag{4-14}$$

$$\text{TiO}_2(\text{s}) + \text{Al}_2\text{O}_3(\text{s}) \Longrightarrow \text{Al}_2\text{TiO}_5(\text{s}) \qquad \Delta G^{\ominus} = -25262 + 3.92T \tag{4-15}$$

$$2[\text{Al}] + [\text{Ti}] + 5[\text{O}] \Longrightarrow \text{Al}_2\text{TiO}_5(\text{s}) \qquad \Delta G^{\ominus} = -1568282 + 451.02T \tag{4-16}$$

将式（4-12）~式（4-16）和 45 钢中 Ti 的浓度值和 Al 的浓度值（表 4-1：$w_{[\text{Ti}]}$ = 0.012%，$w_{[\text{Al}]}$ = 0.02%）代入式（4-7），计算得到不同氧化物的 ΔG，利用 Matlab 绘制不同氧化物的 ΔG 与 T 和 $w_{[\text{O}]}$ 的关系图，如图 4-2 所示。

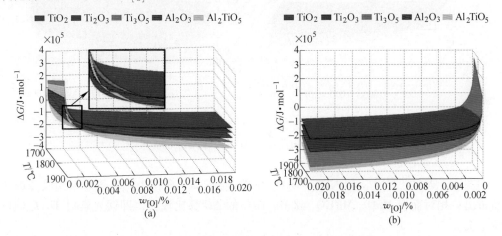

图 4-2 钛、铝氧化物的 ΔG 与 T 和 $w_{[\text{O}]}$ 的关系图

如图 4-2 所示，当 $w_{[\text{O}]}$ 比较大时，Al_2O_3 和 Al_2TiO_5 的 ΔG 较小，Ti_2O_3 的 ΔG 较大，即 $w_{[\text{O}]}$ 较大时 Al 元素抑制 Ti_2O_3 析出。随 $w_{[\text{O}]}$ 降低，Ti_2O_3 的 ΔG 降低，即 Al 对 Ti_2O_3 析出的抑制作用减弱。

当 $w_{[\text{O}]}$ 比较低时，氧化物的析出随 $w_{[\text{O}]}$ 的变化变得非常敏感。由图 4-2（a）的放大图中可知，析出顺序变为五个转折点，分别是 [%O] = 0.0003%、[%O] = 0.0006%、[%O] = 0.001%、[%O] = 0.0014% 和 [%O] = 0.0015%。当 [%O] < 0.0006% 时，Ti_2O_3 的析出变得相对容易，即 Al 的抑制作用减弱。综上所述，Al 抑制了钛氧化物的形成，因此，为了促进 Ti_2O_3 的析出应严格控制钢液中 Al 的含量。

4.1.4 Ti-O-Mn 系中夹杂物析出的热力学计算

锰对钛的脱氧反应也有很重要的影响。锰的氧化与钛的氧化物具有较强的亲和力，在一定条件下，二者可反应生成偏钛酸锰（MnTiO₃）或正钛酸锰（Mn₂TiO₄），其反应方程式和 $\Delta G^{\ominus}$ 如下[4-6]：

$$2[\text{Ti}] + [\text{O}] \Longrightarrow \text{TiO}_2(\text{s}) \qquad \Delta G^{\ominus} = -675720 + 224.6T \tag{4-17}$$

$$2[\text{Ti}] + 3[\text{O}] \Longrightarrow \text{Ti}_2\text{O}_3(\text{s}) \qquad \Delta G^{\ominus} = -1072872 + 346.0T \tag{4-18}$$

$$[Mn] + [O] \rightleftharpoons MnO(s) \qquad \Delta G^{\ominus} = -288100 + 128.3T \qquad (4-19)$$

$$[Mn] + [Ti] + 3[O] \rightleftharpoons MnTiO_3(s) \qquad \Delta G^{\ominus} = -988506 + 354.155T \qquad (4-20)$$

$$2[Mn] + [Ti] + 4[O] \rightleftharpoons Mn_2TiO_4(s) \qquad \Delta G^{\ominus} = -1289576 + 479.526T \qquad (4-21)$$

将式 (4-17)~式 (4-21) 和 45 钢中 Ti 的浓度值和 Mn 的浓度值（表 4-1: $w_{[Ti]} = 0.012\%$，$w_{[Mn]} = 0.75\%$）代入式 (4-7)，计算得到不同氧化物的 ΔG，利用 Matlab 绘制不同氧化物的 ΔG 与 T 和 $w_{[O]}$ 的关系图，如图 4-3 所示。

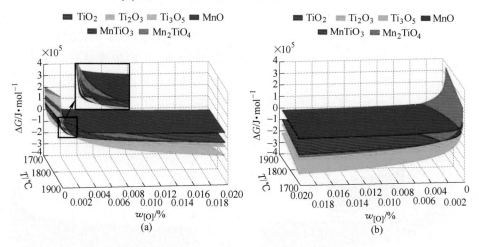

图 4-3　钛、锰氧化物的 ΔG 与 T 和 $w_{[O]}$ 的关系图

如图 4-3 所示，当 $w_{[O]}$ 较大时，Ti_3O_5 和 Ti_2O_3 的 ΔG 都较小，从热力学角度考虑比较容易析出；相对而言 MnO、$MnTiO_3$ 或 Mn_2TiO_4 的 ΔG 都比较大，即锰元素对 Ti_2O_3 的析出影响不大。

当 $w_{[O]}$ 比较低时，氧化物的析出变的更加复杂，有六个转折点，其中 Ti_3O_5 所受的影响最大。在整个计算范围内，Mn 元素对钛氧化物的抑制作用不大，但对析出顺序有影响。

4.1.5　Ti-O-N 系中夹杂物析出的热力学计算

随着温度下降 N 原子和 O 原子在 δ-Fe 中溶解能力大大降低，所以在凝固过程中会产生较大偏析，促进 TiN 析出。其反应方程式和 $\Delta G^{\ominus}$ 如下：

$$[Ti] + [N] \rightleftharpoons TiN(s) \qquad (4-22)$$

$$\lg K = 16412/T - 6.01 \qquad \Delta G^{\ominus} = -291000 + 107.91T \qquad (4-23)$$

$$\Delta G^{\ominus} = -RT\ln K^{\ominus} = -RT\ln \frac{a_{TiN}}{a_{Ti} \cdot a_N} \approx -8.314 \times 1771.93 \ln \frac{1}{w_{[Ti]} \cdot w_{[N]}} \qquad (4-24)$$

由式 (4-23)、式 (4-24) 得一定温度下 Ti 和 N 的平衡浓度积为：

$$K_{TiN} = w_{[Ti]} \cdot w_{[N]} = 1.015 \times 10^{-3} \qquad (4-25)$$

同理，可计算得出钢液中 Ti 和 O 的平衡浓度积为：

$$K_{Ti_2O_3} = w_{[Ti]}^2 \cdot w_{[O]}^3 = 9.946 \times 10^{-15} \qquad (4-26)$$

由于偏析，元素的实际浓度积为：

$$Q_{TiN} = w_{[Ti]} \cdot w_{[N]} = \left[w_{[Ti]_0} (1-g)^{-0.6} \right] \times \left[w_{[N]_0} (1-0.75g)^{-1} \right] \qquad (4-27)$$

$$Q_{Ti_2O_3} = w_{[Ti]}^2 \cdot w_{[O]}^3 = [w_{[Ti]_0}(1-g)^{-0.6}]^2 \times [w_{[O]_0}(1-0.98g)^{-1}]^3 \qquad (4-28)$$

式中 $w_{[i]_0}$——元素 i 在钢液中的初始含量,%;

g——凝固率。

当 $Q_{TiN} > K_{TiN}$ 时,凝固前沿析出 TiN。在液相线温度 1772 K,取 $w_{[O]_0} = 0.01\%$,$w_{[Ti]_0} = 0.005\%$、0.012%、0.02%,采用如下公式计算 TiN 在凝固前沿的析出条件。

$$Q_{TiN} = w_{[Ti]} \cdot w_{[N]} = [w_{[Ti]_0}(1-g)^{-0.6}] \times [w_{[N]_0}(1-0.75g)^{-1}] \qquad (4-29)$$

两边取对数,并将 $w_{[O]_0}$ 和 $w_{[Ti]_0}$ 分别代入式(4-29),计算可得不同钛含量下的实际浓度积:

$$\lg Q_{TiN} = -4.301 - 0.6\lg(1-g) - \lg(1-0.75g) \qquad (4-30)$$

$$\lg Q_{TiN} = -3.921 - 0.6\lg(1-g) - \lg(1-0.75g) \qquad (4-31)$$

$$\lg Q_{TiN} = -3.699 - 0.6\lg(1-g) - \lg(1-0.75g) \qquad (4-32)$$

则不同钛含量下,TiN 的析出规律,即 $\lg K_{TiN}$ 和 $\lg Q_{TiN}$ 与凝固率 g 的关系如图 4-4 所示。

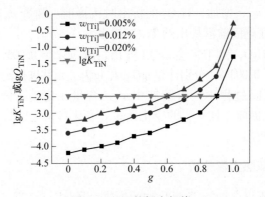

图 4-4 TiN 的析出规律

如图 4-4 所示,当 $w_{[Ti]_0} = 0.020\%$,$g > 60\%$ 时,TiN 在液相中析出,当 $w_{[Ti]_0} = 0.005\%$ 时,凝固率大于 90% 时才能析出 TiN。即随钛含量增加,TiN 的析出时机提前。

同理可得不同钛含量下,Ti_2O_3 随氧含量的析出规律,即 $\lg K_{Ti_2O_3}$ 和 $\lg Q_{Ti_2O_3}$ 与凝固率 g 的关系如图 4-5 和图 4-6 所示。

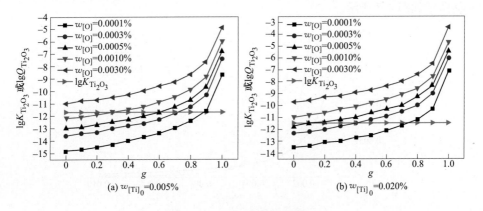

图 4-5 Ti_2O_3 的析出规律

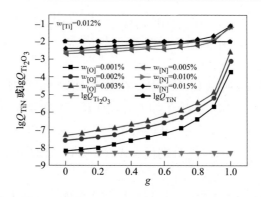

图 4-6　凝固过程中 Ti_2O_3 和 TiN 的竞争析出

取 $w_{[Ti]_0}$ = 0.005%、0.02%，$w_{[O]_0}$ = 0.0001%、0.0003%、0.0005%、0.001%、0.003%，计算 Ti_2O_3 在凝固前沿析出的条件，结果如图 4-5 所示。

如图 4-5 所示，随 $w_{[O]_0}$ 增加，Ti_2O_3 的析出时机提前。随着 $w_{[Ti]}$ 下降时，相应曲线下移，说明 $w_{[Ti]_0}$ 越高，在凝固前沿析出的 Ti_2O_3 越多。

钛含量一定时，Ti_2O_3 和 TiN 会竞相析出。取 $w_{[N]}$ = 0.005%、0.010%、0.015% 和 $w_{[O]}$ = 0.001%、0.002%、0.003%，分别计算 $\lg Q_{TiN}$ 和 $\lg Q_{Ti_2O_3}$，并进行比较，结果如图 4-6 所示。

如图 4-6 所示，凝固过程中，当钢液中 $w_{[Ti]}$ 含量一定时，随着 $w_{[O]}$、$w_{[N]}$ 的增加，Ti_2O_3、TiN 的析出时机提前，且 $w_{[O]}$ 的变化比 $w_{[N]}$ 变化对钛化物的析出影响大。同时钢中 Ti_2O_3 要比 TiN 更容易析出。

4.1.6　Mg-Al 复合脱氧热力学分析

钢液中过多的 Al 不仅会抑制 Ti 氧化物的生成，且 Al 与 O 反应产生的单独的 Al_2O_3 夹杂物不具备诱导 IGF 形核的作用，而 MgO 和镁铝尖晶石都与铁素体之间具有较低的错配度，理论上有利于诱发晶内铁素体形核。但镁的蒸气压很高，导致镁的收得率很低，在实际生产中利用 Mg 脱氧的效果并不理想。据已有文献报道，用 Mg-Al 的合金代替纯 Mg 单独脱氧可以显著降低 Mg 的蒸气压，同时采用喷射冶金或喂线方法将 Mg 加入至钢液深处，延长 Mg 与钢液的接触时间，可提高 Mg 的脱氧效果。1826 K 时 Mn-Ti 复合脱氧反应的 Ti-O 平衡曲线如图 4-7 所示。

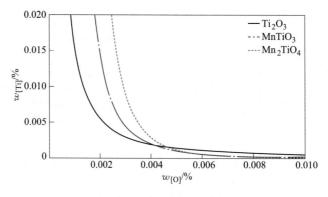

图 4-7　1826 K 时 Mn-Ti 复合脱氧反应的 Ti-O 平衡曲线

钢液 Mg-Al-O 反应方程如式（4-33）~式（4-36）所示。

$$2[Al] + 3[O] \Longrightarrow Al_2O_3(s) \qquad \Delta G^\ominus = -867300 + 222.5T \qquad (4-33)$$

$$[Mg] + [O] \Longrightarrow MgO(s) \qquad \Delta G^\ominus = -728600 + 238.4T \qquad (4-34)$$

$$Al_2O_3(s) + MgO(s) \Longrightarrow MgAl_2O_4(s) \qquad \Delta G^\ominus = -18828 - 6.3T \qquad (4-35)$$

可推导出：

$$[Mg] + 2[Al] + 4[O] \Longrightarrow MgAl_2O_4(s) \qquad \Delta G^\ominus = -1614728 - 454.6T \qquad (4-36)$$

利用线性组合法，进一步可推导出：

$$3[Mg] + 4Al_2O_3(s) \Longrightarrow 2[Al] + 3MgO \cdot Al_2O_3(s) \qquad \Delta G^\ominus = -1374984 + 473.8T \tag{4-37}$$

$$3[Mg] + MgO \cdot Al_2O_3(s) \Longrightarrow 2[Al] + 4MgO(s) \qquad \Delta G^\ominus = -1299672 + 499.0T \tag{4-38}$$

根据式（4-37）、式（4-38），可以得到 1826 K 时钢液中 Mg-Al-O 系夹杂物的优势区图，如图 4-8 所示。

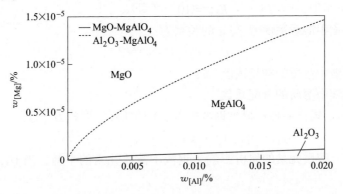

图 4-8　1826 K 时 Mg-Al-O 系夹杂物的优势区

从图 4-8 中可以看出，在 Mg 存在的情况下，很难生成单独的 Al_2O_3。当钢液中含有 0.01% 的 Al 时，加入微量 Mg，脱氧产物即可从 Al_2O_3 转变为 $Al_2O_3 \cdot MgO$，当 Mg 含量超过 1×10^{-5}% 时，即可形成单独的 MgO 夹杂。

4.2　钢中硫化物生成热力学

4.2.1　非氧化物夹杂析出的热力学计算

钢液中某些合金元素 X（如锰、钛）与非金属元素 Y（如硫、氮）反应生成硫化物或碳氮化物 XY。其反应方程式如下[7]：

$$[X] + [Y] \Longrightarrow XY(s) \tag{4-39}$$

$$\lg K = A/T - B \tag{4-40}$$

$$\lg K = \lg \frac{a_{XY}}{a_X \cdot a_Y} = \lg \frac{1}{w_X \cdot w_Y} \tag{4-41}$$

随着凝固过程中钢液温度降低，溶质原子在固相中的溶解能力下降，并在凝固前沿液相中不断富集，即产生偏析。钢液中 X 和 Y 的平衡浓度积 K_{XY} 和实际浓度积 Q_{XY} 如式（4-42）、式（4-43）所示。

$$K_{XY} = [\%X]_0 [\%Y]_0 \tag{4-42}$$

$$Q_{XY} = [\%X]_1 [\%Y]_1 \tag{4-43}$$

式中　$[\%X]_0$，$[\%Y]_0$——反应平衡时 X、Y 浓度，%；

　　　$[\%X]_1$，$[\%Y]_1$——液相中 X、Y 浓度，%。

凝固前沿温度 T 与 g 的关系如式（4-44）所示。

$$T = T_0 - \frac{T_0 - T_1}{1 - g\dfrac{T_1 - T_s}{T_0 - T_s}} \tag{4-44}$$

式中　T——凝固前沿温度，K；

　　　T_0——纯铁熔点，1809 K。

由式（4-40）、式（4-44）得出钢液中 X、Y 的平衡浓度积 K_{XY} 为：

$$K_{XY} = 10^{-\dfrac{A}{T_0 - \frac{T_0 - T_1}{1 - g\frac{T_1 - T_s}{T_0 - T_s}}} + B} \tag{4-45}$$

凝固前沿液相中溶质浓度 C_1 与 g 的关系为：

$$C_1 = C_0 (1 - g)^{k_m - 1} \tag{4-46}$$

式中　C_0——钢液中溶质的初始浓度，%；

　　　k_m——钢液中溶质的分配系数。

由式（4-43）、式（4-46）得出钢液中 X、Y 的实际浓度积 Q_{XY} 为：

$$Q_{XY} = C_{A,0} (1 - g)^{k_A - 1} \cdot C_{B,0} (1 - g)^{k_B - 1} \tag{4-47}$$

凝固过程中，溶质元素的偏析影响了钢液中溶质元素的平衡，当 $Q_{XY} > K_{XY}$ 时，XY 在钢中开始析出。

4.2.2　MnS 析出的热力学分析

MnS 为钢中的主要夹杂物之一，在钢材实际使用过程中，MnS 容易与钢基剥离，并激发裂纹的产生和扩展，通常作为有害夹杂物被去除。但在奥氏体晶内析出的 MnS 容易诱发 IGF 的异质形核，可起到细化奥氏体晶粒的作用。比如在某些钢（如易切削钢、热锻钢等）中含有一定数量的细小且均匀分布的 MnS 夹杂，即可以获得好的加工性能。

假设钢液凝固过程中 Mn、S 的浓度保持一定。根据热力学平衡方程可计算出 MnS 的析出温度[8,9]。

$$[Mn] + [S] \Longrightarrow MnS(s) \tag{4-48}$$

$$\lg K = 11625/T - 5.02 \tag{4-49}$$

$$\lg K = \lg[S] + \lg[Mn] + \lg f_S + \lg f_{Mn} \tag{4-50}$$

$$\lg f_B = e_B^{(B)} w_{[B]} + e_B^{(3)} w_{[3]} + \cdots + e_B^{(K)} w_{[K]} \tag{4-51}$$

由式（4-48）~式（4-51）计算得出 MnS 的析出温度为 1701 K。45 钢的 T_L 和 T_s 分别为 1772 K 和 1599 K，因此，MnS 在固液两相区析出。但实际凝固过程中，在凝固前沿随着锰、硫元素的偏析，MnS 析出温度比 1701 K 要高，故 MnS 析出变得更加容易。

取 $k_{Mn} = 0.84$，$k_S = 0.05$，根据非金属夹杂物析出的热力学模型，分别获得 Mn 含量为

0.75%，S 含量为 0.001% ~ 0.02%；S 含量为 0.005%，Mn 含量为 0.5% ~ 0.75%时，MnS 夹杂析出的一般规律，结果如图 4-9 和图 4-10 所示。

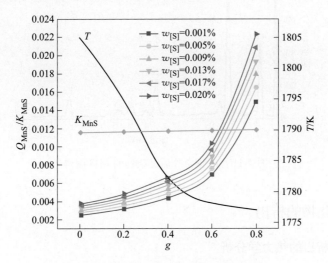

图 4-9　MnS 夹杂随 S 含量的变化规律

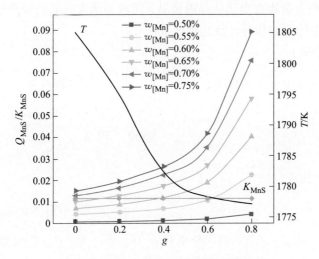

图 4-10　MnS 夹杂随 Mn 含量的变化规律

如图 4-9 和图 4-10 所示，随着凝固中温度的降低，Mn、S 元素不断地由固相区向凝固前沿排出，并在液相区富集，导致 Mn 和 S 元素的浓度积升高。当 $Q_{MnS} > K_{MnS}$ 时，MnS 开始析出。随着 Mn 和 S 的初始含量增加，MnS 析出时机提前，且 Mn 元素含量变化对 MnS 的析出温度影响更大。

利用高温激光共聚焦显微镜（HTCSLM）把 45 钢加热到 1773 K，保温 10 min，然后以 900 K/min 的速率冷却至常温；经抛磨、硝酸酒精腐蚀以后，利用场发射扫描电子显微镜（FE-SEM，S4800）观察样品中夹杂物的形态，并利用 X 射线能谱仪（EDS）对其成分进行分析，结果如图 4-11 所示。结果表明钢中夹杂物多是 Si-Ca-Mg-Al-Ti-O 等高熔点的复合夹杂物。

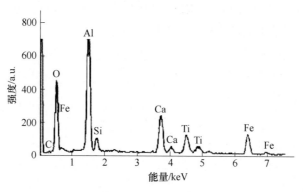

图 4-11　45 钢急冷后夹杂物的 EDS 图谱

4.3　钢中碳氮化物的析出

4.3.1　VC、VN 析出的热力学分析

研究表明钢中添加 V、S、N 元素后会形成以 MnS 为核心，碳氮化物在周围附着析出的复合夹杂物，这些夹杂物在奥氏体晶内析出，可成为诱发 IGF 的异质形核点。根据 TiN、VN、VC 在奥氏体中的固溶积可计算其析出条件[10-15]。

TiN 的固溶积公式：

$$\lg[w_{[Ti]}w_{[N]}] = 5.19 - \frac{15490}{T} + \left(\frac{96.68}{T} + 0.1229\right) \times w_{[Mn]} \tag{4-52}$$

VC 的固溶积公式：

$$\lg[w_{[V]}w_{[C]}] = 6.72 - \frac{9500}{T} + \frac{77.8}{T} \times w_{[Mn]} \tag{4-53}$$

VN 的固溶积公式：

$$\lg[w_{[V]}w_{[N]}] = 3.63 - \frac{8700}{T} + \left(\frac{104.9}{T} + 0.1229\right) \times w_{[Mn]} \tag{4-54}$$

其中，$w_{[Ti]}$、$w_{[Mn]}$、$w_{[V]}$、$w_{[C]}$、$w_{[N]}$ 分别代表 Ti、Mn、V、C、N 元素在奥氏体中的固溶量。

根据 45 钢的成分，由式（4-52）~式（4-54）分别计算得出 TiN 的析出温度为 1675 K，VN 的析出温度为 1264 K，VC 的析出温度为 1159 K。

将 45 钢切成尺寸为 φ7 mm×3 mm 的试样，利用 HTCSLM 分别在 1293 K、1243 K、1173 K 和 1133 K 保温 90 min 后直接淬火至常温，经抛磨和硝酸酒精腐蚀后，利用 SEM 对热处理后的样品进行形貌观察，并利用 EDS 对其成分进行分析，结果如图 4-12~图 4-15 所示。

如图 4-12~图 4-15 所示，1293 K 保温的样品中析出的夹杂物含钒量很少，只有少量钒伴随 TiN 集中析出；1243 K 保温的样品中析出的夹杂物中钒含量明显增多，并伴有氮元素析出，即形成少量的 VN；1173 K 保温的样品中几乎所有含钒的夹杂物中都伴有氮析出，也有少量碳析出，即主要形成 VN；1133 K 保温的样品中钒析出同时伴随氮、碳析出，即

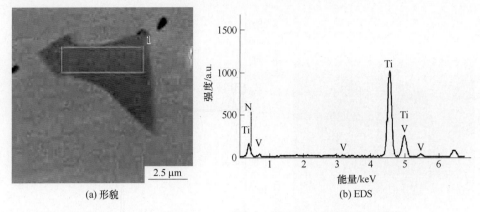

图 4-12 1293 K 保温 90 min 后淬火至常温的形貌图和 EDS 图谱

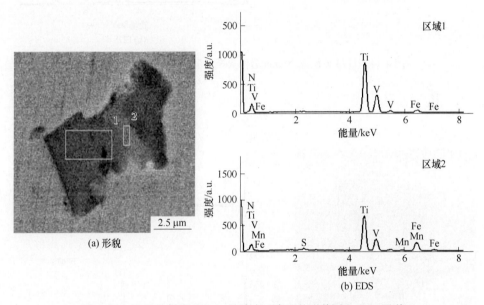

图 4-13 1243 K 保温 90 min 的淬火至常温的形貌图和 EDS 图谱

夹杂物主要为 VN(C)。由于碳化钒和氮化钒的晶体结构完全相同，晶格常数近似相等，且析出温度相近，因此，钒的碳氮化物并不是以单纯的碳化钒和氮化钒形式析出，而是以完全互溶的 $V(C_xN_{1-x})$ 形式复合析出。

$V(C_xN_{1-x})$ 复合夹杂物的反应式如下：

$$V + xC + (1 - x)N = V(C_xN_{1-x}) \tag{4-55}$$

在钢液的凝固过程中，随着温度降低，钒、钛、碳、氮在奥氏体中的固溶量不断改变，则 x 的数值也随之改变，直到碳氮化钒析出完全结束。

4.3.2 TiN 析出热力学分析

Ti 和 N 的反应方程式如式（4-56）所示[16]。

$$[Ti] + [N] = TiN(s) \tag{4-56}$$

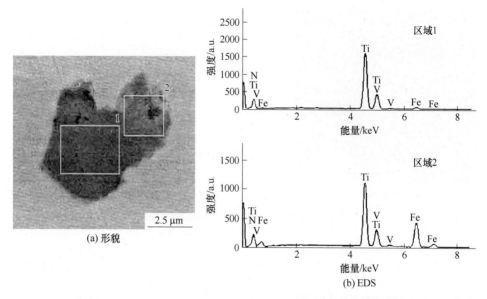

图 4-14　1173 K 保温 90 min 后淬火至常温的形貌图和 EDS 图谱

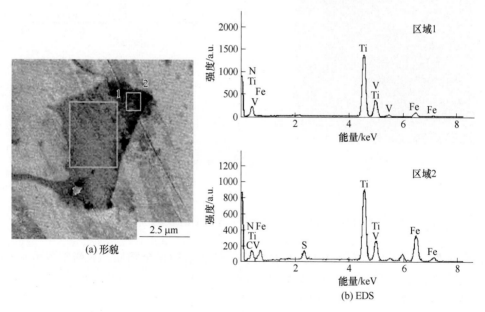

图 4-15　1133 K 保温 90 min 后淬火至常温的形貌图和 EDS 图谱

$$\lg K = 16412/T - 6.01 \tag{4-57}$$

取 $k_{Ti} = 0.3$，$k_N = 0.48$。根据非金属夹杂物析出的热力学模型，分别获得初始 Ti 含量为 0.015%、N 含量为 0.003%~0.010%时以及初始 N 含量为 0.007%、Ti 含量为 0.005%~0.020%时 TiN 夹杂析出的一般规律，如图 4-16 和图 4-17 所示。

从图中可以看出，与 MnS 的析出规律类似，随着凝固的进行，钢液温度逐渐降低，则 TiN 平衡浓度积逐渐降低。同时，由于偏析，Ti、N 元素不断地由固相区向凝固前沿排出，

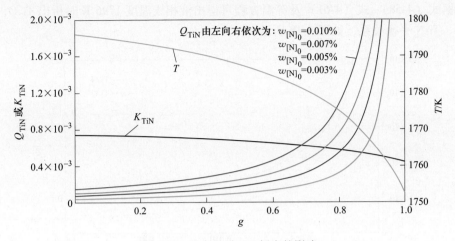

图 4-16 N 含量对 TiN 析出的影响

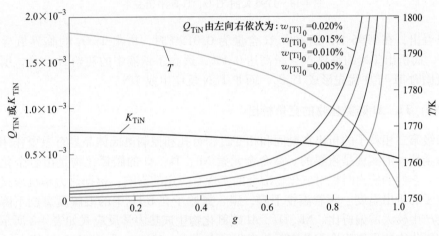

图 4-17 Ti 含量对 TiN 析出的影响

在液相区富集，使得 Ti 和 N 的液相浓度增加，进而导致 Ti 和 N 的浓度积升高。当 $Q_{TiN}>$ K_{TiN} 时，在热力学上便具备了在凝固前沿析出 TiN 的条件。图中 Q_{TiN} 线与 K_{TiN} 线交点表示 TiN 开始析出的临界凝固分率。随着初始 Ti、N 含量的增加，TiN 的析出时机逐渐提前。当 $w_{[Ti]} = 0.015\%$、$w_{[N]} = 0.07\%$ 时，TiN 的析出温度约为 1775 K。

4.3.3 Ti-O-N 的竞争析出

钢液中存在 Ti-O-N 竞争反应生成 Ti_2O_3 和 TiN 的反应，其反应方程如下：

$$2[Ti] + 3[O] \rightleftharpoons Ti_2O_3(s) \tag{4-58}$$

$$\lg \frac{a_{Ti_2O_3}}{a_{Ti}^2 \cdot a_O^3} = \frac{56033}{T} - 18.07 \tag{4-59}$$

$$[Ti] + [N] \rightleftharpoons TiN(s) \tag{4-60}$$

$$\lg \frac{a_{TiN}}{a_{Ti} \cdot a_N} = \frac{16412}{T} - 6.01 \tag{4-61}$$

　　根据式（4-58）~式（4-61）及等温方程可得出液相线温度 1796 K 时析出 Ti_2O_3 和 TiN 的 Ti-O、Ti-N 平衡关系，如图 4-18 所示。

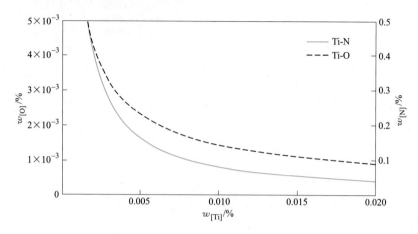

图 4-18　1796 K 时 Ti-O、Ti-N 平衡关系

　　可以看出，在 1796 K，钢液中 Ti 含量为 0.015% 时，析出 Ti_2O_3 的临界氧含量仅为 0.0005%，而析出 TiN 的临界 N 含量高达 0.1%，远高于钢液中的初始 N 含量，所以在钢液开始凝固时 Ti 与 O 优先形成 Ti_2O_3，而非 Ti-N 反应生成 TiN。

4.3.4　Nb、Ti、Al 碳氮化物的竞争析出

　　纳米级第二相粒子的析出在凝固和相变过程钉扎和控制奥氏体晶界有重要作用，这对氧化物冶金技术的实现是重要的。微合金元素 Nb、Ti、Al 的碳氮化物是微合金化中重要的析出相，它们的析出时机对氧化物冶金的实现有一定的影响，根据热力学反应式可以计算出各粒子的析出温度。随着温度下降，碳、氮原子在 δ-Fe 中的溶解度急剧下降，在凝固前沿会产生较大的偏析比。Nb、Ti、Al 碳氮化物生成热力学反应式如表 4-2 所示，凝固过程中碳氮化物的平衡浓度积及实际浓度积可由式（4-62）和式（4-63）计算：

$$\Delta G^{\ominus} = -RT\ln K^{\ominus} = -RT\ln \frac{a_{Mg[N,C]}}{a_{Mg} \cdot a_{[N,C]}} = -RT\ln \frac{1}{w_{[Mg]} \cdot w_{[N,C]}} \qquad (4\text{-}62)$$

$$Q_{Mg[N,C]} = w_{[Mg]} \cdot w_{[N,C]} = w_{[Mg]_0}(1-f_s)^{k_X-1} \times \frac{w_{[N,C]}}{f_s(k_{[N,C]}-1)+1} \qquad (4\text{-}63)$$

式中　$w_{[Mg]_0}$——钢液中合金元素的初始含量；

　　　f_s——固相率；

　　　k——平衡分配系数。

表 4-2　Nb、Ti、Al 碳氮化物热力学反应式

反　应　式	$\Delta G^{\ominus}$	K_{1787}
$[Ti]+[N]=[TiN](s)$	$\Delta G^{\ominus} = -291000 + 107.91T$	1.36×10^{-3}
$[Ti]+[C]=[TiC](s)$	$\Delta G^{\ominus} = -184800 + 12.551T$	1.81×10^{-5}
$[Nb]+[N]=[NbN](s)$	$\Delta G^{\ominus} = -250807 + 91.21T$	2.71×10^{-3}
$[Nb]+[C]=[NbC](s)$	$\Delta G^{\ominus} = -151065 + 65.40T$	1.00×10^{-1}
$[Al]+[N]=[AlN](s)$	$\Delta G^{\ominus} = -137374 + 34.23T$	5.92×10^{-3}

当 $Q_{\mathrm{Mg[N,C]}} > K_{\mathrm{Mg[N,C]}}$ 时，凝固前沿开始析出氮化物，当 $w_{[N]_0} = 0.01\%$ 时，计算各碳、氮化物（TiN、NbN、AlN、TiC、NbC）在凝固前沿的析出条件。

分别取 $w_{[Ti]_0} = 0.01\%$、0.02%、0.03% 作图，以 $w_{[Ti]_0} = 0.01\%$ 为例，计算公式如下：

$$Q_{\mathrm{TiN}} = w_{[Ti]} \cdot w_{[N]} = w_{[Ti]_0}(1 - f_s)^{k_{Ti}-1} \times \frac{w_{[N]_0}}{f_s(k_N - 1) + 1} \tag{4-64}$$

$$Q_{\mathrm{TiN}} = w_{[Ti]} \cdot w_{[N]} = 0.01(1 - f_s)^{0.3-1} \times \frac{0.01}{f_s(0.28 - 1) + 1} \tag{4-65}$$

两边取常对数得：

$$\lg Q_{\mathrm{TiN}} = -4.0 - 0.7\lg(1 - f_s) - \lg(1 - 0.52 f_s) \tag{4-66}$$

同理，当 $w_{[Ti]_0} = 0.02\%$、0.03% 时，可得：

$$\lg Q_{\mathrm{TiN}} = -3.7 - 0.7\lg(1 - f_s) - \lg(1 - 0.52 f_s) \tag{4-67}$$

$$\lg Q_{\mathrm{TiN}} = -3.5 - 0.7\lg(1 - f_s) - \lg(1 - 0.52 f_s) \tag{4-68}$$

将 $\lg K_{\mathrm{TiN}}$ 和 $\lg Q_{\mathrm{TiN}}$ 与固相率 f_s 的关系作图，如图 4-19 所示。

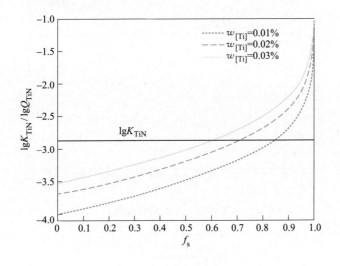

图 4-19　TiN 析出曲线

由图 4-19 可以看，当 $w_{[Ti]_0} = 0.01\%$、0.02%、0.03% 时，固相率大于 60%、70%、85% 才能够有 TiN 析出。

以此类推，可以得到 $\lg Q_{\mathrm{NbN}}$、$\lg Q_{\mathrm{TiC}}$ 与固相率 f_s 的关系作图，分别取：$w_{[Nb]_0} = 0.01\%$、0.02%、0.03%，$w_{[Ti]_0} = 0.01\%$、0.02%、0.03%，可以得到 NbN、NbC、TiC 在凝固前沿的析出条件曲线如图 4-20~图 4-22 所示。

如果设计的试验钢成分为 C：0.06%；N：0.01%；Ti：0.015%；Nb：0.04%；Al：0.015%，可以通过上述方法计算出各碳氮化物析出情况。由图可知，随着固相率的增加，Ni 和 Ti 氮化物、碳化物的析出顺序为：TiN—NbN—NbC—TiC。

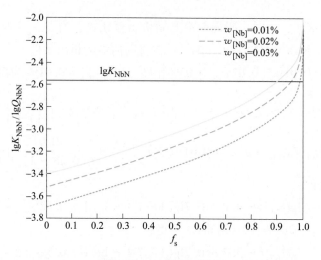

图 4-20 NbN 析出曲线

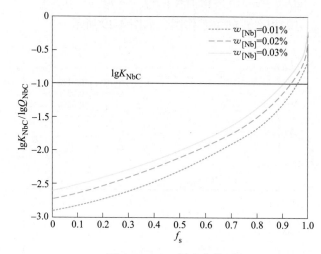

图 4-21 NbC 析出曲线

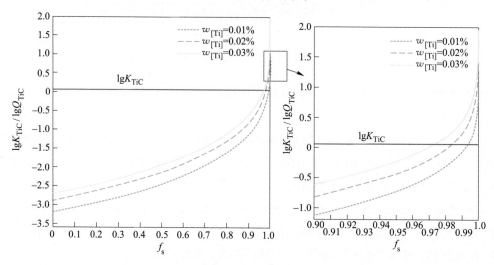

图 4-22 TiC 析出曲线

对于 Mo 的碳化物可以根据 C-Mo 的二元相图进行分析，由图 4-23 可知，可以有不同晶体结构 Mo 的碳化物生成。根据试验钢成分范围可知，试验钢中 Mo 的碳化物为立方结构的 MoC。

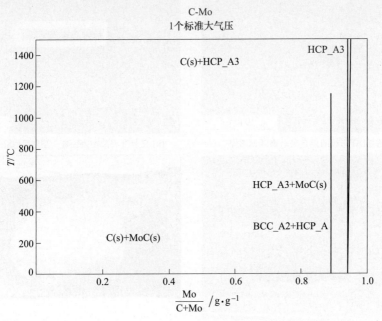

图 4-23　C-Mo 二元相图

4.4　钢中复合夹杂物的形成

4.4.1　复合夹杂物的相组成

在添加 0.0025% Mg 的钢中观察到大量由复合夹杂物诱导形核的 IAF 组织，对夹杂物进行定点切割，并将制备的夹杂物置于透射电子显微镜下进行观察，以研究该类复合夹杂物的显微结构特征。夹杂物切割的过程如图 4-24 所示。图 4-24 （a） 为在扫描电镜下观察到的诱导 IAF 形核的典型复合夹杂物；在该夹杂物表面沉积一层约 10 μm×2 μm×2 μm 厚的 Pt 保护层，以减小 FIB （聚焦离子束，Focus Ion Beam） 对样品的损伤，如图 4-24 （b） 所示；在夹杂物两侧进行挖槽，以将夹杂物提取出来，如图 4-24 （c） 所示；图 4-24 （d） 为采用 TEM 对提取出来的夹杂物进行观察的结果。

对该类复合夹杂物的显微结构特征及成分进行进一步的观察。图 4-25 （a） （b） 为诱导 IAF 形核的典型复合夹杂物在 STEM 模式下的明场像和暗场像。由图可知，该类复合夹杂物呈球形，且由多个晶粒构成，结构复杂。图 4-25 （c） 为该类复合夹杂物中的 O、Al、Mg、Si、Mn、Ti、S 和 Fe 元素分布图。根据元素面分布结果可知，复合夹杂物主要由 Mn-Al-Si-O、Mg-Al-O、Al-O、Ti-O 和 MnS 颗粒组成。图 4-25 （d） 为从图 4-25 （b） 中的晶粒 1 （Mg-Al-O）、晶粒 2 （Mn-Al-Si-O）、晶粒 3 （Mn-S）、晶粒 4 （Al-O）、晶粒 5 （Ti-O） 和晶粒 6 （Mn-Al-Si-O） 位置获得的选区电子衍射花样。根据表 4-3 中的晶体结构和晶胞参数，对图 4-25 （d） 中选取电子衍射花样进行标定。晶粒 1、2、3、4 和 5 分别是 $MgAl_2O_4$、$Mn_3Al_2Si_3O_{12}$、α-MnS、Al_2O_3 和 TiO。图 4-25 （d） 中 （6） 的选区电子衍射花

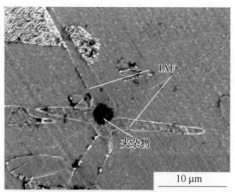

(a) 诱导IAF形核的复合夹杂物SEM图像

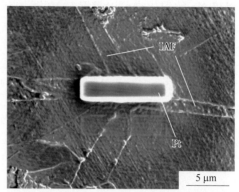

(b) 在复合夹杂物表面镀一层Pt后的SEM图像

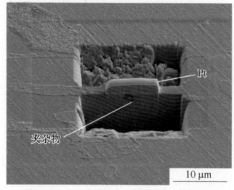

(c) 用离子束在夹杂物两侧挖槽后的SEM图像

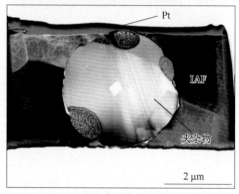

(d) 复合夹杂物TEM图像

图 4-24　采用 FIB 制备复合夹杂物薄膜样品的过程

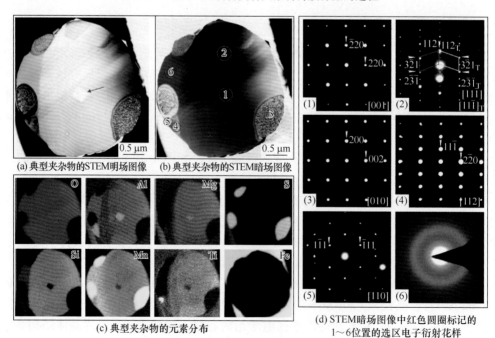

(a) 典型夹杂物的STEM明场图像　　(b) 典型夹杂物的STEM暗场图像

(c) 典型夹杂物的元素分布

(d) STEM暗场图像中红色圆圈标记的
1～6位置的选区电子衍射花样

图 4-25　诱导 IAF 形核的典型夹杂物显微结构

样为衍射环，说明晶粒6为非晶相[17]。此外，图4-25（d）中（2）的选区电子衍射花样表明 $Mn_3A_{12}Si_3O_{12}$ 中存在 [112] 孪晶结构[18]。

表 4-3　复合夹杂物的相组成及其晶胞参数

晶粒	元素	相	晶格常数/10^{-10} m	晶体结构
1	Mg、Al、O	$MgAl_2O_4$	8.083	面心立方
2	Mn、Al、Si、O	$Mn_3Al_2Si_3O_{12}$	11.630	体心立方
3	Mn、S	α-MnS	5.224	面心立方
4	Al、O	Al_2O_3	7.924	面心立方
5	Ti、O	TiO	4.177	面心立方

以上结果表明，含 0.0025% Mg 钢中诱导 IAF 形核的典型复合夹杂物由 $MgAl_2O_4$、$Mn_3Al_2Si_3O_{12}$、α-MnS、Al_2O_3、TiO 晶粒和非晶相组成，该复合夹杂物相结构的示意图如图 4-26 所示。

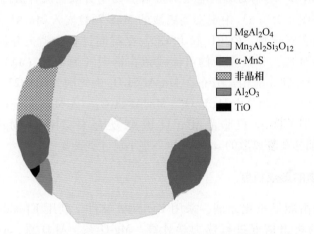

图 4-26　诱导 IAF 形核的典型复合夹杂物的示意图

基于含 0.0025% Mg 钢的钢种成分，利用 FactSage 软件的 Equilib 模块（FToxid 和 FSstel 数据库）对凝固过程中复合夹杂物的演变过程进行分析。夹杂物类型及含量随温度变化的热力学分析结果如图 4-27（a）所示。随着温度的降低，液态氧化物的量逐渐增加直到温度降到 1673 K，此后，随温度进一步降低，液态氧化物逐渐演变为 Corundum(CORU)、Pseudobrookite(PSEU)、Titania-spinel(TiSp) 和 MnS。TiSp 通常由 $MgAl_2O_4$、$MgTi_2O_4$、$MnTi_2O_4$ 和 $MnAl_2O_4$ 等组成，而且 $MgAl_2O_4$ 含量较多。CORU 主要包括 Al_2O_3、Mn_2O_3 和 Ti_2O_3，其中以 Al_2O_3 为主。PSEU 主要由 Ti_3O_5、$MgTi_2O_5$ 和 $MnTi_2O_5$ 组成。液体氧化物由 MnO、SiO_2、Ti_2O_3、TiO_2、MgO 和 Al_2O_3 组成（图 4-27（b）），其中 Al_2O_3 的质量分数最高。如图 4-27（a）所示，在 1200 K 下，只有三个相稳定存在，即 $Mn_3Al_2Si_3O_{12}$、MnS 和 TiSp，因此，认为添加 0.0025% Mg 的钢中复合夹杂物的主要组成相是 $Mn_3Al_2Si_3O_{12}$、MnS 和 TiSp，Factsage 软件的理论计算结果与 TEM 观察结果相一致。

在图 4-25（a）中复合夹杂物核心区域为红色箭头标记的 $MgAl_2O_4$ 晶粒。由于 $MgAl_2O_4$ 的熔点高、硬度高、粒度小，因此，很难通过上浮去除，可在钢液中稳定存在。

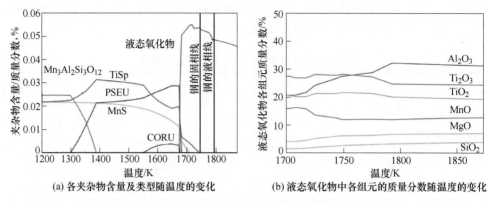

(a) 各夹杂物含量及类型随温度的变化　　(b) 液态氧化物中各组元的质量分数随温度的变化

图 4-27　含 Mg 钢中夹杂物的演变规律

已有文献表明，一些高熔点氧化物可作为低熔点氧化物的异质形核地点[19,20]。因此，$MgAl_2O_4$ 可作为 $Mn_3Al_2Si_3O_{12}$ 的形核地点。而 MnS 易于分散在硫容量高、熔点低的氧化物上[21-23]，因此，在图 4-25（a）中观察到离散的 MnS 颗粒嵌入 $Mn_3Al_2Si_3O_{12}$ 的外围。虽然一些夹杂物，如液态氧化物、CORU 和 PSEU，在凝固过程中消失并演变为其他夹杂物，但由于复杂的钢液环境，一些夹杂物可能残留在钢中（图 4-27（a））。最终少量残余颗粒（包括 TiO、Al_2O_3 和非晶相）分布在 $Mn_3Al_2Si_3O_{12}$ 的外围（图 4-25（a））。因此，认为诱导 IAF 形核的复合夹杂物是由 $MgAl_2O_4$、$Mn_3Al_2Si_3O_{12}$、α-MnS 和一些小尺寸的夹杂物组成，包括 Al_2O_3、TiO 颗粒和非晶相。且该类复合夹杂物以 $MgAl_2O_4$ 为核心，在 $Mn_3Al_2Si_3O_{12}$ 的外围分布着离散的 α-MnS 和一些小尺寸夹杂物。

4.4.2　复合夹杂物的形成机制

基于吉布斯自由能最小化原理，采用 FactSage 软件，利用 FToxid 和 FTmisc 数据库，对非金属夹杂物的析出情况进行热力学计算。Mg-O 系、Al-O 系、Ti-O 系和 Si-O 系在 1873 K 时的热力学平衡曲线如图 4-28 所示。由图 4-28 可知，脱氧过程中 Mg、Al、Ti 和 Si

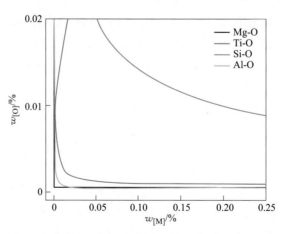

图 4-28　Mg-O 系、Al-O 系、Ti-O 系和 Si-O 系在 1873 K 时的热力学平衡曲线

（〔〕表示溶解在钢液中的元素，M 代表元素 Mg、Al、Ti 和 Si）

之间的竞争关系，这些合金元素与氧的结合能力的优先顺序分别是 Mg、Al、Ti 和 Si。因此，与 Ti 和 Si 相比，Al 和 Mg 能优先与氧结合。

采用 FactSage 软件，基于 FToxid 和 FTmisc 数据库，计算了 1873 K 时具有相同氧含量条件下 Mg-Al-O 系二元相图，如图 4-29 所示。在图 4-29 中主要观察到三种稳定相，即 MgO、Al_2O_3 和 $MgAl_2O_4$。另外，由图 4-29 可看出，钢中添加 Mg 时，钢中先形成 $MgAl_2O_4$，当钢中添加 Mg 含量进一步增加时，形成 MgO。

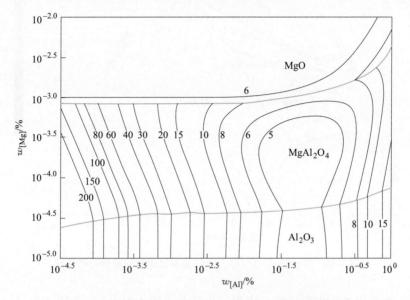

图 4-29　Mg-Al-O 系在 1873 K 时的热力学平衡曲线
（[ ] 表示溶解在钢液中的元素，图中数值代表氧含量）

Mn 作为最常见的脱氧合金元素之一，常与 Si、Al 进行复合脱氧，以提高 Si、Al 的脱氧能力[24,25]。基于 FToxid 和 FTmisc 数据库，采用 FactSage 软件计算了 MnO-SiO_2-Al_2O_3 三元相图，如图 4-30 所示。由图 4-30 可知，MnO-SiO_2-Al_2O_3 三元相图中氧化物的成分分布情况。紫色实心圆标记区域为 $Mn_3Al_2Si_3O_{12}$（<1873 K），且 $Mn_3Al_2Si_3O_{12}$ 在 1873 K 时以液态形式存在。

$MgAl_2O_4$ 和 $Mn_3Al_2Si_3O_{12}$ 均为脱氧夹杂物，形成于脱氧阶段。如图 4-25（a）所示，$MgAl_2O_4$ 呈棱角状，这表明它是一种固体夹杂物。$Mn_3Al_2Si_3O_{12}$ 与少量小颗粒混合后呈球形，说明其以液态夹杂物的形式存在。此外，$Mn_3Al_2Si_3O_{12}$ 以 $MgAl_2O_4$ 为核心。可以推断，高熔点固体夹杂 $MgAl_2O_4$ 的形成早于低熔点的液态夹杂 $Mn_3Al_2Si_3O_{12}$ 的形成。已有文献[19,20,26]也指出，一些在高温下形成的高熔点氧化物可以作为低熔点氧化物的异质形核地点，从而加速脱氧动力学。由于 Mg 和 Al 具有很强的脱氧能力，所以 Mg 和 Al 优先与氧结合形成 $MgAl_2O_4$。$MgAl_2O_4$ 以固态夹杂物的形式稳定地存在于钢水中。$Mn_3Al_2Si_3O_{12}$ 以 $MgAl_2O_4$ 为异质形核地点，在其表面析出。随着钢液进一步冷却，液态夹杂物 $Mn_3Al_2Si_3O_{12}$ 在钢中逐渐凝固。

在钢水凝固过程中，溶质元素的显微偏析和夹杂物的析出同时存在[21,27,28]。图 4-31 为钢水中溶质显微偏析和夹杂物析出的示意图。红色代表钢液，灰色代表钢的凝固态。

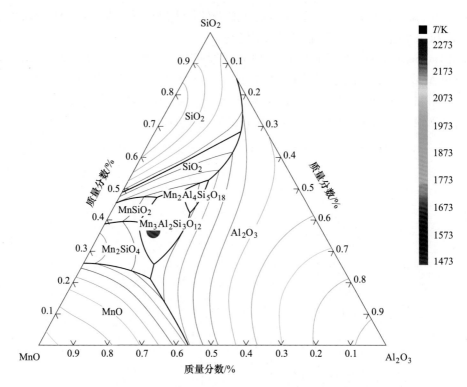

图 4-30　MnO-SiO$_2$-Al$_2$O$_3$ 三元相图中氧化物的成分分布情况

图 4-31 （a）为凝固过程中形成的一次和二次枝晶。图 4-31 （b）为图 4-31 （a）中区域 d 的凝固过程，当固相率 f_0 为 0 时，钢液中主要存在两种夹杂物，包括 MgAl$_2$O$_4$ 和以 MgAl$_2$O$_4$ 为核心的 Mn$_3$Al$_2$Si$_3$O$_{12}$。MgAl$_2$O$_4$ 和 Mn$_3$Al$_2$Si$_3$O$_{12}$ 是钢液凝固前形成的脱氧夹杂物。随着凝固过程的进行，固相率逐渐增大（$f_0 < f_1 < f_2 < f_3$）。因溶质元素在固相和液相中的溶解度不同，使凝固前沿溶质浓度不同，导致溶质元素的显微偏析。钢中 Mn 和 S 的偏析系数分别为 0.215 和 0.965[29,30]，因此，钢中的 S 容易在残余液相中偏析和聚集。由于凝固过程中溶质元素的富集，当溶质元素含量超过平衡值时，开始析出夹杂物[31]。因此，当 Mn 和 S 含量达到各相的平衡溶解度极限后，α-MnS 夹杂物开始析出。析出的 α-MnS 夹杂物分布在残余液相中，因此，认为夹杂物的析出顺序为：固态的 MgAl$_2$O$_4$，液态的 Mn$_3$Al$_2$Si$_3$O$_{12}$，然后 α-MnS 在凝固过程中析出。

　　如图 4-31 所示，当固相速率 f_0 为 0 时，液态夹杂物 Mn$_3$Al$_2$Si$_3$O$_{12}$ 以固态夹杂物 MgAl$_2$O$_4$ 为核心，在流场的作用下在钢水中运动。随着固相速率的增加，α-MnS 开始析出。当 α-MnS 经过液态夹杂 Mn$_3$Al$_2$Si$_3$O$_{12}$ 时，被 Mn$_3$Al$_2$Si$_3$O$_{12}$ 的表面捕获。α-MnS 附着在 Mn$_3$Al$_2$Si$_3$O$_{12}$ 表面，并随 Mn$_3$Al$_2$Si$_3$O$_{12}$ 一起运动。α-MnS 与 Mn$_3$Al$_2$Si$_3$O$_{12}$ 碰撞合并形成复合夹杂物。由于在最终凝固阶段反应温度低，反应时间短，已形成的复合夹杂物来不及同化 Al$_2$O$_3$、TiO 和非晶相等小尺寸夹杂，因此，这些小尺寸夹杂附着在复合夹杂物的最外层。最终，由于夹杂物之间不断碰撞和合并形成的复合夹杂物在凝固过程中被捕获并分布在钢基体中。图 4-25 （a）中复合夹杂物嵌入式而非层状结构的形态特征也表明复合夹杂物碰撞和聚合的形成机制。

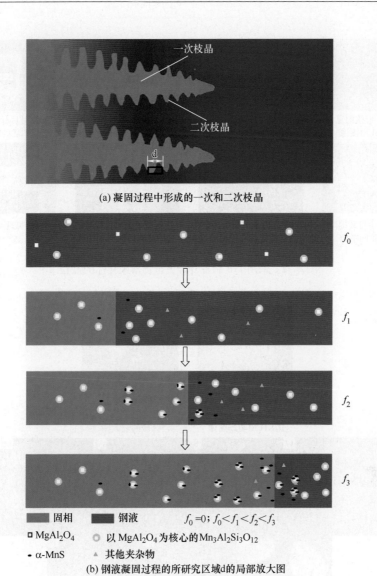

图 4-31 钢液中溶质显微偏析和夹杂物析出示意图

（红色代表钢液；灰色代表凝固态的钢；黑框代表研究区域，大小约为二次枝晶的一半；

f_0, f_1, f_2, f_3 代表固相率；其他夹杂物代表 Al_2O_3 和 TiO 等小尺寸夹杂物）

4.5 Mg 处理复合夹杂物结构研究

为明确诱导 IAF 形核的复合夹杂物的晶体学特征，采用 FIB 定点切割夹杂物，其切割过程如图 4-32 所示。然后采用 TEM 对该夹杂物进行观察。图 4-33（a）为诱导 IAF 形核的典型复合夹杂物 STEM 明场像，夹杂物呈球形，约为 4 μm，且由多个晶粒组成。图 4-33（b）为图 4-33（a）中红色虚线方框区域的放大图，图 4-33（c）~（i）分别为 O、Si、Al、Mn、S、Ti 和 N 元素的分布情况。由图 4-33 可知，晶粒 1~6 分别为 MnS、Mn-Ti-O、Mn-Al-Si-O、Al-O、Ti-N 和 Si-Mn-Al-O。

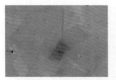
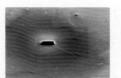

(a) 诱导IAF形核的复合　　(b) 在复合夹杂物表面镀　　(c) 用离子束在夹杂物　　(d) 对目标区域进行
　夹杂物SEM图像　　　　一层Pt后的SEM图像　　　两侧挖槽后的SEM图像　　　U-cut后的SEM图像

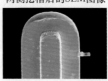
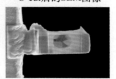

(e) 用机械手将其提取　　(f) 将提取出来的包含夹杂物　　(g) 用离子束对目标区域　　(h) 减薄后的复合
　出来的SEM图像　　　的块状钢样焊接在铜网的过程　　进行减薄后的SEM图像　　　夹杂物SEM图像

图 4-32　采用 FIB 制备复合夹杂物薄膜样品的过程

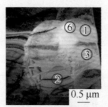

(a) 典型复合夹杂物　　　(b) 图(a)中红色虚线方框
　的STEM明场图像　　　　区域的放大图

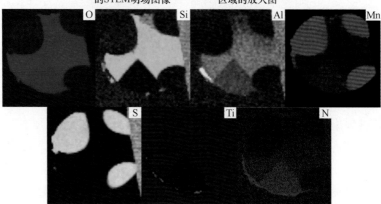

(c) 典型复合夹杂物的元素面扫描结果

图 4-33　典型复合夹杂物的形貌及元素分布

图 4-34（a）为晶粒 1 的［001］带轴的选取电子衍射花样，图 4-34（b）为晶粒 1 的
［001］带轴倾转 33.96°后得到的［11$\bar{2}$］带轴的选取电子衍射花样，通过计算选取电子衍
射花样的晶面间距、晶面夹角发现，晶粒 1 为 α-MnS，晶面间距为 0.5224 nm，［001］带
轴与［11$\bar{2}$］带轴的理论计算夹角为 35.27°，与实测夹角也较为接近。图 4-35（a）为晶
粒 2 的［110］带轴的选取电子衍射花样，图 4-35（b）为晶粒 2 的［111］带轴的选取电
子衍射花样，通过计算选取电子衍射花样的晶面间距、晶面夹角发现，晶粒 2 为 MnTi$_2$O$_4$，

晶面间距为 0.8679 nm。

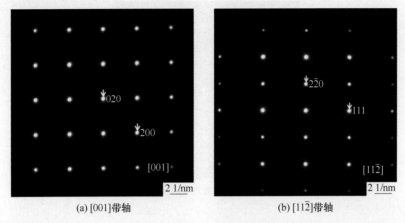

(a) [001]带轴　　　　　　　　(b) [11$\bar{2}$]带轴

图 4-34　α-MnS 的选取电子衍射花样

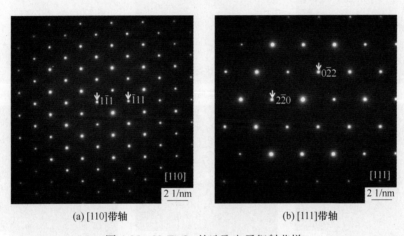

(a) [110]带轴　　　　　　　　(b) [111]带轴

图 4-35　MnTi$_2$O$_4$ 的选取电子衍射花样

图 4-36 为晶粒 3 的［001］带轴的选取电子衍射花样，通过计算选取电子衍射花样的晶面间距、晶面夹角发现，晶粒 3 为 Mn$_3$Al$_2$Si$_3$O$_{12}$，晶面间距为 1.163 nm。如图 4-37 所示，观察 Mn$_3$Al$_2$Si$_3$O$_{12}$ 不同区域的选取电子衍射花样发现，Mn$_3$Al$_2$Si$_3$O$_{12}$ 中存在大量 ｛112｝孪晶。图 4-38（a）为晶粒 4 的［110］带轴的选取电子衍射花样，通过计算选取电子衍射花样的晶面间距、晶面夹角发现，晶粒 4 为 Al$_2$O$_3$，晶面间距为 0.79 nm。图 4-38（b）为晶粒 5 的［110］带轴的选取电子衍射花样，通过计算选取电子衍射花样的晶面间距、晶面夹角发现，晶粒 5 为 TiN，晶面间距为 0.4242 nm。如图 4-38（c）所示，晶粒 6 的选取电子衍射花样呈圆盘状，为非晶相。

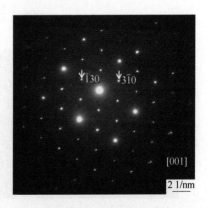

图 4-36　Mn$_3$Al$_2$Si$_3$O$_{12}$ 的［001］带轴的选取电子衍射花样

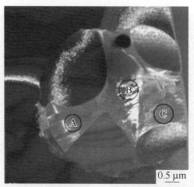

(a) 典型复合夹杂物的STEM暗场图像

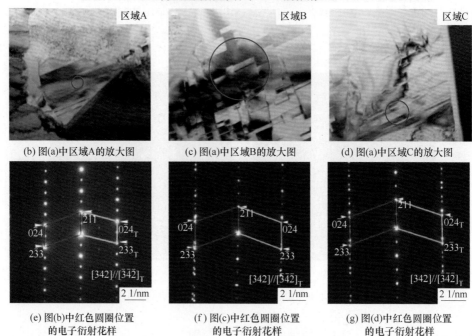

(b) 图(a)中区域A的放大图　　　(c) 图(a)中区域B的放大图　　　(d) 图(a)中区域C的放大图

(e) 图(b)中红色圆圈位置　　　　(f) 图(c)中红色圆圈位置　　　　(g) 图(d)中红色圆圈位置
　　的电子衍射花样　　　　　　　　的电子衍射花样　　　　　　　　的电子衍射花样

图 4-37　典型复合夹杂物显微结构特征

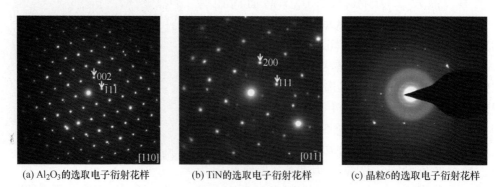

(a) Al$_2$O$_3$的选取电子衍射花样　　　(b) TiN的选取电子衍射花样　　　(c) 晶粒6的选取电子衍射花样

图 4-38　组成夹杂物的相的电子衍射花样

　　以上结果表明，该类诱导 IAF 形核的复合夹杂物主要由 α-MnS、MnTi$_2$O$_4$、Mn$_3$Al$_2$Si$_3$O$_{12}$、Al$_2$O$_3$、TiN 和非晶相组成。该类夹杂物与图 4-25 中复合夹杂物的相组成略有差异，主要是由于 FIB 切割只能观察到随机的二维平面，观察不到球形复合夹杂物的完整三维形貌及成分分布，所以会遗漏部分未观察到的小尺寸晶粒。

　　诱导 IAF 形核的复合夹杂物通常由多种相组成，采用 TEM 对复合夹杂物的各相间的取向关系进行观测。图 4-39（a）为复合夹杂物的形貌，A、B、C 分别代表 α-MnS 与 Mn$_3$Al$_2$Si$_3$O$_{12}$、MnTi$_2$O$_4$ 与 Mn$_3$Al$_2$Si$_3$O$_{12}$、α-MnS 与 MnTi$_2$O$_4$ 间的界面处。图 4-39（b）~（d）分别为图 4-39（a）中复合夹杂物的 A、B、C 处的电子衍射花样。根据 α-MnS 与 Mn$_3$Al$_2$Si$_3$O$_{12}$、MnTi$_2$O$_4$ 与 Mn$_3$Al$_2$Si$_3$O$_{12}$、α-MnS 与 MnTi$_2$O$_4$ 间的界面处电子衍射花样可知，α-MnS 与 Mn$_3$Al$_2$Si$_3$O$_{12}$、MnTi$_2$O$_4$ 与 Mn$_3$Al$_2$Si$_3$O$_{12}$、α-MnS 与 MnTi$_2$O$_4$ 间并无特定取向关系。

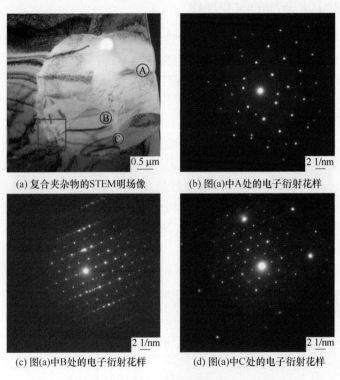

(a) 复合夹杂物的STEM明场像　　　(b) 图(a)中A处的电子衍射花样

(c) 图(a)中B处的电子衍射花样　　　(d) 图(a)中C处的电子衍射花样

图 4-39　复合夹杂物形貌及其电子衍射花样

　　将图 4-39（a）中的红色方框区域放大后得到其局部放大图，如图 4-40（a）所示。图 4-40（a）中 D 和 E 分别代表 Al$_2$O$_3$ 与 Mn$_3$Al$_2$Si$_3$O$_{12}$ 的界面处和 Al$_2$O$_3$ 与 TiN 的界面处。图 4-40（b）（c）分别为复合夹杂物的 D 和 E 处的电子衍射花样。分析 Al$_2$O$_3$ 与 Mn$_3$Al$_2$Si$_3$O$_{12}$ 和 Al$_2$O$_3$ 与 TiN 的界面处电子衍射花样可知，Al$_2$O$_3$ 与 Mn$_3$Al$_2$Si$_3$O$_{12}$ 间也不存在特定取向关系，只有 Al$_2$O$_3$ 与 TiN 间具有特定的晶面和晶向平行，即（110）Al$_2$O$_3$ ∥（110）TiN，⟨002⟩Al$_2$O$_3$ ∥⟨002⟩TiN，但大部分相间的晶面和晶向间并未观察到平行关系，因此，认为该类典型复合夹杂物大部分相之间不具有特定的取向关系。

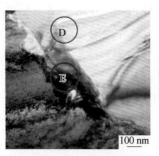  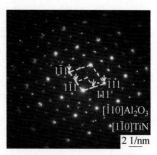

(a) 将图4-39(a)中的红色方框   (b) 图(a)中的D处的电子衍射花样   (c) 图(a)中的E处的电子衍射花样
区域放大后的图像

图 4-40　复合夹杂物的局部放大图像及其对应的电子衍射花样

4.6　Mg 处理钢中夹杂物的演变规律

以添加 0.004%Mg 后获得最佳低温冲击韧性的 10 号实验钢为研究对象，采用 FIB 与 TEM 相结合的分析方法，系统研究了铸坯中夹杂物的特征，经轧制后轧材中的夹杂物特征，以及焊接后焊接热影响区中的夹杂物特征。

4.6.1　铸坯中夹杂物显微结构特征

采用扫描电子显微镜对含 0.004%Mg 实验钢铸坯中的夹杂物形貌及尺寸进行观察，并用能谱仪分析夹杂物的成分组成。图 4-41（a）为铸坯中典型夹杂物在扫描电镜下的形貌特征。由图 4-41（a）可知，夹杂物形貌近似呈方形，夹杂物尺寸约为 1.5 μm，且在扫描电镜下夹杂物不同区域呈现出不同的衬度。利用能谱仪对该夹杂物的成分进行分析，结果发现，该类典型夹杂物主要由 Mg、O、Ti 和 N 元素组成，如图 4-41（b）所示。为进一步研究含 0.004%Mg 铸坯中典型夹杂物的形貌、尺寸、成分和晶体学特征，采用 FIB 切割了铸坯中的典型夹杂物，并进行 TEM 观察，其制备过程如图 4-42 所示。

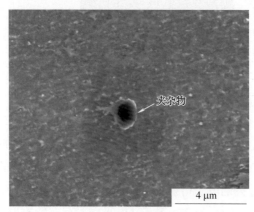 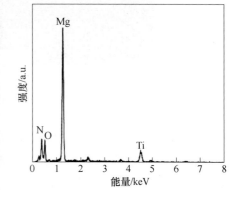

(a) 典型夹杂物SEM图片   (b) 典型夹杂物EDS结果

图 4-41　含 0.004%Mg 实验钢铸坯中的夹杂物形貌及成分

采用透射电子显微镜对铸坯中的典型夹杂物显微结构进行观察，图 4-43（a）（b）分

图 4-42 铸坯中典型夹杂物的制备过程

别为铸坯中典型夹杂物在 STEM 模式下的明场像和高角度环形暗场像（High-Angle Annular Dark-Field Imaging，HAADF），图 4-43（c）为夹杂物中 Mg、O、Ti 和 N 元素的分布情况。由于 SEM 和 TEM 只能获得夹杂物的部分二维形貌信息，不能获得其完整的三维形貌信息，但根据图 4-42（a）中 SEM 和图 4-43（a）中 TEM 下的二维形貌信息可推测夹杂物大致呈方形，大小约为 1.5 μm，其中 MgO 尺寸约为 1 μm。图 4-43（d）（e）分别为在图 4-43（b）中区域 1 和 2 处获得的电子衍射花样，由此可知，夹杂物中的区域 1 和 2 分别为 MgO 和 TiN。以上结果表明，铸坯中的典型夹杂物由 MgO 和 TiN 两相组成，且以 MgO 为核心，TiN 在其外围附着析出，其形貌呈方形。

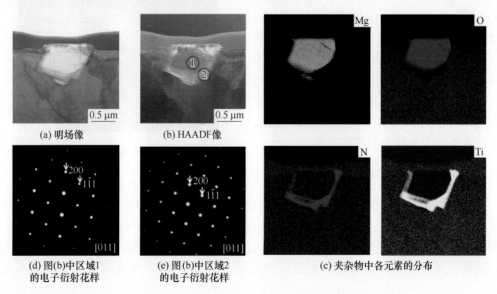

图 4-43 铸坯中典型夹杂物的显微结构

采用 TEM 研究 MgO 与 TiN 之间的晶体学关系，获得其界面处的高分辨像（High Resolution Transmission Electron Microscope，HRTEM）和衍射花样。图 4-44（a）为铸坯中

观察到的典型夹杂物，获取 MgO 与 TiN 界面处的 HRTEM 像和电子衍射花样，如图 4-44（b）所示。根据衍射花样标定结果及晶面间距测量结果可知，（100）MgO∥（100）TiN，[011]MgO∥[011]TiN。MgO 和 TiN 均为面心立方结构，晶格常数分别为 0.4211 和 0.4242 nm，两者晶格常数极为接近。相关文献指出，对于立方结构的夹杂物，当两相的晶胞参数比值接近 1.0 时，则可认为两者为共格关系，因此，MgO 与 TiN 间为完全共格关系。

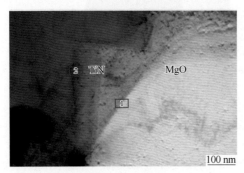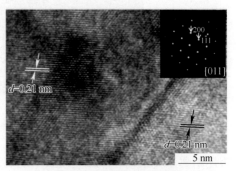

(a) TiN 与 MgO 的形貌　　　　　　(b) 图(a)中红色方框区域1的HRTEM像，右上角插图为其电子衍射花样

图 4-44　铸坯中的典型夹杂物 TiN 与 MgO 的形貌及两者界面处的 HRTEM 像

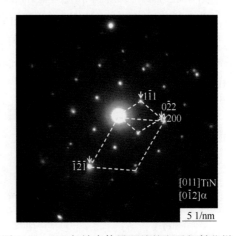

图 4-45　TiN 与铁素体界面处的电子衍射花样

为研究 TiN 与铁素体之间的取向关系，采用 TEM 获取 TiN 与铁素体界面处的电子衍射花样，即图 4-44（a）中红色方框区域 2 处的电子衍射花样，如图 4-45 所示。根据衍射花样标定结果可知，（02$\bar{2}$）TiN∥（200）α-Fe，[011]TiN∥[0$\bar{1}$2]α-Fe。面心立方的 TiN 和体心立方结构的铁素体的晶胞参数分别为 0.4242 nm 和 0.287 nm，相关文献指出，对于立方结构的夹杂物，当两相的晶胞参数比值接近 1.414 时，则为半共格关系，因此，认为铁素体与 TiN 间为半共格关系。

4.6.2　轧材中夹杂物显微结构特征

采用扫描电镜对含 0.004%Mg 实验钢轧材中的典型夹杂物形貌及尺寸进行观察，并用能谱仪分析其成分组成。图 4-46（a）为轧材中典型夹杂物的形貌，夹杂物形貌呈方形，且在扫描电镜下夹杂物不同区域呈现出不同的衬度。利用能谱仪对该夹杂物成分进行分析，结果发现，该类典型夹杂物主要由 Mg、O、Ti 和 N 四种元素组成，如图 4-46（b）所示。

为进一步研究轧材中典型夹杂物的形貌、尺寸、成分和晶体学特征，采用 FIB 定点切割了轧材中的典型夹杂物，以用于 TEM 观察。FIB 切割夹杂物的具体制备过程如图 4-47 所示。

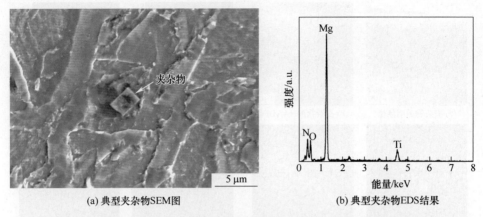

(a) 典型夹杂物SEM图　　　　　　(b) 典型夹杂物EDS结果

图 4-46　含 0.004%Mg 实验钢轧材中夹杂物的形貌及成分

图 4-47　轧材中典型夹杂物的制备过程

　　采用 TEM 对轧材中的典型夹杂物显微结构进行观察，图 4-47（a）（b）分别为轧材中典型夹杂物在 STEM 模式下的明场像和高角度环形暗场像，图 4-48（c）为夹杂物中 Mg、O、Ti 和 N 元素的分布情况。由于 TEM 和 SEM 只能获得夹杂物的部分二维形貌信息，不能获得其完整的三维形貌信息，但根据图 4-47（a）中 SEM 下及图 4-48（a）中 TEM 下的二维形貌信息可推测夹杂物大致呈方形，尺寸大小约为 3 μm，其中 MgO 尺寸约为 1.5 μm。图 4-48（d）（e）分别为在图 4-48（b）中区域 1 和区域 2 处获得的电子衍射花样，由图 4-48（b）中区域 1 和区域 2 处的电子衍射花样结果可知，夹杂物中的区域 1 和区域 2 分别为 MgO 和 TiN。以上结果表明，轧材中的典型夹杂物也主要由 MgO 和 TiN 两相组成，且 TiN 以 MgO 为核心在其外围附着析出。

　　为研究轧材夹杂物中 MgO 与 TiN 之间的晶体学取向关系，采用 TEM 获取其界面处的 HRTEM 像和衍射花样，即图 4-49（a）中红色方框区域处的 HRTEM 像和电子衍射花样，如图 4-49（b）所示。根据衍射花样标定结果及晶面间距测量结果可知，$(111)\mathrm{MgO}\,/\!/\,(111)\mathrm{TiN}$，$[21\bar{3}]\mathrm{MgO}\,/\!/\,[21\bar{3}]\mathrm{TiN}$。

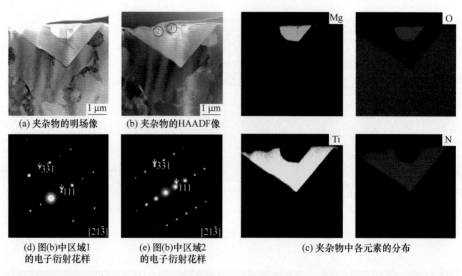

(a) 夹杂物的明场像 (b) 夹杂物的HAADF像 (c) 夹杂物中各元素的分布

(d) 图(b)中区域1
的电子衍射花样

(e) 图(b)中区域2
的电子衍射花样

图 4-48 轧材中典型夹杂物的显微结构

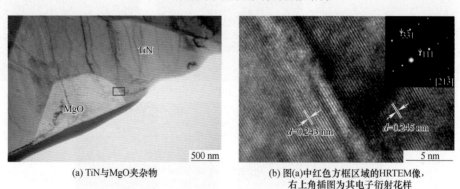

(a) TiN与MgO夹杂物

(b) 图(a)中红色方框区域的HRTEM像，
右上角插图为其电子衍射花样

图 4-49 轧材中的典型夹杂物形貌及 TiN 与 MgO 两者界面处的 HRTEM 像

采用 TEM 获取 TiN 与铁素体界面处的电子衍射花样，以研究 TiN 与铁素体之间的取向关系。图 4-50（a）为采用 TEM 观察到的轧材中 TiN 与铁素体的界面区域的形貌像，图 4-50（b）为图 4-50（a）中红色方框区域的 HRTEM 像及对应的傅里叶变换。由图 4-50 可知，TiN 与铁素体间存在特定的取向关系，即（100）TiN∥（110）α-Fe，[011]TiN∥[011]α-Fe。

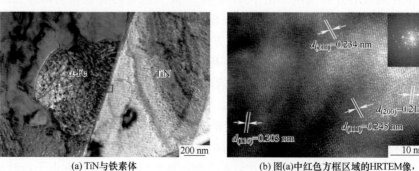

(a) TiN与铁素体

(b) 图(a)中红色方框区域的HRTEM像，
右上角插图为其电子衍射花样

图 4-50 轧材中的典型夹杂物的形貌及 TiN 与铁素体界面处的 HRTEM 像

4.6.3 焊接 HAZ 中夹杂物显微结构特征

采用扫描电镜对含 0.004%Mg 实验钢焊接 HAZ 中的夹杂物形貌及尺寸进行观察，并用能谱仪分析其成分组成。图 4-51（a）为焊接 HAZ 中典型夹杂物的形貌，夹杂物形貌呈方形，且在扫描电镜下夹杂物不同区域呈现不同的衬度。利用能谱仪对夹杂物成分进行分析发现，该类典型夹杂物主要由 Mg、O、Ti 和 N 四种元素组成，如图 4-51（b）所示。

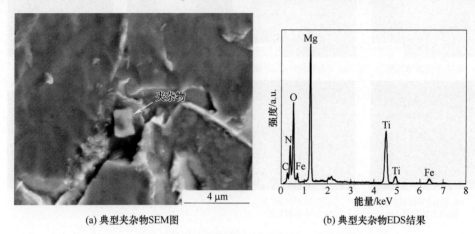

(a) 典型夹杂物SEM图　　　　　　　　(b) 典型夹杂物EDS结果

图 4-51　含 0.004%Mg 实验钢焊接 HAZ 中夹杂物的形貌及成分

采用 FIB 切割焊接 HAZ 中的典型夹杂物，并进行 TEM 观察，以研究焊接 HAZ 中夹杂物的形貌、尺寸、成分和晶体学特征，其制备过程如图 4-52 所示。采用 TEM 对铸坯中的典型夹杂物显微结构进行观察，图 4-53（a）（b）分别为焊接 HAZ 中典型夹杂物在 STEM 模式下的明场像和 HAADF 像，图 4-53（c）为夹杂物中 Mg、O、Ti 和 N 元素的分布情况。根据图 4-52（a）中 SEM 下及图 4-53（a）（b）中 TEM 下的二维形貌信息可推测夹杂物大致呈方形，大小约为 2 μm，其中 MgO 尺寸约为 1 μm。图 4-53（d）（e）分别为在图 4-53（b）中区域 1 和 2 处获得的电子衍射花样，由图 4-53（b）中区域 1 和 2 处的电子衍射花

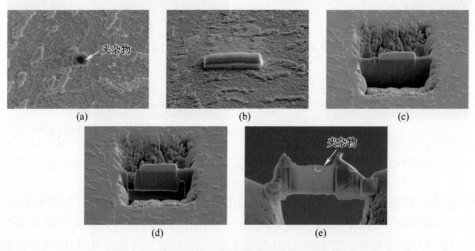

(a)　　　　　　　　　(b)　　　　　　　　　(c)

(d)　　　　　　　　　(e)

图 4-52　焊接热影响区中典型夹杂物的制备过程

样结果可知，夹杂物中的区域 1 和 2 分别为 MgO 和 TiN。以上结果表明，焊接 HAZ 中的典型夹杂物同样由 MgO 和 TiN 两相组成，且 TiN 以 MgO 为核心在其外围附着析出，夹杂物形貌呈方形。

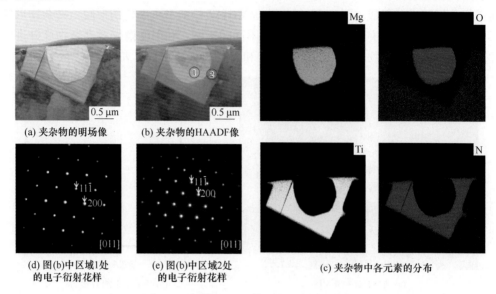

(a) 夹杂物的明场像　　　　(b) 夹杂物的HAADF像

(d) 图(b)中区域1处　　　(e) 图(b)中区域2处　　　(c) 夹杂物中各元素的分布
的电子衍射花样　　　　　的电子衍射花样

图 4-53　焊接 HAZ 中典型夹杂物显微结构

采用 TEM 获取 MgO 与 TiN 界面处的 HRTEM 像和电子衍射花样，以研究 MgO 与 TiN 之间的晶体学关系。图 4-54（a）为在焊接 HAZ 中观察到的夹杂物局部形貌像，图 4-54（b）为图 4-54（a）中 MgO 与 TiN 界面区域的 HRTEM 像和电子衍射花样。由图 4-54（b）的计算和测量结果可知，焊接 HAZ 中组成夹杂物的 MgO 和 TiN 两相间同样存在特定的取向关系，即 $(100)MgO /\!/ (100)TiN$，$[011]MgO /\!/ [011]TiN$。

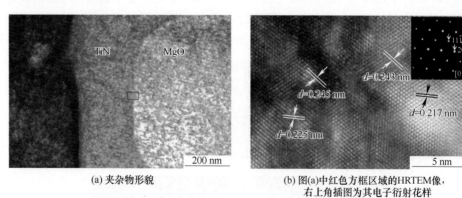

(a) 夹杂物形貌　　　　　(b) 图(a)中红色方框区域的HRTEM像，
　　　　　　　　　　　　　右上角插图为其电子衍射花样

图 4-54　焊接 HAZ 中的典型夹杂物 TiN 与 MgO 形貌及其界面处的 HRTEM 像

采用 TEM 获取 TiN 与铁素体界面处的 HRTEM 像和电子衍射花样，以研究焊接 HAZ 中 TiN 与铁素体之间的取向关系。图 4-55（a）为采用 TEM 观察到的焊接 HAZ 中 TiN 与铁素体的界面区域的形貌像，图 4-55（b）为图 4-55（a）中红色方框区域的 HRTEM 像及电子衍射花样。由图 4-55（b）可知，TiN 与铁素体间存在特定的取向关系，即 $(11\bar{1})TiN /\!/$

$(200)\alpha$-Fe，$[011]$TiN$//[010]\alpha$-Fe。

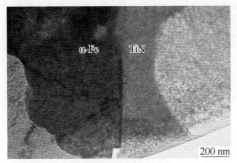

(a) 夹杂物 TiN 与 α-Fe

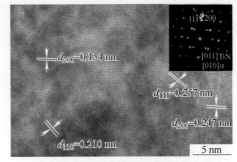

(b) 左侧(a)图中红色方框区域的HRTEM像，右上角插图为其电子衍射花样

图 4-55 焊接热影响区中的典型夹杂物 TiN 与 α-Fe 及其界面处的 HRTEM 像

由上述铸坯、轧材及焊接 HAZ 中夹杂物特征分析结果可知，铸坯、轧材及焊接 HAZ 中典型夹杂物的主要组成相均为 MgO 和 TiN，且 TiN 以 MgO 为核心，在其外围附着析出。铸坯、轧材及焊接 HAZ 中夹杂物的尺寸大多在 $1\sim3$ μm 之间，且形貌均为方形，其中 MgO 的尺寸约为 1 μm，大致呈球形。由于 TiN 的（100）和（111）晶面上表面能最小，因此，析出 TiN 多为方形或规则的多边形。

MgO 形成于脱氧阶段，属于脱氧夹杂，具有较高熔点（2852 ℃），在钢液中能稳定存在。因此，较早形成的具有高熔点、高硬度的 MgO 可以作为后期形成的 TiN 的析出地点。由于 MgO 与 TiN 之间为共格界面，点阵吻合较好，两相之间的界面能比较小，促进了 TiN 在具有高熔点且较早形成的 MgO 上的析出长大。同时，由于铁素体与 TiN 为半共格界面，晶格匹配程度较高，有利于为铁素体的形核提供低能界面，降低形核所需要越过的界面能和应力能能障。因此，钢中 MgO+TiN 夹杂物可促进铁素体的形核[32,33]。另外，在早期冶炼阶段形成的 MgO，因其高熔点、高硬度、尺寸细小、弥散分布的特点，使其在后期轧制和焊接过程中具有保持性状不变的特性，而 TiN 不仅在钢液凝固过程中析出，而且在固相中也能析出，因此，在铸坯、轧材及焊接 HAZ 中夹杂物的相组成保持不变。

4.7 Mg 处理钢中第二相粒子的研究

4.7.1 Mg 对奥氏体晶粒尺寸的影响

为了研究钢中添加 0.004%Mg 对奥氏体晶粒尺寸的影响规律，采用高温激光共聚焦显微镜对不含 Mg 实验钢和含 0.004%Mg 实验钢，在 1450 ℃ 条件下，进行不同保温时间的热处理。取含 0.004%Mg 实验钢中轧材部位的试样，加工成直径为 7 mm、高度为 3 mm 的圆柱试样。采用高温激光共聚焦显微对其进行热处理，将试样以 1 ℃/s 的加热速率升温到 1450 ℃，分别保温 0 s、10 s、60 s 和 100 s 后，并以 7 ℃/s 的降温速率冷却至室温，其实验方案如图 4-56 所示。

对不含 Mg 实验钢和含 0.004%Mg 实验钢进行热处理后，采用金相显微镜对试样中奥氏体晶粒特征进行观察。图 4-57 （a）~（d）为不含 Mg 钢在 1450 ℃ 分别保温 0 s、10 s、

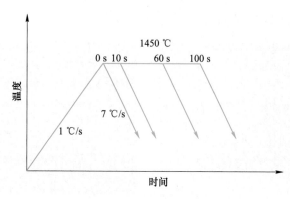

图 4-56　热处理工艺图

60 s 和 100 s 时的典型奥氏体晶粒特征。由图 4-57 可知，在 1450 ℃保温 0 s 时，奥氏体晶粒尺寸较细小且均匀，但随保温时间延长，奥氏体晶粒尺寸逐渐增大。

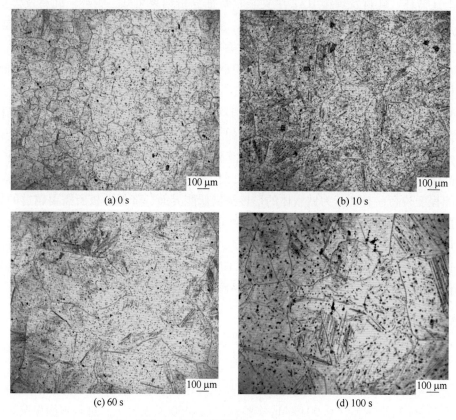

图 4-57　不含 Mg 钢在不同保温时间下奥氏体晶粒特征

选取不含 Mg 钢在 1450 ℃分别保温 0 s、10 s、60 s 和 100 s 的试样分别测量 200 个奥氏体晶粒的当量直径并进行统计，不含 Mg 钢在不同保温时间下奥氏体晶粒尺寸分布的统计结果如图 4-58 所示。比较图 4-58（a）~（d）可知，随保温时间延长，整体尺寸分布明显向右移，说明随保温时间延长奥氏体晶粒尺寸逐渐增大。不含 Mg 钢在 1450 ℃保温 0 s 时的奥氏体晶粒尺寸分布峰值对应尺寸范围为 90~120 μm，其比例为 22.3%；保温 10 s

时的奥氏体晶粒尺寸分布峰值对应尺寸范围为 240~270 μm，其比例为 11.8%；保温 60 s 时的奥氏体晶粒尺寸分布峰值对应尺寸范围为 270~300 μm，其比例为 10.5%；保温 100 s 时的奥氏体晶粒尺寸分布峰值对应尺寸范围为 360~390 μm，其比例为 11%。不同保温时间下的奥氏体晶粒尺寸分布均服从正态分布，不含 Mg 钢在 1450 ℃分别保温 0 s、10 s、60 s 和 100 s 时的奥氏体晶粒平均尺寸为 112.5 μm、269.7 μm、307.5 μm 和 397.7 μm。

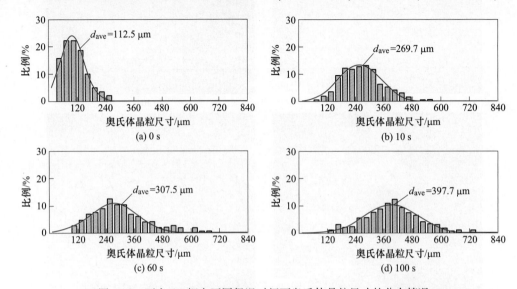

图 4-58　不含 Mg 钢在不同保温时间下奥氏体晶粒尺寸的分布情况

　　将含 0.004%Mg 实验钢在 LSCM 中，分别保温 0 s、10 s、60 s 和 100 s 后，获取各个试样的奥氏体晶粒尺寸分布信息。图 4-59（a）~（d）为含 0.004%Mg 钢在 1450 ℃分别保温 0 s、10 s、60 s 和 100 s 时的典型奥氏体晶粒特征。由图 4-59 可知，随保温时间延长，奥氏体晶粒尺寸呈增大趋势。

　　选取含 Mg 钢在 1450 ℃分别保温 0 s、10 s、60 s 和 100 s 的试样分别测量 200 个奥氏体晶粒的当量直径并进行统计，统计结果如图 4-60 所示。比较图 4-60（a）~（d）可知，随保温时间延长，整体尺寸分布略微右移，说明随保温时间延长奥氏体晶粒尺寸有增大趋势。含 Mg 钢在 1450 ℃保温 0 s 时的奥氏体晶粒尺寸分布峰值对应尺寸范围为 60~90 μm，其比例为 20.7%；保温 10 s 时的奥氏体晶粒尺寸分布峰值对应尺寸范围为 120~150 μm，其比例为 22.2%；保温 60 s 时的奥氏体晶粒尺寸分布峰值对应尺寸范围为 150~180 μm，其比例为 21.1%；保温 100 s 时的奥氏体晶粒尺寸分布峰值对应尺寸范围为 150~180 μm，其比例为 20%。不同保温时间下的奥氏体晶粒尺寸分布均服从正态分布，含 Mg 钢在 1450 ℃保温 0 s、10 s、60 s 和 100 s 时的奥氏体晶粒平均尺寸分别为 103.9 μm、138.7 μm、179.2 μm 和 180.8 μm。

　　为了研究 Mg 对钢中奥氏体晶粒尺寸的影响规律，将不含 Mg 钢和含 Mg 钢在不同保温时间下的奥氏体晶粒平均尺寸进行对比分析。图 4-61 为随保温时间延长，含 Mg 钢和不含 Mg 钢中奥氏体晶粒平均尺寸的变化。由图可知，随保温时间延长含 Mg 钢和不含 Mg 钢中奥氏体晶粒平均尺寸均呈增大趋势，但含 Mg 钢中的奥氏体晶粒平均尺寸增长趋势明显小于不含 Mg 钢中的奥氏体晶粒平均尺寸增长趋势，且含 Mg 钢中的奥氏体晶粒平均尺寸在

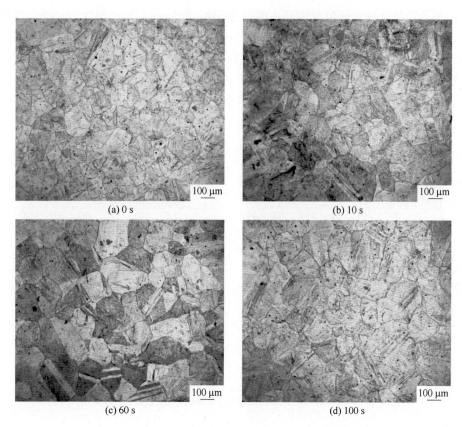

图 4-59 含 Mg 钢在不同保温时间条件下的典型奥氏体晶粒特征

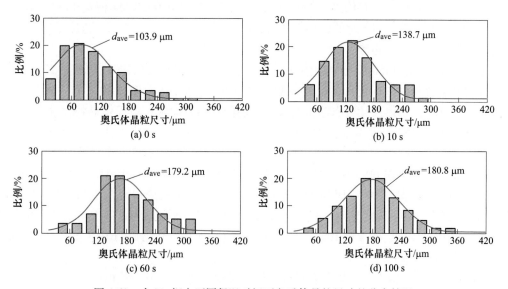

图 4-60 含 Mg 钢在不同保温时间下奥氏体晶粒尺寸的分布情况

保温时间超过 60 s 后增幅减小，几乎不再增长。由此说明，钢中添加适量的 Mg 可以明显阻碍高温下奥氏体晶粒尺寸的长大。

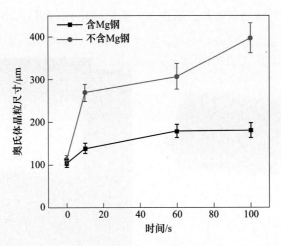

图 4-61 含 Mg 钢与不含 Mg 钢在不同保温时间下奥氏体晶粒平均尺寸随保温时间的变化

4.7.2 Mg 处理变质钢中第二相粒子的结构与演变

为了进一步探究 Mg 阻碍高温下奥氏体晶粒尺寸长大的作用机制，采用萃取复型方法制备了用于 TEM 观察的试样，以研究不含 Mg 钢和含 Mg 钢中第二相粒子的成分、尺寸、形貌等特征。对不含 Mg 钢在 1450 ℃保温 0 s 后的试样进行观察，图 4-62 为该钢中观察到的典型第二相粒子，可以看出，第二相粒子形貌主要为长方形和正方形。通过对 200 个第二相粒子的尺寸进行测量和统计发现，不含 Mg 钢在 1450 ℃保温 0 s 后的试样中第二相粒子的粒径跨度范围较大，大多在 50 ~ 350 nm 的范围内，平均粒径为 114.8 nm。

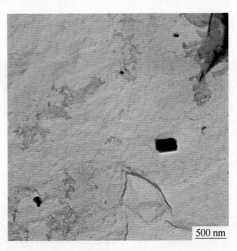

图 4-62 不含 Mg 钢中的第二相粒子

采用 TEM 附带的 EDS 探测器对不含 Mg 钢在 1450 ℃保温 0 s 的试样中第二相粒子的成分进行分析，其结果如图 4-63 所示。由图可知，该类第二相粒子主要由 Ti 和 N 元素组成。采用 TEM 获取该第二相粒子的 HRTEM 像并进行傅里叶变换，其结果如图 4-64 所示。

根据图4-64的计算和测量结果可知，不含 Mg 钢在 1450 ℃保温 0 s 的试样中的第二相粒子为 TiN。

(a) 第二相粒子的明场像   (b) 第二相粒子的HAADF像

(c) 第二相粒子中的Ti元素分布   (d) 第二相粒子中的N元素分布

图 4-63   不含 Mg 钢中的典型第二相粒子形貌及成分

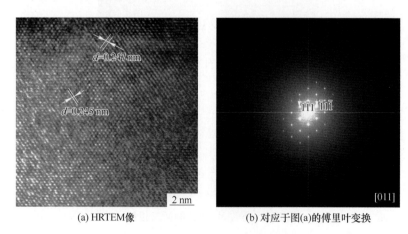

(a) HRTEM像   (b) 对应于图(a)的傅里叶变换

图 4-64   不含 Mg 钢中第二相粒子的 HRTEM 像及其傅里叶变换

采用透射电镜对含 Mg 钢在 1450 ℃保温 0 s 后的试样进行观察，以研究含 Mg 钢中第二相粒子的特征。图 4-65 为在 1450 ℃保温 0 s 后的含 Mg 钢试样中观察到的典型第二相粒

子。由图 4-65 可以看出，该类第二相粒子形貌也主要
为长方形和正方形。通过对含 Mg 钢中 200 个第二相粒
子的尺寸进行测量和统计得出，该钢中第二相粒子的
平均粒径为 45.4 nm，且与不含 Mg 钢中第二相粒子相
比，粒径跨度范围较小，集中在 15~100 nm 的范围。

采用 TEM 附带的 EDS 探测器对第二相粒子的成分
进行分析，结果如图 4-66 所示。由图可知，该类第二
相粒子主要由 Mg、O、Ti 和 N 元素组成，且中心由
Mg 和 O 元素组成，为椭球形，外围由 Ti 和 N 元素组
成，呈方形。

采用 TEM 获取该第二相粒子的 HRTEM 像及对应

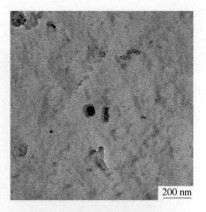

图 4-65　含 Mg 钢中的第二相粒子

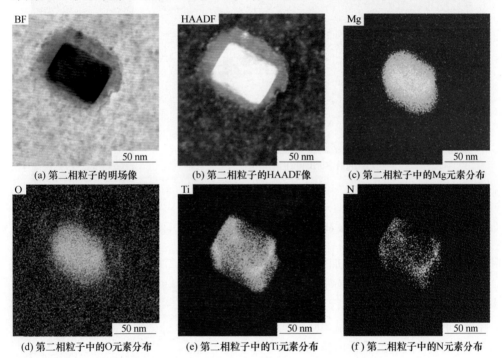

(a) 第二相粒子的明场像　　　　(b) 第二相粒子的 HAADF 像　　　　(c) 第二相粒子中的 Mg 元素分布

(d) 第二相粒子中的 O 元素分布　　(e) 第二相粒子中的 Ti 元素分布　　(f) 第二相粒子中的 N 元素分布

图 4-66　含 Mg 钢中的典型第二相粒子形貌及成分

的傅里叶变换，如图 4-67 所示。根据图 4-67 中的测量和计算结果可知，该第二相粒子由
MgO 和 TiN 组成，且以椭球形的 MgO 为核心，外围析出方形的 TiN。由图 4-67（b）~（d）
的标定结果可知，MgO 与 TiN 同样保持完全共格关系，即（020）MgO∥（020）TiN，
[001]MgO∥[001]TiN，高熔点的 MgO 作为 TiN 的析出地点。

对比分析 1450 ℃保温 0 s 后的不含 Mg 和含 0.004%Mg 钢中的第二相粒子特征发现，
两种钢中的第二相粒子形貌均为方形。不同的是，不含 Mg 钢中的第二相粒子为方形的
TiN，而含 0.004%Mg 钢中是以 MgO 为核心，外围析出 TiN 的方形第二相粒子，也就是
说，在方形 TiN 的中心包裹着 MgO。说明添加 Mg 变质了钢中第二相粒子，使其由 TiN 转
变为 MgO+TiN。此外，含 0.004%Mg 钢中第二相粒子的平均尺寸明显小于不含 Mg 钢中第

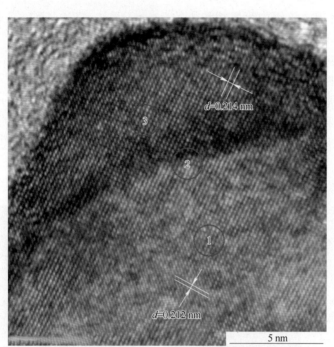

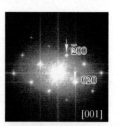

(b) 图(a)位置1处
的傅里叶变换

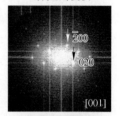

(c) 图(a) 位置2处
的傅里叶变换

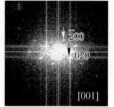

(d) 图(a) 位置3处
的傅里叶变换

(a) 含Mg钢中析出相的HRTEM像

图 4-67　含 Mg 钢中析出相的 HRTEM 像及其傅里叶变换

二相粒子的平均尺寸。说明添加 0.004% Mg 细化了钢中第二相粒子。

　　为分析钢中第二相粒子在高温下的稳定性，以研究其对高温下奥氏体晶粒长大行为的影响。对含 Mg 钢和不含 Mg 钢进行 1450 ℃ 保温 300 s 的热处理后，采用 TEM 观察其第二相粒子析出情况。图 4-68 为含 Mg 钢中观察到的典型第二相粒子特征，可以看出，在 1450 ℃ 的温度下经历 300 s 的长时间保温后，第二相粒子的形貌发生变化，以球形为主。通过对含 Mg 钢中 200 个第二相粒子的尺寸进行测量和统计得出，第二相粒子的平均粒径为 40.5 nm，且粒径跨度范围较小，集中在 15~70 nm 的范围内。

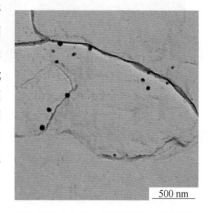

图 4-68　含 Mg 钢中的第二相粒子

　　采用 EDS 对该类第二相粒子的成分进行分析，其结果如图 4-69 所示，由图可知，该类第二相粒子的成分只有 Mg 和 O 元素。采用 TEM 获取该类第二相粒子的 HRTEM 像及傅里叶变换，如图 4-70 所示。结合图 4-69 和图 4-70 可知，该类第二相粒子为 MgO。以上结果说明，含 0.004% Mg 钢在 1450 ℃ 经历长时间的保温后，钢中 TiN 发生溶解，该实验结果与含 0.004% Mg 钢中第二相粒子平均尺寸由在

1450 ℃保温 0 s 时的 45.4 nm 减小到保温 300 s 时的 40.5 nm 的实验结果相一致。

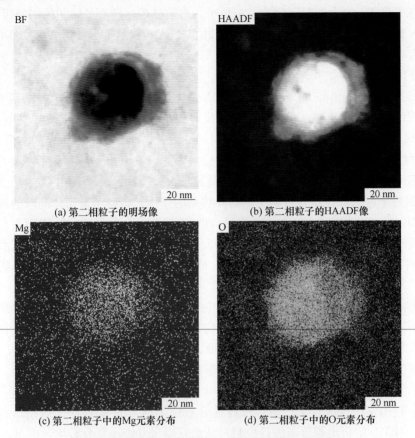

(a) 第二相粒子的明场像   (b) 第二相粒子的HAADF像

(c) 第二相粒子中的Mg元素分布   (d) 第二相粒子中的O元素分布

图 4-69 含 Mg 钢中的第二相粒子形貌及元素分布

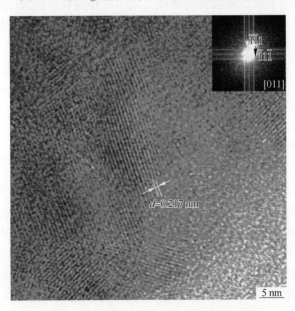

图 4-70 含 Mg 钢中第二相粒子的 HRTEM 像

(右上角插图为对应的傅里叶变换)

对不含 Mg 钢进行 1450 ℃保温 300 s 的热处理后，采用 TEM 观察其第二相粒子析出情况。结果在不含 Mg 钢中未观察到第二相粒子。推测认为，经历长时间的保温后，不含 Mg 钢中的 TiN 粒子完全溶解，这一实验结果与相关文献的报道一致，即 TiN 在 1400 ℃以上不能稳定存在会发生溶解[34]。不含 Mg 钢中 TiN 溶解，势必导致奥氏体晶粒粗化，从而使钢的韧性下降。

以上结果表明，在 1450 ℃的高温下，TiN 易发生溶解，而含 0.004% Mg 钢中第二相粒子虽然外层的 TiN 发生溶解，但其核心的、尺寸细小的高熔点 MgO 仍能在钢中稳定存在。因此，在 1450 ℃进行保温处理时，随保温时间的延长，不含 Mg 钢中 TiN 逐渐溶解，未溶TiN 析出物数量逐渐减少，奥氏体晶粒不断长大[35,36]。而含 0.004% Mg 钢在 1450 ℃温度下，在保温时间较短时，TiN 溶解，奥氏体晶粒长大，当保温时间超过 60 s 后，不溶解的MgO 第二相粒子起到钉扎高温下奥氏体晶界移动的作用，阻碍了奥氏体晶粒的持续长大。

添加 Mg 后，钢中的第二相粒子成分由 TiN 转变为中心为 MgO、外围附着 TiN 的第二相粒子，其平均尺寸也由 114.8 nm 减小到 45.4 nm，说明添加 Mg 不仅可形成高温稳定的MgO 钉扎高温下奥氏体晶粒的长大，形成的 MgO 还可充当 TiN 的析出地点，阻碍 TiN 的聚集长大，形成尺寸更加细小的第二相粒子[37]。

钢中形成的 TiN 通常是在钢的冷却过程中从固相中析出，其分布受钢中各形成元素在钢中的偏析以及钢中晶界、位错、空位等结构缺陷的严重影响，因此，其分布往往难以均匀。与 TiN 相比，钢中 MgO 形成于脱氧阶段，不受元素偏析、结构缺陷等因素的影响，因而在钢中的分布较为均匀，其作为 TiN 的形核地点时，也有利于减小钢中第二相粒子的尺寸[38]。

因此，利用钢中形成较早、熔点较高且分布较为均匀的 MgO 作为后期形成的 TiN 的析出地点，对 TiN 的析出和分布进行控制，从而获得尺寸细小且分布均匀的 MgO 和 TiN 复合的钉扎粒子钉扎高温下奥氏体晶界的移动，从而抑制晶粒的长大。第二相粒子对奥氏体晶界的钉扎作用取决于第二相粒子抑制本身粗化的能力，第二相粒子对奥氏体晶粒尺寸的钉扎影响可以用下述公式进行描述[39]：

$$D = \frac{\pi d}{6f}\left(\frac{3}{2} - \frac{2}{Z}\right) \tag{4-69}$$

式中　　D——奥氏体晶粒尺寸；

　　　　d——第二相粒子直径；

　　　　f——第二相粒子体积分数；

　　　　Z——常数。

由式（4-58）可知，钢中第二相粒子的直径越小，越有利于获得更细小的奥氏体晶粒。因此，相比较于不含 Mg 钢中的 TiN 粒子，钢中添加 0.004% Mg 后获得的尺寸更加细小的含 Mg 的第二相粒子更有助于细化奥氏体晶粒尺寸。Mg 处理对钢中第二相粒子的变质及细化，能获得更好的钉扎效果，获得尺寸更细小的奥氏体晶粒，有利于提升钢的韧性。

MgO 为脱氧夹杂，形成于早期冶炼阶段，在含 Mg 钢从铸坯、轧材、焊接 HAZ 的夹杂物中及轧材的第二相粒子中均观察到了 MgO 相。说明钢中添加 0.004% Mg 后，尺寸为微米级别的 MgO 以夹杂物的形式稳定存在于钢中，充当 TiN 的析出地点，TiN 与铁素体间的半共格界面促进了晶内铁素体的形核。同时，尺寸为纳米级别的 MgO 以第二相粒子的形式稳定存在于钢中，并在焊接热循环过程中钉扎高温下奥氏体晶界的移动，阻碍奥氏体晶粒的长大。同时，利用钢中添加 Mg 对奥氏体晶粒长大的阻碍作用，有利于减小 GBF 的宽度，减少 GBF 和 FSP 等晶界脆化组织的含量，从而促进晶内铁素体的转变。

因此，认为，含 0.004%Mg 的钢通过形成高温下稳定（熔点高、不固溶、不长大）且细小（10~100 nm）弥散分布的含 Mg 第二相粒子钉扎了高温下奥氏体晶界的移动，阻碍了奥氏体晶粒长大，尺寸细小的奥氏体晶粒抑制 GBF 的过度长大，从而促进了晶内铁素体的形成。同时也利用以 MgO 为核心，外围包裹 TiN 的夹杂物，促进晶内铁素体的形核，来得到尺寸细小的组织，从而改善钢的韧性。

4.8　小结

本章主要研究了基于氧化物冶金的夹杂物析出热力学特性，钢液中夹杂物析出的热力学条件随 T 和 $w_{[O]}$ 而变化；不同夹杂物之间的析出顺序对 $w_{[O]}$ 变化非常敏感，尤其 $w_{[O]}$ 比较低时，Al 元素抑制钛氧化物的析出，并影响钛氧化物的析出时机，而 Mn 元素对此影响不大。

钢中夹杂物以先析出的高熔点氧化物（CaO_2、Ti_2O_3、MgO、Al_2O_3 等）为核心，被随后依次析出的 MnS、TiN、VN 和 VC 等包裹形成复合夹杂物；且最后析出的 VN 和 VC 等与铁素体错配度极低，容易诱发晶内铁素体形核。

铸坯、轧材及焊接 HAZ 中典型夹杂物的主要组成相均为 MgO 和 TiN，且 TiN 以 MgO 为核心，在其外围附着析出。MgO 与 TiN 之间均为共格界面，促进了 TiN 在高熔点的 MgO 上的析出。同时，铁素体与 TiN 间为半共格界面，有利于铁素体的形核。在脱氧阶段形成的 MgO，因其高熔点、尺寸细小、弥散分布的特点，使其在后期轧制和焊接过程中具有保持性状不变的特性。

MgO 为脱氧夹杂，形成于冶炼阶段，因其高熔点、不固溶、尺寸细小的特性而在钢中稳定存在。尺寸为微米级别的 MgO 以夹杂物的形式稳定存在于钢中，充当 TiN 的析出地点，TiN 与铁素体间的半共格界面促进晶内铁素体的形核。而尺寸为纳米级别的 MgO 以第二相粒子的形式稳定存在于钢中，并钉扎高温下奥氏体晶界的移动，阻碍奥氏体晶粒的长大，从而改善焊接热影响区的韧性，提高钢的可焊接性。

参 考 文 献

[1] 吴振华. 含钛钢中夹杂物析出行为及其对钢组织的影响研究 [D]. 武汉：武汉科技大学，2015.

[2] 王明林，成国光，赵沛，等. 含钛低碳钢凝固过程中氧化钛形成的热力学 [J]. 钢铁研究学报，2004，16（3）：40-43.

[3] 杨成威，吕洒冰，王新华，等. 1873 K 下钢液中 Ti-Al 复合脱氧热力学分析及夹杂物生成 [J]. 北京科技大学学报，2009，31（11）：1390-1393.

[4] 陈家祥. 炼钢常用图表数据手册 [M]. 北京：冶金工业出版社，2010.

[5] 杨飞. Fe-M-Ti-Mg(M = Si，Mn，Al) 合金复合脱氧钢夹杂物的研究 [D]. 武汉：武汉科技大学，2011.

[6] 倪冰，刘浏，姚同路. 钢中铝-硅-锰复合脱氧反应的热力学计算 [J]. 钢铁研究学报，2011，23（9）：8-11.

[7] 郑万. Al-Ti-Mg(Ca) 复合脱氧对抗大变形管线钢中的夹杂物、钢的组织及性能的影响研究 [D]. 武

汉：武汉科技大学，2014.

［8］王海华. 不同精炼条件弹簧钢中夹杂物及其析出热力学研究［D］. 武汉：武汉科技大学，2014.

［9］杨成威，吕洒冰，卓晓军，等. MnS 在 Ti-Al 复合脱氧氧化物上的析出研究［J］. 钢铁，2010，45（11）：32-36.

［10］胡军. V 微合金钢晶内形核铁素体相变及微观组织纳米化［D］. 沈阳：东北大学，2014.

［11］付兵，项利，凌晨，等. 薄板坯连铸连轧流程试制含钒钛取向硅钢中氮化物析出相［J］. 北京科技大学学报，2014，36（11）：1505-1513.

［12］殷利民. 微合金非调质油井管钢中钒的析出行为研究［D］. 上海：上海大学，2013.

［13］Turnbull D，Vonnegut B. Nucleation catalysis［J］. Ind Eng Chem，1952，44（6）：1292-1994.

［14］Bramfitt B. The effect of carbide and nitride additions on the heterogeneous nucleation behavior of liquidiron［J］. Metall Trans，1970，1（7）：1987-1995.

［15］刘彤，刘敏珊. 金属材料弹性常数与温度关系的理论解析［J］. 机械工程材料，2014，38（3）：85-89.

［16］王明林，成国光，仇圣桃，等. 凝固过程中含钛析出物的析出行为［J］. 钢铁研究学报，2007，19（5）：44-48.

［17］Yamada T，Terasaki H，Komizo Y. Microscopic observation of inclusions contributing to formation of acicular ferrite in steel weld metal［J］. Science and Technology of Welding and Joining，2013，13（2）：118-125.

［18］Sheng H，Zheng H，Jia S，et al. Twin structures in CuO nanowires［J］. Journal of Applied Crystallography，2016，49（2）：462-467.

［19］Seo J S，Kim K H，Kim H J，et al. Characteristics of inclusions in rutile-type FCAW weld metal［J］. Welding in the World，2013，57（1）：65-72.

［20］Babu S S，David S A，Vttek J M，et al. Development of macro-and microstructures of carbon-manganese low alloy steel welds：inclusion formation［J］. Materials Science and Technology，1995，11（1）：186-199.

［21］Wakho M，Sawai T，Mizoguchi S. Effect of S content on the MnS precipitation in steel with oxide nuclei［J］. ISIJ International，1996，36（8）：1014-1021.

［22］Kang Y B，Park J H. On the dissolution behavior of sulfur in ternary silicate slags［J］. Metallurgical and Materials Transactions B，2011，42（6）：1211-1217.

［23］Kang Y B，Pelton A D. Thermodynamic model and database for sulfides dissolved in molten oxide slags［J］. Metallurgical and Materials Transactions B，2009，40（6）：979-994.

［24］Li J Y，Cheng G G，Ruan Q，et al. Evolution mechanism of inclusions in Al-killed，Ti-bearing 11Cr stainless steel with Ca treatment［J］. ISIJ International，2018，58（6）：1042-1051.

［25］Kim Y J，Woo D H，Gaye H，et al. Thermodynamics of $MnO-SiO_2-Al_2O_3-MnS$ liquid oxysulfide：Experimental and thermodynamic modeling［J］. Metallurgical and Materials Transactions B，2011，42（3）：535-545.

［26］Kwiatkowski D S A，Kamachali R D，Ponge D，et al. Thermodynamics of grain boundary segregation，interfacial spinodal and their relevance for nucleation during solid-solid phase transitions［J］. Acta Materialia，2019，168（1）：109-120.

［27］Li B，Ma E. Zonal dislocations mediating $\{10\bar{1}1\}$ $\langle 10\bar{1}\bar{2}\rangle$ twinning in magnesium［J］. Acta Materialia，2009，57（6）：1734-1743.

［28］Li Y，Wan X L，Lu W Y，et al. Effect of Zr-Ti combined deoxidation on the microstructure and mechanical

properties of high-strength low-alloy steels ［J］. Materials Science and Engineering A, 2016, 659 (1):
179-187.

［29］ Meiser J, Uurbassek H. Dislocations help initiate the α-γ phase transformation in Iron—an atomistic study
［J］. Metals, 2019, 9 (90): 1-14.

［30］ Li B, Zhang X M, Clapp P C, et al. Molecular dynamics simulations of the effects of defects on martensite
nucleation ［J］. Journal of Applied Physics, 2004, 95 (4): 1698-1705.

［31］ Choudhary S K, Ghosh A. Mathematical model for prediction of composition of inclusions formed during
solidification of liquid steel ［J］. ISIJ International, 2009, 49 (12): 1819-1827.

［32］ 万响亮, 李光强, 吴开明. 原位观察 TiN 粒子对低合金高强度钢模拟焊接热影响区粗晶区晶粒细化
作用 ［J］. 工程科学学报, 2016, 38 (3): 371-378.

［33］ Wan X, Zhou B, Nune K C, et al. In-situ microscopy study of grain refinement in the simulated heat-
affected zone of high-strength low-alloy steel by TiN particle ［J］. Science and Technology of Welding and
Joining, 2017, 22 (4): 343-352.

［34］ Moon J, Lee C, Uhm S, et al. Coarsening kinetics of TiN particle in a low alloyed steel in weld HAZ:
Considering critical particle size ［J］. Acta Materialia, 2006, 54 (4): 1053-1061.

［35］ Wan X L, Wu K M, Huang G, et al. In situ observation of austenite grain growth behavior in the simulated
coarse-grained heat-affected zone of Ti-microalloyed steels ［J］. International Journal of Minerals,
Metallurgy, and Materials, 2014, 21 (9): 878-885.

［36］ 黄刚. 合金元素对高强度钢焊接热影响区微观组织和韧性的影响 ［D］. 武汉: 武汉科技大
学, 2019.

［37］ Song M M, Hu C L, Song B, et al. Effect of Ti-Mg treatment on the impact toughness of heat affected zone
in 0.15%C-1.31%Mn steel ［J］. Steel Research International, 2018, 89 (3): 1-9.

［38］ 刘中柱, 桑原守. 氧化物冶金技术的最新进展及其实践 ［J］. 炼钢, 2007, 23 (3): 7-13.

［39］ Ming L, Wang Q, Wang H, et al. A remarkable role of niobium precipitation in refining microstructure and
improving toughness of A QT-treated 20CrMo47NbV steel with ultrahigh strength ［J］. Materials Science and
Engineering A, 2014, 613 (1): 240-249.

5 基于氧化物冶金的夹杂物析出动力学

前面章节针对不同种类夹杂物析出的热力学条件进行了计算和分析，本章在热力学研究的基础上进一步进行夹杂物析出和长大的动力学研究，研究夹杂物析出长大的机理，以及多种因素的影响规律。

研究夹杂物诱发晶内铁素体形核，就某一夹杂物在满足热力学条件的情况下还不足以说明其具备诱发形核的能力，还应考量动力学条件，只有同时满足热力学和动力学条件，夹杂物才具备诱发晶内铁素体形核的能力[1-4]。铁素体相变热力学研究 IGF 相变可能性，而研究这种可能性实现的条件，即 IGF 相变所需要满足的外部条件（如促进 IGF 形核的夹杂物尺寸、类型等），则需要研究 IGF 相变的动力学。

钢中的第二相，由于其大小、分布以及形状的不同，对钢性能的影响也比较复杂。在诸多影响因素中，第二相粒子的尺寸、分布，以及二者的关系是影响钢性能的重要因素。近年来，伴随冶炼工艺的进步，二相粒子可以通过冶炼技术、控轧控冷技术及微合金化技术相结合的方法获得。为了使钢满足不同性能要求，必须利用有效的手段准确控制在不同状态下第二相粒子的各个参数，即第二相体积分数的控制和尺寸的控制[5-10]。

除了通过控冷制度来调质夹杂物的性状，脉冲磁场处理技术对于夹杂物的析出和分布也有较大影响[11-13]，本章利用自制脉冲磁场发生装置，在钢液凝固过程中施加脉冲磁场，耦合氧化物冶金技术，进一步研究了脉冲磁场作用对夹杂物弥散析出的影响。

5.1 晶格错配度理论计算

5.1.1 晶格错配度基本概念

由式（5-1）可计算出凝固时试验钢发生 γ/α 转变的温度为 737 ℃。

$$A_{c1} = 751 - 26.6[\%C] - 11.6[\%Mn] + 17.6[\%Si] + 24.1[\%Cr] - $$
$$39.7[\%V] - 23[\%Ni] - 169[\%Al] - 5.7[\%Ti] + 22.5[\%Mo] + $$
$$31.9[\%Zr] - 895[\%B] - 22.9[\%Cu] + 223[\%Nb] \tag{5-1}$$

Turnbull[14] 率先提出一维点阵错配度理论如式（5-2）所示：

$$\delta = \frac{|a_s - a_n|}{a_n} \tag{5-2}$$

式中　δ——基底与形核相之间的错配度；

　　　a_s——基底相的低指数晶面的晶格常数；

　　　a_n——形核相的低指数晶面的晶格常数。

1970 年，在一维错配度的研究基础上，美国伯利恒钢铁公司 Bramfitt[15] 提出了二维错配度的概念，它能更准确地表征钢液中 FCC、BCC、HCP 多种晶格类型物质之间的相互匹配关系以及与铁素体和奥氏体之间的匹配，其定义式为：

$$\delta^{(hkl)s}_{(hkl)n} = \sum_{i=1}^{3} \frac{\frac{\left|(d_{[uvw]_s^i}cos\theta) - d_{[uvw]_n^i}\right|}{d_{[uvw]_n^i}}}{3} \times 100\% \tag{5-3}$$

式中 （hkl）$_s$，（hkl）$_n$——基底相、形核相的一个低指数晶面；

[uvw]$_s$——晶面（hkl）$_s$ 上的一个低指数方向；

[uvw]$_n$——晶面（hkl）$_n$ 上的一个低指数方向；

$d_{[uvw]_s}$——沿 [uvw]$_s$ 方向的原子间距；

$d_{[uvw]_n}$——沿 [uvw]$_n$ 方向的原子间距；

θ——[uvw]$_s$ 与 [uvw]$_n$ 的夹角。

根据 Bramfitt 得出的结论可知，δ 值越小，越有利于非均质形核的发生，认为 $\delta<6\%$ 时形核最有效，δ 值为 6%～12% 时形核中等有效，$\delta>12\%$ 时形核无效。

5.1.2　计算参数的选择

计算过程中，对于不同晶系中基底相和形核相低指数晶面与低指数晶向的选择标准分别为[16,17]：

（1）FCC、BCC 立方晶系：

晶面：立方晶系中，指数最小的晶面族为 {100} 晶面、{110} 晶面、{111} 晶面，同时也是晶系中晶面间距最大的。各晶面族中晶面上的原子排布和分布规律和晶面间距完全相同，只有晶面在空间上的位向不同，进行错配度计算时在三组晶向族中分别选取一个面。

晶向：为了使晶向的指数低，一般取其晶格常数或晶格常数的一半。

（2）六方晶系：

晶面：六方晶系中的 （0001）面是表面能最大且生长速度最快的晶面，并且其指数也低。

晶向：同立方晶系。

（3）不同晶系之间的夹角确定：

同种晶系：原则上基底与形核相应选取相同的晶面与晶向，夹角为 0°。

不同晶系：晶向选取的不同，可能导致基底与形核相在同组晶向中产生夹角，可以通过各晶向与坐标轴的关系可以计算得到。

（4）基底与形核相沿着晶向上的原子间距要尽可能地接近。

5.1.3　夹杂物在凝固过程中晶格常数计算

计算所需的各类型夹杂物在特定温度下的晶格常数时，依据室温下和 1550 ℃下的晶格参数计算得出，表 5-1 为不同温度下常见夹杂物的晶格参数[18,19]。常见 FCC 立方体系夹杂物如 MgO、MgAl$_2$O$_4$、MnS、Ti（C,N）等夹杂物室温下以及 1550 ℃下晶格参数如表 5-1 所示。

表 5-1　计算［FCC 晶系］所用晶格参数

物　质	晶格类型	a_0/nm（25 ℃）	a_0/nm（1550 ℃）
CaO	FCC	0.48105	0.49086
CaS	FCC	0.56903	0.58158
MgO	FCC	0.42112	—
MgS	FCC	0.52033	—
MnO	FCC	0.44457	0.45517
MnS	FCC	0.52233	0.53651
TiC	FCC	0.43257	—
TiN	FCC	0.42419	—
TiO	FCC	0.41796	—
$MgAl_2O_4$	FCC	0.8080	—

表 5-2 和表 5-3 为常见六方晶系夹杂物 Al_2O_3 与 Ti_2O_3 及不同物质在室温及 1550 ℃下晶格参数。

表 5-2　计算六方晶系物质所用晶格参数

物　质	晶格结构	a_0/nm（25 ℃）	a_0/nm（1550 ℃）
Al_2O_3	刚玉	0.47589	0.48224
Ti_2O_3	刚玉	—	0.51251

表 5-3　计算不同晶系所用晶格参数

物　质	晶格类型	a_0/nm（25 ℃）	a_0/nm
δ-Fe	BCC	—	0.29410（1394 ℃）
γ-Fe	FCC	0.36460（912 ℃）	0.36870（1394 ℃）
α-Fe	BCC	0.28665	0.29040（912 ℃）

根据表 5-1 中的各物质常温及 1550 ℃的晶格常数，可以求得其在 1550 ℃、1000 ℃ 及 737 ℃下的晶格常数，常见立方晶系的夹杂物 MgO、$MgAl_2O_4$、MnS、Ti(C,N)、V(C,N)、Nb(C,N) 等在 1550 ℃、1000 ℃ 及 737 ℃下的晶格参数如表 5-4 所示，常见六方晶系物质 Al_2O_3 与 Ti_2O_3 在 1550 ℃、1000 ℃ 及 737 ℃下的晶格常数如表 5-5 所示。

表 5-4　计算所得常见物质不同温度下晶格参数

物质	a_0/nm（1550 ℃）	a_0/nm（1000 ℃）	a_0/nm（737 ℃）
CaO	0.49119	0.48753	0.48587
CaS	0.58201	0.57733	0.57520
MgO	0.43093	0.42739	0.42578
MgS	0.53219	0.52791	0.52597
MnS	0.53700	0.53170	0.52930

物质	a_0/nm（1550 ℃）	a_0/nm（1000 ℃）	a_0/nm（737 ℃）
TiC	0.43801	0.43605	0.43516
TiN	0.43077	0.42839	0.42732
VN	—	0.41734	0.41648
VC	—	—	0.42041
NbC	0.45202	0.45021	0.44939
NbN	0.44493	0.44291	0.44199
γ-Fe	—	0.36535	—
α-Fe	—	—	0.28972

表 5-5 六方晶系物质不同温度下晶格参数

物质	晶格结构	a_0/nm（1550 ℃）	a_0/nm（1000 ℃）	a_0/nm（750 ℃）
Al_2O_3	刚玉	0.48245	0.48009	0.47901
Ti_2O_3	刚玉	0.51273	0.51025	0.50912

5.1.4 夹杂物之间错配度分析

由晶格常数及二维错配度公式可得特定温度下各物质间的错配度，1550 ℃高温阶段夹杂物之间的错配度如表 5-6 所示，随着钢液温度降低，1400 ℃时夹杂物之间的错配度如表 5-7 所示。

表 5-6 1550 ℃下各夹杂物之间的错配度

形核相	基 底 相							
	Al_2O_3	Ti_2O_3	CaO	CaS	MgO	MgS	MnO	MnS
Al_2O_3	—	—	—	—	—	—	—	—
Ti_2O_3	5.91	—	—	—	—	—	—	—
CaO	1.76	4.41	—	—	—	—	—	—
CaS	17.08	11.88	16.00	—	—	—	—	—
MgO	11.99	13.03	13.89	16.08	—	—	—	—
MgS	9.32	3.63	7.70	9.36	19.03	—	—	—
MnO	5.95	12.60	7.84	13.42	5.40	13.40	—	—
MnS	10.12	4.47	8.51	8.40	19.84	0.88	15.16	—
TiC	10.14	13.36	12.11	15.27	1.65	12.61	3.96	12.43

表 5-7 1400 ℃下常见夹杂物之间的错配度

形核相	基 底 相							
	Al_2O_3	Ti_2O_3	CaO	CaS	MgO	MgS	MnO	MnS
Al_2O_3	—	—	—	—	—	—	—	—
Ti_2O_3	5.91							

形核相	基 底 相							
	Al_2O_3	Ti_2O_3	CaO	CaS	MgO	MgS	MnO	MnS
CaO	1.71	4.46	—	—	—	—	—	—
CaS	17.03	11.83	15.59	—	—	—	—	—
MgO	12.06	13.01	13.88	16.08	—	—	—	—
MgS	9.27	3.57	7.69	9.36	19.03	—	—	—
MnO	6.02	12.68	7.86	13.42	5.39	13.40	—	—
MnS	10.04	4.39	8.47	8.44	19.72	0.85	15.14	—

由表 5-6 可知，1550 ℃高温阶段 Al_2O_3 与 Ti_2O_3 之间的错配度值为 5.91，可以有效附着析出，而 Al_2O_3 为基底相，MgO 为形核相时，Al_2O_3 与 Ti_2O_3 之间的错配度值为 11.99，相对附着析出能力很小；Ti_2O_3 为基底相，MgO 为形核相时，Ti_2O_3 与 MgO 之间的错配度为 13.03，可以认为夹杂物之间没有吸附力。由热力学计算可知，1400 ℃时正是 TiN 开始析出时机及 MnS 析出时机。MnS 与 MgS、Ti_2O_3、CaS、CaO 的错配度相对较小，易在上面附着析出。

由表 5-7 可知，随着温度的降低，在 1400 ℃时，Al_2O_3 为基底相，MgO 为形核相时，Al_2O_3 与 MgO 之间错配度值为 12.06 大于 12，不容易附着析出，说明随着温度的降低，Al_2O_3 与 MgO 之间的吸附力越来越小；Ti_2O_3 为基底相，MgO 为形核相时，MgO 与 Ti_2O_3 之间的错配度为 13.01，说明 MgO 与 Ti_2O_3 之间的吸附力也很弱，MgO 充分起到了阻隔的作用。Al_2O_3 与 CaO、MgS、MnO 之间错配度值均小于 12，容易附着析出；CaS 与 MnS 之间错配度值为 8.44，容易附着析出。

在钢中夹杂物 Al_2O_3 与 MgO 之间的错配度较大，不容易相互附着析出，但又因为在钢液中 Al_2O_3 与 MgO 间发生非均质形核，所以在典型夹杂物元素分布图 5-1 中可以观察到 Al_2O_3 与 MgO 相互附着析出，而 Al_2O_3 与 Ti_2O_3、CaO、MgS、MnO 之间错配度低，容易附着析出，所以 CaO、Ti_2O_3、CaS、MnS 在 Al_2O_3 与 MgO 的复合夹杂物上附着析出。

5.1.5　夹杂物与 α-Fe 之间错配度分析

由公式可计算得出夹杂物在 1400 ℃、1550 ℃时与 δ-Fe 之间的错配度，如表 5-8 所示。

表 5-8　夹杂物与 δ-Fe 在 1550 ℃、1400 ℃时的错配度

基底相	错配度 $\delta/\%$		基底相	错配度 $\delta/\%$	
	1550 ℃	1400 ℃		1550 ℃	1400 ℃
CaO	16.51	17.86	MnS	8.74	26.92
CaS	1.08	26.38	TiN	3.57	3.41
MgO	3.58	3.38	TiC	5.32	5.18
MgS	9.54	26.97	Ti_2O_3	6.61	23.12
MnO	9.49	9.26	Al_2O_3	8.04	15.84

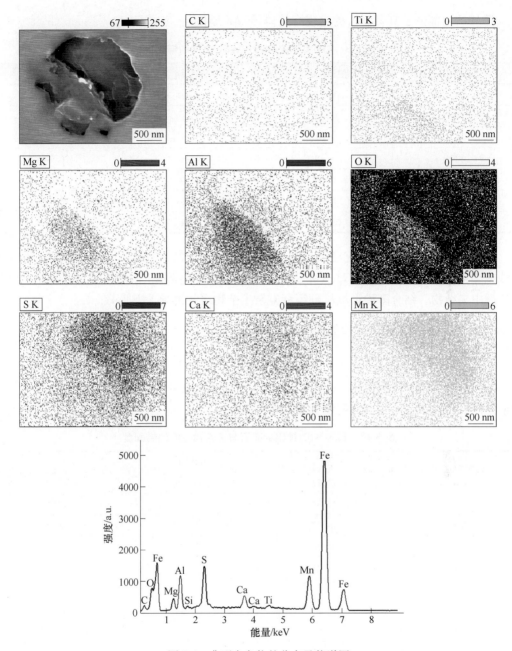

图 5-1 典型夹杂物的分布及能谱图

由表 5-8 可知，CaO 与 δ-Fe 在高温转变过程中形核均无效，生成的 MgO、TiN、TiC 等夹杂物高温转变过程中形核有效，1550 ℃下 Ti$_2$O$_3$、Al$_2$O$_3$、MnS、CaS、MgS 等夹杂物诱发形核有效，但 1400 ℃时，诱发形核均无效。

表 5-9 为该成分试验钢相变时夹杂物与 α-Fe 之间的错配度。由表 5-9 可知，在该成分试验钢 737 ℃相变过程中，钢中常见的夹杂物 V(C,N)、Nb(C,N)、Ti(C,N) 对诱发 IAF 形核过程均有效，其中，V(C,N) 最为有效。生成的氧化物夹杂中 MgO 和 MnO 均能有效地诱发 IAF 形核。常见的 MnS 相变过程中与 α-Fe 间错配度值高，不能有效地诱发 IAF 形

核，但 MnS 可能由于其贫锰区的出现有效诱导 IAF 形核。

表 5-9   737 ℃下夹杂物与 α-Fe 之间的错配度

基底相	错配度 δ/%	基底相	错配度 δ/%
TiC	6.21	CaO	18.58
TiN	4.29	CaS	26.34
VC	2.61	MgO	3.92
VN	1.65	MgS	26.94
Ti_2O_3	24.26	MnO	9.78
Al_2O_3	15.17	MnS	26.90
NbC	9.99	NbN	8.21

由 1400 ℃时夹杂物间错配度值可知，MnS 为形核相时，与 MgS、Ti_2O_3、CaO、CaS 等多种夹杂物间错配度低，所以 MnS 夹杂会在这些高熔点夹杂物上附着析出。还应结合实际生产钢中夹杂物、结合多种形核机理解释复杂夹杂物之间诱导 IAF 形核。

5.1.6 $MgAl_2O_4$ 与夹杂物之间的错配度

根据三元相图可知，钢液中有镁铝尖晶石生成，$MgAl_2O_4$ 常温下晶格参数 a_0 为 0.808 nm，平均热膨胀系数为 $7.6×10^{-6}$ ℃$^{-1}$，1550 ℃时晶格常数为 0.8173 nm。1550 ℃时镁铝尖晶石与夹杂物之间的错配度如表 5-10 所示。

表 5-10   1550 ℃时镁铝尖晶石与夹杂物之间的错配度

夹杂物	1550 ℃	1000 ℃	750 ℃
CaO	17.77	13.18	13.1
MnO	27.03	27.4	13.4
Al_2O_3	19.81	19.89	19.94
MgO	34.26	15.9	16.03
TiN	34.21	15.8	15.85
Ti_2O_3	61.72	61.78	61.82
MgS	8.71	9.03	9.23
MnS	7.79	8.25	8.54
CaS	5.94	0.30	0.12
NbC	27.7	13.4	13.4
NbN	29.8	14.2	14.3

由表 5-10 可知，镁铝尖晶石晶格常数大，与钢中常见夹杂物之间的错配度均偏大，说明镁铝尖晶石与大多数夹杂物之间不容易聚集，与钢中生成的硫化物之间错配度低，容易吸附聚集。

具体计算方法以镁铝尖晶石、Ti_2O_3 为例。镁铝尖晶石、Ti_2O_3、MnS 的晶体结构示意图如图 5-2 所示，镁铝尖晶石为面心立方结构，图 5-2 中镁铝尖晶石结构示意图中绿色小球为 Mg 原子，粉紫色小球为 Al 原子，红色小球为 O 原子；Ti₂O₃ 为六方结构，结构示意图中灰色小球为 Ti 原子，红色小球为 O 原子；MnS 为面心立方结构，结构示意图中黄色小球为 Mn 原子，紫色小球为 S 原子。MgAl₂O₄ 与 Ti₂O₃ 属于不同晶系，Ti₂O₃ 与 MnS 也属于不同晶系，具体以 MgAl₂O₄ 与 Ti₂O₃ 为例，计算两种夹杂物之间 1550 ℃的错配度。

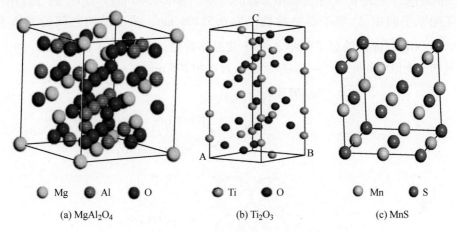

Mg   Al   O   Ti   O   Mn   S

(a) MgAl₂O₄   (b) Ti₂O₃   (c) MnS

图 5-2   MgAl₂O₄、Ti₂O₃ 和 MnS 的晶体结构示意图

以 MgAl₂O₄ 为基底相，Ti₂O₃ 为结晶相计算 1550 ℃时两种夹杂物之间的错配度。分别选取 MgAl₂O₄ 的 （100） 晶面、（110） 晶面、（111） 晶面和 Ti₂O₃ 的 （0001） 晶面进行计算。图 5-3 为 Ti₂O₃ 在 （0001） 晶面上的晶向关系，MgAl₂O₄ 在 （111） 晶面上的晶向关系，可知，这两个晶向之间的夹角为 0°。

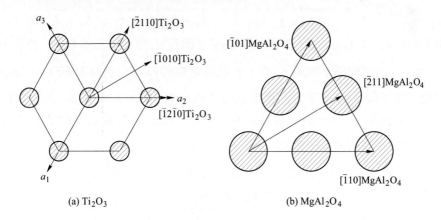

(a) Ti₂O₃   (b) MgAl₂O₄

图 5-3   Ti₂O₃ 在 （0001） 与 MgAl₂O₄ 在 （111） 晶面上的晶向关系

分别选取两种夹杂物之间的三组平行晶面计算 MgAl₂O₄ 与 Ti₂O₃ 之间的错配度，三组平行晶面关系为 （100） MgAl₂O₄ ∥ （0001） Ti₂O₃，（110） MgAl₂O₄ ∥ （0001） Ti₂O₃，（111）MgAl₂O₄∥（0001）Ti₂O₃，每组平行晶面关系上选取三组晶向计算，具体计算如下：

（1） （100）MgAl₂O₄ ∥ （0001）Ti₂O₃。

$$\delta_{(0001)\text{Ti}_2\text{O}_3}^{(100)\text{MgAl}_2\text{O}_4} = \frac{\left| a_0 - \sqrt{3}\,b_0 \right|}{\sqrt{3}\,b_0 \times 3} + \frac{\left| \sqrt{2}\,a_0\cos15° - b_0 \right|}{b_0 \times 3} + \frac{\left| a_0 - b_0 \right|}{b_0 \times 3} \tag{5-4}$$

其中，a_0、b_0 是两种夹杂物的晶格常数。

如图 5-4 所示，$MgAl_2O_4$ 的 [001] 晶向的原子间距 d_s 等于其晶格常数，为 0.8164 nm，Ti_2O_3 的 [$\bar{1}010$] 晶向的原子间距 d_n 等于其晶格常数的 $\sqrt{3}$ 倍，为 0.8869 nm；$MgAl_2O_4$ 的 [011] 晶向的原子间距 d_s 等于其晶格常数的 $\sqrt{2}$ 倍，为 1.1546 nm，Ti_2O_3 的 [$\bar{2}110$] 晶向的最佳匹配原子间距 d_n 等于晶格常数，为 0.51206 nm，两个晶向之间的夹角为 15°。$MgAl_2O_4$ 的 [010] 晶向的原子间距 d_s 等于其晶格常数，为 0.8164 nm，Ti_2O_3 的 [$12\bar{1}0$] 晶向的最佳匹配原子间距 d_n 等于晶格常数，为 0.51206 nm。

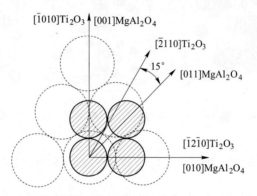

图 5-4　Ti_2O_3 的（0001）面与 $MgAl_2O_4$ 的（100）面的晶体学关系

（2）（110）$MgAl_2O_4$ // （0001）Ti_2O_3。

$$\delta_{(0001)Ti_2O_3}^{(110)MgAl_2O_4} = \frac{|a_0 - \sqrt{3}b_0|}{\sqrt{3}b_0 \times 3} + \frac{|\sqrt{6}a_0\cos 5.26° - b_0|}{b_0 \times 3} + \frac{|\sqrt{2}a_0 - b_0|}{b_0 \times 3} \tag{5-5}$$

如图 5-5 所示，$MgAl_2O_4$ 的 [001] 晶向的原子间距 d_s 等于其晶格常数，为 0.8164 nm，Ti_2O_3 的 [$\bar{1}010$] 晶向的原子间距 d_n 等于其晶格常数的 $\sqrt{3}$ 倍，为 0.8869 nm；$MgAl_2O_4$ 的 [$\bar{1}12$] 晶向的原子间距 d_s 等于其晶格常数的 $\sqrt{6}$ 倍，为 2.000 nm，Ti_2O_3 的 [$\bar{2}110$] 晶向的最佳匹配原子间距 d_n 等于晶格常数，为 0.51206 nm，两个晶向之间的夹角为 5.26°。$MgAl_2O_4$ 的 [$\bar{1}10$] 晶向的原子间距 d_s 等于其晶格常数的 $\sqrt{2}$ 倍，为 1.1546 nm，Ti_2O_3 的 [$12\bar{1}0$] 晶向的最佳匹配原子间距 d_n 等于晶格常数，为 0.51206 nm。

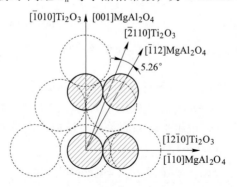

图 5-5　$MgAl_2O_4$ 的（110）面与 Ti_2O_3 的（0001）面的晶体学关系

（3）（111）$MgAl_2O_4$ //（0001）Ti_2O_3。

$$\delta^{(111)MgAl_2O_4}_{(0001)Ti_2O_3} = \frac{|\sqrt{2}a_0 - b_0|}{b_0 \times 3} + \frac{|\sqrt{6}a_0 - \sqrt{3}b_0|}{\sqrt{3}b_0 \times 3} + \frac{|\sqrt{2}a_0 - b_0|}{b_0 \times 3} \qquad (5-6)$$

如图 5-6 所示，$MgAl_2O_4$ 的 $[\bar{1}01]$ 晶向的原子间距 d_s 等于其晶格常数的 $\sqrt{2}$ 倍，为 1.1546 nm，Ti_2O_3 的 $[\bar{2}110]$ 晶向的原子间距 d_n 等于其晶格常数，为 0.51206 nm，两个晶向之间的夹角为 0°；$MgAl_2O_4$ 的 $[\bar{2}11]$ 晶向的原子间距 d_s 等于其晶格常数的 $\sqrt{6}$ 倍，为 2.000 nm，Ti_2O_3 的 $[\bar{1}100]$ 晶向的最佳匹配原子间距 d_n 等于晶格常数的 $\sqrt{3}$ 倍，为 0.8869 nm，两个晶向之间的夹角为 0°；$MgAl_2O_4$ 的 $[\bar{1}10]$ 晶向的原子间距 d_s 等于其晶格常数的 $\sqrt{2}$ 倍，为 1.1546 nm，Ti_2O_3 的 $[1\bar{2}\bar{1}0]$ 晶向的最佳匹配原子间距 d_n 等于晶格常数，为 0.51206 nm。

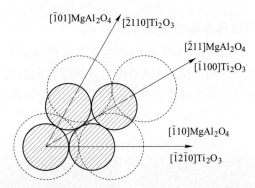

图 5-6 $MgAl_2O_4$ 的（111）面与 Ti_2O_3 的（0001）面的晶体学关系

同理计算镁铝尖晶石与铁素体之间的错配度，可以得出奥氏体向铁素体转变时，镁铝尖晶石不易诱发晶内针状铁素体的形核。Sarma 等[20]对无效 IAF 形核粒子进行综述时指出，$MgAl_2O_4$ 不能成为形核核心。Wen 等[21]认为在讨论 $MgAl_2O_4$ 促进 IAF 形核时，却认为它并不是阳离子或阴离子空位型夹杂物。赵辉等[22]指出（Al,Ti,Mg）O 粒子也具有促进 IAF 形核的能力。同时认为，IAF 形核过程是由最小错配度机制、惰性界面能机制和应力-应变能机制共同作用完成的。Kong 等[23]认为（Mg,Al,Mn,Si）O+MnS 夹杂物能促进 IAF 的形核。李小兵等[24,25]认为 $MgAl_2O_4$ 中存在 Mg 空位，因此，该类夹杂物具有吸收 Mn 元素的作用，最终在夹杂物周围出现贫锰区，促进 IAF 的形核。

5.2 诱发晶内铁素体形核的夹杂物性态

45 号钢是常用中碳调质结构钢，材料来源方便。该钢具有较高的强度和较好的切削加工性，经适当的热处理以后可获得高的强度和韧性等综合力学性能，经调质处理后，其综合力学性能要优化于其他中碳结构钢。基于成功应用氧化物冶金技术的 S38MnSiV 材质曲轴实例，利用金相显微镜和扫描电镜及能谱分析仪，对试样中夹杂物的种类、形状、尺寸、分布及晶内针状铁素体生长和分布进行详细的分析，并与 45 钢铸坯分析结果比对，为研究 45 氧化物冶金组织演化提供指导。

5.2.1　曲轴试样分析

S38MnSiV 材质曲轴成功利用氧化物冶金技术提升了材料性能，在其上靠近边缘的部位（图 5-7），取 10 cm×10 cm×10 cm 试样磨抛后，在 Leica DMI5000M 金相显微镜下观察。

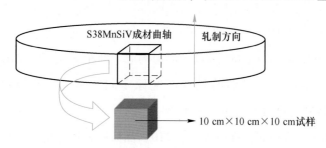

图 5-7　S38MnSiV 材质曲轴取样示意图

5.2.1.1　S38MnSiV 试样夹杂物分布

将试样磨抛后，在 Leica DMI5000M 金相显微镜下观察其横截面内部、外缘及纵截面的夹杂物的形态分布，如图 5-8 所示。可以看出，试样横截面的夹杂物分布细小均匀，且横截面外缘部位的夹杂物分布较内部更加细小且均匀；试样纵截面的夹杂物明显呈条状、链状分布，夹杂物的尺寸也明显较横截面的尺寸要大，分布较横截面的分布不均匀，且伴有尺寸较大的夹杂物。

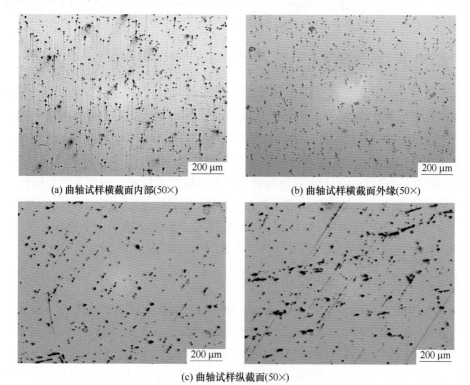

(a) 曲轴试样横截面内部(50×)　　　　　　(b) 曲轴试样横截面外缘(50×)

(c) 曲轴试样纵截面(50×)

图 5-8　S38MnSiV 材质曲轴试样夹杂物分布

取 500 倍视场下金相照片 100 张，统计分析试样中夹杂物的尺寸、数量及分布，其结果如图 5-9 所示。由图 5-9 可以看出，S38MnSiV 材质曲轴试样中，夹杂物尺寸细小、数量大。且横截面夹杂物数量明显比纵截面夹杂物的尺寸细小、数量多，尺寸在 $0 \sim 5~\mu m$ 之间的夹杂多达总量的 95%，大于 $10~\mu m$ 的夹杂几乎没有。而纵截面夹杂物尺寸大，大于 $10~\mu m$ 的夹杂占总量的 33%，这是由于钢中塑性夹杂在轧制过程中，沿轧制方向变长的结果。

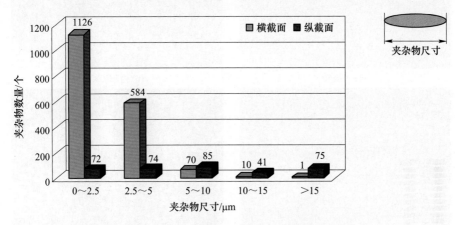

图 5-9　S38MnSiV 试样夹杂物尺寸、数量及分布图

5.2.1.2　S38MnSiV 试样组织形貌分析

将试样磨抛，用 4% 硝酸酒精溶液腐蚀后，在 Leica DMI5000M 金相显微镜下观察其横截面内部、外缘及纵截面的组织形貌。

A　横截面组织形貌

在 S38MnSiV 横截面上，外缘部位和内部组织有明显的区别，故分别对比了 50×、100×、200×、500×下边缘部位和内部金相组织，如图 5-10 所示。由图可见，S38MnSiV 材质曲轴边缘组织明显与内部组织不同，边缘区域组织细小致密，晶界消失，铁素体细小，分布均匀弥散。内部组织铁素体较均匀地分布于晶界和晶内，且多呈细小的块状，只有极少量呈条状。

由图 5-11 可以看出，S38MnSiV 材质曲轴边缘的铁素体呈现分布均匀的针状，而内部组织呈现块状。由于低碳或超低碳是形成针状铁素体的前提，结合金相组织形貌，可断定，曲轴表面应该是经过热处理，造成表面组织脱碳而形成了大量的针状铁素体。

B　纵截面组织形貌

S38MnSiV 材质曲轴纵截面金相组织形貌如图 5-12 所示。由图 5-12 中（a）~（d）和图 5-10 的对比，可以看出，纵截面的组织明显不如横截面边缘组织细小致密，与横截面内部的组织比较相似，但较横截面晶内铁素体分布不太均匀，纵截面部分晶内铁素体的分布沿轧制方向呈长条状或链状。这可能是由于钢中存在的塑形夹杂具有诱发晶内铁素体的能力。

将腐蚀后的试样放入电镜，观察分析夹杂物形貌及其诱发形核的情况，并利用能谱分析夹杂物的成分和结构。由图 5-13 可以看出，将腐蚀过的试样在电镜下观察并利用能谱

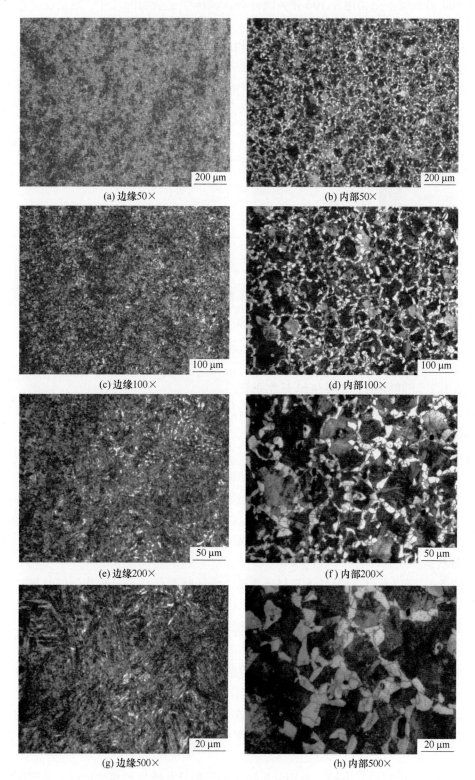

(a) 边缘50×　　　　　　　　(b) 内部50×

(c) 边缘100×　　　　　　　　(d) 内部100×

(e) 边缘200×　　　　　　　　(f) 内部200×

(g) 边缘500×　　　　　　　　(h) 内部500×

图 5-10　S38MnSiV 材质曲轴边缘与内部金相组织对比

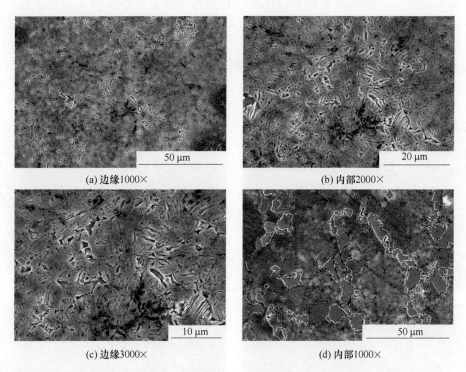

(a) 边缘1000×   (b) 内部2000×

(c) 边缘3000×   (d) 内部1000×

图 5-11   S38MnSiV 材质曲轴边缘与内部扫面电镜形貌对比

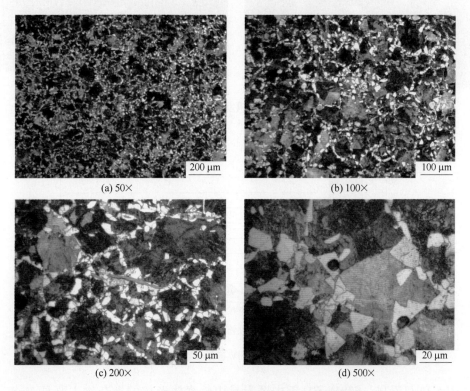

(a) 50×   (b) 100×

(c) 200×   (d) 500×

图 5-12   S38MnSiV 材质曲轴纵截面金相组织形貌

分析，结果表明，S38MnSiV 材质曲轴试样中诱发晶内铁素体形核的夹杂物主要有：Ca、Al、Ti、Si 等高熔点氧化物硫化物，MnS，TiN，VC，VN 及其复合夹杂，其形态主要有：球形、长条形及有明显棱角的不规则型夹杂。此外还有二次感应形核和极少量的以 Si-Fe 为核心形核的晶内铁素体，在扫描电镜下，利用能谱分析 100 个诱发晶内铁素体形核的夹杂物，其结果如图 5-14 所示。

图 5-13　夹杂物诱发晶内铁素体形核

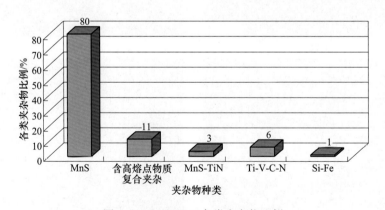

图 5-14　S38MnSiV 各类夹杂物比例

由图 5-14 可看出，S38MnSiV 钢中诱发晶内铁素体形核的夹杂物主要是 MnS，约占 80%；MnS 与 TiN 及 TiN、VC、VN 复合夹杂比例很小，不到 10%；含有高熔点物质的复合夹杂约占 11%，通过对夹杂物的结构分析发现，高熔点复合夹杂是以 Ca、Al、Si 等高熔点氧化物硫化物为核心，MnS 或 TiN 再附着析出，而后 MnS 或 TiN 诱发晶内铁素体形核，其所占比例不大。而诱发形核比例最大的是 MnS 夹杂，由于 MnS 塑形较好，轧制后在钢中呈球形或长条形，其尺寸在 10 μm 以下的都能诱发晶内铁素体形核。其次是 V(C, N) 以 MnS 或 TIN 为核心形成的复合夹杂，其多呈不规则形状，诱发晶内铁素体形核的尺寸的多为 2~5 μm。

在生成的晶内铁素体可分为三类：夹杂物诱发形核、二次感生形核和没有形核核心的晶内铁素体。夹杂物诱发的铁素体或存在于晶界或存在于晶内，诱发晶内铁素体形核时，或是单独一个晶内铁素体的形核核心，或是多个晶内铁素体的形核核心。同时二次感生形核和没有形核核心的晶内铁素体占有很大的比例，感应形核的形成是由于先形成的铁素体提供了具有能量较低的界面，从而利于在其相界面出再次析出铁素体。而没有形核核心的晶内铁素体则可能是由于较大的过冷度形成，也可能是夹杂物诱发的晶内铁素体在轧制过程中被碾碎直接形成。

对 S38MnSiV 材质曲轴试样的分析，可以得出如下结果：（1）该钢中夹杂物尺寸小，数量多，分布均匀。由于轧制过程中塑形夹杂物的变形，纵面上的夹杂物分布多呈串状，形态多为长条状，而横面上的夹杂物分布均匀细小；（2）S38MnSiV 材质的曲轴，在成材后经过后期的热处理或是在线热处理，其组织结构并不是在生产中一次性得到的；（3）夹杂物诱发形成的晶内铁素体数量多且分布均匀，曲轴边缘部位铁素体呈针状，而内部多数是粒度较小块状的铁素体；（4）Ca、Al、Si 等高熔点氧化物、硫化物、MnS、TiN、VC、VN 及其复合夹杂可诱发晶内铁素体形成。同时，在轧制过程中可能会形成没有明显形核核心的晶内铁素体；（5）诱发晶内铁素体的夹杂物的尺寸多为 10 μm 以下。

5.2.2 试验钢分析

5.2.2.1 提桶样分析

研究目的是以 45 钢为研究对象，通过合理的控温制度，在钢中获得大量细小、均匀弥散的晶内铁素体，改善钢的组织性能。故首先就空冷得到的 45 钢提桶样进行分析。

A 夹杂物分布

在提桶样没有缺陷的区域取 10 cm×10 cm×10 cm 试样磨抛后，在 Leica DMI5000M 金相显微镜下观察其夹杂物的形态和分布，如图 5-15 所示。取 500 倍视场下金相照片 100

图 5-15 45 钢提桶样试样夹杂物分布

张，统计分析试样中夹杂物的尺寸、数量及分布，其结果如图 5-16 所示。可以看出，试样中夹杂物尺寸多集中于小于 10 μm，同时也有一定数量的大尺寸夹杂。而尺寸在 0~5 μm 之间的夹杂物的比例为 54%，尺寸较大的夹杂物所占比例较大。但就夹杂物尺寸分布来看，具有一定的诱发晶内铁素体形核的条件。

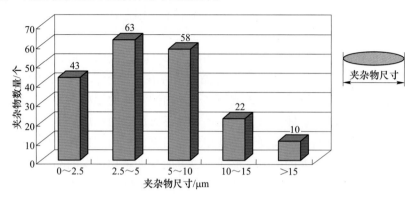

图 5-16　45 钢提桶样试样夹杂物尺寸、数量及分布图

B　组织形貌分析

将试样用 4% 硝酸酒精溶液腐蚀后，在 Leica DMI5000M 金相显微镜下观察其组织形貌，如图 5-17 所示。由图 5-17 可以看出，提桶样奥氏体晶界明显，晶粒粗大，尺寸多数达毫米以上。晶内大多是较大的片状珠光体组织及尺寸较小的晶内铁素体，但数量很少，

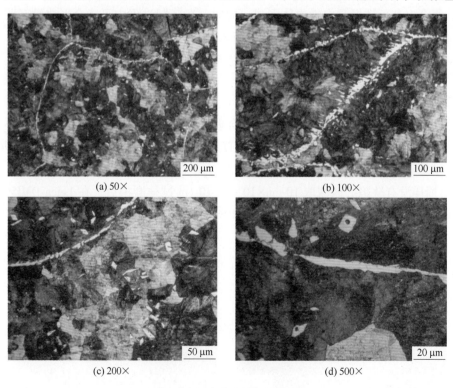

(a) 50×　　　　　　　　　　　　　　　(b) 100×

(c) 200×　　　　　　　　　　　　　　　(d) 500×

图 5-17　45 钢提桶样金相组织

其中部分是由夹杂物诱发的晶内铁素体，多呈块状，也有部分针状或条状。并且在晶界出现了魏氏体。

　　将腐蚀后的试样在电镜下观察夹杂物的形貌，并利用能谱分析其的成分和结构，其结果如图 5-18 ~ 图 5-20 所示，夹杂物成分如表 5-11 ~ 表 5-13 所示。

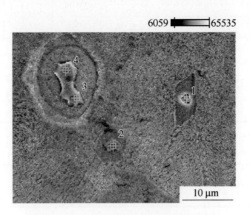

图 5-18　夹杂物诱发晶内铁素体形核

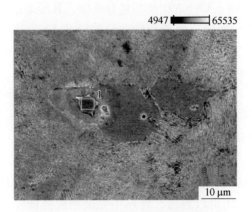

图 5-19　夹杂物诱发晶内铁素体形核

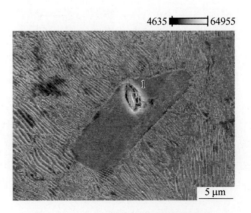

图 5-20　Si-Fe 诱发晶内铁素体形核

表 5-11　夹杂物成分　　　　　　　　　　　（原子分数,%）

试样	C	N	Mg	Al	P	S	Ti	V	Mn	Fe
1		36.23	1.11	3.23			13.64	0.89	0.98	43.92
2		44.60				8.43	14.61	1.52	8.63	22.22
3	47.33					23.99			28.69	
4	44.50				8.76	1.58		0.42	4.19	40.55

表 5-12　夹杂物成分　　　　　　　　　　　（原子分数,%）

试样	S	Ca	Mn
1	48.48	1.71	49.81

表 5-13　夹杂物成分　　　　　　　　　　　（原子分数,%）

试样	C	Si
1	80.44	19.56

由图 5-18～图 5-20 可以看出，45 钢提桶样中能诱发晶内铁素体形核的夹杂物主要有高熔点复合夹杂、MnS、TiN、VN、VC 及其复合夹杂，其形态主要是球形和有明显棱角的不规则形夹杂。此外还有二次感应形核和极少量的以 Si-Fe 为核心形核的晶内铁素体。提桶样中诱发形核的夹杂物主要是高熔点复合夹杂，其结构是以 Mg、Ti、Ca、Al 等高熔点氧化物硫化物为核心，MnS 或 TiN 再附着析出，而后 MnS 或 TiN 诱发晶内铁素体形核。也有以 MnS 或 TiN 为核心，V(C,N) 在其表面附着形成的复合夹杂，其多呈不规则形状，但也有 Ti-V-N 复合夹杂呈较规则的立方体。

5.2.2.2　铸坯试样分析

A　夹杂物分布

取 500 倍视场下金相照片 100 张，统计分析试样中夹杂物的尺寸、数量及分布，其结果如图 5-21 所示。由图 5-21 可以看出，铸坯中夹杂物较提桶样中的夹杂物尺寸较小，数量较多，相对均匀。但较 S38MnSiV 试样中的夹杂物数量要少。

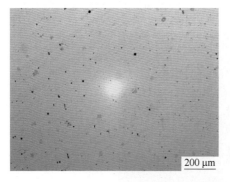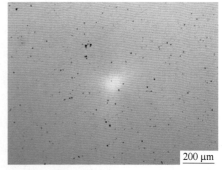

图 5-21　45 钢铸坯试样夹杂物分布

由图 5-22 可看出，试样中夹杂物尺寸多小于 5 μm，同时也有一定数量的大尺寸夹杂。

尺寸在 0~5 μm 之间的夹杂物的比例为 75%，2.5~5 μm 之间的夹杂物约占夹杂物总量 50%，尺寸较大的夹杂物也占有较大比例。但就夹杂物尺寸分布来看，较提桶样诱发晶内铁素体形核的条件要好，但与 S38MnSiV 试样相比夹杂物的尺寸分布及数量还差很多，这也与 S38MnSiV 钢中合金元素相差较多有很大的关系。

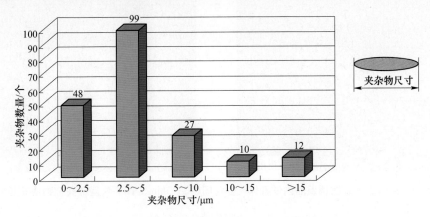

图 5-22　45 钢提桶样试样夹杂物尺寸、数量及分布图

B　组织形貌分析

由图 5-23 可以看出，铸坯中晶粒尺寸大，多数达毫米以上，且不均匀，组织以片状的珠光体为主，晶内出现了较多细小的有夹杂物诱发的铁素体，且多呈块状，也有少量的条状和针状。同时也有很多自发形核的晶内铁素体。

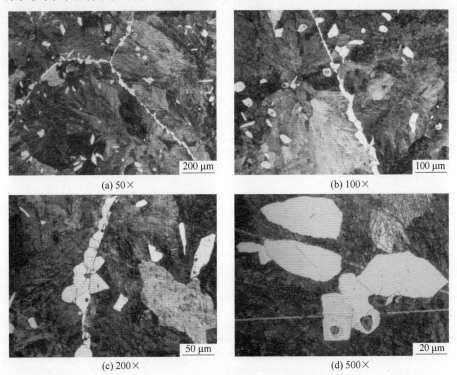

图 5-23　45 钢铸坯试样金相组织

　　将腐蚀后的试样在电镜下观察夹杂物的形貌，并利用能谱分析其的成分和结构，其结果如图 5-24~图 5-27 所示，夹杂物成分如表 5-14~表 5-17 所示。

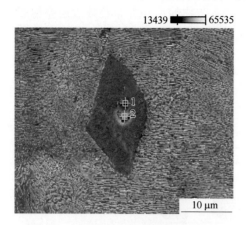

13439 ▰▱ 65535

图 5-24　高熔点夹杂物诱发晶内铁素体

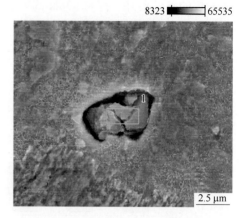

8323 ▰▱ 65535

图 5-25　Mn-S-Ti-V-N 复合夹杂物诱发晶内铁素体

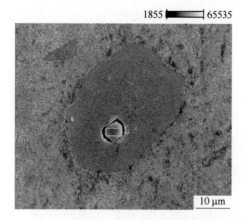

1855 ▰▱ 65535

图 5-26　MnS 夹杂物诱发晶内铁素体

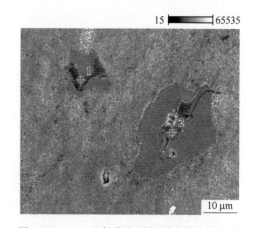

15 ▰▱ 65535

图 5-27　Ti-V-N 复合夹杂物诱发晶内铁素体

表 5-14　高熔点夹杂物成分　　　　　　　（原子分数,%）

试样	C	N	O	Mg	Al	S	Ti
1	43.85		35.16	2.68	7.34	1.02	5.03
2		17.32			0.27	18.84	12.94

表 5-15　Mn-S-Ti-V-N 复合夹杂物成分　　　　　　　（原子分数,%）

试样	N	S	Ti	V	Mn
1	21.33	19.77	6.94	1.07	21.75

表 5-16　MnS 夹杂物成分　　　　　　　（原子分数,%）

试样	S	Mn
1	49.83	50.17

表 5-17　Ti-V-N 复合夹杂物成分 （原子分数,%）

试样	C	N	Ti	V	Fe
1	25.76	56.76	14.91	1.99	0.58
2	26.96	7.01	12.94	2.23	0.87

由图 5-24~图 5-27 可以看出，铸坯样中能诱发晶内铁素体形核的夹杂物与提桶样相似，主要有高熔点复合夹杂、MnS、TiN、VN、VC 及其复合夹杂，其形态主要是球形和有明显棱角的不规则形夹杂。此外还有二次感应形核以及极少量的以 Si-Fe 为核心形核的晶内铁素体。高熔点复合夹杂结构是以 Mg、Ti、Al、Ca 等高熔点氧化物硫化物为核心，MnS 或 TiN 再附着析出，而后 MnS 或 TiN 诱发晶内铁素体形核。也有以 MnS 或 TiN 为核心，V(C,N) 在其表面附着形成的复合夹杂，其多呈不规则形状，但也有 Ti-V-N 复合夹杂呈较规则的立方体。

通过对 45 钢铸坯样和提桶样的分析，发现钢中有夹杂物诱发晶内铁素体出现，同时还存在大量的理论上具有诱发能力的夹杂物没有诱发形核，如图 5-28 所示。说明单从成分设计和夹杂物的尺寸方面控制，并不能较好地发挥夹杂物诱发晶内铁素体形核的作用，还应结合控冷控轧控制夹杂物诱发晶内铁素体的形成。

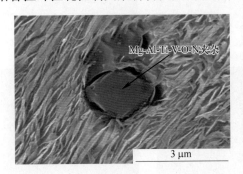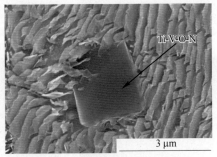

图 5-28　没有诱发晶内铁素体形核的夹杂物

5.3　夹杂物弥散析出的规律

基于 45 钢的热力学和动力学以及对 S38MnSiV 和 45 钢铸坯的分析，就钢中能有效诱发晶内铁素体形核的夹杂物形成和析出的时机，利用激光共聚焦显微镜，精确控制 45 钢铸坯试样的冷却速率，分析不同控冷制度下得到试样的夹杂物属性和钢的组织结构。最后有针对性地制定合理控冷制度，以控制较好的夹杂物种类、尺寸、数量及合理的分布，从而获得良好的组织。

任取 45 钢铸坯加工成 $\phi 7\ mm \times 3\ mm$，磨平、抛光，置入激光共聚焦显微镜中，控温冷却。控冷结束取出试样磨抛，用 4% 的硝酸酒精溶液腐蚀，采用金相显微镜和 SEM-EDX 观察分析。通过控制不同的冷却速率和保温时间，研究控冷保温制度对 45 钢中以下方面的影响：（1）夹杂物种类、形貌、尺寸、分布、数量；（2）诱发晶内铁素体形核情况；（3）晶粒度大小；（4）铁素体形貌、分布、面积比。

5.3.1　冷却速率的影响规律

取试样编号 45ZP-1、45ZP-2、45ZP-3、45ZP-4、45ZP-5，分别对应控温方案：升温至 1150 ℃（奥氏体化温度），保温 10 min，然后以 100 ℃/min、80 ℃/min、50 ℃/min、30 ℃/min、10 ℃/min 冷却速率将试样冷却至 500 ℃（相变结束温度），然后 100 ℃/min 冷却至室温。

5.3.1.1　原位观察不同冷却速率时的形貌演化

由图 5-29（a）~（e）可看出，升温至 1150 ℃时，没有回熔的夹杂物在缓慢冷却时，长大的比较明显，且存在于晶界处的夹杂物起到了钉轧晶界的作用。冷却速率较快时，晶粒尺寸较小且均匀，冷却速率减慢，出现了晶粒长大的现象。同时随着冷却速率的减缓，在晶粒的内部析出的"黑色"斑点增多，在电镜中呈"白亮"点如图 5-29（f）所示，通过能谱分析，其主要是 Fe。

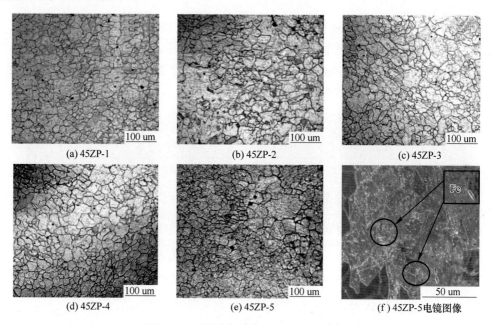

(a) 45ZP-1　　　　　(b) 45ZP-2　　　　　(c) 45ZP-3

(d) 45ZP-4　　　　　(e) 45ZP-5　　　　　(f) 45ZP-5电镜图像

图 5-29　不同冷却速率下形貌原位观察

将腐蚀后的试样，在金相显微镜下观察，发现其组织形貌呈现出一定的规律性，如图 5-30 所示。

由图 5-30 可看出，冷却速率较快时，得到的组织多为针状、条状的铁素体，随着冷却速率变慢，组织中的铁素体多为块状。由于低碳或超低碳是形成针状铁素体的先决条件，故较快的冷却速率下，碳含量较低的区域就容易形成针状或条状铁素体，由于碳原子迁移比较慢，所以已形成的铁素体来不及宽化长大。而冷却速率较慢时，碳原子扩散比较均匀，铁素体有充分的长大时间，故多形成块状铁素体。

5.3.1.2　夹杂物尺寸、数量及分布

不同的冷却速率下，析出的夹杂物的尺寸、数量及分布呈现出一定的规律性。由图 5-31 可看出，随冷却速率的减慢，析出的尺寸为 0~2.5 μm 夹杂物数量有减少趋势，尺寸为

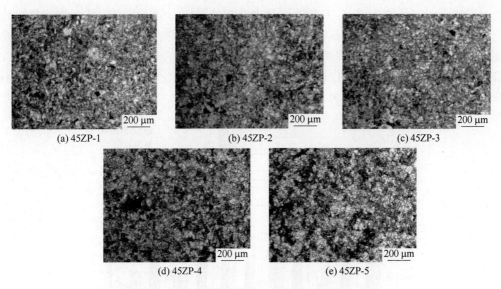

(a) 45ZP-1　　　　　　　(b) 45ZP-2　　　　　　　(c) 45ZP-3

(d) 45ZP-4　　　　　　　(e) 45ZP-5

图 5-30　不同冷却速率下腐蚀形貌原位观察（50×）

2.5~5 μm 的夹杂物数量增大，并且小于 5 μm 的夹杂物的比例逐渐增加。当冷却速率为 30 ℃/min 时，尺寸小于 10 μm 的夹杂物的比例高达 93%。但当冷却速率为 10 ℃/min 时，小于 10 μm 的夹杂物的数量明显减少，而大于 10 μm 的夹杂物的数量增多。说明夹杂物尺寸的分布随冷却速率减慢，存在最佳冷却速率，冷却速率继续减慢将导致夹杂物长大。

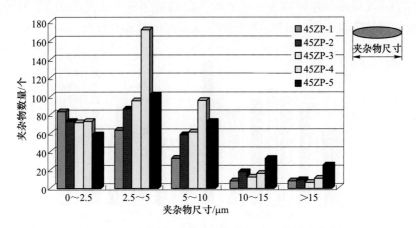

图 5-31　不同冷却速率下夹杂物尺寸、数量及分布

5.3.1.3　夹杂物种类分析

通过对不同冷却速率试样中诱发形核的夹杂物的能谱分析，发现诱发铁素体形核的夹杂物主要有 MnS，TiN-VN-MnS，TiN-VN、TiN、VN、VC、MnS 附着在高熔点 Mg、Al、Ca、Si 氧化物或硫化物的复合夹杂以及单独的 Mg、Al、Ca、Si 氧化物或硫化物高熔点夹杂。

在电镜下随机对 50 个诱发形核的夹杂物进行分析统计，其结果如图 5-32 所示，可以看出，夹杂物种类随冷却速率变化没有呈现出明显的规律性，只有 V 的碳氮化物有增多的趋势。发现有一定量的 Si-Fe-C 夹杂诱发晶内铁素体形核，但不符合溶质元素变化机理中由其他高熔点夹杂物引起的富 Si 而造成诱发晶内铁素体形核的说法。同时发现 Si-Fe-C 复合夹杂物与铁素体之间存在间隙，故可能是由于应力-应变作用诱发的形核。其中，在45ZP-5 试样中复合夹杂中有 VC 析出，这是由于碳原子比较大，扩散速度较慢，所以只有在冷却速率较慢的情况下，才会有一定量的 VC 析出。

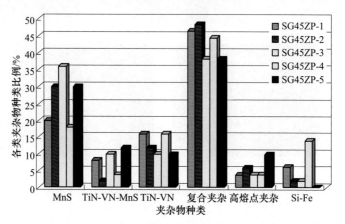

图 5-32　不同控冷制度下各类夹杂物比例

由图 5-33 可看出，随冷却速率的减缓，晶内铁素体形核核心的夹杂物的尺寸逐渐增大。其中，高熔点复合夹杂物，由于其形成析出时机早于 1150 ℃，故冷却速率对其几乎没有影响。TiN-VN 随冷却速率减慢，尺寸增大的趋势明显。这是由于 VN 析出温度低于1150 ℃，故较慢的冷却速率，可供 VN 析出长大的时间就相对较长。

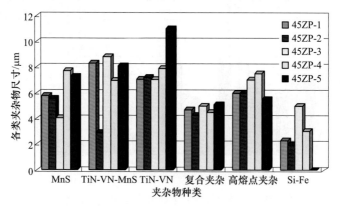

图 5-33　诱发形核的夹杂物的尺寸对比

5.3.1.4　组织形貌观察

由图 5-34 中（a）~（d）可看出，随着冷却速率的减缓，凝固过程中析出的铁素数量有增加的趋势。图 5-34（d）中铁素体的数量和比例最多，而图 5-34（e）中的析出的铁素体的数量又相对减少。

由图 5-35 中（a）~（d）可看出，随冷却速率的减缓，晶内铁素体析出量逐渐增加，晶粒的晶界逐渐模糊，铁素体的尺寸逐渐长大。由图 5-35（d）可看出，此时的晶内铁素

(a) 45ZP-1　　　　　　(b) 45ZP-2　　　　　　(c) 45ZP-3

(d) 45ZP-4　　　　　　(e) 45ZP-5

图 5-34　不同冷却速率下金相形貌观察（50×）

体析出量最大，且几乎分辨不出晶内或晶界铁素体。而由图 5-35（e）可看出，此时的铁素体由原来的块状长大成网状铁素体。

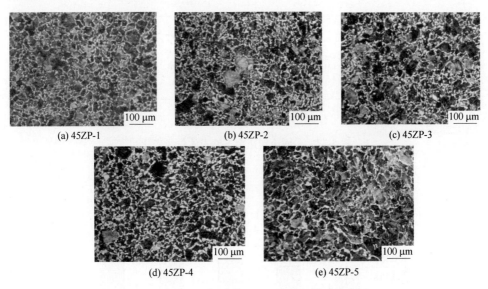

(a) 45ZP-1　　　　　　(b) 45ZP-2　　　　　　(c) 45ZP-3

(d) 45ZP-4　　　　　　(e) 45ZP-5

图 5-35　不同冷却速率下金相形貌观察（100×）

由图 5-34~图 5-36 可看出，随冷却速率减缓，奥氏体晶粒变小，晶界模糊，很难分清晶界铁素体和晶内铁素体。铁素体转变充分，尺寸增大，比例变大。

5.3.1.5　组织结构分析

利用二值化分析软件，对磨抛腐蚀后试样的金相组织进行铁素体的平均粒径和面积比计算分析，其结果分别如图 5-37 和图 5-38 所示。由图 5-37 可看出，随着冷却速率的减慢，铁素体粒径变大。由于冷却速率的减慢，使得钢中的碳原子能扩散到的距离变大，铁素体有较充分的时间长大。

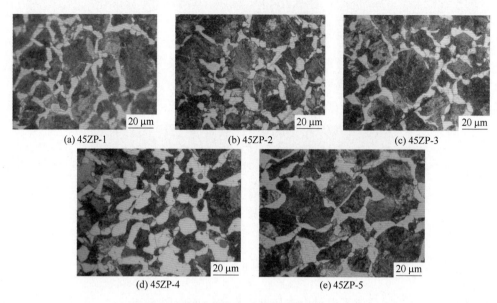

(a) 45ZP-1　　　　　　　(b) 45ZP-2　　　　　　　(c) 45ZP-3

(d) 45ZP-4　　　　　　　(e) 45ZP-5

图 5-36　不同冷却速率下金相形貌观察（500×）

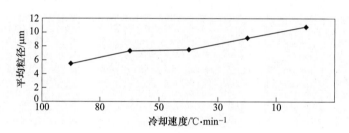

图 5-37　不同冷却速率下铁素体粒径变化

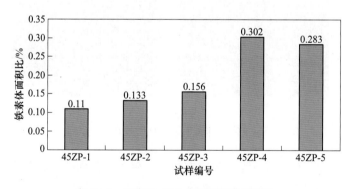

图 5-38　不同冷却速率下铁素体面积比

由图 5-38 可看出，随着冷却速率的减慢，凝固过程中铁素体面积比逐渐增加，当冷却速率为 30 ℃/min 时，铁素体面积比达到最大，随后又开始减小。

5.3.1.6　结果与分析

通过控制不同冷却速率，可以知道：（1）冷却速率对夹杂物尺寸和数量有一定的影响，随冷却速率减缓，夹杂物尺寸变大，数量逐渐增大，当冷却速率为 30 ℃/min 时，夹杂物尺寸和数量达到最佳值，且能有效诱发晶内铁素体形核的夹杂物比例，达到 93%。(2) 冷却速率对生成夹杂物的种类也有一定的影响，随冷却速率减缓，高熔点夹杂物基本没有变化，钒的碳氮化物数量增加。(3) 冷却速率对晶内铁素体的影响比较明显，随冷却速率变慢，析出的晶内铁素体的数量增加，平均粒径增大，铁素体比例先增加后减小。冷却速率为 30 ℃/min 连续冷却时，铁素体平均粒径为 9.2 μm，铁素体面积比例达 30.2%。

5.3.2 保温时间的影响规律

通过 1150 ℃ 保温 10 min，连续冷却，发现钢中 TiN-VN 夹杂长大明显，尺寸大于 10 μm 比例较大，根据夹杂物诱发晶内铁素体形核机理以及诱发形核的相关动力学模型可知，该结果不利于 TiN-VN 诱发晶内铁素体形核。同时发现尽管冷却速率减慢到 10 ℃/min，但分析结果显示，钢中 VC 夹杂析出量仍然很少。由于碳原子较大，在固态相变过程中扩散较慢，故考虑保温时间对夹杂物析出的影响。

取试样编号 45ZP-00、45ZP-11、45ZP-22，分别对应控温曲线 a、b、c（图 5-39），然后分析保温对组织结构的影响。

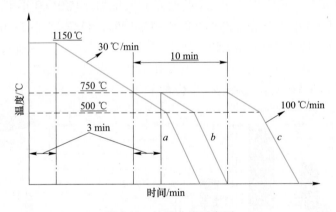

图 5-39　控温曲线示意图

5.3.2.1　不同冷却速率下形貌原位观察

由图 5-40 可看出，随着在 750 ℃ 保温时间的延长，晶粒尺寸逐渐变大，夹杂物尺寸也有所变大。

(a) 45ZP-00　　　　　　(b) 45ZP-11　　　　　　(c) 45ZP-22

图 5-40　不同冷却速率下形貌原位观察

将腐蚀后的试样，在金相显微镜下观察，发现其组织形貌呈现出一定的规律性，如图5-41所示。可以看出，随着在750 ℃保温时间的延长，铁素体的比例明显增加。

(a) 45ZP-00   (b) 45ZP-11   (c) 45ZP-22

图 5-41   不同冷却速率下腐蚀形貌原位观察（50×）

5.3.2.2   夹杂物尺寸、数量及分布

不同的冷却速率下，析出的夹杂物的尺寸、数量及分布呈现出一定的规律性。由图 5-42 可看出，在 1150 ℃保温时间由原来 10 min 缩短到 3 min，小尺寸夹杂物比例提高，但在 750 ℃保温时间的延长，钢中大尺寸夹杂物数量有所增加。45ZP-00 小于 10 μm 的夹杂物比例为 96%，45ZP-00 小于 10 μm 的夹杂物比例为 95%，45ZP-22 小于 10 μm 的夹杂物比例为 89%。造成这一现象的原因是钢中 TiN 在 1150 ℃保温时，会有所长大。随后，钢中钒的碳氮化物在其外面附着继续长大，尤其是在 750 ℃保温时，钢中钒的碳化物析出比较充分，从而使 TiN-VN-VC 复合夹杂进一步长大。

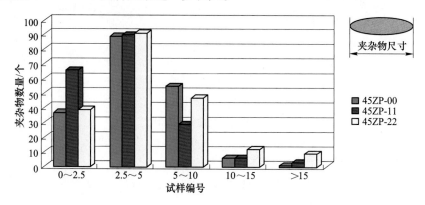

图 5-42   不同冷却速率下夹杂物尺寸及数量分布

5.3.2.3   夹杂物种类分析

通过对相同冷却速率，在 750 ℃不同保温时间试样的能谱分析，发现诱发铁素体形核的夹杂物主要有 MnS，TiN-VN-MnS，TiN-VN，TiN、VN、VC、MnS 附着在高熔点 Mg、Al、Ca、Si 氧化物或硫化物的复合夹杂以及单独的 Mg、Al、Ca、Si 氧化物或硫化物高熔点夹杂，仍有 Si-Fe 诱发晶内铁素体形核存在。有所不同的是，在 750 ℃保温时间长的试样中，在析出的含钒的复合夹杂物中碳含量明显增加，这是由于碳原子较大，固态相变时，扩散的能力弱，750 ℃保温时间长为碳原子扩散提供了较充裕的时间。

在电镜下随机对 50 个诱发形核的夹杂物进行统计，分析作为晶内铁素体形核核心的夹杂物的平均尺寸，其结果如下：

在图 5-43 中，45ZP-4 是 1150 ℃保温 10 min，以 30 ℃/min 的冷却速率冷却至 500 ℃，然后 100 ℃/min 冷却至室温。由图 5-43 可看出，在 1150 ℃保温时间 3 min 的试样，除高熔点夹杂尺寸基本不变之外，MnS、TiN、VN、VC 及其复合夹杂物的尺寸都有所减小，只有 Si-Fe 的尺寸是增大的趋势，由此可知，Si-Fe 析出长大时机可能与相变温度相近。

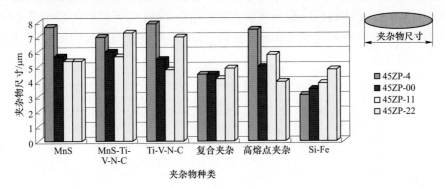

图 5-43 诱发形核的夹杂物的尺寸对比

5.3.2.4 组织形貌观察

由图 5-44 可看出，随着在 750 ℃保温时间的延长，晶内铁素体比例逐渐增加，同时铁素体的粒径也变大。

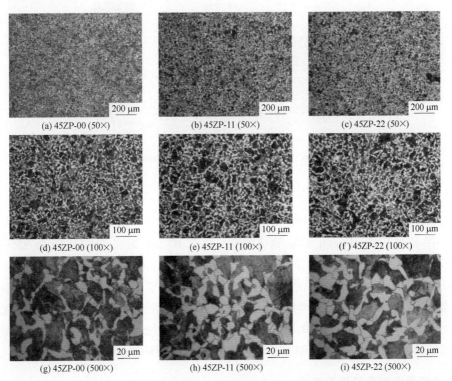

(a) 45ZP-00 (50×)　(b) 45ZP-11 (50×)　(c) 45ZP-22 (50×)

(d) 45ZP-00 (100×)　(e) 45ZP-11 (100×)　(f) 45ZP-22 (100×)

(g) 45ZP-00 (500×)　(h) 45ZP-11 (500×)　(i) 45ZP-22 (500×)

图 5-44 不同冷却速率下金相形貌观察

5.3.2.5　组织结构分析

利用二值化分析软件,对磨抛腐蚀后试样的金相组织进行铁素体的平均粒径和面积比计算分析,其结果分别如图 5-45 和图 5-46 所示。由图 5-45 可看出,随着在 750 ℃保温时间的延长,铁素体粒径变大。这是由于 750 ℃保温,处于固态相变的温度区间,钢中的碳原子能扩散到较远的距离,铁素体有较充分的时间长大。由图 5-46 可看出,随着在 750 ℃保温时间的延长,铁素体面积比逐渐增加。这是由于 1150 ℃保温时间短,尺寸较小的夹杂物的比例变大,能够诱发较多数量的夹杂物。750 ℃保温使得相变时间相对延长,铁素体析出长大比较充分。

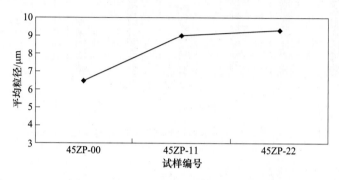

图 5-45　不同保温控冷条件下铁素体粒径变化

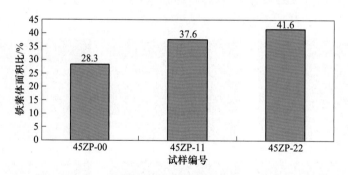

图 5-46　不同保温控冷条件下铁素体面积比

5.3.2.6　结果与分析

通过控制 750 ℃不同保温时间,可以知道:(1) 1150 ℃保温时间对夹杂物尺寸明显的影响,保温时间由 10 min 缩短到 3 min,小于 10 μm 的夹杂物比例由 93% 提高到 96%。(2) 750 ℃保温时间对夹杂物的尺寸也有明显影响,连续冷却、750 ℃保温 3 min、750 ℃保温 10 min,小于 10 μm 的夹杂物比例分别为 96%、95%、89%。(3) 750 ℃保温时间对铁素体平均粒径和面积比影响明显,平均粒径由连续冷却的 6.5 μm,增加到保温时间 10 min 时的 9.3 μm;铁素体面积比由 27% 增加到 41%。因此,750 ℃保温对 45 钢组织的演化有明显的影响,控制控冷保温制度对于氧化物冶金技术利用的影响是十分重要的。

5.3.3　冷却保温制度的影响规律

基于对 45 钢铸坯在 1150 ℃保温控冷以及在 1150 ℃和 750 ℃分别保温控冷分析,结果表明，在 1150 ℃保温时间短，钢中大尺寸夹杂明显减少；在 750 ℃保温时间延长，钢中碳化钒析出量明显增加。在 1150 ℃保温 3 min，以 30 ℃/min 冷却至 750 ℃保温 3 min，然后再以 100 ℃/min 冷却至室温的控冷保温制度下，钢中小于 10 μm 的夹杂物 95%，平均粒径为 9 μm，铁素体面积比为 37.6%。

考虑铸坯中的夹杂物在 1150 ℃实施控冷保温时，部分夹杂物并没有发生变化。为进一步优化钢中生成夹杂物的种类、尺寸、数量和分布，着手从液态开始实施控冷保温制度，取试样编号依次为：45ZP-a、45ZP-b、45ZP-c、45ZP-d、45ZP-e、45ZP-f，分别对应实验方案如下：

方案一：1600 ℃保温 10 min，400 ℃/min 冷却至 1150 ℃，保温 3 min，以 30 ℃/min 冷却至 750 ℃保温 3 min，再以 30 ℃/min 冷却至 500 ℃，最后以 100 ℃/min 冷却至室温；

方案二：1600 ℃保温 10 min，300 ℃/min 冷却至 1150 ℃，之后同方案一；

方案三：1600 ℃保温 10 min，200 ℃/min 冷却至 1150 ℃，之后同方案一；

方案四：1600 ℃保温 10 min，100 ℃/min 冷却至 1150 ℃，之后同方案一；

方案五：1600 ℃保温 10 min，50 ℃/min 冷却至 1150 ℃，之后同方案一；

方案六：液态冷却同方案一，1150 ℃保温 3 min 后，随炉氩气冷却至室温。

5.3.3.1　不同冷却速率下形貌原位观察

由图 5-47（a）~（e）可看出，钢液在保温时，会有大量的夹杂物上浮到钢液表面。随钢液的流动，夹杂物在运动过程中不断地碰撞长大。这一现象对于降低钢液中夹杂物无疑是有益的，但对于利用氧化物冶金技术、改善钢的组织结构来说，容易诱发晶内铁素体形核的夹杂物上浮、碰撞长大及排出，反而会产生不良的影响。因此，在工艺上，钢液长时间镇定对于氧化物冶金技术的利用是不利的。

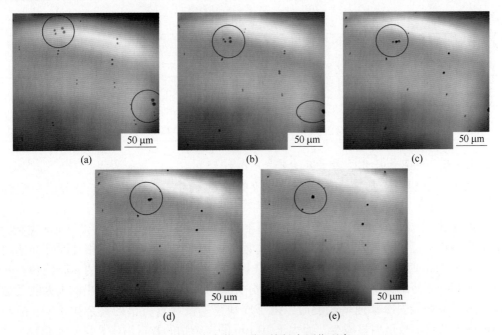

图 5-47　夹杂物上浮碰撞长大原位观察

对钢液中上浮、碰撞长大的夹杂进行能谱分析。通过分析发现，这些夹杂物主要是 Ti-Si-Al-Ca-S-O 复合夹杂物以及少量的 MnS 伴随高熔点复合夹杂物析出，如图 5-48 和图 5-49 所示，夹杂物成分如表 5-18 和表 5-19 所示。由此可知，具有诱发晶内铁素体形核能力的夹杂物上浮、碰撞长大，客观上减少了有益夹杂物的数量，造成有益合金元素的浪费。

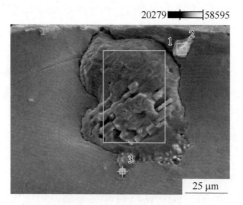
图 5-48　夹杂物微区成分分析

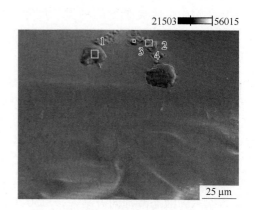
图 5-49　夹杂物成分分析

表 5-18　夹杂物成分　　　　　　　　　　　（原子分数，%）

试样	C	O	Al	Si	S	Ca	Ti	Fe
1	24.59	53.25	13.66	0.23	0.74	7.02		0.49
2	47.70	36.02	0.66	5.89		0.30		9.42
3	46.89	32.98	3.23	1.00	7.50	8.28	0.11	

表 5-19　夹杂物成分　　　　　　　　　　　（原子分数，%）

试样	C	O	Al	Si	S	Ca	Ti	Mn	Fe
1	27.49	58.33	9.91	0.29		3.77	0.06		0.14
2	44.12	36.35	1.01	0.75	7.36	9.97		0.44	
3									
4	40.12	36.37	2.57	0.33	8.13	8.22			4.27

5.3.3.2　夹杂物尺寸、数量及分布

不同的液相凝固冷却速率下，析出的夹杂物的尺寸、数量及分布呈现出一定的规律性。

由图 5-50 可以看出，随液相凝固冷却速率的减慢，析出的尺寸为 0~2.5 μm 夹杂物数量有减少趋势，尺寸为 2.5~5 μm 的夹杂物数量先增大后减小。当液相凝固冷却速率为 200~300 ℃/min 时，尺寸小于 10 μm 的夹杂物比例约为 77%，且析出的夹杂物数量相对较多。液相凝固冷却速率为 400 ℃/min，部分夹杂物来不及析出，故析出的夹杂物的数量较少。但当液相凝固冷却速率较慢时，由于冷却速率慢导致析出的夹杂物长大，故小于 10 μm 的夹杂物的数量明显减少，而大于 10 μm 的夹杂物的数量增多。说明夹杂物尺寸的分布随液相凝固冷却速率减慢，存在最佳值为 200~300 ℃/min。

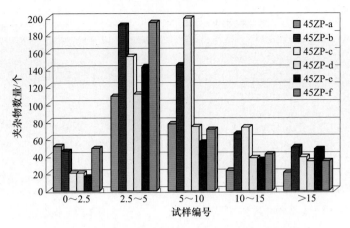

图 5-50　不同冷却速率下夹杂物尺寸及数量分布

5.3.3.3　夹杂物种类分析

通过对不同液相凝固冷却速率试样中诱发形核的夹杂物的能谱分析，发现诱发铁素体形核的夹杂物的种类与前两组实验有一定的差别，主要有 MnS、TiN-VN-MnS、TiN，如图 5-51~图 5-54 所示，夹杂物成分如表 5-20~表 5-23 所示。几乎没有发现由 TiN-VN、TiN、VN、VC、MnS 附着在高熔点 Mg、Al、Ca、Si 氧化物或硫化物的复合夹杂以及单独的 Mg、Al、Ca、Si 氧化物或硫化物高熔点夹杂诱发的晶内铁素体形核，但这并不意味着这些夹杂物没有形成或者析出。通过电镜下观察和能谱分析，发现数量众多从种类组成和尺寸角度分析，具有诱发晶内铁素体形核能力的夹杂物没有诱发晶内铁素体形核。除此之外，在液相凝固冷却速率为 200~300 ℃/min 的试样中，还发现大量的 Si-Fe 夹杂物也没有诱发晶内铁素体形核，如图 5-55 所示。综合前两组实验结果分析，这可能与冷却速率和保温时间有关，不合理的冷却速率和保温时间与夹杂物的诱发晶内铁素体形核有直接的关系。

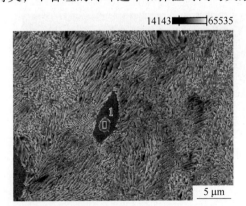

图 5-51　夹杂物分析 1

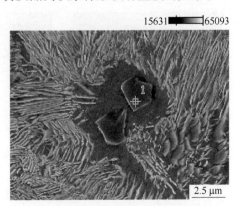

图 5-52　夹杂物分析 2

表 5-20　夹杂物成分　　　　　　　　（原子分数，%）

试样	S	Ti	Mn
1	50.09	3.53	46.38

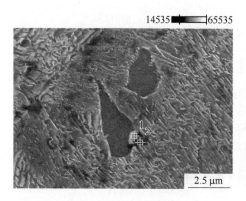

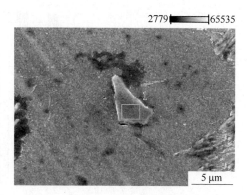

图 5-53　夹杂物分析 3　　　　　　　　　图 5-54　夹杂物分析 4

表 5-21　夹杂物成分　　　　　　　　（原子分数，%）

试样	C	N	S	Ti	V	Mn
1	38.50	48.52	3.02	4.65	1.79	3.52

表 5-22　夹杂物成分　　　　　　　　（原子分数，%）

试样	C	N	S	Ti	V	Mn	Fe
1		51.02	2.43	8.16		2.74	35.65
2	35.21	52.45	1.32	2.67	0.38	1.51	6.47

表 5-23　夹杂物成分　　　　　　　　（原子分数，%）

试样	C	N	Ti	V	Fe
1	39.17	50.92	2.83	0.88	6.19

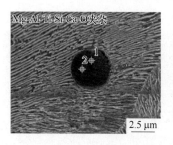
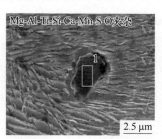
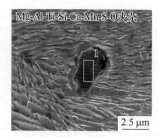

图 5-55　没有诱发晶内铁素体形核的夹杂物

5.3.3.4　组织形貌观察及结构分析

对腐蚀后试样金相组织的对比，进而分析不同液相凝固冷却速率对钢组织结构的影响，寻找较好的冷却速率。不同液相凝固冷却速率下，对应试样的金相组织如图 5-56 所示。由图 5-56 可以看出，在不同的液相凝固冷却速率时，试样内晶内铁素体的数量和尺寸呈现不同的现象。图 5-56（d）中晶内铁素体数量相对较多，而图 5-56（f）中基本没有晶内铁素体出现。通过在电镜下高倍数观察发现，图 5-56（b）（c）对应的冷却速率下，有大量尺寸较小的由夹杂物诱发的晶内铁素体析出，如图 5-56（f）所示。

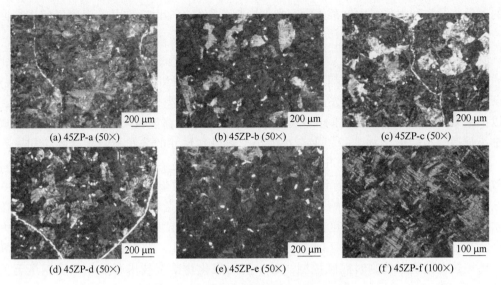

图 5-56　不同冷却速率下金相形貌观察

　　针对图 5-56（f）对应试样的特殊组织结构，通过在电镜下高倍数观察发现，组织结构呈现出方向性很强的层状结构，如图 5-57 所示。该组织结构的形成，可能是由于在通氩气炉冷的情况下，冷却速率过快形成的贝氏体组织。扫描电镜下层状结构组织如图 5-58 所示。

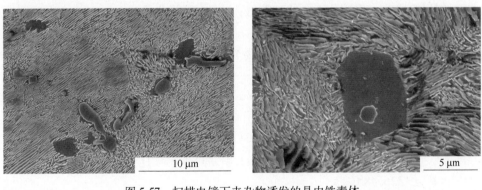

图 5-57　扫描电镜下夹杂物诱发的晶内铁素体

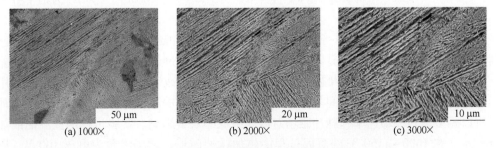

图 5-58　扫描电镜下层状结构组织

　　基于金相组织形貌观察和结构分析来看，钢水从液态单调降温的冷却制度对于形成细小的奥氏体晶粒和大量晶内铁素体没有太大影响。需在冷却时，在某一温度区间进行回温再冷却。

5.3.3.5　结果与分析

通过控制不同液相凝固冷却速率和相同固相冷却速率和保温时间，从形貌原位观察，夹杂物大小、数量、分布，诱发晶内铁素体形核夹杂物种类，组织形貌、结构的分析，得出以下结果：(1) 钢水镇静时间长，有益的夹杂物上浮、碰撞长大、排出，不利于形成大量细小弥散分布的夹杂物。(2) 夹杂物大小、数量和尺寸的分布随液相凝固冷却速率减慢，存在最佳值为 200~300 ℃/min，冷却速率快，部分夹杂物来不及析出，冷却速率慢，导致析出的夹杂物长大。(3) 诱发晶内铁素体形核的夹杂物中，主要是 MnS、TiN-VN-MnS 夹杂。几乎没有发现以高熔点夹杂物为核心的复合夹杂物诱发晶内铁素体形核。(4) 钢水从液态单调降温的冷却制度对于形成细小的奥氏体晶粒和大量晶内铁素体没有太大影响。需在冷却时，在某一温度区间进行回温再冷却。因此，控制钢水开浇前钢水镇静时间，铸坯热送制度和轧制时温度控制，对于利用氧化物冶金技术开发非调质钢是至关重要的。

5.4　脉冲磁场作用对夹杂物弥散析出的影响

通过对 45 钢中氧化物冶金行为及影响因素的研究，本节在此基础上进一步研究脉冲磁场对 45 钢中氧化冶金行为的影响，研究氧化物冶金和脉冲磁场处理技术两种细晶技术协同作用时，45 钢中夹杂物的特性及诱发晶内铁素体的形核情况。

由 45 钢目标成分，采用如下公式计算得：

液相线温度：

$$T_1 = 1538 - \{65[\%C] + 8[\%Si] + 5[\%Mn] + 30[\%P] + 25[\%S] + 2[\%V] +$$
$$1.5[\%Cr] + 3[\%Al] + 20[\%Ti] + 90[\%N]\}$$
$$T_1 = 1498.93℃ \tag{5-7}$$

固相线温度：

$$T_s = 1536 - \{415.3[\%C] + 12.3[\%Si] + 6.8[\%Mn] + 124.5[\%P] +$$
$$183.9[\%S] + 4.3[\%Ni] + 1.4[\%Cr] + 4.1[\%Al]\}$$
$$T_s = 1326.48℃ \tag{5-8}$$

其中，$[\%C]$、$[\%Si]$、$[\%Mn]$、$[\%P]$、$[\%S]$、$[\%Ni]$、$[\%Cr]$、$[\%Al]$ 为钢中各元素的质量百分含量。

经计算试样凝固时间在 40~200 s 之间，而且由于脉冲磁场的加入导致凝固时间变化，由高温激光共聚焦显微镜观察凝固过程中组织的变化来控制磁场的处理时间导致的误差较大。所以本实验采取的是改变凝固过程的冷却速率，进而改变凝固时间，从而改变作用于凝固过程的脉冲磁场的处理时间。但是这时影响凝固组织的不仅是脉冲磁场，还有冷却速率，所以要考虑到冷却速率和脉冲磁场对凝固组织的双重影响。实验过程的控温曲线如图 5-59 所示，在 1600~1150 ℃ 的凝固过程中施加脉冲磁场，磁场参数为电压 100 V，周期 2.0 s，冷却速率分别为 50 ℃/min、100 ℃/min、150 ℃/min、200 ℃/min、250 ℃/min，依次命名为试样 2、试样 7、试样 8、试样 9、试样 10。实验参数如表 5-24 所示。

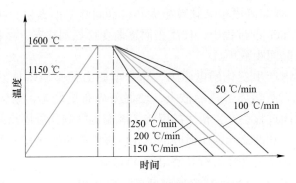

图 5-59　实验控温曲线

表 5-24　实验参数

试样	处理阶段/℃	电压/V	冷却速率/℃·min⁻¹	周期/s
2	1600~1150	100	50	2.0
7	1600~1150	100	100	2.0
8	1600~1150	100	150	2.0
9	1600~1150	100	200	2.0
10	1600~1150	100	250	2.0

5.4.1　脉冲磁场处理时间对夹杂物弥散析出的影响

5.4.1.1　脉冲磁场处理时间对试样宏观形貌的影响

实验结束后将样品从高温激光共聚焦显微镜高温炉中取出，表面宏观形貌如图 5-60 所示，样品 10 样品高度较小，由于表面张力的作用缩集到坩埚的一侧。由图 5-60 （a）~（e）

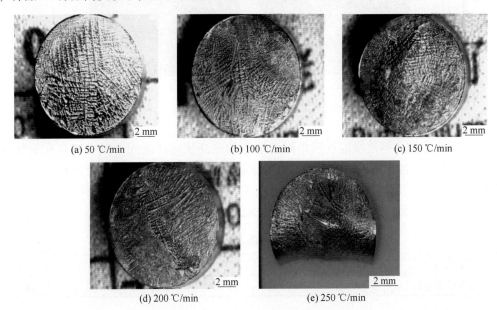

图 5-60　不同冷却速率下的样品形貌照片

可看出 50 ℃/min 时，样品表面枝晶颗粒粗大，枝晶间疏松不紧密，枝晶间距大，随着冷却速率增大到 250 ℃/min 的过程中，样品表面逐渐变得规则整齐，柱状晶的尺寸减小，样品表面平整规则，枝晶间距减小。

脉冲磁场使熔体内产生变化的电磁力，这个电磁力使金属熔体发生振荡驱动钢液流动，促进温度均匀化以及熔体过热的散失，使温度分布更均匀，熔体内部的温度梯度降低。液相的流动对凝固过程会产生很大的影响，因而也影响其凝固组织。冷却速率的改变导致凝固时间的变化，脉冲磁场作用时间的变化，最终影响了试样的凝固枝晶结构。

5.4.1.2　脉冲磁场处理时间对试样晶粒的影响

将磨抛好的试样用 4% 硝酸酒精溶液腐蚀后，在金相显微镜下观察其组织形貌，如图 5-61 所示。由图 5-61（a）~（e）的实验结果可以看出，随着冷却速率由 50 ℃/min 增加到 150 ℃/min 时，试样平均晶粒尺寸明显的增大，凝固组织逐渐粗大化；冷却速率由 150 ℃/min 增加到 250 ℃/min 时，试样平均晶粒尺寸也明显的减小。

(a) 50 ℃/min　　　　　(b) 100 ℃/min　　　　　(c) 150 ℃/min

(d) 200 ℃/min　　　　　(e) 250 ℃/min

图 5-61　不同冷却速率下的样品金相照片

由图 5-61 可知，钢液凝固过程中降温速率的改变使试样凝固组织之间存在明显的差异，为准确得出脉冲磁场处理时间的改变对试样晶粒组织差异的影响，任意取各个样品的金相照片 20 张，利用截线法算出各个样品的平均晶粒尺寸，进行分析、测量、统计。

经测量统计，将试样 2，7~10 的平均晶粒尺寸列表，如表 5-25 所示。

表 5-25　不同降温速率下晶粒尺寸

降温速率/℃·min^{-1}	50	100	150	200	250
平均晶粒尺寸/μm	416	438	628	527	465

根据表 5-25 中不同样品的晶粒尺寸绘图（图 5-62），由图 5-62 可知，脉冲磁场处理时间的不同对凝固组织的大小有明显的影响。

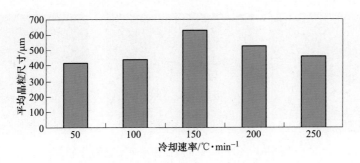

图 5-62 不同冷却速率下晶粒的尺寸

因为实验是通过改变冷却速率，从而改变凝固时间，进而改变磁场的作用时间，所以该过程要考虑脉冲磁场和冷却速率对凝固过程的双重影响。脉冲磁场促进熔体流动，产生作用于固液界面上的剪切力超过枝晶臂的剪切强度，或者流体作用于枝晶臂上的弯曲应力超过其抗弯强度时，就可以使枝晶臂发生断裂。枝晶臂的碎片又被熔体的流动带到熔体中心成为形成等轴晶的异质核心。随着冷却速率的增大，晶粒来不及长大而发生了凝固，晶粒应逐渐细小；但是此时凝固时间变短，脉冲磁场处理次数的减少，熔体内由振荡处理产生的晶粒核心相对减少，组织细化效果应该变差。试样 8 ~ 10 的晶粒平均尺寸逐渐减小，是由于冷却速率逐渐增大，过冷度增大晶粒组织变得细小，说明过冷度对晶核凝固的影响大于脉冲磁场对它的作用，随着冷却速率的增加，晶粒组织逐渐变细。对于试样 2、7、8，随着冷却速率的增大，奥氏体晶粒尺寸逐渐变大说明在此过程中脉冲磁场力对晶粒细化的影响大于过冷度的作用。

5.4.1.3 脉冲磁场处理时间对夹杂物的影响

A 脉冲磁场处理时间对夹杂物分布的影响

夹杂物的尺寸和分布对钢的性能有较大的影响，本实验欲通过改变凝固过程的冷却速率，改变脉冲磁场的作用时间，以期在钢中获得大量细小、均匀分布的夹杂物，可在夹杂物上析出晶内铁素体，使材料的组织性能得到改善。

取 100 倍视场下金相相片，将试样抛光后在金相显微镜下观察其夹杂物的大小、形态和分布，结果如图 5-63 ~ 图 5-67 所示，由图 5-63 ~ 图 5-67 可以看出，降温速率的改变导致了凝固时间的变化，从而改变了脉冲磁场对样品的作用时间，最终影响了夹杂物的分布及大小。

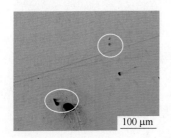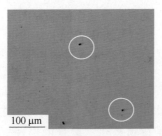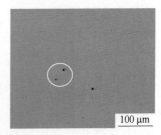

图 5-63 50 ℃/min 降温速率下夹杂物分布

100 ℃/min、150 ℃/min 时夹杂物的尺寸细小分布呈均匀化，大尺寸夹杂并不多见，

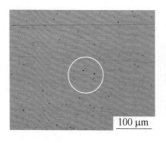 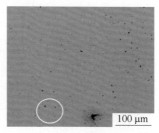 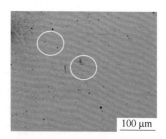

图 5-64　100 ℃/min 降温速率下夹杂物分布

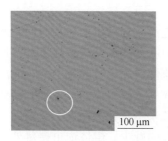 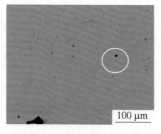 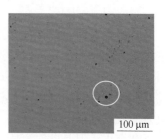

图 5-65　150 ℃/min 降温速率下夹杂物分布

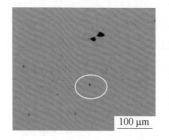 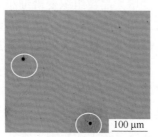 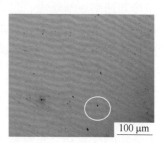

图 5-66　200 ℃/min 降温速率下夹杂物分布

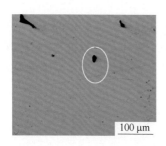 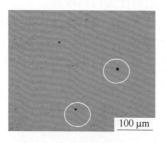 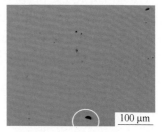

图 5-67　250 ℃/min 降温速率下夹杂物分布

而 50 ℃/min 试样夹杂物的尺寸相对较大, 分布也不均匀, 且伴有尺寸较大条状夹杂物; 降温速率由 200 ℃/min 增大至 250 ℃/min 时, 夹杂物尺寸增大。

　　B　脉冲磁场处理时间对夹杂物尺寸、数量的影响

　　为精确比较脉冲磁场作用时间对夹杂物的影响, 取 500 倍视场下任意金相照片 50 张, 利用专用软件分析统计试样中夹杂物的尺寸、数量及分布, 统计分析试样中夹杂物的尺

寸、数量及分布，平均每张结果如图 5-68 所示。当冷却速率为 100 ℃/min 时，细小夹杂物所占比例最大，冷却速率增大到 250 ℃/min 的过程中，大尺寸的夹杂物比例明显变大。产生这样的结果是由于冷却速率和脉冲磁场共同对夹杂物施加影响。随着冷却速率的增大，凝固时间越短，夹杂物来不及长大，而冷却速率增大还会引起另外的一个结果就是磁场的有效作用时间变短。所以当冷却速率从 50 ℃/min 增大到 100 ℃/min 时，细小夹杂物比例增加，而从 100 ℃/min 增大到 250 ℃/min 时，夹杂物尺寸反而变大。

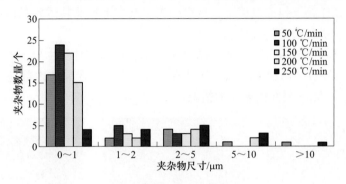

图 5-68　夹杂物尺寸与数量关系

C　脉冲磁场作用时间对夹杂物诱发晶内铁素体的影响

a　磁场作用时间对夹杂物诱发晶内铁素体的数量影响

对腐蚀后试样金相组织进行比对，进而分析不同冷却速率对夹杂物诱发晶内铁素体数量大小的影响，对应试样的金相组织如图 5-69 所示。

图 5-69　不同冷却速率下夹杂物诱发铁素体情况

由图 5-69（a）~（e）可看出，对应凝固过程的不同冷却速率的样品，试样晶内铁素体的数量和尺寸呈现不同的现象。冷却速率由 50 ℃/min 增大到 100 ℃/min 的过程中，样品中铁素体的数量逐渐增多，但随着冷却速率增加到 250 ℃/min 过程中，晶粒内夹杂物诱发的晶内铁素体数量逐渐减少，分布不均匀，尺寸有增大的趋势。冷却速率为 100 ℃/min 的试样 7 中生成的晶内铁素体数量最多，尺寸最为细小。

　　夹杂物诱发晶内铁素体的数量呈现先增后减的规律，是因为随着冷却速率增大，引起了凝固时间及脉冲磁场作用时间变化，降温速率和脉冲磁场共同对样品中夹杂物诱发晶内铁素体形核产生影响。

　　b　磁场作用时间对夹杂物诱发晶内铁素体的性质、大小的影响

　　将腐蚀后的试样放入扫描电镜中，观察分析夹杂物形貌及其诱发晶内铁素体形核的情况，并利用能谱分析夹杂物的成分和尺寸。

　　对试样 7 进行能谱分析，发现诱发晶内铁素体的夹杂物种类主要为 S-Mn-Ti、S-Mn-N-Ti-V 复合物（图 5-70），形状为块状，尺寸在 2 μm 之内。在晶粒内部还发现有一定量的 Si-Fe 夹杂和少量的 MnS 诱发铁素体的情况。

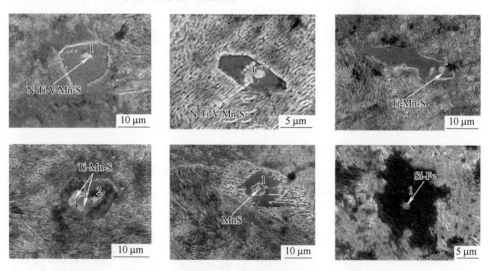

图 5-70　夹杂物诱发晶内铁素体形核

　　在试样 7 的晶粒内部有大量自发形核的铁素体产生，并没有发现有夹杂物诱发晶内铁素体形核，尺寸在 10 μm 左右，如图 5-71 所示。

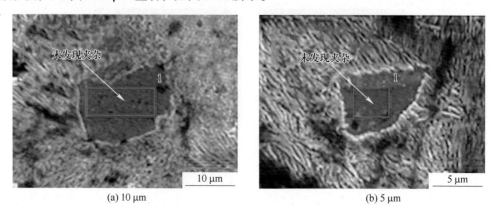

(a) 10 μm　　　　　　　　　　　　　(b) 5 μm

图 5-71　夹杂物诱发晶内铁素体形核

对试样 8 夹杂物诱发晶内铁素体情况进行分析，发现诱发晶内铁素体的夹杂物种类主要为 S-Mn-Ti-V-C-N（图 5-72），形状多为链状，块状也有，夹杂物尺寸在 2 μm 之内，诱发铁素体形核的夹杂物有的是聚集在一起的小夹杂。在对样品进行能谱分析时还发现了图片上有的晶内铁素体内部看不到夹杂物，但是能谱分析时同样发现了复合夹杂物，此时夹杂物非常细小，尺寸在 1 μm 之内，在晶粒内部还发现少量的 MnS 和高熔点 Al、Mg 氧化物诱发铁素体的情况。自发形核的铁素体如图 5-73 所示。

图 5-72　夹杂物诱发晶内铁素体形核

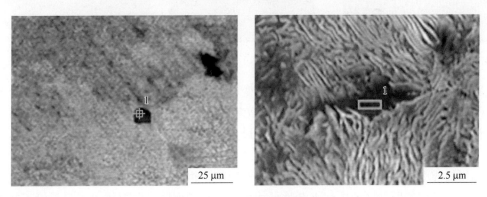

图 5-73　自发形核的铁素体

对试样 9 中夹杂物诱发晶内铁素体情况进行分析，诱发晶内铁素体的夹杂物种类主要为复合夹杂物 S-Mn-Ti、S-Mn-Ti-V-C（图 5-74），夹杂物是聚集在一起的小夹杂，诱发的铁素体为块状，尺寸在 20 μm 左右。还有链状 MnS，夹杂物尺寸在 1~2 μm 之间，诱发的铁素体为长条状，尺寸在 20 μm 左右。在对样品进行能谱分析时还发现了大量没有发现夹杂物形核核心的铁素体。

对试样 10 中夹杂物诱发晶内铁素体形核情况进行分析，发现诱发晶内铁素体的夹杂物为复合夹杂 C-N-Ti-V-Mn-S，夹杂物比起降温速率较小的样品数量不是很多，夹杂物尺

图 5-74　夹杂物诱发晶内铁素体形核

寸在 5 μm 以内，诱发的晶内铁素体多为条状（图 5-75），样品内有很多没有发现夹杂物诱发的尺寸为 10 μm 条块状铁素体（图 5-76）。

图 5-75　夹杂物成分分析　　　　　　图 5-76　自发形核的铁素体

　　由以上分析可知脉冲磁场作用时间的改变对夹杂物种类的影响不大，主要是复合夹杂 Ti-N-V-Mn-S 及 MnS。诱发的铁素体数量先增多后减少。当降温速率为 100 ℃/min 时，夹杂物诱发生成的晶内铁素体数量最多，尺寸最为细小。

　　c　细小夹杂物形貌

　　利用扫描电子显微镜可以观察样品表面的形貌，相应的能谱仪能够对所选区域进行成分分析，但是如果所选区域内部夹杂物尺寸太小、含量太低，则扫描电子显微镜不能对其作出分析。用分辨率更高的透射电子显微镜可以观察到那些扫描电镜所不能分辨的细小夹杂物，如图 5-77 所示。由图 5-77（a）~（e）可知，样品内的夹杂物多为小尺寸夹杂物聚集在一起，由能谱分析可知聚集的夹杂物多为复合夹杂。

5.4.2　脉冲磁场强度对钢凝固过程组织的影响

　　将脉冲磁场施加在 45 钢凝固过程中，脉冲磁场和熔体内产生的电流相互作用产生一个周期性电磁力驱动熔体振荡，产生一个振荡电磁压强。改变电源电压，进而会改变磁场电流，改变磁场的磁感应强度。不同的磁场强度会产生不同的电磁压力，会影响试样的凝

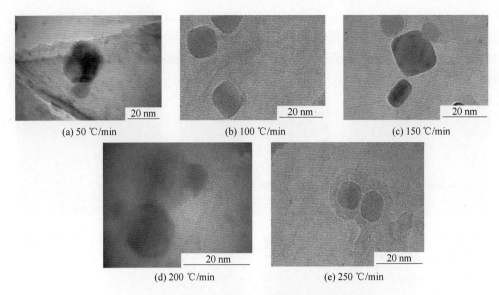

(a) 50 ℃/min   (b) 100 ℃/min   (c) 150 ℃/min

(d) 200 ℃/min   (e) 250 ℃/min

图 5-77　不同冷却速率下透射电镜下夹杂物形貌

固过程及组织性能，分析不同磁场强度下得到试样的夹杂物属性和钢的组织结构，最后得出最佳磁场强度范围以控制较好的夹杂物种类、尺寸、数量及合理的分布，从而获得良好的组织。

将处理好的样品置入高温激光共聚焦显微镜加热炉内，以 30 ℃/min 的速率加热到 1600 ℃至熔融，保温 600 s，然后以 50 ℃/min 降温速率降温，在钢液凝固过程中施加不同参数的脉冲磁场，研究脉冲磁场在凝固过程中对凝固组织的影响。

实验过程的控温曲线，在 1600~1150 ℃的凝固过程中施加脉冲磁场，为了延长凝固时间，进而增加磁场的处理时间，该组实验采取较小的冷却速率 50 ℃/min，周期 2.0 s 是由前期实验得出，此时奥氏体晶粒比较小。由于电压容易测量控制，而样品所在位置的磁场又不能实时测量，故本实验改变脉冲磁场强度均用电压数据来代替。本实验电源电压控制在 100 V 以内，电压大于 100 V 后磁场发生器会达到磁饱和，调节电压依次为 100 V、80 V、60 V、40 V、20 V，对应的试样名称为试样 2、试样 11、试样 12、试样 13、试样 14。实验参数如表 5-26 所示。

表 5-26　实验参数

试样	处理阶段/℃	电压/V	冷却速率/℃·min⁻¹	周期/s
2	1600~1150	100	50	2.0
11	1600~1150	80	50	2.0
12	1600~1150	60	50	2.0
13	1600~1150	40	50	2.0
14	1600~1150	20	50	2.0

5.4.2.1　脉冲磁场强度对试样宏观形貌的影响

实验结束后将样品从高温激光共聚焦显微镜高温加热炉中取出，表面宏观形貌如图

5-78 所示，由图 5-78（a）~（e）可看出提高励磁电压意味着电磁振荡压力的增大，熔体流动速度增高，柱状晶在长度和宽度上均减小。提高磁场电压，表面变得规则整齐，柱状晶的尺寸减小，样品表面的杂乱疏松的排列情况得到改善，脉冲磁场强度的改变影响了试样的表面形貌。

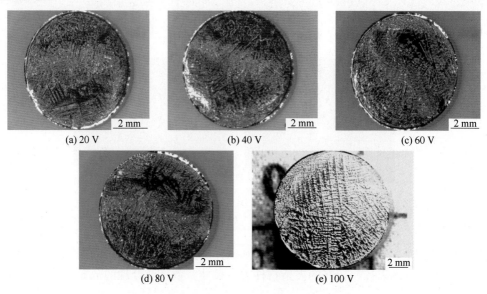

图 5-78　不同磁场强度下的样品形貌照片

5.4.2.2　脉冲磁场强度对试样晶粒的影响

将试样磨、抛后用 4%硝酸酒精溶液腐蚀，在 Leica DMI5000M 金相显微镜下观察其组织形貌，发现其组织形貌呈现出一定的规律性，如图 5-79 所示。由图 5-79（a）~（e）可

图 5-79　不同磁场强度下的样品金相照片

以看出，提高励磁电压意味着电磁振荡压力的增大，将脉冲磁场电压由 20 V 增加到 100 V，试样平均晶粒尺寸明显的减小，凝固组织逐渐细化。

脉冲磁场强度的改变使试样凝固组织有明显的差异，为准确比较脉冲磁场强度对其影响的差异，利用截线法测量各个试样的平均晶粒尺寸进行分析比较。经测量，各个试样的平均晶粒尺寸如表 5-27 所示。

表 5-27　不同磁场强度下的晶粒尺寸

试　样	2	11	12	13	14
平均晶粒尺寸/μm	416	655	672	720	983

根据表 5-27 中的不同样品的晶粒尺寸绘图，如图 5-80 所示。

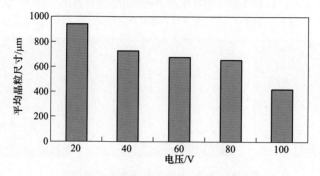

图 5-80　不同磁场强度下晶粒的尺寸

从实验结果可以看出：电磁压力随着脉冲磁场电压的增大而增大，导致试样的平均晶粒尺寸明显减小，脉冲磁场强度对电磁压力的影响直接反应在细化凝固组织的效果上。这是因为随着电磁振荡力增大，游离的结晶核心增多，当电磁振荡力大到一定程度时会引起空化效应诱发形核，进一步提高形核率，从而细化了晶粒组织。

5.4.2.3　脉冲磁场强度对夹杂物的影响

A　脉冲磁场强度对夹杂物分布的影响

夹杂物的尺寸和分布对钢的性能有较大的影响，本实验欲通过改变磁场电压从而改变磁场强度，以期在钢中获得大量细小、均匀分布的夹杂物，在夹杂物上析出晶内铁素体，使材料的组织性能得到改善。

将试样抛光后在金相显微镜下观察其夹杂物的大小、形态和分布，考察脉冲磁场的强度对其影响，任意取 100 倍视场下金相相片，结果如图 5-81～图 5-85 所示。由图 5-81～

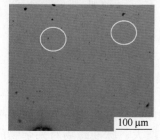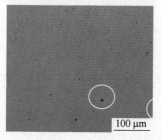

图 5-81　20 V 电压下夹杂物的分布情况

图 5-85 可以看出，电压较小为 20 V 时，夹杂物的分布不太均匀，尺寸不是很大，主要集中在 5 μm 以内，大尺寸夹杂并不多见，随着磁场电压的加大，夹杂物的数量逐渐增多分布较为均匀，在 100 V 时夹杂物数量最多，分布最为均匀。

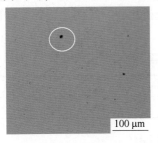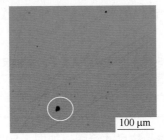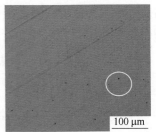

图 5-82　40 V 电压下夹杂物的分布情况

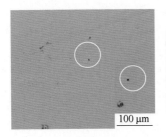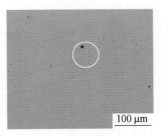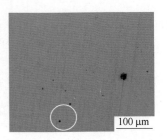

图 5-83　60 V 电压下夹杂物的分布情况

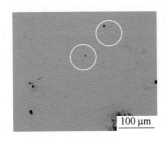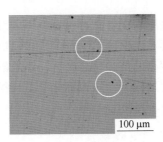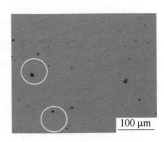

图 5-84　80 V 电压下夹杂物的分布情况

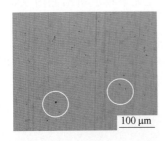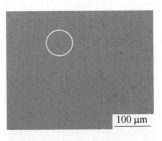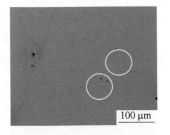

图 5-85　100 V 电压下夹杂物的分布情况

调节脉冲磁场强度改变了样品凝固过程中夹杂物的析出行为，是因为调节脉冲磁场强度改变了凝固过程夹杂物受到的磁场力的大小，随着电压的增大，脉冲磁场对夹杂物的作用增强，脉冲磁场主要产生两个方面作用效应，即脉冲电磁力和焦耳热。脉冲电磁力对夹杂物的运动、分布产生影响,同时根据电磁感应定律熔体内会感生脉冲涡流,焦耳热相当于内热源使试样热量增加,因为凝固而向外释放的金属潜热得到了部分补偿,所以凝固体系的整体冷却速率降低,夹杂物析出过程受到影响。试样的夹杂物的分布主要由这两个方面的综合作用决定。

B 脉冲磁场强度对夹杂物尺寸、数量的影响

为精确比较脉冲磁场强度对夹杂物的影响,取 500 倍视场下任意金相照片 50 张,利用专用软件分析统计试样中夹杂物的尺寸、数量及分布,结果如图 5-86 所示。

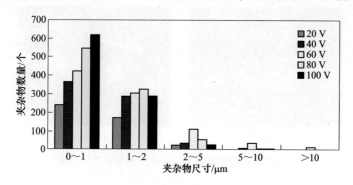

图 5-86 夹杂物尺寸与数量关系

由图 5-86 可看出,试样中夹杂物尺寸多集中于 0~5 μm 之间,脉冲磁场电压为 100 V 时,样品中夹杂物尺寸最为细小数量最多,其中尺寸在 0~1 μm 之间的夹杂多达总量的 68%,大尺寸夹杂物并不多见。而随着电压的降低,小尺寸夹杂物所占的比例逐渐降低,大尺寸夹杂比例增多。

脉冲磁场主要产生脉冲电磁力和焦耳热两个方面效应,脉冲电磁力使夹杂物运动,焦耳热相当于内热源使试样热量增加,因为凝固而向外释放的金属潜热得到了部分补偿,所以凝固体系的整体冷却速率降低,过冷度减少。因此,脉冲磁场作用下脉冲磁场力和过冷度两因素对金属组织的影响相反,夹杂物的分布主要由这两个方面的综合作用决定。

C 脉冲磁场强度对夹杂物诱发晶内铁素体的影响

a 脉冲磁场强度对夹杂物诱发晶内铁素体数量的影响

对腐蚀后试样金相组织进行比对,进而分析不同脉冲磁场强度对夹杂物诱发晶内铁素体数量的影响,对应试样的金相组织如图 5-87 所示。

由图 5-87 (a)~(e) 可看出,对应凝固过程施加不同电压脉冲磁场的样品,试样内晶内铁素体的数量和尺寸呈现不同的现象。脉冲磁场电压由 20 V 增大到 100 V 的过程中,对应的样品夹杂物诱发晶内铁素体的数量逐渐增多。脉冲磁场电压为 100 V 时生成的晶内铁素体数量最多,尺寸最为细小。说明脉冲磁场强度的改变影响了夹杂物尺寸进而影响了夹杂物诱发晶内铁素体的数量。

b 脉冲磁场电压对夹杂物诱发晶内铁素体的性质、大小的影响

将腐蚀后的试样放入扫描电镜中进行观察并进行成分分析,随意采集样品中诱发形核的夹杂物照片,进行夹杂物成分分析,观察分析夹杂物形貌及其诱发晶内铁素体形核的情况。

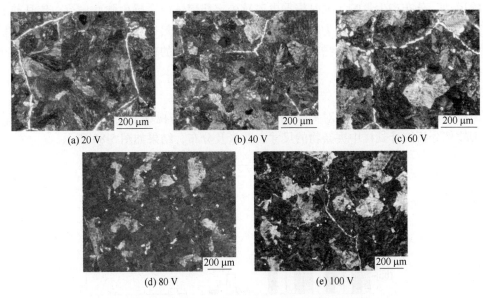

图 5-87　不同磁场强度下夹杂物诱发铁素体情况

对试样 14 中夹杂物诱发晶内铁素体情况进行分析，发现脉冲磁场电压为 20 V 时，夹杂物诱发产生晶内铁素体的数量并不是很多。诱发晶内铁素体的夹杂多数为复合夹杂物 S-Mn-Ti、S-Mn-Ti-V-C，夹杂物的形状多为球状或不规则的形状，其次是 MnS 夹杂，Ti-V-C 夹杂，尺寸在 5 μm 左右，如图 5-88 所示。通过电镜下观察和能谱分析发现形成的铁素体形状为块状或链状。诱发生成的铁素体的大小在 20 μm 以内。极少数从性质、尺寸来看具有诱发晶内铁素体形核能力的夹杂物，如 MnS、Al_2O_3 并没有诱发晶内铁素体形核。

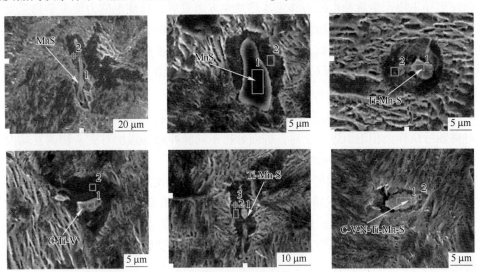

图 5-88　夹杂物诱发晶内铁素体形核

对试样 13 中夹杂物诱发晶内铁素体形核情况进行分析，发现脉冲磁场电压为 40 V 时，夹杂物诱发产生的晶内铁素体的数量并不是很多。

诱发晶内铁素体的夹杂物多数为复合夹杂 Mn-S-Ti-V-N，其次为 MnS 夹杂，夹杂物的尺寸大多在 5 μm 以内，夹杂物的形状多为球状或不规则的形状，通过电镜下观察和能谱分析，还发现极个别的 Si-Fe 诱发产生了晶内铁素体，如图 5-89 所示。由夹杂物诱发形成的晶内铁素体形状为块状铁素体，尺寸在 10 μm 左右。

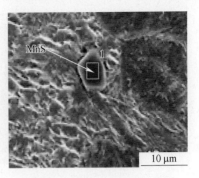

图 5-89 没有诱发晶内铁素体形核的夹杂物

通过对试样进行观察和能谱成分分析可知，晶粒内部有大量的没有形核核心的自发形核铁素体生成，尺寸在 25 μm 左右，如图 5-90 所示，但是也有可能是因为内部的夹杂物太小含量太低，扫描电镜及自带能谱不能检验出，而用透射电镜可以看到晶粒内有小尺寸夹杂存在。

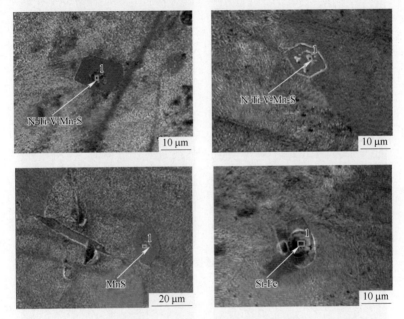

图 5-90 夹杂物诱发晶内铁素体形核

对试样 12 中夹杂物诱发晶内铁素体情况进行分析，发现脉冲磁场电压为 60 V 的样品中诱发晶内铁素体的夹杂物种类增多，诱发产生晶内铁素体的数量比施加低压脉冲磁场时的样品内的诱发晶内铁素体数量要多。

诱发晶内铁素体的夹杂多数为复合夹杂 Mn-S-Ti-V-N、Mn-S-Ti，尺寸在 2 μm 以内，其次是 MnS、TiN 夹杂，夹杂物的形状为球状，还发现少数 MnS 在高熔点氧化物 Al_2O_3 上析出，诱发晶内铁素体形核诱发形成的铁素体为尺寸 30 μm 的链状（图 5-91）。

晶粒内部出现了大量的性质和尺寸均符合条件，但是并没有诱发晶内铁素体产生的高熔点夹杂物 Al_2O_3（图 5-92）。晶粒内出现了大量的尺寸不一的硅铁，其并没有诱发铁素体形核（图 5-93）。晶粒内部有大量的、没有形核核心的自发形核铁素体，尺寸在 10 μm 左右（图 5-94）。

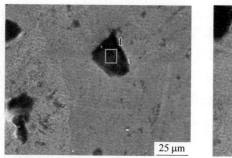
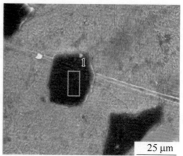

图 5-91　自发形核的铁素体

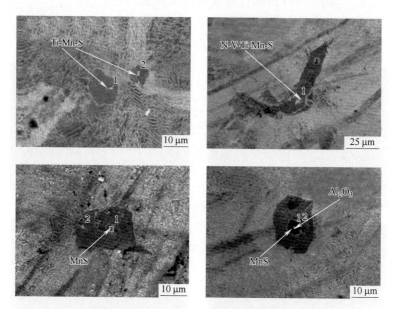

图 5-92　夹杂物诱发晶内铁素体形核

图 5-93　没有诱发晶内铁素体形核的夹杂物

图 5-94　自发形核的铁素体

对试样 11 中夹杂物诱发晶内铁素体情况进行分析，发现电压为 80 V 的样品中诱发铁素体形核的夹杂物发现主要是 MnS 和 Ti-V-N-S-Mn 复合夹杂物，如图 5-95 所示。在样品晶粒内部还发现了高熔点氧化物 Al_2O_3（图 5-96），其直径为小于 5 μm 的球形，从成分、尺寸的角度看具备诱发铁素体的条件，但是没有诱发晶内铁素体形核。内部还发现了大量的没有发现夹杂物诱发的自发形核的铁素体，如图 5-97 所示。

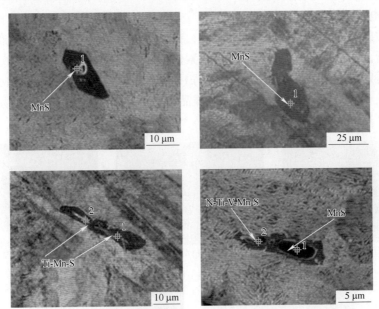

图 5-95　夹杂物诱发晶内铁素体形核

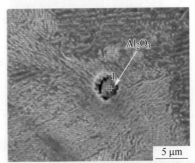

图 5-96　没有诱发晶内铁素体形核的夹杂物

图 5-97　自发形核的铁素体

由以上分析可知，脉冲磁场电压的改变对夹杂物的种类影响不大，主要是复合夹杂 Ti-N-V-Mn-S 及 MnS。随着脉冲磁场的电源电压的增大，夹杂物诱发铁素体数量逐渐增多，诱发生成的晶内铁素体尺寸逐渐减小。在脉冲磁场电压为 100 V 时，夹杂物诱发生成的晶内铁素体数量最多，尺寸最为细小。

c　透射电镜下小夹杂物形貌

由于场发射扫描电子显微镜精度的限制，扫描电子显微镜不能对样品内部小尺寸的夹杂物进行分析，在没有发现夹杂物诱发的铁素体内部可能有小尺寸的夹杂物。所以采用分辨率更高的透射电子显微镜可以观察到那些扫描电子显微镜所不能分辨的细小夹杂物，如图 5-98 所示。由图 5-98（a）~（e）可知，样品内的夹杂物多为小尺寸夹杂物聚集在一起，由能谱分析可知聚集的夹杂物多为复合夹杂。

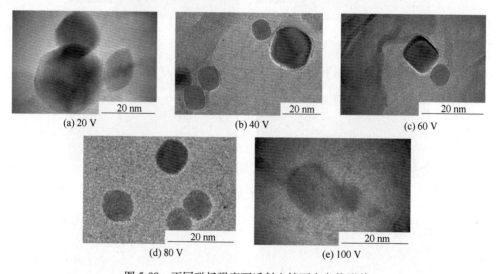

(a) 20 V　　　　　　　(b) 40 V　　　　　　　(c) 60 V

(d) 80 V　　　　　　　(e) 100 V

图 5-98　不同磁场强度下透射电镜下夹杂物形貌

5.5　小结

本章介绍了主要概况和控冷制度对夹杂物析出的影响，以及脉冲磁场对夹杂物弥散分布的影响。结果表明试验钢 737 ℃相变过程中，钢中常见的夹杂物 V(C,N)、Nb(C,N)、Ti(C,N) 对诱发 IAF 形核过程均有效，其中，V(C,N) 最为有效；冷却速率对夹杂物尺寸和数量有一定的影响，随冷却速率减缓，夹杂物尺寸变大，数量增大，钒的碳氮化物数量增加；析出的晶内铁素体的数量增加，平均粒径增大，铁素体比例先增加后减小。保温时间对钢中夹杂物及组织演化也有一定的影响，由此可见，合理的钢水镇静时间和控冷保温制度利用氧化物冶金技术控制 45 钢组织的演化是十分重要的。

脉冲磁场强度及脉冲磁场处理时间对析出夹杂物种类影响不大，但对 45 钢的凝固组织演化有影响，通过合理控制冷却速率，脉冲磁场强度和脉冲磁场处理时间可以实现晶粒细化。

参 考 文 献

［1］ Thewlis G. Transformation kinetics of ferrous weld metals ［J］. Materials Science and Technology, 1994, 10 (2)：110-125.

［2］ Pan T, Yang Z G, Zhang C, et al. Kinetics and mechanisms of intragranular ferrite nucleation on non-metallic inclusions in low carbon steels ［J］. Materials Science and Engineering：A, 2006, 438/439/440：1128-1132.

［3］ 余圣甫，杨可，雷毅，等. 大热输入焊接高强度低合金钢热影响区的晶粒细化 ［J］. 焊接学报，2008, 29 (3)：17-20.

［4］ 张奇. 大线能量焊接用钢中夹杂物的组成及形态研究 ［D］. 唐山：华北理工大学，2016.

［5］ Koseki T. Inclusion assisted microstructure control in C-Mn and low alloy steel welds ［J］. Materials Science and Technology, 2005, 21 (8)：867-879.

［6］ Oh Y J, Lee S Y, Byun J S, et al. Non-metallic inclusions and acicular ferrite in low carbon steel ［J］. Materials Transactions Jim, 1999, 41 (12)：1663-1669.

［7］ Yang Z, Zhang C, Pan T. The mechanism of intragranular ferrite nucleation on inclusion in steel ［J］. Materials Science Forum, 2005, 475/476/477/478/479：113-116.

［8］ Yang Z B, Wang F M, Wang S, et al. Intragranular ferrite formation mechanism and mechanical properties of non-quenched-and-tempered medium carbon steels ［J］. Steel Research International, 2008, 79 (5)：390-395.

［9］ Lee J L, Pan Y T. The formation of intragranular acicular ferrite in simulated heat affected zone ［J］. ISIJ International, 1995, 35 (8)：1027-1033.

［10］ Jiang Q L, Li Y J, Wang J, et al. Effects of inclusions on formation of acicular ferrite and propagation of crack in high strength low alloy steel weld metal ［J］. Materials Science and Technology, 2011, 27 (10)：1565-1569.

［11］ Zhang L, Li W, Yao J P, et al. Effects of pulsed magnetic field on microstructures and morphology of the primary phase in semisolid A356 Al slurry ［J］. Materials Letters, 2012, 66 (1)：190-192.

［12］ Zhang M N, Zhang Q J. Mini high temperature device with micro area strong magnetic field for microscopic observation：203437628U ［P］. 2014-02-19.

［13］ Li Y J, Tao W Z, Yang Y S. Grain refinement of Al-Cu alloy in low voltage pulsed magnetic field ［J］. Journal of Materials Processing Technology, 2012, 212 (4)：903-909.

［14］ Turnbull D, Vonnegut B. Nucleation catalysis ［J］. Industrial & Engineering Chemistry, 1952, 44 (6)：1292-1298.

［15］ Bramfitt B L. The effect of carbide and nitride additions on the heterogeneous nucleation behavior of liquid iron ［J］. Metallurgical Transactions, 1970, 7 (1)：1987-1995.

［16］ 张凤珊. 晶内超细夹杂物对钢中铜偏析行为影响的研究 ［D］. 贵阳：贵州大学，2016.

[17] 郭沁怡，宋波，宋明明. Ti、Al、Zr 脱氧对中硫非调质钢中硫化物形态的影响 [J]. 材料热处理学报，2019，40（2）：133-139.

[18] 李岩. 含铜钢中铜非均质形核的研究 [D]. 北京：北京科技大学，2009.

[19] 潘宁，宋波，翟启杰，等. 钢液非均质形核的点阵错配度理论 [J]. 北京科技大学学报，2010，32（2）：179-182，190.

[20] Sarma D S, Karasev A V, Jönsson P G. On the role of non-metallic inclusions in the nucleation of acicular ferrite in steels [J]. ISIJ International, 2009, 49（7）：1063-1074.

[21] Wen B, Song B, Pan N, et al. Effect of SiMg alloy on inclusions and microstructures of 16Mn steel [J]. Ironmaking Steelmaking, 2011, 38（8）：577-583.

[22] 赵辉，胡水平，武会宾，等. Mg 处理高钢级管线钢焊接热影响区晶内铁素体形核机制研究 [J]. 钢铁，2010，45（2）：82-86.

[23] Kong H, Zhou Y H, Lin H. The mechanism of intragranular acicular ferrite nucleation induced by Mg-Al-O inclusions [J]. Advances in Materials Science and Engineering, 2015, 2015：1-6.

[24] 李小兵. 基于镁锆处理的船板钢组织与性能的研究 [D]. 沈阳：东北大学，2016.

[25] Li X B, Yi M, Liu C J, et al. Effect of Mg addition on the characterization of γ-α phase transformation during continuous cooling in low carbon steel [J]. Steel Research International, 2015, 86（12）：1530-1540.

6 基于氧化物冶金的夹杂物运动学研究

氧化物冶金思想是利用钢中微小夹杂物诱发晶内针状铁素体，形成取向各异、交叉互锁的显微组织，提高钢的强度和韧性。目前氧化物冶金的研究，在夹杂物诱发针状铁素体的机理和有效夹杂物的种类方面有了相当的进展，低界面能理论、贫锰区机理、应力-应变诱发形核机理以及铁素体与夹杂物的晶体学位相关系的研究取得较多成果。氧化物冶金技术已经发展到第三代后期，Mg-Al-Ti 系夹杂物在氧化物冶金中起到至关重要的作用，但是如何控制夹杂物粒子均匀分布在钢液中是急需解决的难题。如何使夹杂物在凝固界面均匀弥散分布是目前迫切需要解决的问题。

根据文献可知，夹杂物与钢液之间的润湿性能存在差异，而对于不同润湿性能夹杂物的上浮情况会有不同。脉冲磁场处理技术在凝固过程的液固相变和固固相变阶段可有效细化晶粒组织，在深入理解氧化物冶金技术细化晶粒组织的理论基础上，有机结合脉冲磁场处理技术研究晶粒的双重细化。

本章借助温激光共聚焦显微镜技术和扫描电子显微镜技术等实验方法来研究目标钢中的氧化物冶金行为及脉冲磁场对其的影响，采用物理模拟的手段针对液态夹杂物的上浮特性进行研究，对钢液中不同润湿性的夹杂物上浮进行研究，对凝固前沿液相流动对夹杂物迁移行为的研究。

6.1 夹杂物在钢液中运动行为研究

6.1.1 研究方法

利用模拟夹杂物上浮实验装置，采用经验公式对模拟夹杂物加速上浮的理论距离进行估算，夹杂物上浮区域分为加速区和匀速区，当粒子上浮距离大于 400 mm 时，粒子进入匀速区域。在匀速区域壁面贴有 50 mm×50 mm 水平网格线，采用高速相机对匀速区域的粒子运动过程进行记录，根据粒子通过网格线的时间即可计算其上浮速度，即匀速上浮速度。表 6-1 为高速相机主要参数。

表 6-1　高速相机主要参数

曝光频率	采集频率	模　式
624 μs	1 kHz	单帧单曝光

6.1.1.1　夹杂物理论上浮速度

在不同运动状态下，采用相应的计算公式对夹杂物的理论上浮速度进行计算。低雷诺数区域（$Re<1$）采用 Stockes 公式对夹杂物的理论上浮速度进行计算；高雷诺数区域（$Re>500$）采用 Newton 公式对夹杂物的理论上浮速度进行计算；中等雷诺数区域（$1<Re<500$）缺少统一的经验公式，考虑误差范围相对较小，选择 Schiller 公式对夹杂物的理论上浮速度进

行计算。表 6-2 为不同流动状态下夹杂物理论速度及阻力系数公式。

表 6-2　不同流动状态下夹杂物理论速度及阻力系数公式

雷诺数范围	理论速度计算公式	理论阻力系数 C_D	备　注
<1	$2(\rho_M - \rho_I)gR^2/(9\mu)$	$24/Re$	
1~500	$2(\rho_M - \rho_I)gR^2/[9\mu(1 + 0.15Re^{0.687})]$	$24/Re(1 + 0.15Re^{0.687})$	ρ 为密度，μ 为黏度
>500	$2.46[(\rho_M - \rho_I)gR/\rho_M]^{0.5}$	0.44	

6.1.1.2　相似条件的确定

A　夹杂物上浮模拟

Re 准数表征惯性力与黏性力之比，模拟夹杂物上浮运动行为，需保证夹杂物与模拟介质的雷诺准数相等，如式（6-1）所示。

$$\frac{\rho_p v_p d_p}{\mu_p} = \frac{\rho_m v_m d_m}{\mu_m} \tag{6-1}$$

式中　ρ_p，ρ_m——钢液中夹杂物密度和模型中夹杂物密度，kg/m^3；

　　　v_p，v_m——钢液中夹杂物速度和模型中夹杂物速度，m/s；

　　　μ_p，μ_m——钢液黏度和模型中钢液模拟介质黏度，$Pa \cdot s$。

B　润湿性模拟

在研究润湿性能对夹杂物在钢液内上浮影响时，除需满足式（6-1）外，还需满足模拟介质在水中的润湿角与夹杂物在钢液中润湿角相似，如式（6-2）所示。

$$\theta_{I\text{-steel}} = \theta_{m\text{-water}} \tag{6-2}$$

研究夹杂物润湿性能对其在渣钢界面的影响时，需要综合考虑夹杂物/钢液/钢渣三者之间的体系润湿性，如式（6-3）所示。

$$\cos\theta_{IMS} = \frac{\sigma_{IM} - \sigma_{IS}}{\sigma_{MS}} \tag{6-3}$$

式中　σ_{IM}——夹杂物与钢液间界面张力，N/m；

　　　σ_{IS}——夹杂物与钢渣之间界面张力，N/m；

　　　σ_{MS}——钢液与钢渣之间界面张力，N/m。

C　中间包内夹杂物去除模拟

在研究夹杂物在中间包内行为时，需保证夹杂物与钢液和模拟介质与水的密度比相等，或保证模拟介质粒径与钢液内夹杂物粒径满足相似比关系，如式（6-4）所示。

$$\frac{R_{inc,m}}{R_{inc,p}} = \lambda^{0.25}\left(\frac{1 - \dfrac{\rho_{inc,p}}{\rho_{st}}}{1 - \dfrac{\rho_{inc,m}}{\rho_w}}\right)^{0.5} \tag{6-4}$$

式中　$R_{inc,m}$——模型中夹杂物尺寸，m；

　　　$R_{inc,p}$——钢液中夹杂物尺寸，m；

　　　ρ_{st}——钢液密度，kg/m^3；

　　　ρ_w——水的密度，kg/m^3。

6.1.2 液态夹杂物上浮行为研究

根据相似比原理，采用液体石蜡模拟钢液中的液态夹杂物，其物性参数如表6-3所示，利用高速相机记录液态夹杂物上浮过程，分析其上浮特性，从而为钢液中液态夹杂物的上浮、去除方面的研究提供理论依据。

表6-3 液态石蜡物性参数

介 质	密度/kg·m^{-3}	黏度/Pa·s	表面张力/N·m^{-1}
液体石蜡	860	0.03	0.023

6.1.2.1 液态夹杂物上浮速度研究

图6-1为夹杂物在静态钢液中上浮过程的受力情况，由图6-1可知，夹杂物受到重力F_g（式(6-5)），浮力F_b（式(6-6)），附加质量力F_m（式(6-7)），黏性阻力F_d（式(6-8)），上浮过程中所受合力F如式(6-9)所示。夹杂物在静态钢液中首先做加速运动，黏性阻力随速度增加而增加，加速度逐渐减小，夹杂物所受合力为0时，如式(6-10)所示，达到匀速，此时速度即为夹杂物匀速上浮速度。

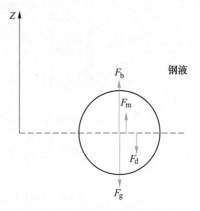

图6-1 夹杂物在钢液中受力分析

$$F_g = \frac{4}{3}\pi R_1^3 \rho_1 g \tag{6-5}$$

$$F_b = \frac{4}{3}\pi R_1^3 \rho_M g \tag{6-6}$$

$$F_m = \frac{2}{3}\pi R_1 \rho_M \frac{d^2 Z}{dt^2} \tag{6-7}$$

$$F_d = \frac{1}{2}C_D \rho_M v^2 A_s \tag{6-8}$$

$$F = F_b - F_g - F_d + F_m \tag{6-9}$$

$$F_b - F_g - F_d = 0 \tag{6-10}$$

以上分析均假设夹杂物为固体球，而液态夹杂物在钢液中的上浮过程中，液态夹杂物内部的流动会影响其在钢液中的运动状态以及形状，同时上浮的匀速速度大小以及运动轨迹也会发生改变，这也是液态夹杂物与固态夹杂物在钢液中上浮的区别。本书模拟液态夹杂物在静态钢液中上浮运动，揭示液态夹杂物在钢液中的上浮特性。

采用高速相机，记录并计算不同尺寸夹杂物的上浮匀速速度，与理论上浮速度进行分析比较。由于夹杂物在中等雷诺数流动区域（$1<Re<500$）上浮的匀速速度目前尚无准确统一的公式，因此，本书仅针对低雷诺数流动（$Re<1$）和高雷诺数流动（$Re>500$）区域内的液态夹杂物上浮匀速速度进行研究分析。采用液态石蜡模拟液态夹杂物，去离子水模拟钢液，实验结果如图6-2所示。

图 6-2 为 $Re<1$ 时液态石蜡上浮匀速速度与 Stockes 理论上浮速度的数值比较。由图 6-2 可知，液态石蜡匀速上浮速度与理论速度相比，存在 $-12\% \sim 12\%$ 的差别，实测速度值与理论上浮速度值基本吻合，因此，其上浮运动可以视为固态球体在静态流体中的上浮。液态夹杂物内部流动的影响取决于黏度比 $k = \mu_{inclusion} / \mu_{steel}$，在高黏度比 k 时，可以将其视为刚性球。本书所用液体石蜡黏度为 $0.030 \, \mathrm{Pa \cdot s}$，去离子水的黏度 $0.001 \, \mathrm{Pa \cdot s}$，黏度比 k 为 27。钢液中液态夹杂物或钢液中卷入的渣滴黏度与钢液黏度 k 一般大于 30，因而，在 Re 小于 1 时，Stockes 上浮速度也同样适用于钢液中液态夹杂物的上浮速度的估算。

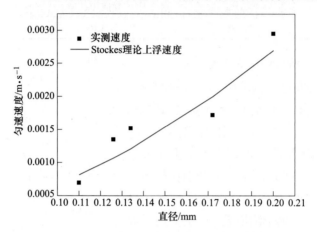

图 6-2 $Re<1$ 时石蜡液滴上浮速度实验值与计算值关系

图 6-3 为 $Re>500$ 时液态石蜡上浮匀速速度与 Newton 理论上浮速度的数值比较。由图 6-3 可知，不同尺寸液态石蜡匀速上浮速度均低于理论速度，因此，高雷诺数流动区域，由于液态石蜡内部的流动，其上浮速度较理论速度低，形状为扁球形。

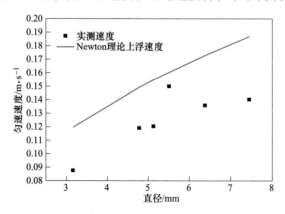

图 6-3 $Re>500$ 时石蜡液滴上浮匀速速度实验值与计算值的关系

图 6-4 为石蜡液滴的形状。由图 6-4 可知，小尺寸的石蜡液滴接近于球状，大尺寸的石蜡液滴为椭球状。为表征其变性程度 D，定义 $D = (L - B)/(L + B)$，其中 L 为液滴长轴尺寸，B 为液滴的短轴尺寸。图 6-5 为不同尺寸液滴的变形度，由图 6-5 可知，L 小于 1 mm 的石蜡液滴的变形程度接近 0，即基本不变形；L 大于 1 mm，变形度随 L 增加呈近似线性增加。

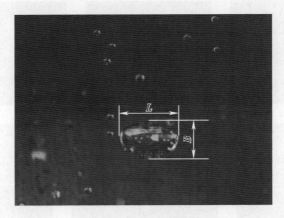

图 6-4 石蜡液滴形状

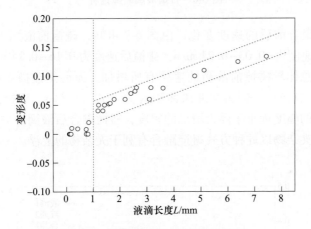

图 6-5 石蜡液滴尺寸与变形度关系

通过以上分析可以看出，由于石蜡液滴内部流动，导致其在高雷诺区域形状由球形变为扁球形，迎风面积增加，导致阻力增加，匀速上浮速度降低。

6.1.2.2 液态夹杂物上浮过程中碰撞行为研究

为揭示液态夹杂物上浮过程中碰撞聚合行为，使用高速相机对夹杂物粒子的碰撞过程进行观察，分析液态夹杂物不同的运动行为。在无底吹气体情况下，液滴在去离子水中自然上浮，发生碰撞概率较小；为增加夹杂物碰撞概率，向模拟装置底部吹入压缩空气，以便观察其上浮、碰撞行为。

通过观察可知，钢液内夹杂物碰撞行为存在以下两种结果：

（1）碰撞融合。液态石蜡碰撞过程如图 6-6 所示。t 为 2219 ms 时开始记录，两个石蜡液滴向上运动，t 为 2239 ms 时，由于液滴 2 的速度大于液滴 1，液滴 2 逐渐接近液滴 1；t 为 2251 ms 时，液滴 1 的底部与液滴 2 的顶部在顶点处相切，运动方向相同，碰撞角度 θ 为 0°；t 为 2273 ms 时，液滴 1 的下底面和液滴 2 的上底面完全接触；t 为 2294 ms 时，两液滴形状变扁，液滴长宽比增加；t 为 2360 ms 时，两液滴接触面进一步增加，合并为 1 个近球状液滴。

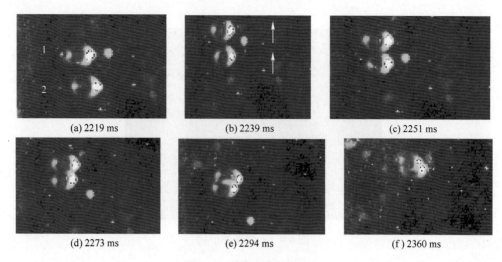

图 6-6　石蜡液滴碰撞过程

　　图 6-7 为液滴聚合前后的速度变化，由图 6-7 可知，碰撞前液滴 1 的速度为 −0.01 ~ 0.14 m/s，液滴 2 速度为 −0.03 ~ 0.24 m/s，碰撞后速度为 0.16 ~ 0.24 m/s，碰撞融合后石蜡液滴的上浮速度总体较碰撞前液滴的速度有所增加。原因是碰撞后液滴质量和体积增加，浮力增加（式（6-6）），阻力与迎风面积有关（式（6-8）），碰撞融合后迎风面积变化较小，阻力增加的幅度远小于浮力增加的幅度，碰撞融合后液滴合力向上，因而速度增加，当钢液中液态夹杂物以此种方式碰撞融合有利于夹杂物的上浮。

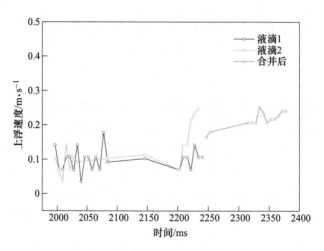

图 6-7　聚合前后石蜡液滴的速度

　　图 6-8 为碰撞融合后不同形貌的液态粒子。图 6-8（a）为尺寸较小夹杂物与尺寸较大夹杂物黏附，当两个液滴速度较小时，相互靠近过程中，两个液滴之间的水膜并未完全被挤压出去，表现为碰撞后由于水膜的阻隔作用，两液滴仅黏附在一起而不发生融合；图 6-8（b）为尺寸较小夹杂物穿透尺寸较大夹杂物，这种现象可视为碰撞融合的另外一种情况，当两个液滴速度和尺寸相差悬殊时，小液滴穿过大液滴，完全进入大液滴内部。

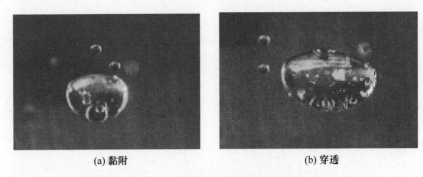

(a) 黏附   (b) 穿透

图 6-8　石蜡液滴碰撞的不同形貌

（2）碰撞分离。图 6-9 为两石蜡液滴碰撞分离过程。开始记录的初始时刻记为 0 ms，两个石蜡液滴相向运动，t 为 33 ms 时，液滴 2 与液滴 1 以一定角度碰撞，t 为 43 ms 时，两液滴碰撞后聚合为一体，t 为 63 ms 时，液滴 1 与液滴 2 分离。

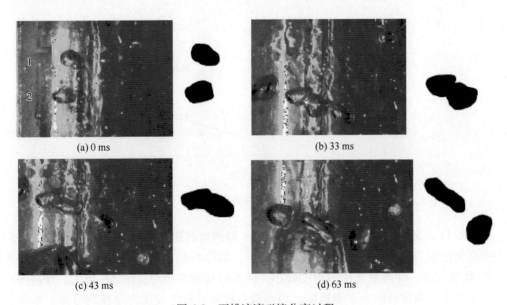

(a) 0 ms   (b) 33 ms

(c) 43 ms   (d) 63 ms

图 6-9　石蜡液滴碰撞分离过程

影响液态夹杂物碰撞的主要物理参数有液态夹杂物的密度 ρ_d、黏度 μ_d、发生碰撞的两个液态夹杂物的半径 R_s 和 R_1，相对速度 ΔU，表面张力 σ 及碰撞角度 θ，如图 6-10 所示。引入无量纲参数 We 以及碰撞参数 B，对液滴碰撞行为进行分析，各量纲参数如表 6-4 所示。液滴碰撞结果如图 6-11 所示。

表 6-4　无量纲数及其物理意义

无量纲参数	表达式	物理意义
We	$\rho_d(R_s + R_1)\Delta U/\sigma$	惯性力与表面张力之比
B	$b/(R_s + R_1)$	两液滴碰撞参数（$\sin\theta$）

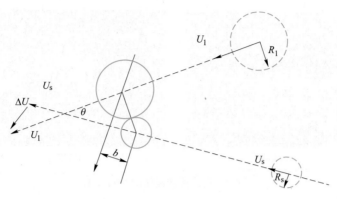

图 6-10　液态夹杂物碰撞示意图

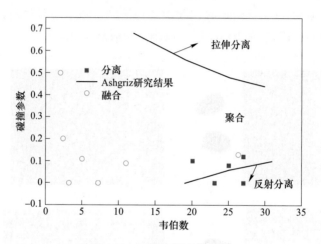

图 6-11　石蜡液滴碰撞结果

由图 6-11 可知，当 B 较小，We 也较小时，即两液滴碰撞角度小，相对速度 ΔU 较小，则两夹杂物碰撞后的夹杂物在表面张力作用下，融合后的液滴逐渐变为近球状；当 B 较小，We 数较大时，即两液滴碰撞角度较小，两石蜡液滴的相对速度 ΔU 较大，则碰撞后聚合的一个液态夹杂物动能大于表面能，因而两石蜡液滴最终表现为碰撞后分离。本实验与 Ashgriz[1] 通过水滴碰撞得到的碰撞结果在聚合区域结果基本吻合，在分离区域结果稍有差异，推测原因，一方面与所选模拟介质有关，另一方面与液滴尺寸比有关。

在碰撞融合实验中，两石蜡液滴碰撞参数 B 为 0，碰撞前液滴 1 速度为 0.10 m/s，液滴 2 速度为 0.24 m/s，碰撞后液滴韦伯数 We 为 3.2，两液态夹杂物碰撞后聚合，在表面张力作用下，融合后的液滴逐渐变为近球状。在碰撞分离实验中，两石蜡液滴 B 为 0.056，We 为 26.3，碰撞后分离。

6.1.2.3　液态夹杂物在渣钢界面处行为研究

液态夹杂物在渣钢界面的行为影响夹杂物去除的难易及效果。以液态夹杂物在渣钢界面处受力入手，首次采用物理模拟的方法研究了液态夹杂物在渣钢界面处的行为。

图 6-12 为液态夹杂物在渣钢界面处沿竖直方向的受力。由图 6-12 可知，液态夹杂物在渣钢界面处的行为取决于浮力与重力的合力 $F_b - F_g$（式（6-11）），方向为竖直向上，附

加质量力 F_m（式（6-12）），方向与夹杂物加速度方向一致，阻力 F_d（式（6-12）），方向与运动方向相反，以及反弹力 F_r（根据钢渣与夹杂物之间有无液膜，见式（6-15）和式（6-17）），浮力与重力的合力 F_b-F_g 方向不变外，F_m、F_d 和 F_r 既可能向上，也可能向下。

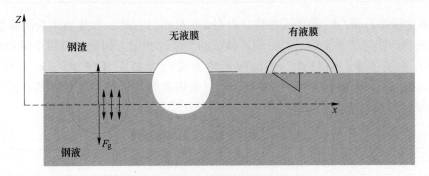

图 6-12　液态夹杂物在钢渣界面处受力

$$F_b = \frac{4}{3}\pi R_I^3 (\rho_m - \rho_I) g \tag{6-11}$$

$$F_m = \frac{2}{3}\pi R_I \rho_m \frac{d^2 Z}{dt^2} \tag{6-12}$$

$$F_d = 4\pi R_I \mu_m A \frac{dZ}{dt} \tag{6-13}$$

$$F_d = 4\pi R_I \mu_s A \frac{dZ}{dt} \tag{6-14}$$

夹杂物与钢渣间存在液膜时，夹杂物受到的反弹力为：

$$
\begin{aligned}
F_r &= -\int_0^{\theta_c} (P_{film} - P_{steel})\cos\theta \cdot 2\pi\sin\theta \cdot R_I d\theta \\
&= -4\pi R_I^2 \left[\frac{\sigma_{MS}}{2(R_I + S)}\sin\theta + \frac{dZ}{dt}\frac{\mu_s}{3}\left(\frac{A}{R_I + 2S} - \frac{3B}{R_I + 4S}\right)(1 - \cos\theta) \right]
\end{aligned}
\tag{6-15}
$$

夹杂物与钢渣间不存在液膜时，夹杂物受到的反弹力为：

$$F_r = \frac{dE_r}{dz} = 2\pi R_I \sigma_{MS}(Z^* - 1 - \cos\theta_{IMS}) \tag{6-16}$$

$$E_r = -\pi(2R_I Z - Z^2)\sigma_{ms} + 2\pi R_I Z \sigma_{SI} + 2\pi R_I(2R_I - Z)\sigma_{IM} \tag{6-17}$$

通过夹杂物受力分析可知，夹杂物的合力取决于两相的特性，包括钢渣的黏度 μ_s，夹杂物、钢渣及钢液三者之间的润湿性，即 σ_{IM}、σ_{SI}、σ_{SM}。引入体系润湿性（式（6-3））来表征液态夹杂物、钢液及钢渣三者之间的润湿性关系。目前钙铝酸盐液态夹杂物与钢液的界面张力暂无准确数据及恰当的测量方法，引用 Standh[2] 的估算数据，表 6-5 对 50%Al$_2$O$_3$-50%CaO（质量分数）液态夹杂物与钢液和钢渣的体系润湿性进行估算，$\cos\theta_{IMS}$ 约为 0.73。

表 6-5　液态夹杂物/钢液/渣界面特性

液态夹杂物成分(质量分数)	$\sigma_{\text{钢-渣}}$/N·m^{-1}	$\sigma_{\text{夹杂物-渣}}$/N·m^{-1}	$\sigma_{\text{夹杂物-渣}}$/N·m^{-1}	$\cos\theta$	T/K
50%Al$_2$O$_3$-50%CaO	1.375	1.277	0.278	0.73	1823

　　表 6-6 为液态石蜡/水/油界面参数,由表 6-6 可知,石蜡、水及油体系润湿性 $\cos\theta$ 为 0.70,与钙铝酸盐液态夹杂物/钢液/钢渣体系的润湿性相似,因此,可用于模拟液态夹杂物、钢液及钢渣体系。将硅油、煤油和齿轮油混合为黏度 0.03 Pa·s、0.07 Pa·s、0.2 Pa·s、0.3 Pa·s 和 0.5 Pa·s 的混合油,采用高速相机记录石蜡液滴在水油界面的行为,结果如图 6-13 所示。

表 6-6　液态石蜡/水/油界面参数

体　系	$\sigma_{\text{水-油}}$/N·m^{-1}	$\sigma_{\text{水-石蜡}}$/N·m^{-1}	$\sigma_{\text{石蜡-油}}$/N·m^{-1}	$\cos\theta$	T/K
液态石蜡/水/油	0.027	0.023	0.04	0.70	43

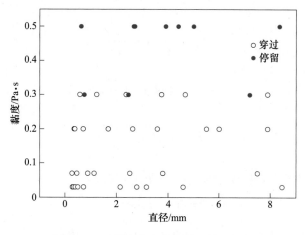

图 6-13　石蜡液滴在水油界面处的行为

　　由图 6-13 可知,石蜡液滴在界面处的不同运动行为受模拟渣黏度的影响,主要存在以下两种模式,即穿过界面和在界面停留、铺展。当油黏度为 0.03~0.2 Pa·s 时,所观察到石蜡液滴全部穿过水油界面;当油黏度为 0.3 Pa·s 时,部分石蜡液滴可以穿过水油界面,部分在界面处停留和铺展;当油黏度增至 0.5 Pa·s 时,液滴不能穿过水油界面。液滴不能穿过水油界面的原因一方面与油的黏度有关,当黏度过大,界面阻力增加,导致石蜡液滴不能穿过水油界面;另一方面,与石蜡液滴在界面处的速度有关,当速度过小,液滴在界面处的动能不足以克服穿过界面的能量损耗,导致石蜡液滴不能穿过水油界面。

　　(1)穿过界面。图 6-14 记录了石蜡液滴在水油(0.03 Pa·s)界面处的行为,t 为 1715 ms 时,石蜡液滴到达界面处,t 为 1729 ms 时,在动能的作用下由界面处继续向上运动穿过渣钢界面。图 6-15 为石蜡液滴穿过水/石蜡界面过程中速度的变化。由图 6-15 可知,石蜡液滴在到达界面前在去离子水中做匀速运动,到达界面后,速度在 10 ms 内显著增加，从 1725 ms 开始降低，直至完全进入液体石蜡中，速度最终降为 0，由界面至全部进入油层历时 20 ms。

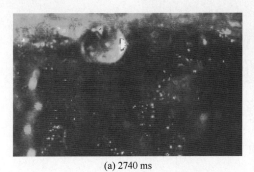 

(a) 2740 ms (b) 2759 ms

图 6-14　石蜡液滴穿过水油界面

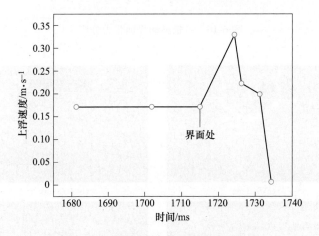

图 6-15　石蜡液滴穿过界面过程的速度

石蜡在水中达匀速时，加速度为 0，所受合力为 0，即 $F_b - F_d - F_m = 0$。石蜡液滴继续运动至界面处，石蜡与水不润湿，与石蜡润湿，此时界面张力的合力 f' 向上（图 6-16），受力平衡状态被打破，合力方向向上，穿过界面瞬间表现为速度突然增加。速度在 1725 ms 时达到最大，加速度为 0；此后由于速度增加导致阻力 F_d 增加，合力方向向下，加速度方向向下，速度降低；直至速度降为 0，停留在液态石蜡中。

当钢液中液态夹杂物以第一种模式穿过渣钢界面时，有利于夹杂物的去除；体系润湿性一定，降低钢渣黏度有利于夹杂物穿过渣钢界面进入渣相。

（2）停留。图 6-17 为液滴在界面处的停留行为，当油黏度为 0.3 Pa·s 时，部分石蜡不能穿过界面，液滴 1 到达界面后经过反复振荡后停留在界面以下；液滴 2 由于动能较大，到达界面后动能向表面能转换，液滴在界面铺展。

图 6-18 为液滴 2 在界面处的铺展半径随时间的变化，由图 6-18 可知，在初始铺展阶段，液体石蜡铺展半径随时间明显增加，至 t 为 1150 ms 时，铺展半径达到最大，此后开始回缩。至 t 为 1400 ms 时，再次铺展，铺展过程中液滴的表面能转化为动能，同时伴随能量的损耗。至 t 为 2000 ms 时，铺展停止，此时液滴的表面能完全耗损，由于球形液滴

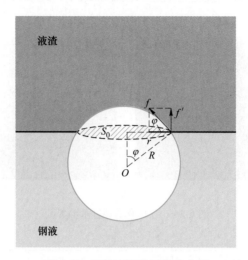

图 6-16　石蜡液滴界面张力分析

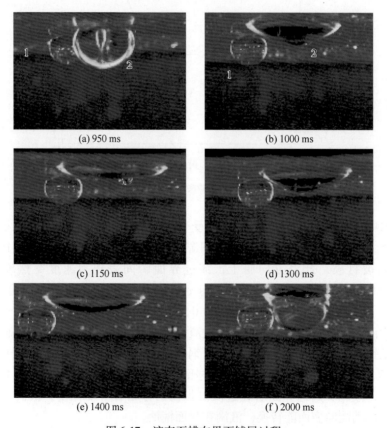

图 6-17　液态石蜡在界面铺展过程

表面能最小，因而液滴最终以球状停留在界面以下。当液面发生波动时，液滴有可能再次回到水中，因而此种界面行为模式不利于液态夹杂物在钢液中的去除。

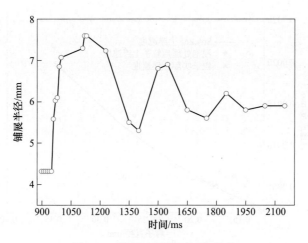

图 6-18　铺展半径随时间的变化

6.1.3　润湿性能对钢液中夹杂物上浮特性的影响

6.1.3.1　润湿性能对夹杂物匀速上浮速度的影响

钢液内夹杂物主要包括 Al_2O_3、$MgO \cdot Al_2O_3$、$12CaO \cdot 7Al_2O_3$ 液态夹杂物等，不同夹杂物在钢液中具有不同的润湿角，如 Al_2O_3 与钢液润湿角为 $144°$[3]，$MgO \cdot Al_2O_3$ 与钢液润湿角为 $134°$，$12CaO \cdot 7Al_2O_3$ 与钢液润湿角为 $54°$，润湿性的不同将导致其上浮过程中夹杂物与钢液间的摩擦力不同。目前，不同流动状态下夹杂物上浮的理论公式均并未考虑到润湿性能对夹杂物匀速速度的影响（表6-2）。采用物理模拟的方法对润湿性能对夹杂物上浮匀速速度的影响进行研究。

空心玻璃微珠润湿与钢液润湿角为 $30°$，与水润湿，根据相似原理，可模拟与钢液润湿的 $12CaO \cdot 7Al_2O_3$ 夹杂物，邻苯二甲酸二甲酯（DMP）具有较强的防水性，本实验中将空心玻璃微珠浸泡于 DMP 72 h，经测定，其润湿角为 $91° \sim 95°$，与水不润湿。采用高速相机对未经浸泡和浸泡处理的空心玻璃微珠在水中的匀速速度进行研究。

图 6-19 为 $Re<1$ 时未经浸泡和浸泡处理的空心玻璃微珠在水中的匀速速度与理论计算匀速速度的关系。由图 6-19 可知，空心玻璃微珠在水中的匀速速度与 Stockes 速度接近，而邻苯二甲酸二甲酯处理过的空心玻璃微珠在水中的匀速速度大于理论计算的速度，其原因为：经邻苯二甲酸二甲酯浸泡过的空心玻璃微珠润湿角增大，上浮过程与水之间摩擦力减小，总阻力减小，因而其匀速速度有所增加。

图 6-20 为 $Re>500$ 时未经处理和浸泡处理的空心玻璃微珠在水中的匀速速度与理论计算匀速速度的关系。由图 6-20 可知，浸泡处理前后，实测空心玻璃微珠的匀速速度值与理论计算值的差值波动在 $-15\% \sim 15\%$ 内，考虑到误差因素，因此，高雷诺数下，润湿性能对夹杂物在钢液中的上浮速度影响可以忽略，润湿性能对夹杂物上浮阻力的影响较小。原因从夹杂物在不同流动状态下所受阻力来分析。

夹杂物所受黏性阻力 F_d 主要为由夹杂物与钢液间摩擦力 f 和黏压阻力 f_p 两部分组成，如图 6-21 所示。当夹杂物在钢液中运动时，由于钢液的黏性，在夹杂物周围形成边界层，使夹杂物运动过程中受到黏性剪切应力作用，其在运动方向的合力即摩擦阻力；此外，由

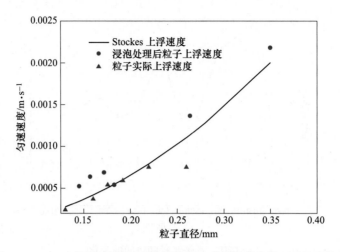

图 6-19　*Re*<1 时浸泡处理和未处理的空心玻璃球在水中上浮匀速速度

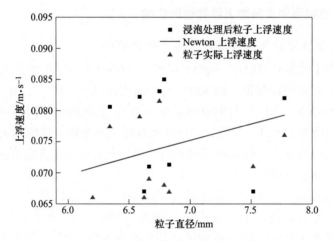

图 6-20　*Re*>500 时浸泡处理和未处理的空心玻璃球在水中上浮匀速速度

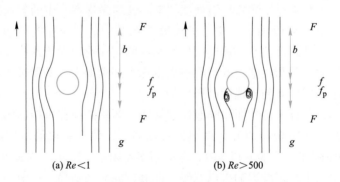

图 6-21　不同流动状态下夹杂物在钢液中受力

于钢液的黏性，流动过程中漩涡处钢液压力下降，因而沿夹杂物表面的压力分布不平衡，由此产生黏压阻力。

当夹杂物运动处于低雷诺数区域（$Re<1$）时，钢液流动状态为层流，流线是开放的（如图6-21（a）所示），此时f_p很小，可以忽略，$F_d=f$；当夹杂物运动处于高雷诺数区域（$Re>500$）时，钢液流速较大，在夹杂物运动方向的反向形成闭合的漩涡（如图6-21（b）所示），此时$f_p\gg f$。

无论何种流动状态，夹杂物在上浮过程中重力与浮力不变，摩擦力的大小与夹杂物和钢液间的润湿性能有关。$Re<1$时，当夹杂物与钢液润湿性能好，夹杂物上浮过程中受到摩擦阻力大；反之，当夹杂物与钢液润湿性能差，夹杂物上浮过程中受到摩擦阻力小，因而总阻力减小。当$Re<1$时，浸泡处理过的空心玻璃微珠润湿角增大，上浮中受到的摩擦阻力减小，C_D减小，由式（6-20）可知，夹杂物上浮匀速速度增大。

$$F_d = F_b - F_g \tag{6-18}$$

$$F_d = 1/2 C_D \rho v^2 A_s \tag{6-19}$$

$$C_D = \frac{8R(\rho_M - \rho_I)g}{3\rho v^2} \tag{6-20}$$

当$Re>500$时，$f_p\gg f$，虽然润湿角增大减小了摩擦阻力f，但对总黏性阻力F_d影响较小。因此，在高雷诺数区域，润湿性对夹杂物上浮速度的影响可以忽略。

夹杂物达匀速运动时，浸泡处理后实际阻力系数如图6-22所示。对浸泡后玻璃珠的Re与实际阻力系数进行拟合（式（6-21）），得到非润湿性玻璃珠的实际阻力系数。

$$C_D = 22.9Re^{-0.9} \tag{6-21}$$

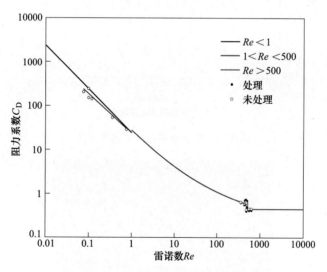

图6-22　不同雷诺数下阻力系数C_D

夹杂物粒子从钢液上浮到渣金界面时，夹杂物与钢液及液渣间同样存在表面张力的作用。图6-23为润湿性粒子漂珠和非润湿粒子固态石蜡小球在水油界面处速度变化。由于小球的密度和粒径的差异，两粒子达到界面前的匀速速度不同，值得注意的是，石蜡小球在达到界面的15 ms内，速度由0.22 m/s显著增加到0.33 m/s，而漂珠在到达界面时，速度则首先显著降低。固态石蜡小球在界面处速度的增加原因均为界面处表面张力合力导致；同理，漂珠与水润湿与油非不润湿，因而表面张力合力指向钢液方向（图6-24），导致速度降低。

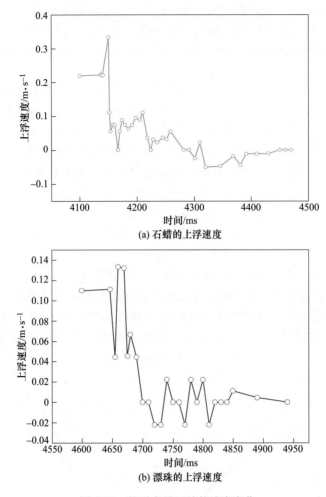

(a) 石蜡的上浮速度

(b) 漂珠的上浮速度

图 6-23　粒子在界面处的速度变化

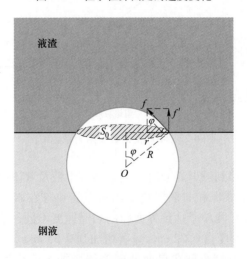

图 6-24　漂珠在水油界面处界面张力分析

图 6-25 为漂珠和石蜡小球在界面处的停留位置，由图 6-25 可知，与水润湿性好的漂珠被水包裹停留在水面以下，与水润湿性差的石蜡小球则被排出水面。原因是当夹杂物与钢液是润湿的，表面张力合力指向液渣方向，表现结果为将杂质颗粒束缚在钢液中；当杂质颗粒与钢液是非润湿的，表面张力合力指向钢液方向，表现结果为将杂质颗粒排出钢液。

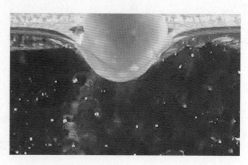

图 6-25　不同润湿性粒子在界面处的停留位置

6.1.3.2　夹杂物润湿性能对中间包内夹杂物去除率的影响

根据润湿性相似，选择漂珠和 EBS 分别模拟钢液中润湿性和非润湿性夹杂物，物性参数如表 6-7 所示。根据式（6-4），漂珠直径与钢液内夹杂物直径之比 d_m/d_p 为 1.4，即粒径为 7~143 μm 的夹杂物可用于模拟钢液中粒径为 10~100 μm 的夹杂物；EBS 漂珠粒径与钢液内夹杂物粒径之比为 3.0，即粒径为 10~200 μm 的夹杂物可用模拟钢液中粒径为 3~68 μm 的夹杂物。

在 1∶1 中间包物理模型入口处注射一定质量的模拟粒子，在一定时间内从出口处收集粒子，经烘干称量，夹杂物的上浮去除率由式（6-22）表示。根据粒子的密度和粒径估算可知，0.01 g 模拟粒子数目约为 14000~40000 个，结合工业实验结果可知，粒子数目对本模拟是足够的，为研究钢液内夹杂物浓度对上浮率的影响，采用 0.01 g、0.03 g 和 1 g 粒子进行实验。停留时间基于 RTD 实验结果，停留时间约为 11 min，本实验在注入粒子后的 11 min 内连续收集出口处的粒子。不同浓度不同润湿性粒子在水中的上浮率如图 6-26 所示。

表 6-7　模拟介质物性参数

模拟介质	与水润湿角/(°)	密度/g·cm^{-3}
漂珠	30	0.73
EBS	91	0.84

$$\eta = \frac{W_{in} - W_{out}}{W_{in}} \times 100\% \tag{6-22}$$

由图 6-26 可知，总体上，EBS 粒子的去除率显著高于漂珠的去除率，表明非润湿性夹杂物易于从钢液中去除。粒子质量为 1 g 时，在中间包内去除率最高，质量为 0.01 g 和 0.03 g 粒子的去除率无显著区别。

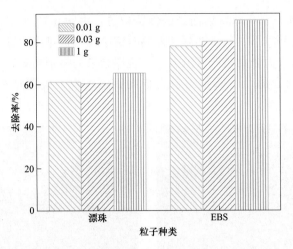

图 6-26　不同润湿性能粒子在水中的上浮率

6.1.4　夹杂物上浮行为热态模拟

采用高温共聚焦显微镜研究夹杂物的上浮特性。图 6-27 为不同时刻钢液表面夹杂物的分布，由图 6-28 可知，随观测时间的延长，所观测视场中的夹杂物数量逐渐增加，这是夹杂物上浮的结果。

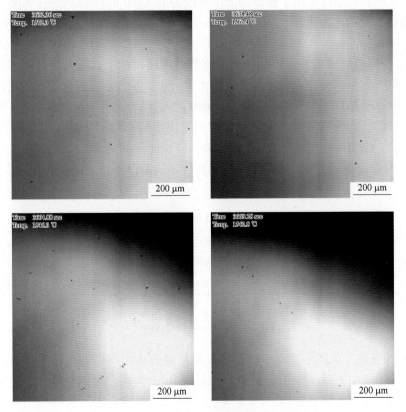

图 6-27　不同时刻夹杂物在钢液面的分布

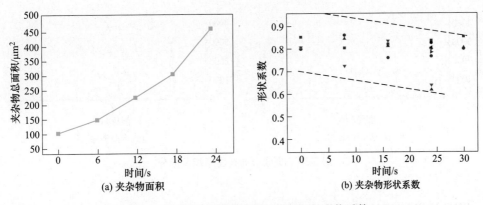

图 6-28 不同时刻钢液面夹杂物面积及形状系数

为分析高温下夹杂物形貌与成分，将试样在升温及保温后以 900 ℃/s 的速度急冷至室温，并进行能谱分析。

图 6-29 为球形夹杂物，由能谱分析可知，该夹杂物为 CaO-Al$_2$O$_3$-CaS，成分与 12CaO·7Al$_2$O$_3$ 液态夹杂物接近，与冷态模拟中观察到液态夹杂物的碰撞融合为近球状结果一致。

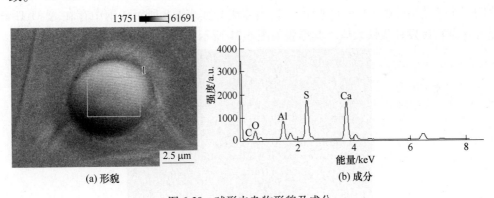

图 6-29 球形夹杂物形貌及成分

图 6-30 为不规则形状夹杂物形貌及成分，由能谱分析可知，夹杂物 1 为高熔点钙铝酸盐夹杂物，碰撞后不能融合为球状，夹杂物之间相互黏附，形成不规则形状；夹杂物 2 为高熔点 CaS，夹杂物 3 为高熔点钙铝酸盐夹杂物，由图可知，高熔点夹杂物之间未发生融合，而是呈串状黏附在一起，这也阻碍了钙铝酸盐的进一步变性。

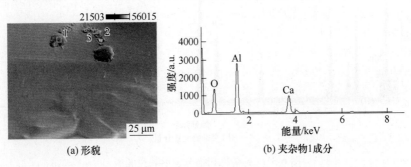

(a) 形貌　　　　　　　　(b) 夹杂物1成分

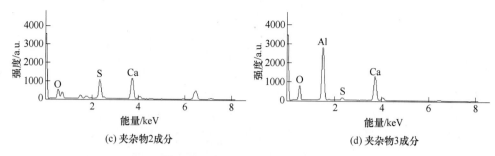

(c) 夹杂物2成分　　　　　　　　　　(d) 夹杂物3成分

图 6-30　非球形夹杂物形貌及成分

6.2　凝固前沿液相流动对夹杂物的分布研究

在凝固的过程中,凝固界面周围流体的行为对夹杂物颗粒被凝固界面捕获有很大的影响。本节通过高温凝固实验研究在凝固过程中改变凝固界面流体的流动强度,分析研究夹杂物在凝固组织中的分布情况。

氧化物冶金经过第三代的发展通过 Ti-Mg-Ca 系夹杂物粒子可以诱导晶内铁素体形成取向不同、交叉互锁的针状铁素体以细化钢组织,提高钢的强度和韧性。选用的原料采用氧化物冶金工艺冶炼的 DH36 实验钢,其基体成分如表 6-8 所示,钢中存在 Al-O-Ti-Mn-S 系复合夹杂物诱发针状铁素体,其形貌如图 6-31 所示。

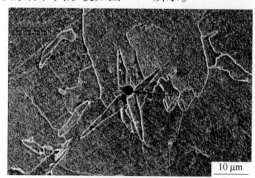

(a) 夹杂物诱发针状铁素体形貌

(b) 夹杂物元素分析

图 6-31　夹杂物扫描电镜形貌及能谱

表 6-8　钢种基体成分

元素	C	Si	Mn	P	S	Al	Ti	Cr	Mg	Nb	Mo
含量/%	0.06	0.34	1.46	0.0067	0.001	0.03	0.017	0.014	0.003	0.04	0.07

　　利用电磁感应加热炉对实验钢进行加热、熔融，在 1800 K 温度下保温 5 min，然后进行冷却。在冷却的过程中，分别施加 50 kW、80 kW 和 100 kW 的感应加热功率来改变凝固界面前沿不同的流动强度，钢液凝固后停止加热装置直至冷却到室温。

　　感应炉保温效果差，最外侧钢液优先凝固，钢液在凝固末期发生补缩行为，在钢锭的中心形成一个凹孔。钢锭截面中心和外侧夹杂物的分布不同，将得到的圆柱钢锭沿垂直直径方向截断取样如图 6-32 所示，图 6-32 中 A、B、C 根据距离中心的大小分为三个区域。将断面经超声清洗、磨制、抛光、腐蚀后，利用金相显微镜和扫描电镜观察钢样表面的夹杂物类型、夹杂物形貌、夹杂物分布和针状铁素体分布等情况。

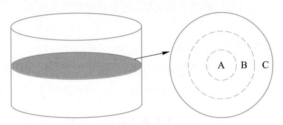

图 6-32　圆柱体钢锭取样示意图

　　将施加 50 kW、80 kW 和 100 kW 感应加热强度的三炉实验钢分别命名为 1 号、2 号、3 号便于叙述。图 6-33 为经过磨抛后的实验样品。

(a) 50 kW　　　　　　　　(b) 80 kW　　　　　　　　(c) 100 kW

图 6-33　样品宏观形貌

6.2.1　控制凝固界面液相流动强度机理

　　电磁线圈部分产生交变脉冲磁场，当金属制品放置在交变脉冲磁场上方时，切割磁力线产生交变电流（涡流），使金属内部载流子高速无规则运动，相互碰撞摩擦产生热能加热金属。在高温金属流体施加电磁力，流体受到洛伦兹力的作用，根据交变脉冲磁场的变化，流体流动的强度跟随脉冲磁场变化如图 6-34 所示。

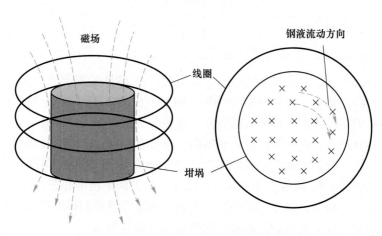

图 6-34　高温金属液体在电脉冲磁场下的流动

6.2.1.1　电磁感应炉中磁场分布

感应炉中通入交变电流，产生交变脉冲磁。感应炉中脉冲磁场的分布可以通过求解电脉冲磁场的控制方程即 Maxwell[4]方程组求解，方程的微分表达式如下：

$$\nabla \times \boldsymbol{D} = \rho \tag{6-23}$$

$$\nabla \times \boldsymbol{E} = -\frac{\partial \boldsymbol{B}}{\partial t} \tag{6-24}$$

$$\nabla \times \boldsymbol{B} = 0 \tag{6-25}$$

$$\nabla \times \boldsymbol{H} = \boldsymbol{J} + \frac{\partial \boldsymbol{D}}{\partial t} \tag{6-26}$$

式中　　∇——拉普拉斯算子；

$\boldsymbol{D}$——电位移，C/m^2；

ρ——自由电荷体密度，kg/m^3；

$\boldsymbol{E}$——电场强度，V/m；

$\boldsymbol{B}$——磁通密度，T；

t——时间，s；

$\boldsymbol{H}$——脉冲磁场强度，A/m；

$\boldsymbol{J}$——传导电流密度，A/m^2。

另外脉冲磁场强度、磁通密度、电位移、电场强度和传导电流密度还满足以下关系：

$$\boldsymbol{B} = \mu \boldsymbol{H} \tag{6-27}$$

$$\boldsymbol{D} = \varepsilon \boldsymbol{E} \tag{6-28}$$

$$\boldsymbol{J} = \sigma \boldsymbol{E} \tag{6-29}$$

$$\nabla \cdot \boldsymbol{J} = -\frac{\partial \rho}{\partial t} \tag{6-30}$$

式中　μ——磁导率，H/m；

　　　ε——介电常数，F/m；

　　　σ——钢电导率，S/m。

通过上述方程组可解出感应炉中电脉冲磁场分布情况。

6.2.1.2　钢液在感应炉中的流动数学模型

感应炉中的钢液流动比较复杂，属于湍流流动。将炉中的柱形容器分为不同的小单元，每个小单元看作一个微元体，如图 6-35 所示，将感应炉坩埚中的钢液作为一个圆柱体可以分割成多个扇体，每一个扇体作为一个微元体。利用流体力学对微元体中描述的连续性方程、动量守恒方程和湍流 k-ε 方程描述炉中钢液流动的数学模型。

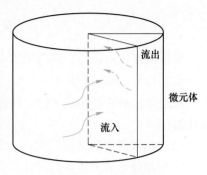

图 6-35　微元假设模型

A　连续性方程

单位时间内微元体中流入的质量与流出的质量的差值等于微元体增加的净质量，另外钢液可以近似看作不可压缩流体，可以得出微元体的质量守恒表达式：

$$\nabla \times (\rho \boldsymbol{u}) + \frac{\partial \rho}{\partial t} = 0 \qquad (6\text{-}31)$$

$$\frac{\partial \rho}{\partial t} = 0 \qquad (6\text{-}32)$$

式中　$\boldsymbol{u}$——流体的速度矢量，m/s；

　　　ρ——钢液的密度，kg/m³；

　　　t——时间，s。

B　动量守恒方程

动量守恒方程也就是牛顿第二定律的一般形式，其物理意义表示微元体的动量随时间的变化等于作用在微元体上的力。在感应炉中反映了流体流动过程中的动量守恒的性质。感应炉中的钢液受力包括洛伦兹力、黏性力、压力等。其中黏性应力可以分为切向应力和法向应力，其动力方程表达式为：

$$\frac{\partial(\rho \boldsymbol{u})}{\partial t} + \nabla \cdot (\rho \boldsymbol{u}\boldsymbol{u}) = -\nabla P + \nabla[\mu(\nabla \boldsymbol{u} + (\nabla \boldsymbol{u})^{T})] + \boldsymbol{F} \qquad (6\text{-}33)$$

$$\boldsymbol{F} = 0.5Re(\boldsymbol{J} \times \boldsymbol{B}) \qquad (6\text{-}34)$$

式中　P——压强，Pa；

　　　μ——有效黏度系数，Pa·s。

C　湍流 k-ε 方程[5]

湍动能 k 方程为：

$$\frac{\partial(\rho k)}{\partial t} + \nabla \cdot (\rho k \boldsymbol{u}) = \nabla \cdot \left[\left(\mu + \frac{\mu_{t}}{\sigma_{k}}\right)\nabla k\right] + G_{k} - \rho \varepsilon \qquad (6\text{-}35)$$

湍动能耗散 ε 方程为：

$$\frac{\partial(\rho\varepsilon)}{\partial t} + \nabla\cdot(\rho\varepsilon\boldsymbol{u}) = \nabla\cdot\left[\left(\mu + \frac{\mu_t}{\sigma_k}\right)\nabla\varepsilon\right] + C_1\frac{\varepsilon}{k}G_k - C_2\rho\frac{\varepsilon^2}{k} \tag{6-36}$$

其中，G_k 是由平均速度梯度引起的湍动能 k 的产生项：

$$G_k = \mu_t\left(\frac{\partial u_i}{\partial x_j} + \frac{\partial u_j}{\partial x_i}\right)\frac{\partial u_i}{\partial x_j} \tag{6-37}$$

根据研究和验证[6]，模型中的 C_1、C_2、σ_ε、σ_k 的值为常数。

6.2.1.3　边界条件

在圆柱体钢液的基础上建立的连续性方程、动量守恒方程和湍流 k-ε 方程的边界条件简化为：

（1）钢液表面自由均匀流动，没有速度分量。

（2）扇体形微元体入口和出口各个位置速度均匀。

（3）壁面传热采用第二类边界条件。

6.2.1.4　计算中用到的参数

假设钢液的物性参数不变，并且钢液作为不可压缩流体，钢液表面为自由液面，不考虑表面渣层的影响，电磁的计算过程，忽略钢液流动对电磁的影响。计算中用到的参数如表 6-9[7] 所示。

表 6-9　计算过程中所用到的参数

参　数	单　位	数　值
钢液密度	kg/m³	7020
钢液的摩尔质量	kg/mol	55.85
钢液的热导率	W/(m·K)	30
钢液的黏度	kg/(m·s)	0.006
钢液的质量热容	J/(kg·K)	680
钢液的热膨胀系数	K⁻¹	0.0001
钢液的温度	K	1833
钢液的电导率	S/m	1.4×10^6
线圈的相对磁导率	H/m	1
线圈的电导率	S/m	3.18×10^7

6.2.2　凝固界面液相流动对夹杂物分布的影响

对抛光后的实验样品进行观察如图 6-36 所示。施加 50 kW 感应功率的夹杂物分布较均匀如图 6-36(a)~(c) 所示；施加 80 kW 感应功率在钢样中心区域夹杂物分布出现聚集现象如图 6-36（d）所示，而钢样中间区域如图 6-36（e）所示，夹杂物聚集现象减弱，钢样边缘区域（图 6-36（f））夹杂物分布均匀，夹杂物聚集现象不明显；施加 100 kW 感应功率的夹杂物聚集明显如图 6-36（g）所示，中间和边缘如图 6-36（h）(i) 所示，夹杂物聚集现象减弱。在凝固的过程中施加感应电场强度越强，在凝固两相区中，液态钢液流动效果越强，夹杂物不容易被凝固界面前沿捕捉，夹杂物随着液面流动在钢样最后凝固位置发生聚集。

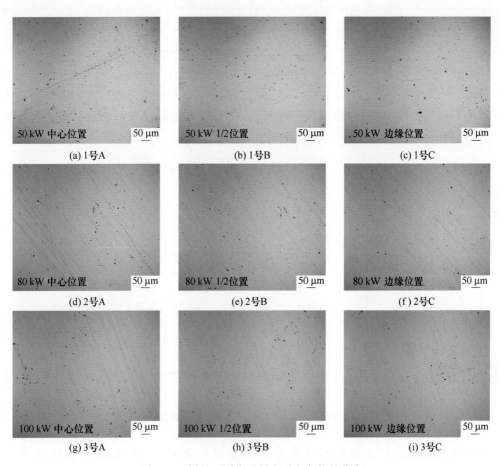

图 6-36 样品不同位置抛光后夹杂物的分布

由于冷却梯度比较大，在凝固过程中发生钢液补缩行为，钢液凝固过程中边缘优先凝固，逐渐向中心生长，中心凝固过程得不到钢液补充，最终在钢坯表面形成凹孔，在钢坯中心部位形成缩孔。其原因为感应加热时，液态流动效果比较强，夹杂物随着钢液流动向中心聚集，中心夹杂物的数量比较多，边缘夹杂物的数量比较少，在钢坯边缘夹杂物的分布比较均匀，在中心夹杂物更容易聚集，在不同感应加热功率的三组实验钢锭中，靠近中心的夹杂物聚集比较明显，靠近边缘的区域夹杂物分布比较均匀。但是从抛光表面所观察到的这种现象并不是很明显，所以对三组实验样品中心到边缘的位置所存在的夹杂物数量进行统计。

将 1 号、2 号、3 号样品在偏光显微镜下放大 200 倍进行观察，由中心 A 区域到边缘 C 区域进行连续拍照，照片大小为 900 $\mu m \times 750 \mu m$，对照片中的夹杂物数量大小进行统计，统计结果如表 6-10 所示。

表 6-10　夹杂物的大小统计

样　品	夹杂物含量/%		
	<4 μm	4~6 μm	6~8 μm
1 号	92	6	2
2 号	88	8	4
3 号	85	11	4

从表 6-10 中可以看出，在样品中的 80% 以上的夹杂物在 4 μm 以下，有少数夹杂物在 4~6 μm 以内，有极少数的夹杂物在 6~8 μm 之间，没有大颗粒夹杂物。从样品中心 A 区域到边缘 C 区域之间的夹杂物数量进行统计，将每组数据记录到下面的折线图中，如图 6-37 所示。

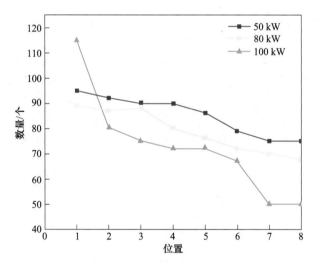

图 6-37　三个样品从中心 A 区域到边缘 C 区域的夹杂数量统计

经过对夹杂物中心 A 区域到边缘 C 区域连续记录统计，在凝固末期施加 50 kW、80 kW 和 100 kW 的感应加热强度的钢样从中心到边缘的夹杂物数量呈现下降趋势，钢锭在凝固的过程中靠近边缘优先凝固，钢锭中心最后凝固，在凝固的过程中夹杂物容易跟随流动的钢液在凝固末端聚集，形成钢样中心夹杂物数量多，边缘数量少的情况。对比三组实验样品在凝固末期施加 100 kW 感应加热强度的样品中心和边缘夹杂物数量之间的差值最大，而 50 kW 和 80 kW 的样品中心和边缘之间的差值相差不大，在凝固末期，液相流动越强，夹杂物越容易向凝固末端聚集。

6.2.3　"有益"夹杂物分布对针状铁素体的析出影响

凝固实验使用的是氧化物冶金技术冶炼的实验钢，钢中存在大量可以诱发针状铁素体的"有益"夹杂物。对钢中夹杂物的形貌进行观察时发现钢中夹杂物诱发针状铁素体现象。

利用金相显微镜对实验样品进行观察，在显微镜下放大 500 倍，观察到金相图（图 6-38）中存在块状的晶界铁素体和晶内夹杂物诱发的呈放射状针状铁素体，在晶界铁素体上也可以观察到夹杂物诱发针状铁素体现象，但是诱发含量比晶内较小。

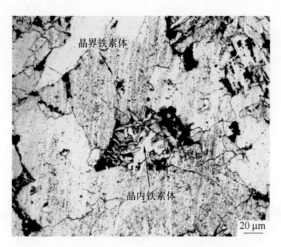

图 6-38　夹杂物在晶内和晶界分布诱发针状铁素体

利用扫描电镜观察夹杂物形貌和成分如图 6-39 所示，在晶界铁素体和晶内铁素体中的夹杂物成分相同都存在 Al、Si、Ti、Mn 元素，其中 Ti 元素形成的氧化物是氧化物冶金有效夹杂物成分，对诱发针状铁素体有利，同样在晶界铁素体诱发针状铁素体含量比较小。可以确定实验样品中的夹杂物可以成功诱发针状铁素体组织。

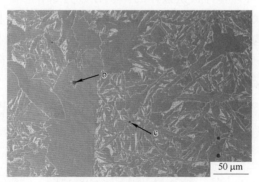

(a) 夹杂物位于晶界铁素体和晶内铁素体形貌

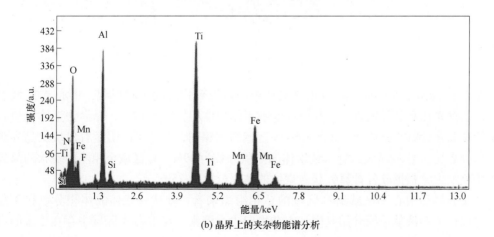

(b) 晶界上的夹杂物能谱分析

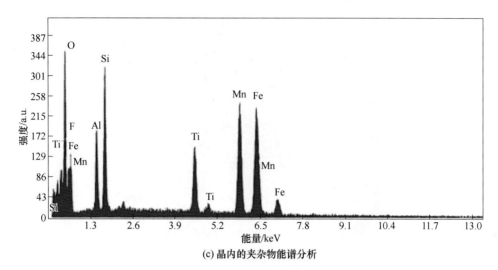

(c) 晶内的夹杂物能谱分析

图 6-39　实验样品中夹杂物成分形貌

在凝固末期施加 50 kW、80 kW 和 100 kW 的实验钢腐蚀后，在显微镜下观察中心 A 区域到边缘 C 区域的金相组织。图 6-40 为施加 100 kW 的实验钢中心到边缘的金相组织，中心 A 区域由块状的晶界铁素体和针状铁素体组成，从整体结构看针状铁素体占的比例比较大，利用 Image J 软件计算针状铁素体的体积分数为 52%。B 区域也是由晶界铁素体和针状铁素体组成，针状铁素体所占的体积分数为 39%。C 区域金相组成和 A、B 两个区域相同，但是从整体结构上看，块状的晶界铁素体比 A 区域块状的晶界铁素体多，针状铁素体的体积分数为 31%。从中心到边缘针状铁素体的体积分数逐渐降低，夹杂物在中心聚集诱发针状铁素体形成交叉互锁的显微结构。

(a) 3号A区域　　　　　　　(b) 3号B区域　　　　　　　(c) 3号C区域

图 6-40　施加 100 kW 的实验钢金相图像

图 6-41 为施加 80 kW 感应强度样品从中心位置到边缘的金相形貌，中心 A 区域组织包括针状铁素体和晶界铁素体，其中针状铁素体的体积分数为 62%，晶界铁素体以块状和长条状穿插在针状铁素体内。B 区域同 A 区域组织相同，但是可以明显看出块状晶界铁素体体积分数比 A 区域增大，针状铁素体的体积分数为 49%。C 区域金相图中块状的晶界铁素体明显增大，根据软件计算针状铁素体的体积分数为 25%。

从实验样品中心 A 区域到 C 区域的金相组织来看，针状铁素体的体积分数在不断减少，可以认为钢液从边缘开始凝固，夹杂物向中心聚集，在中心 A 区域中存在更多的有效

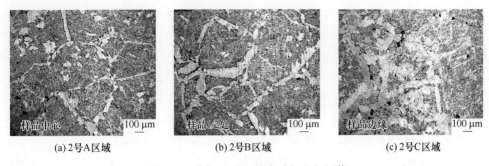

(a) 2号A区域　　　　　　(b) 2号B区域　　　　　　(c) 2号C区域

图 6-41　施加 80 kW 的实验钢金相图像

夹杂物成分可以诱发针状铁素体，钉扎奥氏体晶界减少晶界铁素体的产生；在中心 A 区域夹杂物数量多，有更多的机会被凝固界面吞没。

6.3　利用 MnS 附着的夹杂物对迁移行为表征

在中低碳钢和微合金钢的冶炼中，钢中会有一定浓度的 S 元素存在，钢液中 S 元素在凝固过程产生偏析，在凝固末期与 Mn 元素结合形成 MnS，在凝固末期析出，同时 MnS 与钢液中的其他夹杂物的黏附性和润湿性良好，这种性质为表征夹杂物在凝固前沿的行为提供了有效的思路。

本节采用计算和实验相结合的方法研究表征夹杂物在凝固界面的分布。采用感应加热炉凝固钢块，利用正交实验的方法改变凝固过程 MnS 的添加量、冷却速率和保温温度 3 个参数来设计实验，具体实验条件如表 6-11 所示。将实验后样品沿垂直高的方向切断，断面抛光后利用金相显微镜、扫描电镜对实验样品夹杂物种类，以及夹杂物分布进行观察分析。

表 6-11　正交实验设计表

炉　号	因　素		
	MnS 添加量/%	冷却速率/℃·min^{-1}	保温温度/℃
1 号	0.006	40	1650
2 号	0.006	50	1600
3 号	0.006	80	1550
4 号	0.010	40	1600
5 号	0.010	50	1550
6 号	0.010	80	1650
7 号	0.015	40	1550
8 号	0.015	50	1650
9 号	0.015	80	1600

6.3.1　MnS 析出热力学计算

6.3.1.1　MnS 析出温度

张学伟等[8-10]提出了固相线温度和液相线温度的经验公式，具有一定的指导意义；

$$T_1 = 1536 - 83[\%C] - 7.8[\%Si] - 5[\%Mn + \%Cu] - 32[\%P] - 31.5[\%S] -$$
$$3.6[\%Al] - 1.5[\%Cr] - 2[\%Mo] - 4[\%Ni] - 18[\%Ti] - 2[\%V] \tag{6-38}$$

$$T_s = 1536 - 344[\%C] - 12.3[\%Si] - 6.8[\%Mn] - 124.5[\%P] -$$
$$183.5[\%S] - 4.1[\%Cr] - 4.3[\%Ni] \tag{6-39}$$

代入钢材基体元素成分可以算出 $T_1 = 1520.17\ ℃$、$T_s = 1500.17\ ℃$。根据热力学平衡方程式 MnS 的固相线温度为 1495 ℃，液相线温度为 1518 ℃[11]。根据在奥氏体区热力学平衡方程，计算 MnS 的析出温度。

钢液中形成 MnS 的反应式如式（6-40）所示：

$$[Mn] + [S] \Longrightarrow MnS \quad \Delta G^{\ominus} = 158365 - 93.996T \tag{6-40}$$

反应平衡常数：

$$K = \frac{\alpha_{MnS}}{\alpha_{[S]}\alpha_{[Mn]}} = \frac{1}{f_S[\%S]f_{Mn}[\%Mn]} \tag{6-41}$$

平衡常数 K 与温度之间的关系如式（6-42）所示：

$$\Delta G^{\ominus} + RT\ln K = 0 \longrightarrow \lg K = -11625/T + 5.02 \tag{6-42}$$

由式（6-41）和式（6-42）得：

$$\lg K = \frac{\Delta G^{\ominus}}{2.3RT} = -11625/T + 5.02 = \lg[\%Mn] + \lg[\%S] + \lg f_{Mn} + \lg f_S \tag{6-43}$$

Mn 和 S 的活度系数由一阶相互作用系数（表 6-12）和元素组成成分（表 6-9）代入式（6-44）、式（6-45）求得 MnS 的析出温度为 1488.61 ℃。

$$\lg f_S = \sum e_i^j[\%j] = e_S^C[\%C] + e_S^{Si}[\%Si] + e_S^{Mn}[\%Mn] + e_S^P[\%P] + e_S^S[\%S] +$$
$$e_S^{Al}[\%Al] + e_S^{Ti}[\%Ti] + e_S^{Cr}[\%Cr] + e_S^{Mg}[\%Mg] = 0.05057 \tag{6-44}$$

$$\lg f_{Mn} = \sum e_i^j[\%j] = e_{Mn}^C[\%C] + e_{Mn}^{Si}[\%Si] + e_{Mn}^{Mn}[\%Mn] + e_{Mn}^P[\%P] + e_{Mn}^S[\%S] +$$
$$e_{Mn}^{Al}[\%Al] + e_{Mn}^{Ti}[\%Ti] + e_{Mn}^{Cr}[\%Cr] + e_{Mn}^{Mg}[\%Mg] = -0.00427 \tag{6-45}$$

表 6-12　Mn 和 S 的一阶相互作用系数

$e_i^j(j\rightarrow)$	C	Si	Mn	P	S	Al	Ti	Cr	Mg	O
e_S^j	0.11	0.063	-0.026	0.029	-0.028	0.035	-0.072	-1.1	—	-0.27
e_{Mn}^j	-0.07	—	—	-0.0035	-0.048	—	—	—	—	-0.08

6.3.1.2　MnS 析出过程

在钢液凝固的过程中，溶质中不同元素的热力学条件不同，在选分结晶的作用下，不同的物相和区域成分不均匀，出现偏析现象。计算溶质元素在凝固前沿的偏析程度可以根据不同的假设条件选取不同的溶质平衡分配模型。Schiel 在液体中溶质分配均匀，固相中无溶质扩散的假设条件下提出了 Schiel 溶质平衡分配模型。在考虑溶质在固相中部分扩散的条件下可以选择 Clyne-Kurz 方程来计算溶质在凝固前沿分配情况[12]。公式如下：

$$C_{L} = C_{0}\left[1 - (1 - 2\alpha K)f_{s}\right]^{\frac{k-1}{1-2\alpha K}} \tag{6-46}$$

$$\alpha = \frac{4D_{s}t_{f}}{\lambda^{2}} \tag{6-47}$$

$$t_{f} = \frac{T_{l} - T_{s}}{C_{R}} \tag{6-48}$$

式中　C_{L}——溶质在固相的浓度；

　　　K——溶质在凝固前沿凝固两相中的平衡分配系数；

　　　C_{0}——溶质在钢液中的初始浓度；

　　　f_{s}——凝固过程中的固相率；

　　　D_{s}——溶质在固相中的扩散系数；

　　　λ——二次枝晶间距，μm；

　T_{s}，T_{l}——液相线和固相线温度，℃；

　　　C_{R}——冷却速率。

根据热力学计算 T_{s} 和 T_{l} 分别为 1500 ℃ 和 1520 ℃，根据高温凝固实验中记录的温度可以计算处出平均冷却速率为 80 ℃/min。将凝固钢样进行酸洗实验，从金相显微镜上观察酸洗表面二次枝晶的间距为 80 μm。各元素在凝固前沿凝固界面的平衡分配系数以及其在固相中的扩散系数如表 6-13 所示[13]。

表 6-13　溶质元素在凝固前沿凝固界面的平衡分配系数及其在固相中的扩散系数

元　素	扩散系数（D_{s}）		K
	$D_{0} \times 10^{4}/m^{2} \cdot S^{-1}$	$Q/J \cdot mol^{-1}$	
C	0.0127	-81301	0.19
S	4.56	-21434	0.02
Mn	0.76	-224400	0.70
Si	8.0	-248710	0.77
Al	5.9	-241186	0.60
Ti	68	-62400	0.40

注：$D_{s} = D_{0} \times \exp\left[Q/(RT)\right]$，$R$ 为摩尔气体体积常数。

由公式分别计算 C、S、Mn、Si、Al、Ti 元素在凝固前沿中溶质浓度随着凝固分数的变化，以及各种元素在凝固前沿的偏析程度如图 6-42 所示。

在考虑溶质元素在固相中扩散的条件下，利用式（6-46）~式（6-48）可以计算出各种元素在凝固前沿的偏析程度，从图 6-42 中可以看出，S 元素偏析程度最强，Al、Si 元素在凝固前沿的偏析较弱，结合析出温度，Al、Si 等氧化物的析出温度比 MnS 优先析出，MnS 在固液两相区析出。

6.3.2　MnS 和 Mg-Al-Ti 系夹杂物的复合机理

新相在基相上形核需要克服两相之间的弹性应变能，其大小由两相界面上的原子间距的相对差值决定即为错配度。Turnbull 等[14]对错配度与异质形核之间的关系进行定性研

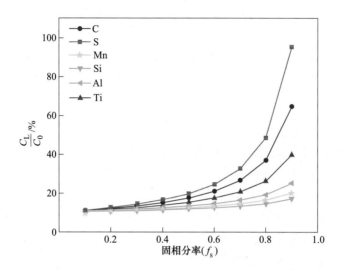

图 6-42　凝固过程中 C、S、Mn、Si、Al、Ti 元素的偏析凝固分数变化

究，提出一维错配度公式：

$$f = \frac{\Delta a_0}{a_0} \tag{6-49}$$

式中　a_0——形核相低指数晶面的晶格常数；

　　Δa_0——两相间在低指数晶面上的晶格常数差的绝对值。

错配度越小新相越容易在基相上形核，但是研究的过程中一维错配度公式并不能解释 TiC、SiC、ZrC、WC 等两相之间匹配形核的关系[15]。Bramfitt[16]提出二维错配度概念，二维错配度考虑了两相界面上的原子间距的差异及晶格排列晶相角度的差别，计算三组低指数晶向，且相互夹角为小于 90°。其二维错配度公式：

$$\delta_{(hkl)_s}^{(hkl)_n} = \frac{1}{3} \times \sum_{i=1}^{3} \left[\frac{\left| d_{[uvw]_n^i} \cdot \cos\theta - d_{[uvw]_s^i} \right|}{d_{[uvw]_s^i}} \times 100\% \right] \tag{6-50}$$

式中　$(hkl)_s$——基底的一个低指数晶面；

　　$[uvw]_s$——晶面 $(hkl)_s$ 上的一个低指数方向；

　　$(hkl)_n$——形核相的一个低指数晶面；

　　$[uvw]_n$——晶面 $(hkl)_n$ 上的一个低指数方向；

　　$d_{[uvw]_s}$——沿 $[uvw]_s$ 方向的原子间距；

　　$d_{[uvw]_n}$——沿 $[uvw]_n$ 方向的原子间距；

　　θ——$[uvw]_s$ 与 $[uvw]_n$ 的夹角。

结合高温凝固实验钢中夹杂物的成分计算 TiN、Al_2O_3、MnO、$MgAl_2O_4$、$SiO_2 \cdot Al_2O_3$ 与 MnS 之间的错配度。根据热力学计算 MnS 在 1488 ℃下开始析出发生在凝固末期，处于高温阶段，选用晶格参数需要考虑晶体由于温度改变而引起的膨胀现象，因此，需要计算在 1400 ℃下形核相和基相晶格参数，可根据以下公式计算高温下的晶格参数：

$$a = a_0 [1 + \alpha(T - T_0)] \tag{6-51}$$

$$b = b_0 [1 + \alpha(T - T_0)] \tag{6-52}$$

$$c = c_0 [1 + \alpha (T - T_0)] \tag{6-53}$$

式中　　α——材料的线膨胀系数；

a_0, b_0, c_0——晶体室温（25 ℃）下的晶格参数；

　　T_0——室温温度（25 ℃）；

　　T——所求的晶格参数对应的温度。

根据 JCPDS 卡片可以查到 MnS 和各种氧化物在常温下的晶格常数如表 6-14 所示，其中 * 符号为根据之前的文献进行估算的数值。

表 6-14　MnS 和氧化物的晶格参数

物质	晶体类型	晶格参数（25 ℃）			线膨胀系数 /℃⁻¹	晶格参数（1400 ℃）		
		$a_0/\text{Å}$	$b_0/\text{Å}$	$c_0/\text{Å}$		$a/\text{Å}$	$b/\text{Å}$	$c/\text{Å}$
MnS	立方	5.23	5.23	5.23	$18 \times 10^{-6[17]}$	5.36	5.36	5.36
Al_2O_3	六方	4.748	4.748	12.97	$7.6 \times 10^{-6[18]}$	4.80	4.80	13.11
$SiO_2 \cdot Al_2O_3$	正交	7.485	7.674	5.770	$* 27 \times 10^{-6[19]}$	7.56	7.75	5.83
TiN	立方	4.24	4.24	4.24	$* 9.6 \times 10^{-6[20]}$	4.30	4.30	4.30
MgS	立方	5.20	5.20	5.20	$14.6 \times 10^{-6[20]}$	5.31	5.31	5.31
$MgAl_2O_4$	立方	8.08	8.08	8.08	$* 11.1 \times 10^{-6[21]}$	8.20	8.20	8.20

不同氧化物的晶体类型不同计算错配度方法不同，详细列出 MnS 与 $MgAl_2O_4$ 的错配度计算参数及结果，这两种物质的晶体类型都属于面心立方结构，所以低指数晶面为（100）、（110）、（111）晶面，根据不同晶体结构中原子的位置计算不同晶面对应晶格参数。形核相和基体相 3 个低指数晶面相互计算一共 9 组数据，计算结果如表 6-15 所示。

表 6-15　MnS 与 $MgAl_2O_4$ 二维点阵错配度计算参数及结果

匹配晶面	$[uvw]_s$	$[uvw]_n$	$d_{[uvw]_s}$	$d_{[uvw]_n}$	$\theta/(°)$	错配度 $\delta/\%$
（100）$MgAl_2O_4$/ （100）MnS	[010]	[010]	8.20	5.36	0	23.75
	[011]	[011]	11.59	11.36	0	
	[001]	[001]	8.20	5.36	0	
（100）$MgAl_2O_4$/ （110）MnS	[010]	[$\bar{1}$10]	8.20	7.58	0	13.42
	[011]	[$\bar{1}$11]	11.59	9.28	9.74	
	[011]	[$\bar{1}$12]	11.59	13.13	9.24	
（100）$MgAl_2O_4$/ （111）MnS	[010]	[$\bar{1}$10]	8.20	7.58	0	13.42
	[011]	[$\bar{2}$11]	11.59	8.47	15	
	[001]	[$\bar{1}\bar{1}$2]	8.20	8.47	0	
（110）$MgAl_2O_4$/ （100）MnS	[$\bar{1}$10]	[010]	11.59	10.72	0	15.25
	[$\bar{1}$11]	[011]	6.95	7.58	9.74	
	[001]	[001]	8.20	10.72	0	

匹配晶面	$[uvw]_s$	$[uvw]_n$	$d_{[uvw]_s}$	$d_{[uvw]_n}$	$\theta/(°)$	错配度 $\delta/\%$
$(110)MgAl_2O_4/$ $(110)MnS$	$[\bar{1}10]$	$[\bar{1}10]$	11.59	11.36	0	
	$[\bar{1}11]$	$[\bar{1}01]$	6.95	9.28	0	22.08
	$[001]$	$[\bar{1}\bar{1}2]$	8.20	10.72	0	
$(110)MgAl_2O_4/$ $(111)MnS$	$[\bar{1}10]$	$[\bar{1}10]$	11.59	11.36	0	
	$[\bar{1}11]$	$[\bar{1}01]$	6.95	7.58	24.74	2.07
	$[001]$	$[\bar{1}\bar{1}2]$	8.20	8.47	0	
$(111)MgAl_2O_4/$ $(100)MnS$	$[\bar{1}10]$	$[010]$	11.59	10.72	0	
	$[\bar{2}11]$	$[\bar{1}12]$	6.95	7.58	15	6.06
	$[\bar{1}01]$	$[011]$	11.59	11.36	15	
$(111)MgAl_2O_4/$ $(110)MnS$	$[\bar{1}10]$	$[\bar{1}10]$	11.59	11.36	0	
	$[\bar{2}11]$	$[\bar{1}12]$	6.95	6.56	24.74	14.51
	$[\bar{1}01]$	$[\bar{1}11]$	11.59	9.28	24.74	
$(111)MgAl_2O_4/$ $(111)MnS$	$[\bar{1}10]$	$[\bar{1}10]$	11.59	11.36	0	
	$[\bar{2}11]$	$[\bar{2}11]$	6.95	8.47	0	16.93
	$[\bar{1}01]$	$[\bar{2}11]$	11.59	8.47	30	

　　利用同样的方法，分别求出 MnS 作为形核相与 TiN、Al_2O_3、MnO、$SiO_2 \cdot Al_2O_3$ 作为基底的错配度，其结果如表 6-16 所示。

表 6-16　MnS 形核相和氧化物基底的最终错配度对应的晶面

氧化物基底	基底晶面	最小错配度/%	最小错配度对应的 MnS 晶面
Al_2O_3	$[0001]$	14.48	$[100]$
	$[1\bar{1}20]$	11.88	$[110]$
	$[1\bar{1}20]$	10.85	$[100]$
$SiO_2 \cdot Al_2O_3$	$[001]$	9.46	$[110]$
	$[110]$	6.71	$[100]$
	$[111]$	14.49	$[100]$
MgS	$[100]$	0.58	$[111]$
TiN	$[111]$	33.87	$[100]$
$MgAl_2O_4$	$[100]$	2.07	$[111]$
	$[111]$	6.06	$[100]$
	$[100]$	13.42	$[110]$

　　根据错配度理论，错配度越小，说明两种物质之间越匹配，两者之间的界面能越小。理论认为错配度小于 6% 时，析出相可以在基体上有效形核；当错配度介于 6%~12% 之间时，析出相在基体上异质形核有一定的促进作用；当错配度大于 12% 时，析出相很难在基体上异质形核[22]。计算结果显示，MnS 在 $MgAl_2O_4$ 的 [110] 和 [111] 晶面上错配度分别是 2.07% 和 6.06%，说明 $MgAl_2O_4$ 可以作为有效形核基体，促进 MnS 在 $MgAl_2O_4$ 析出。

$SiO_2 \cdot Al_2O_3$ 与 MnS 的错配度在 [110]、[001] 晶面分别为 6.71、9.46，在 6%~12% 的范围内，可以促进 MnS 在 $SiO_2 \cdot Al_2O_3$ 上异质形核。MnS 与 Al_2O_3、TiN 之间的错配度都很大，所以不容易在 Al_2O_3、TiN 附着析出，研究文献记载，Al_2O_3 和 TiN 之间的错配度比较小，TiN 容易在 Al_2O_3 附着析出，在本文的实验中也证实这一点。

6.3.3 利用 MnS 附着夹杂物表征迁移行为

6.3.3.1 复合夹杂物种类

利用扫描电镜对 1~3 号实验样品进行微区元素分析，每个实验样品取 50 个夹杂物进行分析统计。1 号实验样品中复合夹杂物占 90% 以上，以球形为主，夹杂物尺寸在 2~4 μm 之间，复合夹杂物成分以 Al、Si 元素的氧化物为基体，边缘包裹着硫化物和氮化物，如图 6-43 （a）所示。2 号、3 号实验样品中复合夹杂物占 90% 以上，夹杂物形状为球形，主要成分为 Al、Si 和 Mg 的氧化物，在球形边缘分布少量的硫化物和氮化物，如图 6-43 （b）（c）所示。

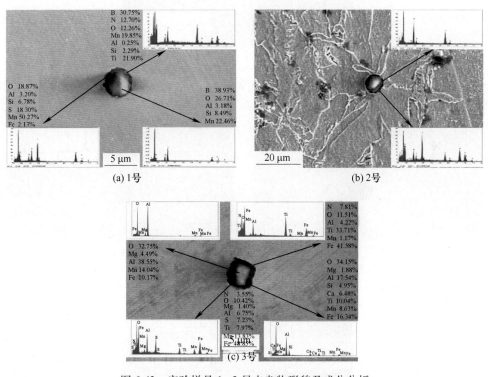

图 6-43 实验样品 1~3 号夹杂物形貌及成分分析

4~9 号实验样品复合夹杂物的数量在 85% 以上，夹杂物形状为球形，夹杂物元素成分和 1~3 号基本相同，基体 Al、Si 元素的氧化物，边缘包裹着硫化物和氮化物如图 6-44 和图 6-45 所示。

对复合夹杂物的成分进行面扫描分析，从分析结果中可知 Al、Si、Mn、Ti 存在夹杂物的表面，如图 6-46 所示，而 S 元素分布在夹杂物的边缘容易与 Mn 元素结合形成 MnS。

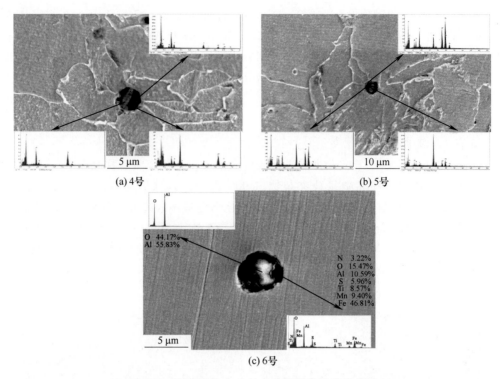

(a) 4号　　　　　　　　　　　　　　　(b) 5号

(c) 6号

图 6-44　实验样品 4~6 号夹杂物形貌及成分分析

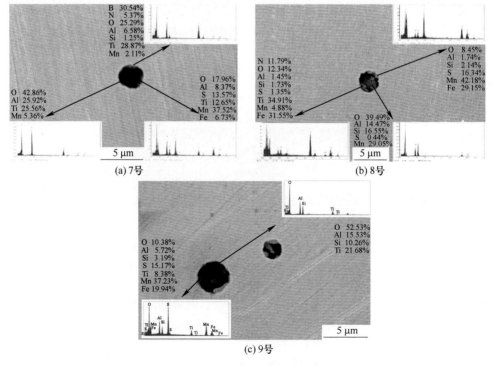

(a) 7号　　　　　　　　　　　　　　　(b) 8号

(c) 9号

图 6-45　实验样品 7~9 号夹杂物形貌及成分分析

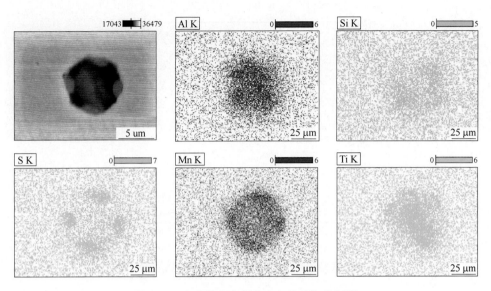

图 6-46 实验样品中复合夹杂的面扫分析图

对 1~9 号实验钢中的夹杂物的成分进行统计，发现除复合夹杂物外还有单一夹杂物，如 Al_2O_3、SiO_2，但是单一夹杂物数量比较少，占总数的 10% 左右，不作为主要研究对象。在夹杂物成分检测统计的过程中，发现并不是所有复合夹杂物边缘都附着 MnS，判断复合夹杂物边缘存在 MnS 的依据是边缘存在颜色较浅的区域，对该区域进行能谱点分析 S、Mn 两个元素占突出位置，如图 6-47 所示。下面对 1~9 号实验样品每个样品所包含 MnS 夹杂的数量进行统计，如表 6-17 所示。

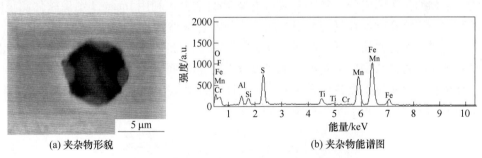

(a) 夹杂物形貌   (b) 夹杂物能谱图

图 6-47 判断边缘存在 MnS 的依据

表 6-17 1~9 号实验样品中夹杂物边缘存在 MnS 的数量统计

样品	1 号	2 号	3 号	4 号	5 号	6 号	7 号	8 号	9 号
数量/个	11	6	3	29	23	5	32	38	15

1~3 号加入 0.006% 的 MnS 粉末，4~6 号加入 0.010% 的 MnS 粉末，7~9 号加入 0.015% 的 MnS 粉末，从表格中看到随着 MnS 加入量的增多，夹杂物边缘存在 MnS 的夹杂物数量逐渐增多，将每三组数据绘制成折线图，如图 6-48 所示。

每组数据中添加相同的 MnS 量，每组数据都呈现下降的趋势，与正交表中的 3 因素 3

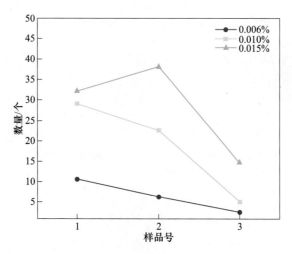

图 6-48　实验样品中夹杂物边缘存在 MnS 的数量统计图

水平做对比，发现与冷却速率 3 个水平完全吻合，随着冷却速率的增大，边缘存在 MnS 的夹杂物个数在不断降低，冷却过快，MnS 夹杂物不容易包裹在夹杂物上形成复合夹杂物。冷却速率越快，钢液凝固完全所需的时间越短，夹杂物被凝固前沿推斥或捕捉所需的时间越短，MnS 在夹杂物上异质形核的过程越短，所形成的复合夹杂物边缘存在 MnS 含量越小。

6.3.3.2　附着 MnS 的夹杂物与凝固界面迁移行为之间的关系

利用扫描电镜对实验样品的形貌、位置、成分进行观察统计，沿钢坯中心到边缘，观察沿线夹杂物的位置和成分，确认夹杂物边缘 MnS 成分，利用 Image J 图像软件测量附着 MnS 的面积，研究夹杂物在凝固组织中的位置与附着 MnS 面积之间的规律。

对于 1 号炉实验样品，可以看到有以下夹杂物形，如图 6-49 所示，其中夹杂物 1 位于晶界铁素体上，将夹杂物放大测量夹杂物边缘吸附 MnS 面积为 0.198 μm^2，如图 6-50（a）所示，夹杂物 2 也是位于晶界铁素体上，诱发针状铁素体含量比夹杂物 1 小，夹杂物 2 边缘吸附 MnS 面积为 0.249 μm^2，如图 6-50（b）所示。

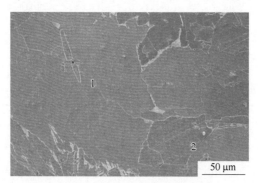

图 6-49　位于晶界铁素体上的夹杂物

沿中心到边缘观察夹杂物位置、成分，发现夹杂物周围铁素体形象各异，可以确定夹

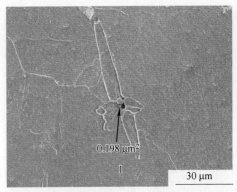
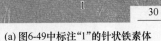
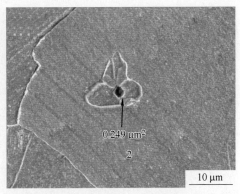

(a) 图6-49中标注"1"的针状铁素体   (b) 图6-49中标注"2"的针状铁素体

图 6-50   夹杂物边缘吸附 MnS 含量大小

杂物位于晶内铁素体，对夹杂物成分进行分析，发现边缘附着 MnS 成分，对其进行测量为 $0.148~\mu m^2$，如图 6-51 所示。

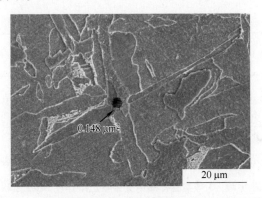

图 6-51   位于晶内铁素体夹杂物边缘吸附 MnS 含量大小

对 1 号实验样品进行观察，分别记录夹杂物的位置和成分，并记录夹杂物边缘吸附 MnS 面积的大小如表 6-18 所示。

表 6-18   1 号实验样品中夹杂物边缘存在 MnS 的面积

1号	1	2	3	4	5	6	7	8	9	10	11
面积/μm^2	0.083	0.198	0.249	0.148	0.050	0.171	0.226	0.284	0.311	0.057	0.180

对实验钢中的夹杂物进行统计，表中 1 号、4~6 号、10 号、11 号夹杂物位于晶内铁素体，夹杂物边缘附着 MnS 面积小于 $0.2~\mu m^2$。表中 2 号、3 号、7~9 号位于晶界铁素体，夹杂物边缘附着 MnS 面积大于 $0.2~\mu m^2$。

对于 2 号炉实验样品，可以看到有以下夹杂物形，如图 6-52 所示，夹杂物 1 位于晶界铁素体上，周围为块状的晶界铁素体，夹杂物边缘 MnS 面积为 $0.694~\mu m^2$，夹杂物 2 位于晶内铁素体上，周围形成交叉互锁的针状铁素体形貌，对其夹杂物边缘附着 MnS 的面积进行测量，结果为 $0.210~\mu m^2$。

对 2 号实验样品上夹杂物位置、成分进行分析，记录边缘 MnS 面积如表 6-19 所示。

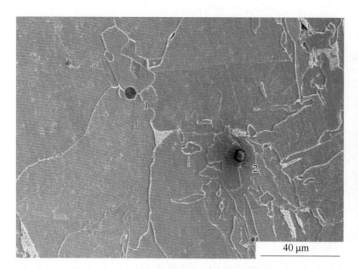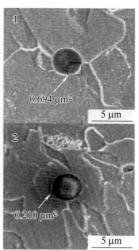

图 6-52　夹杂物边缘吸附 MnS 面积大小

表 6-19　2 号实验样品中夹杂物边缘存在 MnS 面积

2 号	1	2	3	4	5	6	7	8	9	10	11
面积/μm^2	0.694	0.210	0.189	0.374	0.138	0.322	0.479	0.371	0.240	0.317	0.246

表中 2 号、3 号、5 号位于晶内铁素体上，MnS 面积小于 0.2 μm^2；9 号、11 号位于晶内铁素体和晶界铁素体之间，MnS 面积在 0.2 μm^2 左右；1 号、4 号、6~8 号、10 号位于晶界铁素体上，MnS 面积大于 0.3 μm^2。

对 3 号样品进行夹杂物的分布位置、成分和附着 MnS 面积如表 6-20 所示。

表 6-20　3 号实验样品中夹杂物边缘存在 MnS 面积

3 号	1	2	3	4	5	6	7	8	9	10	11
面积/μm^2	0.196	0.226	0.198	0.382	0.297	0.114	0.145	0.292	0.159	0.541	0.246

表中 1 号、3 号、6 号、7 号、9 号位于晶内铁素体上，MnS 面积小于 0.2 μm^2；2 号、11 号位于晶内铁素体和晶界铁素体之间，MnS 面积在 0.2 μm^2 左右；4 号、5 号、8 号、10 号位于晶界铁素体上，MnS 面积在 0.3 μm^2 左右。

经过对实验样品中的夹杂物进行统计发现，当夹杂物上附着 MnS 面积小于 0.2 μm^2，夹杂物在凝固过程中容易被凝固前沿捕捉，进入奥氏体晶内，易于诱发针状铁素体；当夹杂物边缘附着 MnS 面积大于 0.3 μm^2，夹杂物在凝固过程中不容易进入奥氏体晶内，跟随液相流动在凝固结束位置聚集。

6.3.4　凝固过程中复合夹杂物附着 MnS 的影响因素

李京社[22]教授在研究取样过程中夹杂物的运动及析出行为时，指出冷却速率对 MnS 大小明显的影响，MnS 的大小随着冷却速率增大而减小，经过热力计算得出 MnS 的析出过程，冷却速率增大，MnS 析出时间缩短，不能充分长大。还有科研人员在研究非调制钢凝固过程硫化物的析出行为中，利用 JMatPro 软件计算 MnS 的析出过程，MnS 在凝固末端奥氏体相中析出。研究 MnS 的添加量、冷却速率和保温温度对复合夹杂物边缘存在 MnS 面积的影响。

利用正交实验、极差分析判断 3 个因素夹杂物附着 MnS 的影响程度，并且挑选出每个因素最好的水平而组成最优解。本实验将各个因素划分为 3 个水平，组成 3 因素 3 水平一共进行 9 组实验来进行讨论。利用扫描电镜对 9 组实验钢中边缘存在 MnS 的夹杂物进行拍照，如图 6-53 所示，利用 Image J 软件对夹杂物边缘存在 MnS 的含量进行测量统计，其结果如表 6-21 所示。

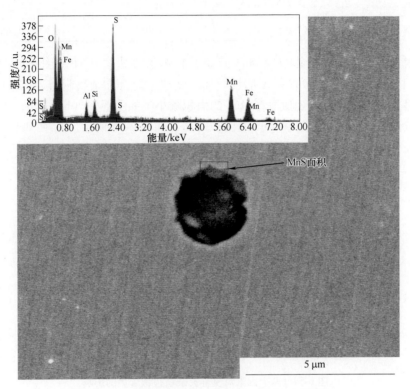

图 6-53 扫面电镜下夹杂物边缘 MnS 含量示意图

表 6-21 夹杂物平均含量统计

炉号	1 号	2 号	3 号	4 号	5 号	6 号	7 号	8 号	9 号
平均含量/μm²	0.249	0.258	0.174	0.157	0.181	0.181	0.177	0.170	0.154

极差分析又称为直观分析，通过简单的数据计算可以快速确定影响结果的主次因素，并且可以确定各因素的不同水平。极差为样本组内极大值和极小值之间的差值，也就是选择每组样本内最大值和最小值的差值。计算结果如表 6-22 所示，表格中 K_i 表示为任意列中水平号为 i 的所有实验结果之和，M_i 表示任意列上因素取水平 i 时所得实验结果的均值，每个因素 K_i 各水平相应的均值极大值和极小值之间的差值就是该因素的极差 R，其判断原则为极差 R 越大，代表该影响因素越重要。

表 6-22　复合夹杂物边缘 MnS 面积的极差分析

项　目	MnS 加入量/g	冷却速率/℃·min⁻¹	终温温度/℃
K_1	0.681	0.583	0.532
K_2	0.519	0.609	0.569
K_3	0.501	0.509	0.600
M_1	0.227	0.194	0.177
M_2	0.173	0.203	0.189
M_3	0.139	0.170	0.200
R	0.088	0.033	0.023

各因素水平对复合夹杂物边缘 MnS 面积的影响趋势如图 6-54 和图 6-55 所示，从图 6-54（a）中可以看出随着 MnS 的添加量增加，试样中复合夹杂物附着 MnS 的面积减小；随着冷却速率提高，复合夹杂物附着 MnS 的面积减小，如图 6-54（b）所示。随着保温温度升高，试样中复合夹杂物附着 MnS 的面积升高，如图 6-55 所示。其中 MnS 添加量对复合夹杂物边缘 MnS 的面积影响最大，极差为 0.088 μm^2。

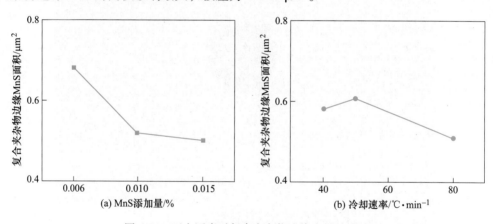

图 6-54　两个因素对复合夹杂物边缘含量的影响

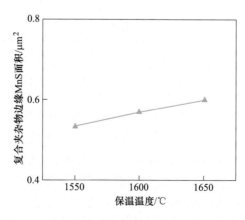

图 6-55　保温温度对复合夹杂物边缘含量的影响

综合统计夹杂物边缘附着 MnS 的面积数据，可以确定本次验证 3 个因素对夹杂物边缘 MnS 面积的影响程度先后顺序为：MnS 添加量、冷却速率和保温温度。

6.4　氧化物冶金中夹杂物在凝固界面前沿的迁移行为

在 6.2、6.3 节对样品夹杂物在凝固组织中不同位置进行研究，并且利用 MnS 容易附着在复合夹杂物边缘这一特性，对夹杂物在凝固中位置的表征提供了有效的方法，本节利用高温共聚焦显微镜对钢液的凝固过程进行原位观察，实时观察夹杂物在固液界面上的迁移行为，并且选择施加脉冲磁场改变钢液凝固前沿液相的流动对夹杂物迁移行为的影响。

经过实验钢热力学计算可知液相线温度为 1520 ℃，由于实验设备热电偶所测量的温度与钢样表面实际的温度有一定的误差，经过多次实验确定实验最终温度为 1580 ℃。本研究利用高温共聚焦显微镜观察氧化物冶金过程中夹杂物在凝固界面前沿的迁移行为，重点是凝固过程中的研究，冷却速率过大、凝固时间太短，不能有效地观察到夹杂物颗粒在凝固界面前沿的迁移行为，冷却速率过小，不利于氧化物颗粒诱发针状铁素体，实验最终确定冷却速率为 50 ℃/min。具体实验过程如图 6-56 所示。

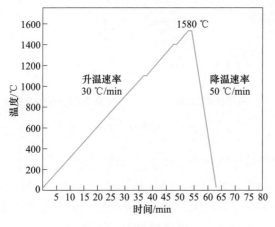

图 6-56　实验过程程序图

6.4.1　氧化物冶金过程中夹杂物在凝固界面前沿迁移行为

氧化物冶金技术将钢液中难以去除的微米级夹杂物加以利用，能够在提升钢材性能的同时降低生产成本，对非调制钢、管线钢、焊接用钢、特别是大线能量焊接用钢的质量提升有非常重要的意义。氧化物冶金技术通常是利用 Mg、Al、Ti 系氧化物诱发针状铁素体，使晶体之间交叉互锁，大大提高钢材的韧性。如何使夹杂物在钢材中均匀分布，研究夹杂物在凝固界面前沿的迁移行为变得日益重要。

在高温共聚焦实验中可以观察金属材料从液态转变成固态的整个连续的凝固过程，在凝固过程中可以分为三个阶段，第一个阶段是完全处于液体流动阶段；第二个阶段是部分结晶和液态的混合阶段；第三个阶段是完全处于固态阶段。在凝固过程中液体流动是如何停止下来的，有多种理论，在这里介绍几种液态金属停止流动机理。对于纯金属而言[23]，结晶温度间隔为零，结晶过程随着温度梯度方向逐渐进行，尚未凝固的液体仍然可以继续流动直至凝固完全结束，对于结晶温度间隔较大的合金，结晶在一定的温度范围内进行，由于枝晶的扩展，相互之间形成交错的网状结构，阻碍了液体的流动。张湛[24]认为黏度是影响液态金属流动的主要因素，随着温度的降低，钢液黏度在不断提高，最终停止流动。任明星[25]认为根据凝固金属的结构性质不同，液态金属停止流动的机理不尽相同。取纯铝和 Al-Sn 合金两种金属进行浇注流动性实验，纯铝试样的宏观组织是柱状晶，而 Al-Sn 合金的宏观组织是等轴晶。对于纯金属、共晶成分合金和结晶范围比较窄的金属，凝固温度下降到液相线以下，液相和固相有相同的结晶温度，凝固过程短，形成从壁面到中心生长的柱状晶，如图 6-57（a）所示，而结晶范围较宽的金属，当温度降到液相线以下时，液体中析出晶体，液体顺流前进，随着晶体不断长大，晶体数不断增多，形成相互交错的网状结构，当液相不能克服网状形成的阻力时，液相即停止运动，如图 6-57（b）所示。

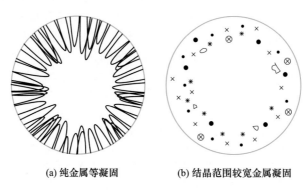

(a) 纯金属等凝固　　　　　(b) 结晶范围较宽金属凝固

图 6-57　钢液停止流动机理

液态金属停止流动过程实际是自由原子重新排列的形核过程，原子重新排列是由于周围环境改变影响原子的热力学稳定性。晶体从熔体中形核可以分为匀质形核和异质形核，匀质形核所需要克服热力学能障较大，而异质形核可以依靠外来夹杂物或形壁界面进行形核过程，需要克服热力学能障较小，所需要的驱动力也较小。

6.4.1.1　钢液凝固过程的实时观测

钢液凝固过程中形核长大的主要驱动力是过冷度，在高温共聚焦显微镜实验中，通过氩气吹入冷却和炉体水循环冷却的方式使样品凝固，进行实验，在冷却的过程中，冷却气体氩气吹入工作腔内接触坩埚，坩埚和钢液紧密接触，存在导热作用，钢液和气体表面发生对流换热。另外，钢液表面与周围物体发生辐射换热，而加热源在坩埚的正下方，根据高温共聚焦的冷却方式和钢液的形核机理可以认为在凝固过程中热流沿着氩气吹入方向流动，即温度梯度沿氩气吹入方向逐渐升高，距离氩气进气口最近的地方最先形核凝固，根据钢液凝固补缩原理，最终钢样表现出左高右低的一个斜坡形貌，如图 6-58 所示。

利用高温共聚焦显微镜对船板钢进行高温加热显微观察实验，在此过程中可以观察到钢液从液态到固态整个凝固过程，当温度在液相线以上，可以观察到钢液在坩埚中不停地流动，凝固初期，个别晶体从液态中形核，钢液向晶体形核较少区域流动，随着各区域析出的晶体长大形成网状，液态金属流动被阻碍，随着晶体的生长，直到液态完全消失，完全变成固态。其凝固整个过程如图 6-59 所示。

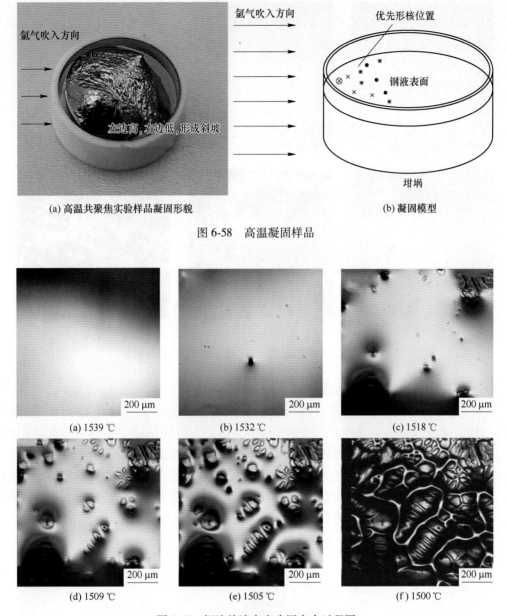

(a) 高温共聚焦实验样品凝固形貌　　　　　(b) 凝固模型

图 6-58　高温凝固样品

(a) 1539 ℃　　　　　(b) 1532 ℃　　　　　(c) 1518 ℃

(d) 1509 ℃　　　　　(e) 1505 ℃　　　　　(f) 1500 ℃

图 6-59　钢液从液态变为固态全过程图

从钢液凝固全过程图中可以看到，在凝固开始之前液面全为液态，如图 6-59（a）所示；在凝固初期少量晶体从液面上析出，如图 6-59（b）所示；随着温度的降低，从液态中析出晶体不断增加，液态金属所占面积不断缩小，如图 6-59（c）～（e）所示；最终整个区域全部变为固态，如图 6-59（f）所示。

当施加磁场时，钢液凝固过程如图 6-60 所示，整个凝固过程和没有施加磁场过程相同，凝固初期，个别晶体从液态中形核，钢液向晶体形核较少区域流动，随着各区域析出的晶体长大形成网状，液态金属流动被阻碍，随着晶体的生长，直到液态完全消失，凝固过程结束。

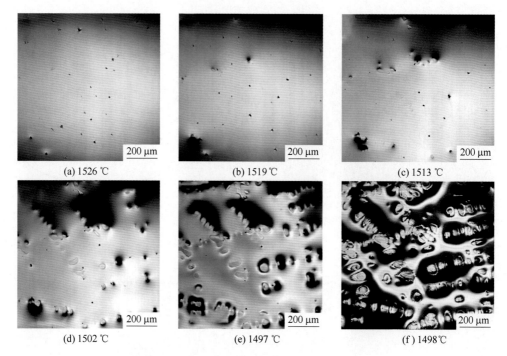

(a) 1526 ℃　　　　　　(b) 1519 ℃　　　　　　(c) 1513 ℃

(d) 1502 ℃　　　　　　(e) 1497 ℃　　　　　　(f) 1498 ℃

图 6-60　施加磁场钢液从液态变为固态全过程图

6.4.1.2　夹杂物在凝固前沿迁移的行为轨迹

在高温共聚焦显微镜下记录夹杂物颗粒迁移轨迹，选取 5~7 个夹杂物颗粒，每隔 0.4 s 记录一次，并截取视频图片，直到颗粒停止运动。利用 Image J 图像处理软件根据图片中的标尺建立坐标轴，记录每张图片中颗粒的坐标，从而得到颗粒在凝固过程中的行为轨迹。由于该实验是在微米尺度下进行的实验，可以认为在 0.4 s 的间隔时间内颗粒做匀速运动，可以通过计算颗粒在间隔时间内的平均速度。在没有施加脉冲磁场（PMF）的情况下，夹杂物颗粒在凝固前沿的行为轨迹如图 6-61 所示。

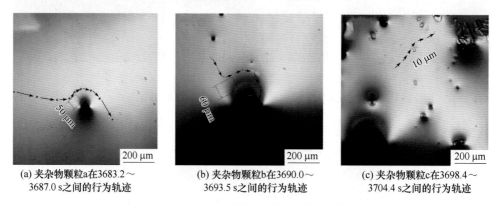

(a) 夹杂物颗粒a在3683.2～　　　(b) 夹杂物颗粒b在3690.0～　　　(c) 夹杂物颗粒c在3698.4～
　　3687.0 s之间的行为轨迹　　　　　3693.5 s之间的行为轨迹　　　　3704.4 s之间的行为轨迹

图 6-61　夹杂物在凝固前沿迁移的行为轨迹

三个夹杂物颗粒的形状近似为圆形，夹杂物颗粒 a 直径为 10 μm，夹杂物颗粒 b 和 c 直径为 5 μm。从夹杂物在凝固界面前沿的行为轨迹可以看出，三个夹杂物颗粒在接近凝固界面时，没有立刻被吞没，而是在围绕凝固界面运动，然后被凝固界面吞没或远离界面运动，颗粒在液相中的迁移速率如图6-62所示。

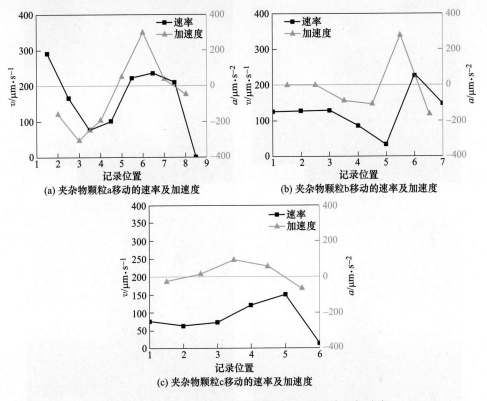

(a) 夹杂物颗粒a移动的速率及加速度　　　(b) 夹杂物颗粒b移动的速率及加速度

(c) 夹杂物颗粒c移动的速率及加速度

图 6-62　三个夹杂物颗粒在凝固前沿的迁移速率及加速度

　　两个夹杂物颗粒 a、b 靠近凝固界面的过程中速率减小，加速度为负值，距离凝固界面 55 μm 处加速度的绝对值最大，速率减到最小，经过凝固界面周围运动速率逐渐增加，加速度为正值，然后吸引到凝固界面速度为零，夹杂物颗粒 c 经过凝固界面速率增大，加速度为正值，在距凝固界面 5 μm 处加速度最大，离开当前凝固界面加速度减小但仍保持加速运动，然后吸引到另一个凝固界面。夹杂物颗粒 d、f 行为轨迹如图 6-63 所示。

　　夹杂物颗粒 d 在凝固界面前沿中的迁移轨迹，两次接近凝固界面前沿，并没有在凝固界面前沿被捕捉，而是围绕凝固界面前沿做圆周运动，随着凝固的进行固相区域继续扩大，最后被凝固界面前沿吞没。夹杂物颗粒 f 离凝固界面前沿有 260 μm，离凝固界面距离较远没有绕凝固界面做半圆周运动，而是在钢液中随机运动，随着凝固的进行，不断有新的凝固界面从液面中不断形成长大，夹杂物颗粒 f 最终被凝固界面前沿吞没。两个颗粒在钢液中的运动速度及加速度如图 6-64 所示。

　　颗粒 d 多次经过凝固界面前沿，每次经过凝固界面颗粒经历减速加速的过程，当靠近凝固界面时加速度为负，做减速运动，当绕凝固界面运动时加速度为正，做加速运动。颗粒 f 在钢液中离凝固界面较远，不能被凝固界面吸引，在钢液中做绕流运动，随着固相分率在不断增大，颗粒围绕界面做减速运动。

　　在钢液凝固的过程中施加脉冲磁场，改变凝固过程中液相流动强度，观察夹杂物在凝

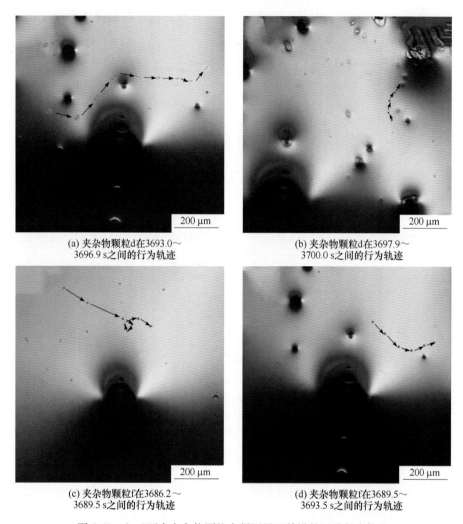

(a) 夹杂物颗粒d在3693.0~
3696.9 s之间的行为轨迹

(b) 夹杂物颗粒d在3697.9~
3700.0 s之间的行为轨迹

(c) 夹杂物颗粒f在3686.2~
3689.5 s之间的行为轨迹

(d) 夹杂物颗粒f在3689.5~
3693.5 s之间的行为轨迹

图 6-63　d、f 两个夹杂物颗粒在凝固界面前沿的迁移行为轨迹

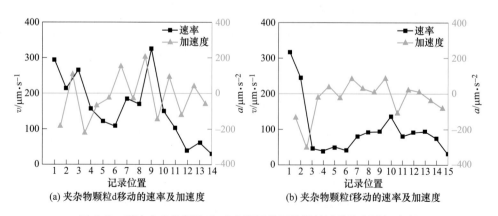

(a) 夹杂物颗粒d移动的速率及加速度

(b) 夹杂物颗粒f移动的速率及加速度

图 6-64　两个夹杂物颗粒 d、f 在凝固界面前沿的迁移速率及加速度

固界面前沿的迁移行为，持续记录夹杂物颗粒 v、w、x、y 从凝固初期到末期在凝固界面

前沿迁移行为轨迹如图 6-65 所示，并且计算夹杂物颗粒在移动过程中的速率及加速度大小如图 6-66 所示。

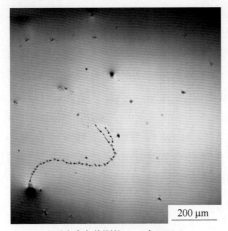 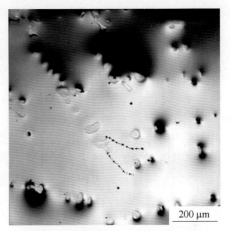

(a) 两个夹杂物颗粒v、w在3689.7~　　　　　(b) 两个夹杂物颗粒x、y在3703.2~3707.3 s
3697.7 s之间的聚合移动行为轨迹　　　　　　　　之间吸引到凝固界面前沿的行为轨迹

图 6-65　脉冲磁场条件下夹杂物颗粒在凝固界面前沿的迁移行为轨迹

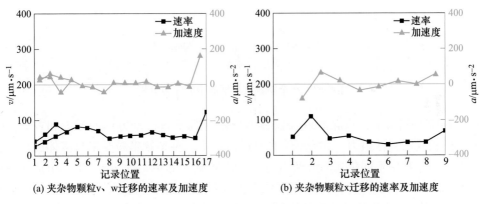

(a) 夹杂物颗粒v、w迁移的速率及加速度　　　　　(b) 夹杂物颗粒x迁移的速率及加速度

图 6-66　脉冲磁场条件下夹杂物颗粒在凝固界面前沿的迁移速率及加速度

　　在脉冲磁场条件下观察 v 和 w 两个无规则的夹杂物颗粒在钢液中碰撞聚集合，在钢液中迁移形成一条轨迹，直到被凝固界面捕获。在移动过程中速度基本稳定，当靠近凝固界面时速度突然增大，直到被凝固界面捕获，在靠近凝固界面时加速度突然增大。夹杂物颗粒 x 在钢液移动最终被凝固界面捕获，其运动速度同合并颗粒基本相同，在靠近凝固界面时突然增大。

　　无论是否有脉冲磁场，夹杂物在凝固初期随钢液运动，在凝固界面出现，夹杂物颗粒在经过凝固界面时都出现加速现象。在没有脉冲磁场时，夹杂物颗粒的移动速率在 100 μm/s 以上；施加脉冲磁场后，移动速率在 100 μm/s 以下，磁场抑制了钢液流动，夹杂物速率明显减小。这是由于流动的钢液在施加磁场条件下产生感应电流，感应电流在磁场的作用下产生与流动方向相反的力，达到抑制钢液的流动的效果，说明钢液流动对夹杂物的迁移行为有非常重要的作用。施加脉冲磁场后，夹杂物颗粒的迁移距离较小，容易被钢液凝固前沿捕获。

6.4.1.3　夹杂物在凝固界面前沿的受力分析

夹杂物颗粒的受力分析是研究运动行为规律的基础，近年来，冶金学者在研究夹杂物上浮去除的过程中，运用 Lagrang 模型对钢液中的球形夹杂物颗粒的运动行为做了大量的模拟研究。在上述研究的过程中，大多考虑常见的作用力如重力、浮力、黏性阻力，而忽略对颗粒运动行为较小的作用力如压力梯度力、虚拟质量力等不常见或者较难求解的作用力。王耀[26]通过对夹杂物颗粒的受力分析除考虑常见重力、浮力、黏性阻力外，还考虑了 Basset（巴塞特）力、Brown（布朗）力、Magnus（马克努斯）力和 Saffman（萨夫曼）力等不常见的作用力，结合牛顿第二定律，建立 Lagrange 模型中夹杂物颗粒在流场中的运动规律，结果得出不同大小的夹杂物颗粒在静止钢液中和均匀湍流流场中夹杂物颗粒的运动行为。夹杂物在钢液凝固界面的受力情况如图 6-67 所示。

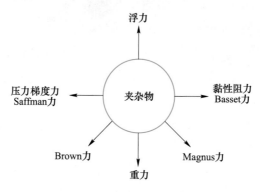

图 6-67　夹杂物颗粒在钢液中的受力分析

从图 6-67 中可以看出夹杂物在凝固界面前沿受到垂直流动方向的浮力和重力。受到与流动方向相反的黏性阻力。在有压力梯度的液体中，夹杂物颗粒受来自液体的压力梯度力。钢液凝固过程中不同位置的流速不同，两股流体形成压强差，会产生一由低速指向高速方向的 Saffman 升力[27]。当夹杂物颗粒在液相中自身旋转时，受到流场与流动垂直的 Magnus 力。当微米级及以下的夹杂物颗粒处于液体或气体中，受到来自液体各个方向液体分子不间断的碰撞及 Brown 力。根据王耀等[28]计算夹杂物在钢液中运动结果可知，在静止或均匀流场中，夹杂物颗粒所受的压力梯度力、Saffman 力、Magnus 力较小可以忽略不计，当夹杂物颗粒含量小于 10 μm 时，布朗运动较为剧烈，颗粒所受 Basset 力和 Brown力较大。在高温实验中夹杂物颗粒在表面上漂浮移动，不考虑重力及浮力，另外凝固界面前沿经过的夹杂物速率会发生比较大的变化，考虑 Saffman 升力，夹杂物颗粒在 10 μm 以下，考虑夹杂物受到的 Basset 力和 Brown 力。夹杂物在钢液中的受力的数值表达式如下。

夹杂物颗粒在钢液中与流体之间的 Stokes 黏性阻力为：

$$F_D = C_D \times \frac{3\rho_m}{4\rho_p d_p} |v_m - v_p| (v_m - v_p) \tag{6-54}$$

式中　C_D——曳力系数，其取值是雷诺数的函数；

　　ρ_m, ρ_p——钢液和夹杂物的密度，kg/m^3；

　　d_p——夹杂物颗粒的直径，μm；

v_m，v_p——钢液流体和夹杂物的瞬时速度矢量。

夹杂物颗粒在黏性流体中做变速运动时，颗粒表面所受到周围不稳定流体的 Basset 力为：

$$F_B = C_B \cdot \frac{9}{\rho_p \times d_p} \sqrt{\frac{\rho_m \cdot \mu_{eff}}{\pi}} \int_0^t \frac{\mathrm{d}(v_m - v_p)/\mathrm{d}\tau}{\sqrt{t - \tau}} \mathrm{d}\tau \tag{6-55}$$

式中 C_B——Basset 系数；

τ——计算时间步长，s。

钢液中各处流体的速度不相同，流体之间形成压力梯度，夹杂物在压力梯度所受的 Saffman 力为：

$$F_{LS} = C_{LS} \cdot \frac{6K_S \mu_{eff}}{\rho_p \pi d_p} \left(\frac{\rho_m \xi}{\mu_{eff}}\right)^{\frac{1}{2}} \cdot (v_m - v_p) \tag{6-56}$$

式中 ξ——压力梯度；

μ_{eff}——钢液有效动力黏度，Pa/s；

K_S——Saffman 力系数，取 1.615；

C_{LS}——Saffman 力修正系数。

在高温条件下，微米级的夹杂物在钢液中的布朗运动不容忽视，所受的 Brown 力为：

$$F_R = \frac{12\delta}{\rho_p} \sqrt{\frac{3\mu_{eff} k_B T}{\pi d_p^5 \Delta t}} \tag{6-57}$$

式中 k_B——玻耳兹曼常数，取 1.38×10^{-23} J/K；

T——钢液的热力学温度，K；

Δt——时间步长，s；

δ——服从标准正态分布的随机变量。

夹杂物在凝固界面上所受的力如图 6-68（a）所示。

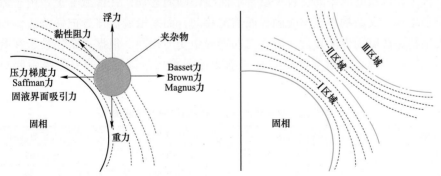

(a) 夹杂物颗粒在靠近凝固界面的受力分析　　(b) 夹杂物被固相吞没或排斥区域

图 6-68　夹杂物在凝固界面分析

夹杂物在凝固界面前沿的受力与夹杂物在钢液中的受力种类基本一致，但是在凝固界面所受力的大小不相同。在凝固界面周围钢液不断收缩凝固，周围原子不断迁移到界面上，夹杂物在靠近凝固界面时受到原子不断的撞击推动作用，被吸引到凝固界面上，越靠近凝固界面形成的吸引力越大，凝固界面吸引力受力方向沿夹杂物指向界面，受力大小由凝固界面的凝固速率决定。凝固界面吸引力作用夹杂物的距离是有限的，在有效范围之内我们称之为区域Ⅰ，如图 6-68（b）所示，在区域Ⅱ内钢液经过凝固界面做绕流运动，由于伯努利效应，流速越大的流体压强越小，夹杂物颗粒受到压强的作用沿凝固界面做圆弧或圆周运动，然后离开凝固界面前沿或者被吸引到凝固界面上。区域Ⅲ远离凝固界面前沿，夹杂物颗粒与钢液中的受力分析相同。根据夹杂物颗粒在凝固界面前沿的受力分析以及在凝固界面前沿的轨迹可以推断前沿夹杂物移动情况，如图 6-69（a）所示，并且对应图 6-69（b）夹杂物在凝固界面前沿的迁移行为轨迹相同。

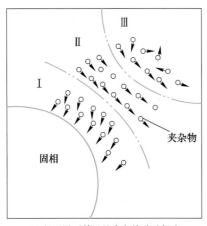

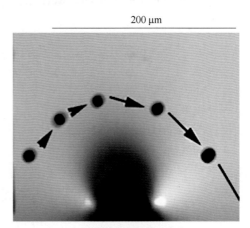

(a) 凝固界面前沿的夹杂物移动行为　　　　　　　(b) 夹杂物在凝固前沿移动

图 6-69　夹杂物在凝固界面的迁移行为

　　靠近凝固界面前沿的区域Ⅰ，由于凝固界面长大的作用，不断有原子在固相上进行组合排列，区域Ⅰ中的夹杂物向固相方向移动，或者围绕固相做绕流运动，然后在固相上排列。在区域Ⅰ和区域Ⅱ的中间位置夹杂物沿曲线做圆周运动，在区域Ⅱ上，由于流体流速较快，压强较小，夹杂物不能向凝固界面前沿移动，而是沿着流体方向做绕流运动。在区域Ⅲ中夹杂物距离凝固界面较远，所受力同钢液中受力相同。根据夹杂物粒子在凝固界面前沿的移动轨迹以及运动情况可以测量夹杂物粒子距离凝固界面的有效吸引距离，如表 6-23 所示。

表 6-23　夹杂物粒子距离凝固界面有效距离

颗粒	直径/μm	时间/s	距离/μm
a	6	3691.0	62
b	5	3692.5	60
c	6	3700.9	44
d	5.6	3700.4	22
e	5.8	3705.4	40
v	5.8	3696.8	93
x	7.8	3701.3	89
y	6.2	3701.8	86

在没有施加脉冲磁场时下，直径为 6 μm 的夹杂物颗粒在凝固界面前沿的有效吸引距离平均为 46 μm，在施加脉冲磁场的条件下直径为 6 μm 的夹杂物的有效吸引距离平均为 89 μm，施加脉冲磁场的条件下吸引到凝固界面前沿的有效距离是不施加的两倍，所以施加脉冲磁场可以增加有效作用距离。

6.4.2　MnS 附着的复合夹杂物与迁移行为之间的关系

根据夹杂物在凝固前沿的迁移行为轨迹和表征方法，夹杂物随钢液流动在凝固末端处聚集，MnS 在凝固末期附着在复合夹杂物边缘，本节对高温共聚焦实验样品进行扫描分析，利用样品斜面判断优先凝固位置和末端位置，观察分析两个位置夹杂物的形貌和成分。

将高温共聚焦样品沿直径方向进行切割，进行镶样、磨抛和腐蚀如图 6-70 所示，然后利用扫描电镜和能谱仪进行分析。图 6-70 中标记"1"的位置为样品优先凝固位置，图 6-70 中标记"2"的位置为最后凝固位置。

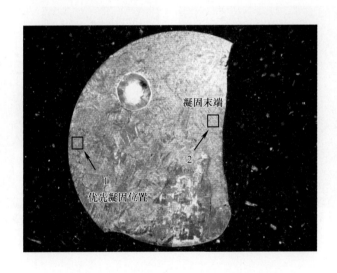

图 6-70　经过高温共聚焦实验处理的样品

图 6-70 中标记"1"的位置夹杂物形貌如图 6-71 所示，夹杂物呈圆形，根据能谱图 6-71（b）所示，夹杂物中心是 Al 系夹杂物，边缘检测为 Al 和 Fe，并没有发现 MnS 附着在夹杂物边缘。

图 6-70 中标记"2"的位置夹杂物形貌如图 6-72 所示，夹杂物呈圆形，根据能谱图 6-72（b）所示，夹杂物中心是 Al 系夹杂物，边缘检测为 Al、O、Mn 和 S 元素，可以认为 MnS 附着在夹杂物边缘形成复合夹杂物。根据样品位置凝固的先后顺序，在凝固末端被捕捉的夹杂物边缘容易附着 MnS 夹杂物，说明利用 MnS 附着的复合夹杂物表征夹杂物的迁移行为有一定的准确性。

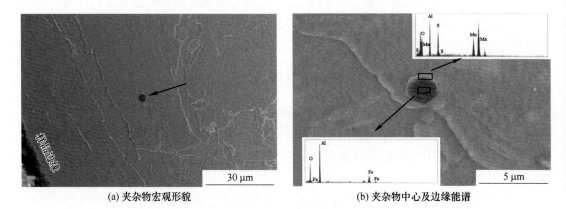

(a) 夹杂物宏观形貌　　　　　　　　　　　(b) 夹杂物中心及边缘能谱

图 6-71　夹杂物形貌能谱图

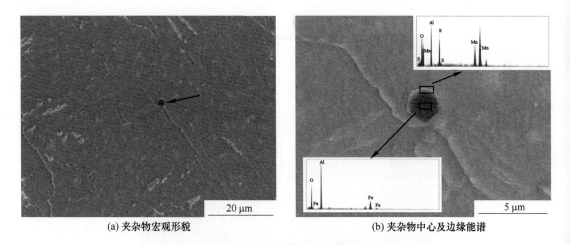

(a) 夹杂物宏观形貌　　　　　　　　　　　(b) 夹杂物中心及边缘能谱

图 6-72　夹杂物形貌能谱图

6.5　脉冲磁场对氧化物冶金行为的影响

本节研究脉冲磁场（PMF）对凝固过程的影响，利用高温激光共聚焦显微镜（HTCSLM）对凝固前沿夹杂物的行为进行原位观察，实验采取较小的冷却速率（50 ℃/min）来增加 PMF 的作用时间。样品在 1600 ℃ 熔融 3 min 后，以 50 ℃/min 的速率冷却到 1150 ℃，并保温 3 min，然后以 50 ℃/min 的速率冷却到 750 ℃，最后以 50 ℃/min 的速率冷却到室温，研究在有无磁场作用下凝固过程中夹杂物的特性和凝固组织的演化规律。由于孕育阶段施加 PMF 比在整个凝固过程中施加 PMF 的细晶效果好[29]，所以本研究在 1600～1150 ℃ 的温度范围内施加 PMF，由于实验过程中样品所在位置磁场强度测量比较困难，而磁场强度与激励电压成正比，故用电压来表征磁场强度大小。本节采用的 PMF 参数为：电压为 100 V，周期为 2.0 s。

6.5.1 脉冲磁场对凝固前沿与夹杂物相互作用的影响

利用 HTCSLM 对凝固前沿夹杂物的行为进行原位观察，并选择其中几个夹杂物进行追踪，每隔 0.3 s 记录一次夹杂物的位置，结果如图 6-73 所示。通过测量夹杂物位置的变化计算其迁移速率，进而研究夹杂物的迁移特性。夹杂物迁移速率的计算方法如下：首先在视场中选择一个固定点作为原点，建立直角坐标系，并在此坐标系下测量夹杂物每隔 0.3 s 的坐标，由此得到每个被追踪夹杂物的运动轨迹。通过比较每个 0.3 s 时间间隔内夹杂物的坐标变化来计算夹杂物的迁移速率（假设每个时间间隔内夹杂物为匀速直线运动），计算公式如下：

$$v_i = \frac{\sqrt{(x_{i2} - x_{i1})^2 + (y_{i2} - y_{i1})^2}}{0.3} \tag{6-58}$$

式中　v_i——每个 0.3 s 内夹杂物的平均速率；

x_{i1}，y_{i1}——每个 0.3 s 内夹杂物的初始坐标；

x_{i2}，y_{i2}——每个 0.3 s 内夹杂物的终点坐标。

利用式（6-58）计算无 PMF 和有 PMF 两种情况下被追踪夹杂物的运动轨迹和迁移速率，结果如下。

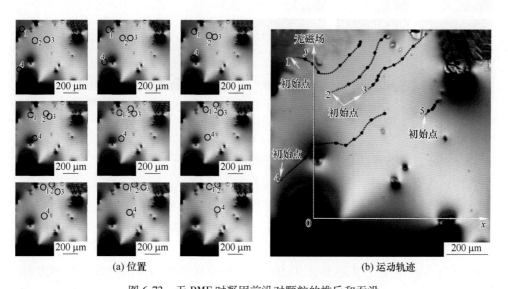

(a) 位置　　　　　　　　　　　　　(b) 运动轨迹

图 6-73　无 PMF 时凝固前沿对颗粒的推斥和吞没

如图 6-73 所示，无 PMF 作用下夹杂物为近球形，平均尺寸为 5 μm。选择 4 个夹杂物作为追踪测试粒子，每隔 0.3 s 4 个夹杂物的位置如图 6-73（a）所示。通过建立坐标系及测量夹杂物的坐标得到 4 个夹杂物的运动轨迹如图 6-73（b）所示。结果表明无磁场作用时，夹杂物均出现双影现象，这是由于夹杂物运动速率过快，大于图像拍摄速率所引起的。当夹杂物靠近凝固前沿时，均沿平行固液界面的方向运动一定距离再次进入液相中，即夹杂物被凝固前沿排斥，并偏聚在最后凝固区域，造成元素偏析[30-32]。

如图 6-74 所示，PMF 作用下视场内夹杂物数量增多，这是由于 PMF 加速了夹杂物上浮，在上浮过程中夹杂物之间相互碰撞并长大形成复合夹杂物，呈不规则的形状。夹杂物的平均粒径尺寸为 10 μm。选择 4 个夹杂物作为追踪测试粒子，每隔 0.3 s 4 个夹杂物的位置如图 6-74（a）所示。通过建立坐标系及测量夹杂物的坐标得到 4 个夹杂物的运动轨迹如图 6-74（b）所示。结果表明在 PMF 作用下，夹杂物的双影现象消失，这是由于夹杂物运动速率小于图像拍摄速率所引起的。且在同样的时间间隔内，运动距离远远小于无磁场的情况，这说明 PMF 的作用使液相区的夹杂物速率降低。当夹杂物靠近凝固前沿的过程时，夹杂物以垂直凝固前沿的方向由液相区进入固相区，即夹杂物被凝固前沿吞没。

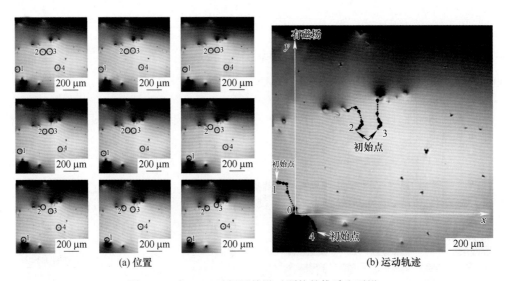

(a) 位置　　　　　　　　　　　　　(b) 运动轨迹

图 6-74　有 PMF 时凝固前沿对颗粒的推斥和吞没

所以，PMF 的施加使得液相区夹杂物的迁移速率降低，并大大提高了凝固前沿对夹杂物的吞没率，这有利于夹杂物在固相区均匀分布。

为了进一步研究凝固前沿夹杂物的迁移特性，在测量夹杂物坐标的基础上，利用式（6-58）分别计算无磁场和有磁场作用下，夹杂物靠近凝固前沿过程中的迁移速率，结果如图 6-75 所示。

如图 6-75（a）所示，无磁场作用时，夹杂物在靠近凝固前沿过程中速率逐渐减小，但被凝固前沿吞没的一刹那，夹杂物的迁移速率突然增加，然后迅速降为零，即被凝固前沿吞没；速率突然增加，某数值小于夹杂物原来的速率。速率突然增加是由于夹杂物靠近凝固前沿过程中，夹杂物与凝固前沿之间的通道变窄，造成夹杂物在靠近凝固前沿一侧所受到的压强减小，而形成一个指向凝固前沿的净压力 ΔF。ΔF 驱使夹杂物迅速靠近凝固前沿并被吞没，这就是伯努利效应。当有 PMF 作用时，伯努利效应被大大增强，夹杂物在靠近凝固前沿的过程中，速率逐渐增加，在被吞没的一刹那，速率突然增加到原来速率的数倍，然后迅速降为零。示意图如图 6-76 所示。

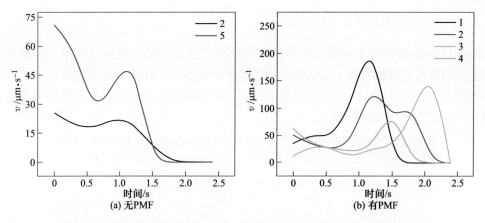

图 6-75 有无 PMF 作用下，夹杂物靠近凝固前沿过程中的迁移速率

假设伯努利效应作用的过程中 ΔF 不变，即加速度不变，则此过程中 ΔF 的表达式可以表示为：

$$\Delta F = m\boldsymbol{a} = m\frac{\Delta v}{\Delta t} \qquad (6\text{-}59)$$

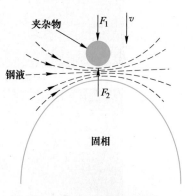

图 6-76 夹杂物靠近凝固前沿过程中的受力情况

式中　$\boldsymbol{a}$——伯努利效应下夹杂物运动的加速度；

　　Δv——伯努利效应开始作用时（v 突然增加前速度最低时）到夹杂物被凝固前沿完全吞没时（v 突然增加的最大值时）速率的变化；

　　Δt——伯努利效应的作用时间。

此过程中夹杂物的运动距离，即伯努利效应的有效作用距离 S 的计算公式如下：

$$S = \frac{1}{2}v \cdot \Delta t \qquad (6\text{-}60)$$

根据图 6-76，利用式（6-59）、式（6-60）分别计算无磁场和有磁场作用时，夹杂物靠近凝固前沿过程中所受到的平均净压力和伯努利效应的平均有效作用距离，结果如表6-24 所示。

表 6-24　夹杂物的平均净压力和伯努利效应的平均作用距离

有无磁场	平均净压力/N	平均有效距离/μm
无磁场	108.85m	4.88
有磁场	539.50m	22.05

如表 6-24 所示，PMF 施加后，伯努利效应作用在夹杂物上的净压力和有效作用距离均为无 PMF 时的 5 倍左右，这说明 PMF 作用促使距离凝固前沿更远的夹杂物以更快的速率被凝固前沿吞没。

综上所述，PMF 的施加降低了钢液液相中夹杂物的迁移速率，增加了夹杂物受到的指向固相区的静压力，这使夹杂物更容易被凝固前沿捕捉并吞没，大大提高了夹杂物的吞没率，使夹杂物均匀分布在最终凝固组织中，这有利于氧化物冶金行为。

6.5.2 脉冲磁场对夹杂物分布的影响

图 6-77 为夹杂物在无磁场作用时的分布情况。结果表明，无磁场作用下，整个凝固过程中夹杂物都有双影现象，说明夹杂物迁移速率比较大；在整个凝固过程中夹杂物受流场影响很大，分布不均匀，并偏聚在最终凝固区，这造成夹杂物在最终显微组织中分布不均匀，不利于氧化物冶金行为。

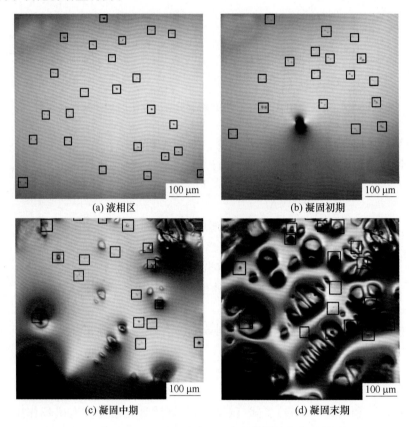

(a) 液相区　　　　　　　　　　　　　　(b) 凝固初期

(c) 凝固中期　　　　　　　　　　　　　(d) 凝固末期

图 6-77　无 PMF 时钢液中夹杂物的分布

图 6-78 为夹杂物在 PMF 作用下的分布情况。结果表明，施加 PMF 后，在整个凝固过程中夹杂物的分布都是很均匀的，尤其在凝固末期，夹杂物均匀分布的整个凝固组织中，晶粒细化效果显著。夹杂物的均匀分布有利于氧化物冶金，能更进一步细化晶粒。

为了进一步研究 PMF 对夹杂物特性的影响，利用 DigitalMicrograph 对无磁场和有磁场作用下钢液中的夹杂物进行分析。图 6-79 为利用软件提取出的夹杂物，表 6-25 为分析得出的夹杂物的投影面积、平均周长以及形状因子。

表 6-25　所提取夹杂物的计算结果

有无磁场	投影面积/μm^2	平均周长/μm	形状因子
无磁场	16.79	20.34	0.65
有磁场	73.75	34.57	0.58

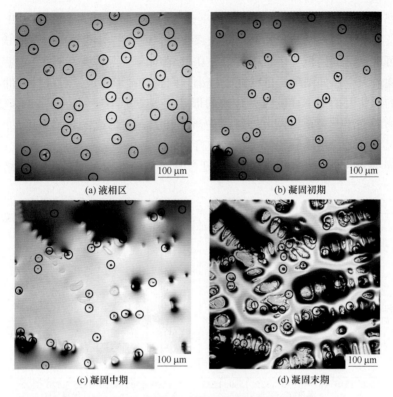

(a) 液相区

(b) 凝固初期

(c) 凝固中期

(d) 凝固末期

图 6-78 有 PMF 时钢液中夹杂物的分布

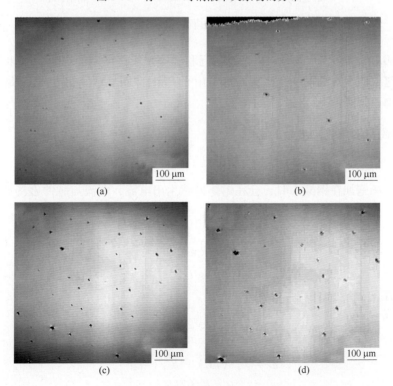

(a)

(b)

(c)

(d)

图 6-79 利用软件提取出的夹杂物

如表 6-25 所示，施加 PMF 后，视场中夹杂物的数量明显增多，说明 PMF 有利于夹杂物上浮；夹杂物的平均投影面积和平均周长都变大，说明平均尺寸变大。形状因子是一个无量纲量，可以定量描述粒子形状，数值在 0~1 范围内。当形状因子取 1 时，粒子为理想形状，对称性最大，比如圆形。形状因子越小，则偏离圆形越大，对称性越低。施加 PMF 后，夹杂物的形状因子变小，说明夹杂物的形状变得更加不规则，这是由于 PMF 的施加加速了夹杂物的上浮，夹杂物在上浮过程中碰撞长大，并形成形状不规则的复合夹杂物，造成夹杂物尺寸增加，这不利于氧化物冶金行为。

对整个固-液相变过程中夹杂物的平均迁移速率进行测量和计算分析，结果如图 6-80 所示。

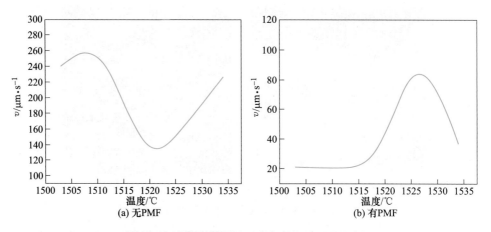

图 6-80　在整个凝固过程中夹杂物的迁移速率

如图 6-80 所示，无 PMF 时，夹杂物的迁移速率呈震荡周期变化。而施加 PMF 后，夹杂物的迁移速率的震荡周期变化减弱，这是由于 PMF 抑制了钢液的流动。PMF 施加以后，夹杂物的平均速率降低。

6.5.3　脉冲磁场对氧化物冶金的影响

6.5.3.1　脉冲磁场强度的影响

当脉冲磁场施加在钢液中时，会在熔体内感生出电流，电流与脉冲磁场相互作用，并产生电磁挤压力和电磁搅拌力驱动熔体振荡，在熔体内部产生的电磁压强为[33]：

$$p = \frac{B^2}{2\mu_0} = \frac{1}{2\mu_0}\left(\frac{\mu N'}{2\pi R}\frac{1}{\omega L}e^{-\beta t}\sin\omega t\right)^2 \cdot U_0^2 \tag{6-61}$$

$$p \propto U_0^2 \tag{6-62}$$

形核率 N 与磁压强的关系如下：

$$\ln N = \ln a_1 - \frac{a_3}{a_4 + p} - a_2 p \tag{6-63}$$

$$\omega = \sqrt{1/(LC) - R^2/(4L^2)}$$

$$\beta = R/(2L)$$

式中　B——磁感应强度；

μ_0——真空磁导率;

L——脉冲电路中等效电感;

R——脉冲电路中等效电阻;

μ——导电熔体的磁导率;

N'——线圈匝数;

U_0——脉冲电路电压。

根据磁场特点可知:磁压强与电压的平方成正比。即电压越大,磁压强越大,则形核率越高。高的形核率有利于晶粒细化。

为了研究 PMF 对凝固过程孕育阶段的影响,经 HTCSLM 热处理,在 1600~1150 ℃温度区间施加周期为 2.0 s,电压分别为 20 V、40 V、60 V、80 V 和 100 V 的脉冲磁场。

夹杂物的尺寸和分布对钢的性能有较大影响,本实验通过改变磁场强度(电压)来获得大量细小、弥散、均匀分布的夹杂物,并利用这些夹杂物为 IGF 提供异质形核点,从而达到细化晶粒的目的。脉冲磁场主要产生两方面的作用,即脉冲电磁力和焦耳热。脉冲电磁力除了可影响夹杂物的析出和分布,还可在熔体内感生电流,产生焦耳热,使因凝固而释放的金属潜热得到补偿,即降低凝固体系的冷却速率,影响夹杂物的析出和分布[34,35]。

为了研究脉冲磁场强度对夹杂物的影响,取 500 倍视场下任意金相照片 50 张,利用二值化软件对样品中夹杂物的尺寸和数量进行统计分析,结果如图 6-81 所示。

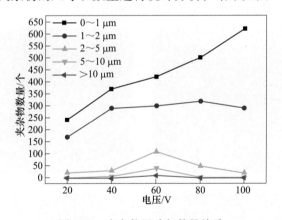

图 6-81 夹杂物尺寸与数量关系

如图 6-81 所示,夹杂物尺寸多集中于 0~2 μm;PMF 电压为 100 V 时,样品中夹杂物尺寸最为细小,数量最多,其中尺寸在 0~1 μm 之间的夹杂物占总量的 68%;大尺寸夹杂物并不多见;随着电压降低,尺寸小于 2 μm 的夹杂物大大减少。随着磁场强度的增加,视场中夹杂物的数量逐渐增多,说明磁场强度的增大加速夹杂物的上浮。为了研究磁场强度对夹杂物和夹杂物诱发的 IGF 的影响,样品经抛磨并用硝酸酒精腐蚀后,利用 SEM 观察夹杂物诱发 IGF 的情况,并对诱发 IGF 的夹杂物进行 EDS 分析。结果如图 6-82~图 6-85 所示。

如图 6-82 所示,当电压为 20 V 时,夹杂物所诱发的 IGF 数量比较少,IGF 多为等轴块状,尺寸在 15 μm 左右;诱发 IGF 的夹杂物多为 Mn-Ti-V-N-S 的复合夹杂,除此之外还有 MnS 和 TiV/C,夹杂物尺寸在 2 μm 左右,多为不规则的形状。

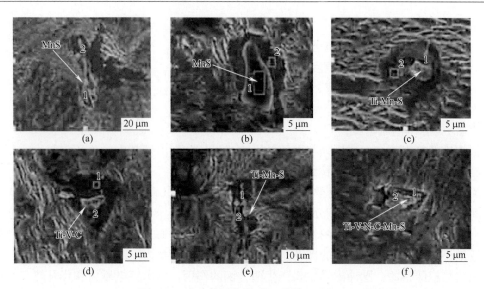

图 6-82   夹杂物诱发的 IGF 形貌 （20 V）

如图 6-83 所示，当电压为 40 V 时，夹杂物所诱发的 IGF 数量仍然比较少，IGF 形状多为块状，尺寸在 10 μm 左右；诱发 IGF 的夹杂物多为 Mn-Ti-V-N-S 的复合夹杂，其次为 MnS，还有非常少量的 Si-Fe，夹杂物尺寸在 2 μm 左右。

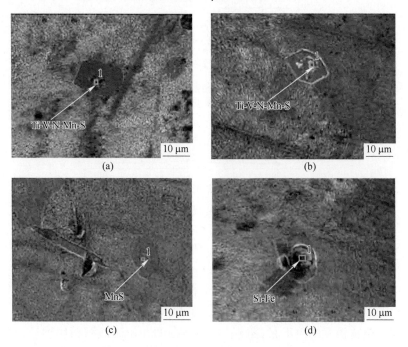

图 6-83   夹杂物诱发的 IGF 形貌 （40 V）

如图 6-84 所示，当电压为 60 V 时，夹杂物所诱发的 IGF 数量增多，IGF 多为块状，尺寸在 10 μm 左右；诱发 IGF 的夹杂物主要为 Mn-Ti-V-N-S 的复合夹杂和 MnS，除此之外还有少量 Al_2O_3，夹杂物尺寸在 2 μm 以内；夹杂物的形状为球形。

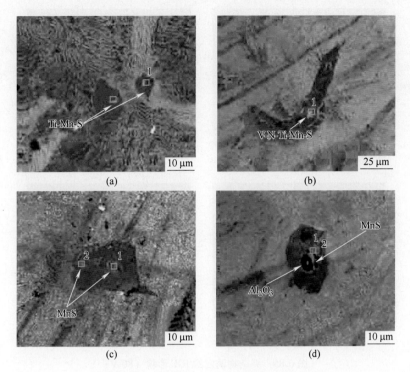

图 6-84 夹杂物诱发的 IGF 形貌 (60 V)

如图 6-85 所示，当电压为 80 V 时，夹杂物所诱发的 IGF 数量很多，IGF 多为针状，尺寸在 8 μm 左右；诱发 IGF 的夹杂物主要是 Mn-Ti-V-N-S 的复合夹杂和 MnS，夹杂物尺寸在 1 μm 左右。

综上所述，PMF 强度对夹杂物种类影响不大，主要是 Mn-Ti-V-N-S 的复合夹杂和 MnS。随着 PMF 强度的增大，夹杂物诱发 IGF 数量逐渐增多，尺寸减小，铁素体由原来的等轴块状变为长条状。电压为 100 V 时，夹杂物诱发 IGF 数量最多，尺寸最小。

6.5.3.2 脉冲磁场处理时间的影响

磁压强与作用时间的关系如式（6-64）所示：

$$p = \frac{B^2}{2\mu_0} = \frac{1}{2\mu_0} \left(\frac{\mu N'}{2\pi R} \frac{U_0}{\omega L} \right)^2 \cdot (e^{-\beta t} \sin\omega t)^2 \tag{6-64}$$

$$p \propto (e^{-\beta t} \sin\omega t)^2 \tag{6-65}$$

$$\omega = \sqrt{1/(LC) - R^2/(4L^2)}$$

$$\beta = R/(2L)$$

式中 μ_0——真空磁导率；

    L——脉冲电路中等效电感；

    R——脉冲电路中等效电阻；

    μ——导电熔体的磁导率；

    N'——线圈匝数；

    U_0——脉冲电路电压。

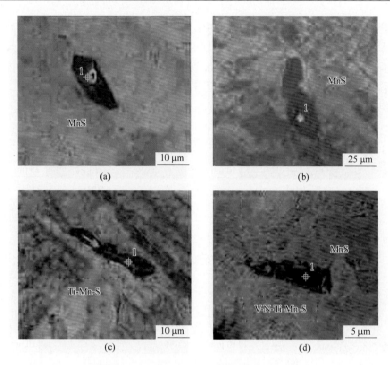

图 6-85　夹杂物诱发的 IGF 形貌（80 V）

　　由磁场特点分析可知，磁压强随时间呈振荡衰减的变化趋势，在一定的时间内磁压强会出现峰值。形核的过程是一个晶化的过程，施加脉冲磁场后，形核原子吸收磁场能由原来的长程无序状态重构为长程有序的状态，因为磁场强度和作用时间决定着磁场能的大小，即影响了形核原子的晶化过程；同时，施加 PMF 后，钢液在磁场力的作用下受迫磁致振荡，当与磁场周期相同时会引起共振，这会使钢液受到的力大大增加[36]。

　　将试样利用 HTCSLM 进行热处理，通过改变冷却速率来控制凝固时间，冷却速率分别为 50 ℃/min、100 ℃/min、150 ℃/min、200 ℃/min、250 ℃/min；在 1600～1150 ℃ 的温度区间施加脉冲磁场，磁场电压为 100 V，周期为 2.0 s。

　　为了研究脉冲磁场处理时间对夹杂物的影响，取 500 倍视场下任意金相照片 50 张，利用二值化软件对样品中夹杂物的尺寸和数量进行统计分析，结果如图 6-86 所示。

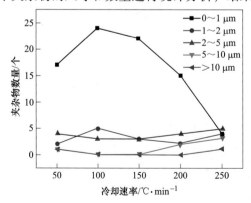

图 6-86　不同磁场处理时间夹杂物尺寸与数量的关系

如图 6-86 所示，夹杂物尺寸多集中于 0~5 μm，当冷却速率为 100 ℃/min 时，细小夹杂物所占比例最大；冷却速率增大到 250 ℃/min 的过程中，大尺寸的夹杂物比例增大。这是由于实验是通过改变冷却速率来改变磁场的处理时间的，所以要考虑脉冲磁场和冷却速率对凝固过程的双重影响。冷却速率越大，凝固时间越短，夹杂物来不及长大，而冷却速率增大还会引起另外的一个结果就是磁场的有效作用时间变短，脉冲磁场处理次数减少，脉冲磁场促进熔体流动，使枝晶臂发生断裂，碎片被分散到熔体中心成为形成异质形核点。所以当冷却速率从 50 ℃/min 变大到 100 ℃/min 时，细小夹杂物比例增加，而从 100 ℃/min 变大到 250 ℃/min 时，夹杂物尺寸反而变大。

为了研究 PMF 处理时间对夹杂物和夹杂物诱发的 IGF 的影响，利用 SEM 观察腐蚀后样品夹杂物诱发 IGF 的情况，并对诱发 IGF 的夹杂物进行 EDS 分析。结果如图 6-87~图 6-90 所示。

如图 6-87 所示，当冷却速率为 100 ℃/min 时，夹杂物所诱发的 IGF 很多，IGF 多为块状和条状，尺寸在 10 μm 左右；诱发 IGF 的夹杂物主要为 Mn-Ti-V-N-S 的复合夹杂和 Mn-Ti-S 的复合夹杂，尺寸在 1~2 μm。除此之外，在晶粒内部还发现少量 Si-Fe 和 MnS 诱发 IGF 的情况。

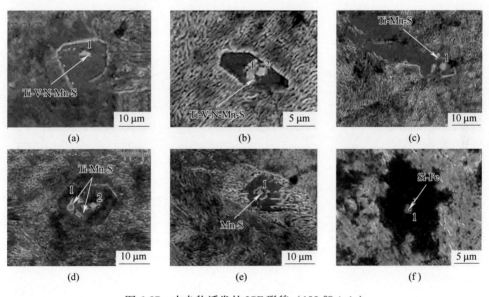

图 6-87 夹杂物诱发的 IGF 形貌 (100 ℃/min)

如图 6-88 所示，当冷却速率为 150 ℃/min 时，夹杂物所诱发的 IGF 比较多，IGF 多为块状和条状，尺寸在 15 μm 左右；诱发 IGF 的夹杂物主要为 Mn-Ti-V-N-S 的复合夹杂，尺寸在 2 μm 以内；在晶粒内部还发现少量的 MnS 和高熔点 Al、Mg 氧化物诱发铁素体的情况；除此之外，少量尺寸在 1 μm 之内的细小夹杂物也能够诱发 IGF。

如图 6-89 所示，当冷却速率为 200 ℃/min 时，夹杂物所诱发的 IGF 有所减少，IGF 多为条状，尺寸在 15 μm 左右；诱发 IGF 的夹杂物主要为 Mn-Ti-V-N-S 的复合夹杂和 Mn-Ti-S 的复合夹杂，尺寸在 2~5 μm 之间。

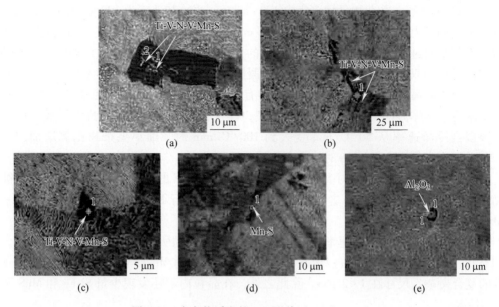

图 6-88　夹杂物诱发的 IGF 形貌（150 ℃/min）

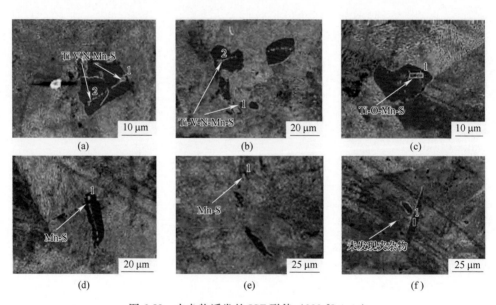

图 6-89　夹杂物诱发的 IGF 形貌（200 ℃/min）

如图 6-90 所示，当冷却速率为 250 ℃/min 时，夹杂物所诱发的 IGF 很少，IGF 多为块状和条状，尺寸在 15 μm 左右；诱发 IGF 的夹杂物主要为 Mn-Ti-V-N-C-S，尺寸在 5 μm以内。

综上所述，脉冲磁场作用时间的改变对夹杂物种类的影响不大，主要是复合夹杂 Mn-Ti-V-N-S 及 MnS。诱发的 IGF 数量先增多后减少。当降温速率为 100 ℃/min 时，夹杂物诱发生成的 IGF 数量最多，尺寸最为细小。

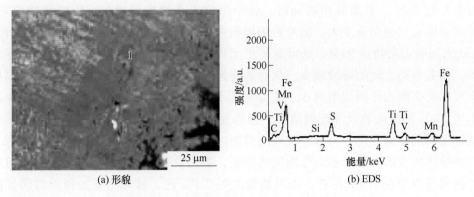

(a) 形貌　　　　　　　　　　　(b) EDS

图 6-90　夹杂物诱发的 IGF 形貌（250 ℃/min）

6.5.3.3　脉冲磁场周期的影响

$$p = \frac{B^2}{2\mu_0} = \frac{1}{2\mu_0}\left(\frac{\mu N'}{2\pi R}\frac{U_0}{L}e^{-\beta t}\right)^2 \cdot \left(\frac{\sin\omega t}{\omega}\right)^2 \tag{6-66}$$

$$p \propto \left(\frac{\sin\omega t}{\omega}\right)^2 \tag{6-67}$$

由磁场特点可知，磁压强随频率的增加呈周期振荡变化，在一定的频率范围内磁压强同样会出现峰值。PMF 力的作用效果有两种，挤压和震荡。初晶受磁场力震荡作用被折断，所产生的碎片会成为铁素体的异质形核点，即提高了形核率；而钢液在挤压力的作用下产生对流，分散初晶被折断后的碎片，使其分布更加均匀。当磁场的频率较低时，钢液受到的震荡力比较大，当频率较高时，钢液受到的磁压力比较大。从作用效果来看，不管是哪一种力为主要作用，最终都能够细化组织。

利用 HTCSLM 热处理的冷却速率为 50 ℃/min；在 1600~1150 ℃的温度区间施加脉冲磁场，电压为 100 V，周期分别为 0.7 s、1.0 s、1.5 s、2.0 s 和 3.0 s。

为了研究 PMF 周期对夹杂物的影响，取 500 倍视场下任意金相照片 50 张，利用二值化软件对样品中夹杂物的尺寸和数量进行统计分析，结果如图 6-91 所示。

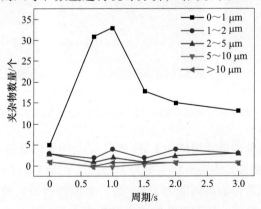

图 6-91　夹杂物尺寸与数量关系

如图 6-91 所示，未加脉冲磁场时，各个尺寸夹杂物数量相当。施加脉冲磁场后，小尺寸夹杂所占比例明显变大；脉冲磁场周期为 1.0 s 时，夹杂物尺寸最小、数量最多，0~1 μm 之间的夹杂物达 93%，这可能是由于周期为 1.0 s 时，磁场对夹杂物上浮的影响减弱，使夹杂物之间的碰撞减少，从而造成夹杂物尺寸减小、数量增多；随着周期增大，小尺寸夹杂所占比例逐渐减少，夹杂物总量与未加磁场时相当。即施加脉冲磁场后，小于 2 μm 的夹杂物尺寸比例增加，为诱发 IGF 形核提供条件。这是由于磁压强随频率增加呈周期震荡变化，当脉冲磁场的周期性与熔体震荡周期相同时会引起共振。共振作用使熔体所受的脉冲电磁力作用陡然增强，细化效果大大提高，由实验结果可以看出钢液的固有周期在 1.0 s 左右。当周期增大到 2.0 s 时，脉冲磁场处理的时间间隔变大，晶粒有足够的时间长大，下一个周期开始时，已形成的枝晶已难以被打断，而出现晶粒粗化的现象。

为了研究脉冲磁场处理时间对夹杂物和夹杂物诱发晶内铁素体（IGF）的影响，利用 SEM 观察样品夹杂物诱发 IGF 的情况，并对诱发 IGF 的夹杂物进行 EDS 分析。结果如图 6-92~图 6-97 所示。

如图 6-92 所示，当脉冲磁场周期为 0.7 s 时，夹杂物所诱发的 IGF 较多，IGF 多为块状和条状，尺寸在 15 μm 左右；诱发 IGF 的夹杂物主要为 Mn-Ti-V-N-S 的复合夹杂和 Mn-Ti-S 的复合夹杂，尺寸在 2 μm 以内。

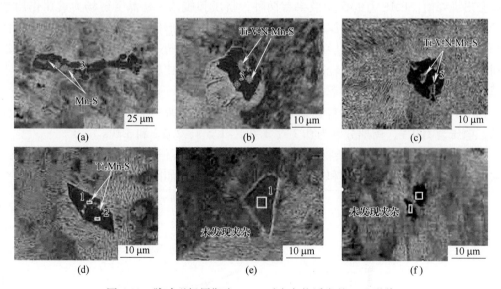

图 6-92　脉冲磁场周期为 0.7 s 时夹杂物诱发的 IGF 形貌

如图 6-93 所示，当脉冲磁场周期为 1.0 s 时，夹杂物所诱发的 IGF 很多，IGF 为条状，尺寸在 7 μm 左右；诱发 IGF 的夹杂物主要为 MnS，尺寸为 1 μm 左右。

如图 6-94 所示，当脉冲磁场周期为 1.5 s 时，夹杂物所诱发的 IGF 减少，IGF 为块状和条状，尺寸在 20 μm 左右；诱发 IGF 的夹杂物主要为 Mn-Ti-V-N-S 的复合夹杂，尺寸在 2 μm 以内。

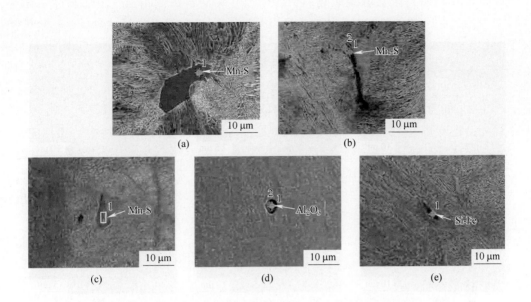

图 6-93 脉冲磁场周期为 1.0 s 时夹杂物诱发的 IGF 形貌

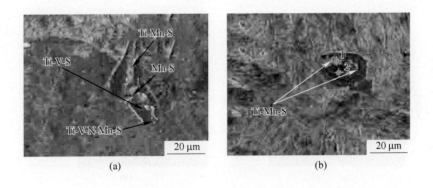

图 6-94 脉冲磁场周期为 1.5 s 时夹杂物诱发的 IGF 形貌

如图 6-95 所示，当脉冲磁场周期为 2.0 s 时，夹杂物所诱发的 IGF 较少，IGF 为块状，尺寸在 10 μm 左右；诱发 IGF 的夹杂物主要为 Mn-Ti-V-N-S 的复合夹杂和少量 MnS，尺寸为 2 μm 左右。

如图 6-96 和图 6-97 所示，当脉冲磁场周期为 2.5 s、3.0 s 时，夹杂物所诱发的 IGF 很少，IGF 为块状，尺寸在 10 μm 左右；诱发 IGF 的夹杂物主要为 Mn-Ti-V-N-S 的复合夹杂和 Mn-S-C-Ti 夹杂，尺寸为 2 μm 左右。

综上所述，脉冲磁场周期 1 s 时，IGF 数量最多；随着 PMF 周期变大，析出 IGF 的数量减少；PMF 周期对夹杂物的种类影响不大，主要是 Mn-S-N-C-V-Ti 和 MnS，夹杂物尺寸在 2 μm 以内。

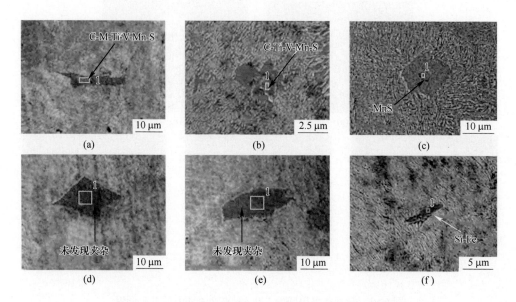

图 6-95　脉冲磁场周期为 2.0 s 时夹杂物诱发的 IGF 形貌

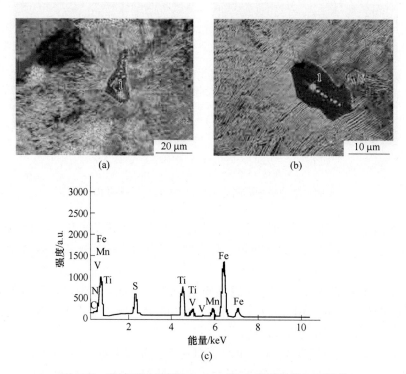

图 6-96　脉冲磁场周期为 2.5 s 时夹杂物诱发的 IGF 形貌

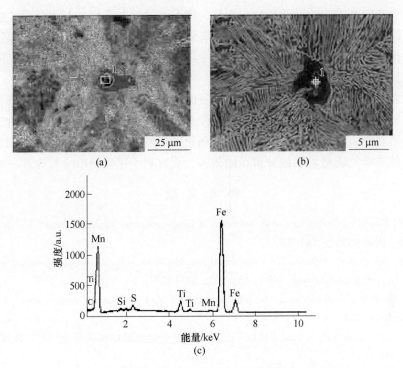

图 6-97　脉冲磁场周期为 3.0 s 时夹杂物诱发的 IGF 形貌

6.6　小结

　　钢液中的夹杂物粒子，长期以来一直把其作为一种有害相加以去除，现在研究者已经认识到，钢中夹杂物是钢的天然组分，研究夹杂物的去除只是其中一个方面，更重要的是研究其对钢性能的影响，研究其生成机理和控制方略[37]。氧化物冶金技术就是这一思想的成功运用，能够在提升钢性能的同时降低生产成本，对非调质钢、管线钢、焊接用钢特别是大线能量焊接用钢的质量提升有着重要意义。氧化物冶金技术能够充分利用钢中原位析出夹杂物优化钢的组织，将钢液中难以去除的微米级夹杂物加以利用。这与夹杂物的性质有关，同样也和夹杂物在凝固组织中的位置有密切关系。研究脉冲磁场作用下夹杂物在钢液凝固前沿的迁移行为，将使我们深刻理解夹杂物在钢中细小弥散分布的机理并找到有效控制途径，解决夹杂物在晶界偏聚使晶界铁素体优先析出弱化钢性能的问题，解决最新的氧化物冶金技术中的迫切问题，为氧化物冶金的发展提供重要基础理论支撑。

　　通过对液态石蜡在水中和水油界面处的行为研究发现，液态石蜡在水中的碰撞存在碰撞熔合和碰撞分离两种行为，在水油界面处存在穿过界面和在界面停留两种行为。$Re<1$ 时，润湿性能对粒子上浮匀速速度有显著影响，粒子与水非润湿条件下，阻力系数降低，$C_D = 22.9 Re^{-0.9}$。$Re>1$ 时，润湿性能对粒子上浮匀速速度无明显影响，非润湿性夹杂物较润湿性夹杂物在中间包内有更高的去除率。

　　在凝固过程中钢液流动速率越快，夹杂物越容易随着液面流动在凝固末端聚集，随着钢液流动速率越快，凝固末端位置夹杂物聚集现象越明显。凝固过程中夹杂物在靠近凝固前沿时均出现负加速过程，减缓液相流动，夹杂物移动速率明显减小，夹杂物更容易进入凝固前沿。夹杂物在固液前沿的迁移行为分为吸引、排斥和无影响三种情况，减缓液相流动速率，可以增加夹杂物被凝固前沿吸引的有效距离。脉冲磁场作用抑制了温度场和流场对夹杂物的作用力，降低了夹杂物在液相区的迁移速率，使夹杂物在整个液-固相变过程中分布更加均匀。

夹杂物靠近凝固前沿过程中，夹杂物与凝固前沿之间的通道变窄，造成夹杂物靠近凝固前沿一侧压强降低，夹杂物两侧的压强差使其受到一个指向固液界面的压力，驱使夹杂物被凝固前沿吞没。脉冲磁场的施加使这一现象更加明显，大大增加了夹杂物被凝固前沿的吞没率，使夹杂物能更均匀地分布在固相区，更有利于氧化物冶金行为。

参 考 文 献

［1］ Ashgriz N, Poo J Y. Coalescence and separation in binary collisions of liquid-drops ［J］. Journal of Fluid Mechanics, 1990（221）：183-204.

［2］ Strandh J, Nakajima K, Eriksson R. A mathematical model to study liquid inclusion behavior at the steel-slag interface ［J］. ISIJ International, 2005, 45（12）：1838-1847.

［3］ Zhang L. Prediction model for steel/slag interfacial instability in continuous casting process ［J］. Ironmaking and steelmaking, 2015, 42（9）：704-711.

［4］ 李东辉, 李宝宽, 赫冀成. 中间包底吹气过程去除夹杂物效果的模拟研究 ［J］. 金属学报, 2000, 36（4）：411-416.

［5］ 陈浩, 秦训鹏, 汪舟, 等. 三维点式感应淬火电磁热耦合场数值模拟 ［J］. 中国表面工程, 2013, 26（1）：79-85.

［6］ Joo S, Han J W, Guthrie R I L. Inclusion behavior and heat-transfer phenomena in steelmaking tundish operations：Part Ⅱ. Mathematical model for liquid steel in tundishes ［J］. Metallurgical and Materials Transactions B, 1993, 24（5）：767-777.

［7］ 何小芳. 双通道式电磁感应加热中间包脉冲磁场、流场和温度场的数值模拟研究 ［D］. 沈阳：东北大学, 2017.

［8］ 张学伟, 杨才福, 柴锋, 等. 热力学分析 MnS 夹杂物析出与控制 ［J］. 钢铁, 2019, 54（12）：27-34.

［9］ 刘辉. 含硫钢凝固过程硫化锰析出及生长行为研究 ［D］. 上海：上海大学, 2019.

［10］ 苏香林, 孙长波, 许庆彦, 等. 低 Re 镍基单晶高温合金平衡相析出行为的热力学模拟计算 ［J］. 稀有金属材料与工程, 2017, 46（12）：3699-3714.

［11］ 黄希钴. 钢铁冶金原理 ［M］. 4 版. 北京：冶金工业出版社, 2013.

［12］ 毛协民, 傅恒志, A. Frenk, 等. Co-Cr-C 合金激光重熔时 γ-Co 与 $Cr_{7-x}Co_xC_3$ 的共晶共生生长研究 ［J］. 材料科学进展, 1992（4）：295-300.

［13］ 张学伟, 张立峰, 杨文, 等. 重轨钢中 MnS 析出热力学和动力学分析 ［J］. 钢铁, 2016, 51（9）：30-39.

［14］ Turnbull D, Vonnegut B. Nucleation catalysis ［J］. Industrial and Engineering Chemistry, 1952, 44（6）：1292-1298.

［15］ 黄笛. MnS 在 SiO_2-Al_2O_3 复合氧化物上析出机理研究 ［D］. 上海：上海大学, 2019.

［16］ Bramfitt B L. The effect of carbide and nitride additions on the heterogeneous nucleation behavior of liquid iron ［J］. Metallurgical Transactions, 1970, 1（7）：1987-1995.

［17］ 雍岐龙. 钢铁材料中的第二相 ［M］. 北京：冶金工业出版社, 2006.

［18］ 刘天宇. Al 在 Al_2O_3、$MgAl_2O_4$ 基底上的异质形核行为研究 ［D］. 上海：上海大学, 2017.

［19］ Hu X, Lin X, He Q, et al. Thermal expansion of andalusite and sillimanite at ambient pressure：a powder

X-ray diffraction study up to 1000 ℃ [J]. Mineralogical Magazine, 2011, 75 (2): 363-374.

[20] 聂强强. Ti-Nb 稳定 Fe-17Cr 铁素体不锈钢中 TiN 析出行为及耐蚀性能研究 [D]. 合肥: 合肥工业大学, 2018.

[21] 刘政, 谌庆春, 郭颂, 等. A356-RE 合金中稀土铝化合物/初生 α 相界面二维错配度的计算及验证 [J]. 稀有金属材料与工程, 2015, 44 (4): 859-865.

[22] 刘威, 杨树峰, 李京社. 钢-渣界面非金属夹杂物运动行为研究进展 [J]. 工程科学学报, 2021, 43 (12): 1647-1655.

[23] 叶荣茂, 蒋烈光, 蒋祖龄, 等. 液态金属停止流动机理的探讨 [J]. 金属科学与工艺, 1983, 2 (4): 41-50.

[24] 张湛, 周尧和. 液态金属停止流动机理的实验研究 [J]. 西北工业大学学报, 1965 (1): 31-41.

[25] 任明星. 微米尺度构件金属型铸造成形规律研究 [D]. 哈尔滨: 哈尔滨工业大学, 2008.

[26] 王耀. 基于分形理论模拟钢中夹杂物上浮及碰撞凝聚规律的研究 [D]. 北京: 北京科技大学, 2016.

[27] 钟云波. 电磁力场作用下液态金属中非金属颗粒迁移规律及其应用研究 [D]. 上海: 上海大学, 2000.

[28] 王耀, 李宏, 郭洛方. 钢液中球状夹杂物颗粒受力情况的数值模拟 [J]. 北京科技大学学报, 2013, 35 (11): 1437-1442.

[29] 石大鹏, 李秋书, 赵彦民, 等. 电磁搅拌工艺对 AZ31 变形镁合金铸态组织的影响 [J]. 铸造设备与工艺, 2010, 1: 27-28.

[30] Youssef Y M, Dashwood R J, Lee P D. Effect of clustering on particle pushing and solidification behavior in TiB_2 reinforced aluminium PMMCs [J]. Composites: Part A, 2005 (36): 747-763.

[31] 钟云波, 任忠鸣, 孙秋霞, 等. 电磁场中金属凝固界面前沿颗粒的推斥/吞没行为 [J]. 金属学报, 2003, 39 (12): 1269-1275.

[32] 黄福祥, 张炳明, 王新华. 夹杂物在钢液凝固前沿行为的原位观察 [J]. 钢铁研究学报, 2008, 20 (5): 14-19.

[33] 兰鹏, 孙海波, 李阳, 等. 430 不锈钢凝固显微组织模拟的 3D CAFE 模型 [J]. 北京科技大学学报, 2014, 36 (3): 315-322.

[34] 涂序荣, 周全, 陈乐平. 低压脉冲磁场对纯 Al 凝固组织和缩孔的影响 [J]. 热加工工艺, 2010, 39 (3): 43-48.

[35] 李桂荣, 王宏明, 袁雪婷, 等. 脉冲磁场处理颗粒增强铝基复合材料的组织演变 [J]. 材料研究学报, 2013, 27 (4): 397-403.

[36] Li Q S, Li H B, Zhai Q J. Structure evolution and solidification behavior of austenitic stainless steel in pulsed magnetic field [J]. Journal of Iron and Steel Research International, 2006, 13 (5): 69-72.

[37] 张立峰. 钢中非金属夹杂物 [M]. 北京: 冶金工业出版社, 2019.

7 晶内铁素体优先析出的研究

<<<<<<<<<<<<<<<<<<<<<<<<<<<<<<<<<<<<<<<<<<<<<<<<<<<<<<<<<<<<<<<<

  利用钢中夹杂物和析出物诱导形成晶内铁素体的机理，国内外学者结合不同类型的夹杂物已经进行了较多的研究，但关于晶内针状铁素体的形核机理仍存在分歧，尚未形成统一的认识。对各种诱发形式进行总结得出主要形核机理包括低界面能机理、溶质贫乏区机理、应力应变能机理和惰性界面能机理。很多研究者认为晶内铁素体的形核不是单一机理起作用，在实际的脱氧过程中，往往是多种元素复合脱氧，形成复杂的复合脱氧产物，这些脱氧产物的结构和组成更复杂，其诱发晶内铁素体的机理可能是上述多种机理共同作用的结果。在诱导晶内铁素体形核长大的同时，晶界铁素体的产生会降低 CGHAZ 的韧性，晶内铁素体和晶界铁素体是竞争析出的关系，因此，需减少晶界铁素体的形成，促进晶内铁素体的转变。钢中微合金体系组成与微合金含量，热影响区奥氏体性状与轧制组织遗传性、冷却方式和冷却速率、夹杂物与晶界面积比以及晶体学因素都会影响铁素体的优先析出。可以看出，晶内铁素体优先析出需要在微合金体系设计、冶炼、凝固、热加工的全流程匹配协同，使诱导析出因素能够叠加放大，拓宽氧化物冶金实现窗口和途径。本章将以 DH36 钢为试验钢种，研究晶内铁素体优先竞争析出的热力学、动力学条件，分析晶内针状铁素体的晶体学特征，通过合理添加可控的夹杂物至钢液中形成复合夹杂物，解析夹杂物诱发晶内铁素体的形核机理。

7.1 低界面能诱发晶内铁素体形核机理研究

  在相变过程中，新生成相的界面能是相变阻力的重要来源。根据最小错配度理论，夹杂物与晶内铁素体之间的错配度越小，二者间的共格关系越好，则在凝固形核过程中晶内铁素体形核的能垒越低，有利于诱发晶内铁素体析出。Bramfitt[1] 所提出的基底相与形核相之间的二维错配度可由式（7-1）计算，选取的三组晶向之间的夹角不能为钝角。当 $\delta <$ 6% 时形核效果最好，$\delta = 6\% \sim 12\%$ 时形核中等有效，而 $\delta \geqslant 12\%$ 时形核无效。

$$\delta_{(hkl)n}^{(hkl)s} = \sum_{i=1}^{3} \frac{\left| d_{[uvw]_s^i} \cos\theta - d_{[uvw]_n^i} \right|}{d_{[uvw]_n^i}} \times 100\% \qquad (7-1)$$

式中 $(hkl)_s$——基底相的一个低指数晶面；

   $(hkl)_n$——形核相的一个低指数晶面；

   $[uvw]_s$——晶面 $(hkl)_s$ 上的一个低指数方向；

   $[uvw]_n$——晶面 $(hkl)_n$ 上的一个低指数方向；

   $d_{[uvw]_s}$——沿 $[uvw]_s$ 方向的原子间距；

   $d_{[uvw]_n}$——沿 $[uvw]_n$ 方向的原子间距；

   θ——$[uvw]_s$ 与 $[uvw]_n$ 的夹角。

7.1.1 夹杂物与 α-Fe 的晶格常数

利用经验公式[2]计算可得试验钢在凝固过程中发生 γ/α 转变的温度约为773 ℃。已知常见夹杂物在室温和1500 ℃条件下的晶格常数以及 α-Fe 在室温和912 ℃条件下的晶格常数[3]，可计算出不同夹杂物的平均热膨胀系数，进而可求得773 ℃条件下夹杂物和 α-Fe 的晶格常数。计算所用不同晶系下各物质的晶格常数以及计算结果如表7-1~表7-3所示。

表 7-1 面心立方晶系物质及晶格常数

物　质	a_0/nm （25 ℃）	a_0/nm （1500 ℃）	a_0/nm （773 ℃）
MgO	0.42112	0.43060	0.42593
MnO	0.44457	0.45517	0.44995
MnS	0.52233	0.53651	0.52952
TiC	0.43257	0.43783	0.43524
TiN	0.42419	0.43055	0.42742
TiO	0.41796	0.42624	0.42216
VC	0.41819	0.42271	0.42048
VN	0.41398	0.41907	0.41656
NbC	0.44702	0.45185	0.44947
NbN	0.43934	0.44474	0.44208

表 7-2 六方晶系物质及晶格常数

物质	a_0/nm （25 ℃）	a_0/nm （25 ℃）	a_0/nm （1500 ℃）	a_0/nm （773 ℃）
Al_2O_3	0.47589	1.29910	0.48224	0.47911
Ti_2O_3	0.50584	—	0.51251	0.50922

表 7-3 体心立方晶系物质的晶格常数

物　质	25 ℃ （a_0/nm）	912 ℃ （a_0/nm）	773 ℃ （a_0/nm）
α-Fe	0.28665	0.29040	0.28792

7.1.2 夹杂物与 α-Fe 的错配度计算模型

已知 α-Fe 为体心立方（BCC）晶系，钢中的夹杂物主要为面心立方晶系（FCC）和六方晶系（HCP），所以分别以 FCC 晶系和 HCP 晶系为基底相，以 BCC 晶系为形核相建立错配度计算模型，计算在773 ℃条件下夹杂物与铁素体之间的最小错配度。

Ti_2O_3、Al_2O_3 晶体为六方晶系，氧离子作六方紧密堆积，钛离子占据2/3八面体空隙。FCC 晶系与 BCC 晶系之间错配度计算模型如下。

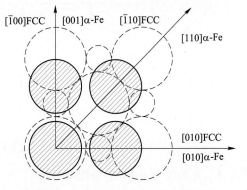

图 7-1 （001）FCC∥（100）α-Fe 错配度
计算模型

（1）（001）FCC∥（100）α-Fe。选取三组晶向的夹角均为零，如图7-1所示。

其中两组晶向的夹角为零，一组晶向夹角为 9.74°，如图 7-2 所示。

其中两组晶向的夹角为零，一组晶向夹角为 15°，如图 7-3 所示。

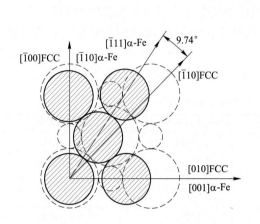

图 7-2　(001)FCC∥(110)α-Fe 错配度计算模型　　图 7-3　(001)FCC∥(111)α-Fe 错配度计算模型

（2）$(03\bar{3}4)$Ti$_2$O$_3$∥(100)α-Fe。其中两组晶向的夹角为零，一组晶向夹角为 15°，如图 7-4 所示。

（3）$(03\bar{3}4)$Ti$_2$O$_3$∥(110)α-Fe。其中两组晶向的夹角为零，一组晶向夹角为 5.26°，如图 7-5 所示。

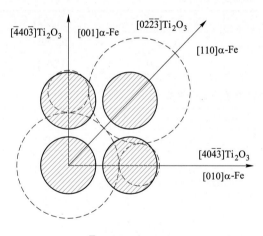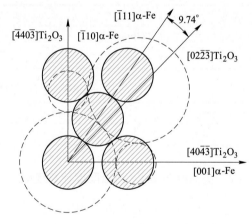

图 7-4　$(03\bar{3}4)$Ti$_2$O$_3$∥(100)α-Fe 错配度　　　图 7-5　$(03\bar{3}4)$Ti$_2$O$_3$∥(110)α-Fe 错配度
　　　　　　计算模型　　　　　　　　　　　　　　　　计算模型

三组晶向的夹角均为零，如图 7-6 所示。

7.1.3　夹杂物与 α-Fe 的错配度分析

根据 773 ℃条件下夹杂物和 α-Fe 的晶格常数以及夹杂物与 α-Fe 的错配度计算模型，结合原子间距离的几何关系，利用二维错配度定义式计算得出的各类夹杂物与 α-Fe 之间的错配度结果如表 7-4 和表 7-5 所示。

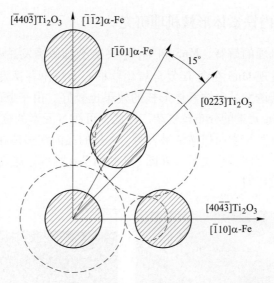

图 7-6 $(03\bar{3}4)Ti_2O_3 /\!/ (111)\alpha\text{-Fe}$ 错配度计算模型

表 7-4 773 ℃条件下立方晶系夹杂物与 α-Fe 之间的错配度

基底相	形核相	$\delta_{(100)\alpha\text{-Fe}}^{(001)FCC}$	$\delta_{(110)\alpha\text{-Fe}}^{(001)FCC}$	$\delta_{(111)\alpha\text{-Fe}}^{(001)FCC}$
MgO	α-Fe	4.60	33.00	28.12
MnO	α-Fe	10.50	36.74	27.83
MnS	α-Fe	30.05	49.13	26.85
NbC	α-Fe	10.39	36.67	27.83
NbN	α-Fe	8.57	35.51	27.92
TiC	α-Fe	6.89	34.45	28.01
TiN	α-Fe	4.97	33.23	28.10
TiO	α-Fe	3.68	32.41	28.17
VC	α-Fe	3.27	32.15	28.36
VN	α-Fe	2.30	31.54	29.03

表 7-5 773 ℃条件下六方晶系夹杂物与 α-Fe 之间的错配度

基底相	形核相	$\delta_{(100)\alpha\text{-Fe}}^{(03\bar{3}4)HCP}$	$\delta_{(110)\alpha\text{-Fe}}^{(03\bar{3}4)HCP}$	$\delta_{(111)\alpha\text{-Fe}}^{(03\bar{3}4)HCP}$
Al_2O_3	α-Fe	17.67	41.28	27.47
Ti_2O_3	α-Fe	25.06	45.97	27.10

可以看出，从低错配度角度考虑，夹杂物诱发 IGF 形核的能力由大到小依次为 VN、VC、TiO、MgO、TiN、TiC、NbN、NbC、MnO，它们与 α-Fe 之间的最小错配度都在 12%以下。而 Ti_2O_3、Al_2O_3 和 MnS 与 α-Fe 之间的最小错配度高于 12%，对晶内铁素体的形核无效。可见，最小错配度机理很好地解释了试验中发现的含 TiN 和 MgO 的复合夹杂物诱发晶内铁素体形核的现象。

7.2　贫锰区诱发晶内铁素体形核机理研究

根据最小错配度机理的解释，MnS 和 Ti$_2$O$_3$ 夹杂不具备诱发晶内铁素体形核的能力。但在试验过程当中却发现 MnS 在含 Ti 复合氧化物核心上析出并诱发晶内铁素体形核的现象也是很普遍的，且其诱发晶内铁素体形核的效果也较好。由于 MnO 易与其他氧化物结合形成复合氧化物，Mn 元素的分布较复杂，因此，可用 S 元素的分布反映 MnS 的分布情况。夹杂物的能谱分析及元素面扫描结果表明，大量的晶内铁素体在复合氧化物表面 MnS 富集处沿二维或多维的方向进行生长，如图 7-7 和图 7-8 所示，这说明 MnS 对晶内铁素体的形核也起到了积极的作用。

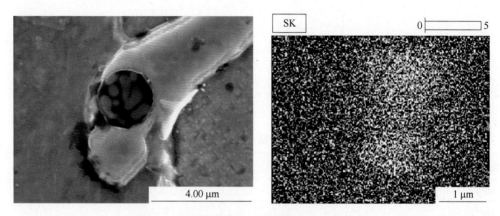

图 7-7　晶内铁素体的二维形核及 MnS 的分布

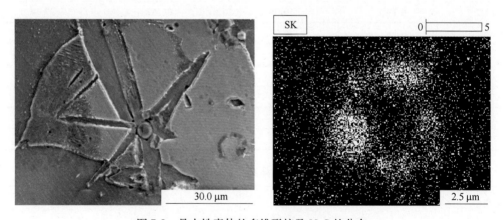

图 7-8　晶内铁素体的多维形核及 MnS 的分布

由夹杂物析出热力学分析可知，MnS 是在凝固后期析出。根据非均质形核理论，MnS 易以钢中先析出的复合氧化物为核心附着析出。MnS 的析出势必会消耗其周围基体中的 Mn。同时，Ti 的氧化物中富含大量的阳离子空位，Mn^{2+} 和 Ti^{3+} 半径相近（Mn^{2+} 半径为 0.07 nm，Ti^{3+} 半径为 0.069 nm），Ti$_2$O$_3$ 容易吸附其周围奥氏体或 MnS 中的 Mn。由于距夹杂物较远的基体中的 Mn 元素在较低的温度下来不及扩散和补充，导致复合夹杂物周围形成 Mn 的贫乏区。

钢中的溶质元素按其对 γ 相区大小的影响，可分为 γ 相区扩大元素（如 C、Mn 等）和 γ 相区缩小元素（如 P、Sn 等）。随着 γ 相区扩大元素浓度的降低，γ/α 相变温度 A_3 将提高，奥氏体的稳定性降低，有利于促进 γ/α 相变。所以，贫 Mn 区的形成有利于诱导晶内铁素体在非金属夹杂物上形核和长大，说明 MnS 和 Ti_2O_3 也具有促进诱发晶内铁素体形核的能力。进一步的元素线扫描分析发现，在表面包裹着 MnS 的复合夹杂周围存在一层约 350 nm 厚的贫 Mn 区，如图 7-9 所示。

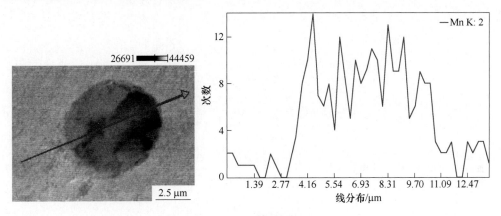

图 7-9 Mn 元素的线分布

7.3 钢中夹杂物诱发晶内铁素体的动力学研究

IGF 是奥氏体组织相变过程中的产物。凝固过程中奥氏体内部有许多浓度起伏、能量起伏和结构起伏的微小区域。铁素体晶胚在这些起伏的作用下形成，当铁素体晶胚的尺寸长大到超过临界值时，可持续长大成为新相。利用 KRC 模型和超组元算法，根据相变热力学计算和分析试验钢成分范围内 IGF 的相变驱动力[4,5]。

7.3.1 晶内铁素体相变驱动力计算

钢液凝固过程中，IGF 在一定的温度下从奥氏体内析出，即发生 γ→AF + γ¹ 转变，其中，γ 为母相奥氏体；γ¹ 为未转变的奥氏体。根据 KRC 模型，二元系 Fe-C 合金中 IGF 的相变驱动力 $\Delta G^{\gamma} \to AF + \gamma^1$ 可表示为[6,7]：

$$\Delta G^{\gamma \to AF + \gamma^1} = (G^{AF} + G^{\gamma^1}) - G^{\gamma} \qquad (7\text{-}2)$$

式中 G^{AF}，G^{γ^1}，G^{γ}——AF、γ¹ 和 γ 的摩尔原子自由能。

将自由能用各相成分和化学势表示，则式（7-2）表示为：

$$\Delta G^{\gamma \to AF + \gamma^1} = (x_C^{AF} \mu_C^{AF} + x_{Fe}^{AF} \mu_{Fe}^{AF} + x_C^{\gamma^1} \mu_C^{\gamma^1} + x_{Fe}^{\gamma^1} \mu_{Fe}^{\gamma^1}) - (x_C^{\gamma} \mu_C^{\gamma} + x_{Fe}^{\gamma} \mu_{Fe}^{\gamma}) \qquad (7\text{-}3)$$

式中 x_{Fe}^{AF}，$x_{Fe}^{\gamma^1}$，x_{Fe}^{γ}——铁在 AF/（AF + γ）、γ/（AF + γ）相界处和 γ 中的含量；

μ_{Fe}^{AF}，$\mu_{Fe}^{\gamma^1}$，μ_{Fe}^{γ}——铁在 AF/（AF + γ）、γ/（AF + γ）相界处和 γ 中的化学势；

x_C^{AF}，$x_C^{\gamma^1}$，x_C^{γ}——碳在 AF/（AF + γ）、γ/（AF + γ）相界处和 γ 中的含量；

μ_C^{AF}，$\mu_C^{\gamma^1}$，μ_C^{γ}——碳在 AF/（AF + γ）、γ/（AF + γ）相界处和 γ 中的含量。

在 γ → AF + γ¹ 反应的两相区内，相平衡条件为：

$$\begin{cases} \mu_{\mathrm{C}}^{\mathrm{AF}} = \mu_{\mathrm{C}}^{\gamma^1} \\ \mu_{\mathrm{Fe}}^{\mathrm{AF}} = \mu_{\mathrm{Fe}}^{\gamma^1} \end{cases} \tag{7-4}$$

根据杠杆定律, 以纯 γ-Fe 和石墨作为标准态, 利用活度定义可得出驱动力为:

$$\Delta G^{\gamma \to \mathrm{AF} + \gamma^1} = RT \left[x_{\mathrm{C}}^{\gamma} \ln \frac{a_{\mathrm{C}}^{\gamma^1}}{a_{\mathrm{C}}^{\gamma}} + \left(1 - x_{\mathrm{C}}^{\gamma} \right) \ln \frac{a_{\mathrm{Fe}}^{\gamma^1}}{a_{\mathrm{Fe}}^{\gamma}} \right] \tag{7-5}$$

其中:

$$\ln a_{\mathrm{C}}^{\gamma} = \ln \frac{x_{\mathrm{C}}^{\gamma}}{1 - Z^{\gamma} x_{\mathrm{C}}^{\gamma}} + \frac{\Delta \overline{H_{\gamma}} - \Delta \overline{S_{\gamma}^{xS}} T}{RT} \tag{7-6}$$

$$\ln a_{\mathrm{Fe}}^{\gamma} = \frac{1}{Z^{\gamma} - 1} \ln \frac{1 - Z^{\gamma} x^{\gamma}}{1 - x_{\mathrm{C}}^{\gamma}} \tag{7-7}$$

$$\ln a_{\mathrm{C}}^{\gamma^1} = \ln \frac{1 - \exp(\theta)}{(Z^{\gamma} - 1) \exp(\theta)} + \frac{\Delta \overline{H_{\gamma}} - \Delta \overline{S_{\gamma}^{xS}} T}{RT} \tag{7-8}$$

$$\ln a_{\mathrm{Fe}}^{\gamma^1} = \frac{1}{Z^{\gamma} - 1} \theta \tag{7-9}$$

$$\ln a_{\mathrm{C}}^{\mathrm{AF}} = \ln \frac{x_{\mathrm{C}}^{\mathrm{AF}}}{3 - Z_{\mathrm{C}}^{\mathrm{AF}} x_{\mathrm{C}}^{\mathrm{AF}}} + \frac{\Delta \overline{H_{\mathrm{AF}}} - \Delta \overline{S_{\mathrm{AF}}^{xS}} T}{RT} \tag{7-10}$$

$$\ln a_{\mathrm{Fe}}^{\mathrm{AF}} = \frac{3}{Z^{\mathrm{AF}} - 3} \ln \frac{3 - Z^{\mathrm{AF}} x_{\mathrm{C}}^{\mathrm{AF}}}{3(1 - x_{\mathrm{C}}^{\mathrm{AF}})} \tag{7-11}$$

碳在 α/γ 晶界两侧的浓度分别为:

$$x_{\mathrm{C}}^{\gamma^1} = \frac{1 - \exp(\theta)}{Z^{\gamma} - \exp(\theta)} \tag{7-12}$$

$$x_{\mathrm{C}}^{\mathrm{AF}} = \frac{3\tau}{1 + Z^{\mathrm{AF}} \tau} \tag{7-13}$$

$$\tau = \frac{1 - \exp(\theta)}{\exp(\theta)(Z^{\gamma} - 1)} \exp \left[\frac{(\Delta \overline{H_{\gamma}} - \Delta \overline{H_{\mathrm{AF}}})(\Delta \overline{S_{\gamma}^{xS}} - \Delta \overline{S_{\mathrm{AF}}^{xS}}) T}{RT} \right] \tag{7-14}$$

$$Z^{\mathrm{AF}} = 12 - 8 \exp \left(- \frac{W_{\mathrm{AF}}}{RT} \right) \tag{7-15}$$

$$\theta = \frac{(Z^{\mathrm{r}} - 1) \Delta G_{\mathrm{Fe}}^{\gamma \to \alpha}}{RT} \tag{7-16}$$

式中, x_{C}^{γ} 为碳在 γ 中的含量; $a_{\mathrm{C}}^{\gamma^1}$ 和 $a_{\mathrm{Fe}}^{\gamma^1}$ 为碳和铁在相界面 $\frac{\gamma}{\gamma + \mathrm{AF}}$ 处的活度; a_{C}^{γ} 和 a_{Fe}^{γ} 为碳和铁在 γ 中的活度; R 为摩尔气体常数; T 为转变温度; $\Delta \overline{H_{\gamma}}$、$\Delta \overline{S_{\gamma}^{xS}}$、$\Delta \overline{H_{\mathrm{AF}}}$、$\Delta \overline{S_{\mathrm{AF}}^{xS}}$ 分别为碳在 γ

和 AF 中的偏摩尔焓和偏摩尔非配置熵，其中 $\Delta\overline{H_\gamma}$ = 38573 J/mol，$\Delta\overline{S_\gamma^{xS}}$ = 13.48 J/(mol·K)，$\Delta\overline{H_{AF}}$ = 112206 J/mol，$\Delta\overline{S_{AF}^{xS}}$ = 51.46 J/(mol·K)；W_{AF} 为 AF 中相邻两个碳原子之间的作用能，W_{AF} = -8373 J/mol；$\Delta G_{Fe}^{\gamma\to\alpha}$ 为纯铁中的 $\gamma\to\alpha$ 的转变自由能变化。本书采用如下公式进行计算：

$$\Delta G_{Fe}^{\gamma\to\alpha} = 20853.06 - 466.35T - 0.46304T^2 + 71.147T\ln T \tag{7-17}$$

将式（7-6）~式（7-16）代入式（7-5），铁素体的相变驱动力 $\Delta G^{\gamma\to AF+\gamma^1}$ 可表示为：

$$\Delta G^{\gamma\to AF-\gamma^1} = RT\left[x^\gamma\ln\frac{1-\exp(\theta)(1-Z^r x^\gamma)}{(Z^r-1)(x^\gamma\exp(\theta))} + \frac{1-x^\gamma}{Z^r-1}\ln\frac{1-x^\gamma\exp(\theta)}{1-Z^r x^\gamma}\right] \tag{7-18}$$

由于钢中含有很多微合金，因此，需用多元系合金即 Fe-$\sum X_i$-C（X_i=Si，Mn，Cr，Ni，Mo，Ti）的热力学模型代替二元系合金即 Fe-C 的热力学模型。本书采用超组元算法计算试验钢的相变热力学，即将 Fe-$\sum X_i$ 视为超组元 S，纯铁的自由能变化 $\Delta G_{Fe}^{\gamma\to\alpha}$ 就用 $\Delta G_S^{\gamma\to\alpha}$ 来替代。则 IGF 的相变驱动力变为：

$$\Delta G_S^{\gamma\to AF+\gamma^1} = RT\left[x_C^\gamma\ln\frac{a_C^{\gamma^1}}{a_C^\gamma} + (1-x_C^\gamma)\ln\frac{a_S^{\gamma^1}}{a_S^\gamma}\right] \tag{7-19}$$

其中：

$$\theta = \frac{(Z^\gamma-1)\Delta G_S^{\gamma\to\alpha}}{RT} \tag{7-20}$$

由于钢中夹杂物可诱发大量位错，引起周围奥氏体结构发生形变和原奥氏体内部能量改变，并最终影响平衡相成分和相变驱动力。对于夹杂物诱发 IGF 形核的驱动力计算，可以将夹杂物引起奥氏体能量的变化等效为形变引起的化学势变化。则两相区内的相平衡条件为[8]：

$$\begin{cases}\mu_C^{AF} = \mu_C^{\gamma^1} + \Delta\mu_d \\ \mu_{Fe}^{AF} = \mu_{Fe}^{\gamma^1} + \Delta\mu_d\end{cases} \tag{7-21}$$

其中：

$$\Delta\mu_d = \mu\rho b^2 V_r/2 \tag{7-22}$$

式中　μ——奥氏体的切变模量；

　　　b——奥氏体的柏氏矢量；

　　　ρ——位错密度，与夹杂物性状和引起奥氏体的形变量有关；

　　　V_r——奥氏体相的摩尔体积。

则夹杂物诱发 IGF 的相变驱动力可表示为

$$\Delta G_d^{\gamma\to AF+\gamma^1} = \Delta G_S^{\gamma\to AF+\gamma^1} + \Delta\mu_d \tag{7-23}$$

7.3.2　铁素体相变驱动力的计算与讨论

在试验钢成分范围内计算 γ/AF 晶界两侧碳的浓度分布以及铁素体相变驱动力，结果如图 7-10 所示。

图 7-10 分别是 AF 相变中碳在 γ/AF 相界两侧浓度随温度的变化。随着温度降低，相界面靠近 γ 的碳含量增大，即 x^{γ^1} 增加。而相界面靠近 AF 的碳含量降低，即 x^{AF} 减小。这说明 AF 相变过程中，界面两侧碳含量的变化是碳原子由 AF 向 γ 内部扩散的结果。

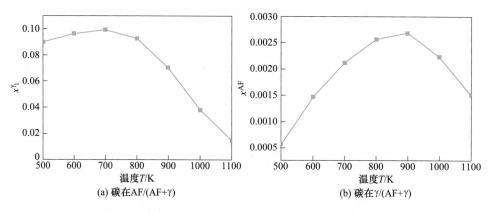

图 7-10　碳在 AF/(AF+γ) 和 γ/(AF+γ) 含量随温度的变化

如图 7-11 所示，$\Delta G^{\gamma\to AF+\gamma^1}$ 均为负值，说明 AF 相变降低了体系的自由能。$\Delta G^{\gamma\to AF+\gamma^1}$ 随温度下降而增加（$\Delta G^{\gamma\to AF+\gamma^1}$ 的绝对值），即温度降低有利于 AF 转变。且随着碳浓度（x^{γ^1} = 0.35%、0.47%和0.55%）增加，$\Delta G^{\gamma\to AF+\gamma^1}$ 增大。这是由于 AF 相变是通过碳原子扩散和铁原子重构实现的。碳原子需要吸收一定的能量来驱动扩散。温度升高为碳原子提供能量，使其更容易进行扩散。同时，铁原子在较高温度下，迁移能力增强，有利于铁素体相变时铁原子进行重新排列。所以，$\Delta G^{\gamma\to AF+\gamma^1}$ 随着温度升高而减小。

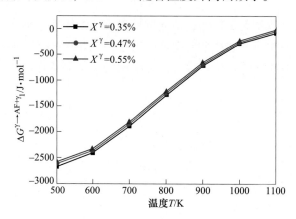

图 7-11　AF 相变驱动力曲线

7.3.3　夹杂物形态对诱发晶内铁素体形核的动力学计算

铁素体相变热力学只是研究 IGF 相变的可能性，而研究这种可能性实现的条件，即 IGF 相变所需要满足的外部条件（如促进 IGF 形核的夹杂物尺寸、类型等），即 IGF 相变的动力学研究也是非常必要的。本节从研究能够促进 IGF 形核的夹杂物特性入手来研究 IGF 相变的动力学。王巍等[9]人通过假设基底相和析出相均为球形时建立了夹杂物促进 IGF 的形核模型，对没有棱角的夹杂物促进 IGF 形核的动力学条件进行了解析。但实验过程却发现一类带棱角的夹杂物也能有效地促进 IGF 形核，如图 7-12 所示。

假设基底相（夹杂物）为正三棱锥，析出相（IGF）为球形建立夹杂物诱发（IGF）

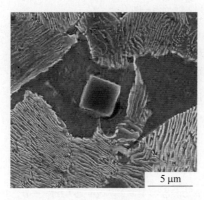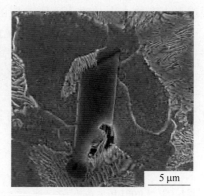

图 7-12　夹杂物上异质形核的 IGF

的形核模型。设正三棱锥的顶角为 α，且 $0 \leqslant \alpha \leqslant 120°$；析出相与基底相的润湿角为 θ，且 $0 \leqslant \theta \leqslant 180°$；析出相半径与正三棱锥顶角到底面垂线的延长线的夹角为 φ，且 $0 \leqslant \varphi \leqslant 90°$，示意图如图 7-13 所示。

根据图 7-13 的几何关系可得出 IGF 在夹杂物上形核的临界体积为：

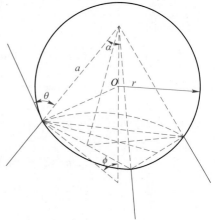

$$V = \frac{\pi}{3} r^3 [2 - 3\cos(\theta + \phi) + \cos^3(\theta + \phi)] - \frac{\sqrt{3}}{4} a^3 \cos^2\phi \sin\phi \qquad (7\text{-}24)$$

式中　r——在夹杂物上形核的 IGF 半径；

　　　a——嵌入 IGF 内的夹杂物棱长；

　　　θ——IGF 与夹杂物之间的润湿角；

　　　ϕ——角度变量。

图 7-13　正三棱锥的形核模型

IGF 在夹杂物上异质形核后，表面自由能变化为 ΔG_S：

$$\Delta G_S = \sum A_i \sigma_i = A_{\alpha\gamma} \sigma_{\alpha\gamma} + A_{I\alpha} \sigma_{I\alpha} - A_{I\gamma} \sigma_{I\gamma} \qquad (7\text{-}25)$$

式中　A_i——接触表面积；

　　　σ_i——单位面积的界面能；

　　　$\alpha\gamma$——铁素体/奥氏体；

　　　$I\alpha$——夹杂物/铁素体；

　　　$I\gamma$——夹杂物/奥氏体。

其中：

$$A_{I\alpha} = A_{I\gamma} = \frac{3\sqrt{3}}{2} a^2 \cos\phi \sqrt{1 - \frac{3}{4} \cos^2\phi} \qquad (7\text{-}26)$$

$$A_{\alpha\gamma} = 2\pi r^2 [1 - \cos(\theta + \phi)] \qquad (7\text{-}27)$$

$$\Delta G_S = 2\pi r^2 [1 - \cos(\theta + \phi)] \sigma_{\alpha\gamma} + \frac{3\sqrt{3}}{2} a^2 \cos\phi \sqrt{1 - \frac{3}{4} \cos^2\phi} (\sigma_{I\alpha} - \sigma_{I\gamma}) \qquad (7\text{-}28)$$

在三棱锥形夹杂物上形核时 IGF 需克服的异质形核功 ΔG_I 为：

$$\Delta G_I = - V\Delta G_V + \Delta G_S \tag{7-29}$$

式中　V——在夹杂物上形核的 IGF 的临界体积；

ΔG_V——异质形核时 IGF 的体积自由能变化；

ΔG_S——异质形核时 IGF 的表面自由能变化。

由式（7-25）~式(7-29) 可得式（7-30）：

$$\Delta G_I = - \Delta G_V\left[\frac{\pi}{3}r^3\left[2 - 3\cos(\theta + \phi) + \cos^3(\theta + \phi)\right] - \frac{\sqrt{3}}{4}a^3\cos^2\phi\sin\phi\right] +$$

$$2\pi r^2\left[1 - \cos(\theta + \phi)\right]\sigma_{\alpha\gamma} + \frac{3\sqrt{3}}{2}a^2\cos\phi\sqrt{1 - \frac{3}{4}\cos^2\phi}(\sigma_{I\alpha} - \sigma_{I\gamma}) \tag{7-30}$$

根据图 7-13 中的几何关系：

$$r\sin(\theta + \phi) = a\cos\phi \tag{7-31}$$

$$\frac{\sqrt{3}}{2}\cos\phi = \sin\frac{\alpha}{2} \tag{7-32}$$

进一步得：

$$\tan\phi = \frac{a}{r\cos\theta} - \tan\theta \tag{7-33}$$

对式（7-30）进行 Lagrange 乘子法处理，令 $\beta = \theta + \phi$，可得：

$$f(r,a,\beta,\lambda) = - \Delta G_V\left[\frac{\pi}{3}r^3(2 - 3\cos\beta + \cos^3\beta) - \frac{\sqrt{3}}{4}a^3\cos^2\phi\sin\phi\right] +$$

$$2\pi r^2(1 - \cos\beta)\sigma_{\alpha\gamma} + \frac{3\sqrt{3}}{2}a^2\cos\phi\sqrt{1 - \frac{3}{4}\cos^2\phi} \times$$

$$(\sigma_{I\alpha} - \sigma_{I\gamma}) + \lambda(r\sin\beta - a\cos\phi) \tag{7-34}$$

设：

$$\frac{\partial f}{\partial r} = 0, \frac{\partial f}{\partial \beta} = 0, \frac{\partial f}{\partial a} = 0$$

得到：

$$\frac{\partial f}{\partial r} = - \pi r^2\Delta G_V(2 - 3\cos\beta + \cos^3\beta) + 4\pi r(1 - \cos\beta)\sigma_{\alpha\gamma} + \lambda\sin\beta = 0 \tag{7-35}$$

$$\frac{\partial f}{\partial \beta} = - \pi r^2\Delta G_V\sin^3\beta + 2\pi r\sin\beta\sigma_{\alpha\gamma} + \lambda\cos\beta = 0 \tag{7-36}$$

$$\frac{\partial f}{\partial a} = \frac{3\sqrt{3}}{8}a^2\Delta G_V\sin2\phi + 3\sqrt{3}a\sqrt{1 - \frac{3}{4}\cos^2\phi}(\sigma_{I\alpha} - \sigma_{I\gamma}) - \lambda = 0 \tag{7-37}$$

由式（7-35）~ 式（7-37）可得：

$$r = \frac{2\sigma_{\alpha\gamma}}{\Delta G_V} \tag{7-38}$$

$$\lambda = - \pi r\sigma_{\alpha\gamma}\sin2\beta \tag{7-39}$$

$$\frac{\sigma_{I\alpha} - \sigma_{I\gamma}}{\sigma_{\alpha\gamma}} = \frac{\sqrt{6}}{6}\sin\beta + \frac{2}{9}\pi\cos\beta \tag{7-40}$$

IGF 的均质形核功为：

$$\Delta G_{\mathrm{H}} = \frac{16\pi\sigma_{\alpha\gamma}^3}{(\sqrt{3}\Delta G_{\mathrm{V}}^{\alpha\gamma})^2} \tag{7-41}$$

式中 $\sigma_{\alpha\gamma}$——均质形核的 α/γ 界面自由能；

$\Delta G_{\mathrm{V}}^{\alpha\gamma}$——均质形核时体积自由能变化。

定义形核比例因子为 ΔG_{I} 和 ΔG_{H} 的比值，即：

$$P = \Delta G_{\mathrm{I}}/\Delta G_{\mathrm{H}} \tag{7-42}$$

联立式（7-30）、式（7-41）和式（7-42）得形核比例因子 P 为：

$$P\left(\frac{a}{r},\theta,\phi\right) = \left[\left[2 - 3\cos(\theta + \phi) + \cos^3(\theta + \phi)\right] - \frac{3\sqrt{3}}{4\pi}\left(\frac{a}{r}\right)^3\cos^2\phi\sin\phi\right]\Big/4 \tag{7-43}$$

式中 $\dfrac{a}{r}$ ——基底相和形核相的半径比；

θ——IGF 与夹杂物之间的润湿角；

ϕ——角度变量。

根据式（7-43）计算不同润湿角下，形核比例因子 P 与半径比（a/r）的关系，结果如图 7-14 所示。

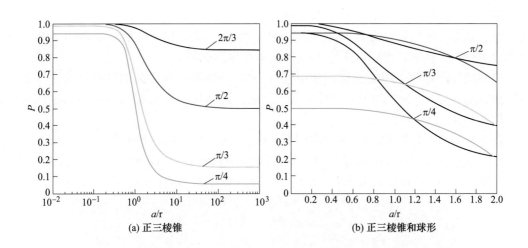

图 7-14 基底相为正三棱锥、正三棱锥和球形时，不同润湿角下 P 与 a/r 的关系

如图 7-14（a）所示，夹杂物嵌入铁素体内棱长越大，P 越小，形核比例因子随着润湿角降低而降低，说明润湿角降低有利于铁素体的异质形核。

如图 7-14（b）所示，当夹杂物与铁素体之间的润湿角一定时，正三棱锥模型的形核因子低于球形模型。

取铁素体内夹杂物的棱长 $a = r$，正三棱锥的顶角 $\alpha = 90°$、$\alpha = 60°$、$\alpha = 33.6°$、$\alpha = 25°$、$\alpha = 16.6°$，分别计算形核因子 P，研究 P 与 α 的关系，如图 7-15 所示。

如图 7-15 所示，当正三棱锥顶角 $\alpha = 34°$ 时，形核因子 P 最小，为 0.55，此时容易诱

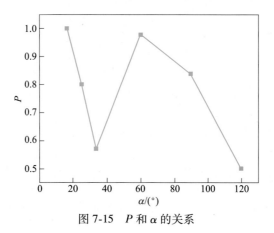

图 7-15　P 和 α 的关系

发铁素体异质形核；当 $\alpha = 120°$ 时，$P = 0.5$，$\Delta G_{\mathrm{I}} = \dfrac{1}{2} \Delta G_{\mathrm{H}}$，此时也比较容易诱发铁素体异质形核。

7.4　钢中夹杂物诱发晶内铁素体的微观机理研究

7.4.1　夹杂物诱发晶内铁素体的微结构研究

利用线切割将试验钢铸坯切成 ϕ5 mm×8 mm 尺寸的样品，利用 HTCSLM 对样品进行热处理：首先，样品被加热到 1150 ℃进行奥氏体化，保温 10 min 后，以 30 ℃/min 速率冷却到 500 ℃，然后，再以 100 ℃/min 的速率冷却到室温。

样品经过预处理，用场发射扫描电镜（日立，s4800）对样品的微观组织进行观察；用透射电镜（TEM，JEM2010）对样品 IGF 及诱发其形核的夹杂物的微观结构进行观察；并利用 EDS 对夹杂物的成分进行分析。

图 7-16 为典型的夹杂物诱发的 IGF 组织。其中主要为针状的铁素体组织，即 IAF。IAF 板条的平均轴比为 7。多个 IAF 板条在同一个夹杂物上同时形核，如箭头所示，且板条相互交叉形成互锁组织。利用 TEM 对夹杂物的微观结构及与 IAF 的取向关系进行进一步分析。

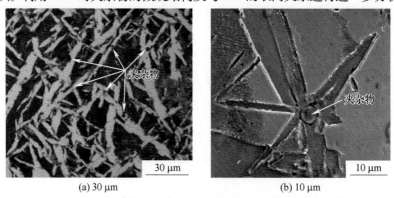

(a) 30 μm　　　　　　　　　　　　(b) 10 μm

图 7-16　夹杂物及 IGF 组织的形貌图

图 7-17 为诱发 IGF 组织的夹杂物，为典型的多晶。夹杂物由很多尺寸不同、取向不

同的晶粒组成，晶粒的平均尺寸为 1 μm。为了进一步表征夹杂物的成分组成，在显微图像中选取衬度不同的 5 个区域进行 EDS 分析，结果如图 7-17（b）~（d）所示，区域 A、B、C 分别为 Al-Ti-O、MnS、Fe；区域 D、E、F 与区域 A 的成分相同。因此，夹杂物为以 Al-Ti-O 为核心，MnS 在其周围附着析出的复合夹杂物。钢液凝固过程中，高熔点的 Al_2O_3 和 Ti_2O_3 优先析出，由于 Al_2O_3 和 Ti_2O_3 错配度很低，属于有效形核的错配度值，因此，Al_2O_3 和 Ti_2O_3 容易复合。根据选区电子衍射（SEAD）可知，Al-Ti-O 为单晶结构，因此，Al_2O_3 和 Ti_2O_3 互溶形成了新的物质。随着温度降低，当满足 MnS 析出的热力学条件时，MnS 开始在先析出的 Al-Ti-O 周围附着析出形成复合夹杂物。

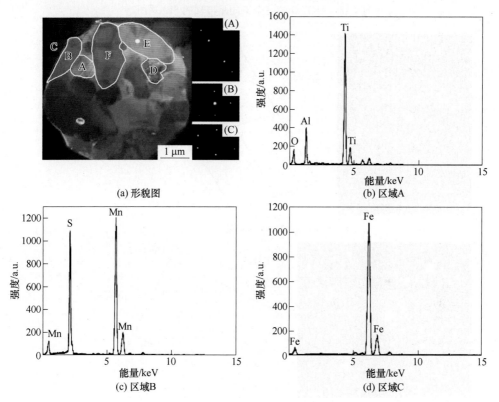

图 7-17 诱发 IGF 的夹杂物的形貌图和 EDS 图谱

根据 EDS 结果，诱发 IGF 的复合夹杂物为 Al-Ti-O/MnS，但是 Al-Ti-O 的特性并没有确定。为了获得更多关于 Al-Ti-O 的详细信息，利用 SEAD 对图 7-17 中的晶粒 F，即 Al-Ti-O 进行进一步表征。沿三个不同晶带轴进行 SEAD 分析，结果如图 7-18 所示。通过测量衍射斑点到透射斑点的距离及夹角确定 Al-Ti-O 为 $Al_3Ti_5O_1$。

为了进一步获得不同夹杂物之间，夹杂物与铁基体之间的取向关系，对图 7-17 中的晶粒 A 和晶粒 B，即 $Al_3Ti_5O_1$ 和 MnS 的晶界处，以及晶粒 B 与晶粒 C，即 MnS 和 Fe 的晶界处分别进行 SEAD 测量，结果如图 7-19 所示。

SEAD 图谱结果表明 MnS 为多晶，这与 MnS 晶粒内部大量的位错及亚晶界有关。MnS 与 $Al_3Ti_5O_1$ 的取向关系为：

$$(200)MnS \, // \, (\bar{1}10)Al_3Ti_5O_1 \, ; \, d_{(200)MnS} = d_{(110)Al_3Ti_5O_1} = 0.27 \, nm$$

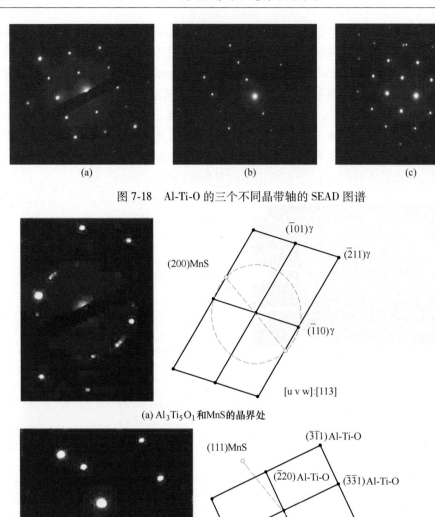

图 7-18　Al-Ti-O 的三个不同晶带轴的 SEAD 图谱

(a) Al₃Ti₅O₁和MnS的晶界处

(b) MnS和Fe的晶界处

图 7-19　SEAD 图谱

　　这说明 MnS 与 Al₃Ti₅O₁ 之间没有大的晶格形变，属于取向附生。MnS 与 IGF 的取向关系为：$\theta((111)MnS \wedge (116)\gamma) = 12.5°$，$(111)MnS$ 与 $(116)\gamma$ 之间的错配度达到 35%，这造成了 MnS 与铁素体之间错配度应力的产生，并激发裂纹。

　　图 7-20（a）为图 7-17 中晶粒 B(MnS) 的 TEM 暗场像，MnS 以带状结构包裹在复合夹杂物的外缘。MnS 的晶界倾斜而弯曲，晶粒内部有高密度的位错和亚晶界。位错林和等厚条纹不均匀地分布在晶界附近，这说明 MnS 晶界附近有很强烈的应力和弹性形变。由于 MnS 与铁基体错配度比较高，因此，在晶界处激发层错和裂纹，如图 7-20（b）所示。图 7-20（c）为图 7-17 中晶粒 D(Al₃Ti₅O₁) 的 TEM 暗场像，晶粒内部有亚晶界存在，晶界周围的等厚条纹说明晶粒处于不稳定状态，这是由于高应力导致而成。图 7-20（d）为图

7-17 中晶粒 E 的暗场像（$Al_3Ti_5O_1$），$Al_3Ti_5O_1$ 晶粒内嵌有两颗圆形的、尺寸约为 100 nm 的 MnS 颗粒，且 MnS 在 $Al_3Ti_5O_1$ 晶粒内部激发大量的曲折位错，位错穿过晶粒扩展到 $Al_3Ti_5O_1$ 的晶界处。图 7-20（e）为 $Al_3Ti_5O_1$ 晶粒，晶粒内部只可见两根扩展位错横穿晶粒，晶粒内部衬度均匀，位错密度比较低。

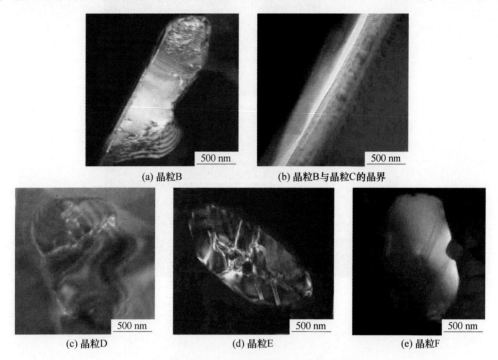

(a) 晶粒B (b) 晶粒B与晶粒C的晶界

(c) 晶粒D (d) 晶粒E (e) 晶粒F

图 7-20　复合夹杂物中不同的 TEM 暗场像

综上所述，凝固过程中不同夹杂物析出的热力学条件不同，造成不同夹杂物在不同温度析出，并最终形成复合夹杂物；夹杂物之间的错配度在晶界处产生错配应力，并激发大量位错向夹杂物外部扩展，最终集中在后析出的 MnS 晶粒内；错配应力的集中以及 MnS 与 Fe 的高错配度造成复合夹杂物与铁基体之间裂纹的产生，如图 7-20（b）所示。

图 7-21 为夹杂物及其所诱发的 IGF 形貌图。图 7-21（c）所示为夹杂物诱发的 IGF 板条，板条宽度与夹杂物尺寸相当。IGF 与夹杂物的晶界处，及 IGF 与 IGF 的晶界处有大量位错产生，分别如图 7-21（b）（d）所示。IGF 与夹杂物晶界附近的位错主要为螺旋位错；当位错越过小颗粒时产生位错环（白色方框标注）；晶界处可见亚晶界和等厚干涉条纹，且距离晶界越近位错密度越大，说明位错由晶界处激发并向铁素体板条内部扩展[10]；在 IGF 与 IGF 板条的晶界处可以看到由一个 IGF 板条向另一个 IGF 板条发射的大量位错。这种类型的位错组态是由特殊的位错增殖产生，具体过程如下。

铁素体板条之间由于取向不同而在晶界处产生应力，与伯格矢量垂直的剪切应力向铁素体板条内部发射位错。由于铁素体层错能比较高，位错很难在其内部扩展。铁素体内部存在大量的滑移系统，因此，位错很容易在不同的滑移面进行交滑移，造成铁素体内部产生大量弯曲的位错线和位错网，如图 7-21（e）所示。AB 为晶界上的一根位错，在剪切应力作用下向晶内发射新位错，并在 α 晶面内不断爬行，当到达 α 晶面和 β 晶面的交界处

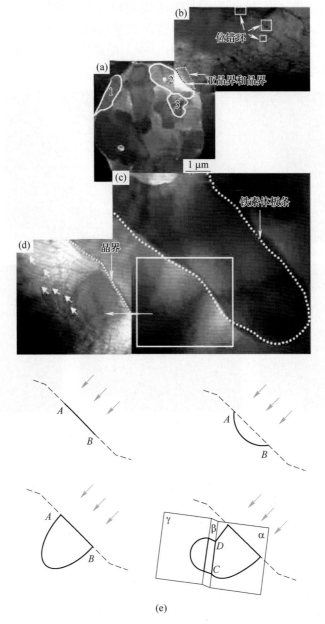

图 7-21　AF 板条内部的位错组态

时，被晶界截取成位错 CD，在剪切应力作用下，位错 CD 由 α 晶面交滑移到 β 晶面并进一步在 β 晶面上爬行，当到达 β 晶面和 γ 晶面的晶界时，再次由 β 晶面向 γ 晶面交滑移，如此重复实现位错增殖。并最终形成铁素体板条内部复杂的位错组态[11]。

　　图 7-22 所示为另一个复合夹杂物的 TEM 暗场像，EDS 结果表明夹杂物为 Al-Ti-O/MnS 的复合夹杂物。暗场像结果表明 Al-Ti-O 晶粒内部有扩展位错存在，且扩展位错横穿整个晶粒；Al-Ti-O 晶粒内部位错密度比较低；晶界处弯曲的等厚条纹说明 Al-Ti-O 晶界处于不稳定的状态[12]。MnS 晶粒内部有亚晶界存在，但位错密度低；MnS 晶界累积高密度

的位错胞和位错林；晶界处弯曲的等厚条纹说明其处于不稳定的状态；与铁素体相邻的晶界处有裂纹产生，这是由于大的错配度和应力集中造成。

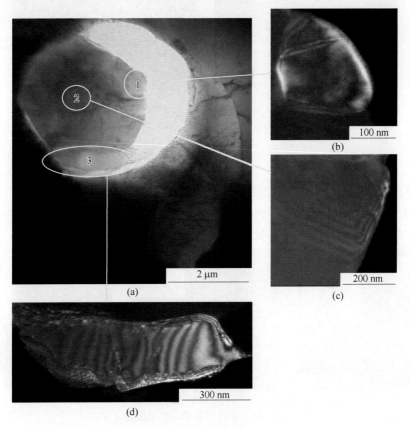

图 7-22 复合夹杂物的暗场像

7.4.2 夹杂物诱发晶内针状铁素体的成长机制

研究表明钢的微观组织对其强度和韧性影响很大，其中晶内针状铁素体（IAF）组织是可以同时提高钢的强度和韧性的最佳组织，IAF 在奥氏体内部的夹杂物上异质形核，分割和细化了其晶粒组织。由于 IAF 组织具有大角晶界，能够抑制裂纹扩展，可提高钢的冲击韧性。因此，获得均匀分布，高体积分数的 IAF 组织对提高改善钢的性能是很有必要的。IAF 形成的主要因素有奥氏体晶粒大小、合金元素含量、冷却速率和夹杂物特征。其中夹杂物特征被认为是最主要因素。但夹杂物特征对 IAF 组织形成的影响机理还没有统一，本书从晶体学角度出发，研究夹杂物的晶体结构与 IAF 组织形成的关系。

图 7-23 为典型的 IAF 组织形貌。铁素体主要在晶内析出，如图 7-23（a）所示；板条之间以大角晶界形成交叉互锁组织，如图 7-23（b）所示。IAF 主要在夹杂物上异质形核，有两种形式：吞没形核和星状形核。吞没形核是一个夹杂物被一个 IAF 板条吞没，夹杂物位于板条内部；星状形核是几个对称的、放射状的 IAF 板条同时在一个夹杂物上形核，夹杂物位于几个板条中心。

图 7-24 为夹杂物诱发 IAF 组织的典型形貌图，IAF 板条以夹杂物为核心呈对称的放射

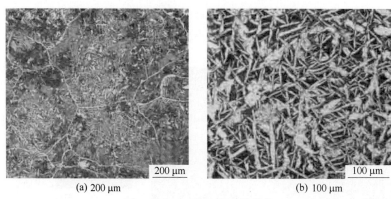

(a) 200 μm　　　　　　　　　　　(b) 100 μm

图 7-23　IAF 组织的显微形貌

状。板条平均宽度为 3~5 μm，平均长度为 10~20 μm。板条数量分别为 2、4、6，板条之间夹角分别为 180°，90°、60°，分别如图 7-24（a）~（c）所示。IAF 板条沿着特定方向独立生长，并最终形成交叉互锁的网状组织。

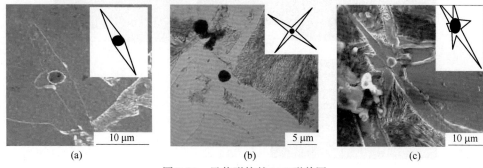

(a)　　　　　　　　　　　(b)　　　　　　　　　　　(c)

图 7-24　星状形核的 IAF 形貌图

　　图 7-25 为夹杂物与铁基体之间的晶界裂纹形貌。在离子减薄过程中，由于氩离子的不断轰击，裂纹优先在错配度很高的铁素体与 MnS 之间产生并扩展，即晶界裂纹[12,13]；且裂纹边缘有很多尖端，呈锯齿状。对裂纹两侧进行成分分析，EDS 结果表明，在裂纹两侧相对应的位置（1 和 2，3 和 4）上成分存在很大的不同，这说明锯齿状的边缘是由于晶体学因素产生，而非机械外力的作用。因此，本书从晶体学角度入手，利用负离子配位生长机制研究夹杂物诱发 IAF 形核的机理。

　　中低碳钢中夹杂物的配位体结构和配位体的联结方式如表 7-6 所示。

表 7-6　夹杂物的空间结构

夹杂物	晶系	配位体结构	配位体连接方式
MgO	立方	八面体	共棱
CaO	立方	八面体	共棱
MnS	立方	八面体	共棱
TiN	立方	八面体	共棱
VN	立方	八面体	共棱
TiO_2	四方	八面体	共棱或共角
Al_2O_3	三角	八面体	共棱或共角
Ti_2O_3	三角	八面体	共棱或共角

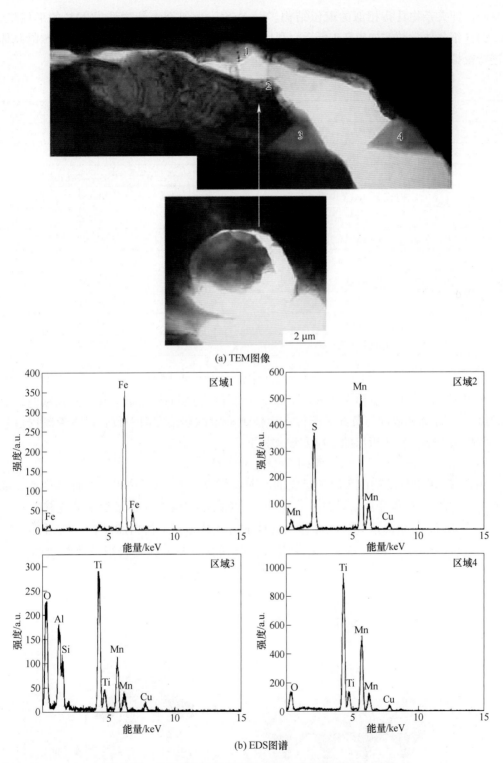

(a) TEM图像

(b) EDS图谱

图 7-25　夹杂物边缘的晶界裂纹的 TEM 图像及 EDS 图谱

如表 7-6 所示，尽管夹杂物的晶系不同，但夹杂物的配位体结构和配位体的连接方式都相同。即夹杂物具有相似的配位结构。以 MnS 为例研究夹杂物诱发 IAF 的形核机理。MnS 的详细晶体学数据如表 7-7 所示，利用晶体学软件 DIAMOND 3.0[14] 对 MnS 的晶体结构进行模拟。

表 7-7　MnS 的晶体学数据

公　式	MnS
分子量	87.010
晶系	Cubic
空间群	$F\bar{4}3m$（216）
波长，Fe Ka1（10^{-10} m）	1.936
a（10^{-10} m）	5.612
b（10^{-10} m）	5.612
c（10^{-10} m）	5.612
α(°)	90.000
β(°)	90.000
γ(°)	90.000
晶胞体积（10^{-7} m）	176.747
Z	4.000

在超饱和溶液中，晶体生长过程中的生长基元配位多面体会以共棱、共面或共顶点头尾相接[15]。晶体的取向与负离子配位多面体最稳定的连接方向一致。以钢液凝固过程中 MnS 的析出为例，MnS 析出的反应方程式如下：

$$[Mn] + [S] =\!=\!= MnS(s)$$

MnS(s) 的晶体结构由 S 原子组成的八面体构成，Mn 原子位于 S 八面体中心，如图 7-26（a）所示。根据晶体场理论，$[Mn\text{-}S_6]^{8-}$ 负离子配位八面体最稳定的连接方式为共棱[16]。$[Mn\text{-}S_6]^{8-}$ 负离子配位八面体以共棱的方式连接成一维链状结构，如图 7-26（b）所示。然后一维的 $[Mn\text{-}S_6]^{8-}$ 负离子配位八面体链进一步共棱连接形成放射状的三维结

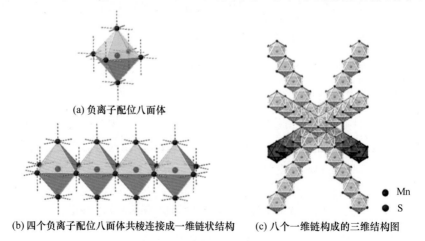

(a) 负离子配位八面体

(b) 四个负离子配位八面体共棱连接成一维链状结构　　(c) 八个一维链构成的三维结构图

● Mn
○ S

图 7-26　MnS 的配位结构图

构。如图 7-26（c）所示。当沿着不同的晶带轴观察 [Mn-S$_6$]$^{8-}$ 负离子配位八面体的三维结构时，其所呈现结构不同，如图 7-27 所示。

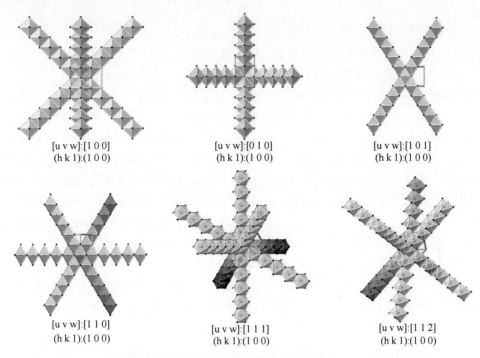

图 7-27 沿不同晶向观察时，MnS 负离子配位三维结构图所呈现的不同视图

如图 7-27 所示，当分别沿着 [010]、[100] 和 [111] 三个晶带轴观察 MnS 负离子配位体三维结构图时，一维配位体链的数目分别是 4、6、8；一维配位体链之间的夹角也随着观察方向的改变而不同，例如，当沿晶带轴 [010] 和 [110] 观察时，一维配位体链之间的夹角分别是 90° 和 60°。但是，实际凝固过程中环境因素复杂多变，使得某些一维配位体链的生长被抑制，而呈现出异常的夹角和一维配位体链数目，如图 7-24（a）所示。配位多面体生长基元的这些习性最终导致了晶体结构的取向生长。这与实验结果是一致，如图 7-24 所示。

生长基元的稳定性可由稳定能来表征，即当稳定能越大时，表征生长基元的连接越稳定。稳定能的表达式如下：

$$U = \left[\frac{Ne^2 \left(1 - \dfrac{1}{n} \right)}{2m} \right] \sum_{i=1,\, j=1}^{m} \sum_{j \neq i}^{m} R_{ij}(Z_i Z_j) \tag{7-44}$$

式中　N——阿伏伽德罗常数；

　　　e——电子电荷，C；

　　　n——波尔指数；

　　　m——生长基元中的离子数目；

　　　R_{ij}——第 i 个离子与第 j 个离子之间的平均距离，nm；

　　　Z_i——第 i 个离子的电价，C；

Z_j——第 j 个离子的电价，C。

当一个新的八面体连接到生长基元时，生长基元稳定能改变，改变量用 ΔU 表示。即：

$$\Delta U = U' - U \qquad (7\text{-}45)$$

式中　U'——新的八面体连接到生长基元后的稳定能；

　　　U——生长基元的初始稳定能。

当新八面体连接到生长基元的不同位置时，稳定能的改变量不同。新的生长基元越稳定，则 ΔU 越大。当 $k=3$（k 为一维配位体链上八面体的数量，假设每个一维配位体链上八面体的数量相同）时，一个新的八面体分别连接在一维配位体链的顶端、中间、根部时，分别计算稳定能的变化量，计算结果如表 7-8 所示。当新的八面体连接在一维配位体链的顶端时，稳定能最大，为 6390.470×10^{-5} J。所以，这种连接方式是最稳定的。而这种连接方式对于晶体沿平行一维链方向的取向生长是有利的，并导致夹杂物形核初期晶胚呈放射状结构。当 $k=5$ 时，一个新的八面体分别连接在一维配位体链的顶端、中间、根部时，分别计算稳定能的变化量，计算结果如表 7-9 所示。当新的八面体连接在一维配位体链的根部时，稳定能最大，为 -3037.406×10^{-5} J。所以，这种连接方式是最稳定的。而这种连接方式对于晶体的取向生长是不利的，使得夹杂物的结构球形化，即在形核中期夹杂物结构的取向性降低。尽管如此，夹杂物结构的取向性仍被保留，这导致了夹杂物边缘形成许多尖端，如图 7-28 所示，这与图 7-25 的实验结果是一致的。

表 7-8　一个八面体连接到生长基元时稳定能的变化量（$k=3$）

结构图	$\Delta U/10^{-5}$ J
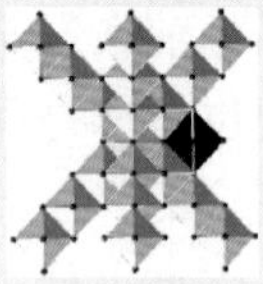	-947.952
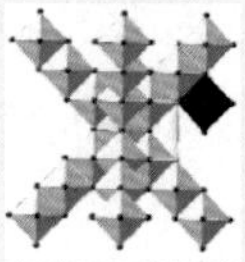	-955.236
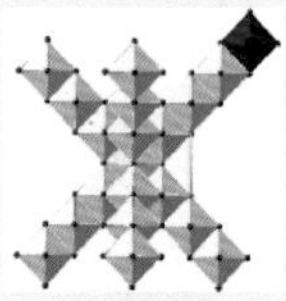	6390.470

表 7-9　一个八面体连接到生长基元时稳定能的变化量（$k=5$）

结构图	$\Delta U/10^{-5}$ J
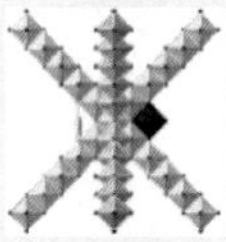	-3037.406

续表 7-9

结构图	$\Delta U/10^{-5}\mathrm{J}$
	−3639.024
	−3668.964

凝固过程中，不同夹杂物在不同的热力学条件下先后析出并形成复合夹杂物。尽管如此，由于低碳钢中夹杂物的配位多面体具有相似的配位结构，所以不同夹杂物的晶体结构和生长取向也相似，即取向性一致。当 Fe 原子在夹杂物边缘形核和生长时，受到夹杂物晶体取向性的影响，优先在配位八面体连接最稳定的方向生长，即与尖端平行的方向，并最终形成针状组织的铁素体形貌，如图 7-29 所示。

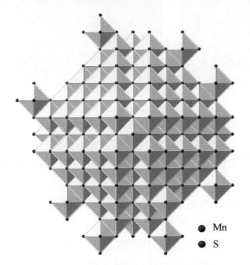
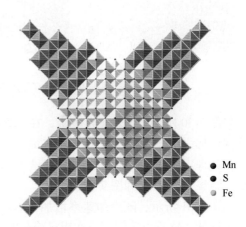

图 7-28　夹杂物边缘的尖端结构图　　　　图 7-29　在夹杂物上形核的 IAF 组织的结构图

7.4.3　冷却制度对晶内铁素体析出的影响

根据试验钢中夹杂物析出的热力学计算和分析，不同温度下析出的夹杂物种类不同，而夹杂物的种类对能否在奥氏体内诱发 IGF 至关重要。本实验通过精确控制冷却速率和保温时间，并实时动态地观察夹杂物和铁素体的组织演化规律及夹杂物特性，以及夹杂物特性对诱发 IGF 的影响。由此制订出合理的控冷制度，使夹杂物的种类、尺寸、数量及分布控制在合理的范围内，以获得良好的 IGF 组织和优异的性能。

将试验钢铸坯利用 HTCSLM 对样品进行热处理并进行实时动态观察。控冷结束后，经磨抛腐蚀，然后利用金相显微镜（Leica DMI 5000M）和 SEM 进行观察分析。

7.4.3.1　冷却速率的影响

利用 HTCSLM 将样品在 1150 ℃进行奥氏体化，保温 10 min 后分别以 10 ℃/min、

30 ℃/min、50 ℃/min、80 ℃/min 和 100 ℃/min 的冷却速率将试样冷却至 500 ℃（相变结束温度），最后以 100 ℃/min 的速率冷却至室温。热处理过程中同时对样品进行原位观察，如图 7-30 所示。

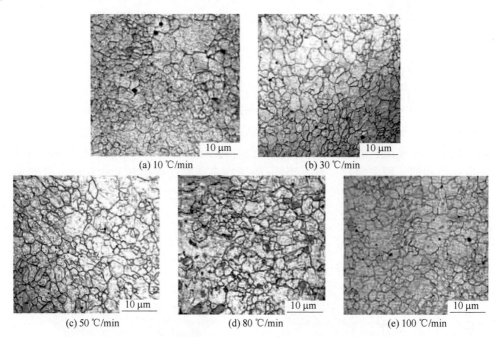

(a) 10 ℃/min   (b) 30 ℃/min

(c) 50 ℃/min   (d) 80 ℃/min   (e) 100 ℃/min

图 7-30   不同冷却速率下显微形貌的原位观察

如图 7-30 所示，随着温度下降，在 1150 ℃下没有回熔的夹杂物明显的长大。随着冷却速率增加，奥氏体晶粒减小，且分布更加均匀。

热处理后的样品经抛磨并用 4% 硝酸酒精腐蚀，然后利用金相显微镜观察样品的显微组织，结果如图 7-31 和图 7-32 所示。

如图 7-31 所示，随冷却速率增加，原奥氏体和铁素体尺寸均减小，铁素体组织由块状变为针状，这是由于碳原子在缓慢冷却时，有充足的时间进行扩散，铁素体有充分的时间可以长大，最终形成块状铁素体组织。而碳原子在快速冷却时迁移速率降低，已形成的铁素体来不及宽化长大，最终形成针状组织。

如图 7-32 所示，铁素体主要为晶界析出，且尺寸随冷却速率的增加而减小。当冷却速率为 30 ℃/min 时，IGF 析出明显，与晶界铁素体同时析出，但铁素体尺寸最大。

对不同冷却速率下样品的金相图像进行二值化处理和分析，计算铁素体的平均粒径和面积比，结果如图 7-33 和图 7-34 所示。

如图 7-33 所示，随着冷却速率变大，铁素体的平均粒径尺寸减小。这是由于快速冷却时，钢中的碳原子的扩散速度和距离均大大减小，使铁素体没有足够时间去长大。

如图 7-34 所示，随着冷却速率降低，铁素体的面积比增加。当冷却速率降至 30 ℃/min 时，铁素体所占的面积比最大。之后随着冷却速率继续降低，铁素体的面积比减小。

取 500 倍视场下任意金相照片 50 张，利用二值化软件对其中的夹杂物进行测量和统计，得到夹杂物尺寸随冷却速率的变化规律，如图 7-35 所示。

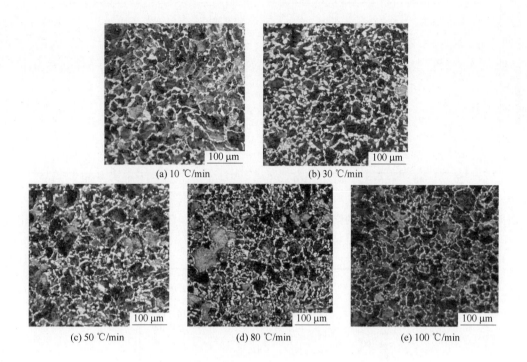

图 7-31　不同冷却速率下样品的显微组织（100×）

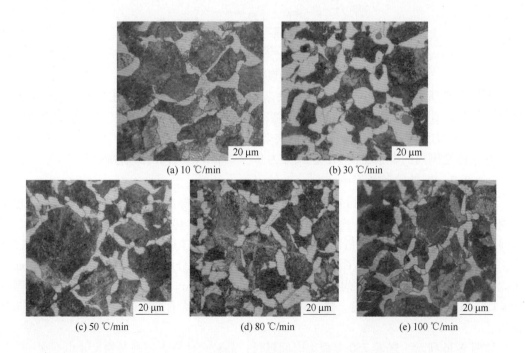

图 7-32　不同冷却速率下样品的显微组织（500×）

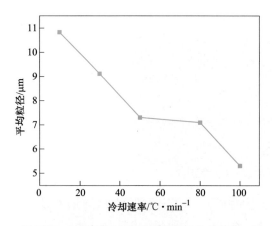

图 7-33　不同冷却速率下铁素体的粒径变化

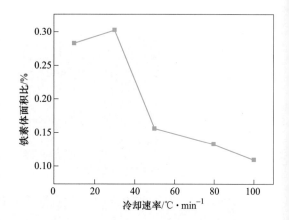

图 7-34　不同冷却速率下铁素体的面积比

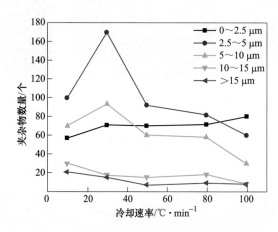

图 7-35　不同冷却速率下夹杂物的尺寸分布

如图 7-35 所示，尺寸小于 10 μm 的夹杂物约占 93%，其中尺寸在 2.5~5 μm 的夹杂物数量最多；不同尺寸范围的夹杂物数量随冷却速率增加有一定变化。冷却速率为 30 ℃/min 时，析出尺寸在 2.5~5 μm 范围内的夹杂物最多；冷却速率为 100 ℃/min 时，尺寸在 2.5~10 μm 范围内的夹杂物较少，但尺寸为 0~2.5 μm 范围内的夹杂物最多。

7.4.3.2　保温时间的影响

利用 HTCSLM 将样品在 1150 ℃下进行奥氏体化，并保温 10 min，在连续冷却过程中发现 TiN-VN 长大明显，且大于 10 μm 的比例变大，这不利于 TiN-VN 诱发 IGF 形核。而且即使冷却速率很慢，VC 的析出量也仍然很少。这是由于碳原子较大，在固态相变过程中扩散速率较慢。因此，在 VC 析出温度附近，即 750 ℃分别保温 0 min、3 min 和 10 min，研究保温时间对夹杂物析出的影响，保温后以 50 ℃/min 的速度冷却到 500 ℃，再以 100 ℃/min 的速率冷却到室温。热处理过程中同时对样品进行原位观察，结果如图 7-36 所示。

如图 7-36 所示，随着 750 ℃保温时间延长，晶粒尺寸变大，夹杂物尺寸也变大。

热处理后的样品经抛磨腐蚀，然后利用金相显微镜观察样品的显微组织，结果如图 7-37 和图 7-38 所示。

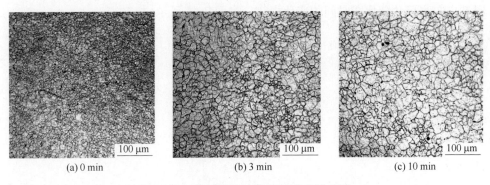

(a) 0 min　　　　　　　　(b) 3 min　　　　　　　　(c) 10 min

图 7-36　不同保温时间下形貌的原位观察

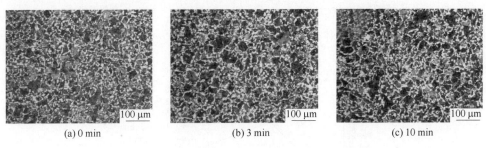

(a) 0 min　　　　　　　　(b) 3 min　　　　　　　　(c) 10 min

图 7-37　不同保温时间下样品的显微组织（100×）

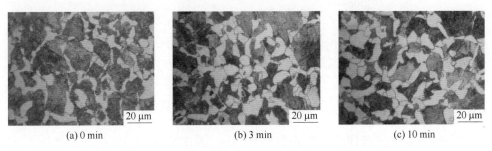

(a) 0 min　　　　　　　　(b) 3 min　　　　　　　　(c) 10 min

图 7-38　不同保温时间下样品的显微组织（500×）

如图 7-37 和图 7-38 所示，随着 750 ℃保温时间的延长，铁素体的比例明显增加。并由原来的块状组织变为针状组织。同时铁素体的粒径尺寸也增加。

对样品的金相图像进行二值化处理和分析，计算铁素体的平均粒径和面积比，结果如图 7-39 和图 7-40 所示。

如图 7-39 所示，随着 750 ℃保温时间延长，铁素体的平均粒径尺寸变大。这是由于 750 ℃处于固态相变的温度区间，钢中的碳原子能扩散到较远的距离，铁素体有较充分的时间长大。

如图 7-40 所示，随着 750 ℃保温时间延长，铁素体面积比逐渐增加。这是由于 1150 ℃保温时间短，尺寸较小的夹杂物的比例变大，能够诱发较多数量的铁素体。750 ℃保温使得相变时间相对延长，铁素体析出长大比较充分。

取 500 倍视场下任意金相照片 50 张，利用二值化软件对其中的夹杂物进行测量和统计，得到夹杂物尺寸随保温时间的变化规律，如图 7-41 所示。

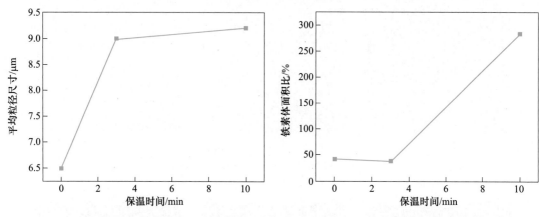

图 7-39　不同保温时间下铁素体粒径的变化　　图 7-40　不同保温时间下铁素体的面积比

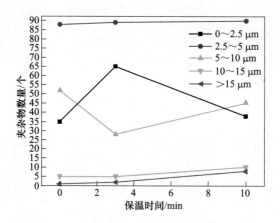

图 7-41　不同保温时间下夹杂物尺寸及数量分布

　　如图 7-41 所示，夹杂物尺寸大多小于 10 μm，其中 2.5 ~ 5 μm 的夹杂物所占比例最大。当在 750 ℃ 保温时间 3 min 后，小于 2.5 μm 的夹杂物较多。这是由于钢中 TiN 在 1150 ℃ 保温时会有所长大。随后，钢中钒的碳氮化物在其周围附着继续长大，尤其是在 750 ℃ 保温时，钢中钒的碳化物析出比较充分，从而使 TiN-VN-VC 复合夹杂进一步长大。

7.4.3.3　控冷保温制度的影响

　　为进一步优化钢中夹杂物的种类、尺寸、数量和分布，研究液相的控冷保温制度对夹杂物析出的影响，设计实验方案如下：

　　方案 1：1600 ℃ 保温 10 min，然后以 50 ℃/min 的速率冷却至 1150 ℃，保温 3 min 后，以 30 ℃/min 的速率冷却至 750 ℃，并保温 3 min，之后再以 30 ℃/min 的速率冷却至 500 ℃，最后以 100 ℃/min 冷却至室温；

　　方案 2：1600 ℃ 保温 10 min，然后以 100 ℃/min 的速率冷却至 1150 ℃，之后同方案 1；

　　方案 3：1600 ℃ 保温 10 min，然后以 200 ℃/min 的速率冷却至 1150 ℃，之后同方

案 1；

方案 4：1600 ℃保温 10 min，然后以 300 ℃/min 的速率冷却至 1150 ℃，之后同方案 1；

方案 5：1600 ℃保温 10 min，然后以 400 ℃/min 的速率冷却至 1150 ℃，之后同方案 1；

方案 6：液态冷却同方案 5，1150 ℃保温 3 min 后，随炉氩气冷却至室温。

如图 7-42 所示，钢液中夹杂物随钢液流动上浮至钢液表面，上浮过程中夹杂物不断碰撞长大。这一现象有利于去除钢液中的夹杂物，但对于氧化物冶金技术会造成不良影响。因为诱发 IGF 形核的夹杂物被去除后，IGF 的异质形核率也会下降。因此，在工艺上，钢液长时间镇定对氧化物冶金技术的利用不利。

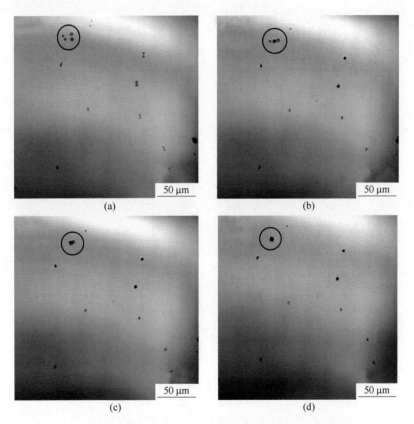

图 7-42　夹杂物在上浮过程中碰撞长大的原位观察

样品经抛磨并用硝酸酒精腐蚀后，利用 SEM 观察夹杂物诱发 IGF 的情况，并对诱发 IGF 的夹杂物进行 EDS 分析。结果如图 7-43 和图 7-44 所示。

图 7-43 和图 7-44 为夹杂物的形貌和 EDS 分析。结果表明夹杂物的成分复杂多变，主要是高熔点氧化物或以高熔点氧化物为核心，周围附着析出少量 MnS 的复合夹杂物。具有诱发 IGF 形核能力的夹杂物通过上浮、碰撞长大被去除后，客观上减少了有益夹杂物的数量，造成有益合金元素的浪费和流失。

取 500 倍视场下任意金相照片 50 张，利用二值化软件对其中的夹杂物进行测量和统

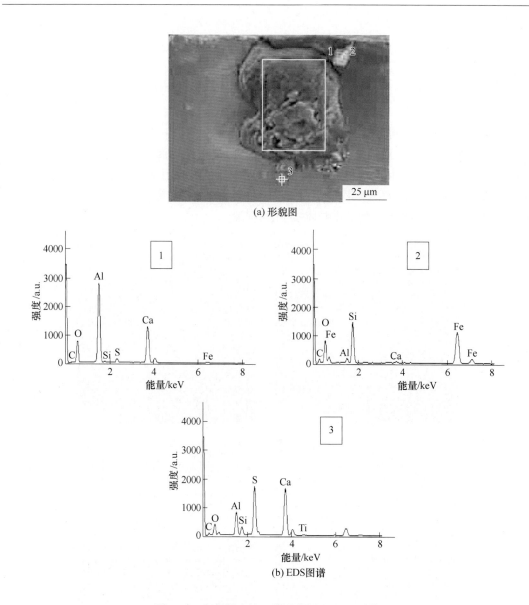

(a) 形貌图

(b) EDS图谱

图 7-43　夹杂物 1 的显微形貌图和 EDS 图谱

计，得到夹杂物尺寸随不同控冷制度的变化规律，如图 7-45 所示。

　　如图 7-45 所示，随冷却速率变大，尺寸在 0~2.5 μm 范围的夹杂物数量增加，尺寸在 2.5~5 μm 的夹杂物数量先增大后减小。当冷却速率较慢，夹杂物有充分时间上浮长大，故小于 10 μm 的夹杂物数量明显减少，而大于 10 μm 的夹杂物数量增多。当液相凝固冷却速率在 200~300 ℃/min 范围内时，尺寸小于 10 μm 的夹杂物所占比例约为 77%，且析出夹杂物的数量相对较多，夹杂物尺寸最适合 IGF 的析出。当液相凝固冷却速率为 400 ℃/min 时，部分夹杂物来不及析出，故夹杂物的数量较少。

　　通过统计不同冷却速率处理后样品中夹杂物的 EDS 分析，发现诱发 IGF 形核的夹杂物主要有 MnS、TiN-VN-MnS、TiN-VN，结果如图 7-46~图 7-49 所示。

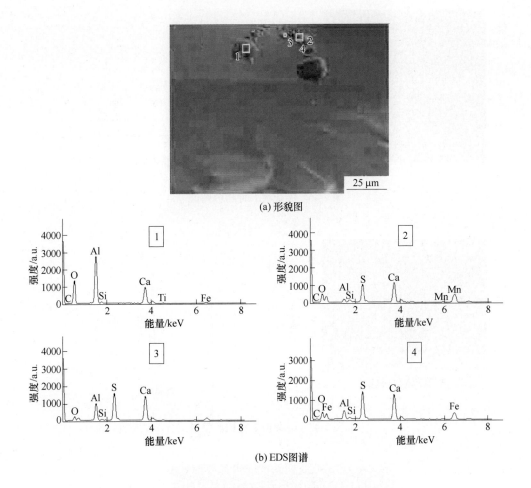

(a) 形貌图

(b) EDS图谱

图 7-44　夹杂物 2 的显微形貌图和 EDS 图谱

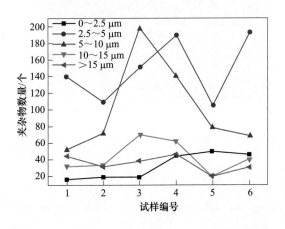

图 7-45　不同控冷制度下夹杂物的尺寸分布

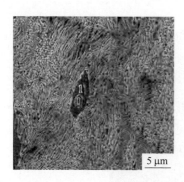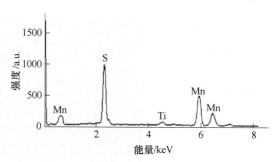

图 7-46　夹杂物 1 的 EDS 图谱

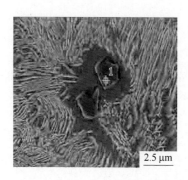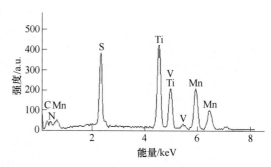

图 7-47　夹杂物 2 的 EDS 图谱

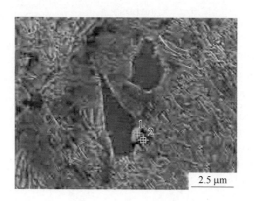

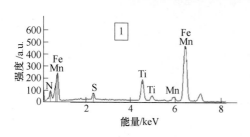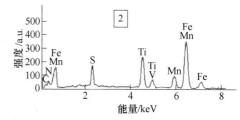

图 7-48　夹杂物 3 的 EDS 图谱

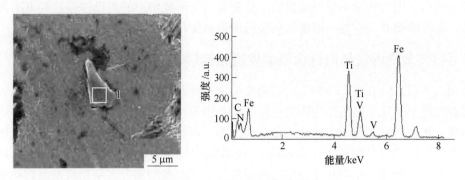

图 7-49　夹杂物 4 的 EDS 图谱

如图 7-50 所示，不同液相凝固冷却速率下，IGF 的数量和尺寸不同。以 100 ℃/min 冷却至 1150 ℃时，IGF 数量最多。而以方案 6 的控冷保温制度处理的样品中没有观察到 IGF。

图 7-50　不同控冷制度下样品的显微形貌（50×）

如图 7-51 所示，经方案 6 的控冷保温制度处理的样品中形成大量的层状结构。这是由于在通氩气炉冷的情况下，冷却速率过快形成贝氏体组织。

图 7-51　方案 6 处理样品中的层状显微形貌图

综上所述，钢水从液态单调降温的冷却制度对于形成细小的奥氏体晶粒和 IGF 没有太大影响。需在冷却时，在某一温度区间进行回温再冷却。

7.5　可控夹杂物诱发晶内针状铁素体微结构研究

采用人工制备具有稳定性质、状态的夹杂物并将其加入钢液，诱发晶内铁素体，可以排除实验过程中对某个随机作为研究对象的夹杂物不可控以及钢液微区成分变化不可测等复杂因素，解决研究对象的代表性和稳定性问题。再利用聚焦离子束、电子束双束电镜进行透射电镜样品的定点制备，利用 EBSD、TEM 进行综合分析，使研究过程可控、研究结果稳定可靠。本章将采用 FIB 进行定点标定制样，选取典型复合夹杂物诱发晶内铁素体位置进行 TEM 拍摄分析，研究 TiO_2 的添加诱发晶内针状铁素体析出的物相组成、微结构及其添加后形成复合夹杂物的行为过程。使用 FactSage6.0 中的 FACT 和 FToxid 数据库计算 Mn-Si-Al-Ti-O-N-S 系夹杂物的平衡析出情况。结合透射电镜分析结果，对 TiO_2 的添加形成复合夹杂物的行为分析，并从晶体结构角度进行解释。

7.5.1　诱发晶内针状铁素体的夹杂物微结构分析

FIB 切割位置如图 7-52 白色区域所示，该典型位置在扫描电镜下可以看出夹杂物由深灰色和浅灰色组成，不同位置成分含量不同，能谱分析为 O、Mn、S、Si、Al、Ti 等元素，是样品中典型的复合夹杂物。

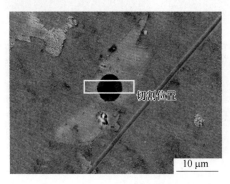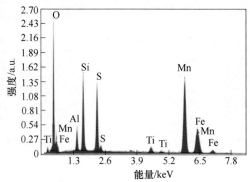

图 7-52　FIB 切割位置及夹杂物表面能谱分析

图 7-53 显示了透射电镜能谱分析的夹杂物诱发结果，主要元素为 O、Al、Si、S、Ti、Mn 和 C，TEM 能谱分析结果与 FIB 分析结果一致。根据图 7-52 和图 7-53 分析，夹杂物的成分为 $3MnO \cdot Al_2O_3 \cdot 3SiO_2$、MnS、TiN 和 Ti_3O_5，其中 MnS 尺寸为 0.22 μm，$3MnO \cdot Al_2O_3 \cdot 3SiO_2$ 为 4.47 μm，Ti_3O_5 和 MnS 复合夹杂物尺寸为 0.98 μm。为进一步获得夹杂物的成分和微观结构之间的关系，对样品进行能谱元素、选区电子衍射以及高分辨分析。

球状夹杂物在透射电镜下通过选区电子衍射分析如图 7-54 所示。对其衍射图分析后可以判断该球状夹杂物为典型的 MnS 夹杂，该夹杂物为面心立方结构，空间群属于 $F\bar{4}3m(216)$，根据检测所得晶面指数，计算得出晶带轴为 $[\bar{1}11]$。其中 Mn 元素与 S 元素亲合力最强，从能谱面扫描结果上看，二者分布均匀，结合良好，直径为 0.22 μm。通过能谱元素分布非常直观地看出该复合夹杂物外部包裹微量 TiN 夹杂，介于复合夹杂物与铁

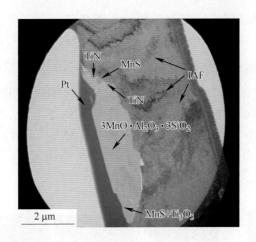

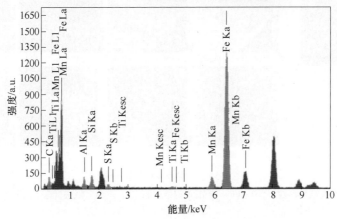

图 7-53 夹杂物诱发晶内针状铁素体 TEM-EDS 分析

素体之间，这符合 Ti 元素的偏聚性质。TiN 与铁素体的错配度小于 6%，匹配性良好，表面微观结构缺陷较多、具有较高的界面能，能够为铁素体非均质形核提供所需能量，促进形核。

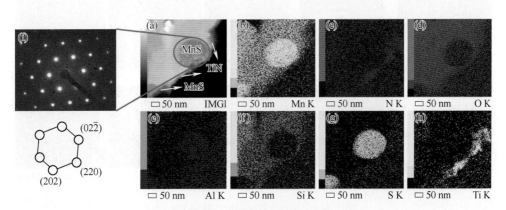

图 7-54 球形区域 TEM 分析

（a）夹杂物形貌；（b）~（h）能谱面扫描结果；（i）球形区域选区电子衍射图谱

对复合夹杂物三角区域进行 TEM 观察，如图 7-55 所示。能谱分析的结果可以判断该位置主要物质为 MnS，在进行衍射图标定时发现该区域主要有两种物质，尺寸为 0.98 μm。通过标定可以得出 MnS 晶面指数为 (023)、(102) 和 ($\bar{1}$21)，另一种物质为 Ti$_3$O$_5$，其晶面指数为 (250)、(221) 和 (0$\bar{3}$1)，存在 [432] MnS∥[526] Ti$_3$O$_5$。MnS-Ti$_3$O$_5$ 的形成与王学敏等对 MnS-TiO$_x$ 的研究结果一致。其中 Ti$_3$O$_5$ 的形成，结合热力学计算分析可以看出 Ti 含量为 0.03% 本应形成 TiO$_2$，但是在检测过程中并没有发现 TiO$_2$ 却形成了 Ti 含量更高的 Ti$_3$O$_5$，经过热力学计算可知 Ti$_3$O$_5$ 中 Ti 含量为 0.375%，O 含量为 0.625%，这可能与重熔过程中纳米级 TiO$_2$ 溶解团聚以及氧含量较低有关。

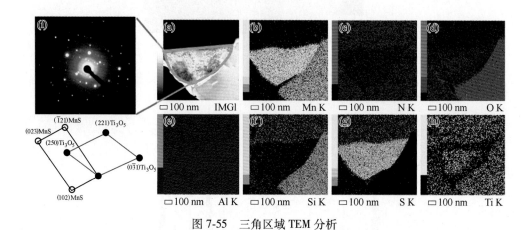

图 7-55　三角区域 TEM 分析

(a) 夹杂物形貌；(b)~(h) 能谱面扫描结果；(i) 三角区域选区电子衍射图谱

对于复合夹杂物中间部位的夹杂物 TEM 分析结果，如图 7-56 所示。分析发现该夹杂物为 Mn$_3$Al$_2$Si$_3$O$_{12}$，其晶面指数为 (23$\bar{1}$)、(420) 和 (2$\bar{1}$1)，计算得出晶带轴为 [243]。Mn$_3$Al$_2$Si$_3$O$_{12}$ 是典型的复合硅酸盐夹杂物，俗称锰铝榴石或斜煌岩，通常写成 3MnO ·

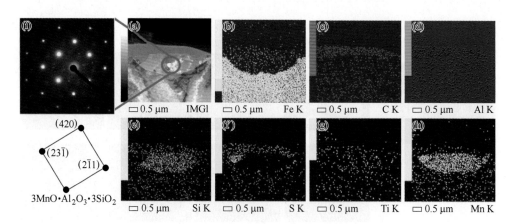

图 7-56　中间部位夹杂物 TEM 分析结果

(a) 夹杂物形貌；(b)~(h) 能谱面扫描结果；(i) 中间部位选区电子衍射图谱

$Al_2O_3 \cdot 3SiO_2$。使用 FactSage 热力学软件计算 MnO-SiO_2-Al_2O_3 三元相图，计算时选择 FToxid 数据库，结果如图 7-57 所示。可以看出，该夹杂物在 1400 ℃ 以下的低熔点区，SiO_2 成分范围为：$0.35\% \sim 0.5\%$，MnO 成分范围为：$0.2\% \sim 0.5\%$，Al_2O_3 成分范围为：$0.15\% \sim 0.3\%$。

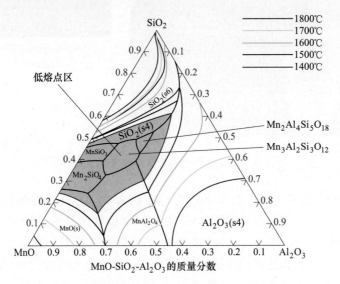

图 7-57　MnO-SiO_2-Al_2O_3 三元系中低熔点区分布

7.5.2　晶内针状铁素体微结构分析

图 7-58 为 MnS+$3MnO \cdot Al_2O_3 \cdot 3SiO_2$+$Ti_3O_5$+$TiN$ 诱发晶内针状铁素体 TEM 分析结果，从形貌上可以看出此复合夹杂物一部分区域与晶内铁素体之间连接完好，但存在部分位置与铁素体之间存在空隙，没有完全连接。因此，推断连接紧密处为夹杂物所诱发的初生铁素体，而未连接的位置为初生铁素体激发的次生铁素体。晶内针状铁素体内部存在位错，初生铁素体与次生铁素体晶粒连接处作为位错的聚集点。晶粒越细小，晶粒结合的面积越大，阻碍位错运动的障碍增多，位错密度也随之增大，从而提高强度，并阻碍裂纹扩展。对初生铁素体与次生铁素体晶粒连接位置进行选区电子衍射分析，通过衍射图谱标定可知：初生铁素体的晶面指数为 $(\bar{3}10)$、$(\bar{3}0\bar{1})$、$(11\bar{1})$，次生铁素体晶面指数为 $(2\bar{1}\bar{1})$、$(1\bar{2}1)$、(110)，初生铁素体与次生铁素体晶带轴之间的关系为 $[\bar{1}33]IAF1 \parallel [\bar{1}13]IAF2$。

7.5.3　夹杂物与晶内针状铁素体微结构关系

采用透射电镜的高分辨分析功能对夹杂物与晶内针状铁素体之间的微结构关系进行分析，结果如图 7-59 所示。可以看出 $3MnO \cdot Al_2O_3 \cdot 3SiO_2$ 诱发的针状铁素体之间部分区域连接并不紧密，由图 7-59（b）中可以看出，连接不紧密位置为上述推断的次生铁素体区域，在该位置表现出不同的晶面间距分别为：$d_{(110)IAF1} = 2.0268$ nm 和 $d_{(200)IAF2} = 1.4332$ nm，$3MnO \cdot Al_2O_3 \cdot 3SiO_2$ 的晶面间距为 $d_{(721)3MnO \cdot Al_2O_3 \cdot 3SiO_2} = 1.5860$ nm。对于连接紧密位置，

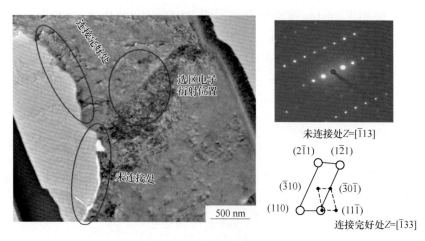

图 7-58　晶内针状铁素体区域 TEM 分析

为上述推断的初生铁素体区域，此处夹杂物与针状铁素体之间晶格间距相近：$d_{(200)IAF} = 1.4332$ nm，$d_{(642)3MnO \cdot Al_2O_3 \cdot 3SiO_2} = 1.5570$ nm。初生针状铁素体晶面指数为（200），$3MnO \cdot Al_2O_3 \cdot 3SiO_2$ 晶面指数为（642）。将球状 MnS+TiN 位置进行高分辨分析，结果如图 7-60 所示，发现：TiN 具有较为清晰的晶格结构，诱发 IAF 位置晶格也较为清晰，二者的晶格间距分别为：$d_{(311)TiN} = 1.2789$ nm 和 $d_{(221)IAF} = 1.1702$ nm，晶面指数分别为（311）和（221）；MnS 部分区域存在非晶，晶格清晰处间距为 $d_{(222)MnS} = 1.6210$ nm，由此值可知 MnS 表现为（222）晶面，在 MnS 和 TiN 中间位置的夹杂物为 $3MnO \cdot Al_2O_3 \cdot 3SiO_2$，其内部没有观察到位错，部分位置晶格结构清晰，晶格间距为 $d_{(311)3MnO \cdot Al_2O_3 \cdot 3SiO_2} = 1.5570$ nm。

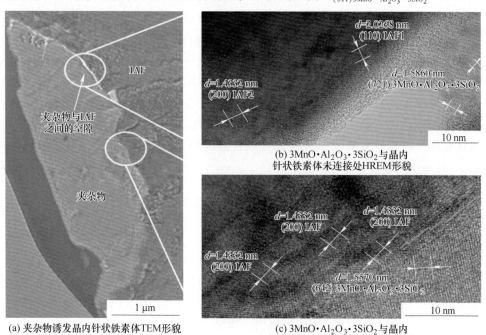

图 7-59　夹杂物诱发晶内针状铁素体 TEM 分析

通过微结构分析 $3MnO \cdot Al_2O_3 \cdot 3SiO_2$ 和 TiN 可分别作为形核位点诱发晶内针状铁素体，均可有效诱发初生铁素体形核析出。

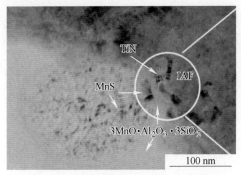

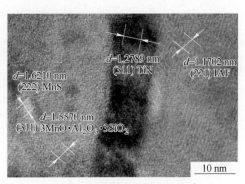

(a) MnS+TiN夹杂物诱发IAF的TEM形貌　　　　(b) MnS+TiN诱发IAF的HREM形貌

图 7-60　MnS+TiN 夹杂物诱发晶内针状铁素体 TEM 分析

7.5.4　可控夹杂物 TiO_2 形成复合夹杂物过程分析

激光原位分析仪 OPA-200 对添加 TiO_2 粉末钢样重新进行成分检测，结果如表 7-10 所示。将表 7-10 与基体进行对比，C 含量相近，但 Al 含量增加，可能是重熔过程中使用刚玉坩埚带入了微量 Al 元素；同时 Ti 元素含量增加，也表明了 TiO_2 粒子的成功加入。

表 7-10　样品元素成分检测结果　　（质量分数,%）

元素	C	Mn	S	P	Si	Als
成分	0.08	1.55	0.004	0.005	0.31	0.07
元素	Nb	Cr	Ni	Cu	Mo	Ti
成分	0.045	0.051	0.033	0.034	0.061	0.03

原基体中的夹杂物为 O-Al-Si-Ti-Mn-S 系复合夹杂诱发晶内块状铁素体，添加 TiO_2 粒子后仍为 O-Al-Si-Ti-Mn-S 系复合夹杂，但此类夹杂物 Ti 含量明显升高，并诱发晶内针状铁素体。夹杂物形成主要有形核、长大和粗化三个过程。向重熔低碳钢中加入 TiO_2 形成复合夹杂物的过程为非均质形核过程，影响该过程的因素有：首先，钢液中溶质饱和度增加，使得夹杂物形核的临界形核功和临界形核半径减小，晶核易于自发形成。达到临界形核尺寸后，液态中溶质元素向晶核位置的迁移扩散，继续长大成为稳定的晶核核心。其次，和基体中原有的夹杂物粒子的结构、数量、形貌有关，原夹杂物的存在降低了新夹杂物形核所需的能量，液相中的这些溶质元素可以依附原夹杂物形核，并在表面张力的作用下，长大成球冠，如图 7-61 所示。说明 TiO_2 加入钢液后，由于钢中存在微量、细小的 O-Al-Si-Ti-Mn-S 系复合夹杂物，降低了新相夹杂物形核能。同时 TiO_2 粒子加入，使得钢中溶质饱和度增加，较小临界形核半径和形核功。二者共同作用使得 TiO_2 与原 O-Al-Si-Ti-Mn-S 系复合夹杂物结合，形成了新的复合夹杂物。随后在表面张力的作用下长大。此过程能充分说明添加 TiO_2 粒子后球形夹杂物尺寸增大、数量增多的原因。

依据典型夹杂物 $MnS+3MnO \cdot Al_2O_3 \cdot 3SiO_2+Ti_3O_5+TiN$ 诱发晶内针状铁素体的 TEM

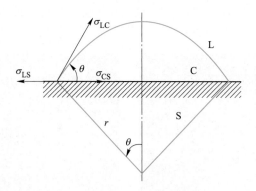

图 7-61　夹杂物非均匀形核示意图

组成具体形貌如图 7-53 所示，可以进一步解释 TiO_2 添加后形成的复合夹杂物的过程。在 1811 K 下钢液熔化，此温度未达到 TiO_2 的熔点 2148.15 K，且 TiO_2 的添加量为 1%，此时的含钛夹杂物为固态形式存在。使用 FactSage6.0 中的 FACT 和 FToxid 数据库计算 Mn-Si-Al-Ti-O-N-S 系夹杂物的平衡析出情况。温度为 1273～1873 K，根据表 7-10 各元素成分含量，夹杂物成分为：1.55%Mn-0.31%Si-0.07%Al-0.03%Ti-0.004%S，根据 Fe-O-Ti 平衡相图，TiO_2 的添加，选取氧含量为 0.0032%，最终计算得出图 7-62。由图 7-62 可以看出在钢液降温过程中，TiO_2 夹杂物于 1783～1573 K 下为固态，但在 1573 K 左右发生了含钛夹杂物的转变，由 TiO_2 转变成稳定的 Ti_3O_5 存在于钢中。对于 MnS 夹杂物熔点 1893.15 K，在重熔冶炼过程中，仍旧为固态形式，因此，会有图 7-53 中的球形 MnS 存在。随后在夹杂物表面凝固过程中，Ti_3O_5 与 MnS 夹杂结合成 Ti_3O_5+MnS 复合夹杂物。$3MnO \cdot Al_2O_3 \cdot 3SiO_2$ 是在 1673.15 K 以下存在的低熔点化合物，说明先有 MnS 存在随后才有 $3MnO \cdot Al_2O_3 \cdot 3SiO_2$ 生成，因此，图 7-53 中的 $3MnO \cdot Al_2O_3 \cdot 3SiO_2$ 包裹球状 MnS 现象，是在 $3MnO \cdot Al_2O_3 \cdot 3SiO_2$ 形成过程中与球形 MnS 发生碰撞并吸附结合。Ti_3O_5+MnS 复合夹杂物与 $3MnO \cdot Al_2O_3 \cdot 3SiO_2$ 包裹球状 MnS 结合，随后吸附 TiN 微粒，使其团聚并包裹在复合夹杂物外围。这是由于 TiN 的熔点是 3223.15 K，它在重熔过程中以微小粒子存在，不发生熔化，此类夹杂物稳定性强，但是由于粒度较小具有偏聚性质。

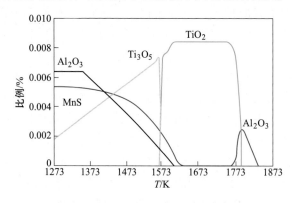

图 7-62　1273～1873 K 夹杂物平衡转变图

　　MnS+$3MnO \cdot Al_2O_3 \cdot 3SiO_2$+$Ti_3O_5$+TiN 夹杂物的形成过程如图 7-63 所示。

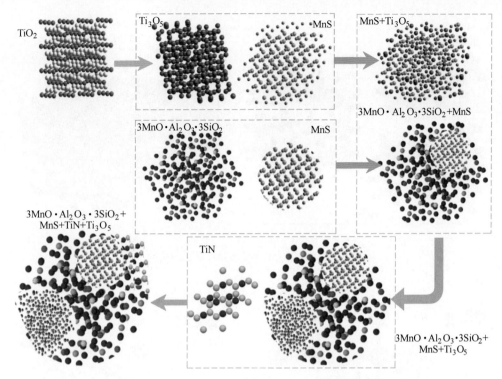

图 7-63 MnS+3MnO·Al$_2$O$_3$·3SiO$_2$+Ti$_3$O$_5$+TiN 夹杂物的形成过程

该复合夹杂物的形成过程，还可以从晶体学角度进行解释：TiO$_2$ 为金红石结构，空间群为 $I41/amd$ [141]，在 1573 K 下晶体类型转变为黑钛石结构的 Ti$_3$O$_5$，此夹杂物属于结构稳定的 $Cmcm$（63）空间群。随后 Ti$_3$O$_5$ 与钢中 MnS 结合，此夹杂物属于立方晶体结构，空间群为 $F\bar{4}3m$（216），结合过程如图 7-64 所示。对于大尺寸夹杂物 3MnO·Al$_2$O$_3$·3SiO$_2$，它是由 MnO、Al$_2$O$_3$、SiO$_2$ 三种夹杂物共同析出而来。Al$_2$O$_3$ 为 $R\bar{3}c$ [167] 空间群属于六方晶系结构与同为六方晶系空间群为 $P63/mmc$（194）的 MnO 结合，再加上四方晶系 $Pm3m$ [221] 空间群的 SiO$_2$，最终形成了立方结构的 3MnO·Al$_2$O$_3$·3SiO$_2$，此夹杂物空间群为 $Ia\bar{3}d$（230），形成过程如图 7-65 所示。在整个夹杂物形成长大过程中，会有吸附 TiN 粒子，TiN 属于 $Fm3m$ [225] 空间群、立方结构易与同为立方结构的 MnS 结合如图 7-66 所示。

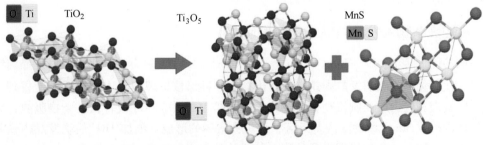

图 7-64 TiO$_2$ 转变为 Ti$_3$O$_5$ 与 MnS 晶体结构图

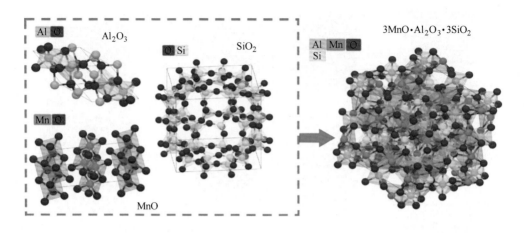

图 7-65　$3MnO \cdot Al_2O_3 \cdot 3SiO_2$ 晶体结构图

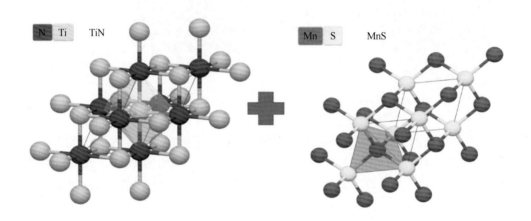

图 7-66　MnS 与 TiN 晶体结构图

综上所述，TiO_2 的添加形成 $MnS+3MnO \cdot Al_2O_3 \cdot 3SiO_2+Ti_3O_5+TiN$ 复合夹杂物的过程总结为：在 1573 K 下，固态 TiO_2 粒子转变为 Ti_3O_5 并与 MnS 结合，形成复合的 Ti_3O_5+MnS；在冷却过程中还会析出 MnO、Al_2O_3 和 SiO_2 结合的 $3MnO \cdot Al_2O_3 \cdot 3SiO_2$，此过程会与高熔点的球形 MnS 以及 Ti_3O_5+MnS 发生碰撞并包裹其长大；最终与外围析出 TiN 粒子形成 $MnS+3MnO \cdot Al_2O_3 \cdot 3SiO_2+Ti_3O_5+TiN$ 复合夹杂。

7.6　可控夹杂物诱发晶内铁素体机理研究

添加 TiO_2 后形成 $MnS+3MnO \cdot Al_2O_3 \cdot 3SiO_2+Ti_3O_5+TiN$ 复合夹杂物，并诱发晶内铁素体组织。钛氧化物夹杂诱发晶内铁素体析出，有三种形核机理被提出：低错配度机理、溶质贫乏区机理和应力应变能机理。最普遍的一种是 MnS 中的 Mn 被含钛夹杂物吸收，导致夹杂物周围形成 Mn 元素的溶质贫乏区，促进铁素体的形成。添加 TiO_2 后诱发晶内铁素体形核析出，对于上述三种机理究竟是哪一种或几种占主导地位还未有解释。

本节对添加 TiO_2 后形成 $MnS+3MnO \cdot Al_2O_3 \cdot 3SiO_2+Ti_3O_5+TiN$ 复合夹杂物诱发晶内铁

素体三种机理进行分析，二维错配度计算与透射电镜结合对低错配度机理进行分析；利用扫描电镜和电子探针能谱综合分析后，计算溶质贫乏区元素的界面扩散系数对溶质贫乏区机理进行研究；计算分析复合夹杂物、奥氏体与铁素体的应力应变能。

7.6.1 可控夹杂物 TiO_2 诱发晶内铁素体的错配度计算

一维低错配度机理：夹杂物与晶内铁素体界面自由能是影响非均匀形核重要控制因素，界面能又由基底相/形核相的性质决定。随后，Bramfitt[1]基于六方晶系和立方晶系夹杂物，提出了二维错配度来表征和计算钢液中夹杂物间、夹杂物与铁素体和奥氏体间的相互匹配关系，计算公式为：

$$\delta^{(hkl)_s}_{(hkl)_n} = \sum_{i=1}^{3} \frac{\frac{\left| (d_{[uvw]_s^i} cos\theta) - d_{[uvw]_n^i} \right|}{d_{[uvw]_n^i}}}{3} \times 100\% \tag{7-46}$$

式中　$(hkl)_s$——基底相低指数晶面；

$\quad\quad\ (hkl)_n$——形核相低指数晶面；

$\quad\quad\ [uvw]_s$——晶面 $(hkl)_s$ 低指数晶向；

$\quad\quad\ [uvw]_n$——晶面 $(hkl)_n$ 低指数晶向；

$\quad\quad\ d_{[uvw]_s}$——沿 $[uvw]_s$ 方向的原子间距；

$\quad\quad\ d_{[uvw]_n}$——沿 $[uvw]_n$ 方向的原子间距；

$\quad\quad\ \theta$——$[uvw]_s$ 与 $[uvw]_n$ 的夹角。

根据式（7-46）可以得出 δ 值越小，对于非均质的形核更加有帮助。$\delta < 6\%$ 时形核处于最佳状态，δ 值为 $6\% \sim 12\%$ 时形核相对有效，$\delta > 12\%$ 时非匀质则为无效形核。

低指数晶面是指晶面指数相对较小，晶面指数的选择只是一个相对的含量。其中 h、k、l 的平方和越小，低指数晶面间距越大。计算过程中，对于不同晶系中基底相和形核相低指数晶面与低指数晶向的选择不同。在计算过程中，通常对于 BCC、FCC 指数最小的晶面族为 {100}、{110}、{111}，每种晶面族中晶面上的各种原子排布、分布规律以及晶面间距基本一致，但是晶向指数不一样，在错配度计算过程中从三组晶向族中分别选取一个面即可。选取 $MnS+3MnO \cdot Al_2O_3 \cdot 3SiO_2 + Ti_3O_5 + TiN$ 复合夹杂物 PDF 卡片中各个夹杂物最低晶面指数，进行计算，所涉及的晶体学参数如表 7-11 所示，计算结果如表 7-12 所示。

表 7-11　夹杂物晶体学参数

物　质	晶体类型	晶格参数/nm	理论密度 /g·cm^{-3}	低指数 晶面	低指数 晶向	原子间距 /nm
MnS	立方晶系	$a=0.56147$	3.265	(111)	[111]	0.324
TiN	立方晶系	$a=0.424173$	5.388	(111)	[111]	0.24492
Ti_3O_5	正交晶系	$a=0.3754$ $b=0.9474$ $c=0.9734$	4.19	(020)	[010]	0.47800
$3MnO \cdot Al_2O_3 \cdot 3SiO_2$	立方晶系	$a=1.163$	4.00	(211)	[211]	0.47600
δ-Fe	立方晶系	$a=0.28664$	7.874	(110)	[110]	0.20268

表 7-12　低错配度计算结果　　　　　　　　　　（%）

基底相	形　核　相				
	MnS	TiN	Ti_3O_5	$3MnO \cdot Al_2O_3 \cdot 3SiO_2$	δ-Fe
MnS	—	19.59	2.09	5.414	5.67
TiN	34.1	—	1.69	1.23	3.44
Ti_3O_5	32.19	33.9	—	5.82	5.86
$3MnO \cdot Al_2O_3 \cdot 3SiO_2$	13.6	19.82	5.51	—	5.67

　　表 7-12 中可以看出当 MnS 作为基底相时，除与 TiN 的错配度为 19.59% 大于 12%，与其他夹杂物、铁素体的错配度均小于 6%，能有效诱发形核；基底相为 Ti_3O_5、$3MnO \cdot Al_2O_3 \cdot 3SiO_2$ 和铁素体之间的错配度分别为 5.86% 和 5.67%，易诱发晶内铁素体形核；基底相 TiN 除了 MnS，其他夹杂物和铁素体均能有效在其相界面进行吸附，可以看出 TiN 与 MnS 不能相互有效诱发；基底相 Ti_3O_5 能够有效诱发的形核相有 $3MnO \cdot Al_2O_3 \cdot 3SiO_2$ 和 δ-Fe，对应的错配度为 5.82% 和 5.86%。$3MnO \cdot Al_2O_3 \cdot 3SiO_2$ 能够有效诱发的形核相有 Ti_3O_5 和 δ-Fe，δ 值为 5.51% 和 5.67%。

　　随后为了进一步验证图 7-58 和图 7-59 中测得的具有良好错配度的晶面是否符合错配度机理，选取图 7-58 和图 7-59 中高分辨分析结果中所测量得到的数据进行错配度计算，其中 $3MnO \cdot Al_2O_3 \cdot 3SiO_2$ 晶面指数为（642），MnS 晶面指数为（222），TiN 晶面指数为（311），Ti_3O_5 晶面指数为（020），结果如表 7-13 所示。

表 7-13　低错配度计算结果　　　　　　　　　　（%）

形核相	基　底　相			
	MnS	TiN	Ti_3O_5	$3MnO \cdot Al_2O_3 \cdot 3SiO_2$
δ-Fe	4.86	4.17	5.86	5.37

　　表 7-13 显示了由图 7-53 中夹杂物诱发晶内针状铁素体的错配度计算结果：TiN、MnS、$3MnO \cdot Al_2O_3 \cdot 3SiO_2$ 和 Ti_3O_5 作为基底相诱发晶内针状铁素体 δ 值均小于 6%，能够有效诱发晶内针状铁素体形核析出。此计算结果与 HREM 图 7-64 和图 7-65 分析检测结果一致，MnS+$3MnO \cdot Al_2O_3 \cdot 3SiO_2$+$Ti_3O_5$+TiN 复合夹杂物诱发晶内铁素体符合低错配度机理。

7.6.2　可控夹杂物中 Mn 溶质贫乏诱发晶内铁素体机理

　　选取典型 O-Al-Si-Ti-Mn-S 系复合夹杂物诱发晶内铁素体的夹杂物，使用 SEM-EDS 中的面扫描功能，进行夹杂物各个元素浓度分布的定性分析。由图 7-67 可以看出，中间由 MnO、Al_2O_3 和 SiO_2 组成，外围包裹 MnS 和含 Ti 的氧化物，可以看出 Mn 元素在夹杂物内部含量明显高于基体，尤其是组成 MnS 的区域 Mn 元素聚集严重，说明此位置存在 Mn 元素的溶质贫乏区。

　　扫描电镜能谱仪分析极限为 0.1%，次生电子图像分辨率为 1~3 nm，EMPA 波谱仪分析极限为 0.01%，灵敏度高，然而其分辨率只有 5 nm。因此，为了更进一步证明溶质贫乏区的存在，选取样品典型的夹杂物进行电子探针分析，选取直径约 6 μm 的大尺寸夹杂

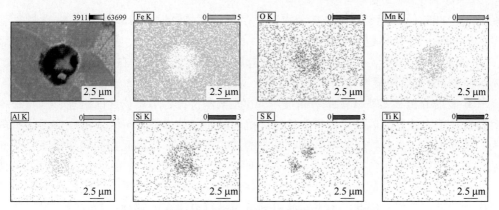

图 7-67　典型夹杂物诱发晶内铁素体 SEM-EDS 结果

物进行 EPMA 面扫分析，图 7-68（a）~（h）为不同元素的面扫结果；图 7-68（i）为夹杂物成分分布示意图。夹杂物中心元素 Al-Si-Mn-O 大面积分布，可以判定为是典型的 Al_2O_3-MnO-SiO_2 复合夹杂物，外围包裹 MnS 和 TiN，存在微量的钛氧化物。其中核心位置的 Si

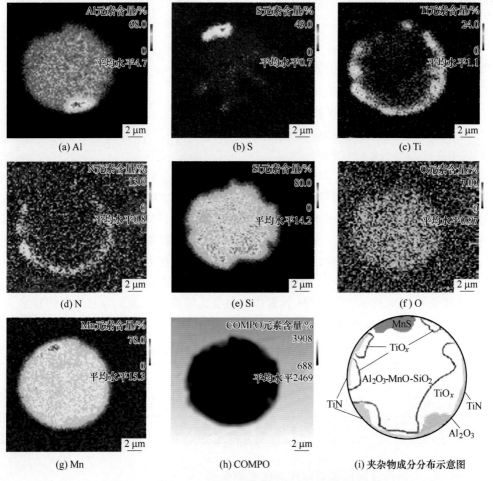

图 7-68　典型夹杂物诱发晶内铁素体析出 EPMA 分析

元素最高达 80%；Al 元素在整个夹杂物边缘存在元素溶质偏聚，部分区域 Al 含量显著升高可达到 68%；Ti 化物包裹在夹杂物外围，含量最高值为 24%，主要是 TiN 和钛的氧化物；Mn 元素基本布满整个夹杂物，Mn 含量最高的区域为包裹在外围的 MnS 夹杂，约50%。对于 Mn 元素明显看出基体中为微量，夹杂物界面形成 MnS 处含量明显升高。

　　SEM 能谱分析和 EPMA 能谱分析显示 Mn 元素偏析符合溶质贫乏区机理，这与很多学者对含钛夹杂物诱发晶内铁素体符合贫锰区机理的研究结果较为一致。溶质贫乏区机理内容为：已形核相—夹杂物吸收基体相—钢中的某些元素，形成该元素的局部匮乏，从而加大基体相变过程中奥氏体转变为铁素体时的驱动力，通过提高 A_3 温度点，促进晶内铁素体形核析出。由于溶质贫乏区的存在，晶内铁素体成核的可能性增加，却没有对溶质贫乏区形成过程进行解释，因此，本书对此机理行为进行更深入的解释：钢水凝固时，非金属夹杂物与新相形成的过程是通过原子之间的相对移动实现的，原子之间要产生相对的移动，就需要依靠能量起伏来克服激活能，此过程也称为扩散。原子移动到新的位置需要的激活能越小，原子就越容易实现扩散。从图 7-67 和图 7-68 中可以看出 MnS 夹杂物产生溶质贫乏区为夹杂物与晶内铁素体的交界处，因此，该类型的夹杂物诱发晶内铁素体形成的过程可以利用以下公式进行分析：

$$D_A^{gb} = D_A^0 \exp\left(-\frac{Q_A^{gb}}{RT}\right) \tag{7-47}$$

式中　D_A^{gb} ——A 物质的界面扩散系数，m^2/s；

　　　　D_A^0 ——A 物质的整体扩散系数，m^2/s；

　　　　Q_A^{gb} ——A 物质的界面扩散激活能，kJ/mol；

　　　　R ——气体常数，$8.314 \times 10^{-3} J/(mol \cdot K)$；

　　　　T ——温度，K。

　　对于具体物质的取值如表 7-14 所示，通过表中数据计算得出各物质界面扩散系数如图 7-69 所示。置换原子 Mn 的界面扩散激活能比 Fe 的界面扩散激活能小，界面扩散系数也小，因此，扩散速度大。在 γ-Fe 向 α-Fe 转变的晶界处，Mn 原子在 MnS 中的扩散速度远大于在铁素体中的扩散速度，Mn 在夹杂物边缘化学位较高，容易从低浓度向高浓度扩散，内部 Mn 扩散速度小于界面，导致夹杂物与钢界面交接处形成 Mn 的溶质贫乏区。当Mn 溶质组元浓度超过固溶极限，相变界面处产生浓度突变从而诱发晶内铁素体析出，具体形成过程如图 7-70 所示。同时 Mn 元素作为强奥氏体稳定元素，当基体中的较多 Mn 元素进入夹杂物中，使奥氏体相稳定性降低，容易发生铁素体相变。

表 7-14　各物质整体扩散系数及界面扩散激活能

名　称	Mn	Al	α-Fe	γ-Fe
$D_A^0 /m^2 \cdot s^{-1}$	0.35	0.129	1.9	0.18
$Q_A^{gb} /kJ \cdot mol^{-1}$	174	300	239	270

7.6.3　可控夹杂物诱发晶内铁素体应力应变能解析

　　相变过程中，由于夹杂物和奥氏体之间的热膨胀效率的差异，降低铁素体和位错形核

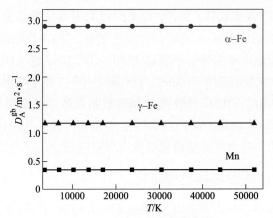

图 7-69 各物质界面扩散系数

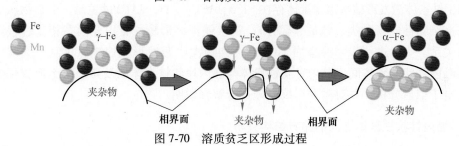

图 7-70 溶质贫乏区形成过程

势垒,从而促进形核。应力应变能方程如下:

$$\tau_\gamma = \frac{E_\gamma E_c}{E_\gamma + E_c}(\alpha_\gamma - \alpha_c)\Delta T \tag{7-48}$$

$$\varepsilon_\gamma = \frac{\tau_\gamma}{2E_\gamma} \tag{7-49}$$

式中 E_γ——奥氏体杨氏模量,N/m^2;

E_c——夹杂物的杨氏模量,N/m^2;

α_γ——奥氏体热膨胀系数,$10^{-6}/K$;

α_c——夹杂物热膨胀系数,$10^{-6}/K$;

ΔT——铁素体转变到奥氏体起始温度的温度梯度(A_{c3}),K。

$$A_{c3} = 955 - 350[\%C] - 25[\%Mn] + 51[\%Si] + 106[\%Nb] + 100[\%Ti] +$$
$$68[\%Al] - 11[\%Cr] - 33[\%Ni] - 16[\%Cu] + 67[\%Mo] \tag{7-50}$$

根据上述式(7-50)结合元素成分表,计算得出 $\Delta T = 1655.5$ K。通过计算式(7-48)、式(7-49)得出表 7-15 应力应变能结果。

表 7-15 夹杂物系数及应力应变能计算结果

名称	$\varepsilon_\gamma/10^4 \text{ J} \cdot \text{m}^{-3}$	杨氏弹性模量/$\text{N} \cdot \text{m}^{-2}$	热膨胀系数/10^{-6}K^{-1}
MnS	0.303	103	18.1
TiN	4.14	600	9.4
Ti_3O_5	15.57	350	8.1
奥氏体	—	210	23

MnS 与奥氏体、TiN 与奥氏体、Ti_3O_5 与奥氏体的应力应变能分别为 $0.303×10^4$ J/m^3、$4.14×10^4$ J/m^3 和 $15.57×10^4$ J/m^3。然而，计算出的这三种夹杂物的应力应变能数量级仅仅在 $10^4 \sim 10^5$ J/m^3，为晶内铁素体形核驱动力 $10^7 \sim 10^8$ J/m^3 的 1/1000 倍，因此，不足以提供形核能。同时，本实验仅列出了 MnS、TiN 和 Ti_3O_5 三种夹杂物的数据，对于 $3MnO \cdot Al_2O_3 \cdot 3SiO_2$ 查阅不到相关的杨氏弹性模量和热膨胀系数。但由图 7-59 和图 7-60 中可以看出 $3MnO \cdot Al_2O_3 \cdot 3SiO_2$ 诱发的晶内针状铁素体和 TiN 诱发晶内针状铁素体形核位点处没有观察到位错，因此，应力应变能诱发形核机理影响较小。

7.7　次生晶内铁素体诱发形核机理研究

添加 TiO_2 后形成 $MnS + 3MnO \cdot Al_2O_3 \cdot 3SiO_2 + Ti_3O_5 + TiN$ 复合夹杂物诱发初生铁素体，发现该初生铁素体激发形核次生铁素体存在 $[\bar{1}33]IAF1 /\!/ [1\bar{1}3]IAF2$ 的关系。夹杂物次生激发形核与夹杂物性质（种类、数量、成分）、初生铁素体形核位置以及固态相变过程温度变化均有关系。为了进一步完善添加 TiO_2 后夹杂物次生激发形核规律和机制，本节分别选取典型晶内针状铁素体间、晶内针状铁素体与晶内块状铁素体以及典型次生形核位置进行形貌和电子衍射分析，并对激发形核机理进行解释说明。

7.7.1　晶内针状铁素体之间的晶界结构分析

晶内针状铁素体间形貌及切割位置如图 7-71 所示。从 TEM 形貌图中可以看出，两个

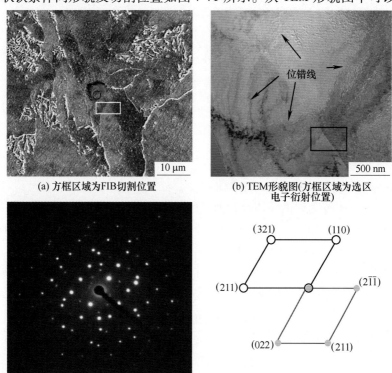

(a) 方框区域为 FIB 切割位置

(b) TEM 形貌图(方框区域为选区电子衍射位置)

(c) 选区电子衍射图谱

图 7-71　晶内针状铁素体间 TEM 分析

铁素体板条的长度约为 2~3 μm，针状铁素体内部存在大量位错，位错线形态不一。两个晶内针状铁素体晶界处，位错线相对于内部聚集较多。位错线弯曲缠绕分布，可为铁素体相变析出提供驱动力。其 TEM 形貌与上述夹杂物诱发晶内铁素体样品中的晶内铁素体形貌类似，黑白衬度较为明显，二者晶界位置存在碳元素偏析聚集，这可能与相变过程碳的偏析有关，也可作为形核析出的驱动力。晶界位置铁素体间晶面指数分别为（211）、（321）、（110）和（211）、（022）、（21$\bar{1}$），二者晶体学关系为 $[\bar{1}11]/\!/[0\bar{3}4]$。

7.7.2 晶内针状铁素体与晶内块状铁素体间的晶界结构分析

典型夹杂物诱发的晶内针状铁素体与晶内块状铁素体切割位置如图 7-72 所示。晶内针状铁素体和块状铁素体中同样存在大量无规则的位错线，对于二者晶界处进行选区电子衍射拍摄，可以得出二者的晶面指数分别为（023）、（003）、（02$\bar{3}$）和（104）、（100）、（00$\bar{4}$），晶体学关系为 $[60\bar{2}]IPA/\!/[\bar{4}40]IAF$。

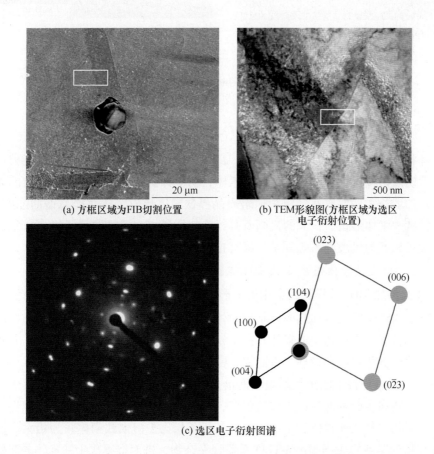

(a) 方框区域为FIB切割位置

(b) TEM形貌图(方框区域为选区电子衍射位置)

(c) 选区电子衍射图谱

图 7-72　晶内针状铁素体与晶内块状铁素体 TEM 分析

晶内针状铁素体与晶内块状铁素体切割样品可观察到大面积薄区，如图 7-73 所示，此位置为晶内块状铁素体。图 7-73 中，高分辨分析加速电压为 200 kV，放大倍率为 15 万倍。晶内块状铁素体内部存在大量不同方向的晶格条纹，选择最为清晰的位置，测得晶格条纹间距 $d = 1.0134$ nm 属于（220）晶面和 $d = 1.1702$ nm 属于（211）晶面。通过图 7-72 和图 7-73 的对比分析，可以看出晶内铁素体中的确存在大量位错，晶格取向不一，进而推断其生长方向不一，属于无规则自由生长。

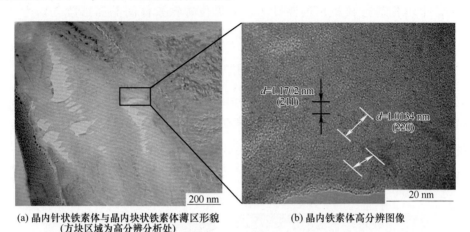

(a) 晶内针状铁素体与晶内块状铁素体薄区形貌
（方块区域为高分辨分析处）

(b) 晶内铁素体高分辨图像

图 7-73　晶内针状铁素体与晶内块状铁素体 TEM 形貌分析

7.7.3　初生铁素体与次生铁素体的结构关系

晶内针状铁素体使钢具有较高的强度、良好的韧性和优良的抗解理断裂能力。非金属夹杂物直接诱发形核析出的为初生针状铁素体，初生针状铁素体激发形核析出的为次生针状铁素体。二者长大后形成互锁组织，阻碍晶界铁素体形成，从而提高钢的强度和韧性。对于初生针状铁素体形核、长大的机制及其行为特征研究，已经取得了很多成果，但次生铁素体激发形核行为机理及影响因素，鲜有报道。

7.7.3.1　初生铁素体与次生铁素体组织形貌分析

图 7-74 为添加 TiO_2 后样品的金相组织形貌，TiO_2 添加所形成的夹杂物诱发铁素体形核，主要有晶内块状铁素体和晶内针状铁素体两种。夹杂物次生激发铁素体形核位置主要位于晶内块状铁素体中，初生铁素体与次生铁素体形成交互组织，分割晶粒，有利于细化组织结构，改善钢的强度和韧性，进而提升钢的综合性能。

图 7-75 为扫描电镜下的组织形貌和能谱分析结果，可以看到添加 TiO_2 粒子后样品中存在较多夹杂物次生激发形核铁素体的位置，可以排除次生铁素体形成的偶然性。次生铁素体大多位于初生针状铁素体的末端生成，其板条相比于初生铁素体较为粗大。次生激发形核的夹杂物为典型的 Al-S-Mn-Si-Ti-O 系复合夹杂物，进而推测次生铁素体的激发形核与夹杂物性质（成分、大小、数量）、夹杂物诱发初生铁素体形核位置、钢液凝固过程中的冷却速率均有关系。有研究表明次生铁素体的转变温度为 $824 \sim 1112$ K，增加保温时间有利于次生针状铁素体的激发形核，这与晶内铁素体相变温度相近，均为中低温度下的转变产物。

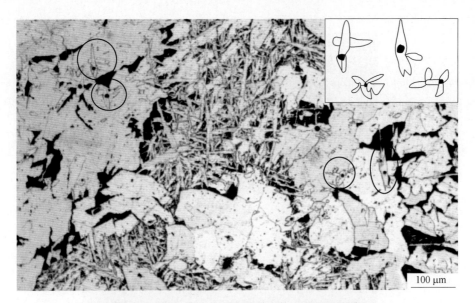

图 7-74 初生铁素体与次生铁素体金相组织形貌

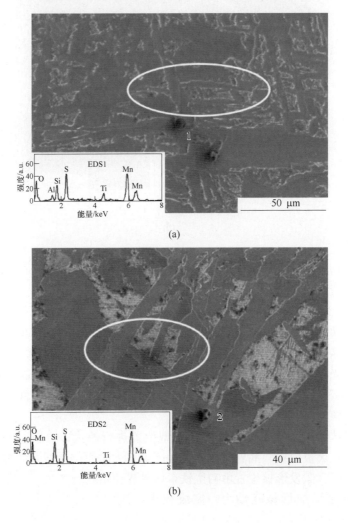

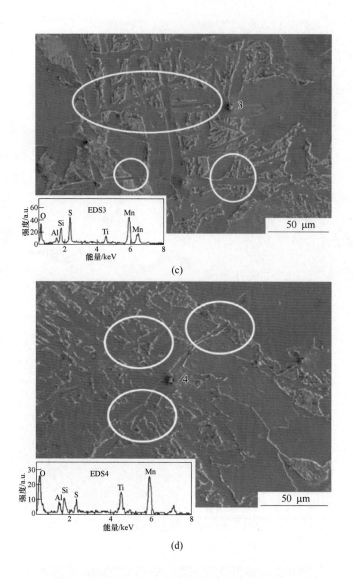

图 7-75　SEM 下初生铁素体诱发次生铁素体组织形貌及 EDS 检测结果

7.7.3.2　初生铁素体与次生铁素体微结构分析

典型的次生铁素体激发形核切割位置如图 7-76 所示。图 7-77 为切割样品在 TEM 下的显微形貌，该样品主要由初生铁素体（Primary Ferrite）、次生铁素体（Secondary Ferrite）以及层片状的珠光体（Pearlite）组成。可以明显看出初生铁素体与次生铁素体的晶界位置（Grain Boundary），二者均存在大量的位错。位错线弯曲分布，可能增加形核过程驱动力，从而加快形核速度。

将初生铁素体与次生铁素体激发形核典型位置进行放大，分析结果如图 7-78 所示。初生铁素体中存在大量位错，晶界连接处最为严重，大面积位错线弯曲缠绕，易产生位错强化。进一步推断，激发形核位置由初生铁素体晶界位错区域产生，首先在该位置产生形核位点，通过位错增加形核驱动力，完成相变。该位置选区电子衍射由图 7-78（b）

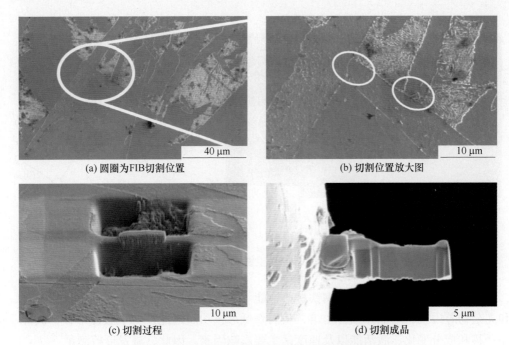

(a) 圆圈为FIB切割位置   (b) 切割位置放大图

(c) 切割过程   (d) 切割成品

图 7-76 FIB 切割位置及样品形貌

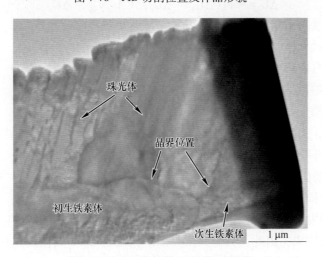

图 7-77 次生铁素体 TEM 样品形貌

和（c）可知，初生铁素体与次生铁素体的晶带轴相同均为 $[01\bar{1}]$。

7.7.4 次生铁素体形核机理分析

次生铁素体形成的过程是一个由量变到质变、有序与无序互相转变的过程。在它形成之前，初生铁素体中往往存在微区的能量起伏、浓度起伏和结构起伏。这些微区的起伏促进次生铁素体核胚择优形成，核胚发展成为稳定的核心，最终长大。

7.7.4.1 次生铁素体激发形核

激发形核过程属于一种重要的固态相变非均匀形核方式，对材料的组织形貌有重要影

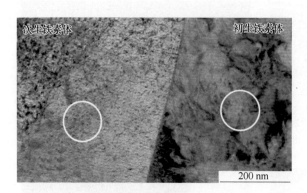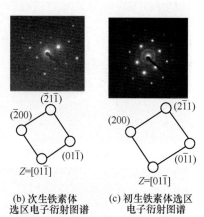

(a) 初生铁素体与次生铁素体放大形貌图　　　(b) 次生铁素体　　(c) 初生铁素体选区
（圆圈区域为选区电子衍射拍摄位置）　　　选区电子衍射图谱　电子衍射图谱

图 7-78　初生铁素体与次生铁素体放大位置 TEM 分析

响，晶界和界面内部类型会影响钢铁材料性能。非均匀形核中，由于位错、层错晶界、表面和夹杂物等因素，增加体系自由焓，从而降低形核功。因此，对于激发形核，碳原子的无序迁移和成分变化、激活能以及速度是主要影响因素。因此，激发形核满足[17]：

$$\Delta G = - V_{\beta}(\Delta G_{\vartheta} - \Delta G_{s}) + A_{\alpha\beta}\gamma_{\alpha\beta} - \Delta G_{d} \tag{7-51}$$

式中　α——初生铁素体相；

　　　β——次生铁素体相；

　ΔG——总的自由焓变化，kJ；

　ΔG_{d}——降低的能量，kJ。

　ΔG_{s}——应变能，kJ；

　$A_{\alpha\beta}$——α 和 β 相间面积，mm^2；

　$\gamma_{\alpha\beta}$——α 和 β 相界能，kJ；

　V_{β}——β 相的体积，mm^3；

　ΔG_{ϑ}——单位体积自由焓变化，kJ/mol。

　　初生铁素体激发形核次生铁素体，二者均拥有大角度晶界，由具有几个原子层厚度的无序原子的过渡层构成，因此，为非共格界面。当次生 α-Fe 核在预先存在的初生 α-Fe 沉淀物和母体 γ-Fe 相之间的界面上形成时，则会产生激发形核。初生铁素体和次生铁素体的错配度计算如下：

$$\delta = \frac{|a_{\beta} - a_{\alpha}|}{a_{\alpha}} = \frac{\Delta a}{a_{\alpha}} \tag{7-52}$$

式中　a_{α}——初生铁素体原子间距，μm；

　　　a_{β}——次生铁素体原子间距，μm。

　　在式（7-52）中，当错配度小于 0.05 时为共格结构，大于 0.25 时为非共格结构，0.05~0.25 之间为半共格结构。通过计算可知，二者的错配度大于 0.25 为非共格结构，此类界面能最高，对于初生铁素体激发形核次生铁素体，为橄榄球状的晶界形核如图 7-79 所示。

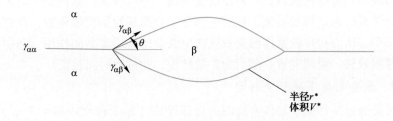

图 7-79 次生铁素体晶界形核形状图

形状因子：

$$S(\theta) = \frac{\Delta G_{非}^*}{\Delta G_{均}^*} = \frac{1}{2}(2 + \cos\theta)(1 - \cos\theta)^2 \tag{7-53}$$

式中 $\Delta G_{非}^*$——非均匀形核的形核功，kJ；

$\Delta G_{均}^*$——均匀形核的形核功，kJ。

从式（7-53）可以看出，随着 $\cos\theta$ 逐渐增大，形状因子逐渐减小，θ 的大小直接影响非均匀形核，即激发形核的难易程度。非共格界面处，界面迁移率较高，该位置的迁移速率仅由溶质扩散控制。界面处的溶质过饱和不改变，因此，界面处形核所需的吉布斯自由能变化接近于零，激发成核的稳态速率也将接近零。此外，即使驱动力很高，早在达到形核临界半径前，初生铁素体晶界处次生铁素体已形核析出。

激发形核可分为三种：面-面型（Face-to-Face，FTF）；边-面型（Edge-to-Face，ETF）；边-边型（Edge-to-Edge，ETE），如图 7-80 所示。结合 TEM 分析结果（图 7-78）可以看出，次生铁素体激发形核为 ETF 型，这种类型的共感生成并不要求在整个初生针状铁素体的表面部位出现大范围的碳元素扩散，只要在某一局部位置出现碳原子的迁移，形核点即可产生。

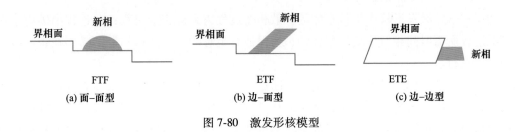

图 7-80 激发形核模型

激发形核生成的次生针状铁素体依附在初生针状铁素体的高密度位错处形核，此处形核功小，次生铁素体界面、高密度位错均是其长大的阻力，因此，它以一定的速度迅速长大到有限的尺寸。晶内针状铁素体边界存在着一层富碳的薄膜，富碳薄膜的存在使晶内针状铁素体长大既存在类似于马氏体相变的切变转变（碳原子的集体位移）特征，也伴随着碳原子的偏析扩散过程。在晶界处碳元素的偏析再分配的过程降低晶界界面能，增加形核长大的驱动力。此过程初生铁素体晶界处碳元素偏析为次生铁素体形核提供了潜在位置。

新相的形成主要有两种机制，一种是切变机制，另一种是扩散机制。对于次生铁素体激发形核部分学者认为是切变机制，还有一部分学者则认为是扩散机制，没有一个统一的结论。在本书中，认为初生铁素体激发形核次生铁素体是二者共同作用，起初形核点位切变转变，此过程较快，瞬间完成；随后为扩散转变，此过程时间较长。

7.7.4.2 激发形核下的切变转变

切变转变是通过某种原子集体有规则的近程迁移（原子移动距离小于原子间距），降低系统能量完成的。对于切变转变区域，初生铁素体与次生铁素体之间点阵常数存在差异，此时二者应保持共格或半共格关系，这将会引起明显的弹性应变能变化。二者的晶格匹配度和比体积差是影响弹性应变能的主要因素。弹性应变能与界面能均为相变阻力，一方面新旧相比体积差越大，弹性应变能就越大；另一方面类似于圆盘状新相应变能小于针状。因此，根据晶内铁素体形状可知，块状铁素体的弹性应变能远小于针状铁素体。通过次生铁素体形貌为较小的针状铁素体可知，弹性应变能仅起到了辅助作用，因此，这种切变转变机制并不是主要作用。对于切变转变模型，主要有两种：一种是 K-S，另一种是 G-T。后续研究将采用 TEM 或 EBSD 菊池花样检测初生铁素体与次生铁素体的点阵结构关系进而确定其切变转变模型。

7.7.4.3 激发形核下的扩散转变

碳原子独立、无序地在初生铁素体和次生铁素体晶界处扩散迁移，扩散相变分为界面控制和体扩散，初生铁素体与次生铁素体具有相同的化学成分，因此，符合界面控制。在此扩散过程中次生铁素体的形核仅仅依赖碳原子越过晶界，界面推移速度取决于最前沿的碳原子越过相界的频率。次生铁素体形核速度 u [17]：

$$u \approx \frac{\Delta G}{kT}\exp\left(-\frac{Q^i}{kT}\right) \tag{7-54}$$

式中 ΔG——初生铁素体与次生铁素体自由焓之差，kJ；

$\quad\quad Q^i$——扩散激活能，kJ/mol。

初生铁素体激发形核次生铁素体的扩散相变过程为平衡相变过程，此过程中碳原子迁移扩散过程所需时间相对切变过程较长，为保证有足够的时间进行扩散，需要在缓慢冷却的条件下进行。

初生针状铁素体晶界处有大量的位错团聚、缠绕、堆积在一起，这在激发形核过程中起着重要的作用。当初生针状铁素体在冷却过程中再次析出时，由于升温过程中碳原子不连续扩散导致初生针状铁素体晶界的某些部位断续，当该处有高密度的位错时，与初生针状铁素体内较高的界面能造成高的应力-应变能，于是在裸露出的铁素体基体上形核并以一定的速度迅速长大到有限的尺寸，也因此在初生针状铁素体与共感生成的针状铁素体交界处会出现相贯线而非互相嵌入。通过上述次生铁素体形核过程的描述，位错通过以下两个方面降低形核能：

（1）位错区域碳元素溶质富集，通过增加碳的饱和度和 ΔG_V，从而增加了激发形核过程的推动力。

（2）位错部位碳原子不连续扩散，可降低扩散激活能 Q^i，从而增加形核速度。

7.8　小结

氧化物冶金技术的核心思想是利用在钢中析出的夹杂物及第二相粒子作为晶内铁素体转变的形核源，诱发晶内铁素体特别是晶内针状铁素体的产生，在钉扎细化晶粒的同时形成交织互锁的组织结构，极大提高材料性能，特别是低温冲击韧性。对晶内铁素体特别是晶内针状铁素体较晶界铁素体优先析出的研究是推动氧化物冶金技术进一步发展的重心。

通过添加可控的夹杂物至钢液中形成复合夹杂物，解析了人工制备的夹杂物诱发晶内铁素体的形核机理，进一步完善和发展夹杂物诱发晶内铁素体的形核机制理论，特别是完善和发展晶格低错配度诱发机理的理论和应力应变诱发机理的理论。

阐明了晶内铁素体优先于晶界铁素体竞争析出的热力学、动力学条件，研究表明，复合夹杂物各相间的热膨胀系数的差异导致凝固过程中夹杂物内部的热失配应力，形成 α-MnS 中位错缠结等晶体结构缺陷。复合夹杂物内部位错和孪晶等晶体结构缺陷中储存的晶格畸变能提供了 IAF 形核驱动力，是促进 IAF 相变的动力。这对于控制氧化物冶金过程中晶内铁素体优先析出细化中低碳钢的组织提供理论基础。

参 考 文 献

[1] Bramfitt B L. The effect of carbide and nitride additions on the heterogeneous nucleation behavior of liquid iron [J]. Metallurgical Transactions, 1970, 1 (7): 1987-1995.

[2] 陈家祥. 炼钢常用图表数据手册 [M]. 北京：冶金工业出版社，2010.

[3] 潘宁，宋波，翟启杰，等. 钢液非均质形核触媒效用的点阵错配度理论 [J]. 北京科技大学学报，2010，32 (2): 179-190.

[4] Yokomizo T, Enomoto M, Umezawa O, et al. Three-dimensional distribution, morphology and nucleation site of intragranular ferrite formed in association with inclusions [J]. Materials Science and Engineering A, 2003, 344: 261-267.

[5] 张斌，张鸿冰，阮雪榆. 热形变奥氏体先共析铁素体的热力学计算 [J]. 上海交通大学学报，2003，37 (10): 1517-1521.

[6] 张德勤，云绍辉，田志凌，等. 微合金钢焊缝组织中针状铁素体形核与长大驱动力 [J]. 焊接学报，2005，26 (1): 12-16.

[7] 许晓锋，雷毅. 焊缝针状铁素体中温转变机制的热力学分析 [J]. 焊接学报，2007，28 (5): 62-64.

[8] 许晓锋，雷毅，余圣甫. Fe-C-X 系合金针状铁素体在奥氏体贫碳区先共析转变的热力学分析 [J]. 中国石油大学学报（自然科学版），2006，30 (3): 93-96.

[9] 王巍，付立铭. 夹杂物/析出相尺寸对晶内铁素体形核的影响 [J]. 金属学报，2008，44 (6): 723-728.

[10] 高英俊，黄礼琳，周文权，等. 高温应变下的亚晶界湮没与位错旋转机制的晶体相场模拟 [J]. 中国科学：技术科学，2015，45 (3): 306-321.

[11] Liu M P, Jiang T H. Microstructure evolution and dislocation configurations in Nanostructured Al-Mg alloys processed by high pressure torsion [J]. Trans. Nonferrous Met. Soc. China, 2014, 24: 3848-3857.

[12] Kaibyshev R, Shipilova K, Musin F, et al. Continuous dynamic recrystallization in an Al-Li-Mg-Sc alloy during equal-channel angular extrusion [J]. Materials Science and Engineering A, 2005, 396: 341-351.

[13] Benjamin G, Akira U. Dislocation-based interpretation on the effect of the loading frequency on the fatigue

properties of JIS S15C low carbon steel［J］. International Journal of Fatigue, 2015（70）: 328-341.

［14］ Brandenburg K, Putz H. DIAMOND Version 3. 0, crystal impact GbR.［R］. Bonn, Germany, 2006.

［15］ Zhong W Z, Luo H S, Hua S K, et al. Crystal surface structure and its growth units of anionic coordination polyhedra［J］. Rengong Jingti Xuebao/Journal of Synthetic Crystals, 2004, 33（4）: 471-474.

［16］ 仲维卓, 华素坤. 晶体生成形态学［M］. 北京: 科学出版社, 1999.

［17］ 张贵锋, 黄昊. 固态相变原理及应用［M］. 北京: 冶金工业出版社, 2011.

8 铁素体的三维结构研究

铁素体是钢铁材料中的一种重要组织。铁素体的表征与分析对于理解钢铁材料中的组织演变、力学性能等有重要的作用[1]。晶内铁素体组织因其特殊的几何外形以及它独有的联锁结构，具有较高的力学性能和加工性能。由于联锁结构的存在，裂纹的传播会采取弯曲的路径，结果会具有更高的韧性。晶界铁素体组织对于钢铁材料的中组织的形成、发展和控制有重要的影响，如晶界铁素体和晶内铁素体的竞相析出对于细化组织、提高材料的强韧性能有重要影响。魏氏铁素体组织是从奥氏体晶界附近沿一定的惯习面向晶内生长，形成的在形态上呈为近似平行的羽毛状或三角状的组织，由于其特殊的结构，容易造成应力集中，成为裂纹核心。大量铁素体针片形成的脆弱面，受到外力作用时，容易沿铁素体开裂，导致钢材韧性急剧下降。研究铁素体的形貌、组织的形成以及其形核机理是非常必要的。本章利用聚焦离子束技术并结合 EBSD 分析在三维层面上深入研究了铁素体的形态、取向关系及长大机理。

8.1 铁素体三维重构分析

为分析铁素体三维形态特征，在配有离子束、电子束和 EBSD 的双束显微镜上，利用液态 Ga^+ 作为离子源进行切割，其加速电压为 30 kV，具体实验过程如图 8-1 所示。在 SEM 下找到感兴趣的区域（图 8-1（a））；在目标区域镀 Pt 保护层，为防止在切割和 EBSD 检测过程中样品架旋转引起图片飘移，需在样品表面做"X"形的标记（图 8-1（b））；把目标区域四周挖空后将其提取出来（图 8-1（c））；焊接在铜网上（图 8-1（e））。利用 FIB 对提取出来的样品进行连续切片，同时利用 EBSD 对每一张切片表面进行二维数据采

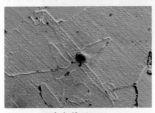

(a) 夹杂物及IAF

(b) 对感兴趣的目标区域镀Pt
保护层的SEM图像

(c) 将目标区域提取出来的过程图

(d) 三维EBSD分析中FIB、SEM
和EBSD之间的几何关系图

(e) FIB切割时的样品表面

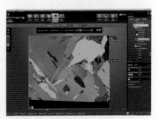

(f) FIB切割时EBSD采集的
一张二维反极图

图 8-1 三维重构过程

集（图 8-1（f））。图 8-2 为 FIB 切割过程中同时采集的 IPF、IQ、Euler 图像，最终获得一系列二维图像。采用三维分析软件 Avizo for FEI System 9.4.0 将这些二维的图像原位重建成三维图像，得到所重构区域的三维立体图，如图 8-3 所示。

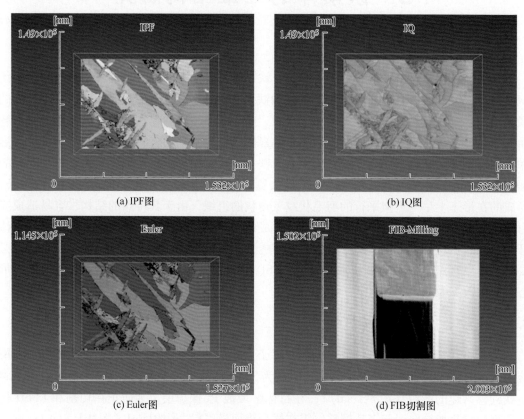

(a) IPF图　　　　　　　　　　　　　　　　　(b) IQ图

(c) Euler图　　　　　　　　　　　　　　　(d) FIB切割图

图 8-2　FIB 切割及 EBSD 数据采集过程

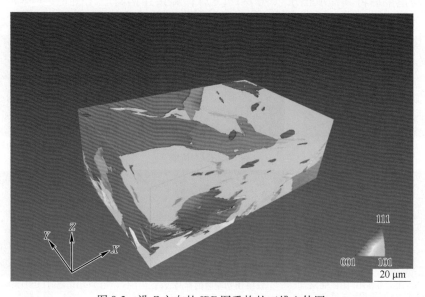

图 8-3　沿 Z 方向的 IPF 图重构的三维立体图

8.2　晶内针状铁素体三维形态

8.2.1　相互融合的晶内铁素体

图 8-4 箭头所指的铁素体的形状好像是一个宽大片条（A）的上面带有与其相连的一个尺寸较小的棒槌（B）。由于在抛光表面上已经看到了此针状铁素体，表明针状铁素体的部分信息已经在准备试样的过程中丢失掉了，所以三维重建的铁素体为部分重建。

图 8-5 为不同间隔的连续截面图像。随着离子束不断切割掉层层截面，铁素体的几何外形及其大小也在慢慢地发生着变化。当切割到第 35 层（图 8-5 (a)）截面时，感生形核的小铁素体 B 已经消失，只剩下一个长条状的铁素体 A，并且铁素体 A 较之前明显变细。起初片状铁素体 A 为一整体，随着连续截面不断地被切割掉，铁素体 A 的内部表面逐渐出现了类似纹理样的线条（图 8-5 (b)），由于夹杂物相对铁素体的尺寸较小，所以只能在仅有的几个截面上可以被观察到。在对包含夹杂物的铁素体建立三维模型的时候，

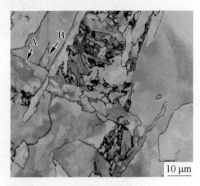

10 μm

图 8-4　相互融合的晶内铁素体

观察到了许多类似的现象。当切割到第 49 层（图 8-5 (c)）时，纹理样的线条变得更加明显，铁素体 A 似乎将要分成 4 个不同的小铁素体，切割到第 52 层（图 8-5 (d)）截面时，能够明显地观察到铁素体 A 将要分成 4 个独立的小铁素体，到第 54 层（图 8-5 (e)）时，4 个不同的小铁素体已经彻底分开，第 61 层（图 8-5 (f)）时，4 个不同的小铁素体已经消失了 3 个，第 4 个小铁素体此时也变得非常小，即将消失。由此可见，铁素体 A 并不是由夹杂物诱发析出的单个铁素体形核长大而形成的，它是由在不同地点形核的 4 个独立的小铁素体在长大过程中通过接触融合形成的。

图 8-6 所示的四幅图像是分别从不同角度观察到的铁素体三维形貌，从图中可以看出，三维空间的铁素体 A 的形貌并不是二维空间观察到的片状，而是接近三棱柱的形状，感生形核的小铁素体 B 就像一个牛犄角一样站在三棱柱两个面相交的棱上。由此说明铁素体 B 析出于铁素体 A 的边界，也就是边对边形核。从三维结构中可以推测出，随着连续截面的进行，二维形貌发生变化，初始，图 8-6 (b) 中的 1 平面为离子束加工的平面与其相对的棱朝向下方，所以开始看到的片状铁素体又宽又大，抛光平面被不断的切割掉，它将会逐渐变得窄小；同时，由图 8-6 (c) 中可以看出，B 铁素体厚度比 A 铁素体薄，所以随着连续截面的进行，B 铁素体首先消失。由连续截面的二维图像中可知，A 铁素体是由 4 个独立的小铁素体融合而成的，然而从三维形貌上却看不出 4 个独立的小铁素体相交的边界线。

图 8-7 箭头所指为两个铁素体 A 和 B 分别在不同的地点析出，然后接触融合在一起，共同长大为一个整体 C。图 8-8 是铁素体 C 的三维重建的模型，从不同的角度对它进行观察发现，它的空间三维形状并不是细长条状的，而是等轴形状薄片，图 8-8 (a) 正对的平面是离子束减薄的加工面，图 8-8 (b) 正对的平面则是铁素体的侧面。铁素体 C 之所以在二维平面上的形貌表现为细长条状，是因为铁素体 C 的抛光平面正好位于其等轴形薄片的最薄侧面上。

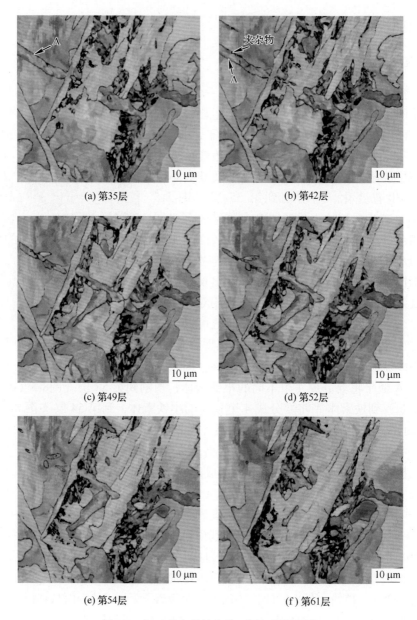

图 8-5　相互融合的铁素体不同间隔的图像

　　图 8-9 为晶内铁素体不同间隔的连续截面。图 8-9（a）~（e）分别为连续截面中的第 6 层、13 层、65 层、70 层、72 层。由图中可以看出，3 个铁素体在邻近的不同地点处形核，然后逐渐长大融合成一个尺寸较大的铁素体。通过观察不断地被切割掉的层层截面发现，这个大尺寸的铁素体又会变得越来越小，随后分成两个独立的个体分别消失。

　　图 8-10 为此铁素体的三维形貌，它是由 49 张二维图像组成的完整三维形貌。以不一样的角度去观察它的空间形貌，由图中可以清楚地看出，此铁素体的形貌呈现出不规则的形状，其边界平直且光滑，融合到一起的铁素体表面已经完全看不出原有 3 个铁素体的痕迹。

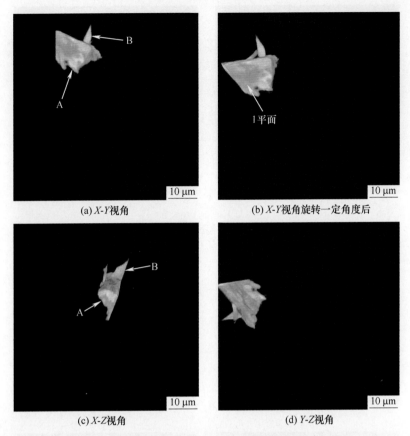

(a) X-Y视角　　　　　　　　　　　(b) X-Y视角旋转一定角度后

(c) X-Z视角　　　　　　　　　　　(d) Y-Z视角

图 8-6　相互融合的铁素体的三维形貌

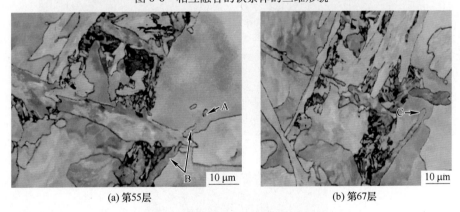

(a) 第55层　　　　　　　　　　　(b) 第67层

图 8-7　针状铁素体不同间隔的图像

8.2.2　相互碰撞的晶内铁素体

试样中有许多铁素体板条与其他板条相互碰撞的例子，选取其中具有典型代表性的铁素体进行三维重建。图 8-11 为一板条状的铁素体，如箭头所示，此铁素体的形状细长，平均长度为 31.51 μm，平均宽度为 3.03 μm，长宽比约为 10。由于其上部的组织在试样的准备过程中已经被切割掉，所以实际铁素体的长和宽的尺寸应该更大。

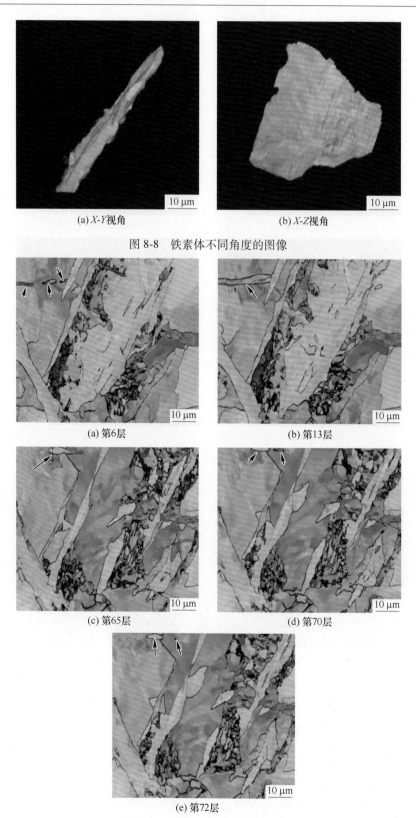

(a) X-Y视角   (b) X-Z视角

图 8-8   铁素体不同角度的图像

(a) 第6层   (b) 第13层

(c) 第65层   (d) 第70层

(e) 第72层

图 8-9   晶内铁素体不同间隔的图像

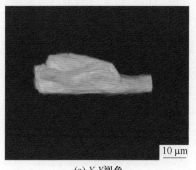 

(a) X-Y视角　　　　　　　　　　　　(b) X-Z视角

图 8-10　完整的晶内铁素体的三维形貌

图 8-12 反映了每间隔 1 个截面铁素体形貌变化的情况，每层截面的间隔是 150 nm，那么每张图片的间隔则为 300 nm。铁素体 B 很小（图 8-12 (a)），切割面不断地被切割掉，铁素体 B 变得越来越宽大并与 A、C 两个铁素体相接在一起长大成一个大的整体（图 8-12 (b) (c)）。继续切割此平面发现，这个大的铁素体渐渐地分裂变小，直至消失。

图 8-13 是上述铁素体的三维形貌。从不同角度观察它的几何外形特征发现，铁素体 B 单独析出于夹杂物表面，由于铁素体包裹夹杂物生长，所以图中未能

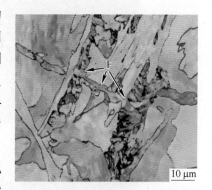

图 8-11　相互碰撞的晶内铁素体

看见夹杂物，然后 B 铁素体在生长的过程中与 A、C 发生碰撞而停止生长。3 个铁素体之间的边界清晰可见，所以这 3 个铁素体并不是融合在一起继续生长，而是相互碰撞后停止生长。由此可见，此铁素体并不是一个独立的整体，而是由 3 个形核地点不在同一处的小铁素体组成，并且它们在后期生长时发生了碰撞。所以，不能仅从抛光平面上观察到铁素体之间相互接触，并且在其内部观察不到夹杂物，就武断地认为是激发形核，还有可能是铁素体在不同的地点析出后，在后期生长时发生了碰撞。

图 8-14 是针状铁素体三维形貌的完整重建。此铁素体在二维图片上观察，其形貌为两个针状的铁素体，但是三维形貌反映为板条状，并且是一个整体。这主要是因为铁素体形核后在宽度方向生长速度慢，而在长度方向生长速度快；同时在三维空间上，铁素体在厚度方向上也比其宽度方向生长速度快，所以铁素体总是向着长和厚的方向生长，形成 4 个侧面都呈现出长且窄的形状，只有剩下的两个面相对来说呈现出比较宽的形状。所以，当研磨面与铁素体的 4 个长且窄的任一侧面平行时，铁素体的形状便呈现出"针状"。这种概率比研磨面与仅有的 2 个宽面平行的概率要大得多，所以我们在二维平面上观察到的铁素体的形貌往往呈针状，而不是板条状。从图 8-14 (c) 中箭头所指的地方可以观察到，铁素体的边界不连续并且存在残缺，这可能是由于铁素体在生长的过程中与其他铁素体间相互碰撞或者交错生长形成的。

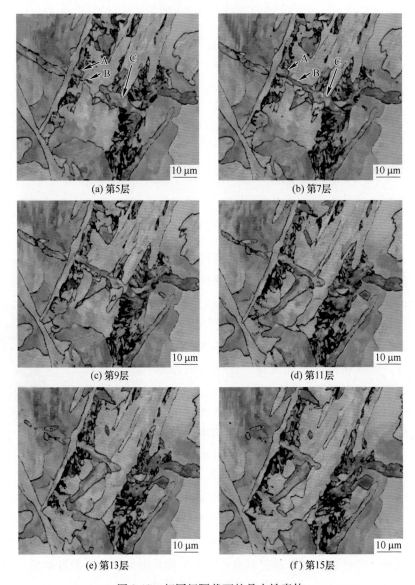

(a) 第5层　　　　　　　　　　　　　(b) 第7层

(c) 第9层　　　　　　　　　　　　　(d) 第11层

(e) 第13层　　　　　　　　　　　　　(f) 第15层

图 8-12　相同间隔截面的晶内铁素体

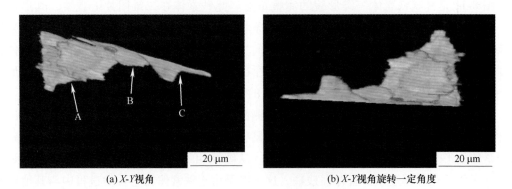

(a) X-Y 视角　　　　　　　　　　　(b) X-Y 视角旋转一定角度

图 8-13　铁素体的三维形貌

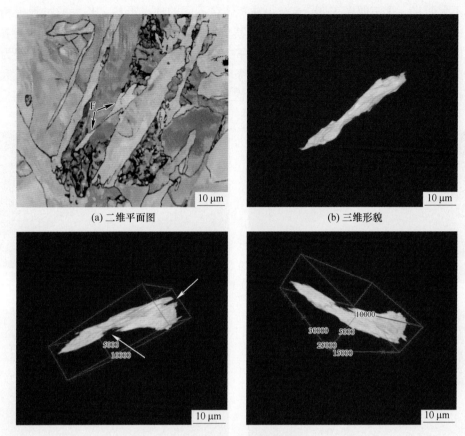

(a) 二维平面图　　　　　　　(b) 三维形貌

(c) 旋转一定角度后三维形貌

图 8-14　针状铁素体的二维图像及其三维形貌

　　图 8-15 箭头所指的是较大的板条状铁素体，此铁素体平均长度和宽度分别约为 68.22 μm 和 7.35 μm，长宽比约为 9。长宽比在 9~11 内的铁素体在所使用的实验材料中极为常见，那么，长宽比如此大的铁素体是一个整体，还是由多个不同的小铁素体组合形成的呢？很显然仅仅根据二维图像是不能作出正确判断的。所以对此铁素体进行了三维重建，以期从三维重建的模型中观察到真实的形貌特征，从而作出正确的判断。

　　图 8-16 为此铁素体的三维重建模型。这个铁素体是由 5 个独立的小铁素体单元组成的，每个单元的尺寸大小不等。图 8-16（a）为与研磨面平行的上表面的形状，此表面光滑，没有不同的小铁素体之间的界线，这是因为此平面经过离子束的减薄进行了抛光。图 8-16（b）为其侧面图，通过仔细观察发现，每个小单元之间的界线清晰，并且铁素体的边界不连续，内部有一个大的孔洞，这是由于铁素体之间相互交叉生长造成的。图 8-16（c）为与研磨面相对的平面，此平面凹凸不平，铁素体之间

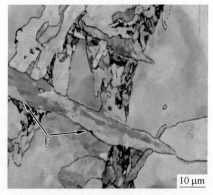

图 8-15　大尺寸板条状铁素体

的界线不太明显。这三幅图表明，5 个小铁素体在不同的地点形核，长大的过程中相互碰撞后，便停止碰撞方向的长大，然后朝着与其垂直的方向生长，所以有的平面不能看出铁素体之间的界线，而有的平面界线明显。图 8-16（d）展示了其横截面的形貌近似为等轴形。由此可见，在二维空间上表现为较大板条状的铁素体，它不是由某一个个体长大形成的，而可能是由形核地点较近的两个或多个铁素体生长过程中碰撞形成的，也可能是新铁素体在先形成的铁素体上感生形核造成的。

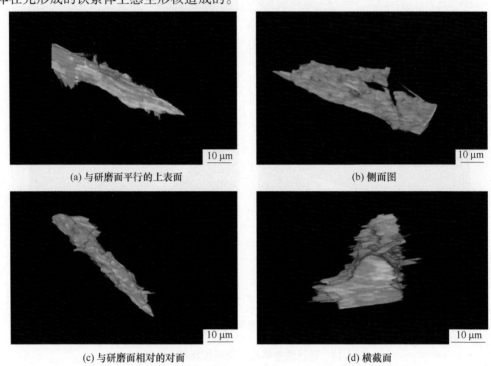

(a) 与研磨面平行的上表面　　　　　　　　　　　　(b) 侧面图

(c) 与研磨面相对的对面　　　　　　　　　　　　(d) 横截面

图 8-16　板条状铁素体不同角度的三维形貌

由此可见，铁素体融合长大，是由两个或多个不同形核地点形核的铁素体在长大过程中相互接触，然后融合在一起共同长大，长大后的铁素体边界平直、光滑，表面也较为平整，没有铁素体之间的分界线。铁素体相互碰撞长大，是由两个或多个邻近地点形核的铁素体在长大过程中相互接触后，碰撞方向便停止长大，然后朝着其他方向长大，长大后的铁素体边界并不平直、光滑，甚至有可能不连续，表面能够清楚地观察到分界线，并且由于每个铁素体的生长速度及生长方向不完全一致而出现表面凹凸不平的现象。

8.2.3　夹杂物诱发的晶内铁素体

图 8-17（a）~（c）分别为夹杂物诱发的晶内铁素体系列截面中的第 22 层、20 层、17 层。图 8-17（a）中夹杂物的尺寸较小；图 8-17（b）体现了铁素体析出于夹杂物上；图 8-17（c）中，铁素体晶粒包裹夹杂物生长，从图中已经完全看不到夹杂物。由于夹杂物的尺寸相对铁素体晶粒的尺寸较小，所以只能在第 18~22 层这仅有的 5 个截面上观察到夹杂物。因此，除了连续截面三维重建技术外，很难在本实验所应用的试样中观察到夹杂物诱发晶内铁素体形核的现象。

(a) 第22层　　　　　　　　(b) 第20层　　　　　　　　(c) 第17层

图 8-17　包含夹杂物的晶内铁素体的不同截面

　　图 8-18 是此铁素体与夹杂物完整三维形貌。从不同角度观察二者的空间位置关系和立体形貌发现，铁素体析出于夹杂物的某个部位，在某一个方向上瘦长并且可能存在特殊的取向关系。

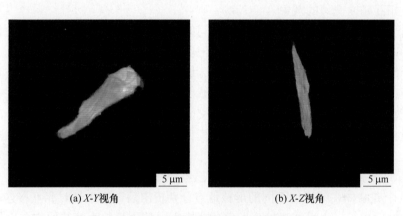

(a) X-Y 视角　　　　　　　　　　(b) X-Z 视角

图 8-18　晶内铁素体完整三维形貌

　　图 8-19 是含夹杂物的晶内铁素体的不完整三维形貌。从图中可以看出，铁素体呈板条状，夹杂物未能显示出来，这是因为诱发此铁素体的夹杂物的尺寸很小，并且夹杂物被铁素体晶粒完全包裹在里面。

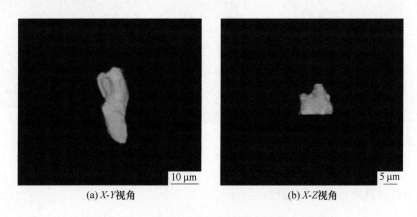

(a) X-Y 视角　　　　　　　　　　(b) X-Z 视角

图 8-19　含夹杂物的晶内铁素体不完整三维形貌

在对晶内铁素体重建的过程中发现，有些铁素体单独存在又没有发现与它相关的夹杂物，这可能有以下两方面原因：（1）这些铁素体可能与一些尺寸过小不易察觉的夹杂物有关；（2）也可能是由于在试样的离子减薄过程中，夹杂物被磨削掉了。

8.2.4 晶内铁素体联锁组织结构

图 8-20 为铁素体联锁组织结构的图像。由图中可以看出，三个较大的铁素体 A、B、C 围成一个有限的小区域，在这个小区域中形成了若干个尺寸较小的铁素体晶粒。所谓铁素体的联锁组织，是在已存在的铁素体（此类铁素体在夹杂物或奥氏体边界处析出）的表面析出二次板条，先形成的铁素体和二次板条杂乱无章地相互交错生长，由此形成错综复杂的组织结构，称为铁素体的联锁组织。

图 8-21 是铁素体联锁组织结构的三维形貌。由图中可以看出，铁素体 A 与铁素体 C 在生长的过程中以大于 90°的角度相互交错生长，而铁素体 B 与铁素体 C 发生接触时便停止生长，A、B、C 三个铁素体围成了一个小区域，小的铁素体晶粒在有限的小区域内形核长大并发生相互碰撞交叉的现象。

早期由于碳的过饱和度很大及铁素体之间的碰撞概率很小，晶内铁素体的长度方向长大很快，所以铁素体能长成较大的板条，并把奥氏体晶粒划分成许多小区域，这些小区域比原始奥氏体晶粒的尺寸小。到了后期，小区域内部形核的铁素体在生长时与其他的铁素体发生碰撞、交叉便停止生长，这使得小区域内的铁素体尺寸较小。所以，铁素体联锁组织是由于其在生长时发生激发形核、碰撞、交叉现象造成的。

通过对接连在一起的晶内铁素体的空间模型进行分析，对其连接方式可以总结为两种状况：

（1）新的铁素体可能以边对边的方式在已经存在的铁素体上析出；

（2）两个铁素体在邻近但不同的形核地点分别析出后，在生长时相互接连，之后可能融合在一起共同生长，也可能碰撞后即停止碰撞方向的生长转而朝其他方向生长。

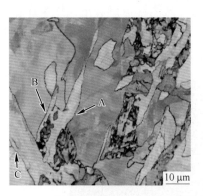

图 8-20 铁素体联锁组织结构的图像

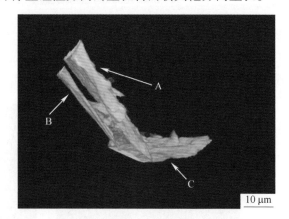

图 8-21 铁素体联锁组织的三维形貌

8.2.5 晶内针状铁素体晶体学特征

图 8-22 为低碳微合金钢晶内铁素体的三维合成图，本图由 274 张 EBSD 二维图像组

成，此图可以从不同的角度清楚地观察到各个晶内铁素体之间的空间位置关系、真实形貌、错综复杂的联锁组织以及其晶界的原始形态。

图 8-23 是晶内铁素体的三维 EBSD 立体模型，由 274 张 EBSD 二维图像组成，图中颜色的差异表示不一样的晶粒。

图 8-24 为晶内铁素体的三维 KAM （Kernel Average Misorientation or Local Average Misorientation）图。KAM 图表示某一给定点与其周围相邻两个点之间平均取向差的分布图，能够表征组织内位错密度、取向变化（取向梯度）以及储能等相关的信息[2]。图 8-24 共由 50 张 KAM 图重建而得，从图中可以观察到任意角度和切面的取向梯度变化。

图 8-22 低碳微合金钢晶内铁素体的三维合成图

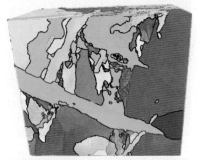

(a) 合成后的三维EBSD (b) 将图(a)进行了一定角度的旋转

图 8-23 晶内铁素体的三维 EBSD 立体模型

(a) 合成后的三维KAM (b) 将图(a)进行了一定角度的旋转

图 8-24 晶内铁素体的三维 KAM 图

图 8-25 （a）～（f）分别为晶内铁素体第 1 层、10 层、20 层、30 层、40 层、50 层的 KAM 图。从图中可以看出，图中的颜色以蓝色和蓝绿色为主，这表明它的内部取向差很小，绝大多数在 2° 以内。在铁素体的边界上分布着红色点，表明此处取向差较大。这表明

了晶内铁素体内部取向差很小而其边界的取向差很大，也就是它们之间是以大角度晶界彼此分开的。

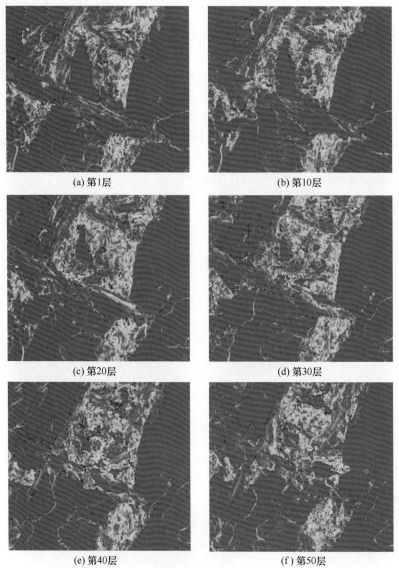

(a) 第1层　　　　　　　　　　　　(b) 第10层

(c) 第20层　　　　　　　　　　　　(d) 第30层

(e) 第40层　　　　　　　　　　　　(f) 第50层

图 8-25　晶内铁素体不同平面的 KAM 图

　　图 8-26（a）为图像衬度（Image Quality，IQ）图，从图中共观察到三个诱导 IAF 形核的夹杂物。图 8-26（b）为与图 8-26（a）相对应的沿 X 方向的 IPF 图。提取图 8-26（b）中黑色矩形标记区域的 IAF，如图 8-26（c）所示。图 8-26（d）为由图 8-26（c）中的针状铁素体板条获得的 {001} 极图。

　　相关文献已证实，IAF 与原奥氏体间具有 K-S 取向关系[3,4]，即 $\langle 111 \rangle \alpha /\!/ \langle 110 \rangle \gamma$，$\{110\} \alpha /\!/ \{111\} \gamma$。采用 Miyamoto 等[5,6]提出的 $\{100\} \alpha$ 极图重构法，基于 IAF 与原奥氏体间的 K-S 取向关系，对原奥氏体的取向进行重构，重构所得原奥氏体取向用图 8-27（a）中红色方块标记。图 8-27（a）为 IAF 的 {001} 极图（用黑色方块标记）与重构的原奥氏体

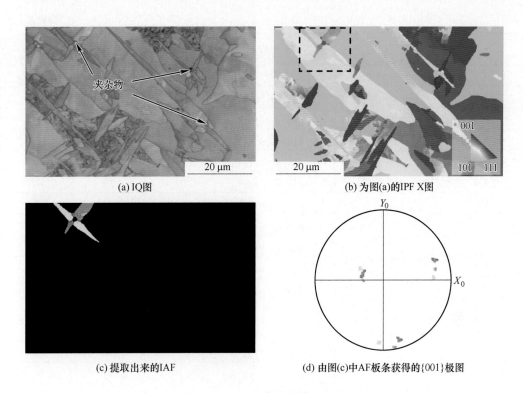

(a) IQ图   (b) 为图(a)的IPF X图

(c) 提取出来的IAF   (d) 由图(c)中AF板条获得的{001}极图

图 8-26 IAF 板条的形貌及取向

的{001}极图(用红色方块标记)的叠加图。满足 K-S 取向关系的 IAF 与原奥氏体之间共有 24 种 K-S 变体，表 8-1 为 24 种 K-S 变体及其分组。图 8-27（b）为原奥氏体的{001}极图与表 8-1 中的 24 种 K-S 变体的理论{001}极图的叠加图。如图 8-27（c）所示，将实际测量得到的 IAF{001}极图（用黑色方块标记），通过拟合获得的原奥氏体{001}极图（用红色方块标记）和 24 种 K-S 变体理论{001}极图（用蓝色方块标记）进行叠加，从而获得 IAF 的变体类型。由图 8-27（c）可知，在 5°以内的小偏差范围内，IAF 的实测取向与理论计算的 24 种变体的取向结果吻合良好，说明 IAF1、IAF2、IAF3 分别为变体 6(V6)、变体 9(V9)、变体 14(V14)，如图 8-27（d）所示。由表 8-1 可知，V6、V9 和 V14 属于同一贝恩组，即 B3 组，说明在同一个夹杂物上形核的针状铁素体板条通常属于同一贝恩组。

表 8-1 K-S 关系中的 24 种变体及其按照不同的分组方式分为 4 个 CP 组和 3 个贝恩组

变体	平行晶面	平行晶向	CP 组	贝恩组	偏离 V1 的方向/(°)
V1		$[\bar{1}01]\gamma /\!/ [\bar{1}\bar{1}1]\alpha$		B1	—
V2		$[\bar{1}01]\gamma /\!/ [\bar{1}1\bar{1}]\alpha$		B2	60.0
V3	$(111)\gamma /\!/ (011)\alpha$	$[0\bar{1}1]\gamma /\!/ [\bar{1}\bar{1}1]\alpha$	CP1	B3	60.0
V4		$[0\bar{1}1]\gamma /\!/ [\bar{1}1\bar{1}]\alpha$		B1	10.5
V5		$[\bar{1}10]\gamma /\!/ [\bar{1}\bar{1}1]\alpha$		B2	60.0
V6		$[\bar{1}10]\gamma /\!/ [\bar{1}1\bar{1}]\alpha$		B3	49.5

变体	平行晶面	平行晶向	CP 组	贝恩组	偏离 V1 的方向/(°)
V7		$[10\bar{1}]\gamma/\!/[\bar{1}11]\alpha$		B2	49.5
V8		$[\bar{1}01]\gamma/\!/[\bar{1}11]\alpha$		B1	10.5
V9	$(\bar{1}11)\gamma/\!/(011)\alpha$	$[\bar{1}\bar{1}0]\gamma/\!/[\bar{1}11]\alpha$	CP2	B3	50.5
V10		$[1\bar{1}0]\gamma/\!/[\bar{1}11]\alpha$		B2	50.5
V11		$[011]\gamma/\!/[\bar{1}11]\alpha$		B1	14.9
V12		$[0\bar{1}\bar{1}]\gamma/\!/[\bar{1}11]\alpha$		B3	57.2
V13		$[0\bar{1}1]\gamma/\!/[\bar{1}\bar{1}1]\alpha$		B1	14.9
V14		$[0\bar{1}1]\gamma/\!/[1\bar{1}1]\alpha$		B3	50.5
V15	$(1\bar{1}1)\gamma/\!/(011)\alpha$	$[10\bar{1}]\gamma/\!/[1\bar{1}1]\alpha$	CP3	B2	57.2
V16		$[101]\gamma/\!/[\bar{1}\bar{1}1]\alpha$		B1	20.6
V17		$[110]\gamma/\!/[1\bar{1}1]\alpha$		B3	51.7
V18		$[110]\gamma/\!/[\bar{1}\bar{1}1]\alpha$		B2	47.1
V19		$[1\bar{1}0]\gamma/\!/[1\bar{1}1]\alpha$		B3	50.5
V20		$[\bar{1}10]\gamma/\!/[\bar{1}11]\alpha$		B2	57.2
V21	$(11\bar{1})\gamma/\!/(011)\alpha$	$[0\bar{1}1]\gamma/\!/[\bar{1}11]\alpha$	CP4	B1	20.6
V22		$[\bar{1}10]\gamma/\!/[\bar{1}1\bar{1}]\alpha$		B3	47.1
V23		$[101]\gamma/\!/[\bar{1}1\bar{1}]\alpha$		B2	57.2
V24		$[10\bar{1}]\gamma/\!/[\bar{1}11]\alpha$		B1	21.1

如表 8-1 所示，不同贝恩组的变体之间的取向差至少为 47.1°，而同一贝恩组的变体之间的取向差小于 21.1°，说明属于同一贝恩组的变体之间的取向差小于属于不同贝恩组的变体之间的取向差。在同一夹杂物上形核的针状铁素体板条具有属于同一贝恩组的特点，并且具有相似的取向，这可能是因为它们具有相同的形核位置，并且此类变体的感生形核相对容易[7]。此外，有文献指出，在感生成核过程中，取向相近板条的形核在动力学上更有利[8]。

图 8-28（a）为图 8-26（b）中的黑色矩形区域的放大图。测量所有 AF 板条与其周围组织之间的取向差，并分别绘制在图 8-28（b）~（e）中。沿白色箭头 1~4 的最大取向差分别为 49.92°、34.83°、41.66°和 56.51°，AF 板条与周围组织的取向差均超过 21.1°，表明它们与周围组织属于不同的贝恩组。由此认为，同一夹杂物上形核的 AF 板条属于同一贝恩组，但与周围组织为不同的贝恩组，其取向差均大于 21.1°。由此可推测，与周围组织取向差超过 21.1°以上的 AF 板条是由同一夹杂物诱导形核的。因此，可以通过测量取向差判断出在二维随机平面上由同一夹杂引起的所有 AF 板条。如图 8-28 所示，在同一夹杂物上形核的 AF 板条与周围组织之间的取向差均大于 21.1°。

8.2.6　晶内针状铁素体长大机理

研究 IAF 的三维形态特征有助于分析 IAF 的长大过程。在奥氏体向铁素体转变过程

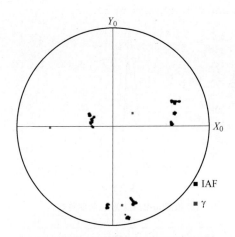

(a) 原奥氏体的{001}极图与IAF的{001}极图的叠加图(红色方块表示原奥氏体的取向，黑色方块表示IAF的取向)

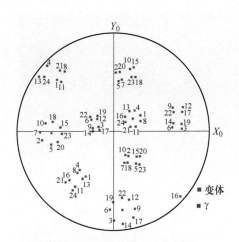

(b) 原奥氏体的{001}极图与理论计算的24种K-S变体取向的叠加图(蓝色方块表示24种K-S变体的取向)

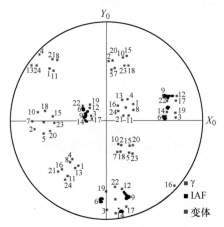

(c) {001}IAF极图、{001}γ和理论计算的24种K-S变体的{001}极图

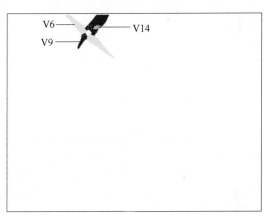

(d) 重构得到的原奥氏体取向的变体类型

图 8-27　原奥氏体、IAF 及 24 种 K-S 变体的 {001} 极图

中，由于晶体结构和晶格常数的不同，形核相与基底相之间会产生弹性应变能。当铁素体开始长大时，奥氏体和铁素体中会产生应变能[9]。基底相奥氏体每单位体积的弹性应变能 ε_s 可通过以下公式进行计算[10]：

$$\varepsilon_s = \frac{3(1 + \nu_{Fe})}{4} E_{Fe}\sigma_r^2 \tag{8-1}$$

式中　ν_{Fe}——铁的泊松比；

　　　E_{Fe}——杨氏模量；

　　　σ_r——基底相中沿径向的应力。

通常认为，具有较高应变能的位置更有利于铁素体的形核和长大。根据式（8-1），当 σ_r 为常量时，ε_s 与 E_{Fe} 成正比，此时，奥氏体中应变能密度最高的区域是铁素体的最大杨氏模量方向。因此，具有体心立方结构的铁素体长大速率最大的方向在其最大杨氏模量方

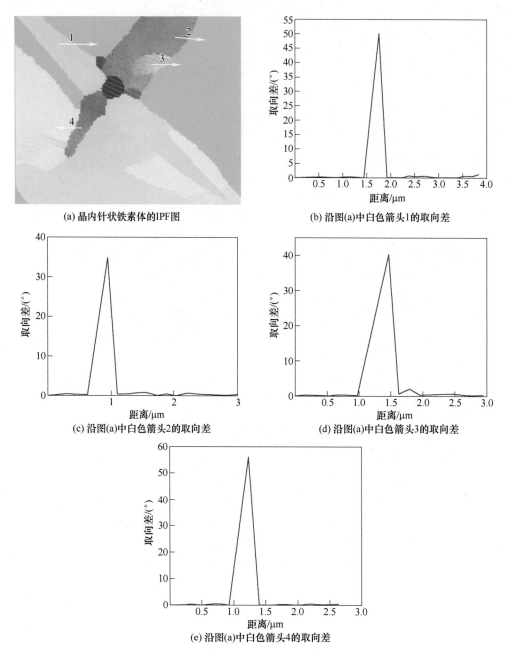

(a) 晶内针状铁素体的IPF图

(b) 沿图(a)中白色箭头1的取向差

(c) 沿图(a)中白色箭头2的取向差

(d) 沿图(a)中白色箭头3的取向差

(e) 沿图(a)中白色箭头4的取向差

图 8-28   IAF 的取向及其与周围组织的取向差

向上。通常，立方对称晶体中的杨氏模量可通过以下方程式进行计算[11]：

$$1/E = S_{11} + [S_{44} - 2(S_{11} - S_{12})](a_{11}^2 a_{12}^2 + a_{12}^2 a_{13}^2 + a_{13}^2 a_{11}^2) \tag{8-2}$$

式中 S_{ij}——刚度；

　　　　a_{1i}——与对称轴的任意方向 x_1' 相关的方向余弦（$x_1 = [100]$，$x_2 = [010]$，$x_3 = [001]$）。

换言之，$a_{1i} = \cos(x_1', x_i)$，即晶体的拉伸方向与基本轴之间的夹角余弦。当温度为

773 K 时，铁素体的刚度 $S_{11} = 0.010426$ GPa^{-1}，$S_{44} = 0.009328$ GPa^{-1}，$S_{12} = -0.004109$ GPa^{-1}，根据式（8-2）得：$S_{44} - 2(S_{11} - S_{12}) < 0$。实际上，对于铁素体，在任何温度下，均有 $S_{44} - 2(S_{11} - S_{12}) < 0$[12]。因此，当 $(a_{11}^2 a_{12}^2 + a_{12}^2 a_{13}^2 + a_{13}^2 a_{11}^2)$ 取最大值时，即 $a_{11}^2 = a_{12}^2 = a_{13}^2 = 1/3$，杨氏模量 E 的值最大，说明最大的杨氏模量方向为 $\langle 111 \rangle \alpha$ 方向。也就是说，铁素体最大的长大速率方向是沿着 $\langle 111 \rangle \alpha$ 方向。铁素体沿 $\langle 111 \rangle \alpha$ 方向的定向长大使奥氏体和铁素体之间保持 K-S 取向关系。然而大多数晶体都是各向异性的[3]，且随着转变温度的降低，应变能贡献增大，长大速率的各向异性增加。因此，在铁素体生长过程中，铁素体的形貌受弹性各向异性的强烈影响。观察发现，针状铁素体板条在靠近夹杂物一侧较宽大，而在远离夹杂物的一端尺寸较细小。随着温度的降低，铁素体的扩散生长速度逐渐减慢，铁素体层达到极限厚度时，停止生长。因此，铁素体的定向长大使其形貌最终呈针状。

8.3 晶界铁素体三维形态

在钢中析出的晶界铁素体三维形貌与其析出位置、界面结构和相变动力学等因素有关。晶界铁素体按析出位置的不同可以分为晶界面铁素体和晶界棱铁素体。晶界面铁素体是指在两个奥氏体晶粒的界面处生长而成的，晶界棱铁素体为至少三个奥氏体晶粒形成的棱边处生长而成的铁素体[13]。

8.3.1 晶界面铁素体

图 8-29 为试验钢第 110 层、115 层、122 层、146 层、155 层、170 层的图像，图中箭头所指为晶界面铁素体的二维形貌。起初，晶界面铁素体依附奥氏体晶界面生长，随后长向晶内，而原来的位置被另一个晶界面铁素体所占据，最后逐渐消失。说明晶界面铁素体在晶界处会发生相互融合、重叠等现象，形成多层次的晶界面铁素体群。整个切割过程包含了晶粒的完整形貌，根据层数与每一层的厚度计算出晶界面铁素体垂直于观察方向的高度为 9.15 μm。

图 8-30(a) 为试验钢切割到第 134 层截面时的晶粒取向。在同一个奥氏体晶粒内，相邻的铁素体板条之间具有相似的取向，并且不同的奥氏体晶粒间取向却大相径庭。箭头所指为目标晶界面铁素体，其晶粒取向为 [101]，与它相邻晶粒的取向都不同。图 8-30（b）~（d）中目标晶界铁素体的晶界为大角度晶界（$\theta > 15°$），随着切割的进行，发现目标晶界铁素体长向晶内，并且晶粒内部发现小角度晶界（$5° < \theta < 15°$），推断是与相邻晶粒发生了融合，这也印证了图 8-29 中的现象。

从图 8-29 可知，该铁素体与奥氏体晶界相邻，将这一侧定义为附着面。图 8-31 为目标晶界面铁素体的三维形态，从顶视图观察发现为存在大量凹坑和缺陷（图 8-31（a）），呈扁平状，从附着面观察发现为细长条状（图 8-31（b））。根据层数和间隔计算得到垂直于观察方向的高度为 9.15 μm，沿附着面进行观察并测量该铁素体的高度为 10.05 μm，两者存在一定的偏差，这说明了该目标铁素体与奥氏体晶面有一个角度，根据三角形反余弦函数，$\cos\theta = 9.15/10.05$，所以晶界面铁素体生长方向与奥氏体晶界的夹角 $\theta = 24.4°$，根据计算，可推算出晶界面铁素体并非沿着母相晶粒生长，而是以一定角度长向晶内。从图 8-31（b）可知，该铁素体宽度较窄，只在奥氏体晶界附近生长。

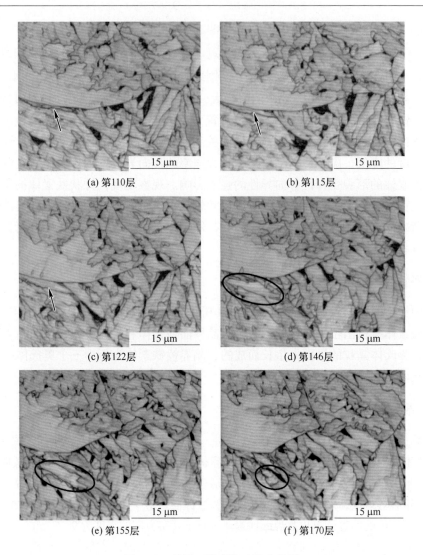

(a) 第110层　　　　　　　　　　(b) 第115层

(c) 第122层　　　　　　　　　　(d) 第146层

(e) 第155层　　　　　　　　　　(f) 第170层

图 8-29　晶界面铁素体连续变化图

8.3.2　晶界棱铁素体

试验钢第 21 层、27 层、31 层、33 层、35 层、37 层图像如图 8-32 所示。晶界棱铁素体的一开始是圆形小晶粒（图 8-32（a）），随着切割的进行，发现该铁素体生长前端为尖状，尾部较宽并与奥氏体晶界固定的类似于三角形向晶内生长（图 8-32（b）），当切割到第 181 层时，发现最前端尖角消失，开始分裂成两个小尖角（图 8-32（c）（d））。随着切割的进一步进行，两个小尖角逐渐退化并消失不见（图 8-32（e）（f））。利用切割层的间隔和数量，计算出垂直于观察面的晶界棱铁素体的高度为 3.9 μm。

如图 8-33 所示，目标晶界棱铁素体的晶粒取向为 [111] 与其所在奥氏体晶粒取向相近，三个奥氏体界面平直，相互之间的晶粒取向差异明显，而各自晶粒内部取向相似。奥氏体晶界以大角度晶界隔开（$\theta > 15°$），晶界棱铁素体晶界是小角度晶界隔开（$5° < \theta < 15°$）。

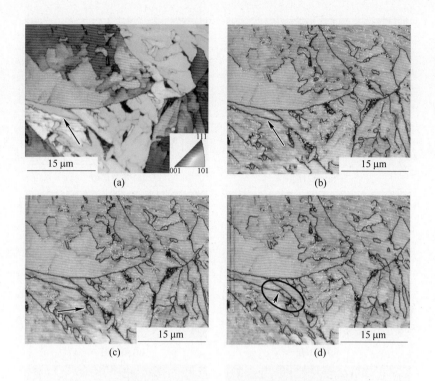

图 8-30 晶界面铁素体 EBSD 检测

(a) 晶粒取向图;(b)~(d) 切割过程晶界取向变化图

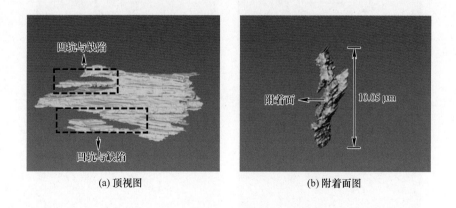

图 8-31 晶界面铁素体三维形貌

从图 8-32 可知,该铁素体与三个奥氏体晶界相邻,将这一侧定义为附着面。图 8-34 为构建出的目标晶界棱铁素体三维形貌,其三维形貌形如具有尖顶的三棱锥状,附着面光滑、平整(图 8-34 (b)),侧面存在很深沟壑(图 8-34 (a)),推测是与相邻晶粒发生碰撞的结果。测量其厚度为 3.6 μm,与垂直于观察面的晶界棱铁素体的高度 3.9 μm 相差较小,故确定为观察方向与目标铁素体方向一致。

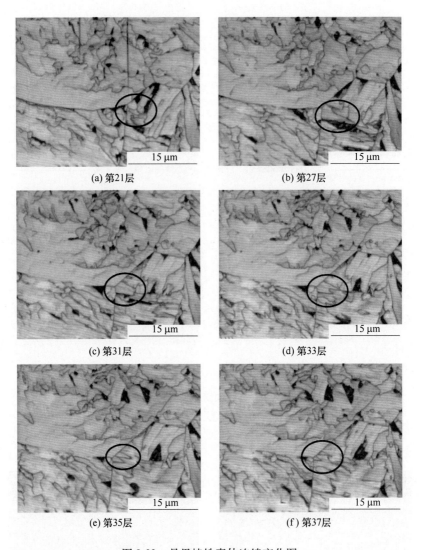

(a) 第21层　　　　　　　　　　　　(b) 第27层

(c) 第31层　　　　　　　　　　　　(d) 第33层

(e) 第35层　　　　　　　　　　　　(f) 第37层

图 8-32　晶界棱铁素体连续变化图

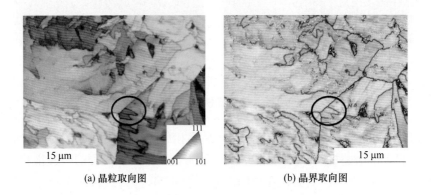

(a) 晶粒取向图　　　　　　　　　　(b) 晶界取向图

图 8-33　晶界棱铁素体 EBSD 检测

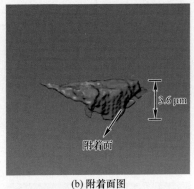

(a) 顶视图　　　　　　　　　　　　　(b) 附着面图

图 8-34　晶界棱铁素体三维形貌

8.4　魏氏铁素体的三维形态

8.4.1　一次魏氏片状铁素体

图 8-35 为一次魏氏片状铁素体在连续切割过程中拍摄的二维形貌图。图中黄色虚线为奥氏体晶界。奥氏体晶界附近存在形状不规则的晶粒 A（图 8-35（a）），随着切割的进行，晶粒 A 逐渐展现出来，同时出现了一个新的晶粒 B，尾部都与奥氏体晶界相连（图 8-35（b））。A 晶粒的前方出现一小块晶粒 C（图 8-35（c））。随着切割的进行，发现晶粒 A 与晶粒 C 合并成一个大的晶粒 D（图 8-35（d））。随后又发现新的晶粒 E，并且 B、D、E 呈现为与奥氏体晶界有一定夹角的相互平行的向内生长趋势（图 8-35（e）），随后发现所有的晶粒都合并成了一个大的块状晶粒（图 8-35（f）），最后逐渐消失不见。

图 8-35 所对应的晶粒取向图如图 8-36 所示。晶粒 A 的晶粒取向为［111］，随后发现的晶粒 B 的晶粒取向为［111］（图 8-36（a）（b））。A 晶粒的前方出现的晶粒 C 取向也为［111］（图 8-36（c）），最后晶粒 A 和晶粒 C 发生了融合，形成了晶粒取向为［111］的晶粒 D（图 8-36（d））。随着切割的进行，取向为［111］的晶粒 E 逐渐显露出来（图 8-36（e）），最后所有晶粒融合成一个大的块状晶粒（图 8-36（f））。在整个过程中，晶粒取向始终保持一致为［111］。

连续切割过程中第 110 层和第 102 层晶界取向图如图 8-37 所示，晶粒 B、D、E 与奥氏体晶界之间是大角度晶界隔开（蓝色 θ>15°），但晶粒 B、D、E 之间是以小角度晶界隔开（黄色 2°<θ<5°，红色 5°<θ<15°）。同时发现晶粒 B、D、E 与其他晶粒之间也是以小角度晶界隔开（红色 5°<θ<15°）。

一次魏氏片状铁素体重构后不同视角的三维形貌如图 8-38 所示。从 X-Y 视角观察发现一次魏氏片状铁素体的三维形貌为"ヨ"字形，中间铁素体板条较长，板条表面存在凹坑。将一次魏氏片状铁素体与奥氏体晶界接触侧定义为附着面，铁素体板条与附着面之间不垂直，以一定的倾斜角度相互平行向晶内生长。从 X-Z 视角发现板条存在孔洞。Y-Z 视角发现附着面光滑、平整、较宽，说明了该处是奥氏体晶界接触侧。

对一次魏氏片状铁素体附着面长度进行测量，测量发现附着面长度为 6.75 μm，如图 8-38（b）所示，而根据从刚开始出现时在第 120 层，最后消失不见是在第 79 层，根据层

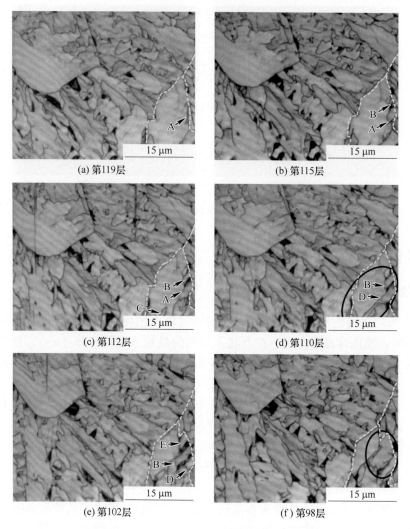

图 8-35　一次魏氏片状铁素体切割过程二维图

间隔和层数计算出垂直于观察方向的高度为 6.15 μm，两者之间相差较大，附着面与观察方向不是平行的关系，有一定的角度，根据三角形反余弦函数，$\cos\theta = 6.15/6.75$，计算出两者之间的夹角 $\theta = 24.34°$。

8.4.2　二次魏氏片状铁素体

图 8-39 为二次魏氏片状铁素体连续切割过程中二维形貌图。图 8-39（a）中发现在晶界附近存在形状不规则的块状晶粒。随着切割的进行，晶粒生长成为几个相互平行的板条（图 8-39（b）），同时在尾部有沿晶界生长的晶界铁素体析出，如黄色虚线圈出所示。随着切割的进行，晶界铁素体逐渐更加明显，相互平行的二次魏氏片状铁素体板条尾部与晶界铁素体紧密相连（图 8-39（c）~（e））。随后二次魏氏片状铁素体逐渐消失（图 8-39（f））。

图 8-39 所对应的晶粒取向图如图 8-40 所示。图 8-40（a）中发现存在晶粒取向为 [111] 的块状晶粒，随着切割的进行，发现该块状晶粒发展成为几个相互平行取向为

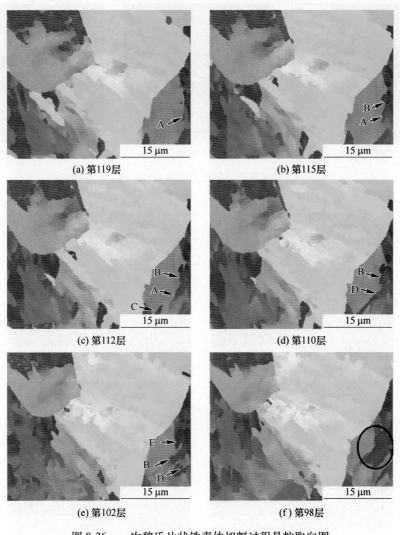

图 8-36　一次魏氏片状铁素体切割过程晶粒取向图

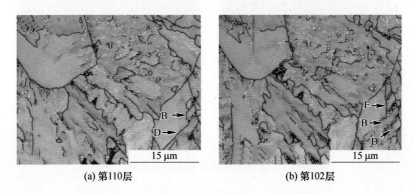

图 8-37　一次魏氏片状铁素体切割过程晶界取向图

［111］的晶粒，部分晶粒尾部深入取向介于［111］和［101］之间晶界铁素体内

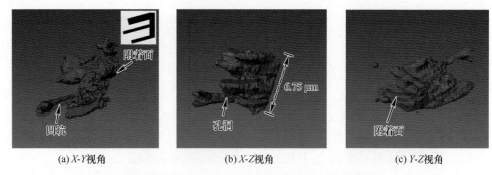

(a) X-Y视角　　　　　　　　(b) X-Z视角　　　　　　　　(c) Y-Z视角

图 8-38　一次魏氏片状铁素体不同视角的三维形貌

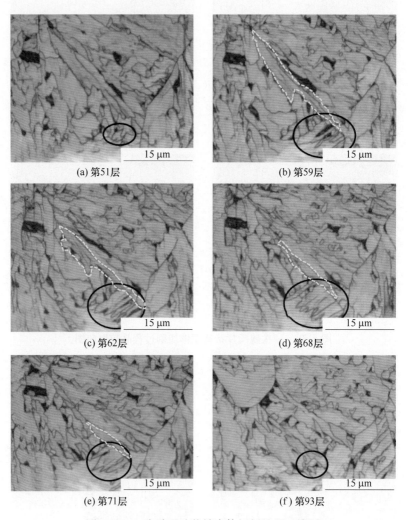

图 8-39　二次魏氏片状铁素体切割过程二维图

（图 8-40（b）～（d）黑色箭头所示），可以推测该二次魏氏片状铁素体板条是在晶界铁素体上感生形核形成。二次魏氏片状铁素体板条紧密固定在晶界铁素体上（图 8-40（e）），最后逐渐消失（图 8-40（f））。

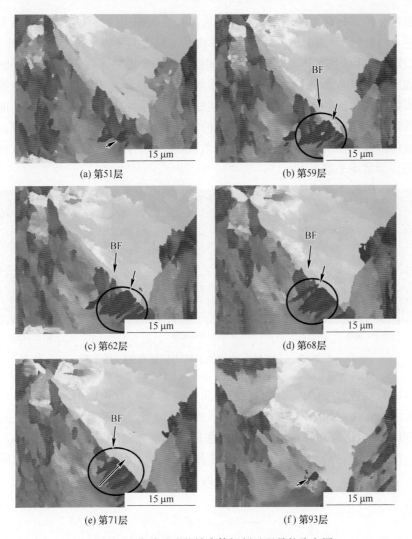

(a) 第51层　　　　　　　(b) 第59层

(c) 第62层　　　　　　　(d) 第68层

(e) 第71层　　　　　　　(f) 第93层

图 8-40　二次魏氏片状铁素体切割过程晶粒取向图

　　连续切割过程中第 62 层和第 71 层晶界取向图如图 8-41 所示。该晶界铁素体晶粒中存在红色的小角度晶界（$5° < \theta < 15°$），如图 8-41（a）中黑色箭头所示，该处两侧的晶粒取向不同（图 8-40（c）），但是在后面的观察中发现该取向差消失，可以推断在该部分生长

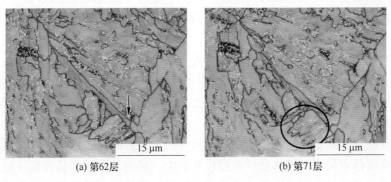

(a) 第62层　　　　　　　(b) 第71层

图 8-41　二次魏氏片状铁素体切割过程晶界取向图

过程中可能存在两部分融合的现象。晶界铁素体与二次魏氏片状铁素体之间以大角度晶界隔开（蓝色 $\theta>15°$），但二次魏氏片状铁素体细长晶粒之间是以小角度晶界隔开（黄色 $2°<\theta<5°$），二次魏氏片状铁素体与其他晶粒之间也是以小角度晶界隔开（红色 $5°<\theta<15°$）。

　　二次魏氏片状铁素体的三维形貌重构后如图 8-42 所示。从 X-Y 视角看，形如"梳"状，将二次魏氏片状铁素体与晶界铁素体接触面定义为附着面，附着面较宽，前端的二次魏氏片状铁素体板条不完全平行，存在一定的角度偏差。从 X-Z 视角观察发现，该二次魏氏片状铁素体附着面光滑、平整。从 Y-Z 视角观察发现，该二次魏氏片状铁素体存在很多凸起或凹陷，非常不平整。

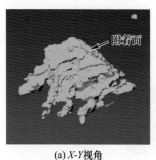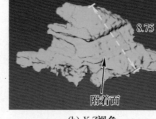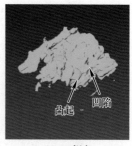

(a) X-Y 视角　　　　　　　　(b) X-Z 视角　　　　　　　　(c) Y-Z 视角

图 8-42　二次魏氏片状铁素体不同视角的三维形貌

　　对附着面长度进行测量，测量发现附着面长度为 8.75 μm，如图 8-42（b）所示，该二次魏氏片状铁素体是间隔 150 nm 进行切割的，从刚开始出现是在第 51 层，最后消失不见是在第 98 层，根据层间隔和层数计算出垂直于观察方向的高度为 7.05 μm，两者之间相差较大，故附着面与观察方向不是平行的关系，有一定的角度，根据三角形反余弦函数，$\cos\theta=7.05/8.75$，可以计算出两者之间的夹角 $\theta=36.32°$。

8.5　小结

　　采用 FIB 以及与计算机软件相结合建立了铁素体的三维形貌，并从不同的角度分析了它的形貌特征，结合 EBSD 分析了它们之间的取向关系，得出以下结论：

　　在二维平面观察到的针状铁素体在三维空间上并不是针状，而是呈现出不同的形状，有的呈三棱柱状，有的呈板条状，有的呈等轴薄片的形状，有的甚至呈现不规则的形状。铁素体联锁组织是由于其在生长时发生激发形核、碰撞、交叉现象造成的，它的内部取向差很小绝大多数在 2° 以内，而其边界的取向差很大，也就是它们是以大角度晶界彼此分开的。

　　晶界面铁素体从顶视图观察发现为存在大量凹坑和缺陷的扁平状，从附着面观察发现为细长条状。晶界面铁素体与奥氏体之间以一定角度长向晶内。晶界棱铁素体三维形貌为三棱锥状，尺寸短小。附着面光滑、平、直整，侧面存在很深沟壑，晶界铁素体与其他晶粒之间用大角度晶界隔开。

　　魏氏片状铁素体板条之间以小角度晶界隔开，并与其他晶粒是以大角度晶界隔开。一次魏氏片状铁素体直接在奥氏体晶界处形核并长大，板条与奥氏体晶界呈一定的夹角且板条之间近乎平行长向晶内。二次魏氏片状铁素体是在已经形成的先共析晶界铁素体表面感生形核并长大，板条与晶界铁素体互相垂直，板条之间相互平行长向晶内。

参 考 文 献

［1］ 吴开明. 钢铁材料中铁素体的三维形态与分析［J］. 中国体视学与图像分析，2017，22（2）：119-126.

［2］ 王会珍，杨平，毛卫民. 板条状马氏体形貌和惯习面的 3D-EBSD 分析 ［J］. 材料工程，2013（4）：74-80.

［3］ Miyamoto G，Shinyoshi T，Yamaguchi J，et al. Crystallography of intragranular ferrite formed on（MnS+V（C，N））complex precipitate in austenite［J］. Scripta Materialia，2003，48（1）：371-377.

［4］ Shirazi H，Miyamoto G，Hossein N S，et al. Microstructure evolution during austenite reversion in Fe-Ni martensitic alloys ［J］. Acta Materialia，2018，144（1）：269-280.

［5］ Miyamoto G，Takayama N，Furuhara T. Accurate measurement of the orientation relationship of lath martensite and bainite by electron backscatter diffraction analysis［J］. Scripta Materialia，2009，60（12）：1113-1116.

［6］ Miyamoto G，Iwata N，Takayama N，et al. Mapping the parent austenite orientation reconstructed from the orientation of martensite by EBSD and its application to ausformed martensite ［J］. Acta Materialia，2010，58（19）：6393-6403.

［7］ Xiong Z，Liu S，Wang X，et al. Relationship between crystallographic structure of the Ti_2O_3/MnS complex inclusion and microstructure in the heat-affected zone（HAZ）in steel processed by oxide metallurgy route and impact toughness［J］. Materials Characterization，2015，106（1）：232-239.

［8］ Yang J R，Bhadeshia H K D H. Orientation relationships between adjacent plates of acicular ferrite in steel weld deposits ［J］. Materials Science and Technology，1989，5（1）：93-97.

［9］ Zhang S，Hattori N，Enomoto M，et al. Ferrite nucleation at ceramic/austenite interfaces ［J］. ISIJ International，1996，36（10）：1301-1309.

［10］ Enomoto M. Nucleation of phase transformations at intragranular inclusions in steel［J］. Metals and Materials International，1998，4（2）：115-123.

［11］ Alexandrov K. Deformation geometry for material scientists by C. N. Reid ［J］. Journal of Applied Crystallography，1976，9（1）：59.

［12］ Lee D N，Han H N. Directed growth of ferrite in austenite and Kurdjumov-Sachs orientation relationship ［J］. Materials Science Forum，2012，715（1）：128-133.

［13］ 成林. 低碳微合金高强度钢中铁素体的形核、三维形态与长大动力学 ［D］. 武汉：武汉科技大学，2013.

9 基于氧化物冶金的微合金化的工业化应用研究

<<<<<<<<<<<<<<<<<<<<<<<<<<<<<<<<<<<<<<<<<<<<<<<<<<<<<<<<<<<<<<<<<<<<<

基于氧化物冶金的微合金化技术是提高钢材强韧性的有效工艺手段，其核心思想是利用钢中的高熔点、分布均匀且分散的微细氧化物夹杂，控制钢中氮化物、碳化物、硫化物的析出、分布及形态，利用钢中形成的氧化物、碳化物、氮化物和硫化物来细化钢的组织，从而提高钢材的强韧性以及焊接性能，此技术广泛应用于非调制钢、海工钢、高建钢和管线钢等的性能提升。大线能量焊接用钢研发和工业生产的核心技术手段涉及炼钢、连铸、轧制、焊接全流程的技术研发和精准控制，工艺复杂，技术难度大。在生产成本控制、产品级别和合格率、性能稳定性等方面还无法满足各领域的实际需求，成熟的工业化应用仍未得到全面的实现。本章根据微合金化的实验室研究和理论分析，设计了适于基于氧化物冶金技术的非调质钢、船板钢和高建钢的化学成分、冶炼、轧制和焊接工艺，并进行了工业化生产。

9.1 非调质钢的微合金化应用

非调质钢是在中碳锰钢的基础上加入钒、钛、铌微合金化元素，使其在加热过程中溶于奥氏体中，因奥氏体中的钒、钛、铌的固溶度随着冷却而减小，微合金元素钒、钛、铌将以细小的碳化物、氮化物形式在先析出的铁素体和珠光体中析出。这些析出物与母相保持共格关系，使钢强化。这类钢在热轧状态、锻造状态或正火状态的力学性能达到或接近调质钢，既缩短了生产周期，又节省了能源。该试制是在某厂生产 50Mn 热轧后圆钢的基础上添加 Mn、V、S、N、Ti 元素，考察添加元素对钢的组织和性能的影响。

9.1.1 成分设计及试制方案

第一阶段的实验原料是某厂生产的 50Mn 热轧后圆钢，其主要的化学成分如表 9-1 所示。研究添加不同合金元素组合、控制合金元素的含量，对钢中晶内铁素体析出的影响，添加单一合金元素：分别配加不同含量的 Mn、V、S、N、Ti；添加两种合金元素组合：分别配加不同含量的 Mn 和 S、Mn 和 N、V 和 S、V 和 N、S 和 Ti、N 和 Ti；添加三种合金元素组合：分别配加不同含量的 Mn、V、S，Mn、V、N；添加四种合金元素组合：配加不同含量的 Mn、V、S、N。实验所加入的合金主要有钛铁、钒铁、锰铁、氮化锰、高纯铝丝和硫化锰等，其主要的化学成分如表 9-2 所示。

表 9-1　50Mn 主要的化学成分　　　　　　（质量分数,%）

钢号	C	Si	Mn	P	S	Cr	Ni	Cu	V	Ti	Mo
50Mn	0.506	0.24	0.858	0.011	0.005	0.152	0.034	0.022	0.003	0.003	0.002

表 9-2 实验所加的铁合金化学元素及其含量 （质量分数,%）

合金料	C	Si	Mn	P	S	Ti	V	N	Al
钛铁	0.12	3.9	2.5	0.05	0.01	31.4	—	—	—
钒铁	0.15	—	0.36	0.03	0.02	—	51.3	—	—
锰铁	6.4	1.1	70.1	0.22	0.01	—	—	—	—
硫化亚铁	—	—	—	—	36.4	—	—	—	—
氮化锰	—	—	85	—	0.05	—	—	>7	—
铝丝	—	—	—	—	—	—	—	—	>99.99

实验所采用的原料为：50Mn 钢、锰铁、钒铁、钛铁、硫化亚铁、氮化锰、高纯铝丝等。根据热力学计算限定钛铁、钒铁、硫化亚铁、锰铁与氮化锰的加入量。设计钢中的 Mn 的变化范围为：0.5%~1.80%，S 的变化范围为：0.0032%~0.060%，V 的变化范围为：0.003%~0.010%，Ti 的变化范围为：0.003%~0.03%，熔炼不同钢液成分的试样。根据设计成分和每炉的炼钢量以及合金元素的吸收率和烧损率，计算得到每种原料的用量。基于 50Mn 钢设计的实验方案及试样编号如表 9-3 所示。

表 9-3 实验方案及试样编号

序号	试样编号	原材料 /g	加 Mn-Fe /g	加 Ti-Fe /g	加 V-Fe /g	加 FeS /g	加 Al /g	加氮化锰 /g	冷却方式
0	Y	—	0	0	0	0	0	0	50Mn
1	G0	670	0	0	0	0	0	0	空冷
2	G11	672	3	0.6	0	0	0	0	空冷
3	GT1	1266	0	0.12	0	0	0	0	空冷
4	GT2	1267	0	0.24	0	0	0	0	空冷
5	GT1-1	717	0	0.07	0	0	0.1	0	空冷
6	GT2-1	733	0	0.14	0	0	0.1	0	空冷
7	GT1-2	739	0	0.04	0	0	0	0	空冷
8	GT2-2	730	0	0.14	0	0	0	0	空冷
9	GV1	732	0	0	0.04	0	0	0	空冷
10	GV2	721	0	0	0.014	0	0	0	空冷
11	GVS1	755	0.56	0	1.23	0.67	0	0	空冷
12	GVS1-C	740	0	0	1.23	0.67	0	0	淬火
13	GVS2	750	0.6	0	1.25	0.7	0	0	空冷
14	GVN1	738	0	0	1.23	0	0	0.84	空冷
15	GVN1-C	762	0	0	1.30	0	0	0.90	淬火
16	GMS1	740	0.56	0	0	0.67	0	0	空冷
17	GMS1-C	733	0.56	0	0	0.67	0	0	淬火
18	GNS1	745	0	0	0	0.68	0	0.85	空冷
19	GNS1-C	738	0	0	0	0.67	0	0.84	淬火

续表 9-3

序号	试样编号	原材料/g	加 Mn-Fe/g	加 Ti-Fe/g	加 V-Fe/g	加 FeS/g	加 Al/g	加氮化锰/g	冷却方式
20	GVNS1	730	0	0	1.23	0.67	0	0.84	空冷
21	GVNS1-C	729	0	0	1.23	0.67	0	0.84	淬火
22	GVNS2	732	0	0	1.25	1.30	0	0.90	空冷
23	GVNS2-C	748	0	0	1.30	1.30	0	0.90	淬火
24	GVNS2-1	727	0.90	0	1.30	1.30	0	0.90	空冷

　　按表 9-3 各方案冶炼并铸成 ϕ35 mm×65 mm 圆柱，分别空冷、淬火制成试样，然后切割成 10 mm×10 mm×10 mm 的试样，对试样进行磨平、抛光、腐蚀后，进行夹杂物及组织形貌观察和夹杂物的成分分析。

　　第二阶段的实验原材料为某厂生产的 SG45 热轧后的圆钢，其主要的化学成分如表 9-4 所示。

表 9-4　原料 SG45 钢主要的化学成分　　　　　　　　　（质量分数，%）

试样编号	C	Si	Mn	P	S	V	Ti
SG45	0.48	0.34	0.77	0.016	0.005	0.081	0.011

　　第二阶段实验所加入的合金主要为钛铁、钒铁、锰铁、氮化锰、硫化锰等，其主要的化学成分如表 9-5 所示。

表 9-5　实验所加的合金化学元素及其含量　　　　　　　（质量分数，%）

合金料	C	Si	Mn	P	S	Ti	V	N
钛铁	0.12	3.9	2.5	0.05	0.01	31.4	—	—
钒铁	0.15	—	0.36	0.03	0.02	—	51.3	—
锰铁	6.4	1.1	70.1	0.22	0.01	—	—	—
硫化亚铁	—	—	—	—	36.4	—	—	—
氮化锰	—	<7	—	—	—	—	—	20~30

　　以 SG45 钢为原料研究添加不同元素、不同元素含量、不同的冷却制度对晶内铁素体析出的影响，热轧后检测其力学性能，观察其热轧后组织形貌。

　　（1）按 GVNS2 钢成分（V 0.09%，S 0.054%，Mn 0.96%，N 0.0115%）添加合金元素，以 100 ℃/min 的冷却速率冷却，观察其组织变化，热轧后检测其力学性能，观察其轧后组织；

　　（2）提高钢中的 S 含量，以 100 ℃/min 的冷却速率冷却，观察其组织变化，热轧后检测其力学性能，观察其轧后组织；

　　（3）提高钢中的 N 含量，以 100 ℃/min 的冷却速率冷却，观察其组织变化，热轧后检测其力学性能，观察其轧后组织；

　　（4）提高钢中的 V 含量，以 100 ℃/min 的冷却速率冷却，观察其组织变化，热轧后检测其力学性能，观察其轧后组织。

基于 SG45 钢的具体实验方案及试样编号如表 9-6 所示。

表 9-6 实验方案及试样编号

试样编号	原料质量/g	加 V-Fe/g	加 FeS/g	加 Mn-Fe/g	加氮化锰/g	冷却方式
SG1	1188	0.25	1.62	3.3	0.53	空冷
SGS-1	1218	0.25	2.50	0.55	0.54	空冷
SGS-2	1235	0.27	3.50	0.60	0.57	空冷
SGN-1	1211	0.25	2.50	0.60	0.80	空冷
SGN-2	1197	0.25	2.50	0.60	1.20	空冷
SGV-1	1209	0.70	2.50	0.60	0.80	空冷
SGV-2	1245	1.00	2.51	0.61	0.82	空冷

9.1.2 基于 50Mn 试验钢组织和性能分析

钢铁材料的组织决定了其力学性能，首先对试样的铸态夹杂物及金相组织进行了分析，考察成分和条件对钢组织变化的影响以及晶内铁素体析出对组织的细化效果。

9.1.2.1 原料钢 50Mn 热轧态和铸态组织结构分析

50Mn 的实验结果及分析：将热轧后原材料 50Mn 棒材，制成金相试样，标记为 Y。对 50Mn 的主要化学成分进行了光谱分析，结果如表 9-7 所示。

表 9-7 Y 的主要化学成分 （质量分数，%）

试样编号	C	Si	Mn	P	S	Cr	Ni	Cu	V	Ti	Mo
50Mn	0.506	0.24	0.858	0.011	0.005	0.152	0.034	0.022	0.003	0.003	0.002

50Mn 热轧态试样 Y 的夹杂物及组织形貌如图 9-1 和图 9-2 所示。由图 9-1 和图 9-2 可知，原料 50Mn 钢的夹杂物数量少，粒径小，均小于 5μm，其热轧后组织较粗大，铁素体分布很均匀，沿奥氏体晶界处呈网状分布。因为在热轧加工过程中存在应力作用，晶界处首先析出铁素体。

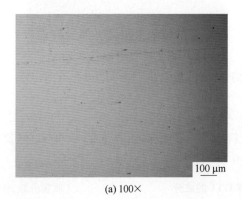

(a) 100×   (b) 500×

图 9-1 Y 的夹杂物形貌

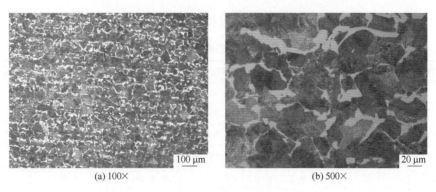

图 9-2　Y 的组织形貌

G0 的实验结果及分析：G0 是将原料 50Mn 棒材，不加任何合金重新进行了熔炼，试样空冷。其主要化学成分如表 9-8 所示。

表 9-8　试样 G0 的成分　　　　　　　　　（质量分数,%）

试样编号	C	Si	Mn	P	S	Cr	Ni	Cu	V	Ti	Mo
G0	0.506	0.24	0.858	0.011	0.005	0.152	0.034	0.022	0.003	0.003	0.002

试样 G0 的夹杂物形貌和组织形貌如图 9-3 和图 9-4 所示。由图 9-3 和图 9-4 可看出，G0 的夹杂物尺寸小，大都小于 5 μm，分布均匀数量不多。其铸态组织粗大，铁素体呈网状分布。G0 模拟 50Mn 的工业连铸过程，在不添加任何合金元素，不控制冷却制度的条件下，冷却过程中钢中铁素体首先沿奥氏体晶界析出，长大过程不受限制，出现了图 9-4 中的组织形貌。

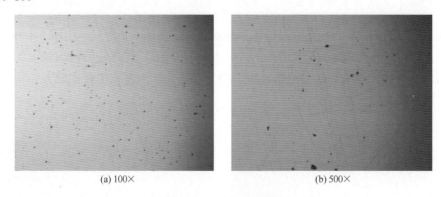

图 9-3　G0 的夹杂物形貌

9.1.2.2　单元素对铸态组织的影响

GT1 的实验结果及分析：GT1 将原材料中的 Ti 含量由原来的 0.003% 提高到了 0.006%，试样空冷。其主要化学成分如表 9-9 所示。

表 9-9　试样 GT1 的成分　　　　　　　　　（质量分数,%）

试样编号	C	Si	Mn	P	S	Cr	Ni	Cu	V	Ti	Mo
GT1	0.506	0.24	0.858	0.011	0.005	0.152	0.034	0.022	0.003	0.006	0.002

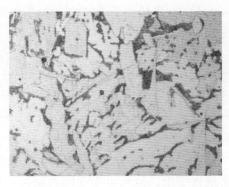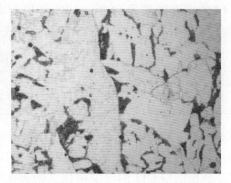

图 9-4 G0 的组织形貌（500×）

试样 GT1 的夹杂物及组织形貌如图 9-5 和图 9-6 所示。由图 9-5 和图 9-6 可以看出，GT1 的夹杂物与 G0 相比，数量明显增多，且分布均匀。GT1 的组织中铁素体由原来粗大的网状变成细小条状或者无规则的交叉状，铁素体不仅仅在奥氏体晶界上分布，在奥氏体晶内也均匀地分布着大量的铁素体。GT1 的组织与 G0 相比，明显细化。GT1 加入的 Ti 形成细小、弥散的夹杂物，铁素体以这些细小的夹杂物为核心形核，对奥氏体的长大起到了钉扎、限制作用。

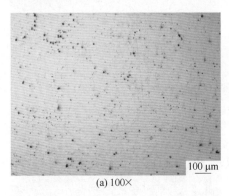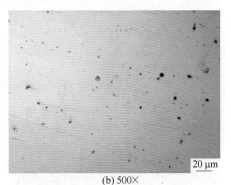

(a) 100×   (b) 500×

图 9-5 GT1 的夹杂物形貌

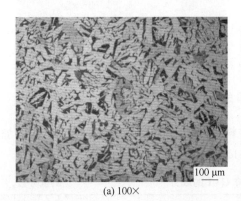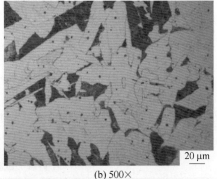

(a) 100×   (b) 500×

图 9-6 GT1 的组织形貌

GT2 的实验结果及分析：GT2 将原材料中的 Ti 含量由原来的 0.003% 增加到了 0.009%，试样空冷。试样 GT2 的主要化学成分如表 9-10 所示。

表 9-10　试样 GT2 的成分　　　　　　　　　（质量分数，%）

试样编号	C	Si	Mn	P	S	Cr	Ni	Cu	V	Ti	Mo
GT2	0.506	0.24	0.858	0.011	0.005	0.152	0.034	0.022	0.003	0.009	0.002

试样 GT2 的夹杂物及组织形貌如图 9-7 和图 9-8 所示。由图 9-7 和图 9-8 可以看出，GT2 的夹杂物与 G0 相比，数量明显增多，且分布均匀。GT2 的组织与 G0 相比，明显细化；GT2 的组织与 GT1 的组织相比，铁素体更显得细小，呈现出不规则的交叉。与 GT1 相比 GT2 的 Ti 含量进一步增加，形成更多细小、弥散的夹杂物，铁素体以这些细小的夹杂物为核心形核，对晶粒的长大起到了钉扎、限制作用。

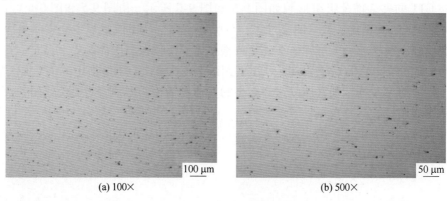

(a) 100×　　　　　　　　　　　　　　(b) 500×

图 9-7　GT2 的夹杂物形貌

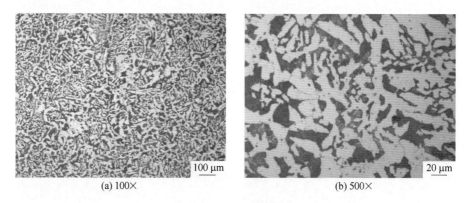

(a) 100×　　　　　　　　　　　　　　(b) 500×

图 9-8　GT2 的组织形貌

GV1 的实验结果及分析：GV1 将原材料中的 V 含量由原来的 0.003% 增加到了 0.006%，试样空冷。其主要化学成分如表 9-11 所示。

表 9-11　试样 GV1 的成分　　　　　　　　　（质量分数，%）

试样编号	C	Si	Mn	P	S	Cr	Ni	Cu	V	Ti	Mo
GV1	0.506	0.24	0.858	0.011	0.005	0.152	0.034	0.022	0.006	0.003	0.002

试样 GV1 的组织形貌如图 9-9 所示。由图 9-9 可以看出，与铸态试样 G0 相比，GV1 的组织有了明显的变化：GV1 的组织中出现了大量以夹杂物为核心形核的铁素体，呈细小的针状，十字交叉或是放射状均匀地分布在奥氏体晶界内，晶界处的铁素体也变细长。与 G0 的组织相比，GV1 的组织明显细化。

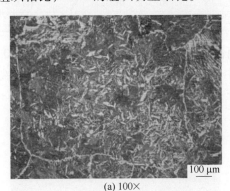
(a) 100×

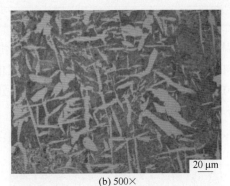
(b) 500×

图 9-9 GV1 的组织形貌

对试样 GV1 中诱导晶内针状铁素体析出的夹杂物成分进行了能谱分析，分析结果如图 9-10 和表 9-12 所示。由表 9-12 可知，试样 GV1 中诱导晶内针状铁素体析出的夹杂物成分主要是 O、Si、S、Mn、V、Al，夹杂物为 SiO_2、Al_2O_3、Ti_2O_3、MnO、FeO、MnS、V_2O_5 的复合夹杂。

在钢冷却的过程中高熔点的脱氧产物 Al_2O_3、Ti_2O_3 等首先析出，MnS 会附着在脱氧产物的表面析出，然后 V 的碳、氮化物附着在 MnS 上析出，VN、V_4C_3 是铁素体的相变形核区，晶内铁素体在 VN 和 V_4C_3 上析出。GV1 提高了钢中的 V 含量，形成了 V 的 C、N 化合物（VN、V_4C_3）。VN、V_4C_3 是铁素体的相变形核区，晶内铁素体在 VN 和 V_4C_3 上析出。

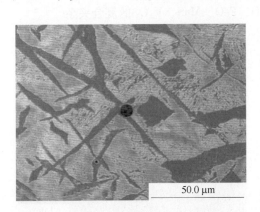
50.0 μm

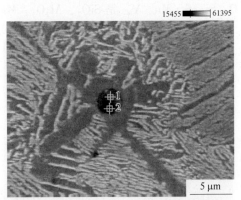
15455 ▭ 61395
5 μm

图 9-10 试样 GV1 夹杂物的形貌及能谱图

表 9-12 试样 GV1 夹杂物的成分　　　　　　　　　　　（原子分数，%）

试样编号	O-K	F-K	Al-K	Si-K	S-K	V-K	Mn-K
GV1(3)_pt1	57.88	8.91	0.47	6.14	9.15	0.00	17.46
GV1(3)_pt2	62.52	—	0.58	23.24	0.72	0.03	12.90

GV2 的实验结果及分析： GV2 将钢中的 V 含量由原来的 0.003% 增加到了 0.009%，试样空冷。其主要的化学成分如表 9-13 所示。

表 9-13　试样 GV2 的成分　　　　　　　　　　　（质量分数，%）

试样编号	C	Si	Mn	P	S	Cr	Ni	Cu	V	Ti	Mo
GV2	0.506	0.24	0.858	0.011	0.005	0.152	0.034	0.022	0.009	0.003	0.002

试样 GV2 的组织形貌如图 9-11 所示。由图 9-11 可以看出，GV2 的组织与 G0 相比，铁素体的形态有了明显的变化：GV2 的组织中出现了大量以夹杂物为核心形核的铁素体，呈细小的针状，十字交叉或是放射状均匀地分布在奥氏体晶界内，晶界处的铁素体也变细长。与 GV1 相比，GV2 的组织更细小。

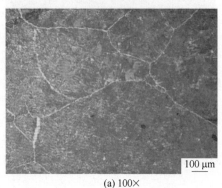

(a) 100×　　　　　　　　　　　　　　　(b) 500×

图 9-11　GV2 的组织形貌

对试样 GV2 中形核晶内针状铁素体的夹杂物的成分进行了能谱分析，分析结果如图 9-12 和表 9-14 所示。由表 9-14 可知试样 GV2 中诱导晶内铁素体析出的夹杂物成分主要是 C、O、Si、S、Mn、V，是 SiO_2、Al_2O_3、MnO、FeO、MnS、V_4C_3 的复合夹杂。

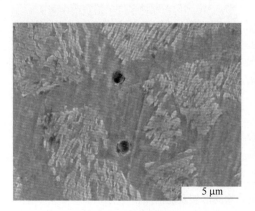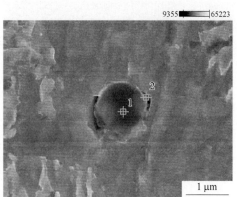

图 9-12　试样 GV2 夹杂物的形貌及能谱图

表 9-14　试样 GV2 夹杂物的成分　　　　　　　　（原子分数，%）

试样编号	C-K	O-K	Si-K	S-K	V-K	Mn-K
GV2(4)_pt2	29.22	65.95	0.78	0.83	0.15	3.07

冷却过程中高熔点的脱氧产物 Al_2O_3、Ti_2O_3 等首先析出，MnS 会附着在脱氧产物的表面析出，然后 V 的碳、氮化物附着在 MnS 上析出，VN、V_4C_3 是铁素体的相变形核区，晶内铁素体在 VN 和 V_4C_3 上析出。GV1 提高了钢中的 V 含量，形成了 V 的 C、N 化物（VN、V_4C_3）。VN、V_4C_3 是铁素体的相变形核区。晶内铁素体在 VN 和 V_4C_3 上析出。GV2 加入了更多的 V，V 本身也有细化晶粒的作用，所以与 GV1 相比，GV2 的铁素体更加的细小。

9.1.2.3 三元素对铸态组织的影响

GVS1 的实验结果及分析：GVS1 将钢中的 V 含量由原来的 0.003% 增加到了 0.086%，S 含量由原来的 0.005% 增加到了 0.037%，Mn 含量由原来的 0.86% 增加到了 0.909%，试样空冷。其主要的化学成分如表 9-15 所示。

表 9-15 试样 GVS1 的成分 （质量分数，%）

试样编号	C	Si	Mn	P	S	Cr	Ni	Cu	V	Ti	Mo
GVS1	0.506	0.24	0.909	0.011	0.037	0.152	0.034	0.022	0.086	0.003	0.002

试样 GVS1 的夹杂及组织形貌如图 9-13 和图 9-14 所示。由图 9-14 可以看出，GVS1 的组织与 G0 相比，铁素体的形态有了明显的变化：晶界内出现了以细小的夹杂物为核心形核的铁素体，沿晶界分布的铁素体呈细长的带状，大多也是以夹杂物为核心形核析出的。但是，GVS1 的奥氏体晶界内的铁素体不是针状，呈块状或者球状。

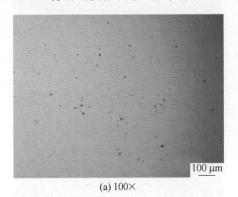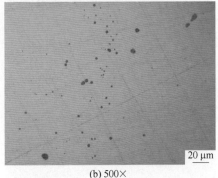

(a) 100×   (b) 500×

图 9-13 GVS1 的夹杂形貌

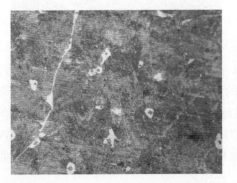

图 9-14 GVS1 的组织形貌（500×）

　　GVS1 加入了 V，形成了 V 的 C、N 化物（VN、V_4C_3）。与 GV2 成分相比，钢中加入了 S、Mn，这样在钢中就会出现 MnO、MnS 夹杂物。MnO、MnS 的表面会析出 VN、V_4C_3 诱导晶内的铁素体的析出。

　　GVS1-C 的实验结果及分析： GVS1-C 将钢中的 V 含量由原来的 0.003% 增加到了 0.086%，S 含量由原来的 0.005% 增加到了 0.037%，Mn 含量由原来的 0.86% 增加到了 0.909%，试样淬火。其主要的化学成分如表 9-16 所示。GVS1-C 的夹杂及组织形貌如图 9-15 和图 9-16 所示。

表 9-16　试样 GVS1-C 的成分　　　　　　　　　　（质量分数，%）

试样编号	C	Si	Mn	P	S	Cr	Ni	Cu	V	Ti	Mo
GVS1-C	0.506	0.24	0.909	0.011	0.037	0.152	0.034	0.022	0.086	0.003	0.002

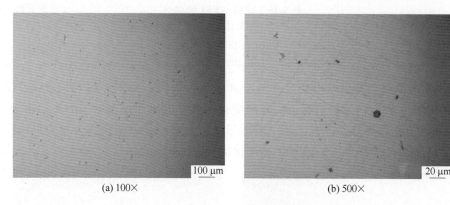

(a) 100×　　　　　　　　　　　　　　(b) 500×

图 9-15　GVS1-C 的夹杂形貌

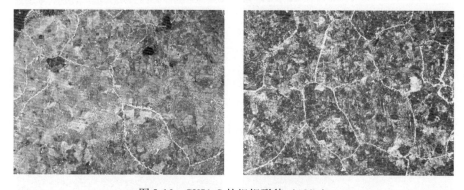

图 9-16　GVS1-C 的组织形貌（100×）

　　由图 9-15 和图 9-16 可以看出，GVS1-C 的组织与 G0 相比，铁素体的形态有了明显的变化：铁素体部分呈针状，部分呈块状或者球状，均匀地分布在奥氏体内，与 GVS1 相比，晶界处和晶内的铁素体组织更加细小。GVS1-C 成分与 GVS1 相同，但是与 GVS1 相比，由于试样 GVS1-C 淬火，冷却速率快，这样使得晶粒长大受限，出现 GVS1-C 的组织形貌。

　　GVS2 的实验结果及分析： GVS2 将钢中的 V 含量由原来的 0.003% 增加到了 0.088%，

S 含量由原来的 0.005% 增加到了 0.039%，Mn 含量由原来的 0.86% 增加到了 0.913%，试样空冷。其主要化学成分如表 9-17 所示。

表 9-17 试样 GVS2 的成分 （质量分数,%）

试样编号	C	Si	Mn	P	S	Cr	Ni	Cu	V	Ti	Mo
GVS2	0.506	0.24	0.913	0.011	0.039	0.152	0.034	0.022	0.088	0.003	0.002

由图 9-17 可以看出，GVS2 的组织中铁素体以夹杂物为核心析出，变成细小的针状，弥散分布在晶界里面，呈十字或者不规则的交叉状。但是晶界处的铁素体粗大，出现了魏氏体组织，不利于钢强度韧性的提高。

GVS2 与 GVS1 相比，GVS2 中 S、Mn、N 含量都有一定的增加，晶内铁素体数量增大了，局部出现了针状晶内铁素体。

(a) 100×　　　　　　　　　　　　(b) 500×

图 9-17 GVS2 的组织形貌

GVN1 的实验结果及分析：GVN1 将钢中的 V 含量由原来的 0.003% 增加到了 0.088%，Mn 含量由原来的 0.86% 增加到了 0.957%，N 含量由原来的 0.0035% 增加到了 0.0114%，试样空冷。其主要化学成分如表 9-18 所示。

表 9-18 试样 GVN1 的成分 （质量分数,%）

试样编号	C	Si	Mn	P	S	Cr	Ni	Cu	V	Ti	Mo	N
GVN1	0.506	0.24	0.957	0.011	0.005	0.152	0.034	0.022	0.088	0.003	0.002	0.0114

试样 GVN1 的夹杂及组织形貌如图 9-18 和图 9-19 所示。由图 9-18 和图 9-19 可以看出，GVN1 的组织与 G0 相比，奥氏体晶界内出现了以夹杂物为核心形核析出的铁素体，弥散分布在奥氏体晶界内。与 GVS1 相比，晶内的铁素体数量显著增多，且分布的更均匀。但是，GVN1 的晶内的铁素体不是针状，呈块状或者球状。

GVN1 加入了 N、V、Mn。加入 V、N，形成了 V 的 C、N 化物（VN、V_4C_3）。脱氧过程中，Al_2O_3、Ti_2O_3 等强脱氧元素氧化物首先在钢中弥散形成，然后 MnO、FeO 等弱脱氧元素的氧化物在强脱氧元素氧化物上析出，形成复合氧化物，VN、V_4C_3 等在复合氧化物上析出。复合氧化物上析出的 VN、V_4C_3 成了晶内铁素体的相变形核区。晶内铁素体在 VN 和 V_4C_3 上析出。

GVN1-C 的实验结果及分析：GVN1-C 将钢中的 V 含量由原来的 0.003% 增加到了

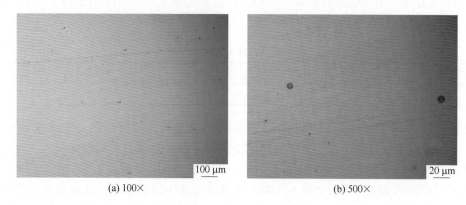

(a) 100×　　　　　　　　　　　　　　(b) 500×

图 9-18　GVN1 的夹杂形貌

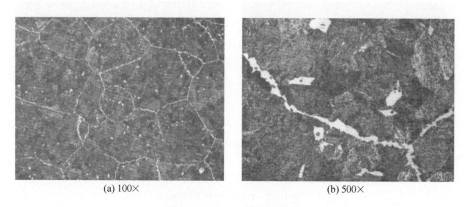

(a) 100×　　　　　　　　　　　　　　(b) 500×

图 9-19　GVN1 的组织形貌

0.088%，Mn 含量由原来的 0.86% 增加到了 0.957%，N 含量由原来的 0.0035% 增加到了 0.0114%，试样淬火。其主要的化学成分如表 9-19 所示。

表 9-19　试样 GVN1-C 的成分　　　　　　　　（质量分数,%）

试样编号	C	Si	Mn	P	S	Cr	Ni	Cu	V	Ti	Mo	N
GVN1-C	0.506	0.24	0.957	0.011	0.005	0.152	0.034	0.022	0.088	0.003	0.002	0.0114

　　试样 GVN1-C 的夹杂物及组织形貌如图 9-20 和图 9-21 所示。由图 9-21 可以看出，GVN1-C 的组织中部分的铁素体以细小的针状形式存在，分布在奥氏体晶内，大部分的铁素体呈块状或者球状分布在奥氏体的晶界处。GVN1-C 与 GVN1 相比较，成分一样，但 GVN1-C 经过淬火，冷却速率快，出现了部分针状的铁素体。

　　9.1.2.4　四元素对铸态组织的影响

　　GVNS1 的实验结果及分析：GVNS1 将钢中的 V 含量由原来的 0.003% 增加到了 0.089%，S 含量由原来的 0.005% 增加到了 0.038%，Mn 含量由原来的 0.86% 增加到了 0.913%，N 含量由原来的 0.0035% 增加到了 0.0115%，试样空冷。其主要的化学成分如表 9-20 所示。

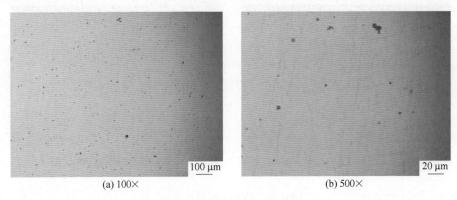

(a) 100×   (b) 500×

图 9-20　GVN1-C 的夹杂物形貌

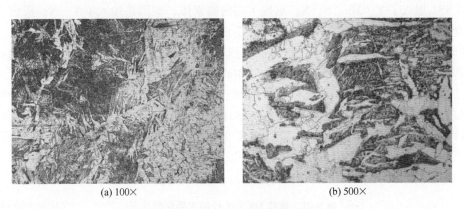

(a) 100×   (b) 500×

图 9-21　GVN1-C 的组织形貌

表 9-20　试样 GVNS1 的成分 （质量分数,%）

试样编号	C	Si	Mn	P	S	Cr	Ni	Cu	V	Ti	Mo	N
GVNS1	0.506	0.24	0.913	0.011	0.038	0.152	0.034	0.022	0.089	0.003	0.002	0.0115

　　试样 GVNS1 的夹杂及组织形貌如图 9-22 和图 9-23 所示。由图 9-23 可以看出，GVNS1 的组织与 G0 的组织相比，晶内出现了以夹杂物为核心形核析出的铁素体，但是大部分的铁素体较粗大，分布在晶界处。

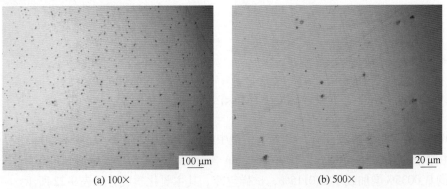

(a) 100×   (b) 500×

图 9-22　GVNS1 的夹杂形貌

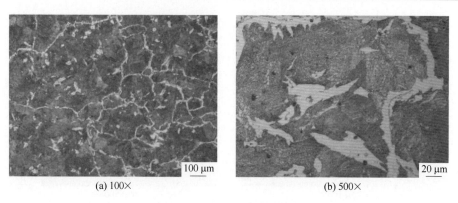

(a) 100×　　　　　　　　　　(b) 500×

图 9-23　GVNS1 的组织形貌

　　GVNS1 加入了 V、Mn、S、N，出现了晶内铁素体，原因是加入了 V、N，形成了 V 的 C、N 化物（VN、V_4C_3），加入了 Mn、S，形成了 MnS、MnO。脱氧过程中，Al_2O_3、Ti_2O_3 等强脱氧元素氧化物首先在钢中弥散形成，然后 MnO、FeO 等弱脱氧元素的氧化物在强脱氧元素氧化物上析出，形成复合氧化物，MnS、FeS 在 MnO、FeO 上析出，形成 Al_2O_3、Ti_2O_3、MnO、FeO、MnS、FeS 复合夹杂，VN、V_4C_3 等在复合氧化物上析出。复合氧化物上析出的 VN、V_4C_3 成了晶内铁素体的相变形核区。晶内铁素体在 VN 和 V_4C_3 上析出。

　　GVNS1-C 的实验结果及分析：GVNS1-C 的主要化学成分如表 9-21 所示，夹杂及组织形貌如图 9-24 和图 9-25 所示。由图 9-25 可以看出，GVNS1-C 的组织与 GVNS1 相比，组织明显细化，是因为钢淬火过程中冷却速率过快得到了淬火马氏体。

表 9-21　试样 GVNS1-C 的主要化学成分　　　　（质量分数，%）

试样编号	C	Si	Mn	P	S	Cr	Ni	Cu	V	Ti	Mo	N
GVNS1-C	0.506	0.24	0.913	0.011	0.038	0.152	0.034	0.022	0.089	0.003	0.002	0.0115

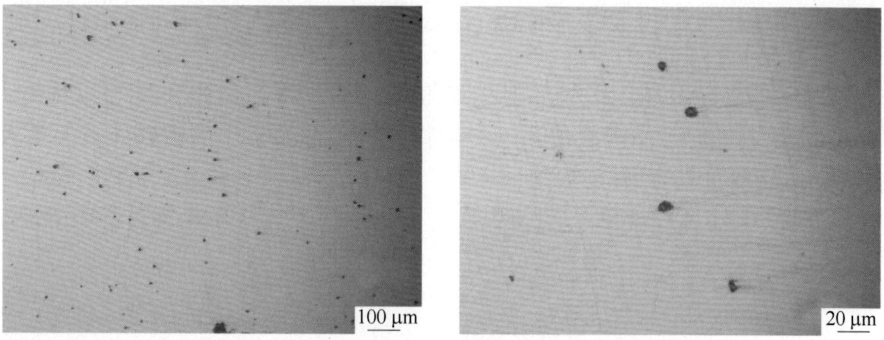

(a) 100×　　　　　　　　　　(b) 500×

图 9-24　GVNS1-C 的夹杂形貌

　　GVNS2 的实验结果及分析：GVNS2 将钢中的 V 含量由原来的 0.003% 增加到了 0.09%，S 含量由原来的 0.005% 增加到了 0.054%，Mn 含量由原来的 0.86% 增加到了 0.96%，N 含量由原来的 0.0035% 增加到了 0.0115%，试样空冷。其主要化学成分如表 9-22 所示。

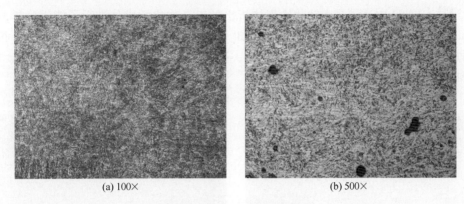

(a) 100× (b) 500×

图 9-25 GVNS1-C 的组织形貌

表 9-22 试样 GVNS2 的成分　　　　　　　（质量分数,%）

试样编号	C	Si	Mn	P	S	Cr	Ni	Cu	V	Ti	Mo	N
GVNS2	0.506	0.24	0.96	0.011	0.054	0.152	0.034	0.022	0.09	0.003	0.002	0.0115

试样 GVNS2 的夹杂及组织形貌如图 9-26 和图 9-27 所示。由图 9-27 可以看出，GVNS2 的组织中铁素体呈板条状，细小如针，十字交叉，或以夹杂物为核心呈放射状，弥散地分布在钢的基体上。奥氏体晶界细小，沿奥氏体晶界分布的铁素体也变得细长。

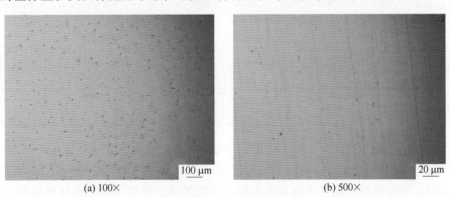

(a) 100× (b) 500×

图 9-26 GVNS2 的夹杂形貌

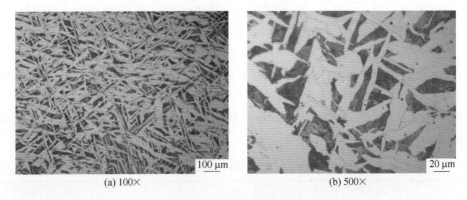

(a) 100× (b) 500×

图 9-27 GVNS2 的组织形貌

对试样 GVNS2 中诱导晶内针状铁素体析出的夹杂物化学成分进行了能谱分析，分析结果如图 9-28 和表 9-23 所示。由表 9-23 可知，试样 GVNS2 中诱导晶内针状铁素体析出的夹杂物成分主要是 O、Al、N、Fe、S、Mn、V、C、Ti。夹杂物是 Al_2O_3、Ti_2O_3、MnO、FeO、MnS、VN、V_4C_3。

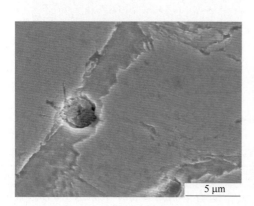
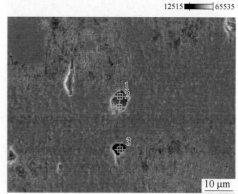

图 9-28　试样 GVNS2 夹杂物的形貌及能谱图

表 9-23　试样 GVNS2 夹杂物的成分　　　　　　（原子分数,%）

试样编号	C-K	N-K	O-K	Mg-K	Al-K	Si-K	S-K	Ti-K	V-K	Mn-K	Fe-K
GVNS2 (7)_pt1	—	9.16	67.00	1.34	3.40	17.31	0.14	0.81	0.11	0.74	—
GVNS2 (7)_pt2	—	14.69	66.73	1.51	2.07	9.28	0.26	—	0.38	5.06	—
GVNS2 (7)_pt3	23.44	0.00	65.73	0.22	0.63	4.82	0.04	0.43	0.04	0.02	4.64

GVNS2 加入了 V、Mn、S、N，出现了晶内针状的铁素体，原因是加入了 V、N，形成了 V 的 C、N 化物（VN、V_4C_3），加入了 Mn、S，形成了 MnS、MnO。脱氧过程中，Al_2O_3、Ti_2O_3 等强脱氧元素氧化物首先在钢中弥散形成，然后 MnO、FeO 等弱脱氧元素的氧化物在强脱氧元素氧化物上析出，形成复合氧化物，MnS、FeS 在 MnO、FeO 上析出，形成 Al_2O_3、Ti_2O_3、MnO、FeO、MnS、FeS 复合夹杂，VN、V_4C_3 等在复合氧化物上析出。复合氧化物上析出的 VN、V_4C_3 成了晶内铁素体的相变形核区，晶内铁素体在 VN 和 V_4C_3 上析出。

GVNS2-C 的实验结果及分析：GVNS2-C 将钢中的 V 含量由原来的 0.003% 增加到了 0.09%，S 含量由原来的 0.005% 增加到了 0.054%，Mn 含量由原来的 0.86% 增加到了 0.96%，N 含量由原来的 0.0035% 增加到了 0.0115%，试样淬火。其主要化学成分如表 9-24 所示。

表 9-24　试样 GVNS2-C 的成分　　　　　　（质量分数,%）

试样编号	C	Si	Mn	P	S	Cr	Ni	Cu	V	Ti	Mo	N
GVNS2-C	0.506	0.24	0.96	0.011	0.054	0.152	0.034	0.022	0.09	0.003	0.002	0.0115

试样 GVNS2-C 的夹杂及组织形貌如图 9-29 和图 9-30 所示。由图 9-30 可以看出，GVNS2-C 在淬火的过程中出现了裂纹。原因是淬火过程产生的应力过大，导致钢材的开裂。

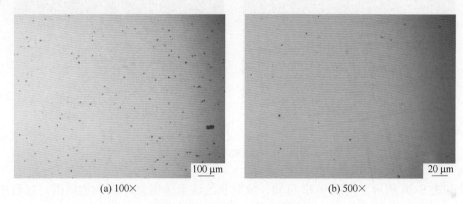

(a) 100×   (b) 500×

图 9-29　GVNS2-C 的夹杂形貌

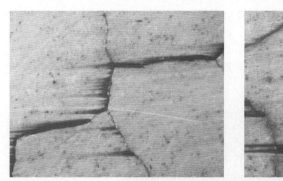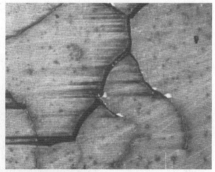

图 9-30　GVNS2-C 的组织形貌（100×）

GVNS2 的重复实验：试样 GVNS2-1 是对试样 GVNS2 进行的重复试验。将钢中的 V 含量由原来的 0.003% 增加到了 0.09%，S 含量由原来的 0.005% 增加到了 0.054%，Mn 含量由原来的 0.86% 增加到了 1.8%，N 含量由原来的 0.0035% 增加到了 0.012%，试样空冷。其主要的化学成分如表 9-25 所示。

表 9-25　试样 GVNS2-1 的成分　　　　　（质量分数，%）

试样编号	C	Si	Mn	P	S	Cr	Ni	Cu	V	Ti	Mo	N
GVNS2-1	0.506	0.24	1.8	0.011	0.054	0.152	0.034	0.022	0.003	0.003	0.002	0.012

试样 GVNS2-1 的夹杂及组织形貌如图 9-31 所示。由图 9-31 可以看出，GVNS2-1 中晶界变得细小，铁素体由网状变成以细小的夹杂物为核心的针状，弥散地分布在基体上，呈放射状，与 GVNS2 组织相同。GVNS2-1 作为 GVNS2 的一个重复实验，验证了 GVNS2 的可重复性。

试样 DGV1 是将试样 GV1 在 1200~850 ℃进行了热锻（模拟轧制的过程），热锻后试样空冷的试样。对试样 DGV1 中的形核铁素体的夹杂物进行了能谱分析，分析结果如

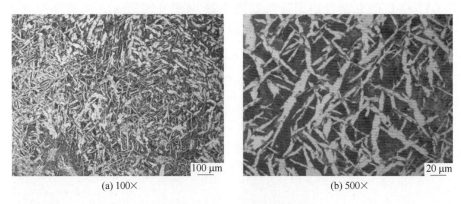

(a) 100×　　　　　　　　　　　　(b) 500×

图 9-31　GVNS2-1 的组织形貌

图 9-32 和表 9-26 所示。由图 9-32 可知，放射状的铁素体围绕在夹杂物周围，这种组织形貌的是由铸态组织中交叉的针状铁素体在轧制过程中演变来的。由表 9-26 可知，试样 DGV1 中诱导晶内铁素体形核的夹杂物成分主要是 C、O、Si、S、Mn、Al，是 SiO_2、Al_2O_3、Ti_2O_3、MnO、FeO、MnS、V_4C_3 的复合夹杂。

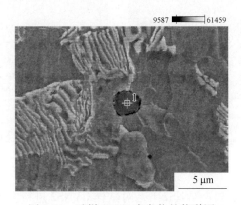

图 9-32　试样 DGV1 夹杂物的能谱图

表 9-26　试样 DGV1 夹杂物的成分　　　　　　　　　　（原子分数，%）

试样编号	C-K	O-K	Al-K	Si-K	S-K	Ti-K	V-K	Mn-K
DGV1 (4)_pt1	21.92	64.11	0.49	5.80	0.03	0.15	0.03	7.47

将上述得到的铸态试样 GV1、GV2、GVNS1、GVNS2 进行了热轧处理，试样在 1150 ℃保温 30 min，然后热轧，轧完后再放回 1150 ℃加热炉保温。经四道轧制，轧成 5 mm 厚的板材，轧制完的板材试样空冷。将轧后的试样切割成 5 mm×10 mm×55 mm 的标准冲击试验试样（开"V"形口），在冲击试验机上进行试验。冲击实验结果如表 9-27 所示。将上述的板材试样，冷轧成 3 mm 厚的板材，然后切割成 10 mm×200 mm 试样，进行拉伸实验，拉伸实验的结果如表 9-28 所示。

表 9-27 试样的冲击实验结果

试样编号	A_K/J	a_K/J·cm^{-2}	尺寸（长×宽×厚）/mm
GV1	20.0	100	55×9.82×5.10
GV2	52.2（未冲断）	216.0（未冲断）	55×9.60×4.90
GVNS1	9.3	46.5	55×9.60×4.94
GVNS2	12.5	62.5	55×9.88×5.00

表 9-28 试样的拉伸实验结果

试样编号	R_m/MPa	R_H/MPa	R_L/MPa	A/%	Z/%	备注
GV1	495	345	340	—	—	冷轧缺陷
GV2	425	330	325	—	—	冷轧缺陷
GVNS1	545	—	—	—	—	冷轧缺陷
GVNS2	590	395	395	—	—	冷轧缺陷

综上，通过实验可得：以 50Mn 为原料单独改变 Ti、V 含量时发现，Ti 含量增加组织细化，但没有出现针状铁素体，而 V 含量增加到 0.006%～0.009%时，组织明显细化，可得到晶内针状铁素体，但晶界粗大。以 50Mn 为原料配制 V-Mn-S 与 V-Mn-N 三元素体系，发现这两种铸态组织中均出现了铁素体，铁素体大多呈块状或者球状，含 S 的三体系中局部存在针状铁素体。以 50Mn 为原料配制 V(0.09%)-Mn(0.9%)-S(0.054%)-N(0.0115%) 四元素体系，铸态组织细小，晶内出现了以细小夹杂为核心的针状铁素体。对试样 GV1、GV2、GVNS1、GVNS2 的力学性能进行了测试，试样 GV1 的冲击功高达 20J，试样 GV2 的冲击功高达 52.2J（未冲断）；在有缺陷的情况下试样 GVNS2 的抗拉强度达到了 590 MPa。明确了晶内铁素体形成机理：以氧化物夹杂(Al_2O_3、Ti_2O_3 等)为中心，MnS 以此作为依附点析出，MnS 上析出了 VN、V_4C_3，晶内铁素体在 VN 和 V_4C_3 上析出。

9.1.3 基于 SG45 试验钢组织和性能分析

钢铁材料的组织决定了其力学性能，研制钢组织不同将会对其力学性能产生很大的影响。因此，首先对实验钢铸态夹杂物形貌及金相组织形貌进行分析，考察不同成分和工艺条件下组织的变化，来研究不同合金元素地加入对钢组织的影响及晶内铁素体对组织的细化效果。将铸态试样切割成 10 mm×10 mm×10 mm 的金相试样，经磨平、抛光、腐蚀，在金相显微镜下观察高倍组织。热轧后检测其力学性能，观察其热轧后组织形貌。

9.1.3.1 原料钢 SG45 的组织结构分析

实验用原料 SG45 钢的主要化学成分如表 9-29 所示。

表 9-29 SG45 钢的主要的化学成分　　　　　　　（质量分数,%）

试样编号	C	Si	Mn	P	S	V	Ti
SG45	0.48	0.34	0.77	0.016	0.005	0.081	0.011

对 SG45 的组织形貌进行了分析，如图 9-33 所示。由图 9-33 可知，SG45 钢的轧态组

织比较细小，铁素体分布很均匀，沿奥氏体晶界呈网状分布。

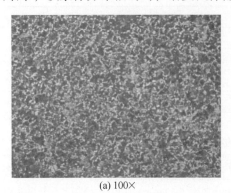

(a) 100×　　　　　　　　　　　　　(b) 500×

图 9-33　试样 SG45 的轧态组织形貌

9.1.3.2　试验钢铸态实验结果分析

（1）SG1 的实验结果及分析。试样 SG1 将钢中的 S 含量由原来的 0.005% 提高到 0.032%，将 V 含量由原来的 0.081% 提高到 0.091%，同时提高钢中的 N 含量，试样空冷。试样 SG1 的主要化学成分如表 9-30 所示。

表 9-30　试样 SG1 的主要化学成分　　　　　　　　　（质量分数,%）

试样编号	C	Si	Mn	P	S	Cr	Ni	V	Cu	N
SG1	0.46	0.32	0.65	0.018	0.032	0.018	0.0189	0.091	0.017	0.021

对试样 SG1 的组织形貌进行了观察，观察结果如图 9-34 所示。由图 9-34 可知，试样 SG1 的铸态组织细小，以夹杂物为核心形核的铁素体均匀地分布在奥氏体晶界内，晶界上的铁素体很细小呈细条状。

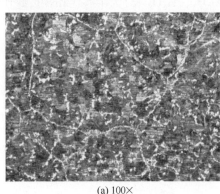

(a) 100×　　　　　　　　　　　　　(b) 500×

图 9-34　试样 SG1 的组织形貌

对试样 SG1 中诱导晶内铁素体形核的夹杂物进行了能谱分析，分析结果如图 9-35 和表 9-31 所示。由图 9-35 和表 9-31 可知，试样 SG1 中诱导晶内铁素析出的夹杂物主要化学成分是 O、N、S、Mn、V、Ti、Si、Al，夹杂物为 Al_2O_3、Ti_2O_3、MnO、FeO、MnS、VN 的复合夹杂。

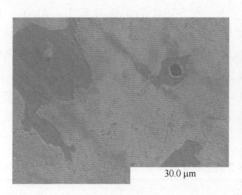
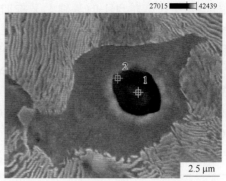

图 9-35 试样 SG1 的夹杂物形貌及能谱分析

表 9-31 试样 SG1 的夹杂物分析 （原子分数,%）

试样编号	N	O	Al	Si	S	Ti	V	Cr	Mn	Fe
SG1(1)_pt1	4.29	65.13	0.00	0.10	7.85	0.36	0.37	—	7.67	14.21
SG1(1)_pt2	20.91	68.39	0.01	0.07	0.22	0.06	0.03	0.12	0.74	9.45

试样 SG1 加入了 V、N，形成了 V 的 N 化物（VN），加入了 Mn、S，形成了 MnS、MnO。脱氧过程中，Al_2O_3、Ti_2O_3 等强脱氧元素氧化物首先在钢中弥散形成，然后 MnO、FeO 等弱脱氧元素的氧化物在强脱氧元素氧化物上析出，形成复合氧化物，MnS、FeS 在 MnO、FeO 上析出，形成 Al_2O_3、Ti_2O_3、MnO、FeO、MnS、FeS 复合夹杂，VN 等在复合氧化物上析出。

（2）SGS-1 的实验结果及分析。试样 SGS-1 将钢中的 S 含量由原来的 0.005% 提高到 0.022%，同时提高钢中的 N 含量，试样空冷。试样 SGS-1 的主要化学成分如表 9-32 所示。

表 9-32 试样 SGS-1 的主要化学成分 （质量分数,%）

试样编号	C	Si	Mn	P	S	Cr	Ni	V	Cu	N
SGS-1	0.39	0.31	0.44	0.013	0.022	0.18	0.019	0.081	0.017	0.018

对试样 SGS-1 的组织形貌进行了观察，观察结果如图 9-36 所示。由图 9-36 可知，试样 SGS-1 的铸态组织细小，以夹杂物为核心析出的铁素体均匀地分布在奥氏体晶界内，晶界上的铁素体很细小。

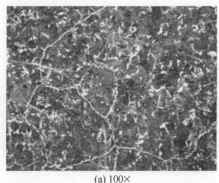
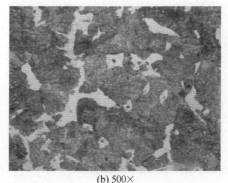

(a) 100×　　　　　　　　　　　(b) 500×

图 9-36 SGS-1 的组织形貌

　　试样 SGS-1 在试样 SG1 的基础上又添加了 S。在 SGS-1 的熔炼过程中，Al_2O_3、Ti_2O_3 等强脱氧元素氧化物首先在钢中弥散形成，然后 MnO、FeO 等弱脱氧元素的氧化物在强脱氧元素氧化物上析出，形成复合氧化物，MnS、FeS 在 MnO、FeO 上析出，形成 Al_2O_3、Ti_2O_3、MnO、FeO、MnS、FeS 复合夹杂，VN 等在复合氧化物上析出。

　　（3）SGS-2 的实验结果及分析。试样 SGS-2 将钢中的 S 含量由原来的 0.005% 提高到 0.046%，将 V 含量由原来的 0.081% 提高到 0.088%，同时提高钢中的 N 含量，试样空冷。试样 SGS-2 的主要化学成分如表 9-33 所示。

表 9-33　试样 SGS-2 的主要化学成分　　　　　　（质量分数，%）

试样编号	C	Si	Mn	P	S	Cr	Ni	V	Cu	N
SGS-2	0.43	0.34	0.29	0.019	0.046	0.018	0.019	0.088	0.014	0.016

　　对试样 SGS-2 的组织形貌进行了观察，观察结果如图 9-37 所示。由图 9-37 可知，试样 SGS-2 的铸态组织细小，以夹杂物为核心的铁素体均匀地分布在奥氏体晶界内，部分晶内铁素体呈针状。奥氏体晶粒细小。

 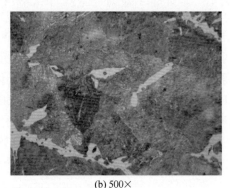

(a) 100×　　　　　　　　　　　　　　(b) 500×

图 9-37　SGS-2 的组织形貌

　　对试样 SGS-2 中诱导晶内铁素体析出的夹杂物成分进行了能谱分析，分析结果如图 9-38 和表 9-34 所示。试样 SGS-2 中诱导晶内铁素体析出的夹杂物主要化学成分是 O、S、Mn、N、V、Ti、Si、Al，夹杂物为 Al_2O_3、Ti_2O_3、MnO、FeO、MnS、VN 的复合夹杂。

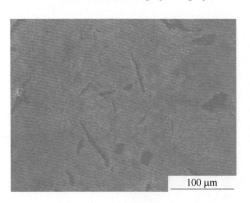 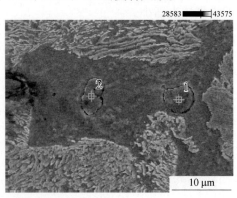

图 9-38　试样 SGS-2 的夹杂物形貌及能谱分析

表 9-34　试样 SGS-2 的夹杂物分析　　　　　（原子分数,%）

试样编号	N	O	F	Al	Si	S	Ti	V	Cr	Mn	Fe
SGS-2(3)_pt1	3.74	68.42	—	0.00	0.01	13.59	0.23	0.28	0.19	6.93	6.60
SGS-2(3)_pt2	0.00	68.04	0.00	0.02	0.00	15.85	0.05	0.29	—	7.99	7.76

试样 SGS-2 在试样 SGS-1 的基础上又添加了 S。在 SGS-2 的熔炼过程中，Al_2O_3、Ti_2O_3 等强脱氧元素氧化物首先在钢中弥散形成，然后 MnO、FeO 等弱脱氧元素的氧化物在强脱氧元素氧化物上析出，形成复合氧化物，MnS、FeS 在 MnO、FeO 上析出，形成 Al_2O_3、Ti_2O_3、MnO、FeO、MnS、FeS 复合夹杂，VN 等在复合氧化物上析出。

（4）SGN-1 的实验结果及分析。试样 SGN-1 将钢中的 S 含量由原来的 0.005% 提高到 0.036%，将 V 含量由原来的 0.081% 提高到 0.090%，同时提高钢中的 N 含量，试样空冷。对试样 SGN-1 的主要化学成分进行了检测，其主要化学成分如表 9-35 所示，其组织形貌如图 9-39 所示。

表 9-35　试样 SGN-1 的主要化学成分　　　　　（质量分数,%）

试样编号	C	Si	Mn	P	S	Cr	Ni	V	Cu	N
SGN-1	0.46	0.33	0.52	0.018	0.039	0.18	0.019	0.09	0.017	0.018

由图 9-39 可知，试样 SGN-1 铸态组织细小，以夹杂物为核心析出的铁素体均匀地分布在奥氏体晶界内，奥氏体晶界细小。与前面的 SG1、SGS-1、SGS-2 相比，晶内铁素体大量增加，分布更均匀。

(a) 100×　　　　　　　　　　　　　(b) 500×

图 9-39　SGN-1 的组织形貌

（5）SGN-2 的实验结果及分析。试样 SGN-2 将钢中的 S 含量由原来的 0.005% 提高到 0.043%，将 V 含量由原来的 0.081% 提高到 0.090%，同时提高钢中的 N 含量，试样空冷。对试样 SGN-2 的成分进行了检测，其主要化学成分如表 9-36 所示。

表 9-36　试样 SGN-2 的主要化学成分　　　　　（质量分数,%）

试样编号	C	Si	Mn	P	S	Cr	Ni	V	Cu	N
SGN-2	0.42	0.36	0.23	0.017	0.043	0.18	0.019	0.09	0.013	0.014

对试样 SGN-2 的组织形貌进行了观察，观察结果如图 9-40 所示。由图 9-40 可知，试

样 SGN-2 的铸态组织细小，以夹杂物为核心析出的铁素体均匀地分布在奥氏体晶界内，部分晶内铁素体呈针状。

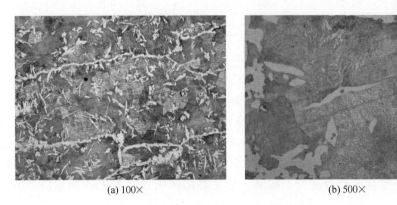

(a) 100×　　　　　　　　　　　　　　(b) 500×

图 9-40　SGN-2 的组织形貌

对试样 SGN-2 中诱导晶内铁素体析出的夹杂物成分进行了能谱分析，分析结果如图 9-41 和表 9-37 所示。

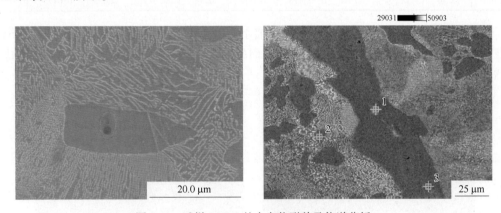

图 9-41　试样 SGN-2 的夹杂物形貌及能谱分析

表 9-37　试样 SGN-2 的夹杂物分析　　　　　　　　　　（原子分数，%）

试样编号	N	O	Al	Si	S	Ti	V	Mn	Fe
SGN-2(5)_pt1	0.00	62.73	0.03	0.16	4.26	0.11	0.30	—	32.40
SGN-2(5)_pt2	0.00	65.65	0.02	0.16	11.58	0.00	0.35	7.36	14.88
SGN-2(5)_pt3	15.01	66.86	0.00	0.15	1.54	0.00	0.09	0.67	15.68

试样 SGN-2 中诱导晶内铁素体析出的夹杂物主要化学成分是 O、S、Mn、N、V、Ti、Si、Al，夹杂物为 Al_2O_3、Ti_2O_3、MnO、FeO、MnS、VN 的复合夹杂。

试样 SGN-2 在试样 SGN-1 的基础上又添加了 N。在试样的熔炼过程中，Al_2O_3、Ti_2O_3 等强脱氧元素氧化物首先在钢中形成，然后 MnO、FeO 等弱脱氧元素的氧化物在强脱氧元素氧化物上析出，形成复合氧化物，MnS、FeS 在 MnO、FeO 上析出，形成 Al_2O_3、Ti_2O_3、MnO、FeO、MnS、FeS 复合夹杂，VN 等在复合氧化物上析出。

（6）SGV-1 的实验结果及分析。试样 SGV-1 将钢中的 S 含量由原来的 0.005% 提高到 0.044%，将 V 含量由原来的 0.081% 提高到 0.110%，同时提高钢中的 N 含量，试样空冷。对试样 SGV-1 的化学成分进行了检测，其主要化学成分如表 9-38 所示。

表 9-38　试样 SGV-1 的主要化学成分　　　　　（质量分数，%）

试样编号	C	Si	Mn	P	S	Cr	Ni	V	Cu	N
SGV-1	0.46	0.28	0.264	0.018	0.044	0.18	0.019	0.11	0.014	0.019

对试样 SGV-1 的组织形貌进行了观察，观察结果如图 9-42 所示。由图 9-42 可知，试样 SGV-1 的铸态组织细小，以夹杂物为核心的铁素体均匀地分布在奥氏体晶界内，部分晶内铁素体呈针状。

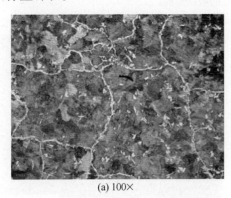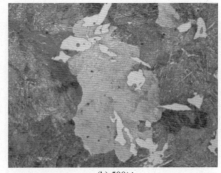

(a) 100×　　　　　　　　　　　　　(b) 500×

图 9-42　SGV-1 的组织形貌

试样 SGV-1 在试样 SG1 的基础上又添加了 V。在试样 SGV-1 的熔炼过程中，Al_2O_3、Ti_2O_3 等强脱氧元素氧化物首先在钢中弥散形成，然后 MnO、FeO 等弱脱氧元素的氧化物在强脱氧元素氧化物上析出，形成复合氧化物，MnS、FeS 在 MnO、FeO 上析出，形成 Al_2O_3、Ti_2O_3、MnO、FeO、MnS、FeS 复合夹杂，VN 等在复合氧化物上析出。

（7）SGV-2 的实验结果及分析。试样 SGV-2 将钢中的 S 含量由原来的 0.005% 提高到 0.044%，将 V 含量由原来的 0.081% 提高到 0.123%，同时提高钢中的 N 含量，试样空冷。对试样 SGV-2 的化学成分进行了检测，其主要化学成分如表 9-39 所示。

表 9-39　试样 SGV-2 的主要化学成分　　　　　（质量分数，%）

试样编号	C	Si	Mn	P	S	Cr	Ni	V	Cu	N
SGV-2	0.47	0.34	0.66	0.017	0.044	0.18	0.019	0.123	0.018	0.018

试样 SGV-2 的组织形貌进行了观察，观察结果如图 9-43 所示。由图 9-43 可知，试样 SGV-2 的铸态组织及奥氏体晶界细小，以夹杂物为核心的铁素体均匀地分布在奥氏体晶界内，奥氏体晶界上的铁素体细小呈条状。

对试样 SGV-2 中诱导晶内铁素体析出的夹杂物成分进行了能谱分析，分析结果如图 9-44 和表 9-40 所示。试样 SGV-2 中诱导晶内铁素体析出的夹杂物主要化学成分是 O、C、Mn、Al、Si、S、N、V、Ti，夹杂物为 Al_2O_3、Ti_2O_3、MnO、FeO、MnS、VN、V_4C_3 的复合夹杂。

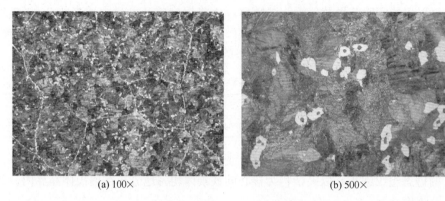

(a) 100×　　　　　　　　　　(b) 500×

图 9-43　SGV-2 的组织形貌

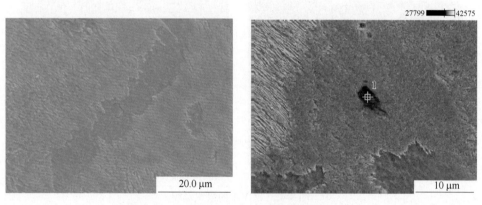

图 9-44　试样 SGV-2 的夹杂物形貌及能谱分析

表 9-40　试样 SGV-2 的夹杂物分析　　　　（原子分数，%）

试样编号	C	N	O	Al	Si	S	Ti	V	Mn	Fe
SGV-2(2)_pt1	26.56	0.23	66.00	1.17	0.76	0.51	1.25	0.02	0.59	2.89

　　试样 SGV-2 在试样 SGV-1 的基础上，提高了 V 含量。脱氧过程中，Al_2O_3、Ti_2O_3 等强脱氧元素氧化物首先在钢中形成，然后 MnO、FeO 等弱脱氧元素的氧化物在强脱氧元素氧化物上析出，形成复合氧化物，MnS、FeS 在 MnO、FeO 上析出，形成 Al_2O_3、Ti_2O_3、MnO、FeO、MnS、FeS 复合夹杂，VN、V_4C_3 等在复合氧化物上析出。复合氧化物上析出的 VN、V_4C_3 成为晶内铁素体的形核地点。晶内铁素体在 VN 和 V_4C_3 上析出。

9.1.3.3　试验钢热轧后的组织形貌

　　铸态试样经 1150 ℃保温 30 min，经四道轧制轧成 3 mm 厚的板材，试样轧完后空冷。轧后的试样，切割成 3 mm×10 mm×10 mm 的试样，经磨平、抛光、腐蚀制成金相试样，在金相显微镜下观察其组织形貌。对 SG45 的组织形貌进行了观察，结果如图 9-45 所示。

　　由图 9-45 可知，原料 SG45 的轧态组织比较细小，铁素体分布很均匀，沿奥氏体晶界分布的铁素体呈网状分布，铁素体粗大。

　　（1）SG1 的轧后组织形貌。对试样 SG1 进行了热轧，对热轧后的组织形貌进行了观察，结果如图 9-46 所示。由图 9-46 可知，试样 SG1 的热轧后组织比 SG45 钢组织细小，铁

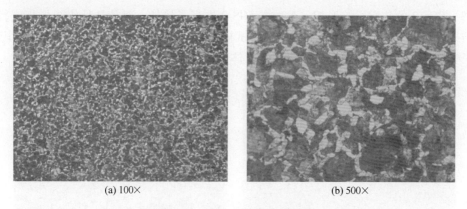

(a) 100×　　　　　　　　　(b) 500×

图 9-45　SG45 的轧态组织形貌

素体分为两部分，一部分沿奥氏体晶界析出；另一部分则在奥氏体晶界内形核析出。但是大部分的铁素体还是在奥氏体晶界上呈网状分布。

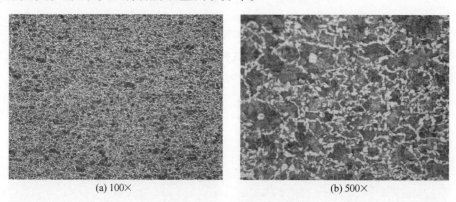

(a) 100×　　　　　　　　　(b) 500×

图 9-46　SG1 轧后的组织形貌

（2）SGS-1 的轧后组织形貌。对试样 SGS-1 进行了热轧，对热轧后组织形貌进行了观察，结果如图 9-47 所示。由图 9-47 可知，试样 SGS-1 的热轧后组织比 SG45 钢组织细小，出现了奥氏体晶界内铁素体，部分晶内铁素体呈针状分布。但是大部分的铁素体还是在奥氏体晶界上呈网状分布。

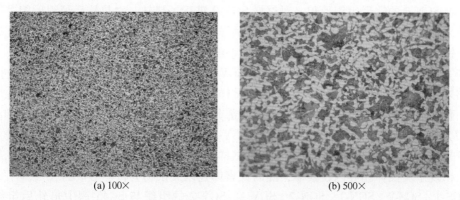

(a) 100×　　　　　　　　　(b) 500×

图 9-47　SGS-1 轧后的组织形貌

（3）SGS-2 的轧后组织形貌。对试样 SGS-2 进行了热轧，对热轧后组织形貌进行了观察，结果如图 9-48 所示。由图 9-48 可知，试样 SGS-2 的热轧后组织比 SG45 钢组织细小，出现了奥氏体晶界内铁素体，部分晶内铁素体是以夹杂物为核心形核的。

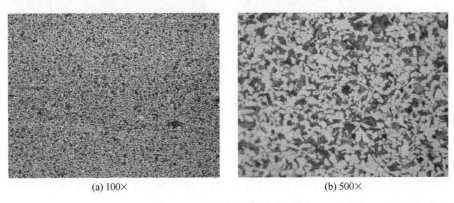

(a) 100×　　　　　　　　　　　　　　　(b) 500×

图 9-48　SGS-2 轧后的组织形貌

（4）SGN-1 的轧后组织形貌。对试样 SGN-1 进行了热轧，对热轧后组织形貌进行了观察，结果如图 9-49 所示。由图 9-49 可知，试样 SGN-1 的热轧后组织比 SG45 钢热轧后组织细小，出现了晶内铁素体，且铁素体分布均匀。

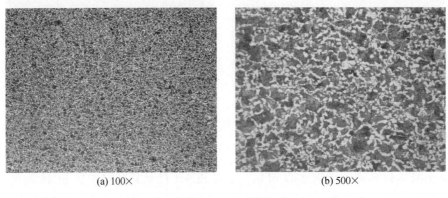

(a) 100×　　　　　　　　　　　　　　　(b) 500×

图 9-49　试样 SGN-1 轧后的组织形貌

（5）SGN-2 的轧后组织形貌。对试样 SGN-2 进行了热轧，对热轧后组织形貌进行了观察，结果如图 9-50 所示。由图 9-50 可知，试样 SGN-2 的热轧后组织比 SG45 钢热轧后组织细小，铁素体分布均匀，以夹杂物为核心形核的铁素体占一定比例。

（6）SGV-1 的轧后组织形貌。对试样 SGV-1 进行了热轧，热轧后组织形貌进行了观察，结果如图 9-51 所示。由图 9-51 可知，试样 SGV-1 的热轧后组织比 SG45 钢热轧后组织细小，普遍地出现了奥氏体晶界内铁素体，部分晶内铁素体是以夹杂物为核心形核的。

（7）SGV-2 的轧后组织形貌。对试样 SGV-2 进行了热轧，对热轧后组织形貌进行了观察，结果如图 9-52 所示。由图 9-52 可知，试样 SGV-2 的热轧后组织比 SG45 钢热轧后组织细小，出现了奥氏体晶界内铁素体，晶内铁素体是以夹杂物为核心形核的。

SGS-1、SGS-2、SGN-1、SGN-2、SGV-1、SGV-2 的组织与 SG45 钢中热轧后组织相比十分细小，且出现了晶内的铁素体，部分试样出现了晶内针状铁素体。通过合金元素的添

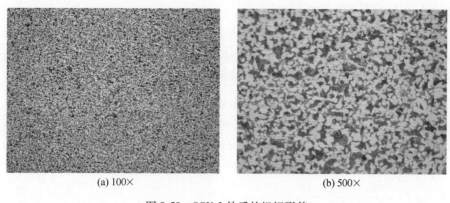

(a) 100×   (b) 500×

图 9-50 SGN-2 轧后的组织形貌

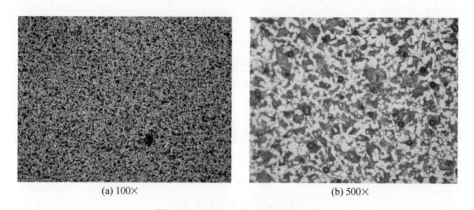

(a) 100×   (b) 500×

图 9-51 SGV-1 轧后的组织形貌

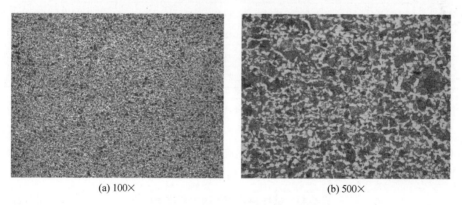

(a) 100×   (b) 500×

图 9-52 SGV-2 轧后的组织形貌

加，明显地细化了钢组织。铸态下实验钢内出现了大量的以夹杂物为核心形核的晶内铁素体，但是经过热轧后，实验钢中的铁素体大多还是呈网状分布在奥氏体晶界上，晶内的铁素体分布不是很普遍，晶内铁素体在热轧后没有延续性。出现这种情况的可能原因是：在轧制过程中受到压力的作用，γ-α 相变过程中由于存在相变力，铁素体首先在奥氏体晶界处析出；或者是本实验选择的诱导晶内铁素体析出的粒子种类不合适。

9.1.3.4　试样的力学性能检测

铸态试样在 1150 ℃保温 30 min，然后热轧，轧完后再放回 1150 ℃加热炉保温。经四道轧制，轧成 3 mm 厚的板材，轧制完的板材试样空冷。将轧后的试样，切割成 10 mm× 200 mm 的拉伸试样，在拉伸试验机上进行拉伸试验。拉伸实验结果如表 9-41 所示。

表 9-41　实验钢的力学性能

试样编号	R_m/MPa	R_H/MPa	R_L/MPa	A/%	Z/%	备注
SG45	760	570	565	7.5	61.5	正常断裂
SG1	755	610	595	5.5	45.5	正常断裂
SGS-1	595	550	535	8.0	57.5	正常断裂
SGS-2	695	545	540	8.0	44.5	正常断裂
SGN-1	725	560	555	5.0	37.0	正常断裂
SGN-2	625	525	520	6.5	45.5	正常断裂
SGV-1	600	550	540	2.5	25.5	正常断裂
SGV-2	835	700	695	5.5	40.0	正常断裂

注：由于试样处理不当此处的断后伸长率＝(断后试样长度−原始试样长度)/原始试样长度×100%。

9.1.3.5　试验钢重复试验

经过铸态组织观察、轧后组织观察及热轧后力学性能检测，综合以上的结果，试样 SGV-2 的实验结果是最好的。为了验证 SGV-2 实验结果不是偶然的，进行试样 SGV-2 的重复实验，得到试样 SGV-2-1、SGV-2-2、SGV-2-3、SGV-2-4。重复试验方案如表 9-42 所示。

表 9-42　实验设计方案

试样编号	原料质量/g	加 V-Fe/g	加 FeS/g	加 Mn-Fe/g	加入氮化锰/g	试样冷却方式
SGV-2-1	1226	1.06	2.43	0.70	0.84	空冷
SGV-2-2	1139	1.09	2.48	0.65	0.82	空冷
SGV-2-3	1227	1.07	2.48	0.63	0.85	强制冷
SGV-2-4	1194	1.02	2.25	0.79	0.84	强制冷

对试样 SGV-2-1、SGV-2-2、SGV-2-3、SGV-2-4 的组织形貌以及夹杂物进行了分析。

（1）SGV-2-1 的实验结果及分析。试样 SGV-2-1 将钢中的 S 含量由原来的 0.005% 提高到 0.031%，将 V 含量由原来的 0.081% 提高到 0.120%，同时提高钢中的 N 含量，试样空冷。对试样 SGV-2-1 的成分进行了检测，其主要化学成分如表 9-43 所示。

表 9-43　试样 SGV-2-1 的主要化学成分　　　　　　　　（质量分数，%）

试样编号	C	Si	Mn	P	S	V	Ti
SGV-2-1	0.44	0.29	0.74	0.018	0.031	0.12	0.003

对试样 SGV-2-1 的组织形貌进行了观察，结果如图 9-53 所示。由图 9-53 可知，试样 SGV-2-1 的铸态组织细小，以夹杂物为核心析出的铁素体均匀地分布在奥氏体晶界内。

对试样 SGV-2-1 中诱导晶内铁素体形核的夹杂物成分进行了能谱分析，分析结果如图 9-54 和表 9-44 所示。

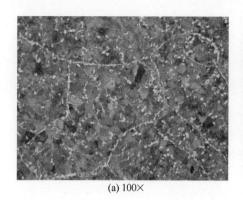

(a) 100×　　　　　　　　　　　　　(b) 500×

图 9-53　SGV-2-1 的组织形貌

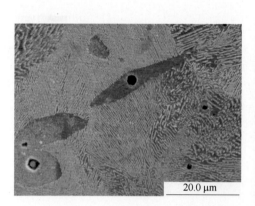
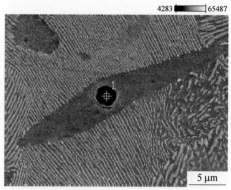

图 9-54　试样 SGV-2-1 的夹杂物形貌及能谱分析

表 9-44　试样 SGV-2-1 的夹杂物分析　　　　　　　　（原子分数，%）

试样编号	N	O	Al	Si	S	Ti	V	Mn	Fe
SGV-2-1(12)_pt1	9.27	64.60	2.70	7.18	0.89	1.03	0.00	6.42	7.92

由表 9-44 可知，试样 SGV-2-1 中诱导晶内铁素体形核的夹杂物主要化学成分是 O、N、Mn、Si、Al、Ti、S、Si，夹杂物为 Al_2O_3、Ti_2O_3、MnO、FeO、MnS 的复合夹杂。

（2）SGV-2-2 的实验结果及分析。试样 SGV-2-2 将钢中的 S 含量由原来的 0.005% 提高到 0.037%，将 V 含量由原来的 0.081% 提高到 0.13%，同时提高钢中的 N 含量，试样空冷。对试样 SGV-2-2 的组织形貌进行了观察，观察结果如图 9-55 所示。

对试样 SGV-2-2 中诱导晶内铁素体形核的主要化学成分进行了检测，其主要化学成分如表 9-45 所示。对试样 SGV-2-2 中的诱导晶内铁素体形核的夹杂物成分进行了能谱分析，分析结果如图 9-56 和表 9-46 所示。

表 9-45　试样 SGV-2-2 的主要化学成分　　　　　　　　（质量分数，%）

试样编号	C	Si	Mn	P	S	V	Ti
SGV-2-2	0.4	0.32	0.72	0.018	0.037	0.13	0.005

(a) 100×　　　　　　　　　　　　(b) 500×

图 9-55　SGV-2-2 的组织形貌

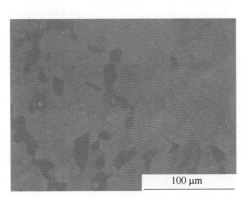
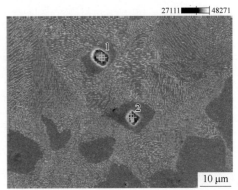

图 9-56　试样 SGV-2-2 的夹杂物形貌及能谱分析

表 9-46　试样 SGV-2-2 的夹杂物分析　　　　　　　　　（原子分数,%）

试样编号	C	N	O	F	S	Ti	V	Mn	Fe
SGV-2-2(3)_pt1	13.37	13.43	68.41	—	1.23	—	0.04	1.96	1.56
SGV-2-2(3)_pt2	—	—	63.67	0.00	8.81	0.26	0.53	9.40	17.32

由表 9-46 可知，试样 SGV-2-2 中诱导晶内铁素体形核析出的夹杂物主要化学成分是 O、C、N、Mn、S、V、Ti，夹杂物为 Ti_2O_3、MnO、FeO、MnS、VN、V_4C_3 复合夹杂。

试样 SGV-2-2 加入了 V、N，形成了 V 的 C、N 化物（VN、V_4C_3），加入了 Mn、S，形成了 MnS、MnO。脱氧过程中，Ti_2O_3 等强脱氧元素氧化物首先在钢中弥散形成，然后 MnO、FeO 等弱脱氧元素的氧化物在强脱氧元素氧化物上析出，形成复合氧化物，MnS、FeS 在 MnO、FeO 上析出，形成 Ti_2O_3、MnO、FeO、MnS、FeS 复合夹杂，VN、V_4C_3 等在复合氧化物上析出。复合氧化物上析出的 VN、V_4C_3 成了晶内铁素体的相变形核区，晶内铁素体在 VN 和 V_4C_3 上析出。

（3）SGV-2-3 的实验结果及分析。试样 SGV-2-3 将钢中的 S 含量由原来的 0.005% 提高到 0.047%，将 V 含量由原来的 0.081% 提高到 0.12%，同时提高钢中的 N 含量，试样用液氮强制冷却。对试样 SGV-2-3 的主要化学成分进行了检测，其主要化学成分如表 9-47

所示。对试样 SGV-2-3 的组织形貌进行了观察，观察结果如图 9-57 所示。

表 9-47　试样 SGV-2-3 的主要化学成分　　　　　（质量分数,%）

试样编号	C	Si	Mn	P	S	V	Ti
SGV-2-3	0.35	0.34	0.74	0.018	0.047	0.12	0.007

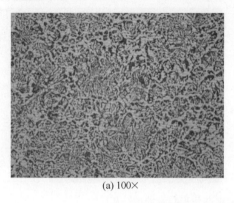 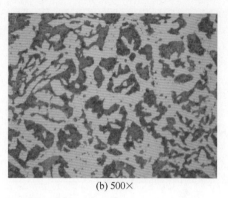

　　　　　(a) 100×　　　　　　　　　　　　　(b) 500×

图 9-57　SGV-2-3 的组织形貌

由图 9-57 可知，试样 SGV-2-3 的铸态组织细小，铁素体细小均匀的呈网状分布在基体上，部分晶内铁素体呈针状。

（4）SGV-2-4 的实验结果及分析。试样 SGV-2-4 将钢中的 S 含量由原来的 0.005% 提高到 0.044%，将 V 含量由原来的 0.081% 提高到 0.12%，同时提高钢中的 N 含量，试样在液氮中浸泡强制冷却。对试样 SGV-2-4 的成分进行了检测，其主要化学成分如表 9-48 所示。对试样 SGV-2-4 的组织形貌进行了观察，结果如图 9-58 所示。

表 9-48　实验钢的主要化学成分　　　　　（质量分数,%）

试样编号	C	Si	Mn	P	S	V	Ti
SGV-2-4	0.3	0.38	0.63	0.017	0.044	0.12	0.006

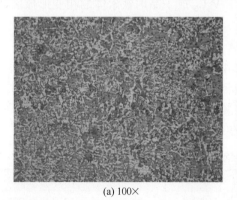 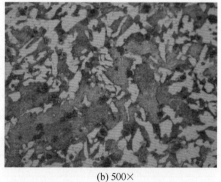

　　　　　(a) 100×　　　　　　　　　　　　　(b) 500×

图 9-58　SGV-2-4 的组织形貌

由图 9-58 可知，试样 SGV-2-4 的铸态组织细小，铁素体细小、均匀、呈网状的分布在基体上。

对试样 SGV-2-4 中诱导晶内铁素体析出的夹杂物成分进行了能谱分析，结果如图 9-59 和表 9-49 所示。由表 9-49 可知，试样 SGV-2-4 中诱导晶内铁素体形核的夹杂物主要化学成分是 O、Al、N、Si、Mn、S、Ti、V、P。夹杂物为 Al_2O_3、Ti_2O_3、MnO、FeO、MnS、VN 的复合夹杂。

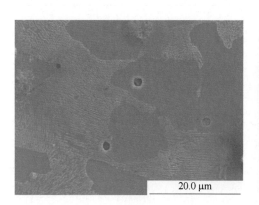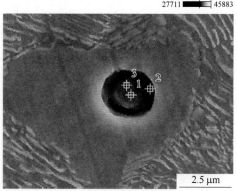

图 9-59　试样 SGV-2-4 的夹杂物形貌及能谱分析

表 9-49　试样 SGV-2-4 的夹杂物分析　　　　　　　（原子分数，%）

试样编号	N	O	Al	Si	P	S	Ti	V	Mn
SGSV-2-4(2)_pt1	5.52	63.79	5.43	2.60	—	1.65	1.62	0.13	1.49
SGSV-2-4(2)_pt2	2.78	61.52	0.56	0.23	0.27	0.58	0.04	0.07	0.63
SGSV-2-4(2)_pt3	5.25	63.32	6.07	1.05	—	1.31	2.36	0.07	1.35

试样 SGV-2-4 加入了 V、N，形成了 V 的 C、N 化物（VN、V_4C_3），加入了 Mn、S，形成了 MnS、MnO。脱氧过程中，Ti_2O_3 等强脱氧元素氧化物首先在钢中弥散形成，然后 MnO、FeO 等弱脱氧元素的氧化物在强脱氧元素氧化物上析出，形成复合氧化物，MnS、FeS 在 MnO、FeO 上析出，形成 Ti_2O_3、MnO、FeO、MnS、FeS 复合夹杂，VN、V_4C_3 等在复合氧化物上析出。复合氧化物上析出的 VN、V_4C_3 成了晶内铁素体的相变形核区，晶内铁素体在 VN 和 V_4C_3 上析出。

9.1.3.6　重复实验试样的力学性能测试

将 SGV-2-1、SGV-2-2、SGV-2-3、SGV-2-4 的铸态试样进行了热轧处理，试样在 1150 ℃保温 30 min，然后热轧，轧完后再放回 1150 ℃加热炉保温。经四道轧制，轧成 3 mm 厚的板材，轧制完的板材试样空冷。将轧后的试样，切割成 10 mm×200 mm 的拉伸试样，在拉伸试验机上进行拉伸试验。拉伸的实验结果如表 9-50 所示。

表 9-50　实验钢的力学性能

试样编号	R_m/MPa	R_H/MPa	R_L/MPa	A/%	Z/%	备 注
SGV-2-1	845	—	—	10.0	40.5	上、下屈服太近没有出现
SGV-2-2	785	615	605	13.0	41.0	正常断裂
SGV-2-3	645	555	550	5.5	12.5	缺陷夹头处断裂
SGV-2-4	760	620	600	27.5	51.0	正常断裂

综上所述，通过分析可得，试样 SG1、SGS-1、SGS-2、SGN-1、SGN-2、SGV-1、SGV-2 的铸态组织中均出现了晶内铁素体，试样中诱导析出晶内铁素体的核心夹杂物大都是 Al_2O_3、Ti_2O_3、MnO、FeO、MnS、VN 的复合夹杂。通过热轧后实验钢组织形貌的观察发现，试样 SG1、SGS-1、SGS-2、SGN-1、SGN-2、SGV-1、SGV-2 的组织与 SG45 钢中热轧后组织相比十分细小，且出现了晶内的铁素体，部分试样出现了晶内针状的铁素体。通过合金元素的添加，明显地细化了钢组织。经过力学性能检测，试样 SG1、SGS-1、SGS-2、SGN-1、SGN-2、SGV-1、SGV-2 全部达到热轧态屈服强度不小于 490 MPa 的目标。尤其是试样 SGV-2，抗拉强度为 835 MPa，屈服强度为 695 MPa。通过重复试验证明，试样 SGV-2 的实验结果是准确的，可重复的。

9.2 DH36 船体钢的开发

9.2.1 DH36 船体钢工业试制

冶炼过程：工业试验采用 Nb-Mo-Al-Mg-Ti 复合微合金化，冶炼大线能量焊接用钢流程为 120 t 顶底复吹转炉—120 t LF 钢包炉精炼—连铸。工业试验钢成分如表 9-51 所示。

表 9-51 试验钢化学成分　　　　　　　　　　　（质量分数，%）

成分	C	Mn	S	P	Si	Al	Ti	Mo	Mg	Nb
DH36	0.06~0.08	1.25~1.60	≤0.010	≤0.025	0.20~0.40	0.010~0.030	0.010~0.020	0.060~0.080	0.002~0.005	0.020~0.040

轧制过程：工业生产的 DH36 船板钢，开轧温度控制在 1050~1120 ℃，经轧制后共三个尺寸类型，分别是 16 mm、25 mm、40 mm。其中 16 mm 钢板长 600 mm、宽 100 mm，25 mm 钢板长 800 mm、宽 150 mm，40 mm 钢板长 1000 mm、宽 200 mm。

焊接过程：沿钢板长度方向对两块钢板进行焊接，开槽方式为"V"形，要求在不同线能量下进行一次性焊接，即利用一条焊缝进行焊接。对 16 mm、25 mm 和 40 mm 三个厚度的钢板进行不同线能量的焊接试验，线能量分别为 50 kJ/cm、100 kJ/cm 和 150 kJ/cm，选择 H10Mn2+SJ501 作为焊接材料，具体焊接参数如表 9-52 所示。

表 9-52 工业试验具体焊接参数

板厚/mm	线能量/kJ·cm⁻¹	焊接速度/m·h⁻¹	焊丝直径/mm	焊丝成分	前丝		后丝	
					电流/A	电压/V	电流/A	电压/V
16	50	19.6	4.0	10Mn2	780	35		
25	100	24	5.0+5.0	10Mn2	1000	41	700	37
40	150	22.7	5.0+5.0	10Mn2	1200	44	1000	42

9.2.2 DH36 组织和性能分析

对工业试验铸坯不同位置取样，在金相显微镜下观察不同倍数显微组织，铸态组织分别如图 9-60 所示。

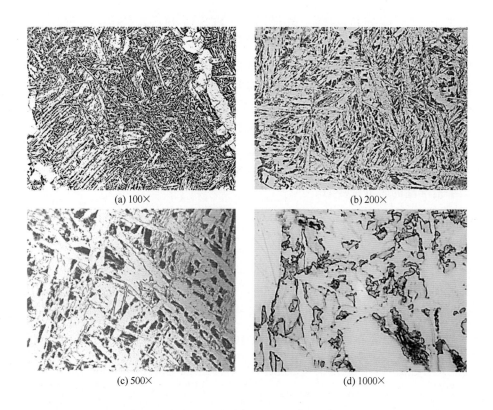

(a) 100×　　　　　　　　　　　(b) 200×

(c) 500×　　　　　　　　　　　(d) 1000×

图 9-60　工业试验铸态显微组织

　　试验钢中主要由铁素体和珠光体组成，含有大量的 IAF 组织，有夹杂物诱发的针状铁素体和感生的二次针状铁素体组织，相互交叉呈网状交织，将奥氏体晶粒分割成大量小的区域，从而细化了铸态组织。

　　分别对不同厚度试验钢板横截面进行取样观察，图 9-61 中均为 200 倍显微组织，图 9-61（a）~（c）分别为 16 mm、25 mm、40 mm 厚钢板，轧态组织中主要由多边形铁素体和珠光体组成，晶粒细小。

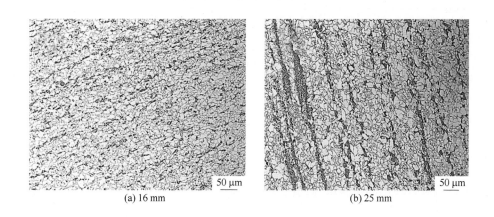

(a) 16 mm　　　　　　　　　　(b) 25 mm

(c) 40 mm

图 9-61 工业试验钢板轧态组织

将三种线能量下焊接的不同厚度钢板试样分别在-20 ℃下进行冲击试验，缺口类型为"V"形，不同冲击位置的试验结果如表 9-53 所示。

表 9-53 不同冲击位置的试验结果

厚度/mm	输入能量 /kJ·cm⁻¹	位置	实验温度 /℃	冲击吸收能量/J			平均值/J
				冲击值 1	冲击值 2	冲击值 3	
16	50	熔合线+2 mm	-21.9	197.3	166.7	172.0	178.7
25	100	熔合线+2 mm	-21.9	40.6	41.3	54.4	45.4
40	150	熔合线+2 mm	-21.9	198.9	189.5	197.6	195.3
16，原板			0	270	268	296	278
25，原板			0	319	319	308	315.3
40，原板			0	276	318	254	282.7

工业生产的钢板，当冲击试验中试验温度为-20 ℃，焊接输入线能量为 150 kJ/cm 时，熔合线 2 mm 处冲击吸收能量平均值为 195.3J，大幅超越国标标准要求。作为 DH36 级船板钢，在 50 kJ/cm、150 kJ/cm 两种线输入能量下均能达到国标要求。从数据上分析 16 mm 钢板在 50 kJ/cm 的线能量下能大幅超越国标要求，特别是在-20 ℃下距离熔合线 2 mm 处焊接热影响区的平均冲击功为 178.7J；40 mm 钢板在 150 kJ/cm 的焊接线能量下距离熔合线 2 mm 处焊接热影响区。根据国标要求，DH36 船体钢母材冲击温度为 0 ℃，分别对不同厚度工业钢板进行冲击试验，冲击功值如表 9-53 所示，16 mm 厚原板冲击功达 278J，25 mm 厚原板冲击功达 315.3J，40 mm 厚原板冲击功达 282.7J，与母材低温冲击性能相比，焊接 HAZ 低温冲击性能达原板的 88%。

分别对 16 mm、25 mm 厚钢板焊接 HAZ 进行取样观察，HAZ 显微组织如图 9-62 和图 9-63 所示，图 9-62 中晶粒细小，与母材处晶粒相比，经过高温重新奥氏体化后晶粒没有重新长大，焊接低温冲击韧性好，主要组织为铁素体和珠光体，可以明显观察到焊缝和熔合区的界线。图 9-63 中，经过线能量为 100 kJ/cm 焊接，焊缝区域发生高温重熔，焊接 HAZ 晶粒变的粗大，焊接低温冲击韧性没有得到大幅度的提高。

图 9-64 为 40 mm 厚试验钢板焊接 HAZ 显微组织观察。明显观察到母材，HAZ、焊缝区域，与图 9-65 中焊接接头宏观形貌图各区域对应。

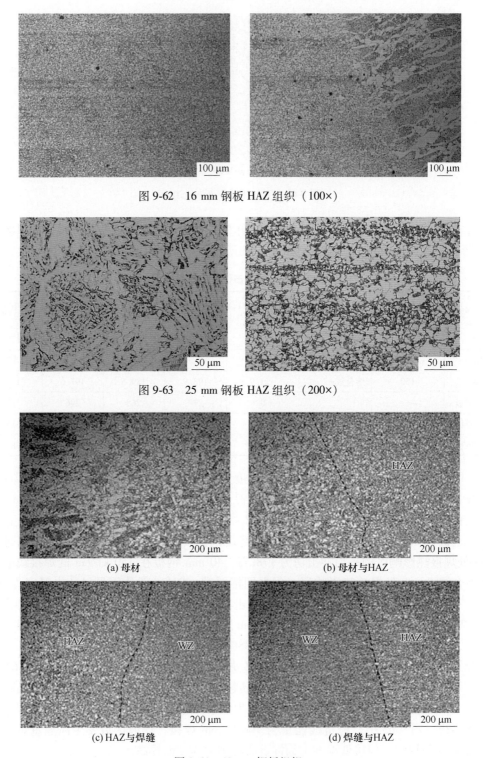

图 9-62   16 mm 钢板 HAZ 组织（100×）

图 9-63   25 mm 钢板 HAZ 组织（200×）

(a) 母材

(b) 母材与 HAZ

(c) HAZ 与焊缝

(d) 焊缝与 HAZ

图 9-64   40 mm 钢板组织

图 9-65 为 40 mm 厚钢板焊接接头宏观形貌，图中从左向右依次是母材、焊接 HAZ、

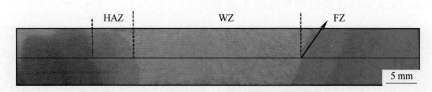

图 9-65　40 mm 厚钢板焊接接头宏观形貌

焊缝、焊接 HAZ、母材，焊缝 HAZ 为 7 mm 左右，金相显微镜下观察各个区域，与显微组织图 9-64 中相对应。通过观察发现从母材到焊缝区域，晶粒没有重新变粗大，在焊缝区域反而变得更加细小。说明 40 mm 厚工业试验钢板经过 150 kJ/cm 的焊接之后低温冲击韧性很好，大幅度超过了国家标准。

针对该成分下试验钢不同条件下的冲击试样，通过 S-4800 扫描电镜获得不同倍数下各条件下冲击断口形貌如图 9-66 所示。

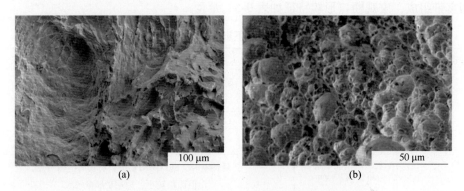

图 9-66　−20 ℃条件下 16 mm 厚钢板冲击微观断口形貌

从图 9-66 可以看出，16 mm 厚的试验钢冲击断口主要为韧性断裂，主要是由相对细小的撕裂棱准解理断口和一部分韧窝断口组成，部分地方韧窝带和撕裂棱相互交错，这样韧窝带可以很好地阻挡撕裂棱带裂纹的扩展，能在一定程度上很好地提高冲击的韧性。25 mm 厚试验钢板断口照片如图 9-67 所示。

图 9-67　25 mm 工业试验样品断口

由图 9-67 可知，25 mm 厚的试验钢冲击断口−21.9 ℃时的冲击断口为撕裂棱和韧窝带组成。40 mm 厚试验钢板断口照片如图 9-68 所示。

 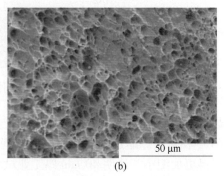

(a)　　　　　　　　　　　　　　　(b)

图 9-68　40 mm 工业试验样品断口

由图 9-68 可知，40 mm 厚的工业试验处理钢样冲击断口-21.9 ℃时的冲击断口为撕裂棱和韧窝带组成，宏观断口形貌特征如表 9-54 所示。

表 9-54　各条件下宏观断口形貌特征

冲击温度	冲击位置	宏观形貌特征
-20 ℃	母材	延性断裂，断口粗糙，整体凹凸不平，撕裂棱及剪切唇清晰可见，塑性变形量较大
	熔合线+2 mm	延性-脆性断裂，断口较平整，剪切唇面积较小，整个断面分布白亮小点
	熔合线+5 mm	延性断裂，断口略微粗糙，剪切唇清晰可见，但面积较小，塑性变形量较大

针状铁素体是中温转变产物，贝氏体也是中温转变产物，所以在金相显微镜下观察到的都是中温转变产物及一些温度较低时转变的产物，各种产物混合在一起，很难观察到其晶粒尺寸，所以利用 EBSD 扫描焊接部位的焊接区域，得到不同组织的各种晶体学取向，分析得到钢的有效晶粒尺寸。针状铁素体互锁组织把焊接 HAZ 分割成细小的区域，即为钢的有效晶粒尺寸。HAZ 和原始奥氏体晶粒尺寸大小如表 9-55 所示。

表 9-55　HAZ 晶粒尺寸

位置	平均尺寸		
	值/μm	平均值/μm	偏差
HAZ	6.8	7.3	0.356
	7.5		
	7.6		

对做完高温焊接工艺的实验钢进行电子背散射衍射扫描，对目标组织的扫描步长取0.2 μm，用 EBSD 分析软件 Channel 5 分析钢的热影响的微观组织，其 IPF 图如图 9-69 所示，对于 IPF 图中不同颜色代表的不同取向。

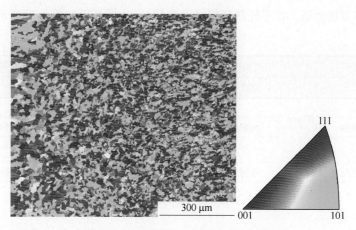

图 9-69　试验钢 HAZ 组织取向分布图

9.3　EH420 船体钢的开发

9.3.1　EH420 成分设计及冶炼

EH420 工业试制工艺流程为：脱硫铁水→转炉初炼→LF 精炼→VD 精炼→板坯连铸→加热炉→热轧。EH420 钢化学成分如表 9-56 所示。

表 9-56　EH420 钢化学成分范围和目标成分　　　　　　（质量分数,%）

钢种	成分	C	Mn	S	P	Si	Als	Nb	Ti	Mg	Mo	Ni	Cu
EH420	下限	0.06	1.45	0	0	0.20	0.025	0.035	0.010	0.002	0.05	0.15	0.15
	上限	0.09	1.55	0.010	0.015	0.30	0.035	0.045	0.020	0.005	0.09	0.25	0.25
	目标	0.07	1.50	0.008	—	0.22	0.030	0.040	0.015	0.003	0.07	0.20	0.20

注：未提及残余元素含量执行河钢舞钢内控规程；液相线温度：$T = 1520\ ℃$；EH420 钢按照厂内控标准，N 含量 $<4×10^{-5}$，残余 B 含量 $<5×10^{-5}$。

冶炼过程中，采用脱硫铁水与低硫废钢，废钢比不大于 10%，总装入量（123±3）t，确保钢包净空 300~500 mm。终点目标：[C] 0.03% ~0.06%；P≤0.010%。炼钢工根据包况设置适当出钢温度，以保 LF 到站温度合适为目标。转炉出钢 $\frac{1}{3}$ ~ $\frac{2}{3}$ 期间，采用硅铁、金属锰/电解锰、铝粒、铌铁、钼铁、镍铁、铜板进行脱氧合金化，各合金加入量根据实际情况确定。LF 到站后测温定氧，LF 进站后加预熔渣、石灰、铝线、炭粉、硅铁等造白渣脱硫，要求快速成渣，脱硫过程合理控制气量，白渣脱硫保持时间不小于 10 min，严禁采用大气量搅拌。LF 精炼不能加钛线，不进行钙处理。LF 出站钢中[Als]常规控制保证终点 Al 合规。LF 出站温度：参考某企业 LF-VD 双联工艺规程，考虑 VD 工艺喂 Mg 线翻腾温降，需保证中间包温度合适。VD 破空后，保持正常底吹氩气，进行氧化物冶金工艺，喂线顺序镁—钛—铝（若需补铝）—钙。Ca 和 Mg 速度相同，Al 和 Ti 喂线速度相同，若喂 Mg、Ca 线过程中翻腾不严重，可以适当提高速度。喂线顺序连续进行不必间隔，喂线后吹氩 2 min。执行现行标准，浇铸第一炉在此基础适当提高温度。精炼可根据实际情况调整上钢温度，以保中间包温度合适。参考轧制参数（表 9-57），生产流程如图 9-70 所示。

表 9-57　轧制温度　　　　　　　　　　　　　　　　　　（℃）

出炉温度	开轧温度	控温后开轧温度	终轧温度
1190	1070	885	840

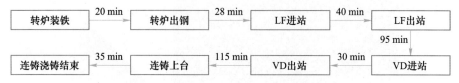

图 9-70　50 mm 厚板生产流程

50 mm 钢板轧制工艺参数如表 9-58 所示，50 mm 厚度试验钢轧制参数如表 9-59 所示。50 mm 厚度试验钢轧制厚度变化如图 9-71 所示，50 mm 厚度试验钢压缩比随轧制道次的变化如图 9-72 所示。

表 9-58　轧制工艺参数

厚度/mm	出炉温度/℃	开轧温度/℃	控温后开轧温度/℃	终轧温度/℃
50	1250	1070	850	810

表 9-59　50 mm 厚度试验钢轧制参数

轧制道次	原厚度	1	2	3	4	5	6	7	8	9	10
厚度/mm	300	284.03	267.7	237.83	206.4	179.14	157.43	139.78	125	119.36	104.92
压缩比/%	—	5.3	5.7	11.2	13.2	13.2	12.1	11.2	10.6	4.5	12.1
轧制道次	11	12	13	14	15	16	17	18	19	20	
厚度/mm	90.39	75.9	64.84	58.97	51.2						
压缩比/%	16.0	14.6	9.1	13.2							

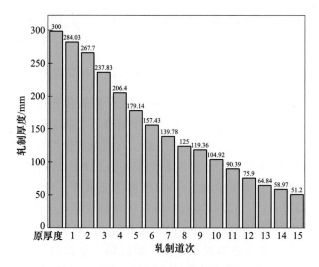

图 9-71　50 mm 厚度试验钢轧制厚度变化

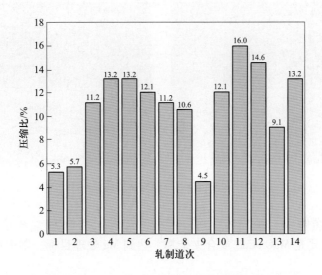

图 9-72　50 mm 厚度试验钢压缩比随轧制道次的变化

9.3.2　钢板组织与性能分析

9.3.2.1　钢板化学成分

使用直读光谱仪测定，钢板化学成分如表 9-60 所示，满足成分设计要求。

表 9-60　钢板化学成分　　　　　　　　　　　（%）

C	Si	Mn	P	S	Ni	Cr	Cu	Alt	Ti	Mo	V	Nb	B	Ca	Mg
0.09	0.28	1.47	0.009	0.0016	0.2	0.08	0.15	0.034	0.013	0.057	0.003	0.035	0.0003	0.0002	0.0025

使用 ICP-MS 测定钢板 Mg 元素含量，两炉均为 0.0025%，即 Mg 处理完成。

9.3.2.2　连铸坯心部组织

连铸坯组织以心部存在两类组织相间分布一类是粗大的铁素体-珠光体组织，一类是细小的针状铁素体组织。50 mm 规格钢板轧前连铸坯如图 9-73 所示。

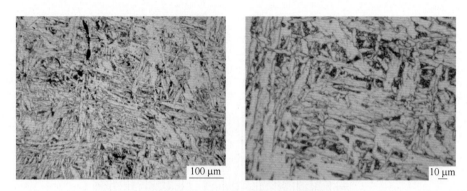

图 9-73　50 mm 规格钢板轧前连铸坯

9.3.2.3　夹杂物

钢中夹杂物主要是 MgO+CaS 复合夹杂物，达到 Mg 处理目标。钢中典型夹杂物面分析如图 9-74 所示。

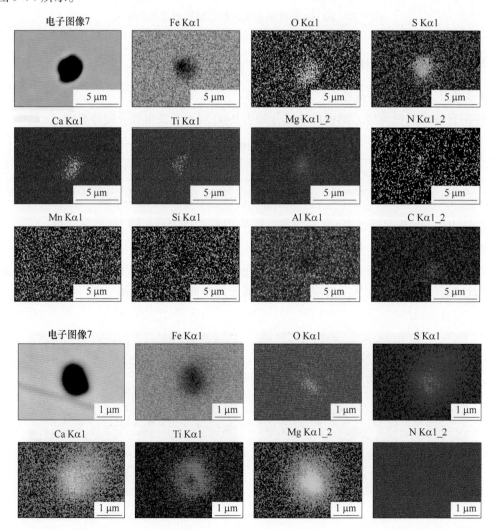

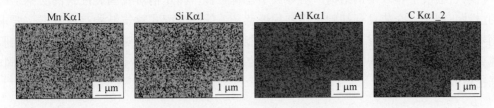

图 9-74 钢中典型夹杂物面分析

9.3.2.4 TMCP 态轧板力学性能

A 低温冲击性能

钢板低温冲击性能如表 9-61 所示。

表 9-61 钢板低温冲击性能

钢种	规格/mm	温度/℃	功 1/J	功 2/J	功 3/J	厚内位置	试验方向
EH420	50	-20	267	299	288	1/4 处	横向
		-20	224	225	159	1/2 处	横向
		-40	256	166	214	1/4 处	横向
		-40	207	233	176	1/2 处	横向

注：国标横向冲击>28J。

整体来看，50 mm 厚度钢板，冲击性能达到 EH420 国标要求，冲击性能数值稳定。

B 拉力性能

轧板拉伸性能如表 9-62 所示。

表 9-62 轧板拉伸性能

牌号	规格/mm	屈服强度 （规制 1） /MPa	抗拉强度 （规制 1） /MPa	断后伸长率 （规制 1） /%	屈强比 （规制 1）	厚内位置	试验方向
EH420	50	471.6	569.3	27.4	0.828	1/4 处	横向
EH420	50	442.6	571.4	26	0.775	1/2 处	横向
国标		≥420	≥530	≥18			

C 硬度

轧板硬度如表 9-63 所示。

表 9-63 轧板硬度

材料厚度	材料号	测量位置 1	上表面	上 1/4 处	1/2 处	下 1/4 处	下表面
50	TMCP	1	211	190	187	188	195

9.4 高建钢开发

高建钢全称高性能建筑结构用钢，主要应用于高层建筑、超高层建筑、大跨度体育场馆、机场、会展中心以及钢结构厂房等大型建筑工程。高建钢对我国装配式高层钢结构建筑的设计、制作、安装具有基础作用和积极意义。伴随装配式建筑结构高速发展，要求高建钢板具有易焊接、抗震、抗低温冲击等性能，以满足高层建筑对钢材受力状态复杂服役环境要求。现有高强结构钢普遍通常采用组织均匀细化技术，使强度和韧性提高的同时，屈强比也同步提高。

9.4.1　化学成分设计及冶炼过程

成分设计是根据钢板所要求的性能及各化学元素对其综合力学性能的影响来设计的钢板成分。钢的化学成分和微观组织结构决定了钢的力学性能，因此，钢的化学成分的确定是其最终力学性能的基础。根据实验钢 Q420GJ 的目标成分设计，选择添加 V、Ti、Nb、Mg 等微合金元素，并通过调整 Nb、Mg 元素的合金加入量，制订实验钢冶炼方案。其中主要合金原料成分含量如表 9-64 所示。

表 9-64　合金原料成分含量表　　　　　　（质量分数,%）

合金原料	纯铝	硅铁	锰铁	铌铁	钒铁	钛铁	镁粒
成分含量	100	73	82	62	73	29	91

试验钢基料成分如表 9-65 所示。

表 9-65　试验钢基料成分表　　　　　　（质量分数,%）

元素	C	Mn	S	P	Si	Als	Mo	Ti	V
基料	0.063	0.160	0.007	0.015	0.030	0.007	0.001	0.001	0.001

每炉基料为 30 kg，设计四组熔炼的合金料加入量，对 Nb、Mg 两元素含量进行调整，观察对比冶炼出钢材铸态的组织形貌，其中第一组为基础对照组，第二组中只提高了 Nb 的加入量，第三组只增加了 Mg 的加入量，最后在第四组同时增加了 Nb、Mg 的加入量，如表 9-66 所示。

表 9-66　合金料加入量　　　　　　（g）

炉号	C	Si	Mn	Al	Nb	V	Ti	Mg
1	30	90	580	19+10	11	33	37	35
2	30	90	580	19+10	22	33	37	35
3	30	90	580	19+10	11	33	37	45
4	30	90	580	19+10	22	33	37	45

将各炉试验钢进行成分检测（每炉试验钢分别进行两次测试），各组成分检测结果如表 9-67 所示。

表 9-67　冶炼钢的成分　　　　　　（质量分数,%）

炉号	组别	C	Si	Mn	Nb	V	Ti	Al	P	S	Mg
1	1	0.089	0.272	1.364	0.023	0.051	0.019	0.011	0.020	0.017	0.005
	2	0.087	0.276	1.369	0.024	0.052	0.022	0.010	0.019	0.019	0.004

炉号	组别	C	Si	Mn	Nb	V	Ti	Al	P	S	Mg
2	3	0.085	0.261	1.381	0.031	0.057	0.017	0.013	0.019	0.013	0.004
	4	0.083	0.266	1.371	0.033	0.059	0.019	0.011	0.020	0.017	0.005
3	5	0.084	0.279	1.373	0.021	0.055	0.022	0.013	0.021	0.013	0.008
	6	0.082	0.279	1.373	0.023	0.055	0.023	0.014	0.022	0.012	0.009
4	7	0.083	0.267	1.356	0.032	0.056	0.021	0.013	0.019	0.014	0.007
	8	0.083	0.268	1.348	0.034	0.054	0.021	0.011	0.018	0.011	0.009

在冶炼铸坯上进行取样，采用线切割将试样制成 10 mm×10 mm×10 mm 的正方体，在经过镶嵌、打磨、抛光、腐蚀后，将试样置于金相显微镜中观察分析其组织形貌，显微组织如图 9-75～图 9-78 所示。

（1）第一组试样铸态显微组织。第一组不同倍数铸态组织如图 9-75 所示，可以看出该成分下样品组织主要由铁素体和珠光体组成。该试样组织晶粒粗大，没有针状铁素体出现，平均晶粒度为 8.5 级。

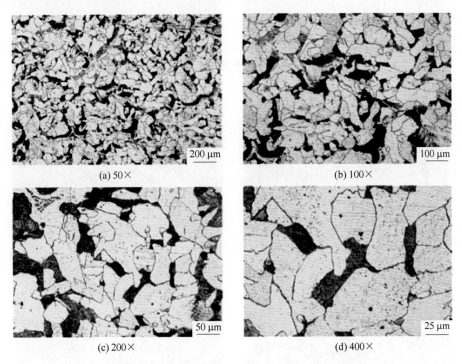

(a) 50×　　　　　　　　　　　　　　　　(b) 100×

(c) 200×　　　　　　　　　　　　　　　　(d) 400×

图 9-75　第一组不同放大倍率下铸态组织结构

（2）第二组试样铸态显微组织。第二组中不同倍数下铸态组织由图 9-76 可以看出，试样组织仍然由铁素体和珠光体组成，随着 Nb 含量的升高，组织晶粒细化，但析出铁素体多为晶界铁素体，平均晶粒度为 7.5 级。

（3）第三组试样铸态显微组织。第三组中不同倍数下铸态组织由图 9-77 可以发现，随着 Mg 含量的升高，有少量的针状铁素体出现，但其他晶粒仍然粗大，平均晶粒度降低到 7 级。

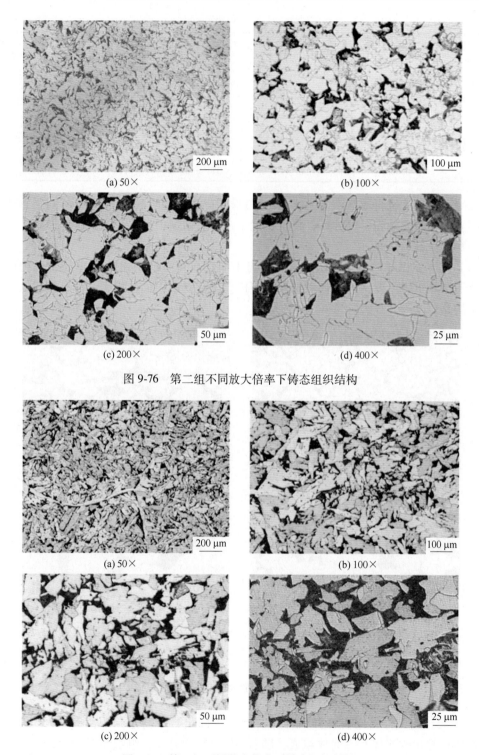

(a) 50×　　　　　　　　　　　(b) 100×

(c) 200×　　　　　　　　　　　(d) 400×

图 9-76　第二组不同放大倍率下铸态组织结构

(a) 50×　　　　　　　　　　　(b) 100×

(c) 200×　　　　　　　　　　　(d) 400×

图 9-77　第三组不同放大倍率下铸态组织结构

（4）第四组试样铸态显微组织。第四组铸态组织由图 9-78 发现，随着 Nb、Mg 含量的同时升高，晶粒细化效果非常明显，其中大量晶内针状铁素体析出，且呈网状交叉排列，形成致密的连锁组织，平均晶粒度约为 6.5 级。

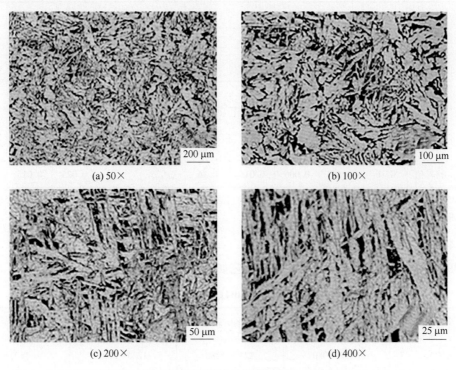

图 9-78　第四组不同放大倍率下铸态组织结构

　　综上所述，根据晶粒度尺寸、晶内铁素体组织、晶界析出物等方面综合分析，第四组试验钢效果最好，因此，选定第四组熔炼钢为本实验研究用钢。该实验钢化学成分如表 9-68 所示。

表 9-68　试验钢化学成分　　　　　　　　（质量分数，%）

成分	C	Si	P	Mn	Ti	S	Al	V	Mg	Nb
含量	0.083	0.267	0.018	1.352	0.021	0.013	0.012	0.055	0.008	0.033

　　结合各组试验钢成分与其对应的金相显微镜下的组织形貌可以发现，Nb 含量的提高，晶粒细化效果明显，且有少量晶内针状铁素体析出；Mg 含量的提高，大大提高了晶内针状铁素体析出率，对铁素体晶粒尺寸有很大的影响，这是由于该元素形成的第二相粒子对奥氏体尺寸钉扎作用明显，且促进晶内针状铁素体形核，从而起到了影响铁素体形貌的关键作用。

9.4.2　控轧控冷技术研究开发

　　根据高层建筑用钢 Q390GJ、Q420GJ，分别执行 GB/T 19879—2015 建筑结构用钢标准。

9.4.2.1　化学成分要求

化学成分中板厂按验收成分验收，表 9-69 为 Q390GJ、Q420GJ 高层建筑用钢化学成分。

表 9-69　Q390GJ、Q420GJ 高层建筑用钢化学成分　　（质量分数,%）

成品成分		C	Mn	S	P	Si	Als	C_{eq}	V	Ti	Nb
Q390GJ	下限值	0.14	1.40	0.000	0.000	0.12	0.0200	0.00	0.045	0.015	0.040
	上限值	0.18	1.55	0.007	0.018	0.25	0.0400	0.47	0.060	0.030	0.055
	目标值	0.16	1.45	0.005	0.015	0.16	0.0250		0.050	0.020	0.045
Q420GJ	下限值	0.14	1.40	0.000	0.000	0.12	0.020		0.020	0.010	0.020
	上限值	0.18	1.55	0.008	0.018	0.25	0.040	0.45	0.035	0.025	0.030
	目标值	0.16	1.45	0.006	0.015	0.16	0.025		0.025	0.015	0.025

注：C、Mn 不能同时低于内控成分下限，否则改判为其他钢种；每批应由同一炉罐号、同一规格的钢板组成，每批成品质量不得大于 50 t。

9.4.2.2　加热制度

Q390GJ、Q420GJ 高层建筑用钢加热工艺如表 9-70 所示。

表 9-70　Q390GJ、Q420GJ 高层建筑用钢加热工艺

预热段/℃	一加热段/℃	二加热段/℃	均热段/℃	加热时间/h
≤970	1000~1080	1240~1280	1220~1260	≥2.5

注：钢坯温度要均匀，无明显黑印。

9.4.2.3　轧制工艺

执行 Q390GJ、Q420GJ 高层建筑用钢轧制工艺，具体参数如表 9-71 所示。

表 9-71　轧制工艺参数

成品厚度/mm	轧制工艺	控轧厚度	二次开轧温度/℃	终轧温度/℃
$h<12$	AR	—		<900
$12 \leq h \leq 20$	CR+ACC	2~4 倍 h	≤950	800~830
$20<h \leq 30$	CR+ACC	2.5~3 倍 h	≤900	800~830
$30<h<40$	CR+ACC	2.5~3 倍 h	≤880	780~830
$40 \leq h \leq 60$	CR+ACC	2~2.5 倍 h	≤860	780~830
$60<h \leq 100$	CR+ACC	≥140 mm	≤860	780~830

注：h 为成品厚度。

9.4.2.4　实验室轧制设备和轧制参数

轧制试验采用 ϕ400 mm×350 mm 热轧机，如图 9-79 所示。

将试验钢锭放在加热炉中加热到 1200 ℃±10 ℃，保温 2 h。充分奥氏体化。将试验钢从加热炉中取出，放到辊道上开始轧制。初轧温度为 1100 ℃，终轧温度为 860~900 ℃。轧制道次参数等如表 9-72~表 9-75 所示。

图 9-79 φ400 mm×350 mm 热轧机

表 9-72 第一种轧制道次参数

钢材厚度/mm	83	66	53	43	35	28	22	18	15	12
压下量/mm	0	17	13	10	8	7	6	4	3	3
压下比/%	0	20.5	19.7	18.9	18.6	20.0	21.4	18.2	16.7	20.0

表 9-73 第二种轧制道次参数

钢材厚度/mm	8	80	70	65	58	49	35	28	20	15	12
压下量/mm	0	8	10	5	7	9	14	7	8	5	3
压下比/%	0	9.1	12.5	7.1	10.8	15.5	28.6	20	28.6	25	20

表 9-74 第三种粗轧道次参数

钢材厚度/mm	110	104	98	92	86	73	61	50
压下量/mm	0	6	6	6	6	13	12	11
压下比	0	5.5	5.8	6.1	6.5	15.1	16.4	18.0

表 9-75 第三种精轧道次参数

钢材厚度/mm	50	41	35	31	27	23	20	16
压下量/mm	0	9	6	4	4	4	3	4
压下比	0	18.0	14.6	11.4	12.9	14.8	13.0	20.0

在轧制过程中，影响轧件组织性能的主要因素是精轧开轧温度、终轧温度、压下量分配比等参数。由于精轧阶段变形量在头几道次中比较大，所以这几道次的变形能否有效地发挥作用，是精轧开轧温度对组织性能的主要表现。根据轧制过程中组织变化的研究可知，变形后几秒内奥氏体部分再结晶将会发生，因此，在头几道次发生的变形对细化晶粒起到一定作用，主要是在 900 ℃以上。因为道次间隔时间比较长，所以这种细化晶粒的作用不是很大，但可以通过开轧温度的变化来调整终轧温度。

降低终轧的温度对提高强度、细化晶粒有明显的作用，终轧温度为 Ad_3（形变诱导相变发生的上限温度）以下较低的温度时，在轧制的后几道次中，轧件的表面上将会析出较多的铁素体，从而在轧制过程中发生变形，在轧件的表面容易形成变形的铁素体。

9.4.2.5　实验室轧制结果

第一组采用表 9-72 中的轧制参数，横截面显微组织如图 9-80 所示，轧制后的晶粒较细，平均晶粒度约为 9 级。

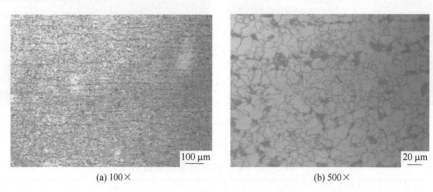

(a) 100×　　　　　　　　　　　　　(b) 500×

图 9-80　第一组不同放大倍率下轧态横截面组织结构

第二组采用表 9-72 中的轧制参数，横截面显微组织如图 9-81 所示，轧制后第二组的平均晶粒度约为 8.5 级，出现了一定的带状组织，未发现明显的针状铁素体，晶粒较细。

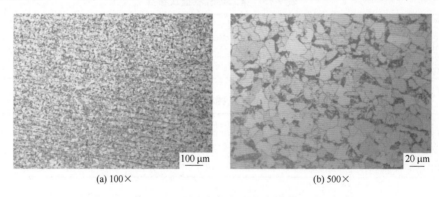

(a) 100×　　　　　　　　　　　　　(b) 500×

图 9-81　第二组不同放大倍率下轧态横截面组织结构

第三组采用表 9-72 中的轧制参数，横截面显微组织如图 9-82 所示，第三组平均晶粒度约为 7 级，晶粒较大，显微组织中未发现明显的带状组织和针状铁素体组织。

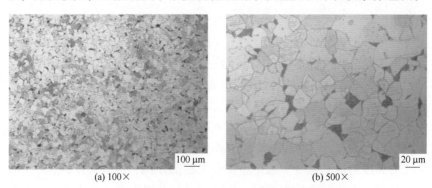

(a) 100×　　　　　　　　　　　　　(b) 500×

图 9-82　第三组不同放大倍率下轧态横截面组织结构

第四组采用表 9-73 中的轧制参数，横截面显微组织如图 9-83 所示，第四组的平均晶粒度约为 8.5 级，晶粒较细，显微组织中出现了一定量的带状组织，未发现明显的针状铁素体组织。

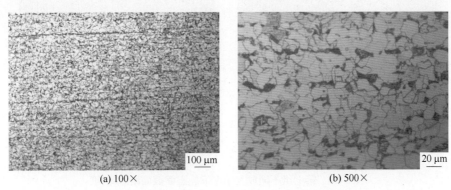

(a) 100× (b) 500×

图 9-83 第四组不同放大倍率下轧态横截面组织结构

第五组采用表 9-73 中的轧制参数，横截面显微组织如图 9-84 所示，第五组平均晶粒度约为 8 级，晶粒大小不均匀，有少量的带状组织，未发现明显的针状铁素体组织。

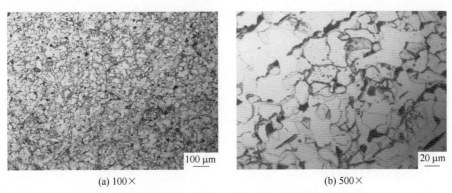

(a) 100× (b) 500×

图 9-84 第五组不同放大倍率下轧态横截面组织结构

第六组采用表 9-73 中的轧制参数，横截面显微组织如图 9-85 所示，第六组的平均晶粒度约为 8 级，晶粒较细，未发现明显的带状组织和针状铁素体。

(a) 100× (b) 500×

图 9-85 第六组不同放大倍率下轧态横截面组织结构

第七组采用表 9-74 中的轧制参数，横截面显微组织如图 9-86 所示，第七组平均晶粒度约为 8 级，晶内组织比较细密，出现了大量的网状针状铁素体。

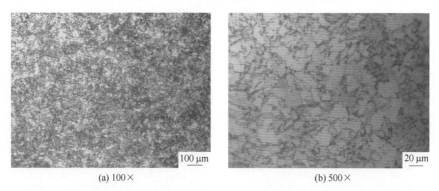

(a) 100×   (b) 500×

图 9-86   第七组不同放大倍率下轧态横截面组织结构

第八组采用表 9-74 中的轧制参数，横截面显微组织如图 9-87 所示，第八组平均晶粒度约为 8.5 级，晶内组织比较细密，组织构成主要为等轴铁素体和珠光体，并伴有一定量的针状铁素体。

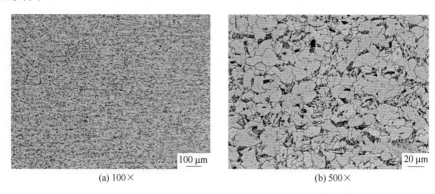

(a) 100×   (b) 500×

图 9-87   第八组不同放大倍率下轧态横截面组织结构

第九组采用表 9-74 中的轧制参数，第九组横截面显微组织如图 9-88 所示，第九组平均晶粒度约为 9 级，晶内组织比较细密，组织构成主要为贝氏体铁素体和粒状珠光体。

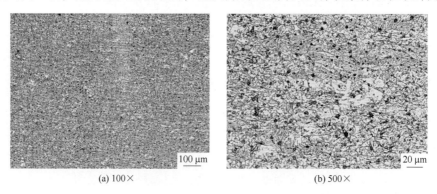

(a) 100×   (b) 500×

图 9-88   第九组不同放大倍率下轧态横截面组织结构

第十组采用表 9-75 中的轧制参数，横截面显微组织如图 9-89 所示，第十组平均晶粒度约为 7.5 级，晶内组织比较细密，组织构成主要为等轴铁素体和珠光体，并伴有一定量的针状铁素体。显微组织构成主要是等轴铁素体、块状珠光体及少量粒状珠光体。

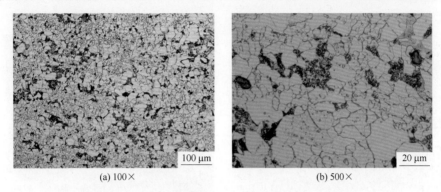

(a) 100×   (b) 500×

图 9-89 第十组不同放大倍率下轧态横截面组织结构

第十一组采用表 9-75 中的轧制参数，横截面显微组织如图 9-90 所示，第十一组平均晶粒度约为 8 级，晶内组织比较细密，组织构成主要为铁素体和贝氏体。

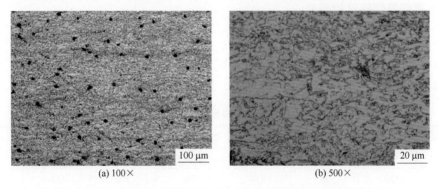

(a) 100×   (b) 500×

图 9-90 第十一组不同放大倍率下轧态横截面组织结构

第十二组采用表 9-75 中的轧制参数，横截面显微组织如图 9-91 所示，第十二组的平均晶粒度约为 8.5 级。出现了一定的带状组织，并伴有一定量的针状铁素体，晶粒较细。显微组织构成主要是等轴铁素体、块状珠光体及少量粒状珠光体。

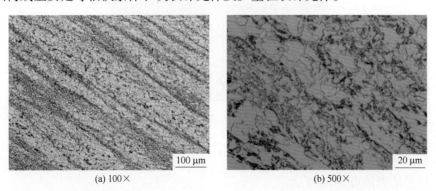

(a) 100×   (b) 500×

图 9-91 第十二组不同放大倍率下轧态横截面组织结构

第十三组采用表 9-75 中的轧制参数，横截面显微组织如图 9-92 所示，第十三组的平均晶粒度约为 8 级，出现了一定的带状组织，并伴有一定量的针状铁素体，晶粒较细。显微组织构成主要是等轴铁素体、块状珠光体及少量粒状珠光体。

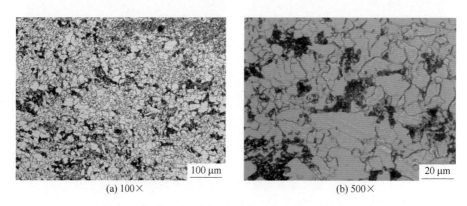

(a) 100×   (b) 500×

图 9-92   第十三组不同放大倍率下轧态横截面组织结构

9.4.3   高建钢等焊接试验研究

9.4.3.1   焊接工序

对 40 mm Q390GJ 高建钢轧材加工了"Y"形坡口，并进行了大线能量焊接，热输入为 120 kJ/cm，焊接工艺参数如表 9-76 所示，焊接后的钢板如图 9-93 所示。

表 9-76   焊接工艺参数

线能量 /kJ·cm⁻¹	前　丝		中　丝		后　丝		线速度 /cm·min⁻¹
	电流/A	电压/V	电流/A	电压/V	电流/A	电压/V	
120	460	28	410	30	360	32	18

图 9-93   焊接后的钢板

9.4.3.2   冲击试验结果

冲击试验结果如表 9-77 所示。

表 9-77 冲击试验结果

冲击位置	冲击吸收功/J							
	−20 ℃				−40 ℃			
	冲击值 1	冲击值 2	冲击值 3	平均值	冲击值 1	冲击值 2	冲击值 3	平均值
熔合线+2 mm	214	254	236	235	187	171	164	174
熔合线+5 mm	250	244	213	236	205	197	206	203

9.4.3.3 组织分析结果

图 9-94 为 120 kJ/cm 线能量下熔合线 2 mm 金相组织照片（100×、500×），可以看出组织晶粒尺寸较为细小，约 20~30 μm，同时有大量针状铁素体存在。图 9-95 为 120 kJ/cm 线能量下熔合线 5 mm 组织金相照片（100×、500×），可以看出组织晶粒尺寸更为细小，约 10~20 μm。

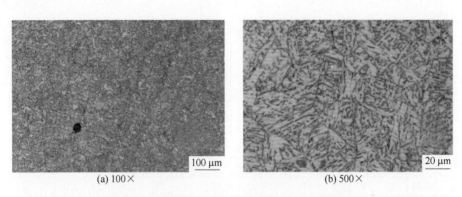

(a) 100× (b) 500×

图 9-94 120 kJ/cm 线能量熔合线 2 mm 金相组织

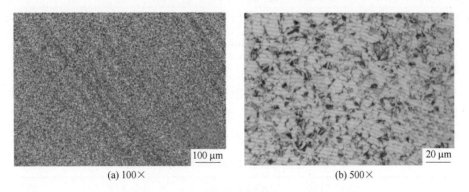

(a) 100× (b) 500×

图 9-95 120 kJ/cm 线能量熔合线 5 mm 金相组织

9.4.4 高建钢工业生产

9.4.4.1 Q390GJ 工业试验

Q390GJ 工业试验冶炼工艺流程：铁水预处理—转炉—LF—RH—钙处理—连铸。过程成分如表 9-78 所示，其余不同厚度规格 Q390GJ 力学性能如表 9-79 所示。

表 9-78　过程成分　　　　　　　　　　　（质量分数，%）

工位	C	Si	Mn	P	S	Al_sol	V	Ti	Nb	B
LD1	0.09		0.09	0.006	0.021	0.4536	0.005	0.0028	0.0068	0.0001
LD2	0.12		0.10	0.007	0.021	0.3886	0.005	0.0029	0.0037	0.0001
LF1	0.13	0.17	1.14	0.011	0.006	0.0401	0.017	0.0033	0.0146	0.0004
LF2	0.14	0.19	1.24	0.011	0.004	0.0505	0.025	0.0035	0.0204	0.0004
LF3	0.14	0.19	1.29	0.011	0.004	0.0402	0.025	0.0034	0.0206	0.0004
RH1	0.15	0.19	1.27	0.011	0.003	0.0319	0.025	0.0033	0.0193	0.0011
RH2	0.15	0.19	1.27	0.011	0.004	0.0463	0.025	0.0035	0.0209	0.0016
CC	0.15	0.19	1.25	0.011	0.003	0.0373	0.024	0.0245	0.0194	0.0014

表 9-79　不同厚度规格 Q390GJ 力学性能

牌号	厚度/mm	拉伸代表样	拉伸判定结果	弯曲判定结果	屈服强度/MPa	抗拉强度/MPa	伸率/%	屈强比	冲击温度/℃	冲击值1/J	冲击值2/J	冲击值3/J	平均值/J	厚度方向断面缩率1/%	厚度方向断面缩率2/%	厚度方向断面缩率3/%
Q390GJC	20.00	Y	Y	Y	446	548	23.0	81	0	268	259	256	261			
Q390GJC	20.00	Y	Y	Y	449	563	25.5	80	0	290	288	254	277			
Q390GJC	25.00	Y	Y	Y	473	587	27.5	81	0	178	158	150	162			
Q390GJC	25.00	Y	Y	Y	466	583	23.5	80	0	193	211	191	198			
Q390GJC	30.00	Y	Y	Y	470	569	21.0	83	0	246	218	216	227			
Q390GJC	30.00	Y	Y	Y	470	572	22.5	82	0	214	216	234	221			
Q390GJC	35.00	Y	Y	Y	505	632	20.5	80	0	261	260	254	258			
Q390GJCZ15	40.00	Y	Y	Y	463	598	25.0	77	0	201	179	181	187	59	53	59
Q390GJCZ15	50.00	Y	Y	Y	484	593	25.5	82	0	191	252	238	227	53	58	57
Q390GJCZ25	70.00	Y	Y	Y	445	576	24.0	77	0	117	95	142	118	59	42	55

9.4.4.2　Q420GJ 工业试验

表 9-80 为不同厚度规格 Q420GJ 力学性能结果，表 9-81 为 Q420GJ 不同厚度规格冲击性能结果。可以看出工业生产用 Q420GJ 钢，满足国家屈服强度 420~550 MPa，抗拉强度 520~680 MPa，伸长率不小于 19%，屈强比不大于 0.85，冲击功不小于 34J 的标准。

表 9-80　不同厚度规格 Q420GJ 力学性能结果

厚度/mm	屈服强度/MPa	抗拉强度/MPa	伸长率/%	屈强比
15.6	457	570	26	0.80
20.0	467	582	23	0.80
25.0	464	570	20	0.79
30.0	434	564	23	0.79
35.0	516	645	20.5	0.79
80.0	432	602	25.2	0.70

表 9-81　Q420GJ 不同厚度规格冲击性能结果

厚度/mm	冲击温度/℃	冲击值 1/J	冲击值 2/J	冲击值 3/J	平均值/J
15.6	-20.0	148	174	151	158
20.0	-20.0	150	152	140	147
25.0	-20.0	184	191	188	188
30.0	-20.0	190	193	184	189
35.0	-20.0	173	150	166	163
80.0	0	191	191	190	190

9.4.4.3　Q460GJ 工业试验

计划轧制 Q460GJ 坯料，成品厚度 18~30 mm。表 9-82 为 Q460GJ 不同厚度力学性能结果。国标要求：Q460GJ 屈服强度 460~600 MPa，抗拉强度 570~720 MPa，伸长率不小于 17%，屈强比不大于 0.85，冲击功不小于 34 J。可以看出，实验结果基本满足国标要求。

表 9-82　Q460GJ 不同厚度力学性能结果

序号	厚度/mm	屈服强度/MPa	抗拉强度/MPa	伸长率/%	屈强比	冲击值 1/J	冲击值 2/J	冲击值 3/J	平均值/J
1	25	474	589	19	0.80	287	347	301	312
2	20	478	587	18	0.81	252	239	241	244
3	20	479	585	24	0.82	300	321	296	306
4	18	468	581	21	0.81	266	300	271	279
5	30	478	590	20	0.81	276	258	261	265
6	30	479	594	18.5	0.81	283	202	269	251

组织工业生产两炉 Q460GJ，铸坯断面 280 mm×2100 mm，工艺流程：铁水预处理—转炉—LF—RH—铸坯缓冷。转炉工序铁水装入量 128 t，废钢量 21 t，铁水温度 1333 ℃，一次拉碳，终点碳 0.063%，终点温度 1597 ℃，出钢过程无下渣，转炉工序过程控制良好；精炼深脱硫，出站硫 0.006%。表 9-83 为 Q460GJ 成分，表 9-84 为厚度 80 mm 的 Q460GJ 力学性能。国标要求：Q460GJ 钢厚度 50~100 mm，屈服强度 440~580 MPa，抗拉强度 550~720 MPa，伸长率不小于 17%，屈强比不大于 0.85，冲击功不小于 34 J。可以看出，实验结果基本满足国标要求。

表 9-83　Q460GJ 成分

炉号	C	Si	Mn	S	P	Nb	Ti	V
9K00331	0.09	0.25	1.58	0.005	0.014	0.045	0.020	0.037
9L00758	0.09	0.27	1.64	0.005	0.012	0.046	0.022	0.038

表 9-84　厚度 80 mm 的 Q460GJ 力学性能

厚度/mm	屈服强度 /MPa	抗拉强度 /MPa	伸长率 /%	冲击温度 /℃	冲击值1 /J	冲击值2 /J	冲击值3 /J	平均值 /J
	442	599	26.5	-40	208	217	234	219
	413	610	25.5	-40	199	210	208	206
	474	618	29	-40	166	171	174	170
	472	604	26	-40	184	200	193	192
	448	587	26	-40	113	142	201	152
80	437	604	24.5	-40	166	125	127	139
	478	606	24	-40	152	189	190	177
	423	570	25	-40	127	109	141	126
	410	550	25.5	-40	151	110	143	135
	430	610	28.5	-40	78	36	69	61
	483	653	30	-40	153	140	144	146

9.5　小结

研究团队在基于氧化物冶金的微合金化理论指导下，在实验室进行了试验用钢的开发研究，开发的部分钢种进行了工业生产实验和批量生产，结果表明，利用基于氧化物冶金的微合金化技术可以开发适用更高线能量的大线能量焊接用船体钢、高建钢，管线钢，也可利用氧化物冶金技术，细化大尺寸钢材料的晶粒和组织，开发高级别的非调制钢。

基于氧化物冶金技术，分别以 SG45、50Mn 钢为原料，在实验室研制开发了氧化物冶金型高品质非调质钢，利用钢中 Al_2O_3、Ti_2O_3、MnO、FeO、MnS、VN 形成的细小复合夹杂物诱发晶内铁素体形成。试制的以 SG45 为原料的非调制钢抗拉强度 835 MPa，试制的以 50Mn 为原料的非调制钢抗拉强度 590 MPa，冲击功 52.2 J（未冲断）。

根据国标要求，DH36 船体钢母材冲击温度为 0℃，16mm 厚母材冲击功达 278 J，25 mm 厚母材冲击功达 282.7 J，与母材低温冲击性能相比，焊接热影响区低温冲击性能达母板钢的 88%左右。

采用 LD-LF-VD-CC 工艺，VD 处理结束后喂入缓释镁包芯线，再喂入钛线，喂线速度 5 m/s，够满足 EH420 钢工业生产要求，连铸浇铸过程稳定顺行，铸坯质量合格，钢种成分合格，满足 GB 712—2011《船舶及海洋工程用结构钢》对 EH420 钢化学成分要求。轧制的 50 mm 厚度的轧材力学性能达到国标要求，其中 50 mm 厚度轧材的-40 ℃的冲击功达 256 J。

工业试验 15~35 mm 厚度、40 mm 及 80 mm 厚度规格 Q420GJ 钢满足国家屈服强度 420~550 MPa，抗拉强度 520~680 MPa，伸长率不小于 19%，屈强比不大于 0.85，冲击功不小于 34 J 的标准。